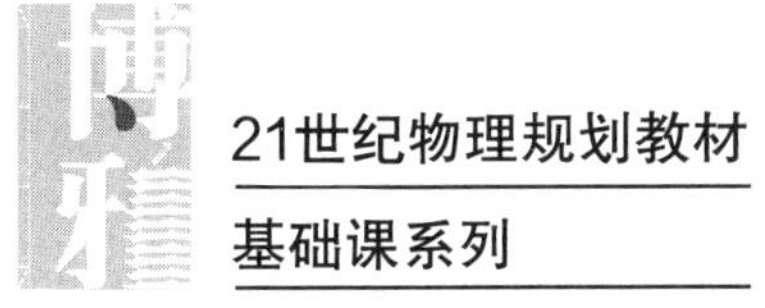

21世纪物理规划教材

基础课系列

热力学与统计物理学

（第二版）

Thermodynamics and Statistical Physics

林宗涵　编著

北京大学出版社
PEKING UNIVERSITY PRESS

图书在版编目(CIP)数据

热力学与统计物理学/林宗涵编著. —2 版. —北京：北京大学出版社，2018.10
(21 世纪物理规划教材 · 基础课系列)
ISBN 978-7-301-29922-7

Ⅰ. ①热…　Ⅱ. ①林…　Ⅲ. ①热力学—高等学校—教材 ②统计物理学—高等学校—教材
Ⅳ. ①O414

中国版本图书馆 CIP 数据核字(2018)第 222771 号

书　　名	热力学与统计物理学（第二版） RELIXUE YU TONGJI WULIXUE(DI ER BAN)
著作责任者	林宗涵　编著
责 任 编 辑	顾卫宇
标 准 书 号	ISBN 978-7-301-29922-7
出 版 发 行	北京大学出版社
地　　址	北京市海淀区成府路 205 号　100871
网　　址	http://www.pup.cn　　新浪微博　@北京大学出版社
电 子 信 箱	zpup@pup.cn
电　　话	邮购部 010-62752015　发行部 010-62750672　编辑部 010-62752021
印 刷 者	北京市科星印刷有限责任公司
经 销 者	新华书店
	787 毫米×1092 毫米　16 开本　30.75 印张　677 千字
	2007 年 1 月第 1 版
	2018 年 10 月第 2 版　2023 年 1 月第 4 次印刷
定　　价	78.00 元

第二版序

本书自 2007 年出版以来，十年过去了，其间陆续加印了六次. 承蒙读者支持，提出不少宝贵意见，也作了相应的修改. 这个修订本（第二版），保留了原版的基本结构和基本内容，作了一些增补、修改和删减.

（1）对玻尔兹曼关系，增加了 $S=k\ln\Omega$ 的表达式，讨论了它与 $S=k\ln W$ 的等价性.

（2）对"理想玻色气体的玻色-爱因斯坦凝聚"，作了较大的改写.

（3）增加了全新的一节："超冷稀薄原子气体的玻色-爱因斯坦凝聚".

（4）增加了微正则系综的熵与其他热力学函数的内容.

（5）"重正化群理论大意"一节，增加了自由能的相关讨论.

（6）增加了一些平衡态统计方面的习题.

（7）为保持本书的篇幅，删去了"范德瓦耳斯理论的临界指数"与"昂萨格倒易关系的证明".

此外，对全书作了全面的订正.

在此，我要感谢我的同事刘川、马中水、李定平、刘玉鑫诸位教授对本书编著所给予的支持，我还要感谢中山大学钟凡教授和湖南大学刘全慧教授对书中错误给予的指正.

最后，我要感谢北京大学出版社的顾卫宇女士，没有她的辛勤劳动和积极推动，本书第二版不可能这么快完成.

林宗涵

2017 年 12 月

第一版序

热力学与统计物理学是热现象理论的两个组成部分，热力学是宏观理论，统计物理学是微观理论，二者均以研究热现象规律及相关物理性质为目的.

在大学本科热统课的教学中，通常采用两种办法.一种是分开讲，先讲热力学，后讲统计物理学；另一种是以统计物理学为纲，把热力学内容以适当的方式纳入.从教学的角度看，两种办法各有优缺点，不能说哪一种一定更好些.说到底，还是决定于教师本人.

本书采取分开讲的方式，希望让学生体会一下热力学方法.热力学是宏观理论，它不需要知道微观细节就可以进行理论分析，而且很普遍；朗道相变理论就是很好的例子.热力学理论还可以提供普遍性的论证，例如对黑体辐射谱密度是温度的普适函数的论证.当然，在解决物理问题时，往往是热力学与统计物理学结合起来用的.

热力学与统计物理学从创建初至今已经一百多年了，不仅应用领域不断扩大，而且学科本身也有了许多重大发展，包括概念、理论和方法(尽管基本原理、基本规律没有变化).毫无疑问，应该在教学内容上适当反映这种进展.困难在于在基础课中如何掌握“适当”二字.本书在玻色-爱因斯坦凝聚与相变的重正化群概念等几处作了点初步尝试.

本书有一些加 * 号的内容超出了教学要求，主要是为有兴趣的读者阅读参考.

20 世纪 50 年代中期我有幸在北大聆听王竹溪先生讲授的热力学与统计物理学(当时热力学与统计物理学各讲授一个学期).1962 年我开始讲授热力学与统计物理学后，经常去王先生家当面向他请教教学中的问题，对我的帮助极大.在此，谨表我对王先生的衷心感谢与深切怀念.我还要对与我多年共事的同事黄畇、仇韵清、张承福、夏蒙棼、李先卉、刘川、卢大海、邓卫真等教授表示感谢，不少教学内容的处理、习题的选择等都包含了他们的贡献和心血；我们之间的合作是愉快的，教学中的切磋是非常有益的.

在编写本书过程中，曾多次与程檀生教授和吴崇试教授讨论相关的物理、数学问题，得益良多，还得到刘树新副教授在计算机使用方面的许多帮助，在此表示感谢.

“教学相长”是北大教学中一贯提倡的，其含义有多方面，学生的提问和钻研精神对教员常常起着激励作用，希望这一点得以保持.

最后,作者感谢北京大学出版社的周月梅女士、顾卫宇女士和其他有关人员为本书出版所付出的辛勤劳动,感谢教育部高等教育司、北京市教委和北京大学对本书出版所给予的支持.

本书定有不少不妥与错误之处,诚恳期望同行和读者提出宝贵意见.

林宗涵

2006 年 12 月

北京大学承泽园

主要符号一览表

英文字母斜体

A	面积;化学亲和势
$\mathbf{A}$	矢势
a	声速;范德瓦耳斯方程的参数
$a_\lambda(\tilde{a}_\lambda, \bar{a}_\lambda)$	子系按能级的分布(最可几分布,平均分布)
$B_2(B_3, B_4, \cdots)$	第二(第三,第四,……)位力系数
$\vec{\mathscr{B}}$	磁感应强度
b	范德瓦耳斯方程的参数
C	热容;居里常数
c	摩尔热容;比热;光速
D	德拜函数;态密度
$\vec{\mathscr{D}}$	电位移
d	分子(刚球)直径;分子电偶极矩
E	温差电动势;(微观)总能量
$\vec{\mathscr{E}}$	电场强度
e	电子电荷(绝对值)
F	自由能
$\mathbf{F}$	力
$\vec{\mathscr{F}}$	张力;力密度(单位质量的力)
f	摩尔自由能;自由能密度;分布函数
G	吉布斯函数
g	摩尔吉布斯函数;简并度;朗德因子;对分布函数或径向分布函数
H	焓;哈密顿量;H 函数
$\vec{\mathscr{H}}$	磁场强度
I	电流;转动惯量
i	蒸气压常数

$\boldsymbol{J}$	电流密度
$\boldsymbol{J}_e$	电流密度
$\boldsymbol{J}_n$	粒子流密度
$\boldsymbol{J}_q$	热流密度
$\boldsymbol{J}_S$	熵流密度
$K(K_p, K_C)$	平衡恒量(定压～;定容～)
$\boldsymbol{k}$	波矢
k	玻尔兹曼常数;波矢(大小)
L	长度
L_{ij}	动力学系数
M	质量;总磁矩
$\vec{\mathscr{M}}$	磁化强度
m	质量
N	总摩尔数;总粒子数
n	粒子数密度
P	几率
$P(\{\alpha_\lambda\})$	分布的几率
$P_{xx}, P_{xy}, \cdots$	电磁场胁强张量
$\vec{\mathscr{P}}$	极化强度
p	压强;分压;动量;广义动量
$\tilde{p}$	对比压强
Q	热量;反应热
q	广义坐标;波数
R	(摩尔)气体常量
r	半径
$\boldsymbol{r}$	坐标
S	熵
s	摩尔熵;熵密度;自旋
s_i	偏摩尔熵;格点自旋
T	热力学温度;理想气体温度
T_c	临界温度
$\tilde{T}$	对比温度

t	时间变量;摄氏温度
U	内能
u	摩尔内能;内能密度
u_i	偏摩尔内能
V	体积;有效相互作用势
v	摩尔体积;速率
v_i	偏摩尔体积
$\tilde{v}$	对比体积
$\boldsymbol{v}$	速度
W	功;电离能;热力学几率
X	热力学力;力的 x 分量
x	空间坐标;摩尔分数
Y	杨氏模量;(广义)外界作用力
y	空间坐标
Z	子系配分函数
Z_N	N 粒子系统的配分函数
z	空间坐标;逸度;配位数

希腊字母

α	膨胀系数;临界指数;电离度
β	压强系数;临界指数;$1/(kT)$
Γ	分子碰壁数
γ	c_p/c_v;临界指数
δ	临界指数
ε	制冷系数;反应度;粒子能量;介电常量
ε_0	真空介电常量
ζ	ζ 函数
η	热机效率;温差电动势系数
Θ	分子碰撞数
θ	角度;熵产生率;吸附率
θ_D	德拜(特征)温度
θ_r	转动特征温度
θ_v	振动特征温度
κ	热导率
$\kappa_T(\kappa_S)$	等温(绝热)压缩系数
λ	相变潜热;波长;平均自由程

λ_T	热波长
μ	焦耳-汤姆孙系数;化学势;原子磁矩;核磁矩
μ_0	真空磁导率;零温化学势
μ_B	玻尔磁子
ν	频率;临界指数;关联函数
Ξ	巨配分函数
ξ	反应度;分解度;关联长度
π	无量纲压强;佩尔捷系数
ρ	质量密度;几率分布函数(或几率密度)
σ	表面张力;电导率
τ	弛豫时间;无量纲温度;汤姆孙系数
τ_c	碰撞时间
φ	角度;无量纲体积;相互作用势;相位
Φ	电势
χ	磁化率;极化率
ω	圆频率;角速度
Ω	相体积;量子态数
Ψ	巨势;波函数

目　录

第一章　热力学的基本概念与基本规律 …… (1)

§1.1　热力学的研究目的 …… (1)

§1.2　平衡态及其描写 …… (3)

1.2.1　热力学系统 …… (3)

1.2.2　平衡态 …… (3)

1.2.3　平衡态的描写 …… (4)

§1.3　温度　物态方程 …… (6)

1.3.1　热平衡定律　温度 …… (6)

1.3.2　物态方程 …… (7)

1.3.3　几个常用物理量的单位 …… (10)

§1.4　功 …… (11)

1.4.1　准静态过程的功 …… (11)

1.4.2　特殊非静态过程的功 …… (14)

§1.5　热力学第一定律 …… (15)

§1.6　热容　焓 …… (17)

§1.7　理想气体的性质 …… (18)

1.7.1　内能与焓 …… (18)

1.7.2　准静态绝热过程的过程方程 …… (19)

§1.8　理想气体的卡诺循环 …… (21)

§1.9　热力学第二定律 …… (23)

1.9.1　热力学第二定律解决什么问题? …… (23)

1.9.2　定律的两种经典表述 …… (23)

1.9.3　两种表述的等价性 …… (24)

1.9.4　热现象过程的不可逆性 …… (25)

1.9.5　研究可逆过程还有意义吗? …… (26)

§1.10　热力学第二定律的数学表述　熵 …… (27)

1.10.1　卡诺定理 …… (27)

1.10.2　热力学温标 …… (28)

1.10.3　克劳修斯不等式 …… (30)

1.10.4　第二定律对可逆过程的数学表述　熵 …… (32)

1.10.5　第二定律对不可逆过程的数学表述 …… (33)

1.10.6 熵的性质(不完全的)小结 …… (35)
§1.11 熵增加原理 …… (37)
1.11.1 熵增加原理 …… (37)
1.11.2 不可逆过程熵变的例子 …… (38)
§1.12 最大功 …… (40)
1.12.1 初、终态给定的情形 …… (40)
1.12.2 初态一定但终态不同的情形 …… (41)
§1.13 自由能与吉布斯函数 …… (43)
1.13.1 自由能 …… (43)
1.13.2 吉布斯函数 …… (45)
1.13.3 一点说明 …… (46)
习题 …… (46)
第二章 均匀系的平衡性质 …… (50)
§2.1 麦克斯韦关系 …… (50)
2.1.1 麦克斯韦关系 勒让德变换 …… (50)
2.1.2 简单应用 …… (53)
2.1.3 哪些量是可测量? …… (54)
2.1.4 一点建议 …… (55)
§2.2 气体的节流过程 焦耳-汤姆孙效应 …… (55)
§2.3 绝热去磁降温的热力学理论 …… (58)
§2.4 热辐射的热力学理论 …… (61)
2.4.1 热辐射的内能密度是温度的普适函数 …… (62)
2.4.2 辐射压强与内能密度的关系 …… (63)
2.4.3 热辐射的热力学函数 …… (63)
§2.5 气体的热力学函数 …… (65)
2.5.1 理想气体的热力学函数 …… (65)
2.5.2 范德瓦耳斯气体的热力学函数 …… (67)
§2.6 基本热力学函数的确定 …… (68)
§2.7 特性函数(或热力学势) …… (70)
§2.8 可逆循环过程方法 …… (73)
习题 …… (76)
第三章 相变的热力学理论 …… (80)
§3.1 热动平衡判据 …… (80)
3.1.1 熵判据 …… (80)
3.1.2 自由能判据 吉布斯函数判据 内能判据 …… (82)
3.1.3 几点说明 …… (84)

§3.2　粒子数可变系统 …… (84)
§3.3　热动平衡条件 …… (86)
3.3.1　用熵判据推导平衡条件 …… (86)
3.3.2　用自由能判据推导平衡条件 …… (88)
3.3.3　粒子数不守恒系统 …… (89)
§3.4　平衡的稳定条件 …… (90)
§3.5　单元系的复相平衡 …… (93)
3.5.1　单元系的相图 …… (93)
3.5.2　克拉珀龙方程 …… (95)
3.5.3　蒸气压方程 …… (97)
§3.6　气-液相变　临界点 …… (98)
3.6.1　实验结果 …… (98)
3.6.2　范德瓦耳斯气体的等温线 …… (99)
3.6.3　麦克斯韦等面积法则 …… (99)
3.6.4　用化学势分析稳定性 …… (101)
3.6.5　临界点　对应态定律 …… (102)
§3.7　正常-超导相变的热力学理论 …… (103)
3.7.1　超导态的两条基本性质 …… (103)
3.7.2　G与$\mathscr{H}$的关系 …… (104)
3.7.3　平衡曲线的克拉珀龙方程 …… (106)
3.7.4　比热在T_c点的跃变 …… (106)
§3.8　相变的分类　埃伦费斯特方程 …… (107)
3.8.1　相变的分类 …… (107)
3.8.2　埃伦费斯特方程 …… (109)
§3.9　朗道二级相变理论简介 …… (110)
3.9.1　序参量　对称性破缺 …… (111)
3.9.2　自由能在临界点附近的展开 …… (112)
3.9.3　序参量的解$\mathscr{M}(T)$ …… (114)
3.9.4　熵 …… (115)
3.9.5　外磁场不为零(但$\mathscr{H}\sim 0$)的情形 …… (115)
3.9.6　几点说明 …… (117)
§3.10　临界现象和临界指数 …… (119)
3.10.1　临界指数定义：$\beta,\delta,\gamma,\alpha$ …… (119)
3.10.2　朗道理论的临界指数 …… (123)
习题 …… (123)

第四章 多元系的复相平衡与化学平衡 热力学第三定律 …… (126)
§4.1 多元均匀系的热力学函数与基本微分方程 …… (126)
4.1.1 化学变量 …… (126)
4.1.2 广延量的数学性质 偏摩尔量 …… (127)
4.1.3 多元均匀系的热力学基本微分方程 …… (128)
4.1.4 多元均匀系的特性函数 …… (129)
§4.2 多元系的复相平衡 …… (130)
§4.3 化学平衡条件 …… (131)
4.3.1 热力学观点下的各种化学反应 …… (131)
4.3.2 化学反应的表达 …… (132)
4.3.3 化学平衡条件 …… (133)
§4.4 吉布斯相律 …… (134)
§4.5 混合理想气体的性质 …… (136)
4.5.1 物态方程 …… (136)
4.5.2 化学势与吉布斯函数 …… (137)
4.5.3 内能与熵 …… (138)
4.5.4 吉布斯佯谬 …… (138)
§4.6 理想气体的化学平衡 …… (139)
4.6.1 质量作用定律 …… (140)
4.6.2 质量作用定律应用例子 …… (141)
4.6.3 判断反应进行的方向 …… (142)
§4.7 热力学第三定律 …… (143)
4.7.1 能斯特定理 …… (143)
4.7.2 能斯特定理的推论 …… (146)
4.7.3 绝对熵 …… (148)
4.7.4 热力学第三定律的三种表述 …… (150)
习题 …… (151)
第五章 非平衡态热力学(线性理论)简介 …… (154)
§5.1 非平衡态热力学(线性理论)纲要 …… (154)
5.1.1 局域平衡近似 …… (154)
5.1.2 热力学第一定律的推广形式 …… (155)
5.1.3 局域熵与 U, V, N_i 的关系 …… (155)
5.1.4 热力学第二定律 熵产生率 …… (156)
5.1.5 其他守恒定律 …… (157)
5.1.6 经验规律 …… (157)
5.1.7 昂萨格倒易关系 …… (158)

5.1.8　非平衡定态：最小熵产生率 …… (158)
§5.2　热传导 …… (159)
*§5.3　温差电效应 …… (160)
5.3.1　熵产生率 …… (161)
5.3.2　热力学流与力的选择 …… (163)
5.3.3　赛贝克效应：温差电动势 …… (165)
5.3.4　佩尔捷效应 …… (167)
5.3.5　汤姆孙效应 …… (168)
习题 …… (169)
第六章　统计物理学的基本概念 …… (171)
§6.1　统计物理学的研究对象、目的与方法 …… (171)
§6.2　微观状态的经典描写与量子描写 …… (172)
6.2.1　微观状态的经典描写 …… (172)
6.2.2　微观状态的量子描写 …… (173)
§6.3　宏观量的统计性质　统计规律性 …… (177)
6.3.1　宏观量的统计性质 …… (177)
6.3.2　统计规律性 …… (178)
§6.4　平衡态统计理论的基本假设：等几率原理 …… (179)
第七章　近独立子系组成的系统 …… (180)
§7.1　分布与系统的微观态　最可几分布 …… (180)
7.1.1　近独立子系 …… (180)
7.1.2　粒子按能级的分布$\{a_\lambda\}$ …… (180)
7.1.3　分布$\{a_\lambda\}$对应的系统微观状态数$W(\{a_\lambda\})$ …… (181)
7.1.4　最可几分布法 …… (181)
§7.2　定域子系　麦克斯韦-玻尔兹曼分布 …… (182)
7.2.1　分布$\{a_\lambda\}$对应的系统量子态数$W(\{a_\lambda\})$ …… (182)
7.2.2　最可几分布的推导 …… (183)
7.2.3　$\ln W(\{a_\lambda\})$是尖锐成峰的极大 …… (184)
7.2.4　麦克斯韦-玻尔兹曼分布中参数α与β的确定 …… (185)
§7.3　二能级系统 …… (185)
§7.4　定域子系热力学量的统计表达式　熵的统计解释 …… (188)
7.4.1　内能 …… (188)
7.4.2　外界作用力 …… (188)
7.4.3　热量的统计表达式 …… (189)
7.4.4　熵的统计表达式 …… (190)
7.4.5　玻尔兹曼关系　熵与微观状态数 …… (191)

§7.5　热辐射的普朗克理论 …… (193)
7.5.1　热辐射相当于无穷多个简谐振子组成的系统 …… (194)
7.5.2　频率间隔在($\nu,\nu+d\nu$)内的振动自由度数 …… (195)
7.5.3　瑞利-金斯公式(经典统计理论) …… (196)
7.5.4　普朗克的量子理论 …… (197)
§7.6　固体热容的统计理论 …… (199)
7.6.1　经典统计理论 …… (199)
7.6.2　爱因斯坦的量子理论 …… (200)
7.6.3　德拜理论 …… (201)
§7.7　定域子系的经典极限条件 …… (204)
7.7.1　定域子系的经典极限条件 …… (204)
7.7.2　子系配分函数的经典极限 …… (204)
§7.8　负绝对温度 …… (206)
7.8.1　内能和熵随温度的变化 …… (206)
7.8.2　平均分布的变化 …… (207)
7.8.3　S与$\bar{E}$的关系 …… (207)
7.8.4　实现负绝对温度的条件 …… (209)
7.8.5　几点说明 …… (209)
§7.9　非定域子系　费米-狄拉克分布　玻色-爱因斯坦分布 …… (210)
7.9.1　非定域子系与定域子系的不同 …… (210)
7.9.2　非定域全同费米子和全同玻色子 …… (211)
7.9.3　求最可几分布 …… (212)
7.9.4　几点说明 …… (214)
§7.10　理想玻色气体和理想费米气体热力学量的统计表达式 …… (215)
7.10.1　理想玻色气体 …… (215)
7.10.2　理想费米气体 …… (218)
7.10.3　理想玻色气体和理想费米气体诸公式的统一表示 …… (218)
§7.11　非简并条件　经典极限条件 …… (219)
7.11.1　非简并条件 …… (219)
7.11.2　决定非简并条件的物理参数 …… (221)
7.11.3　非简并条件下热力学量的统计表达式 …… (224)
7.11.4　非定域子系的经典极限条件 …… (225)
§7.12　麦克斯韦速度分布律 …… (226)
§7.13　能量均分定理 …… (228)
§7.14　非简并理想气体的热力学函数与热容 …… (231)
7.14.1　一般公式 …… (231)

7.14.2　单原子分子理想气体 …… (231)
7.14.3　双原子分子理想气体 …… (233)
7.14.4　多原子分子理想气体 …… (236)
7.14.5　简短小结 …… (237)
§7.15　弱简并理想气体的物态方程与内能　统计关联 …… (238)
7.15.1　弱简并理想玻色气体 …… (238)
7.15.2　弱简并理想费米气体 …… (240)
7.15.3　统计关联 …… (241)
§7.16　理想玻色气体的玻色-爱因斯坦凝聚 …… (243)
7.16.1　弱简并理论用到强简并区产生的问题及改正 …… (243)
7.16.2　玻色-爱因斯坦凝聚(BEC) …… (245)
7.16.3　参数 z 随 T,v 的变化 …… (247)
7.16.4　p-v 等温线 …… (248)
7.16.5　内能　熵　热容 …… (250)
7.16.6　均匀理想玻色气体 BEC 相变的独特性质 …… (252)
§7.17　超冷稀薄原子气体的玻色-爱因斯坦凝聚 …… (252)
7.17.1　BEC 转变温度 T_c　凝聚体分数 …… (253)
7.17.2　凝聚体与非凝聚体的密度分布和动量分布 …… (256)
7.17.3　热力学性质 …… (259)
7.17.4　几点说明 …… (263)
§7.18　光子气体 …… (266)
§7.19　强简并理想费米气体 …… (269)
7.19.1　$T=0$ K(费米气体的基态) …… (270)
7.19.2　有限温度情形($T\neq 0$ K) …… (272)
7.19.3　电子气体在什么条件下可以看成是“理想气体”? …… (275)
§7.20　元激发(或准粒子)理想气体 …… (276)
7.20.1　相互作用多粒子系统低激发态的一般特征　元激发 …… (276)
7.20.2　液氦(^{4}He)超流态(液 HeⅡ)的元激发及热力学性质 …… (279)
7.20.3　液 HeⅡ的元激发:声子和旋子 …… (279)
7.20.4　液 HeⅡ的热力学性质 …… (280)
习题 …… (283)
第八章　统计系综理论 …… (296)
§8.1　经典统计系综的概念 …… (296)
§8.2　刘维尔定理 …… (298)
§8.3　微正则系综 …… (302)

8.3.1　经典微正则系综…………（302）
8.3.2　几个相关问题的说明…………（303）
8.3.3　关于量子统计系综…………（305）
8.3.4　微正则系综的熵…………（306）
§8.4　正则系综…………（309）
8.4.1　从微正则系综导出正则系综…………（309）
8.4.2　正则系综计算热力学量的公式…………（312）
8.4.3　再谈热力学第三定律之绝对熵…………（313）
8.4.4　正则系综的能量涨落…………（314）
8.4.5　经典极限下的形式…………（315）
8.4.6　简例…………（316）
§8.5　非理想气体的物态方程…………（317）
* §8.6　流体的二粒子分布函数与关联函数…………（322）
8.6.1　约化分布函数与关联函数…………（323）
8.6.2　用 $g(r)$ 表达内能…………（325）
8.6.3　用 $g(r)$ 表达压强…………（326）
8.6.4　$g(r)$ 的近似形式…………（328）
8.6.5　几点说明…………（329）
§8.7　巨正则系综…………（330）
8.7.1　由微正则系综导出巨正则系综…………（330）
8.7.2　巨正则系综计算热力学量的公式…………（333）
8.7.3　巨正则系综的粒子数涨落与能量涨落…………（334）
8.7.4　经典极限下巨正则系综的表达形式…………（336）
§8.8　巨正则系综应用例子…………（337）
* §8.9　由巨正则系综推导费米分布与玻色分布…………（340）
§8.10　热力学极限与三种系综之间的等效性…………（343）
习题…………（346）
第九章　相变和临界现象的统计理论简介…………（352）
§9.1　伊辛模型　平均场近似…………（353）
9.1.1　伊辛模型…………（353）
9.1.2　平均场近似…………（354）
9.1.3　$\mathscr{H}=0$ 的情形（自发磁化）…………（355）
9.1.4　$\mathscr{H}\neq0$ 的情形…………（358）
§9.2　伊辛模型的严格解…………（359）
9.2.1　一维情形…………（359）

9.2.2 二维情形的主要结果 …… (361)
§9.3 临界指数(续) 标度律 普适性 …… (362)
9.3.1 临界指数(续)：ν,η …… (362)
9.3.2 临界指数的实验值 标度律 普适性 …… (364)
§9.4 涨落与关联的作用 …… (365)
9.4.1 关联函数与磁化率的关系 …… (366)
*9.4.2 平均场近似下的关联函数 …… (367)
9.4.3 临界点的涨落与关联的图像 …… (370)
§9.5 重正化群理论大意 …… (372)
习题 …… (378)
第十章 非平衡态统计理论 …… (381)
§10.1 玻尔兹曼积分微分方程 …… (381)
10.1.1 具有短程力的经典稀薄气体 …… (381)
10.1.2 漂移项的计算 …… (383)
10.1.3 碰撞前后速度的变化 …… (384)
10.1.4 碰撞项的计算 …… (386)
10.1.5 玻尔兹曼方程的适用条件 …… (390)
§10.2 H 定理 …… (390)
10.2.1 H 定理的证明 …… (391)
10.2.2 细致平衡 …… (393)
10.2.3 由细致平衡导出平衡态分布 …… (394)
10.2.4 H 函数与熵的关系(平衡态) …… (397)
10.2.5 关于 H 定理的讨论 …… (397)
§10.3 熵流与熵产生率 …… (400)
§10.4 简并气体的玻尔兹曼方程 …… (402)
10.4.1 满足相空间描述的简并气体 …… (402)
10.4.2 简并气体的玻尔兹曼方程 …… (404)
*10.4.3 简并气体的 H 定理 …… (405)
*10.4.4 熵流与熵产生率 …… (406)
§10.5 弛豫时间近似 金属自由电子的输运过程 …… (407)
10.5.1 局域平衡分布函数 …… (407)
*10.5.2 恩斯科格方法大意 …… (409)
10.5.3 弛豫时间近似 …… (410)
10.5.4 金属自由电子气体的电导率 …… (411)
*10.5.5 金属自由电子气体的热导率 …… (414)

习题 …… (417)
第十一章 涨落理论 …… (420)
§11.1 准热力学理论 热力学量的涨落 …… (421)
11.1.1 准热力学理论的基本公式 …… (421)
11.1.2 涨落几率公式的其他形式 …… (422)
11.1.3 计算热力学量的涨落 …… (424)
§11.2 涨落的空间关联 …… (428)
§11.3 布朗运动理论 …… (432)
11.3.1 朗之万方程 粒子位移的平均平方偏差 …… (433)
*11.3.2 布朗粒子的扩散 …… (435)
*11.3.3 无规行走 …… (437)
*§11.4 涨落的时间关联 …… (438)
11.4.1 时间关联函数的一般性质 …… (439)
11.4.2 涨落力对布朗粒子的影响 …… (440)
*§11.5 涨落-耗散定理 …… (442)
11.5.1 布朗运动中涨落-耗散定理的表达形式 …… (442)
11.5.2 关于涨落-耗散定理的几点说明 …… (445)
*§11.6 电路中的热噪声 谱密度 …… (446)
11.6.1 涨落电流的朗之万方程 …… (447)
11.6.2 时间关联函数的谱分解 谱密度 …… (449)
11.6.3 电路中热噪声的谱密度 …… (451)
11.6.4 两点说明 …… (453)
习题 …… (453)
主要参考书目 …… (456)
附录A 基本物理常量 …… (458)
附录B 统计物理学中常用的数学公式 …… (459)
B1 高斯积分 …… (459)
B2 Γ函数 …… (459)
B3 斯特令公式 …… (460)
B4 某些包含玻色分布函数的积分 …… (460)
B5 某些包含费米分布函数的积分 …… (461)
附录C 误差函数 …… (463)
索引 …… (464)
外国人名索引 …… (471)

第一章　热力学的基本概念与基本规律

§1.1　热力学的研究目的

热力学是研究热现象的宏观理论，笼统地说，热力学是研究热现象规律及相关物理性质.按其内容，可以分成三个部分.

- (传统)热力学

形成于19世纪中期(热力学第一定律与热力学第二定律的建立)至20世纪初(热力学第三定律).具体地说，传统热力学研究的问题可以归纳为三个方面：

(1) 热现象过程中能量转化的数量关系.如计算功、热量、热功转化的效率等.这些也是热力学形成初期最为关注的问题.

(2) 判断不可逆过程进行的方向.例如，在一定条件下，相变或化学反应向什么方向进行？或者换一种方式问：要使过程朝着期望的方向进行，应该满足什么条件？

(3) 物质的平衡性质.这部分内容很丰富，也是本书将着重介绍的.

热力学的基础是它的三条基本定律，它们是大量经验的总结，因此，热力学理论是非常普遍和可靠的，适用于一切宏观物体(即由大量微观粒子组成的物体)，并被推广应用于大到宇宙小到原子核(但这两种推广都要小心).

热力学的英文是thermodynamics，这一名词有点毛病.习惯上用"dynamics"(动力学)描述随时间的演化，然而传统热力学理论中完全不出现时间变量，所处理的过程主要是理想化的准静态过程.准静态过程在两种意义下被使用：一是作为实际过程的近似，这只在某些情况下才允许；另一是作为研究平衡态性质的手段，这是严格的(关于"作为研究平衡态性质的手段"这一点，将在以后加以说明).既然没有时间变量，当然谈不上"dynamics".于是，有人改用"平衡态热力学"(equilibrium thermodynamics)，尽管它概括了理论的大部分内容，但未能反映热力学第二定律关于不可逆过程方向的论断.

这里用"传统热力学"来概括这部分理论，或者干脆称之为热力学吧.

- 非平衡态热力学(线性理论)

传统热力学以研究平衡态为主.然而，许多现象涉及非平衡态，这时，物理系统的性质一般而言是随时间与空间变化的，是真正的动力学问题.

历史上，几乎在传统热力学建立的同时，开尔文(Kelvin)等人就试图在传统热力学的框架内加上一些辅助假设去处理不可逆过程,但那种理论带有拼凑的性质,谈不上是完整的理论. 20 世纪 30 至 40 年代,昂萨格(Onsager)、卡西米尔(Casimir)、普里高津(Prigogine)、德格鲁特(de Groot)等人发展了非平衡态热力学(也称为不可逆过程热力学)的线性理论. 所谓"线性理论"是指引起偏离平衡态的各种热力学力(如温度梯度、电势梯度、密度梯度等)比较小,由这些"力"所产生的各种热力学流(如热流、电流、物质流等)与"力"之间遵从线性关系. 这时的非平衡态离平衡态不远,称为近平衡的非平衡态. 线性非平衡态热力学已经发展成为成熟的理论,它在物理、化学、流体力学等诸多领域中得到了广泛的应用. 线性非平衡态热力学的理论基础,除了热力学第一定律与第二定律以外,还需要补充热力学"流"与"力"之间的经验规律,以及其他一些假设(局域平衡近似,昂萨格倒易关系等). 这些假设在什么条件下成立的问题必须用非平衡态统计物理学来论证.

- 非平衡态热力学(非线性理论)

当引起偏离平衡态的各种热力学力足够强时,系统被驱动到远离平衡的非平衡态,这时热力学"流"与"力"之间不再遵从线性关系,而变为复杂的非线性关系. 当热力学"力"增大到某个特定的阈值时,系统中将出现有序的结构. 最早报道的例子是流体动力学中的贝纳尔对流(Benard convection): 在一浅盘中盛有液体,从盘底部加热,当上下温度差超过某特定阈值时,液体中出现规则的六边形对流图案. 其他的例子还有 BZ(Belousov-Zhabotinsky)反应中的化学振荡(一种时空有序结构),"反应-扩散系统"中的斑图(pattern)等. 这类有序结构的出现是出乎意料的,是全新类型的,完全不同于在热力学平衡态下的有序结构(如晶体结构). 它可以看成是一种非平衡相变. 20 世纪 60～70 年代,普里高津学派提出"耗散结构理论"①,哈根(Haken)学派引入协同学(synergetics)②,来解释这类现象.

按照普里高津的理论,要实现耗散结构,系统必须是"开放的",即系统与环境之间必须不断地维持能量与物质的交流;而且热力学"力"必须超过特定的阈值,以保证系统处于远离平衡的非平衡态.

关于非平衡态热力学的非线性理论,无论是普里高津学派的"耗散结构理论",还是哈根学派的"协同学",都只是初步的理论,还不成熟,有待进一步发展和完善. 但毫无疑问,关于远离平衡的非平衡态热力学理论将产生深远的影响.

本书主要介绍传统热力学,对线性非平衡态热力学理论将作简略介绍,至于非线性非平衡态热力学已超出本书的范围,有兴趣的读者可以参看相关的参考书.

---

① G. Nicolis and L. Prigogine, Self-Organization in Nonequilibrium Systems, John Wiley & Sons, 1977.
中译本:G. 尼科利斯、L. 普里戈京,《非平衡系统的自组织》,徐锡申等译,科学出版社,1986 年.

② H. Haken, Synergetics, Springer Verlag, 1979.
中译本:哈根,《协同学》,徐锡申等译,原子能出版社,1984 年.

§1.2　平衡态及其描写

1.2.1　热力学系统

热力学系统是指热力学所研究的对象，其范围极广，包括气体、液体、液体表面膜、弹性丝、磁体、超导体、电池，等等. 除了上述这些实物类型的物质系统以外，还可以是热辐射场. 但是有一点必须明确，热力学系统必须是宏观物体，亦即是由大量微观粒子所组成的(粒子总数的量级为 10^{20} 甚至更多). 少数粒子组成的系统不是热力学的研究对象①. 在以下的叙述中，热力学系统有时也简单地称为系统，或物体.

说到系统，必然牵涉到它的外部环境，通常称为**外界**，它是指可以对系统发生影响的那部分外部环境. 例如，当研究置于大气中的容器内的气体时，很自然地把气体当做"系统"，而把容器壁以及周围的大气(可以通过器壁对气体发生影响的那部分)归入"外界".

系统与外界的划分有一定的任意性. 例如，在研究电场中的电介质时，可以把电介质所占据空间的那部分电场与电介质一起划入"系统"，也可以把电场划入"外界". 当然，不同的划分不应该影响最后的物理结果.

下面对热力学中常用到的一些术语略作说明.

绝热壁与导热壁：绝热壁不允许它两边的物体发生任何形式的热交换，反之称为导热壁.

刚性壁：刚性壁不允许物体发生位移；用刚性壁包围的固体也不可能发生形变. 因此，外界对物体不可能作机械功.

热接触：由刚性、导热壁分开的两个物体，彼此只允许发生热交换，而不允许发生力的或电磁的相互作用，当然也不可能发生物质交换，这时称为两边的物体彼此处于热接触.

孤立系：如果系统由绝热且刚性的壁与环境分隔开，那么，系统将不会受到外界的任何影响，即不可能发生任何能量与物质交换，这样的系统称为孤立系. 孤立系在热力学与统计物理学的基本原理的表述中具有特殊的地位.

闭系与开系：系统与外界不能发生物质交换的称为闭系；反之称为开系. 闭系允许系统与外界有能量交换(通过做功与传热). 开系是粒子数可变的系统. 例如，对于容器中的水和水蒸气，如果把水蒸气当作系统，水作为外界，那么，水蒸气系统就是一个开系，它可以与外界交换分子，这些系统的粒子数是允许改变的.

1.2.2　平衡态

传统热力学以研究平衡态相关性质为主，因此，平衡态的概念具有基本的意义. **平衡态**

① 热力学已被推广应用到重原子核(包含几百个核子)，但在作这类推广性应用时，必须十分小心.

的定义为：

在没有外界影响的条件下，物体各部分的性质长时间内不发生任何变化的状态.

注意，若把平衡态简单定义为“物体各部分的性质长时间内不发生任何变化的状态”是不充分的，因为存在不随时间变化的非平衡态（称为**非平衡定态**或**稳恒态**），也满足上述要求. 例如，把一根金属杆一端插入装沸水的大水槽，另一端插入冰与水混合的大水槽. 经过一段时间金属杆内就建立起稳定的温度分布. 虽然杆内各处温度不同，但只要水槽够大，杆内各处的温度将长时间维持不变. 这时发生的是热传导过程，热流不断地从高温端流入而从低温端流出，只不过已达到不随时间改变的稳恒状态. 定义中“没有外界影响”是指物体与外界之间没有宏观的能量与物质交换. 加上这个条件，非平衡定态就被排除在外，不会引起混淆了.

应该指出，“没有外界影响”并不要求系统必须是孤立系（当然孤立系一定属于“没有外界影响”）. 上面在说明开系时所举的例子中，当达到平衡时，系统（水蒸气）与外界（水）之间没有宏观能量与物质交流，不过此时微观上看系统与外界之间可以有微观的能量与物质交换，但这种情形的开系同样可以处于平衡态.

平衡态只是宏观性质不随时间变化，从微观上看分子仍在不停地运动着，必然存在涨落，故称为**动态平衡**.

经验表明，在一定的条件下，初始不处于平衡态的系统，经过一段时间，必将趋近于平衡态，这个时间称为**弛豫时间**. 上面说的“一定的条件”是什么呢？一种是孤立系，系统完全与外界隔绝的情形. 另一种是维持“不变的外界条件”. 例如，保持系统与恒定温度的外界热接触，经过一段时间系统将趋于平衡态. 恒定温度的外界可以用一个很大的恒温槽来实现，在热力学理论中称之为**大热源**或**热库**（heat reservoir），它足够地大，与物体发生有限数量的热量交换对热库的影响可以忽略；又如使物体处于恒定压强的外界环境中；还可以使系统与**大粒子源**或**粒子库**接触（即开系）. 总之，只要保持“不变的外界条件”，系统经过一段时间必将趋于平衡态.

应该指出，经验只是告诉我们在一定的条件下系统必将趋于平衡态，至于究竟通过什么机制才能趋于平衡？弛豫时间有多长？这些问题热力学本身不能回答，这是非平衡态统计物理的任务. 以后我们会看到，趋于平衡是依靠粒子之间相互作用来实现的.

平衡态性质由平衡态本身决定，而与如何到达该平衡的历史无关，这一点非常重要.

1.2.3　平衡态的描写

尽管热力学系统都是由大量微观粒子所组成的宏观物体，但热力学把物体看成连续介质，完全不管它的微观结构. 对于平衡态，只需要用少数几个**宏观变量**就可以完全描写，这些宏观变量称为**状态变量**，这种描写是**宏观描写**.

例如，对一定质量的化学纯的气体，实验告诉我们，只需要用气体的压强（p）和体积（V）即可完全确定其平衡态；一块液体表面膜，用表面张力（σ）与表面积（A）；一根细的弹性丝，用张力($\mathscr{F}$)与长度(L);等等.

如果系统比较复杂,则需要用更多的状态变量.例如对电场中的电介质,还需要增加电场强度($\vec{\mathscr{E}}$)和极化强度($\vec{\mathscr{P}}$);对磁场中的磁介质,需增加磁场强度($\vec{\mathscr{H}}$)和磁化强度($\vec{\mathscr{M}}$);等等.

如果系统由多种分子组成(每一种分子称为一种**组元**),为了表征其成分,需要引入表示每一组元数量的变量,常用的是摩尔数.

以上提到的这些状态变量可以归纳为四类,即几何变量(如 V,A,L),力学变量(如 p,$\sigma,\mathscr{F}$),电磁变量(如 $\vec{\mathscr{E}},\vec{\mathscr{P}},\vec{\mathscr{H}},\vec{\mathscr{M}}$),以及化学变量(组元的摩尔数).状态变量都是可以直接测量的宏观量.

以上这四类状态变量并不是热力学所特有的,还有一种热力学中特有的变量——**温度**,将在下一节讨论.我们将说明温度是一个**态函数**,它完全由上述状态变量确定.温度是热力学中引入的第一个态函数,以后还会引入另外一些态函数,如内能、焓、熵、自由能、吉布斯函数,等等.但温度在诸多的态函数中地位特殊,它是可以直接测量的,而其他那些态函数不能直接测量,所以温度也经常用作状态变量.

如果要问描写某一个特定的热力学系统平衡态的独立状态变量有多少,热力学本身不能回答,这要靠实验.

如果一个物体的各部分的性质完全相同,称为**均匀系**,也称为**单相系**.如果各部分的性质不同,则称为**非均匀系**,或**复相系**,其中每一个均匀部分称为一个**相**.描写复相系平衡态的状态变量是描写每一相的状态变量的总和.不过由于相与相之间必须满足一些平衡条件,故总的独立状态变量的数目会少于简单相加的数目,这将在讨论相律时说明.

对于均匀系,无论是状态变量,还是状态函数,通常可以分成两类:一类称为**广延量**,它与系统的总质量成正比,如摩尔数、体积、内能与熵等;另一类称为**强度量**,代表物质的内在性质,与总质量无关,如压强、温度、密度、内能密度、熵密度等.广延量具有可加性,强度量不可加,并具有局域的性质.①

以上是关于系统平衡态的描写.如果系统处于非平衡态,一般而言,物体各部分的性质是不同的,而且还可以随时间变化.对于非平衡态的描写需要以"局域平衡近似"为基础,即将系统分成许多小块,每一个小块宏观上足够小,以反映宏观性质随空间的变化;微观上要足够大,这样局部宏观量作为微观量的统计平均值才有意义(详见第六章).虽然整个系统处于非平衡态,但每一小块近似地可以看成是均匀的,宏观的强度变量仍有意义,可以用它们去描写小块的状态,但这些局部的强度变量,如压强、温度、密度等一般是坐标($\boldsymbol{r}$)与时间(t)的函数.关于非平衡态描写将在第五章中详细介绍.

---

① 我们所研究的宏观物体,绝大多数是电中性的,构成物体的原子或分子之间的相互作用是短程力,这就使宏观物体表面与物体内部粒子数之比可以忽略,从而保证了广延量的定义是有意义的.

但是,广延量的定义不适用于长程力的系统,例如带有静电荷的物体,其静电能并不与总电量成正比;又如引力起主导作用的星体,其引力能与总质量不成线性关系.

§1.3 温度 物态方程

1.3.1 热平衡定律 温度

温度是表征物体冷热程度的物理量，只要谈到热现象，一定离不开温度，它在热力学与统计物理学中占有特殊的、标志性的地位.

温度的概念以及用温度计测量温度的原理都以下述**热平衡定律**为基础.

在与外界隔绝的情况下，如果让两个各自处于平衡态的物体 A 与 B 发生热接触后，A 与 B 的状态都不发生变化，则称 A 与 B 处于热平衡.

热平衡定律[①]：若物体 A 分别与物体 B 和 C 处于热平衡，那么，如果让 B 与 C 热接触，它们一定也处于热平衡.

热平衡定律是经验的总结，它表明，互为热平衡的物体必定存在一个属于物体本身内在性质的物理量，这个量定义为温度. 温度的最基本性质是：**一切互为热平衡的物体的温度相等.**

热平衡定律也为用温度计测量物体的温度提供了依据. 实际上，可以把上面提到的物体 A 作为温度计，通过将 A 分别与 B 和 C 热接触，就可以比较 B 和 C 的温度，而无需让 B 和 C 直接发生热接触.

温度是对系统处于平衡态定义的，对非平衡态，在局域平衡近似成立的条件下，温度仍然有意义，即把整个系统分成许多宏观小微观大的小块，对每一小块温度仍然有意义.

如何确定温度的数值呢？为此，首先需要选定一种物质的某一随冷热程度有显著变化的物理量作为温度的标志，并规定数值表示的具体规则，这称为**温标**. 具体的温标有各种各样的，这里只提一下**定压气体温标**，它是在保持气体压强不变的条件下，用气体体积的变化作为温度的标志，规定温度(用 T_p 表示)与体积 V 按线性关系变化，并规定水的三相点的温度值为 $T_3=273.16$，于是有

$$T_p = T_3 \frac{V}{V_3}, \tag{1.3.1}$$

其中 V_3 代表该温度计中气体在 T_3 时的体积. 实验表明，用不同气体作测温物质所得到的 T_p 有微小的差别，但这些微小的差别在压强趋于零的极限下消失. 压强趋于零下的气体称为**理想气体**，因而把压强趋于零的极限条件下的 T_p 称为**理想气体温标**，简称为**气体温标**，记为 T，亦即

$$T \equiv \lim_{p\to 0} T_p. \tag{1.3.2}$$

应该指出，理想气体温标不能用到太低的温度区，那时(1.3.1)的线性关系不再成立(或者气

① 热平衡定律也称为热力学第零定律，是出现在热力学的三条基本定律发现之后的提法.

体液化了,或者量子效应起作用).

以后将证明(见§1.10),根据热力学第二定律,可以引入一种不依赖于具体物质的普适温标,称为**热力学温标**或**绝对温标**.还可以证明,在理想气体温标适用的范围内,它与热力学温标完全一致.习惯上用 T 表示热力学温标,单位为开[尔文](Kelvin),符号为 K.

日常生活常用的摄氏温标(记为 t)的定义为

$$t = T - T_0 = T - 273.15,$$

单位为℃.摄氏温标的零点为 273.15 K.

1.3.2 物态方程

● 物态方程

根据热平衡定律,引入了热力学系统平衡态的一个态函数——温度.另一方面,在§1.2中已说明,系统平衡态由状态变量描写.例如,对一定质量的化学纯气体,独立状态变量为压强与体积.因此,态函数温度与状态变量 p,V 之间,必定存在函数关系,可以表为

$$T = f(p,V), \tag{1.3.3}$$

温度与独立状态变量之间的函数关系称为**物态方程**.由于温度是可以直接测量的物理量,它也可以作为状态变量,故物态方程(1.3.3)也常表为

$$p = p(T,V),$$

或

$$V = V(T,p),$$

或

$$g(p,V,T) = 0. \tag{1.3.4}$$

普遍而言,若令$(x_1,x_2,\cdots,x_n)$代表描写系统平衡态的独立状态变量,则物态方程可以表为

$$T = f(x_1,x_2,\cdots,x_n), \tag{1.3.5}$$

或

$$g(x_1,x_2,\cdots,x_n,T) = 0. \tag{1.3.6}$$

对物态方程,应该注意下面两点.首先,热力学理论肯定平衡态存在态函数温度,也就是说,肯定了物态方程的存在;但是热力学理论不能告诉我们特定系统物态方程的具体形式.确定物态方程的具体形式有两种办法,一种是依靠实验,另一种是用统计物理学的理论计算,后者是平衡态统计理论的重要任务之一.其次,上面所说的物态方程是对均匀系(或单相系)而言的.对于非均匀系(或复相系),每一个均匀部分(即一相)有自己的物态方程,但对整个非均匀系没有统一的物态方程.

● 与物态方程有关的物理量

设物态方程的形式为(1.3.4),它可以代表处于平衡态的均匀气体或液体,也可以代表各向同性固体.

膨胀系数 α 定义为

$$\alpha \equiv \frac{1}{V}\left(\frac{\partial V}{\partial T}\right)_p, \tag{1.3.7}$$

α 代表在压强不变的条件下体积随温度的相对变化率. 上式中的符号是热力学中的标准写法,括号外面的 p 表示在求微商时把 V 作为 T 和 p 的函数而保持 p 不变. 由于热力学系统有多个独立状态变量,因此,在求微商时必须把保持什么变量不变写清楚. 特别是,在计算中常常需要作变量变换,只有写清楚才不会出错.

压强系数 β 定义为

$$\beta \equiv \frac{1}{p}\left(\frac{\partial p}{\partial T}\right)_V, \tag{1.3.8}$$

β 代表在体积不变的条件下压强随温度的相对变化率.

等温压缩系数(亦简称为**压缩系数**)κ_T 定义为

$$\kappa_T \equiv -\frac{1}{V}\left(\frac{\partial V}{\partial p}\right)_T, \tag{1.3.9}$$

κ_T 代表在温度不变的条件下体积随压强的相对变化率. 定义式中的负号是因为 $\left(\frac{\partial V}{\partial p}\right)_T < 0$,这样定义使 κ_T 是正的($\kappa_T > 0$ 可以由平稳的稳定性理论证明,见 §3.4).

以上三个系数 α,β 与 κ_T 之间满足下面的关系:

$$\alpha = \kappa_T \beta p. \tag{1.3.10}$$

上式可以用下面的偏微商公式导出:

$$\left(\frac{\partial V}{\partial T}\right)_p \left(\frac{\partial T}{\partial p}\right)_V \left(\frac{\partial p}{\partial V}\right)_T = -1. \tag{1.3.11}$$

这个恒等式很有用,由于三个变量 V,T 和 p 之间存在着函数关系,那么,可以把 V 看成是 T 与 p 的函数;也可以把 T 看成是 p 与 V 的函数;还可以把 p 看成是 V 与 T 的函数,就很容易推出上式. 这个公式很好记:左边的三个变量之间的地位可以看成"团团转"的安排.

公式(1.3.11)可以改写成

$$\left(\frac{\partial V}{\partial T}\right)_p = -\left(\frac{\partial V}{\partial p}\right)_T \left(\frac{\partial p}{\partial T}\right)_V, \tag{1.3.12}$$

稍作改变即得(1.3.10).

若知道了物态方程,可以从 α,β 与 κ_T 的定义式求出它们. 另一方面,由(1.3.10)可知,三个量 α,β 与 κ_T 中只需要知道两个就可以确定第三个. 实验上通常是测量 α 与 κ_T,因为 β 虽然也可以直接测量,但在实验上保持体积不变比保持 T 或 p 不变要困难一些. 如果测量出 α 与 κ_T,原则上就确定了物态方程(习题 1.4 是一个简单的例子).

一定质量的化学纯的流体(气体或液体)以及各向同性的固体的平衡态只需要 p,V 和 T 三个变量中任何两个就可以确定,这类系统有时称为 p-V-T 系统. p-V-T 系统的物态方程一般形式就是(1.3.3)或(1.3.4). α,β 与 κ_T 的定义式以及三者之间的关系式(1.3.10)对

一切 p-V-T 系统是普遍的. 在推导(1.3.10)时，我们无需知道物态方程的具体函数形式，只需这一函数关系**存在**就够了.

● 物态方程若干实例

(1) **理想气体**

理想气体是实际气体在压强趋于零时的极限，它可以作为实际气体在温度不太低，且密度足够稀薄时的近似. 理想气体的物态方程为

$$pV = NRT, \tag{1.3.13}$$

其中 N 为气体的摩尔数[①]，T 为气体温标，R 为摩尔气体常数(或气体常数)

$$R = 8.3145\,\mathrm{J/(mol\cdot K)}.$$

气体常数 R 是一个普适常数，它是**阿伏伽德罗**(Avogadro)**定律**的结果，该定律可以表述为：在相同的温度与压强下，相等的体积所含各种气体的摩尔数相等. 换句话说，相同摩尔数的各种气体 $\dfrac{pV}{T}$ 是一个普适常数. 阿伏伽德罗定律只在压强趋于零的极限下(即理想气体)才严格成立.

(2) **范德瓦耳斯气体**

范德瓦耳斯(van der Waals)气体是对实际气体的近似，它考虑了分子之间的相互作用所引起的修正，比理想气体进了一步. 范德瓦耳斯气体的物态方程为

$$\left(p + \frac{N^2 a}{V^2}\right)(V - Nb) = NRT, \tag{1.3.14}$$

其中 $\dfrac{N^2 a}{V^2}$ 代表分子之间的吸引力所引起的修正，而 Nb 是分子之间的排斥力所引起的修正. 若气体的密度足够低，使 $\dfrac{N^2 a}{V^2}$ 与 Nb 可以忽略时，范德瓦耳斯方程(1.3.14)就还原为理想气体方程(1.3.13). 参数 a 与 b 可以由实验确定，也可以由统计物理理论计算(参看§8.5).

(3) **昂尼斯方程**

昂尼斯(Onnes)根据实际气体在压强趋于零的极限下趋于理想气体这一性质，提出以下列按压强的级数展开形式作为实际气体的物态方程：

$$pV = NRT\{1 + A_2 p + A_3 p^2 + A_4 p^3 + \cdots\}, \tag{1.3.15}$$

其中 $A_2, A_3, A_4, \cdots$ 都是温度的函数，分别称为第二，第三，第四，……**位力系数**. 显然，当压强趋于零时(1.3.15)回到理想气体的物态方程(1.3.13).

昂尼斯方程还有另一种按体积的负幂次展开的形式：

$$pV = NRT\left\{1 + \frac{B_2}{V} + \frac{B_3}{V^2} + \frac{B_4}{V^3} + \cdots\right\}, \tag{1.3.16}$$

---

① 请读者注意：本书的热力学部分用 N 代表摩尔数，特地用大写以突出其为广延量；在统计物理学部分，用 N 代表总分子数.

其中 $B_2, B_3, B_4, \cdots$ 都是温度的函数，也称为第二，第三，第四，……位力系数．当 $V \to \infty$ 时，(1.3.16)还原到理想气体的物态方程．

(1.3.15)或(1.3.16)中的各级位力系数可以由实验确定，一些常见的气体的实验结果已列成表，可供查阅．

应用统计物理理论，可以计算各级位力系数(参看§8.5，§8.6)．

(4) 流体与各向同性固体

它们都属于 p-V-T 系统，物态方程可以归入(1.3.3)或(1.3.4)的形式，不过其具体的函数形式不像气体那样可以简单表达出来．由于液体与各向同性固体的 α 与 κ_T 都比较小，在不太大的温度与压强范围内可以近似把 α 与 κ_T 当成常数，将物态方程表达成下列形式：

$$V = V_0\{1 + \alpha(T - T_0) - \kappa_T(p - p_0)\}, \tag{1.3.17}$$

其中 T_0 与 p_0 为选定的温度与压强，V_0 代表 $T = T_0, p = p_0$ 时系统的体积．上式相当于在 (T_0, p_0) 点将 $V(T, p)$ 做级数展开，并只保留到一阶项．显然上式只对 T 与 p 分别离 T_0 与 p_0 不大的范围内才近似成立．

(5) 顺磁固体

顺磁物质在没有外加磁场时不表现出磁性；当外加磁场($\vec{\mathscr{H}}$)时，才表现出磁性．对各向同性顺磁固体，其磁化强度 $\vec{\mathscr{M}}$(即单位体积的总磁矩)的方向与 $\vec{\mathscr{H}}$ 相同，故可简单取为标量 $\mathscr{H}$ 与 $\mathscr{M}$．描写顺磁固体的平衡态的独立状态变量可选 $(T, V, \mathscr{H})$．在许多情况下，由于体积的变化很小，可以忽略不计①，即可把 V 看成常数，于是独立状态变量减少为两个，比如选 T 与 $\mathscr{H}$．实验表明，顺磁固体的物态方程遵从居里(Curie)定律，即

$$\mathscr{M} = \frac{C}{T}\mathscr{H}, \tag{1.3.18}$$

其中 C 为与物质有关的正常数，可以由实验测定．应该指出，居里定律只在 $\mathscr{H}/T$ 的比值比较小时(弱场与高温)下才适用．

1.3.3　几个常用物理量的单位

在国际单位制(SI)中，长度的单位为米(m)，体积为立方米(m^3)，质量为千克(kg)，力的单位为牛[顿](N)，$1\ \mathrm{N} = 1\ \mathrm{kg \cdot m/s^2}$，压强是作用在单位面积上的力，其单位为 $\mathrm{N/m^2}$，称为帕(Pa)，

$$1\ \mathrm{Pa} = 1\ \mathrm{N/m^2}.$$

在一些文献中，还有使用厘米克秒(CGS)单位制的．在 CGS 单位制中，力的单位为达因(dyne)，压强的单位为 $\mathrm{dyne/cm^2}$，称为微巴(μbar)，

$$1\ \mathrm{dyne/cm^2} = 1\ \mu\mathrm{bar}, \quad 1\ \mathrm{bar} = 10^6\ \mathrm{dyne/cm^2} = 10^5\ \mathrm{Pa}.$$

① 当研究磁致伸缩效应(磁场引起的体积变化)时，就不能把 V 看成常数．这时可选 T, V 与 $\mathscr{H}$ 作为独立变量．从这个意义上来看，(1.3.18)是一个不完全的物态方程．

压强的另一个常用单位是标准大气压，记为 atm，它与 Pa 和 bar 的关系为

$$1\ \text{atm} = 101\,325\ \text{Pa} = 1.013\,25\ \text{bar}.$$

可见，1 atm≈1 bar，而 Pa 是一个很小的压强单位.

§1.4 功

传统热力学的基本任务之一是研究热现象过程中能量转化的数量关系. 系统从外界获取能量有两种基本形式，即作功与吸热.

在热力学理论中计算功的问题出现在两类过程中. 一类是**准静态过程**，这是最重要的；另一类是非静态过程，一般计算是困难的，但在某些特殊情况下可以容易地求得.

1.4.1 准静态过程的功

什么是过程？过程就是系统状态随时间的变化. 准静态过程是一类理想化的过程，其定义为：**一个过程，在它进行中的每一步系统都处于平衡态，这样的过程称为准静态过程.** 显然，实际过程不可能是严格意义下的准静态过程. 由于外界条件的变化引起系统状态变化，而系统状态变化一定会破坏原有的平衡. 尽管如此，如果外界条件变化得**足够缓慢**，使过程进行的速度趋于零时，这个过程就趋于准静态过程. 更确切地说，若令 Δt 代表外界条件变化的特征时间，τ 代表系统趋于与外界条件对应的平衡态的特征时间（称为**弛豫时间**），那么，准静态过程相当于$\frac{\tau}{\Delta t}\to 0$ 的极限. 值得注意的是，这里的"**足够缓慢**"是相对而言的，它是指外界条件变化的速度比起系统内部建立平衡的速度"缓慢"得多，以至于系统通过内部分子之间的相互作用"来得及"调整到与外界变化相对应的平衡态.

进一步，如果摩擦阻力可以忽略，那么，在准静态过程中外界对系统的作用力，可以用系统本身的状态变量来表达. 例如，考虑盛于带有活塞的圆筒中的气体，若活塞与筒壁的摩擦力可以忽略，则当气体作准静态膨胀时，过程中的每一步外界压强 p_{ex} 必然等于气体的压强 p（p_{ex} 比 p 略小，相差为一无穷小量）. 这种无摩擦阻力的准静态过程有一个极重要的性质，即当过程反向进行时（上例中气体作准静态压缩），**系统与外界**在过程的每一步的状态都是原来正向进行时的状态的重演. **一个过程，每一步都可在相反的方向进行而不在外界引起其他变化的**，称为**可逆过程**. 因此，没有摩擦阻力的准静态过程是可逆过程. 如果有摩擦阻力，即使过程是准静态的，外界作用力也不能用系统的状态变量来表达. 如上例中外压强产生的总压力将不等于内压强产生的总压力，差一个摩擦阻力，亦即 $p_{ex}\neq p$. 而且，反向进行时系统与外界的状态将不是正向进行的重演. 也就是说，当有摩擦阻力时，即使是准静态过程，也是不可逆的. 我们不讨论这种复杂情况，而只限于无摩擦阻力的准静态过程，更一般地说，只讨论无耗散效应的准静态过程.

下面列出几种常见的准静态过程的功的表达式. 考虑到普通物理课程中已学习过，这里

将直接列出结果,只略作说明.

- 流体体积变化过程

考虑盛于带有活塞的圆筒内的流体(气体或液体),设活塞和筒壁的摩擦阻力可以忽略,当流体的体积变化 $\mathrm{d}V$ 时,外界对系统所作的微功为

$$\text{đ}W = -p\mathrm{d}V. \tag{1.4.1}$$

我们约定,上式的 $\text{đ}W$ 代表**外界对系统**所作的微功(注意公式中有负号).若令 $\text{đ}W'$ 代表系统对外界所作的微功,则有

$$\text{đ}W' = -\text{đ}W = p\mathrm{d}V. \tag{1.4.2}$$

显然,当流体被压缩时($\mathrm{d}V<0$),外界对系统所作的功为正;当流体膨胀时($\mathrm{d}V>0$),外界作功为负.由于是准静态过程(我们只限于讨论无摩擦阻力情况,以下不再重复说明),式中的压强就是流体自身的压强.也就是说,微功(1.4.1)是用系统自身的状态变量表达的.

对体积从 V_1 变到 V_2 的有限过程,外界对系统所作的功是(1.4.1)式取积分,即

$$W = -\int_{V_1}^{V_2} p\mathrm{d}V. \tag{1.4.3}$$

令以压强为纵坐标轴,体积为横坐标轴构成的空间,称为**状态空间**,也称为 p-V 空间. p-V 空间中的任何一点代表系统的一个平衡态;一条曲线代表一个准静态过程.图 1.4.1(a)表示从态 1 到态 2 的一个准静态过程,曲线下的面积等于 $-W$.显然,连接态 1 与态 2 两点的不同曲线下的面积一般也不同,说明功与过程有关.正因为功是与过程有关的量,微功特意用 $\text{đ}W$ 表示,以区别全微分符号"d".

图 1.4.1(b)显示了一个**循环过程**:从态 1 经过过程 Ⅰ 到达态 2,再经过过程 Ⅱ 回到态 1,闭合曲线中的面积等于在此循环过程中外界对系统所作的功取负值,即 $-W$.

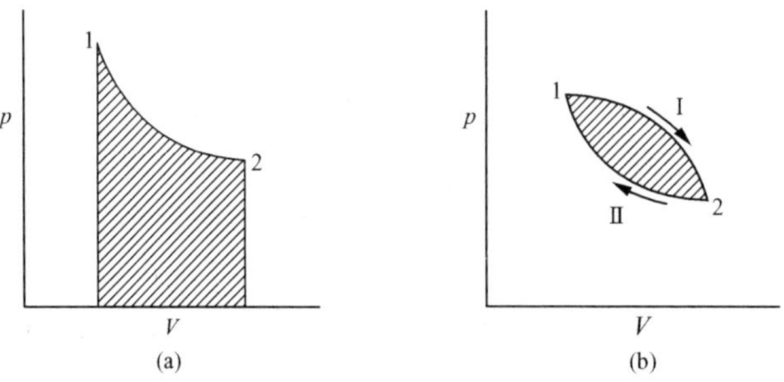

图 1.4.1　状态空间　(a) 功的图示法;(b) 循环过程的功

- 表面膜面积变化过程

令 σ 代表液体表面膜的表面张力,A 为膜的表面积,在外力作用下,当表面积增加 $\mathrm{d}A$ 时,外界对系统所作的微功为

$$\text{đ}W = \sigma\mathrm{d}A. \tag{1.4.4}$$

当表面积扩大时($\mathrm{d}A>0$),外界对系统作正功;反之,作负功.注意到表面张力是倾向使膜收

缩的,与压强不同,因此公式(1.4.4)中无负号.

- 细弹性丝长度变化过程

令$\mathscr{F}$代表丝的张力,L为丝的长度,在外力作用下,当丝长增加$\mathrm{d}L$时,外界对系统所作的微功为

$$\mathrm{d}W = \mathscr{F}\mathrm{d}L. \tag{1.4.5}$$

- 电场中电介质的极化过程

为简单,考虑均匀电场$\vec{\mathscr{E}}$中的均匀电介质.在外电场作用下,电位移$\vec{\mathscr{D}}$准静态地增加$\mathrm{d}\vec{\mathscr{D}}$时,电场所作的微功为

$$\mathrm{d}W = V\vec{\mathscr{E}}\cdot\mathrm{d}\vec{\mathscr{D}}, \tag{1.4.6}$$

其中V代表电介质的体积.令$\vec{\mathscr{P}}$代表极化强度,

$$\vec{\mathscr{D}} = \varepsilon_0\vec{\mathscr{E}} + \vec{\mathscr{P}}, \tag{1.4.7}$$

其中ε_0为真空介电常数,$\varepsilon_0 = 8.8542\times10^{-12}\ \mathrm{F/m}$,将(1.4.7)代入(1.4.6),得

$$\mathrm{d}W = V\varepsilon_0\vec{\mathscr{E}}\cdot\mathrm{d}\vec{\mathscr{E}} + V\vec{\mathscr{E}}\cdot\mathrm{d}\vec{\mathscr{P}} = V\mathrm{d}\left(\frac{1}{2}\varepsilon_0\mathscr{E}^2\right) + V\vec{\mathscr{E}}\cdot\mathrm{d}\vec{\mathscr{P}}. \tag{1.4.8}$$

注意到$V\frac{1}{2}\varepsilon_0\mathscr{E}^2$代表体积$V$内真空中电场的能量,故上式中的第一项代表真空中电场能量的变化,第二项是使电介质极化的功,称为**极化功**.上式中忽略了在电场改变时电介质体积的变化.以上诸式均采用国际单位制,电场强度$\mathscr{E}$的单位为伏[特]/米(V/m);极化强度$\mathscr{P}$的单位为库[仑]/米^2(C/m^2).

- 磁场中磁介质的磁化过程

考虑均匀磁场$\vec{\mathscr{H}}$中的均匀磁介质.在外磁场的作用下,当磁感应强度$\vec{\mathscr{B}}$增加$\mathrm{d}\vec{\mathscr{B}}$时,磁场所作的微功为

$$\mathrm{d}W = V\vec{\mathscr{H}}\cdot\mathrm{d}\vec{\mathscr{B}}, \tag{1.4.9}$$

其中V为磁介质的体积.令$\vec{\mathscr{M}}$代表磁介质的磁化强度,

$$\vec{\mathscr{B}} = \mu_0(\vec{\mathscr{H}} + \vec{\mathscr{M}}), \tag{1.4.10}$$

μ_0为真空磁导率,$\mu_0 = \frac{1}{4\pi}\times10^{-7}\ \mathrm{N/A^2}$.利用(1.4.10),$\mathrm{d}W$可改写为

$$\mathrm{d}W = V\mu_0\vec{\mathscr{H}}\cdot\mathrm{d}\vec{\mathscr{H}} + V\mu_0\vec{\mathscr{H}}\cdot\mathrm{d}\vec{\mathscr{M}} = V\mathrm{d}\left(\frac{1}{2}\mu_0\mathscr{H}^2\right) + \mu_0 V\vec{\mathscr{H}}\cdot\mathrm{d}\vec{\mathscr{M}}, \tag{1.4.11}$$

其中第一项代表真空中磁场能量的变化,第二项是使磁介质磁化的功,称为**磁化功**.上式中忽略了磁场改变时所引起的磁介质体积的变化.在国际单位制中,$\mathscr{H}$与$\mathscr{M}$的单位都是安[培]/米(A/m).

如果磁场改变时,磁介质的体积变化不能忽略(例如在研究**磁致伸缩**效应时),那么,微功中还应该加上一项对应于体积变化的功$-p\mathrm{d}V$.

以上列举了几种常见的准静态过程的功的表达式.如果情况比较复杂,外界对系统所作的功可以同时包含几种不同的形式,就像上例中磁介质的情况,不仅有磁场所作的功,还有体积改变所作的功.一般地说,外界对系统所作的微功可以普遍地表达为

$$đW = Y_1 dy_1 + Y_2 dy_2 + \cdots + Y_r dy_r = \sum_{l=1}^{r} Y_l dy_l. \tag{1.4.12}$$

借用力学中功是力与位移的乘积,通常把 $y_1, y_2, \cdots, y_r$ 称为"广义坐标", $dy_1, dy_2, \cdots, dy_r$ 称为"广义位移", $Y_1, Y_2, \cdots, Y_r$ 称为"广义力".

在国际单位制下,功的单位是焦[耳](J);在厘米克秒(CGS)单位制下是尔格(erg).

1.4.2　特殊非静态过程的功

考虑流体及各向同性固体.在非静态过程中,外界对系统所作的功仍然等于作用力与位移的乘积.但是在非静态过程中,系统各部分的性质一般是非均匀的,而且还可能随时间变化.外界对系统的作用力一般说既与位置有关,也与时间有关.因此,功不能用简单公式表达.但在下列特殊的情况下,功却很容易求得.

- 等容过程

即体积不变的过程.由于系统与外界没有相对位移,即使有作用力,外界对系统也没有作功,故 $W=0$.无论系统内部发生何种剧烈复杂的变化(例如发生了剧烈的化学反应过程,温度、压强各处不均匀,等等), $W=0$ 的结果仍然保持(对弹性固体,即使体积不变,只要改变形状也需作功,我们将不讨论这种情形).

- 等压过程

等压过程是指**外界压强维持恒定**,即 $p_{ex}=$常数.当系统的体积发生变化,从 V_1 变到 V_2 时,外界对系统所作的功为

$$W = -p_{ex}(V_2 - V_1) = -p_{ex}\Delta V, \tag{1.4.13}$$

其中 $\Delta V = V_2 - V_1$ 是等压过程中系统体积的改变.进一步,如果系统的初、终态的压强相等,并等于外压强 p_{ex},即

$$p_1 = p_2 = p_{ex} \equiv p, \tag{1.4.14}$$

则功为

$$W = -p(V_2 - V_1) = -p\Delta V, \tag{1.4.15}$$

上式中的压强是系统初、终态的压强.注意,(1.4.15)只要求外界的压强恒定且等于系统初、终态的压强,并不要求系统内部在整个等压过程中的压强也等于 p;甚至允许系统在过程中内部各处压强不相等.这一情况在研究化学反应时很重要,因为那时的实际情况是在过程进行中间系统内部的压强不均匀.

以上这两种情况都是在实际应用中很重要的.

§1.5 热力学第一定律

热力学第一定律是能量守恒定律在宏观热现象过程中的表现形式. 能量守恒定律是在热力学第一定律的基础上进一步扩大,不仅适用于宏观过程,而且适用于微观过程;它已成为最普遍、最重要的自然规律之一. 能量守恒定律可以表述为:**自然界一切物质都具有能量,能量有各种不同的形式,能够从一种形式转化为另一种形式,从一个物体传递给另一个物体,在转化和传递中能量的数量不变.**

历史上曾经有过一种幻想,希望制造能不断作功又不需消耗任何燃料的"永动机",热力学第一定律的建立彻底否定了这种幻想. 热力学第一定律又可以表述为"**永动机是不可能造成的**".

热力学第一定律是大量的经验的总结,迈耶(Mayer)、焦耳(Joule)和亥姆霍兹(Helmholtz)为热力学第一定律的建立作出了最重大的贡献.

热力学第一定律的数学表述涉及功、热量与内能. 功已在上节讨论过,下面首先论证内能是热力学系统的一个态函数.

内能是系统平衡态的一个态函数,它的确定是以焦耳的热功当量实验为基础的. 从1840年开始,焦耳前后花了二十多年时间进行实验. 他把工作物质(水或气体)装在不传热的容器里,用各种不同的方法(如搅拌、撞击、压缩等机械方法,以及电加热方法)使工作物质的温度升高,也就是改变系统的平衡态. 上述这些过程中外界没有传热给系统,系统状态的改变只是通过外界对系统作机械功或电磁功,这类过程称为**绝热过程**. 上述实验可以总结为下面的普遍规律:

当系统由某初态(态1)经过各种不同的绝热过程到终态(态2)时,外界对系统所作的绝热功都相等.

也就是说,对初、终态为平衡态的系统,外界对系统所作的绝热功(W_a)只与初态与终态有关,而与中间过程无关. 据此,可以用绝热过程的功值 W_a 来定义一个态函数内能 U,让内能在终态与初态之间的差值等于 W_a,即

$$U_2 - U_1 = W_a, \tag{1.5.1}$$

注意上式只确定了两个态的内能之差,它允许内能包含一个任意相加常数,也就是说,内能的绝对值并无意义,该相加常数可以任意选择.

公式(1.5.1)既是内能的定义式,也是热力学第一定律对绝热过程的表达形式,它代表了机械能或电磁能通过作功与内能之间相互转化且守恒的关系.

下面将(1.5.1)推广到非绝热过程,在这种普遍的过程中,外界既可以对系统作功,系统也可以从外界吸收热量. 令从初态1到终态2的过程中,外界对系统所作的功为 W,系统从外界所吸收的热量为 Q,由于终态与初态的内能差是确定的,热量可由下式确定:

$$Q = U_2 - U_1 - W. \tag{1.5.2}$$

式中的(U_2-U_1)已由(1.5.1)完全确定，故上式给出了热量Q的定义，也说明怎样由内能和功计算热量.(1.5.2)也可以表达为

$$U_2-U_1=Q+W. \tag{1.5.3}$$

上式是热力学第一定律的数学表述，它表示系统内能的增加等于系统从外界吸收的热量与外界对系统所作的功之和.热量与功是能量转化的两种形式，通过它们，实现了外界与系统的能量转化，并在转化中保持数量不变.

注意，公式(1.5.1)与(1.5.3)只要求系统的初、终态为平衡态，至于过程中所经历的各个状态，并没有限制，它们可以是平衡态，也可以是非平衡态.

(1.5.3)是对有限变化的过程，对无穷小变化，公式化为

$$\mathrm{d}U=\text{đ}Q+\text{đ}W, \tag{1.5.4}$$

式中，由于内能U是态函数，内能的微商用$\mathrm{d}U$表示，它是全微分(或完整微分).但Q与W都是与过程有关的量，它们都不是态函数，故微热量与微功各自都不是全微分.为了强调这个区别，特别用“đ”而不用“d”.不过微热量与微功二者之和，即$\text{đ}Q+\text{đ}W$，是全微分.另外，只要指定某特定的过程，微热量与微功分开来各自也是全微分，例如下节将讨论的定容过程，定压过程，等等.

在1.2节中曾经指出，所有的热力学量(包括状态变量与状态函数)可以分成两大类，即广延量与强度量.像体积与摩尔数为广延量是显然的，但内能是广延量需要说明一下.设想有两个全同的系统(记为1与2)的内能分别为U_1与U_2.现将这两个系统放到一起构成一个大的复合系统.那么，复合系统的内能U除了U_1+U_2以外，还应包括两系统的相互作用能，记为U_{12}，它是通过分界面发生的.要$U=U_1+U_2$成立，必须$U_{12}/(U_1+U_2)\to 0$.从微观角度看，内能是粒子微观运动总能量的统计平均值，它包括动能与相互作用能.在热力学所研究的系统中，分子之间相互作用是短程力，故通过表面的相互作用只涉及在表面附近很薄的一层内的那些分子.只要系统足够大，表面效应可以忽略时，内能的广延性可以很好地满足(这里不考虑长程力的系统，参看本书第5页注).

当系统处于非平衡态时，其内部各部分的性质可能不同，这时，需要将系统分成许多宏观小微观大的小块，对每一小块可以用状态变量描写(称为局域平衡近似).一般而言，小块还可以运动.对一个小块，(1.5.4)可以推广为

$$\mathrm{d}U+\mathrm{d}E_{\mathrm{k}}=\text{đ}Q+\text{đ}W, \tag{1.5.5}$$

其中$E_{\mathrm{k}}=\dfrac{1}{2}Mv^2$为小块的动能，$M$为小块的质量，$v$为它的速度.$\text{đ}Q$与$\text{đ}W$如何表达将在非平衡态热力学中再谈(参看§5.1).

§1.6 热容 焓

热容的定义是

$$C_y \equiv \frac{\text{đ}Q_y}{\mathrm{d}T}, \tag{1.6.1}$$

其中 $\text{đ}Q_y$ 是物体在温度升高 $\mathrm{d}T$ 时所吸收的微热量. 由于热量与过程的性质有关,特意用下标 y 表示. y 可以代表吸热过程中某一状态变量不变(如等容过程中 $y=V$ 不变,等压过程中 $y=p$ 不变,等等);也可以笼统地作为过程性质的标志(如多方过程,见习题 1.7).

考虑 p-V-T 系统(包括气体、液体及各向同性固体),对这类系统,最重要的过程是等容过程与等压过程,相应的热容是**定容热容与定压热容**.

当系统的体积不变时,外界对系统不作功,故有

$$\text{đ}Q_V = \mathrm{d}U, \tag{1.6.2}$$

代入(1.6.1),得定容热容

$$C_V = \left(\frac{\partial U}{\partial T}\right)_V. \tag{1.6.3}$$

当系统的压强不变时,外界对系统所作的微功为 $\text{đ}W=-p\mathrm{d}V$,则有

$$\text{đ}Q_p = \mathrm{d}U - \text{đ}W = \mathrm{d}U + p\mathrm{d}V, \tag{1.6.4}$$

代入(1.6.1),得定压热容

$$C_p = \left(\frac{\partial U}{\partial T}\right)_p + p\left(\frac{\partial V}{\partial T}\right)_p. \tag{1.6.5}$$

应该注意,C_V 与 C_p 都是态函数,这一点从(1.6.3)与(1.6.5)可以清楚看出,因为两式右边是内能以及物态方程的微商,内能与物态方程都是态函数,它们的微商当然也是态函数. 如果从定义式(1.6.1)看,虽然一般而言的 $\text{đ}Q$ 与过程有关,但当指定过程以后,$\text{đ}Q$ 就不再是过程量,而只与初终态有关了.

现在引入一个新的态函数 H,称为系统的焓,其定义为

$$H \equiv U + pV, \tag{1.6.6}$$

则(1.6.5)可以简写为

$$C_p = \left(\frac{\partial H}{\partial T}\right)_p, \tag{1.6.7}$$

同时(1.6.4)可改写为

$$\text{đ}Q_p = \mathrm{d}H, \tag{1.6.8a}$$

对有限变化的等压过程,有

$$Q_p = \Delta H. \tag{1.6.8b}$$

虽然焓是从讨论等压过程引入的,但焓作为系统的态函数,并不依赖于等压过程,这可以从定义(1.6.6)清楚看出. 焓的一个重要性质是: **在等压过程中物体从外界吸收的热量等于物**

体焓的增加值.

由于吸收的热量与物体的总质量成正比，所以热容是广延量，单位质量的热容称为**比热**，比热是强度量，只与系统本身的固有性质有关，与系统的数量无关.

以上我们只介绍了 p-V-T 系统的 C_V 与 C_p，以后还会结合具体例子介绍其他系统的各种热容，如弹性丝的 C_L 与 $C_{\mathcal{F}}$，电介质的 $C_{\mathcal{E}}$ 与 $C_{\mathcal{P}}$，磁介质的 $C_{\mathcal{H}}$ 与 $C_{\mathcal{M}}$ 等等.

在§1.3中曾经指出，状态变量以及与物态方程有关的量是实验可以直接测量的物理量，现在还要补充一类可直接测量的物理量，就是各种热容，热力学理论不能从理论上给出热容. 它们需要由实验测定，也可以由统计物理理论加以计算.

§1.7　理想气体的性质

1.7.1　内能与焓

设想把气体压缩在容器一半的空间内，容器的另一半为真空，相连处有一活门隔开，整个容器与外界隔绝. 现在让活门打开，气体将从容器的一半涌出而充满整个容器，等达到新的平衡态后测量温度的变化. 在上述过程中气体所进行的过程称为**自由膨胀**过程. “自由”是指向真空的膨胀不受外界阻力. 过程的初态与终态都是平衡态，但中间过程实际上非常复杂，是高度非平衡的状态. 过程大体可分为两个阶段：第一阶段是“自由膨胀”，由于不受外力，所以外界不对气体作功；第二阶段从已充满容器至达到新的平衡态，这时外界（容器壁）有作用力，但没有相对位移，故也不作功. 所以整个过程 $W=0$. 又气体经历的是绝热过程，$Q=0$. 根据热力学第一定律，气体经过自由膨胀过程，其内能不变，即

$$\Delta U = U_2 - U_1 = 0, \tag{1.7.1}$$

这里的 U_1 与 U_2 是指初、终的平衡态的内能.

历史上焦耳做的实验本质上是上面所描述的. 他测量的结果是温度不变. 若选 (T,V) 为独立变数，则焦耳实验的结果是

$$U(T,V_2) = U(T,V_1). \tag{1.7.2}$$

因为 $V_2 \neq V_1$，表明 U 只与 T 有关，而与 V 无关.

但是，焦耳实验过于粗糙，更精确的实验表明实际气体的内能不仅与 T 有关，也与 V 有关（从微观上看由于分子之间的相互作用能在体积改变下会改变）. 以后的实验发现，温度不太低、压强趋于零的极限下的气体，即理想气体的内能只是 T 的函数，与体积无关. 于是，理想气体的物态方程与内能为

$$pV = NRT; \tag{1.7.3a}$$

$$U = U(T). \tag{1.7.3b}$$

目前，理想气体的这两条性质是彼此独立的. 在热力学第二定律建立以后，由(1.7.3a)可以导出(1.7.3b)（见式(2.1.31)）. 根据焓的定义(1.6.6)，理想气体的焓为

$$H \equiv U + pV = U(T) + NRT = H(T), \tag{1.7.4}$$

即理想气体的焓也只是温度的函数.

由公式(1.6.3)与(1.6.7),对理想气体,有

$$C_V \equiv \left(\frac{\partial U}{\partial T}\right)_V = \frac{\mathrm{d}U}{\mathrm{d}T} = C_V(T), \tag{1.7.5}$$

$$C_p \equiv \left(\frac{\partial H}{\partial T}\right)_p = \frac{\mathrm{d}H}{\mathrm{d}T} = C_p(T), \tag{1.7.6}$$

即理想气体的 C_V 与 C_p 都只是 T 的函数. 由(1.7.4),得

$$C_p - C_V = NR. \tag{1.7.7}$$

定义两种热容 C_p 与 C_V 之比为 γ:

$$\gamma \equiv \frac{C_p}{C_V} = \gamma(T), \tag{1.7.8}$$

注意 $\gamma=\gamma(T)$ 也只是 T 的函数. 由(1.7.7),$C_p > C_V$,故 $\gamma > 1$;这也可以从 C_p 与 C_V 相比较看出,因 C_p 在吸热中多一项外界作功. 由(1.7.7)及(1.7.8),立即得

$$C_V = \frac{NR}{\gamma - 1}; \quad C_p = \gamma \frac{NR}{\gamma - 1}. \tag{1.7.9}$$

根据公式(1.7.5)与(1.7.6),可以用实验测量得到的 $C_V(T)$ 与 $C_p(T)$ 确定理想气体的内能与焓:

$$U(T) = \int C_V(T)\mathrm{d}T + U_0, \tag{1.7.10a}$$

$$H(T) = \int C_p(T)\mathrm{d}T + H_0, \tag{1.7.10b}$$

其中 U_0 与 H_0 为任意相加积分常数,$H_0 = U_0$.

如果在讨论的问题中所涉及的温度变化范围不大,$\gamma(T)$ 的变化很小,可以**近似**看成常数. 这时,C_V 与 C_p 均可以近似看成与 T 无关的常数,(1.7.10a)与(1.7.10b)简化为

$$U(T) = C_V T + U_0, \tag{1.7.11a}$$

$$H(T) = C_p T + H_0. \tag{1.7.11b}$$

1.7.2 准静态绝热过程的过程方程

过程方程是指准静态过程中独立状态变量之间所满足的函数关系. 在状态空间中,准静态过程对应一条曲线,过程方程就是该曲线规定的函数关系. 以 p-V-T 系统为例,在 p-V 构成的状态空间中,过程方程为 $p=p(V)$ 的形式. 必须强调只有准静态过程才谈得上过程方程.

现在讨论理想气体准静态绝热过程的过程方程,首先推导其微分形式. 由热力学第一定律,绝热过程为

$$\mathrm{d}Q = \mathrm{d}U + p\mathrm{d}V = 0, \tag{1.7.12}$$

再利用理想气体的内能与物态方程，不难求得以 p,V 为独立变量时方程的形式

$$V\mathrm{d}p+\gamma p\,\mathrm{d}V=0, \tag{1.7.13}$$

亦即

$$\frac{\mathrm{d}p}{p}+\gamma\frac{\mathrm{d}V}{V}=0. \tag{1.7.14}$$

上式就是理想气体准静态绝热过程的微分方程. 一般地说，$\gamma=\gamma(T)$，方程不能直接积分；如果讨论的问题中，所涉及的温度变化范围不太大，则 γ 可近似看成常数. 在这种近似下，方程(1.7.14)可以直接积分，得

$$pV^{\gamma}=C, \tag{1.7.15}$$

其中 C 是积分常数. 利用物态方程(1.7.3a)，(1.7.15)还可以表达成下列形式：

$$TV^{\gamma-1}=C', \tag{1.7.16}$$

$$T^{-\gamma}p^{\gamma-1}=C'', \tag{1.7.17}$$

上两式中的 C' 与 C'' 是与 C 不同的常数.

γ 的定义是两种热容之比($\gamma\equiv C_p/C_V$)，它可以用不同的方法测量，其中一种方法是通过测量气体中的声速. 声速的牛顿公式为

$$a=\sqrt{\frac{\mathrm{d}p}{\mathrm{d}\rho}}, \tag{1.7.18}$$

其中 p 与 ρ 分别为气体的压强与密度. 声波是密度疏密变化的纵波，声波传播时的压缩与膨胀过程的振幅很小，且变化很快；而空气的导热系数很小，使热量来不及传递，因而可**近似**看成是绝热过程[①]. 以上所说的“快”是相对于过程中的热传导比较“慢”而言的. 另一方面，声波的振荡周期比起趋于平衡的弛豫时间要长得多，作为合理的近似，可以看成准静态过程[②]. 也就是说，可以近似把声波传播时压强随密度的变化看成是准静态绝热过程，并记为 $\left(\frac{\partial p}{\partial\rho}\right)_s$. 于是(1.7.18)可表为

$$a^2=\left(\frac{\partial p}{\partial\rho}\right)_s=-v^2\left(\frac{\partial p}{\partial v}\right)_s, \tag{1.7.19}$$

其中 $v=\frac{1}{\rho}$ 代表气体单位质量的体积，称为**比容**(或**比体积**). 将上式用于理想气体，由(1.7.14)得

$$\left(\frac{\partial p}{\partial v}\right)_s=-\gamma\frac{p}{v}, \tag{1.7.20}$$

则(1.7.19)化为

---

① 关于声波传播过程看成绝热过程的讨论，可参看主要参考书目[12]，p. 130.

② “准静态过程”的要求苛刻了些，实际上可以放宽一些，只要求“局部平衡近似”成立就可以了. 也就是说，把发生声波传播的气体分成许多宏观小微观大的小块，每一小块处于局部平衡，这要求：声波的振动周期即 $1/\nu\gg\tau$(ν 为声波的频率，τ 为小块的弛豫时间)；声波的波长 $\lambda\gg l$(分子平均自由程). 对低频声波这两个条件都可以满足. 参看主要参考书目[6]，p. 100.

$$a^2 = \gamma p v = \frac{\gamma p}{\rho}. \tag{1.7.21}$$

直接由实验测量出声速 a，即可由上式定出 γ.

在推导公式(1.7.21)中，用到三个近似，即绝热、准静态与理想气体. 因此其精度受到一定的限制.

§1.8 理想气体的卡诺循环

卡诺循环在建立热力学第二定律中曾起过重要作用. 本节只讨论一种理想的情形：工作物质是理想气体；卡诺循环是可逆的. 该循环由四步构成(图 1.8.1)：

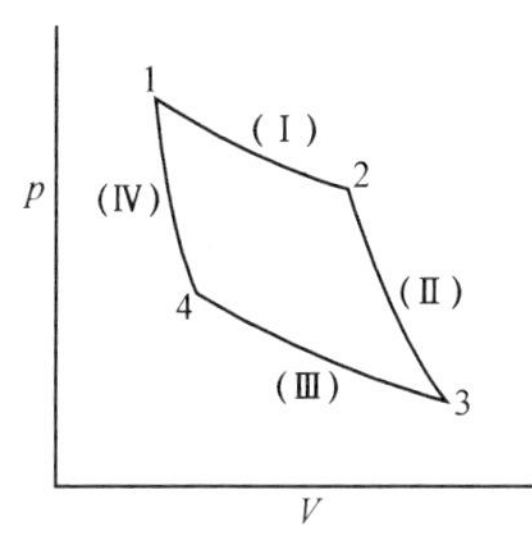

图 1.8.1 理想气体的可逆卡诺循环

(Ⅰ) 等温膨胀：维持 T_1(高温)不变，$V_1 \to V_2 (V_2 > V_1)$.

(Ⅱ) 绝热膨胀：$(T_1, V_2) \to (T_2, V_3)$ $(T_2 < T_1; V_3 > V_2)$.

(Ⅲ) 等温压缩：维持 T_2(低温)不变，$V_3 \to V_4 (V_4 < V_3)$.

(Ⅳ) 绝热压缩回到态 1：$(T_2, V_4) \to (T_1, V_1)$ $(V_1 < V_4)$.

设一定量的理想气体按上述四步准静态无摩擦地(即可逆地)完成了循环过程. 对此循环过程应用热力学第一定律：

$$\oint \mathrm{d}U = \oint \mathrm{đ}Q + \oint \mathrm{đ}W, \tag{1.8.1}$$

其中 $\oint$ 代表沿循环过程的积分. 由于循环过程终了时，气体回复到原状态，故

$$\oint \mathrm{d}U = 0,$$

于是

$$-\oint \mathrm{đ}W = \oint \mathrm{đ}Q. \tag{1.8.2}$$

令

$$W' = -\oint \mathrm{đ}W \tag{1.8.3}$$

代表气体在循环过程中对外所作的净功，其数量等于图 1.8.1 的闭合曲线所包围的面积. 由(1.8.2)，得

$$W' = \oint \mathrm{đ}Q = Q_1 + Q_2, \tag{1.8.4}$$

其中 Q_1 与 Q_2 分别代表步骤(Ⅰ)与步骤(Ⅲ)两个等温过程气体从外界(即热源)所吸收的热量. 下面的计算将证明，$Q_2 < 0$(即放热). 热机效率 η 的定义为

$$\eta \equiv \frac{W'}{Q_1} = \frac{Q_1 - |Q_2|}{Q_1} = 1 - \frac{|Q_2|}{Q_1}, \tag{1.8.5}$$

只需计算气体从高温(T_1)热源吸收的热量 Q_1，以及向低温(T_2)热源放出的热量 $-Q_2$，即可求出 η.

设有 N mol 理想气体，为简单，设 γ 为常数. 于是有

$$pV = NRT, \tag{1.8.6}$$

$$U = \frac{NRT}{\gamma - 1} + U_0. \tag{1.8.7}$$

注意到在等温过程中理想气体的内能不变，于是

$$Q_1 = \Delta U_1 - W_1 = -W_1 = \int_{V_1}^{V_2} p\mathrm{d}V = NRT_1\int_{V_1}^{V_2}\frac{\mathrm{d}V}{V} = NRT_1\ln\frac{V_2}{V_1}, \tag{1.8.8}$$

$$Q_2 = \Delta U_2 - W_2 = -W_2 = \int_{V_3}^{V_4} p\mathrm{d}V = NRT_2\int_{V_3}^{V_4}\frac{\mathrm{d}V}{V} = -NRT_2\ln\frac{V_3}{V_4}, \tag{1.8.9}$$

代入(1.8.5)，得

$$\eta = 1 - \frac{T_2}{T_1}\frac{\ln(V_3/V_4)}{\ln(V_2/V_1)}. \tag{1.8.10}$$

将理想气体绝热过程的过程方程(1.7.16)分别用到步骤(Ⅱ)与步骤(Ⅳ)：

$$T_1V_2^{\gamma-1} = T_2V_3^{\gamma-1}, \tag{1.8.11}$$

$$T_1V_1^{\gamma-1} = T_2V_4^{\gamma-1}, \tag{1.8.12}$$

将上两式相除，得

$$\frac{V_2}{V_1} = \frac{V_3}{V_4}, \tag{1.8.13}$$

代入(1.8.10)，得

$$\eta = 1 - \frac{T_2}{T_1}. \tag{1.8.14}$$

上式表明，效率总是小于 1 的，即热机从高温热源吸收的热量中只有一部分用来作功，另一部分传给低温热源. 从上式还可以看出，理想气体的可逆卡诺循环的效率只与两个热源的温度有关，与工作物质数量无关(η 中不含 N)，也与循环的大小无关(η 中不含体积参数).

上面的计算是在 γ=常数的假定下完成的. 实际上，结论(1.8.14)并不需要这一假设. 即使 $\gamma=\gamma(T)$，仍可证明(1.8.14)成立，请读者自己完成这一证明(习题 1.9 与 1.10).

最后顺便提一下卡诺制冷机. 若令循环反向进行，则外界对气体作了净功 W(数值上仍等于闭合曲线所包围的面积)，气体从低温热源吸收热量 $Q_2 = NRT_2\ln\frac{V_3}{V_4}$，而向高温热源放出热量 $Q_1 = NRT_1\ln\frac{V_2}{V_1}$，通过这个循环，依靠外界作功把热量从低温传到高温去，所以是一个制冷机. **制冷系数** ε 的定义为

$$\varepsilon \equiv \frac{Q_2}{W}. \tag{1.8.15}$$

利用前面的计算结果，立即得对于卡诺制冷机，

$$\varepsilon=\frac{T_2}{T_1-T_2}. \tag{1.8.16}$$

表明理想气体的可逆卡诺制冷机的制冷系数也只与两个温度有关,与工作物质的数量和循环的大小无关.

§1.9 热力学第二定律

1.9.1 热力学第二定律解决什么问题?

热力学第一定律给热现象过程加了一条基本限制,即必须满足能量守恒.然而,满足能量守恒的过程不一定实际上能够发生.例如,热量总是从高温物体传向低温物体,从来不会自动反向传递;尽管反向传递并不违背热力学第一定律.热现象过程具有方向性的例子不胜枚举,如气体的自由膨胀过程、气体的扩散过程、化学反应过程,以及一切趋向平衡的过程等都具有方向性.热力学第一定律完全不能回答有关过程方向性的问题,这个问题需要由第二定律来解决.第二定律是对大量经验的总结与概括,它是独立于第一定律的另一条基本规律.

1.9.2 定律的两种经典表述

历史上,第二定律的发现与对热机工作原理的研究紧密联系着.1824年,卡诺(Carnot)第一次指出,热机必须工作在两个温度之间,把热量从高温传到低温而作功.卡诺从理论上证明:所有工作于两个一定的温度之间的热机以可逆机的效率为最大(即卡诺定理,见§1.10).尽管卡诺的证明中用到热质说,因此他的证明是错误的;但卡诺定理的结论是正确的.其后,克劳修斯(Clausius)与开尔文独立地研究了卡诺的工作,他们发现,为了正确地证明卡诺定理,需要一个新的原理.克劳修斯(1850年)与开尔文(1851年)分别提出了各自对第二定律的表述形式,不妨把它们称为第二定律的经典表述.

开尔文表述:不可能从单一热源吸热使之完全变为有用的功而不产生其他影响.

克劳修斯表述:不可能把热从低温物体传到高温物体而不产生其他影响.

开尔文表述揭示了"热功相互转化"(更确切地说应该是"内能与机械能或电磁能的相互转化")的特殊转化规律,其特殊性在于:**在不产生其他影响的情况下,功可以完全转化为热,而热却不能完全转化为功**.例如,在焦耳用摩擦生热使水温升高的实验中,功完全变成了热;除了接受功的物体(即水)的温度升高(即增加了内能)以外,没有产生其他影响.但反之则不然,要使热完全转化为功而不产生其他影响是不可能的.热转化为功可以分两种情况,一种是热机类型的"循环过程",例如要使卡诺热机作功,必须使它工作在两个热源之间,从高温热源吸收的热量中只有一部分(不是全部!)转化为有用的功,剩余的另一部分传给了低温热源而浪费掉了.这里,"产生其他影响"指有一部分热传给了低温热源.另一种情况是**非**

循环过程，如理想气体的等温膨胀过程.由于理想气体在等温膨胀过程中其内能不变，气体确实实现了“从单一热源吸热使之完全变成有用的功”.但是过程终了气体的体积增大了，产生了“其他影响”.

如果说热力学第一定律强调了“热”与“功”作为能量转化不同的形式的等价性；那么，热力学第二定律则揭示了“热功相互转化”的不等价性.

开尔文表述还有一个简单且等价的说法，即**第二类永动机是不可能造成的**.第二类永动机是指违背开尔文表述的热机，它能从单一热源吸热使之完全变成有用的功而不产生其他的影响.换句话说，第二类永动机是热转化为功的效率达到百分之百的热机.它并不违背第一定律，但却是不可能造成的.后来把违背热力学第一定律的永动机称为第一类永动机.

与开尔文的表述相比，第二定律的克劳修斯表述直接揭示的是热传导过程的方向性，从表面上看并不直接联系着“热功相互转化”；但实际上两种表述都可以统一在热现象过程的不可逆性之中，而这正是热力学第二定律的核心内容.

最后再强调一下，无论是开尔文表述还是克劳修斯表述都提到“不产生其他影响”，这是至关重要的.对于开尔文表述上面已经作了说明.同样，对于克劳修斯表述，如果不加上“不产生其他影响”的条件，把热从低温物体传到高温物体是可能的，只需要用制冷机(例如按卡诺循环的逆循环工作)就可以把热从低温物体传到高温物体.但是制冷机需要消耗一定数量的外功.这里，消耗外功就是“其他影响”.

1.9.3 两种表述的等价性

第二定律的开尔文表述与克劳修斯表述表面上不同，但可以证明二者是完全等价的.

首先证明：如果开尔文表述成立必然导致克劳修斯表述也成立.

采用反证法.假设克劳修斯表述不成立.设想有一卡诺热机工作于高温(T_1)热源与低温(T_2)热源之间，从(T_1)热源吸收 Q_1 热量，向 T_2 热源放出 Q_2 热量，对外作功 $W=Q_1-Q_2$.既然假设克劳修斯表述不成立，就表示有某种违反克劳修斯表述的办法可以把低温热源在循环过程中所得到的热量 Q_2 传向高温热源而不产生其他影响(见图 1.9.1(a)).最后的结果只是从单一热源(T_1)吸收了 Q_1-Q_2 的热量并完全转化为有用的功 $W=Q_1-Q_2$，而没有产生其他影响，从而违反了开尔文表述.检查推理中间的每一步并无问题，唯一的问题出在所假设的前提(即克劳修斯表述不成立).由此推论，如开尔文表述成立，则克劳修斯表述必定也成立.

其次再证明：如果克劳修斯表述成立必然导致开尔文表述也成立.

仍用反证法.假设开尔文表述不成立，即假设有某种违反开尔文表述的方法，可以从单一的高温(T_1)热源吸热 Q_1 完全转化为有用的功 $W=Q_1$.于是，可以用这个功推动卡诺制冷机从低温热源(T_2)吸取 Q_2 的热量并传给高温热源 Q_1+Q_2 的热量(见图 1.9.1(b)).最后的结果是：热量 Q_2 从低温热源传给了高温热源而没有产生其他影响，从而违反了克劳修斯表述.既然推理中并没有问题，唯一的问题出在所假设的前提(即开尔文表述不成立).由此

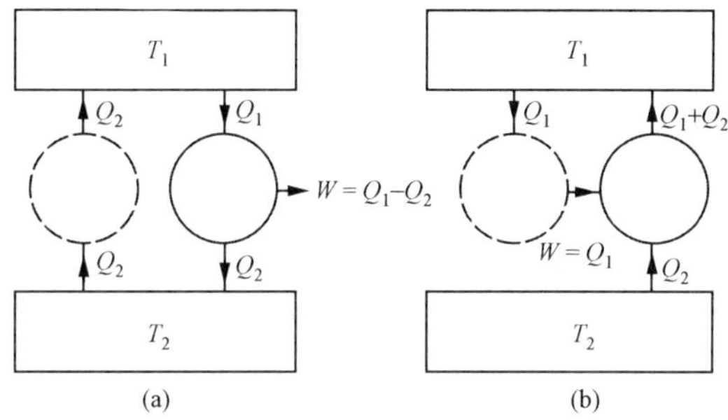

图 1.9.1 证明两种表述等价的假想实验

推知：克劳修斯表述成立必然导致开尔文表述成立.

这样就证明了开尔文表述与克劳修斯表述是完全等价的.

顺便说一下，上面这种推理方法称为思想实验或假想实验（thought experiment 或 hypothesis experiment），它是一种逻辑推理的手段，在热力学理论中用得比较多.

1.9.4 热现象过程的不可逆性

大家会问：对于表面上很不相同的两种表述的等价性应该如何理解呢？回答是：实际上这两种表述形式只不过是从不同的侧面揭示了热力学第二定律的核心. 第二定律的核心内容可以概括为：**自然界一切热现象过程都是不可逆的；不可逆过程所产生的后果，无论用任何方法，都不可能完全恢复原状而不引起其他变化**. 这一表述是大量经验的总结与概括，并从第二定律的所有推论与实际观测相符合而得到验证.

在§1.4中曾经定义了可逆过程，即每一步都可以在相反的方向进行而不在外界引起其他变化的过程. 当可逆过程反向进行时，**系统**与**外界**的状态都是正向进行时的状态的重演. 当系统回到起始态时，外界也没有留下任何后果，即系统与外界都恢复了原状. 因此，对于可逆过程而言，正向与反向并没有特殊的意义. 在§1.4中曾经指出，无摩擦的准静态过程是可逆过程，它是一种理想化的极限情形，实际上只可能接近，不可能完全达到.

凡是不满足上述可逆过程定义的，就是不可逆过程，自然界一切实际发生的热现象过程都是不可逆过程. 不可逆过程具有方向性，例如前面提到的热传导过程是热从高温传向低温，扩散过程是从浓度高的地区向着浓度低的地区扩散，等等. 这种“方向性”虽然不加外部条件不可能反向进行（我们习惯称为不能“自动地”或“自发地”反向进行）；但通过改变外界条件，是可以使过程反向进行的. 例如用制冷机就可以把热从低温物体传向高温物体. 因此，对“方向性”或“不可逆性”的理解应该是：不可逆过程不仅不能直接反向进行重演正向过程，而且，不可逆过程所产生的后果，无论用什么办法都不能完全恢复原状而不留下其他影响. 例如在热传导过程发生后，虽然可以用制冷机把热量从低温物体再传回高温物体. 热传导过程被恢复了，然而又产生了一个功变热的不可逆过程. 总之一句话，不可逆过程的后果是不可磨灭的，这是第二定律关于过程不可逆性最重要的一点. 由此决定了不可逆过程具有下面两条根本性质.

(1) 一切不可逆过程都是相互联系的.

这一点在前面证明两种表述的等价性中已经看到了.在那里利用一个类似于卡诺循环或其逆循环的过程,可以把热传导和功变热这两个不可逆过程联系起来;从而肯定一个过程的不可逆性,就可以推断另一个过程的不可逆性.实际上,任何一个特殊的不可逆过程,都可以想办法与其他的不可逆过程联系起来.也就是说,一切不可逆过程都是相互联系的.由此,只要肯定任何一个特殊过程的不可逆性,也就肯定了一切其他过程的不可逆性.实际上开尔文表述是肯定了"功变热"的不可逆性,而克劳修斯表述是肯定了"热传导"的不可逆性.热力学第二定律还有其他的表述,如普朗克表述和喀喇西奥多里①表述等.考虑到自然界有无穷多不同的不可逆过程,原则上说第二定律可以有无穷多种不同的表述形式,当然它们彼此是完全等价的.在对物理学基本规律的表述上,热力学第二定律的这一特点是独一无二的.

(2) 既然不可逆过程的后果无论用任何办法都不能完全恢复原状而不引起其他变化,这就表明不可逆过程的初态与终态一定存在某种特殊关系,有可能找到一个态函数,为不可逆过程的方向提供判断的标准.这个态函数就是熵,我们将在下节中讨论.

1.9.5 研究可逆过程还有意义吗?

读者会问,既然自然界一切实际发生的热现象过程都是不可逆的,那么,研究可逆过程还有没有意义呢?回答是肯定的,而且有重要的意义.这可以从两个方面去看.

首先,可逆过程可以作为**某些实际过程的近似**.在§1.4中我们曾经说明,无摩擦的准静态过程是可逆过程."无摩擦"与"准静态"都是理想化的极限,实际过程不可能完全满足这两个条件,但如果过程进行得足够地慢,使过程进行的特征时间远比趋于平衡的弛豫时间长,那么,把它作为准静态过程就是很好的近似.如果摩擦很小(或更一般地说,耗散效应足够小)以致可以忽略不计,这种情况下就可以近似地看成是可逆过程.以气体膨胀或压缩为例,设想把气体盛于带活塞的圆筒形容器内,如果活塞与筒壁的摩擦很小可以忽略,气体的压强与外界作用的压强相差无穷小,以致保持膨胀或压缩无限缓慢地进行,这就可看成是可逆的膨胀或压缩过程.

我们知道,把一个100℃物体与一个50℃物体直接热接触而发生的热传导是一个不可逆过程.但是设想有一系列(无穷多个)不同温度的热源,其温度分别为$100, 100-\mathrm{d}T, 100-2\mathrm{d}T, \cdots, 50+\mathrm{d}T, 50$,相差都是无穷小,让温度为100℃的物体依次与这一系列(无穷多个)热源接触,它将依次向这些热源放出无穷小的热量,直到温度降到50℃.这个过程如果逆向进行,即从50℃开始依次与$50+\mathrm{d}T, \cdots, 100-\mathrm{d}T, 100$的热源接触,每次将吸收无穷小的热量.这样,反向进行时完全是正向进行时状态(物体与热源的状态)的重演,只不过正向进行时向50℃热源放出无穷小的热量,反向进行时将从100℃的热源吸收无穷小的热量,而中间

① 参看主要参考书目[1],128、137页.

的其他状态完全恢复，在忽略无穷小的极限下，该**无穷小温差下的热传导**过程是可逆过程，这个过程显然是准静态的.

一般而言，如果过程进行的驱动力（如气体膨胀时内外压力差，热传导时的温度差等）足够小，摩擦力（或耗散效应）也足够小，就可以看成可逆过程. 这当然是近似，只有某些实际发生过程才可作此近似.

其次，可逆过程是研究平衡态性质的手段. 在这个意义下，它是完全严格的，没有任何近似的意义. 这一点在传统热力学中占有极为重要的地位. 在本书中将多次反复地强调这一点.

§1.10 热力学第二定律的数学表述 熵

本节将从第二定律的开尔文表述出发，首先证明**卡诺定理**. 其次，根据卡诺定理，证明存在一个普适温标，即**热力学温标**. 并在前两步的基础上，证明**克劳修斯不等式**（定理）. 再根据克劳修斯不等式的可逆部分，引入态函数熵，同时完成第二定律可逆过程的数学表述. 然后建立第二定律对不可逆过程的数学表述. 最后对熵的性质作一小结.

1.10.1 卡诺定理

卡诺定理：所有工作于两个一定温度之间的热机，以可逆机的效率为最大.

设有两个热机 A 与 B 工作于相同的两个热源之间，分别从温度为 θ_1 的高温热源吸收 Q_1 与 Q_1' 的热量，向温度为 θ_2 的低温热源放出 Q_2 与 Q_2' 的热量，对外作功 W 与 W'. A 与 B 热机的效率分别为

$$\eta_A = \frac{W}{Q_1}, \quad \eta_B = \frac{W'}{Q_1'}.$$

设 A 为可逆机，卡诺定理可表为

$$\eta_A \geqslant \eta_B. \tag{1.10.1}$$

下面由第二定律的开尔文表述出发，采用反证法来证明. 为此，设 $\eta_A < \eta_B$. 即有 $\frac{W}{Q_1} < \frac{W'}{Q_1'}$. 又令 $Q_1 = Q_1'$，于是有 $W < W'$. 既然 $W' > W$，可以让 B 机输出的功的一部分 W 推动逆向运行的 A 机，B 机还有多余的功 $W' - W$ 可以输出（参看图 1.10.1(a)）.

根据热力学第一定律

$$W' = Q_1' - Q_2',$$
$$W = Q_1 - Q_2,$$

得

$$W' - W = Q_2 - Q_2'. \tag{1.10.2}$$

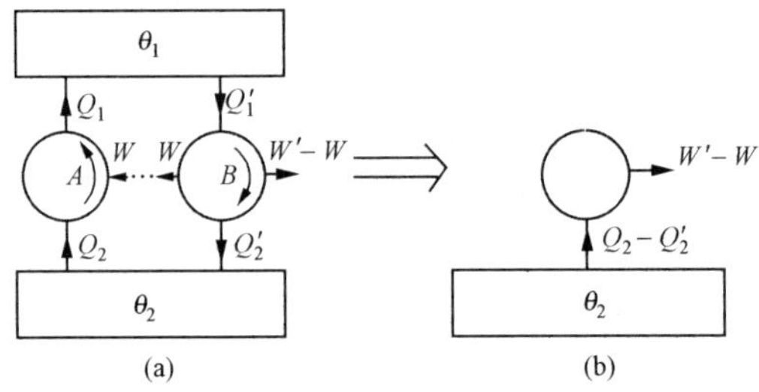

图 1.10.1 按(a)的方式 A 与 B 联合运行的结果等效于(b)

当 A,B 两机按上述方式联合运行,结果是 A 与 B 均恢复原状(因为是循环过程);高温(θ_1)热源也恢复原状;只有从低温热源(θ_2)吸收了 Q_2-Q_2' 的热量并完全转化为有用的功 $W'-W$,没有产生其他影响(见图 1.10.1(b)).这就违背了热力学第二定律的开尔文表述.检查推理过程,中间各步均无问题,唯一可能的是所假设前提(即 $\eta_A<\eta_B$)不对.由此推知,必有

$$\eta_A \geqslant \eta_B.$$

于是定理得证.

由卡诺定理立即可得如下的推论:

所有工作于两个一定温度之间的可逆热机①,其效率相等.

设 A 与 B 为工作于两个一定温度之间的可逆热机,其效率分别为 η_A 与 η_B.根据卡诺定理,因为 A 机是可逆的,必有 $\eta_A \geqslant \eta_B$;又因为 B 机也是可逆的,必有 $\eta_B \geqslant \eta_A$.上两个不等式要同时成立,只能是

$$\eta_A = \eta_B. \tag{1.10.3}$$

现在(1.10.1)中的"$\geqslant$"号应该理解为:

$$\eta_A = \eta_B \quad (A,B\ \text{均为可逆机}), \tag{1.10.4a}$$

$$\eta_A > \eta_B \quad (A\ \text{为可逆机},B\ \text{为不可逆机}). \tag{1.10.4b}$$

1.10.2 热力学温标

根据卡诺定理的推论,任何一个工作于两个一定温度之间的可逆卡诺热机,其效率只与两个温度有关,而与工作物质的性质、所吸收的热量及所作的功的多少无关.这表明,可逆卡诺热机的效率是两个温度 θ_1 与 θ_2 的**普适函数**.由热机效率的定义

$$\eta = \frac{W}{Q_1} = 1 - \frac{Q_2}{Q_1}, \tag{1.10.5}$$

应有

$$\frac{Q_2}{Q_1} = F(\theta_1,\theta_2), \tag{1.10.6}$$

① 工作于两个温度之间的可逆热机,是指按可逆卡诺循环工作的热机,常称为可逆卡诺热机.

其中 $F(\theta_1,\theta_2)$是 θ_1 与 θ_2 的普适函数，亦即与工作物质的性质以及与热量 Q_1 和 Q_2 的大小无关.

下面进一步证明：普适函数 $F(\theta_1,\theta_2)$可以表达为

$$F(\theta_1,\theta_2) = f(\theta_2)/f(\theta_1), \tag{1.10.7}$$

其中 $f(\theta)$是另一个普适函数.

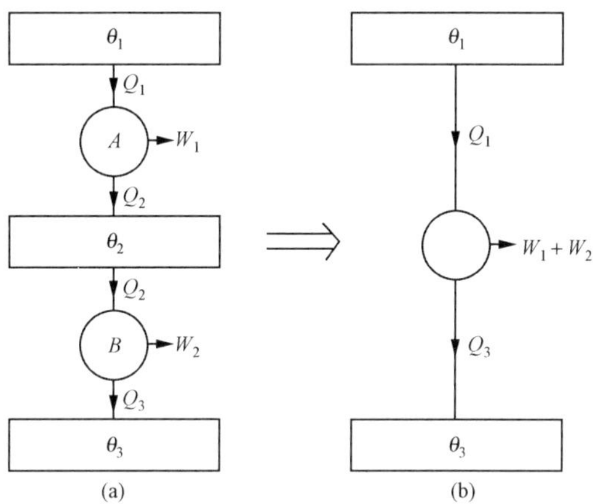

图 1.10.2 按(a)中可逆机 A 与 B 联合操作的结果等效于(b)

为了证明(1.10.7)，假设除了工作于 θ_1 与 θ_2 之间的可逆机 A 以外，另有一可逆机 B 工作于 θ_2 与 θ_3 之间，且设 B 机从 θ_2 热源吸收热量 Q_2，向 θ_3 热源放出热量 Q_3. 按图 1.10.2 中(a)的方式两机 A 与 B 联合操作的结果相当于图 1.10.2(b)的情形. 于是，由(1.10.6)，分别有

对 A 机：

$$\frac{Q_2}{Q_1} = F(\theta_1,\theta_2); \tag{1.10.8}$$

对 B 机：

$$\frac{Q_3}{Q_2} = F(\theta_2,\theta_3); \tag{1.10.9}$$

对 A 与 B 联合操作：

$$\frac{Q_3}{Q_1} = F(\theta_1,\theta_3). \tag{1.10.10}$$

让(1.10.10)被(1.10.9)除，并利用(1.10.8)，得

$$F(\theta_1,\theta_2) = \frac{Q_2}{Q_1} = \frac{F(\theta_1,\theta_3)}{F(\theta_2,\theta_3)}. \tag{1.10.11}$$

上式是普适函数 F 所满足方程. 注意到 θ_3 是任意温度，而左方只依赖于 θ_1 和 θ_2，不含 θ_3；故右方的 θ_3 一定要在分子与分母中互相消去. 据此，可以对 F 函数作如下的选择，即可令

$$\frac{Q_2}{Q_1}=F(\theta_1,\theta_2)=\frac{f(\theta_2)}{f(\theta_1)},\tag{1.10.12}$$

其中 $f(\theta)$是另一个普适函数,这样就证明了(1.10.7).

既然 f 是普适函数,故可规定一种新的**普适温标**,它与工作物质的性质以及 Q 的大小无关.令 T 代表这种温标计量的温度,并令 $f(T)\propto T$,于是(1.10.12)化为

$$\frac{Q_2}{Q_1}=\frac{T_2}{T_1}.\tag{1.10.13}$$

这个温标是开尔文引进的,称为**热力学温标**或开尔文温标,其温度值记为 K.上式只规定了两个温度的比值,要完全确定温标还需要另加一个条件.1954 年国际计量会议决定:规定水的三相点的热力学温度为 273.16 K.注意这样引入的热力学温标是正的,因为(1.10.13)的左方是正数.

将(1.10.13)代入(1.10.5),得

$$\eta=\frac{W}{Q_1}=1-\frac{T_2}{T_1},\tag{1.10.14}$$

上式是用热力学温标表达的可逆卡诺热机的效率.

现在证明:热力学温标与§1.3 中定义的理想气体温标完全相同.暂时将理想气体温标改用 T^* 表示,由§1.8,理想气体可逆卡诺热机的效率为

$$\eta=1-\frac{T_2^*}{T_1^*},\tag{1.10.15}$$

又因为规定 T^* 在水的三相点的温度为 273.16 K,也与 T 一致,故 T^* 与 T 完全一样.

1.10.3　克劳修斯不等式

根据卡诺定理,任何一个工作于两个一定温度之间的热机的效率,不能大于工作于同样两个温度之间的可逆卡诺热机的效率,故由(1.10.5)与(1.10.14),有

$$\eta=1-\frac{Q_2}{Q_1}\leqslant 1-\frac{T_2}{T_1},\tag{1.10.16}$$

其中"="适用于可逆热机,"<"适用于不可逆热机.(1.10.16)也可改写成

$$\frac{Q_2}{Q_1}\geqslant\frac{T_2}{T_1}.\tag{1.10.17}$$

因为(1.10.17)式中的热量与热力学温度都是正的,用 Q_1 乘并用 T_2 除,得

$$\frac{Q_1}{T_1}-\frac{Q_2}{T_2}\leqslant 0.\tag{1.10.18}$$

现在约定 Q 代表吸收的热量,放出的热量应写成 $-Q$,于是上式改为

$$\frac{Q_1}{T_1}+\frac{Q_2}{T_2}\leqslant 0,\tag{1.10.19}$$

其中 Q_1 为工作物质从温度为 T_1 的热源吸收的热量,Q_2 为从 T_2 的热源吸收的热量(实际上 $Q_2<0$).公式(1.10.19)是只有两个热源时的克劳修斯不等式,其中"="对应可逆循环,

"<"对应不可逆循环. 在只有两个热源的情况下,上式是引入热力学温标后卡诺定理的直接结果.

现在推广到从 n 个热源吸热的普遍的循环过程. 假设一个系统在循环过程中相继与温度为 $T_1,T_2,\cdots,T_n$ 的 n 个热源接触,从它们所吸收的热量分别为 $Q_1,Q_2,\cdots,Q_n$,对外作功 W. 可以证明:

$$\sum_{i=1}^{n}\frac{Q_i}{T_i}\leqslant 0. \tag{1.10.20}$$

上式称为**克劳修斯不等式**(或**克劳修斯定理**),其中"="对应可逆循环过程,"<"对应不可逆循环过程.

为了证明克劳修斯不等式(1.10.20),引入一个温度为 T_0 的辅助热源,以及 n 个辅助的可逆卡诺机,让第 i 个可逆卡诺机工作在 T_i 与 T_0 之间,从 T_i 吸收热量 $-Q_i$,从 T_0 吸收热量 Q_{0i},对外作功 W_i(若 $W_i<0$,表示第 i 个可逆机是制冷机),如图 1.10.3 所示.

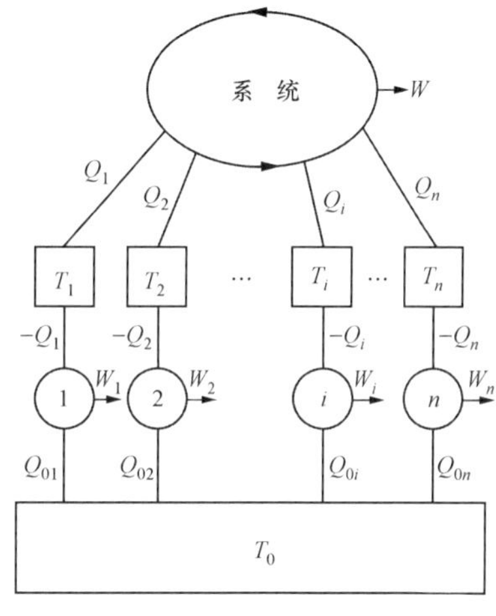

图 1.10.3 证明克劳修斯不等式的假想实验

当 n 个可逆卡诺机与系统所进行的循环过程完成后:① 系统恢复原状;② n 个热源恢复原状;③ n 个辅助的可逆卡诺机恢复原状;④ 从 T_0 热源吸热 $Q_0=\sum_{i=1}^{n}Q_{0i}$;⑤ 对外作了总功 $W_{\text{total}}=W+\sum_{i=1}^{n}W_i$,根据第一定律,$W_{\text{total}}=Q_0$. 若 $Q_0>0$,则 $W_{\text{total}}>0$,表示从单一热源 T_0 吸热而获得了功,违背了第二定律的开尔文表述,因此是不可能的. 故必有

$$Q_0\leqslant 0. \tag{1.10.21}$$

当 $Q_0=0$ 时,$W_{\text{total}}=0$,即过程终了一切恢复原状,没有产生任何影响,表示系统经历的是可逆循环过程;当 $Q_0<0$ 时,$W_{\text{total}}<0$,代表发生了功变热的不可逆过程(更确切地说,功转化为 T_0 热源的内能).

对每一个可逆卡诺机,可以利用卡诺定理(只需用公式(1.10.19)取等式的情形)

$$\frac{Q_{0i}}{T_0}+\frac{-Q_i}{T_i}=0\quad(i=1,2,\cdots,n), \tag{1.10.22}$$

亦即

$$Q_{0i}=T_0\frac{Q_i}{T_i}, \tag{1.10.23}$$

于是得

$$Q_0=\sum_{i=1}^{n}Q_{0i}=T_0\sum_{i=1}^{n}\frac{Q_i}{T_i}\leqslant 0, \tag{1.10.24}$$

因为 $T_0>0$,故最后得

$$\sum_{i=1}^{n}\frac{Q_i}{T_i}\leqslant 0.$$

这样就证明了系统从 n 个热源吸热的任意循环过程的克劳修斯不等式(1.10.20),其中"="对应可逆循环,"<"对应不可逆循环.

现在考虑 $n\to\infty$ 的极限情形,设想系统在经历任意循环过程中,相继与一系列无穷多个热源接触,每相继的两个热源的温度之差都很小,可以看成连续变化的,系统从温度为 T 的热源吸收 $đQ$ 的微热量.于是有

$$\frac{Q_i}{T_i}\to\frac{đQ}{T},\quad \sum_{i=1}^{n}\to\oint,$$

克劳修斯不等式(1.10.20)过渡到积分形式,即

$$\lim_{n\to\infty}\sum_{i=1}^{n}\frac{Q_i}{T_i}\leqslant 0\to\oint\frac{đQ}{T}\leqslant 0. \tag{1.10.25}$$

1.10.4　第二定律对可逆过程的数学表述　熵

现在考虑(1.10.25)取等式的情形,即考虑任意可逆循环过程.这时有

$$\oint\frac{đQ_{\mathrm{R}}}{T}=0, \tag{1.10.26}$$

其中 $đQ_{\mathrm{R}}$ 代表系统在微小的可逆过程中从热源所吸收的微热量,这里特意加了下标 R 以强调是可逆过程.注意,式中的 T 既是热源的温度,也是系统的温度,因为在可逆过程中系统与热源温度相等.设描写系统平衡态的独立状态变量为 $x_1,x_2,\cdots,x_k$,用它们作直角坐标架构成 k 维状态空间(为了画图简单,图 1.10.4 中只取 $k=2$ 的情形).任意可逆循环过程在状态空间中对应一条封闭的路径.在此封闭的路径上任选两个点 P_0 与 P,对应于系统的两个平衡态.封闭路径被分成两段:C_1 表示从 P_0 到 P;C_2 表示从 P 回到 P_0.于是沿封闭路径的积分可以写成两段路径积分之和:

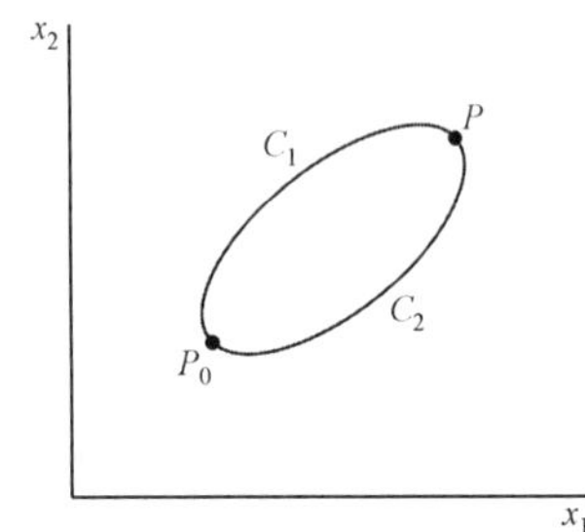

图 1.10.4　状态空间中的任一可逆循环过程

$$\int_{C_1\,(P_0)}^{(P)}\frac{đQ_{\mathrm{R}}}{T}+\int_{C_2\,(P)}^{(P_0)}\frac{đQ_{\mathrm{R}}}{T}=0,$$

或改写成

$$\int_{C_1\,(P_0)}^{(P)}\frac{đQ_{\mathrm{R}}}{T}=-\int_{C_2\,(P)}^{(P_0)}\frac{đQ_{\mathrm{R}}}{T}=\int_{C_2\,(P_0)}^{(P)}\frac{đQ_{\mathrm{R}}}{T}. \tag{1.10.27}$$

上式表明沿路径 C_1 的积分与沿路径 C_2 的积分相等.由于所考虑的可逆循环是任意的,故路径 C_1 与 C_2 也是任意的.上式表示从 P_0 到 P 的积分与路径无关,只与初态(P_0)与终态(P)有关.克劳修斯根据这个结果引入一个新的态函数熵 S,它的定义为

$$S - S_0 = \int_{(P_0)}^{(P)} \frac{\text{đ}Q_R}{T}, \tag{1.10.28}$$

其中 P_0 与 P 是积分路径的起点与终点，对应于系统的两个平衡态，积分路径是联结 P_0 与 P 的任一可逆过程；$S_0 \equiv S(P_0)$ 代表 P_0 态的熵，这个值是一个任意常数，可以任意选定. 在许多问题中，涉及的只是熵的改变，故 S_0 的值无关紧要. 但对某些问题，S_0 不能任意选①. 从(1.10.28)可以看出，熵的量纲是能量被温度除，在国际单位制中，熵的单位是焦耳/开(J/K).

以上我们根据热力学第二定律，证明了系统的平衡态存在一个新的态函数——熵. 公式(1.10.28)既是熵的定义，也是热力学第二定律对可逆过程的数学表达形式.

从第二定律的开尔文表述出发，通过证明卡诺定理等步骤引入态函数熵只是引入熵的一种方法. 引入熵函数还有其他方法②，有兴趣的读者可以参看相关的参考书.

1.10.5 第二定律对不可逆过程的数学表述

现在介绍第二定律数学表述的第二部分，即对不可逆过程的表述形式. 分初、终态为平衡态和初、终态为非平衡态两种情况来讨论.

(1) **初、终态为平衡态的不可逆过程**

考虑从初态 P_0 到终态 P 的不可逆过程 I，初态与终态都是平衡态. 由于不可逆过程中系统一般而言处于十分复杂的非平衡态，它们无法在状态空间中简单表示，我们用一系列短线示意性地代表(见图 1.10.5).

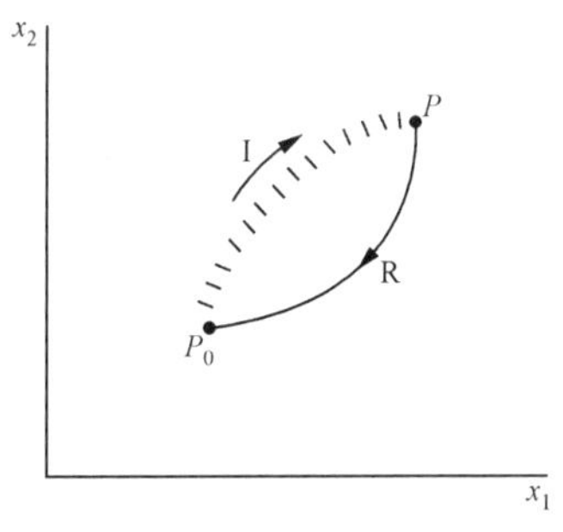

图 1.10.5 联结平衡态 P_0 与 P 的不可逆过程 I 与可逆过程 R

现在，补一条从 P 回到 P_0 的任一可逆过程 R，I 与 R 合起来构成一个不可逆的循环过程. 对 I+R 应用克劳修斯不等式(注意必须用“<”)，即

$$\oint_{\text{I+R}} \frac{\text{đ}Q}{T} < 0, \tag{1.10.29}$$

沿整个循环过程的积分应等于对不可逆过程(I)与可逆过程(R)两部分之和，即

$$\int_{(P_0)}^{(P)} \frac{\text{đ}Q_I}{T} + \int_{(P)}^{(P_0)} \frac{\text{đ}Q_R}{T} < 0, \tag{1.10.30}$$

其中 $\text{đ}Q_I$ 代表微小的不可逆过程中系统从热源所吸收的微热量，$\text{đ}Q_R$ 代表微小的可逆过程

① 熵常数的确定对于确定化学反应常数是必需的，这个问题要等到热力学第三定律发现以后才能解决.

② 对微小的可逆过程，有 $\text{d}S = \frac{\text{đ}Q_R}{T}$. 由于熵 S 是态函数，$\text{d}S$ 是全微分. 微热量 $\text{đ}Q$ 并不是全微分，但乘以 $\frac{1}{T}$ 后就成为全微分了. 这实际上是喀喇西奥多里(Caratheodory)引入熵的办法：从第二定律的喀喇西奥多里表述出发，证明可逆过程的微热量 $\text{đ}Q_R$ 存在积分乘子，且该积分乘子是温度的普适函数，从而引入热力学温标及态函数熵. 请参看主要参考书目[1]，139 页.

中所吸收的微热量.注意两个积分中虽然用了相同的符号 T,但它们的含义是不同的：沿不可逆过程(I)的积分中,T 只代表热源的温度；在不可逆过程中,系统一般处于非平衡态,它的温度可以不同于热源的温度,甚至系统内部各部分的温度可以是不同的,没有单一的温度.而在沿可逆过程(R)的积分中,T 既是热源温度,也是系统的温度.(1.10.30)可改写为

$$\int_{(P_0)}^{(P)} \frac{\mathrm{d}Q_{\mathrm{R}}}{T} > \int_{(P_0)}^{(P)} \frac{\mathrm{d}Q_{\mathrm{I}}}{T}. \tag{1.10.31}$$

由于 P_0 与 P 都是平衡态,按公式(1.10.28),上式左边的积分应等于 P 态与 P_0 态熵函数之差,故上式化为

$$S - S_0 > \int_{(P_0)}^{(P)} \frac{\mathrm{d}Q_{\mathrm{I}}}{T}. \tag{1.10.32}$$

由于熵是态函数,上式左边的熵差 $S-S_0$ 是确定的.而右边的积分与具体是什么样的不可逆过程有关.上式告诉我们,沿 P_0 到 P 的不可逆过程的积分,小于 P 与 P_0 两态熵之差①.

（2）**初、终态是非平衡态的不可逆过程**

关于不可逆过程的详细讨论将在第五章中介绍,这里只简单地提一下.首先,假设**局域平衡近似**成立,这是指可以把系统分成许多宏观小微观大的小块,每一小块可以看成**近似地**处于平衡态,因而仍然可以用局部的(即小块的)状态变量描写.具体地说,可令初态 P_0 与终态 P 各分成 σ 个小块：P_0^{α} 与 P^{α}($\alpha=1,2,\cdots,\sigma$),对第 α 小块,可以用小块的状态变量(例如第 α 小块的温度 T^{α},压强 p^{α} 等)描写它的状态.因而小块的熵也可以按平衡态的公式(1.10.28)定义.其次,需要规定整个系统的熵等于各小块熵之和,即

$$S = \sum_{\alpha=1}^{\sigma} S^{\alpha}, \tag{1.10.33}$$

其中 S^{α} 为第 α 小块的熵,S 为整个系统的熵.现在,当从初态 P_0 经过一个不可逆过程到达终态 P 以后,设想每一小块独立从 P^{α} 经可逆过程回到 P_0^{α},从而使整个系统从 P 回到 P_0,构成一个不可逆循环过程.再次应用克劳修斯不等式(1.10.25),得

$$\int_{(P_0)}^{(P)} \frac{\mathrm{d}Q_{\mathrm{I}}}{T} + \sum_{\alpha} \int_{(P^{\alpha})}^{(P_0^{\alpha})} \frac{\mathrm{d}Q_{\mathrm{R}}^{\alpha}}{T^{\alpha}} < 0. \tag{1.10.34}$$

在局域平衡近似下,对第 α 小块,仍有

$$S^{\alpha} - S_0^{\alpha} = \int_{(P_0^{\alpha})}^{(P^{\alpha})} \frac{\mathrm{d}Q_{\mathrm{R}}^{\alpha}}{T^{\alpha}}, \tag{1.10.35}$$

其中 T^{α} 为第 α 小块的温度(不同小块的温度可以是不同的).再利用(1.10.33),

$$\sum_{\alpha} \int_{(P_0^{\alpha})}^{(P^{\alpha})} \frac{\mathrm{d}Q_{\mathrm{R}}^{\alpha}}{T^{\alpha}} = \sum_{\alpha} (S^{\alpha} - S_0^{\alpha}) = S - S_0, \tag{1.10.36}$$

于是(1.10.34)可以表为

---

① 公式(1.10.32)只告诉我们此式中右边的积分比 $S-S_0$ 小,但究竟小多少这里没法回答,要等到不可逆过程热力学(见第五章)中再介绍.实际上两边之差是不可逆过程的熵产生.

$$S - S_0 > \int_{(P_0)}^{(P)} \frac{\mathrm{d}Q_1}{T}. \tag{1.10.37}$$

公式(1.10.37)与公式(1.10.32)形式上相同,但对于初、终态是非平衡态的公式(1.10.37),$S-S_0$ 需按(1.10.36)来计算,即先计算出小块的熵,再求和(参看 1.11.2 小节的(2)).

现在,可以把热力学第二定律数学表述的两个部分,即对可逆过程的表述(1.10.28)与对不可逆过程的表述(1.10.32)、(1.10.37)合并在一起表达为

$$\Delta S = S - S_0 \geqslant \int_{(P_0)}^{(P)} \frac{\mathrm{d}Q}{T}. \tag{1.10.38a}$$

若对微小过程,则为

$$\mathrm{d}S \geqslant \frac{\mathrm{d}Q}{T}. \tag{1.10.38b}$$

上两式中,均已省去了 dQ 的下标. 在上两式中,"="适用于可逆过程;">"适用于不可逆过程. 让我们再强调一下,对可逆过程,T 既是热源的温度,也是系统本身的温度;但对不可逆过程,T 代表热源的温度,系统的温度一般不同于热源的温度,甚至系统内部各处的温度可能是不均匀的,没有单一的温度. 初、终态为平衡态的情形,$S-S_0$ 由(1.10.28)确定;初、终态为非平衡态且满足局域平衡近似的情形,$S-S_0$ 由(1.10.36)确定(更一般的计算参看第五章).

1.10.6 熵的性质(不完全的)小结

熵是根据热力学第二定律引入的一个新的态函数,它在热力学理论中占有**核心的重要地位**,需要多花点力气去理解. 现阶段,我们从宏观角度,主要从三方面去理解[①](即§1.1 中提到的传统热力学研究问题的三个方面):能量转化中的作用;判断不可逆过程的方向;研究平衡态的性质. 这里对熵的性质作一个初步的、不完全的小结.

(1) **熵是系统的态函数**

只要态确定了,熵也就确定了(允许包含一个任意可加常数). 对平衡态,它由(1.10.28)确定;对非平衡态(在局域平衡近似下),由(1.10.36)确定.

(2) **熵是广延量,具有可加性**

按平衡态熵的公式,$S-S_0=\int \frac{\mathrm{d}Q_R}{T}$,由于系统从热源吸收的热量 d$Q_R$ 与系统的总质量成正比,由此可见熵是广延量,具有可加性.

对非平衡态,将系统分成许多小块,在局域平衡近似下,规定系统的熵是各小块熵之和,这是对平衡态熵的可加性的推广. 至于这个推广的合理性,热力学本身不能论证. 根据非平衡态统计物理,可以论证其合理性.

---

① 关于不可逆过程中熵的产生等将在非平衡态热力学中讨论. 在统计物理学中,还将从微观角度对熵的统计意义获得进一步认识.

(3) **吸热与熵变化之间的关系**

对微小的可逆过程,由 $dS=\frac{đQ}{T}$,得

$$đQ = TdS, \tag{1.10.39a}$$

表明可逆过程系统从外界(热源)所吸收的微热量 $đQ$ 等于系统的温度 T 乘熵的微变 dS. 对有限可逆过程(从态 1 到态 2),系统从外界吸收的热量是上式沿所考虑的可逆过程的积分

$$Q = \int_1^2 TdS. \tag{1.10.39b}$$

上两式表明,可逆过程中吸收的热量直接与系统熵的变化联系着,显示出熵在能量转化中的作用.

从(1.10.39a)立即得出,对可逆绝热过程,$đQ=0$,故 $dS=0$. 即**可逆绝热过程的熵不变**,或**可逆绝热过程是等熵过程**. 这是一条非常重要的性质.

在§1.4 中曾经指出,可逆过程外界对系统所作的功可以用系统本身的状态变量来表达. 现在看到,可逆过程系统从外界吸收的热量也可以用系统本身的状态变量与状态函数来表达. 类似用 p-V 图中曲线下的面积表示膨胀功,可以引入 T-S 图来表示可逆过程所吸收的热量. 图 1.10.6(a)中,阴影区的面积代表微热量,$đQ=TdS$. 图 1.10.6(b)代表用 T-S 图表示的可逆卡诺循环:两条水平线代表两个等温过程;两条竖直线代表两个绝热过程. 按图 1.10.6(b),$Q_1=T_1\Delta S$,$Q_2=-T_2\Delta S$(Q_2 代表从 T_2 热源吸收的热量),立即可得卡诺热机的效率为

$$\eta = \frac{W}{Q_1} = \frac{Q_1 - |Q_2|}{Q_1} = \frac{T_1\Delta S - T_2\Delta S}{T_1\Delta S} = 1 - \frac{T_2}{T_1}.$$

这是熟知的结果,但这里的计算是普遍的,与工作物质无关,不限于理想气体,且比§1.8 的计算要简便得多.①

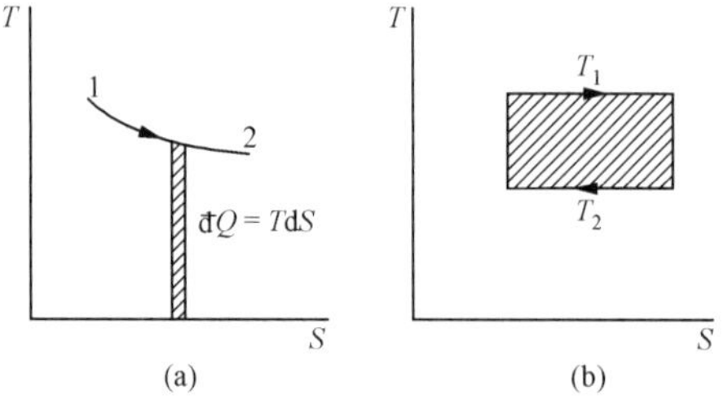

图 1.10.6　(a) 热量的图示;(b) 用 T-S 图表示的可逆卡诺循环

(4) **热力学基本微分方程**

由热力学第一定律(1.5.4)

$$dU = đQ + đW, \tag{1.10.40}$$

对可逆过程,将微热量的公式(1.10.39a)

$$đQ = TdS$$

① T-S 图也称为温熵图,它被广泛应用于工程热力学中.

及微功的普遍公式(1.4.12)

$$đW = \sum_l Y_l \mathrm{d}y_l$$

代入(1.10.40),得

$$\mathrm{d}U = T\mathrm{d}S + \sum_l Y_l \mathrm{d}y_l. \tag{1.10.41}$$

上式概括了热力学第一定律与第二定律对可逆过程的结果,称为**热力学基本微分方程**,(1.10.41)是它的普遍形式,它是研究可逆过程与平衡态性质的基础.(1.10.41)的一个特例是,对 p-V-T 系统(气体、液体以及各向同性固体),如果只有膨胀(或压缩)功,即 $đW = -p\mathrm{d}V$,则热力学基本微分方程为

$$\mathrm{d}U = T\mathrm{d}S - p\mathrm{d}V. \tag{1.10.42}$$

以上我们对熵的性质作了一个简单的小结,还有一些重要的性质没有提到,特别是熵与判断不可逆过程方向的关系,这将在下节讨论.

§1.11 熵增加原理

1.11.1 熵增加原理

熵增加原理是热力学第二定律数学表述的一个重要的推论.将上节的公式(1.10.38a)简单地写成

$$\Delta S \geqslant \int_1^2 \frac{đQ}{T}, \tag{1.11.1}$$

其中 $\Delta S = S_2 - S_1$ 代表从态 1 到态 2 熵的改变.若过程是绝热的,$đQ=0$,则得

$$\Delta S \geqslant 0, \tag{1.11.2}$$

其中"="对应可逆绝热过程;">"对应不可逆绝热过程.不等式(1.11.2)可以表述为:**系统的熵在绝热过程中永不减少:在可逆绝热过程中不变;在不可逆绝热过程中增加**.它的另一表述是:**孤立系的熵永不减少**.孤立系比绝热的条件更苛刻些,除绝热以外,外界对系统也不作功.

熵增加原理提供了判断不可逆过程方向的普遍准则:在绝热或孤立的条件下,不可逆过程只可能向熵增加的方向进行,不可能向熵减少的方向进行.

注意,千万不要说成"系统的熵永不减少".实际上,如果不加上绝热或孤立的条件,系统的熵完全可能通过向外界放热而减少.

我们看到,内能与熵有很大的不同:孤立系的内能不变;但孤立系的熵可以增加,倘若在孤立系内发生不可逆过程的话①.

---

① 在非平衡态热力学中将看到(见第五章),当系统从外界吸热时,熵流流入系统;反之,熵流流出系统.此外,不可逆过程还有熵产生.在绝热或孤立系的条件下,由于没有吸热,熵流为零,但不可逆过程仍有熵产生.统计物理学中还要从微观角度说明不可逆过程的熵产生.

如何应用不等式(1.11.2)去判断不可逆过程的方向，将在相变与化学反应热力学部分再介绍.

1.11.2 不可逆过程熵变的例子

下面举两个计算不可逆过程熵的改变的例子，主要目的是说明如何通过辅助的可逆过程去计算不可逆过程的熵变. 在这里，可逆过程不是作为实际过程的近似，而是作为计算的手段.

(1) 理想气体的自由膨胀

设理想气体经历如图 1.11.1(a)所示的自由膨胀过程. 初态 $1(T,V_1)$ 与终态 $2(T,V_2)$ 均为平衡态，内能不变，温度也不变(因理想气体的内能只是温度的函数). 试计算 $\Delta S=S_2-S_1$.

因为熵是态函数，初态与终态确定后，熵的改变就完全确定了. 可以通过引一条联结初态与终态的可逆路径，按公式(1.10.28)来计算. 选择什么可逆过程原则上说是任意的，只要与原来的不可逆过程 I 的初、终态相同. 具体的选择则以方便计算为好. 今初、终态的温度相等，选可逆等温过程(图 1.11.1(b)中 R_1)比较方便. 对 R_1，熵的改变为

$$\Delta S = S_2 - S_1 = \int_1^2 \frac{đQ}{T} = \frac{1}{T}\int_1^2 đQ = \frac{Q}{T}, \tag{1.11.3}$$

其中 Q 为可逆等温过程 R_1 中气体从恒定温度 T 的大热源所吸收的热量. 由第一定律

$$Q = \Delta U - W = -W = \int_{V_1}^{V_2} p\mathrm{d}V = NRT\int_{V_1}^{V_2}\frac{\mathrm{d}V}{V} = NRT\ln\frac{V_2}{V_1}, \tag{1.11.4}$$

立即得

$$\Delta S = NR\ln\frac{V_2}{V_1}. \tag{1.11.5}$$

因 $V_2>V_1$，故 $\Delta S>0$. 上述气体的自由膨胀是孤立系中发生的不可逆过程，$\Delta S>0$ 与熵增加原理相符.

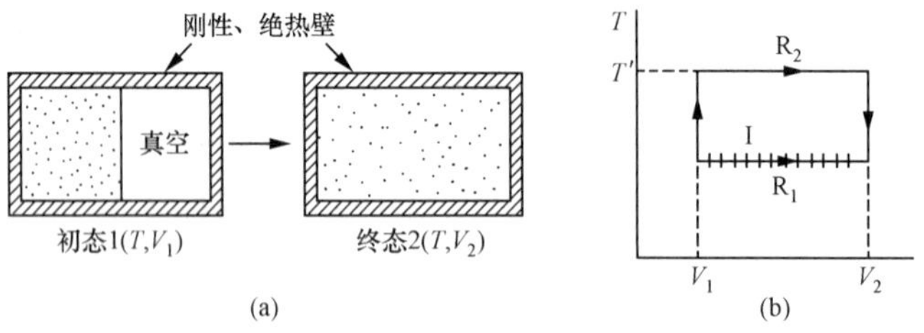

图 1.11.1 (a) 自由膨胀过程的初、终态；
(b) I 代表实际的不可逆过程，R_1 与 R_2 是联结初、终态的两个可逆过程

请读者注意，上面所引的可逆过程 R_1，与原来的不可逆过程 I，除了初态与终态相同以外，是完全不同的. R_1 是可逆的；原来的 I 是不可逆的. R_1 过程中气体一面从热源吸热，一

面对外作功；而原来过程 I 是 $Q=W=0$. 实际上在自由膨胀过程中气体处于非平衡态，其内部的温度、压强、密度等都是不均匀的，而且随时间变化. 这里，所引的可逆过程 R_1 绝不是作为实际过程 I 的近似，而是作为计算的手段.

作为练习，请读者用图 1.11.1(b)中所示的另一可逆过程 R_2 完成 ΔS 的计算（R_2 由两个等容过程和一个等温（温度在 T'）过程构成）.

（2）**涉及非平衡态的熵的改变**

设有一均匀棒，一端与高温热库（T_1）接触，另一端与低温热库（T_2）接触. 当达到稳定状态后（即不再随时间变化），棒内建立起不均匀的温度分布（见图 1.11.2(a)）. 将棒沿 x 方向分成许多薄片，在局域平衡近似下，x 与 $x+\mathrm{d}x$ 之间的小片的温度可以近似地看成均匀的，记为 $T(x)$. 对于均匀棒. $T(x)$是 x 的线性函数，

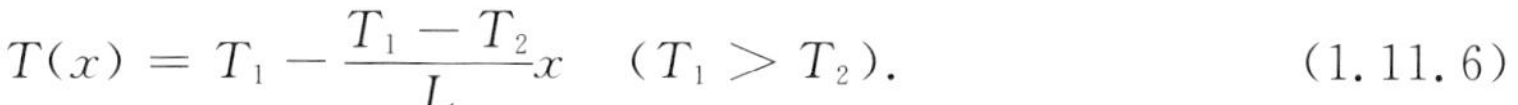

$$T(x)=T_1-\frac{T_1-T_2}{L}x\quad (T_1>T_2).\tag{1.11.6}$$

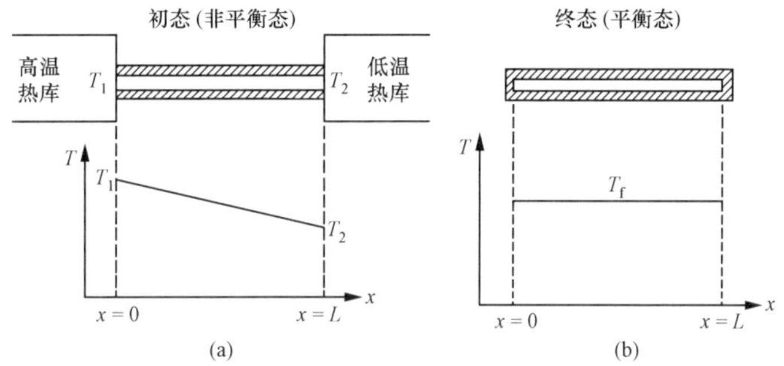

图 1.11.2　初态为非平衡态、终态为平衡态的不可逆过程

然后把棒从热库移开，并使棒保持与外界绝热与等压. 这时，棒内部将发生热从高温端流向低温端，并最终使棒达到均匀温度 T_f 的平衡态. 对均匀棒，$T_\mathrm{f}=\frac{1}{2}(T_1+T_2)$（请读者自己证明）. 这是一个从初态为非平衡定态趋向最终为平衡态的不可逆过程. 求棒的熵变 ΔS.

由于初态是非平衡态，需按§1.10.5 关于初、终态是非平衡态的公式计算熵的改变. 在局域平衡近似下，令 x 与 $x+\mathrm{d}x$ 的薄片的熵为 $S(x)\mathrm{d}x$，对此薄片引一个从初态温度 $T(x)$ 到终态 T_f 的可逆等压过程来计算它的熵的改变

$$\begin{aligned}\Delta[S(x)\mathrm{d}x]&=\int_1^2\frac{\mathrm{d}Q}{T}=c_p\rho A\,\mathrm{d}x\int_{T(x)}^{T_\mathrm{f}}\frac{\mathrm{d}T}{T}=c_p\rho A\,\mathrm{d}x\ln\frac{T_\mathrm{f}}{T(x)}\\&=c_p\rho A\,\mathrm{d}x\ln\frac{T_\mathrm{f}}{T_1-\dfrac{T_1-T_2}{L}x}\\&=-c_p\rho A\,\mathrm{d}x\ln\left(\frac{T_1}{T_\mathrm{f}}-\frac{T_1-T_2}{LT_\mathrm{f}}x\right),\end{aligned}\tag{1.11.7}$$

上式中 c_p，ρ 与 A 分别为棒单位质量的定压比热、质量密度与截面积，并假设均为常数. 整个

棒熵的改变等于(1.11.7)对 x 的积分,即

$$\Delta S=\int_0^L \Delta[S(x)\mathrm{d}x]=-c_p\rho A\int_0^L \ln\left(\frac{T_1}{T_\mathrm{f}}-\frac{T_1-T_2}{LT_\mathrm{f}}x\right)\mathrm{d}x, \tag{1.11.8}$$

分部积分后,得

$$\Delta S=C_p\left\{1+\ln\frac{T_1+T_2}{2}-\frac{T_1\ln T_1-T_2\ln T_2}{T_1-T_2}\right\}, \tag{1.11.9}$$

其中 $C_p=c_p\rho AL$ 为整个棒的定压热容. 可以证明,上式可以化为①

$$\Delta S=C_p\sum_{m=1}^{\infty}\frac{1}{2m(2m+1)}\left(\frac{T_1-T_2}{T_1+T_2}\right)^{2m}, \tag{1.11.10}$$

显然有 $\Delta S>0$,与熵增加原理相符.

§1.12　最　大　功

热力学第二定律的发现,与研究内能与其他形式的能量之间相互转化的规律(简称热功相互转化)密切相关. 在建立了第二定律的数学表述与引入态函数熵以后,让我们回过头来再讨论一下这个问题. 我们要问:在什么情况下可以从系统获得最大的有用功?下面分两种情况讨论.

1.12.1　初、终态给定的情形

由热力学第一定律

$$\mathrm{d}U=đQ+đW,$$

令 $đW'=-đW$ 代表系统对外界所作的微功,则有

$$đW'=đQ-\mathrm{d}U. \tag{1.12.1}$$

上式表明:系统对外界所作的微功等于系统从外界所吸收的微热量 $đQ$ 与系统内能的减少 $(-\mathrm{d}U)$ 这两部分之和. 上式对可逆与不可逆过程均适用. 显然,仅仅根据第一定律(1.12.1)不可能回答最大功的问题,因为等式所给出的只是收支平衡的关系;要回答最大功,必须利用不等式. 根据熵函数的性质,微热量 $đQ$ 与系统的熵的变化 $\mathrm{d}S$ 之间有下列关系

---

① 令 $x=\dfrac{T_1-T_2}{T_1+T_2}$ $(0<x<1)$,则(1.11.10)右边的级数可改写成

$$\sum_{m=1}^{\infty}\left[\frac{1}{2m}-\frac{1}{2m+1}\right]x^{2m},$$

再利用下面的两个级数展开式:

$$\ln(1-x^2)=-\sum_{m=1}^{\infty}\frac{x^{2m}}{m},$$

$$\ln\left(\frac{1+x}{1-x}\right)=2\left[x+x\sum_{m=1}^{\infty}\frac{1}{2m+1}x^{2m}\right],$$

则不难证明(1.11.10)(从(1.11.10)证明(1.11.9)比较容易).

$$đQ \leqslant T_e dS. \tag{1.12.2}$$

其中"="对应可逆过程，这时 T_e 既是热源的温度，也是系统本身的温度；"<"对应不可逆过程，这时 T_e 只代表热源的温度. 将(1.12.2)代入(1.12.1)，得

$$đW' \leqslant T_e dS - dU. \tag{1.12.3}$$

在 dS 与 dU 给定的条件下(亦即在初、终态给定的情况下)，系统对外界所作的最大功，对应上式取等式的情形，即对应于可逆过程，最大功的值为

$$đW'_{max} = đW'_R = TdS - dU, \tag{1.12.4}$$

其中 $đW'_R$ 代表可逆过程系统对外所作的微功，T 代表系统的温度($T=T_e$). 而不可逆过程系统对外界所作的微功 $đW'_I$ 必小于 $đW'_R$，即

$$đW'_I < đW'_R. \tag{1.12.5}$$

热力学可以给出最大功，即理想的上限.

1.12.2 初态一定但终态不同的情形

设有几个温度不同的物体，组成一个系统，与外界绝热. 现在设想它们之间以某种方式去建立热平衡，在此过程中，系统将对外作功. 建立平衡态的方式不同，输出的功也不同. 利用熵增加原理，可以普遍证明：**可逆过程输出的功为最大**. 这是熵增加原理的推论，称为**最大功定理**. 普遍的证明可参看朗道、栗弗席兹的书①. 此处仅通过一个具体的例子来论证和分析.

设有两个性质相同、有限大小的物体 A 与 B，初始温度分别为 T_1 与 T_2($T_1>T_2$). 由于两物体的温度不同，可以利用来对外作功，并且两物体最终达到有相同温度的平衡态. 试问：什么情况下输出的功 W' 最大，W'_{max} 是多少？

两物体有温度差，就具备作功的潜在能力；但建立平衡的方式不同，输出功的大小也不同. 设想下列不同的方式：(1) 让两个物体直接热接触直到达到相同的温度. 其间发生了的不可逆热传导过程，没有任何功输出，$W'=0$. (2) 让一个热机工作于这两个物体之间，从 A 物体(温度为 T_1)吸热，向 B 物体(温度为 T_2)放热，同时对外作功. 高温物体 A 的温度将下降，低温物体 B 的温度将上升，直到两个物体达到相同的温度. 当然，热机可以是可逆的，也可以是不可逆的. (3) 介于(1)与(2)之间还可以有许多其他不同的方式，例如先让两个物体热接触一段时间，尚未达到热平衡时又分开，使 T_1 物体降至 T'_1($T'_1<T_1$)，T_2 物体升至 T'_2($T'_2>T_2$)，且 $T'_1>T'_2$. 再让一个热机工作于 T'_1 与 T'_2 之间直到达到最后相同的温度为止. 很清楚，建立平衡的各种不同的方式实际上可以有无穷多种，它们所相应的输出功的大小是不同的.

下面应用熵增加原理可以求出最大功 W'_{max}，无需追求过程的细节. 现在考虑上述情况

---

① 参看主要参考书目[5]，p. 57.

之(2),引入一热机工作于 T_1 与 T_2 两个物体之间,从 T_1 物体吸热,向 T_2 物体放热,并对外作功.注意,两个物体都是有限大小的,两物体的温度将因放出或吸收热量而发生改变.设最后达到的相同终态温度为 T_f(即达到了热平衡态).为简单,设两物体在此过程中体积的变化可以忽略,并设两物体的定容热容 C_V 为常数.令 Q_1 代表 A 物体从 T_1 降至 T_f 所放出的热量,Q_2 代表 B 物体从 T_2 升至 T_f 所吸收的热量,则

$$\begin{aligned} Q_1 &= C_V(T_1 - T_f), \\ Q_2 &= C_V(T_f - T_2). \end{aligned} \tag{1.12.6}$$

根据第一定律,对外作功 W' 为

$$W' = Q_1 - Q_2 = C_V(T_1 + T_2 - 2T_f). \tag{1.12.7}$$

以上只用到第一定律,无论热机所经历的是可逆过程还是不可逆过程,公式的形式均为(1.12.7),看不出区别.现在利用熵增加原理,设从初态到终态,A 物体与 B 物体的熵的改变分别为 ΔS_1 与 ΔS_2,又热机经历的是循环过程,有 $\Delta S_{热机}=0$.故系统的总熵的变化为

$$\Delta S = \Delta S_1 + \Delta S_2 + \Delta S_{热机} = \Delta S_1 + \Delta S_2 \geqslant 0. \tag{1.12.8}$$

物体 A 与 B 的初态与终态均为平衡态,分别为

$$\begin{aligned} &物体\ A:(T_1,V) \to (T_f,V), \\ &物体\ B:(T_2,V) \to (T_f,V). \end{aligned}$$

由于熵是态函数,可引联结初态与终态的可逆等容过程来计算,于是有

$$\begin{aligned} \Delta S_1 &= \int_{T_1}^{T_f} \frac{C_V \mathrm{d}T}{T} = C_V \ln \frac{T_f}{T_1} < 0, \quad (因\ T_f < T_1) \\ \Delta S_2 &= \int_{T_2}^{T_f} \frac{C_V \mathrm{d}T}{T} = C_V \ln \frac{T_f}{T_2} > 0. \quad (因\ T_f > T_2) \end{aligned} \tag{1.12.9}$$

代入(1.12.8),得

$$\Delta S = C_V \ln \frac{T_f^2}{T_1 T_2} \geqslant 0, \tag{1.12.10}$$

故得

$$T_f \geqslant \sqrt{T_1 T_2}. \tag{1.12.11}$$

令 T_f^R 与 T_f^I 分别代表经可逆与不可逆过程达到最终平衡态的温度,则有

$$T_f^R = \sqrt{T_1 T_2}, \tag{1.12.12a}$$

$$T_f^I > \sqrt{T_1 T_2}. \tag{1.12.12b}$$

上式表明,经过可逆过程达到的最终平衡态温度最低.将(1.12.11)代入(1.12.7),得

$$W' \leqslant C_V(T_1 + T_2 - 2\sqrt{T_1 T_2}). \tag{1.12.13}$$

其中"="对应可逆过程;"<"对应不可逆过程.亦即有

$$W'_{\max} = W'_R = C_V(T_1 + T_2 - 2\sqrt{T_1 T_2}). \tag{1.12.14}$$

可以证明 $T_1 + T_2 > 2\sqrt{T_1 T_2}$,故 $W'_R > 0$.

从以上讨论可以看出，经过不同的途径，系统从同样的初态出发，达到的最终平衡态的温度 T_f 是不同的，相应对外所作的功的大小也不同. 若按前述让两物体直接热接触达到平衡，所达到的 $T_f=\frac{1}{2}(T_1+T_2)$ 为最高，相应的 $W'=0$；而用可逆热机的办法所达到的 $T_f=\sqrt{T_1T_2}$ 为最低，相应输出的功为最大，即 W'_{max}.

§1.13 自由能与吉布斯函数

根据热力学第二定律所推导出的熵增加原理，为我们提供了判断不可逆过程方向的普遍准则. 它可以直接用于判断绝热过程的方向. 即使系统所经历的过程不是绝热的，总可以把与系统发生热量交换的那部分外界和原来的系统一起当作一个更大的复合系统；这个复合系统满足绝热的条件，因而可以用熵增加原理判断其中发生的不可逆过程的方向. 因此，原则上说判断不可逆过程方向的问题已经完全解决了.

然而，许多需要判断不可逆过程方向的实际问题所涉及的是等温过程，为了直接判断等温过程的方向，引入新的态函数自由能与吉布斯函数会带来很大的方便.

1.13.1 自由能

对有限过程，热力学第二定律可以表达为(见(1.11.1))

$$\Delta S=S_2-S_1\geqslant\int_1^2\frac{\mathrm{d}Q}{T}. \tag{1.13.1}$$

其中“=”对应可逆过程；“>”对应不可逆过程，这时式中的 T 代表热源的温度.

现在考虑这样的等温过程：① 热源维持恒定温度 T；② 系统的初态与终态的温度 T_1 与 T_2 与热源的温度相同，即 $T_1=T_2=T$. 对于可逆等温过程，当然系统的温度自始至终与热源的温度相同. 对不可逆过程，上述要求②比较宽松，对过程中间系统的温度并未作任何限制. 这样就使所得到的理论结果有更广的适用范围，符合一些重要的等温过程的实际情况. 例如，实际化学反应过程通常是将装有化学反应物质的容器置于恒温槽(相当于大热源)内，恒温槽的温度近似地维持不变. 反应物(即系统)初态的温度与恒温槽相同. 当反应剧烈进行中间，系统内部的温度将发生变化，一般不同于恒温槽的温度，甚至系统内部温度会不均匀，以致没有单一的温度. 等反应达到平衡时，最后的终态温度又回到与恒温槽的一致. 这种情况符合上面所说的等温过程的要求.

对于等温过程，(1.13.1)式化为

$$T\Delta S\geqslant Q, \tag{1.13.2}$$

由第一定律，

$$Q=\Delta U-W, \tag{1.13.3}$$

上两式结合，得

$$T\Delta S \geqslant \Delta U - W,$$

或

$$\Delta U - T\Delta S \leqslant W, \tag{1.13.4}$$

亦即

$$U_2 - U_1 - T(S_2 - S_1) \leqslant W.$$

由于系统初态与终态温度与热源温度相同，即 $T_1 = T_2 = T$，上式可改写成

$$(U_2 - T_2S_2) - (U_1 - T_1S_1) \leqslant W. \tag{1.13.5}$$

引入新的态函数 F，称为**自由能**，其定义为

$$F \equiv U - TS, \tag{1.13.6}$$

则(1.13.5)可以用 F 表达为

$$\Delta F = F_2 - F_1 \leqslant W. \tag{1.13.7}$$

其中"＝"对应可逆等温过程；"＜"对应不可逆等温过程. 因为 U，T 与 S 均为系统的态函数，故自由能 F 也是系统的态函数.

令 $W' = -W$，W' 代表系统对外界所作的功，于是(1.13.7)可写成

$$W' \leqslant -\Delta F. \tag{1.13.8}$$

其中"＝"对应可逆等温过程；"＜"对应不可逆等温过程. 上式表明：**可逆等温过程系统对外所作的功为最大，它等于系统自由能的减少**，即

$$W'_{\max} = -\Delta F. \tag{1.13.9}$$

上述结果是最大功定理对等温过程的推论（与 1.12.1 小节所讨论的初、终态一定的情形相对应）. 由(1.13.7)，若 $W = 0$，则有

$$\Delta F \leqslant 0. \tag{1.13.10}$$

下面我们只限于讨论除膨胀功以外没有其他形式的功（例如电磁功）的情形. 这时，只要体积不变，功就等于零. 于是(1.13.10)可表述为，**等温等容过程系统的自由能永不增加：若过程是可逆的，自由能不变；若过程是不可逆的，自由能减少**. 由此直接给出判断不可逆等温等容过程方向的准则：**等温等容过程向着自由能减少的方向进行**. 具体的应用将在相变与化学反应中再介绍.

自由能的性质可以小结如下：

(1) **自由能是态函数.**

由自由能的定义，$F \equiv U - TS$，因 U，T，S 均为态函数，故 F 也是态函数. 尽管我们是从讨论等温过程而引入自由能的，但 F 作为态函数无需依赖于等温过程. 由于 U 与 S 中包含可加的任意常数 U_0 与 S_0，故 F 中包含可加的任意的温度的线性函数，即 $F_0 = U_0 - TS_0$，但 F_0 并不影响观测性质. 实际上，从以上的讨论看到，无论是判断过程的方向，或是最大功，所涉及的均为等温过程，F_0 均不起作用（对等温过程 $\Delta F_0 = 0$）.

(2) **F 是广延量，具有可加性.**

因为 U 与 S 均为广延量，T 为强度量，故 F 是广延量. 对非均匀系，U 与 S 均是可加的，

故 F 也具有可加性,但需温度均匀[①].

(3) 等温过程系统对外作的功满足

$$W' \leqslant -\Delta F.$$

可逆等温过程系统对外作功最大,$W'_{\max}=-\Delta F$.这是自由能在能量转化中的表现.

(4) 在没有其他形式的功的情况下,等温等容过程有 $\Delta F \leqslant 0$.由此提供判断不可逆等温等容过程方向的普遍准则,即向着自由能减小的方向进行.

(5) 对于 p-V-T 系统,有 $\mathrm{d}W=-p\mathrm{d}V$.由

$$\mathrm{d}U = T\mathrm{d}S - p\mathrm{d}V,$$

则

$$\mathrm{d}F = \mathrm{d}(U - TS) = \mathrm{d}U - T\mathrm{d}S - S\mathrm{d}T,$$

得

$$\mathrm{d}F = -S\mathrm{d}T - p\mathrm{d}V. \tag{1.13.11}$$

上式是热力学基本微分方程用自由能 F 表达的形式.当有其他形式的功时,不难作相应的推广.

1.13.2 吉布斯函数

关于吉布斯函数的讨论,完全类似于自由能.

考虑这样的等温、等压过程:① 热源维持恒定的温度 T,系统初态与终态的温度与热源相同,即 $T_1=T_2=T$;② 外界维持恒定的压强 p,系统初态与终态的压强与外压强相同,即 $p_1=p_2=p$.对于可逆过程,系统的温度和压强自始至终与外界的相同.但我们对系统在不可逆过程中的温度与压强未作任何限制,甚至允许系统内部没有单一的温度和压强.

由等温过程自由能的性质(1.13.7),

$$\Delta F \leqslant W.$$

对等压过程,膨胀功为 $-p\Delta V$(见(1.4.15)),则一般可将 W 写成

$$W = W_1 - p\Delta V, \tag{1.13.12}$$

其中 W_1 为其他形式的功(例如电磁功),或称**非膨胀功**.于是(1.13.7)化为

$$F_2 - F_1 + p(V_2 - V_1) \leqslant W_1,$$

利用等压过程的条件 $p_1=p_2=p$,上式可改写成

$$(F_2 + p_2V_2) - (F_1 + p_1V_1) \leqslant W_1. \tag{1.13.13}$$

引入新的态函数 G,其定义为

$$G \equiv U - TS + pV = F + pV, \tag{1.13.14}$$

G 称为**吉布斯函数**.于是(1.13.13)可以表达为

---

① 对均匀系,广延性本身就意味着可加.对非均匀系,设系统包含若干部分,第 i 部分各量分别为 F_i,U_i,T_i,S_i.U 与 S 是可加的,即 $U=\sum\limits_i U_i$,$S=\sum\limits_i S_i$.$F\equiv U-TS=\sum\limits_i U_i - T\sum\limits_i S_i=\sum\limits_i(U_i-TS_i)$,若温度均匀,即 $T_i=T$,则有 $F=\sum\limits_i(U_i-TS_i)=\sum\limits_i F_i$,表示 F 有可加性.

$$\Delta G \leqslant W_1. \tag{1.13.15}$$

令 $W_1' = -W_1$ 代表系统对外作的非膨胀功，则上式可写成

$$W_1' \leqslant -\Delta G. \tag{1.13.16}$$

其中“＝”对应可逆等温等压过程；“＜”对应不可逆等温等压过程. 最大功为

$$W_{max}' = -\Delta G. \tag{1.13.17}$$

在没有非膨胀功的情况下，即 $W_1 = 0$，则(1.13.15)化为

$$\Delta G \leqslant 0. \tag{1.13.18}$$

上式表明，**在等温等压过程中系统的吉布斯函数永不增加：可逆过程不变；不可逆过程减少**. 由此提供直接判断不可逆等温等压过程方向的普遍准则，即过程向着吉布斯函数减少的方向进行.

吉布斯函数 G 的性质小结：

(1) G 是态函数.

与 F 类似，G 中也包含可加的任意的温度线性函数 $G_0 = F_0 = U_0 - TS_0$，它不影响观测性质.

(2) G 是广延量，具有可加性(若 T，p 均匀).

(3) $W_1' \leqslant -\Delta G$；$(W_{max}') = -\Delta G$.

(4) $W_1' = 0$ 的等温等压过程：$\Delta G \leqslant 0$，由 $\Delta G < 0$ 判断不可逆过程的方向.

(5) 对 p-V-T 系统以 G 表达的热力学基本微分方程为

$$\mathrm{d}G = -S\mathrm{d}T + V\mathrm{d}p. \tag{1.13.19}$$

以上关于 F 与 G 函数的性质均不完全. 关于它们作为平衡判据的性质以及如何用于判断过程方向的问题，将在第三和第四章介绍.

1.13.3　一点说明

迄今，我们已经引入了三个基本的热力学函数，即温度(或物态方程)、内能与熵. 我们由热平衡定律引入了温度；由热力学第一定律引入了内能；由热力学第二定律引入了熵.

在§1.6 及§1.13 中又分别引入了焓 H，自由能 F 与吉布斯函数 G. H，F 和 G 是辅助的热力学函数，它们有重要的应用.

初学者一下子面对这么多态函数可能会感到有一点茫然，不过不必着急. 在热力学阶段，可以从三个方面(即在能量转化中的作用、判断不可逆过程的方向以及研究平衡性质三个方面)去理解和把握它们.

习　　题

1.1　设三个函数 f，g，h 都是二独立变量 x，y 的函数，证明：

(1) $\left(\dfrac{\partial f}{\partial g}\right)_h = 1\Big/\left(\dfrac{\partial g}{\partial f}\right)_h$；

(2) $\left(\frac{\partial f}{\partial g}\right)_x=\frac{\partial f}{\partial y}\bigg/\frac{\partial g}{\partial y}$;

(3) $\left(\frac{\partial y}{\partial x}\right)_f=-\frac{\partial f}{\partial x}\bigg/\frac{\partial f}{\partial y}$;

(4) $\left(\frac{\partial f}{\partial g}\right)_h\left(\frac{\partial g}{\partial h}\right)_f\left(\frac{\partial h}{\partial f}\right)_g=-1$;

(5) $\left(\frac{\partial f}{\partial x}\right)_g=\frac{\partial f}{\partial x}+\frac{\partial f}{\partial y}\left(\frac{\partial y}{\partial x}\right)_g$.

注：$\frac{\partial f}{\partial x}$指$\left(\frac{\partial f}{\partial x}\right)_y$，$\frac{\partial f}{\partial y}$指$\left(\frac{\partial f}{\partial y}\right)_x$. 凡不指明求偏微商时的不变量的，均指原设函数关系下的偏微商.

1.2　设四个函数 f,g,h,k 都是二独立变量 x,y 的函数，并以符号$\frac{\partial(f,g)}{\partial(x,y)}$代表其雅可比行列式：

$$\frac{\partial(f,g)}{\partial(x,y)}\equiv\begin{vmatrix}\frac{\partial f}{\partial x} & \frac{\partial f}{\partial y}\\ \frac{\partial g}{\partial x} & \frac{\partial g}{\partial y}\end{vmatrix}=\frac{\partial f}{\partial x}\frac{\partial g}{\partial y}-\frac{\partial f}{\partial y}\frac{\partial g}{\partial x}.$$

证明：

(1) $\frac{\partial(f,g)}{\partial(h,k)}=\frac{\partial(f,g)}{\partial(x,y)}\bigg/\frac{\partial(h,k)}{\partial(x,y)}$;

(2) $\frac{\partial(f,g)}{\partial(x,y)}=1\bigg/\frac{\partial(x,y)}{\partial(f,g)}$;

(3) $\left(\frac{\partial f}{\partial g}\right)_h=\frac{\partial(f,h)}{\partial(g,h)}$;

(4) $\left(\frac{\partial f}{\partial g}\right)_h=\frac{\partial(f,h)}{\partial(x,y)}\bigg/\frac{\partial(g,h)}{\partial(x,y)}$;

(5) $\left(\frac{\partial f}{\partial x}\right)_g=\frac{\partial(f,g)}{\partial(x,y)}\bigg/\frac{\partial g}{\partial y}$.

1.3　证明理想气体的膨胀系数 α、压强系数 β 及等温压缩系数 κ_T 分别为 $\alpha=\beta=1/T$，$\kappa_T=1/p$.

1.4　证明任何一个有两个独立变量 T,p 的 p-V-T 系统，其物态方程可由实验测得的膨胀系数 α 及等温压缩系数 κ_T 根据下列积分求得：

$$\ln V=\int(\alpha \mathrm{d}T-\kappa_T\mathrm{d}p).$$

再应用这个公式和题 1.3 的结果，求理想气体的物态方程.

1.5　有一铜块处于 0℃和 1 atm 下，经测定，其膨胀系数和等温压缩系数分别为 $\alpha=4.85\times10^{-5}/\mathrm{K}$，$\kappa_T=7.8\times10^{-7}/\mathrm{atm}$，$\alpha$ 和 κ_T 可近似当成常数. 今使铜块加热至 10℃，问：

(1) 压强要增加多少 atm 才能维持铜块的体积不变?

(2) 若压强增加 100 atm,铜块的体积改变多少?

答:(1) 622 atm,(2) 体积增加 4.07×10^{-4}.

1.6　已知一理想弹性丝的物态方程为

$$\mathscr{F}=bT\left(\frac{L}{L_0}-\frac{L_0^2}{L^2}\right),$$

其中 $\mathscr{F}$ 是张力;L 是长度,L_0 是张力为零时的 L 值,L_0 只是温度 T 的函数;b 是常数.定义(线)膨胀系数为

$$\alpha\equiv\frac{1}{L}\left(\frac{\partial L}{\partial T}\right)_{\mathscr{F}},$$

等温杨氏模量为

$$Y\equiv\frac{L}{A}\left(\frac{\partial\mathscr{F}}{\partial L}\right)_T,$$

其中 A 是弹性丝的截面积.证明:

(1) $Y=\frac{bT}{A}\left(\frac{L}{L_0}+\frac{2L_0^2}{L^2}\right)$;

(2) $\alpha=\alpha_0-\frac{1}{T}\frac{L^3/L_0^3-1}{L^3/L_0^3+2}$,其中 $\alpha_0=\frac{1}{L_0}\frac{\mathrm{d}L_0}{\mathrm{d}T}$.

1.7　满足 $pV^n=C$ 的过程称为多方过程,其中 n 和 C 是常数,n 称为多方指数.证明:

(1) 理想气体在多方过程中对外所作的功为

$$(p_1V_1-p_2V_2)/(n-1);$$

(2) 理想气体在多方过程中的热容 $C_{(n)}$ 为

$$C_{(n)}=\frac{n-\gamma}{n-1}C_V,$$

其中 $\gamma=C_p/C_V$;

(3) 当 γ 为常数时,若一理想气体在某一过程中的热容是常数,则这个过程一定是多方过程.

1.8　抽成真空的小匣带有活门,打开活门让外面的空气冲入,当压强达到外界压强 p_0 时将活门关上.

(1) 证明小匣内的空气在没有与外界交换热量之前,它的内能 U 与原来在大气中的内能 U_0 之差为 $U-U_0=p_0V_0$,其中 V_0 是它原来在大气中的体积.

(2) 若气体是理想气体,且设 $\gamma\equiv C_p/C_V$ 为常数,求它的温度 T 与体积 V.

答:(2) $T=\gamma T_0$;$V=\gamma V_0$.其中 T_0 和 V_0 是进入小匣的气体原来在大气中的温度和体积.

1.9　一理想气体 $\gamma=C_p/C_V$ 是温度的函数,求在准静态绝热过程中 T,V 的关系和 T,

p 的关系.这些关系中用到一个函数 $F(T)$,它由下式决定:

$$\ln F(T)=\int\frac{\mathrm{d}T}{(\gamma-1)T}.$$

1.10 利用上题的结果,证明当 γ 是温度的函数时,理想气体卡诺循环的效率仍然是 $\eta=1-\dfrac{T_2}{T_1}$.

1.11 10 A 的电流通过一个 25 Ω 电阻器,历时 1 秒.

(1) 若电阻器保持室温 27℃不变,求电阻器的熵增加值;

(2) 电阻器被一绝热壳包起来,其初温为 27℃,电阻器的质量为 10 g,定压比热为 $c_p=0.84\,\mathrm{J/(g\cdot K)}$,求电阻器的熵增加值.

答:(1) $\Delta S=0$,(2) $\Delta S=5.8\,\mathrm{J/K}$.

1.12 m_1 g 温度为 T_1 的水与 m_2 g 温度为 T_2 的水在保持压强不变下混合,设水的定压比热 c_p 可近似看成常数.证明熵增加为

$$c_p\left\{(m_1+m_2)\ln\frac{m_1T_1+m_2T_2}{m_1+m_2}-m_1\ln T_1-m_2\ln T_2\right\},$$

当 $m_1=m_2=m$ 时简化为

$$mc_p\ln\frac{(T_1+T_2)^2}{4T_1T_2}.$$

1.13 物体的初温 T_1 高于热源的温度 T_2,令一热机工作于物体和热源之间,直到物体温度降低到 T_2 为止.若热机从物体吸收的热量为 Q,试根据熵增加原理证明,此热机所能输出的最大功为

$$W_{\max}=Q-T_2(S_1-S_2),$$

其中 S_1-S_2 是物体熵的减少值.

1.14 有两个相同的物体,初始温度均为 T_1.令一制冷机工作于此两物体之间,使其中的一个物体温度降低到 T_2.设过程在定压下进行,且物体的 C_p 可当作常数;降温过程中物体也没有相变发生.试根据熵增加原理证明,此过程所需的最小功为

$$W_{\min}=C_p\left(\frac{T_1^2}{T_2}+T_2-2T_1\right).$$

第二章　均匀系的平衡性质

如果不涉及化学反应,均匀系是最简单的热力学系统,不过它涵盖的物体系统仍然相当广,包括流体(气体和液体)、固体、热辐射场等.除了三维系统以外,也包括二维和一维系统,例如液体表面膜(二维)、弹性细丝(一维),等等.

本章着重介绍以热力学基本微分方程为基础的方法,或称为**热力学函数方法**,只在章末略提一下**可逆循环过程方法**.

§2.1　麦克斯韦关系

2.1.1　麦克斯韦关系　勒让德变换

麦克斯韦关系是热力学基本微分方程的**直接结果**.为简单,让我们考虑 p-V-T 系统,其方法很容易推广到其他系统.

由热力学第一定律

$$\mathrm{d}U = \text{đ}Q + \text{đ}W, \tag{2.1.1}$$

对可逆过程,若除了膨胀功外没有其他形式的功,则微功为

$$\text{đ}W = - p\mathrm{d}V. \tag{2.1.2}$$

又,由热力学第二定律,可逆过程的微热量可表为

$$\text{đ}Q = T\mathrm{d}S, \tag{2.1.3}$$

将 đQ 与 đW 的表达式代入(2.1.1),即得(见(1.10.42))

$$\mathrm{d}U = T\mathrm{d}S - p\mathrm{d}V. \tag{2.1.4}$$

这就是 p-V-T 系统的热力学基本微分方程,它是热力学第一定律和热力学第二定律相结合对微小可逆过程的表达形式,集中概括了第一定律和第二定律对可逆过程的全部结果,是研究平衡性质的基础.由于对可逆过程,微热量与微功都可以用系统本身的状态变量与状态函数表达,因此,方程(2.1.4)中所出现的物理量都是系统本身的.

基本微分方程(2.1.4)可以看成是以(S,V)为独立变量的内能的全微分.由 $U=U(S,V)$,其全微分为

$$\mathrm{d}U = \left(\frac{\partial U}{\partial S}\right)_V \mathrm{d}S + \left(\frac{\partial U}{\partial V}\right)_S \mathrm{d}V, \tag{2.1.5}$$

与(2.1.4)比较,得

$$\left(\frac{\partial U}{\partial S}\right)_V = T, \tag{2.1.6}$$

$$\left(\frac{\partial U}{\partial V}\right)_S = -p. \tag{2.1.7}$$

由(2.1.6),因 $T>0$,故$\left(\frac{\partial U}{\partial S}\right)_V>0$,表示当体积不变时,内能与熵的变化倾向是相同的[①]. 又根据(2.1.7),因 $p>0$,故$\left(\frac{\partial U}{\partial V}\right)_S<0$,表示在 S 不变的条件下,U 与 V 变化的倾向相反: V 增加则 U 减少. 这容易理解,因为 S 不变的可逆过程是绝热的,当 V 增加时系统对外作功,而由于绝热,只能依靠消耗系统自身的内能来提供. 有时也把(2.1.6)与(2.1.7)称为麦克斯韦关系.

因为 U 是态函数,故 $\mathrm{d}U$ 是完整微分(或全微分). 按完整微分条件,U 的二阶微商与两次微商的先后次序无关,即

$$\frac{\partial^2 U}{\partial V\partial S} = \frac{\partial^2 U}{\partial S\partial V}. \tag{2.1.8}$$

将(2.1.6)与(2.1.7)按上式再微商一次,即得

$$\left(\frac{\partial T}{\partial V}\right)_S = -\left(\frac{\partial p}{\partial S}\right)_V. \tag{2.1.9}$$

(2.1.9)式是诸多麦克斯韦关系之一,其他的麦克斯韦关系可以通过对基本微分方程作**勒让德变换**而求出. 勒让德变换是指恒等式

$$x\mathrm{d}y \equiv \mathrm{d}(xy) - y\mathrm{d}x, \tag{2.1.10}$$

它把 $x\mathrm{d}y$ 变为 $-y\mathrm{d}x$,从而将自变量 y 变换为自变量 x,另外多出的一项是全微分 $\mathrm{d}(xy)$. 现在应用到基本微分方程

$$\mathrm{d}U = T\mathrm{d}S - p\mathrm{d}V,$$

式中的 T 与 S 以及 p 与 V 称为**共轭变量**. 如果我们希望将 T 与 S 这一对共轭变量的地位交换一下,可用勒让德变换

$$T\mathrm{d}S \equiv \mathrm{d}(TS) - S\mathrm{d}T \tag{2.1.11}$$

代入(2.1.4),并将多出的全微分移至方程左边,则得(注意到 $F\equiv U-TS$)

$$\mathrm{d}(U-TS) = \mathrm{d}F = -S\mathrm{d}T - p\mathrm{d}V. \tag{2.1.12}$$

这就是上一章中已经得到的用自由能表达的热力学基本微分方程(1.13.11),这里我们从热力学基本微分方程最基本的形式(2.1.4)通过勒让德变换重新得到. 由(2.1.12),得

$$S = -\left(\frac{\partial F}{\partial T}\right)_V, \tag{2.1.13}$$

$$p = -\left(\frac{\partial F}{\partial V}\right)_T. \tag{2.1.14}$$

这两个公式很有用,如果知道了自由能作为(T,V)的函数,那么,直接按上面的公式求微商

---

① 还有一种极特殊的系统,称为负绝对温度系统,将在§7.8中介绍.

就可求得熵与物态方程[①]. 由(2.1.12)的全微分条件,立即得到以(T,V)为独立变量的麦克斯韦关系:

$$\left(\frac{\partial S}{\partial V}\right)_T = \left(\frac{\partial p}{\partial T}\right)_V. \tag{2.1.15}$$

通常把直接出现在热力学基本微分方程中的变量以及经勒让德变换后的独立变量称为**自然变量**,如(2.1.4)中的 S 与 V,(2.1.12)中的 T 与 V. 从(2.1.4)通过勒让德变换变到(2.1.12),也就是将自然变量从(S,V)变换到(T,V).

类似地,从(2.1.4)出发,通过勒让德变换,可得:

对$(S,V)\to(S,p)$,有

$$\mathrm{d}(U+pV) = \mathrm{d}H = T\mathrm{d}S + V\mathrm{d}p; \tag{2.1.16}$$

对$(S,V)\to(T,p)$,有

$$\mathrm{d}(U-TS+pV) = \mathrm{d}G = -S\mathrm{d}T + V\mathrm{d}p. \tag{2.1.17}$$

相应的完整微分条件为(麦克斯韦关系):

$$\left(\frac{\partial T}{\partial p}\right)_S = \left(\frac{\partial V}{\partial S}\right)_p; \tag{2.1.18}$$

$$\left(\frac{\partial S}{\partial p}\right)_T = -\left(\frac{\partial V}{\partial T}\right)_p. \tag{2.1.19}$$

由(2.1.17)还得到两个重要的关系:

$$S = -\left(\frac{\partial G}{\partial T}\right)_p, \tag{2.1.20}$$

$$V = \left(\frac{\partial G}{\partial p}\right)_T. \tag{2.1.21}$$

如果知道了 G 作为独立变量(T,p)的函数 $G(T,p)$,则由上两式即可求出熵与物态方程.

以上我们对 p-V-T 系统,从热力学基本微分方程最基本的形式(2.1.4)出发,通过勒让德变换,导出了诸麦克斯韦关系. 让我们把这几个麦克斯韦关系再罗列于表 2.1.1,并作几点说明.

表 2.1.1　麦克斯韦关系

基本微分方程的等价形式	自然变量	麦克斯韦关系
$\mathrm{d}U = T\mathrm{d}S - p\mathrm{d}V$	(S,V)	$\left(\frac{\partial T}{\partial V}\right)_S = -\left(\frac{\partial p}{\partial S}\right)_V$
$\mathrm{d}(U+pV) = \mathrm{d}H = T\mathrm{d}S + V\mathrm{d}p$	(S,p)	$\left(\frac{\partial T}{\partial p}\right)_S = \left(\frac{\partial V}{\partial S}\right)_p$
$\mathrm{d}(U-TS) = \mathrm{d}F = -S\mathrm{d}T - p\mathrm{d}V$	(T,V)	$\left(\frac{\partial S}{\partial V}\right)_T = \left(\frac{\partial p}{\partial T}\right)_V$
$\mathrm{d}(U-TS+pV) = \mathrm{d}G = -S\mathrm{d}T + V\mathrm{d}p$	(T,p)	$\left(\frac{\partial S}{\partial p}\right)_T = -\left(\frac{\partial V}{\partial T}\right)_p$

① 在统计物理学中,我们将学习如何通过计算配分函数以求出自由能,从而计算熵与物态方程等热力学量.

● 麦克斯韦关系是以自然变量为独立变量的热力学基本微分方程的(完整微分条件的)直接结果;

● 实际上还可以有更多的麦克斯韦关系,例如把(2.1.4)改写成 $\mathrm{d}S=\frac{1}{T}\mathrm{d}U+\frac{p}{T}\mathrm{d}V$,即可得到以$(U,V)$为独立变量的麦克斯韦关系.不过这类关系几乎不用,重要的是上面的四个.

● 上述四个麦克斯韦关系彼此之间不是独立的,它们是热力学基本微分方程几种等价的表达形式的结果,归根结底来源于最基本的形式(2.1.4).实际上,从麦克斯韦关系中的任何一个出发,通过偏微商的变量变换也可以导出其余三个麦克斯韦关系(请读者自己练习).

2.1.2 简单应用

例 1 $C_p-C_V=?$

在§1.6中,我们得到两个公式

$$C_V=\left(\frac{\partial U}{\partial T}\right)_V;\quad C_p=\left(\frac{\partial H}{\partial T}\right)_p.$$

现在,利用 $\mathrm{d}Q=T\mathrm{d}S$,可以得到另外两个很有用的公式

$$C_V=T\left(\frac{\partial S}{\partial T}\right)_V;\quad C_p=T\left(\frac{\partial S}{\partial T}\right)_p. \tag{2.1.22}$$

将(2.1.22)两式相减,并利用复合函数偏微商的公式

$$\left(\frac{\partial S}{\partial T}\right)_p=\left(\frac{\partial S}{\partial T}\right)_V+\left(\frac{\partial S}{\partial V}\right)_T\left(\frac{\partial V}{\partial T}\right)_p, \tag{2.1.23}$$

上式相当于把 $S(T,p)$看成复合函数形式,即 $S(T,V(T,p))$,于是得

$$C_p-C_V=T\left(\frac{\partial S}{\partial V}\right)_T\left(\frac{\partial V}{\partial T}\right)_p. \tag{2.1.24}$$

(2.1.24)中,除$\left(\frac{\partial S}{\partial V}\right)_T$外,均为可测量.应用麦克斯韦关系(2.1.15),上式化为

$$C_p-C_V=T\left(\frac{\partial p}{\partial T}\right)_V\left(\frac{\partial V}{\partial T}\right)_p. \tag{2.1.25}$$

这个公式很重要,表明两个热容 C_p 与 C_V 之差可以由物态方程求出.上式还可以改写为(利用 α,β 与 κ_T 之间的关系(1.3.10))

$$C_p-C_V=TV\frac{\alpha^2}{\kappa_T}. \tag{2.1.26}$$

根据平衡的稳定条件,$\kappa_T>0$(证明见§3.4),故 C_p 总大于 C_V(只有当 $\alpha=0$ 时才有 $C_p=C_V$).

将公式(2.1.26)用到理想气体,由 $pV=NRT$,立即可得

$$C_p-C_V=NR, \tag{2.1.27}$$

这个结果与公式(1.7.7)一致.

例 2　$\left(\frac{\partial U}{\partial V}\right)_T = ?$

由基本微分方程 $dU = TdS - pdV$ 出发，选(T,V)作为独立变量，将 dS 展开，有

$$dU = T\left[\left(\frac{\partial S}{\partial T}\right)_V dT + \left(\frac{\partial S}{\partial V}\right)_T dV\right] - pdV, \tag{2.1.28}$$

得

$$\left(\frac{\partial U}{\partial V}\right)_T = T\left(\frac{\partial S}{\partial V}\right)_T - p. \tag{2.1.29}$$

利用麦克斯韦关系(2.1.15)，立即得

$$\left(\frac{\partial U}{\partial V}\right)_T = T\left(\frac{\partial p}{\partial T}\right)_V - p. \tag{2.1.30}$$

右边出现的量是状态变量以及与物态方程相联系的量，它们都是可测量，热力学的任务至此已经完成了. 上式对 p-V-T 系统是普遍适用的.

将(2.1.30)用到一个特例——理想气体，由 $pV=NRT$，得

$$\left(\frac{\partial p}{\partial T}\right)_V = \frac{p}{T},$$

于是得

$$\left(\frac{\partial U}{\partial V}\right)_T = 0. \tag{2.1.31}$$

上式表明，理想气体的内能只是温度的函数，与体积无关；而且这一结论只需由理想气体的物态方程就可以证明. 也就是说，理想气体的内能只是温度的函数，即 $U=U(T)$，不是独立于物态方程的性质，而是可以从物态方程导出的.

2.1.3　哪些量是可测量？

热力学研究物质平衡性质的任务就是建立一些普遍的关系，把未知的热力学量(或者说不能直接测量的量)用可测量的量表达出来.

哪些量是可测量的量呢？它们包括：(1) 状态变量(如 $p,V,\cdots$等). 温度是态函数，但它可以直接测量，常常也作为状态变量. (2) 各种热容. (3) 与物态方程相联系的量. 常常还把热容以及与物态方程相联系的量统称为**响应函数**，因为它们表征了系统对外界条件变化(如温度、体积、压强、电场、磁场等的变化)而引起的某种“响应”. 所以，也可以简单地说，可测量的量包括状态变量和响应函数.

哪些量是不可直接测量的呢？它们是基本热力学函数 U 和 S，以及引入的辅助热力学函数 H,F,G 等；还有这些态函数的某些偏微商，如$\left(\frac{\partial S}{\partial V}\right)_T$，$\left(\frac{\partial H}{\partial p}\right)_T$，等等，但$\left(\frac{\partial S}{\partial T}\right)_V = \frac{C_V}{T}$，$\left(\frac{\partial H}{\partial T}\right)_p = C_p$ 是可测量的量.

热力学理论所建立的未知量与可测量之间的关系是普遍的. 但热力学理论本身不能给

出特殊物质的物态方程以及响应函数. 它们需由实验确定；也可应用平衡态统计物理从理论上计算(许多情况下只能求出近似解).

2.1.4　一点建议

初学热力学的人，一下子看到这么多的"方程"与"关系"，往往感到"乱". 为此，有的书上建议了一些帮助记忆的办法，有"口诀"，也有"图形". 笔者认为，为了掌握这些看似纷乱的关系，主要抓住三条：(1) 方向要明，明确需要计算什么；(2) 要多多练习，熟能生巧；(3) 不要死记，宁可自己推导. 现在对(3)作一点说明. 麦克斯韦关系是热力学基本微分方程的直接结果，热力学基本微分方程最基本的形式是热力学第一定律与第二定律用到可逆过程的结果. 由第一定律 $dU=đQ+đW$，对可逆过程：$đQ=TdS$；$đW=-pdV$(只有膨胀功的情形，如有电磁功，应加上；其他系统应该用相应的 $đW$ 的表达式). 故基本方程最基本的形式是 $dU=TdS-pdV$. 明确了这一点，然后根据计算的需要，由上式作勒让德变换即可容易地求出相应的麦克斯韦关系了.

§2.2　气体的节流过程　焦耳-汤姆孙效应

焦耳为了研究气体的内能，最初采用的是气体向真空的自由膨胀过程，但这个实验不够准确. 后来，焦耳和汤姆孙(Thomson，即开尔文)采用了另一种办法，研究气体通过多孔塞的节流过程，其装置原理如图 2.2.1 所示. 一根管子的中间有一个多孔塞(用棉花之类的东西做成)，使得气体不容易很快地通过. 多孔塞的一边的压强维持在较高的值，另一边维持在较低的值，让气体不断地从一边经过多孔塞流到另一边去，并在稳恒状态下测量两边的温度. 在此实验中气体从高压通过多孔塞流到低压的过程称为**节流过程**.

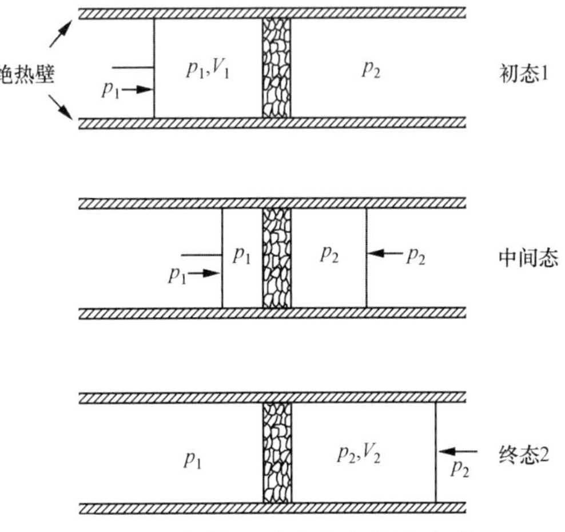

图 2.2.1　气体通过多孔塞的节流过程

设想将某一时间间隔内通过多孔塞的一定量的气体看成所研究的系统. 初态 1 是这部分气体完全在 p_1 一边，其体积为 V_1；当气体完全到 p_2 一边时为终态 2，其体积为 V_2. 由于两边维持恒定的压强，在 p_1 一边外界对气体所作的功为 p_1V_1，在 p_2 一边是 $-p_2V_2$，故净功为

$$W = p_1V_1 - p_2V_2. \tag{2.2.1}$$

令这部分气体在初态与终态的内能分别为 U_1 与 U_2，忽略气体流动的动能(这是很小的，因为气体密度很低，总质量很小)，由热力学第一定律，有

$$U_2 - U_1 = p_1V_1 - p_2V_2, \tag{2.2.2}$$

按焓的定义 $H \equiv U + pV$，即有

$$H_1 = H_2. \tag{2.2.3}$$

上式表明，气体初态与终态的焓相等. 现在求气体在节流过程后温度的变化.

应该注意，这个过程是一个绝热(见图 2.2.1)不可逆过程，初、终态是平衡态，但过程中间的状态是比较复杂的，系统的一部分在 p_1 一边，另一部分在 p_2 一边，整个系统没有单一的压强，因而焓是没有意义的(因为焓的可加性需要有单一的均匀压强). 但是，根据焓是态函数的性质，只要初态与终态确定了，其性质就完全确定了，与中间经历过程的细节无关. 我们可以假想一个联结初态和终态的可逆过程来计算，原则上这个可逆过程可以任选，只要初、终态与原来的一致. 注意到原来的过程初、终态的焓是相等的，可以选一个可逆等焓过程来作计算. 需要强调的是，所引的可逆等焓过程除了初、终态与原过程一致以外，中间过程是不同的. 在这里，所引的可逆等焓过程是一种研究手段，并不是作为原来过程的近似(原来过程也不能作此近似). 只要明确了这一点，剩下的计算是十分简单的.

为了描述节流过程气体温度的变化，引入温度对压强的偏微商

$$\mu \equiv \left(\frac{\partial T}{\partial p}\right)_H, \tag{2.2.4}$$

μ 称为**焦耳-汤姆孙系数**，节流过程中温度随压强的变化称为**焦耳-汤姆孙效应**. 应用偏微商公式

$$\mu = \left(\frac{\partial T}{\partial p}\right)_H = -\left(\frac{\partial T}{\partial H}\right)_p \left(\frac{\partial H}{\partial p}\right)_T = -\frac{1}{C_p}\left(\frac{\partial H}{\partial p}\right)_T, \tag{2.2.5}$$

利用以(S,p)为独立变量的热力学基本微分方程(2.1.16)，得

$$\left(\frac{\partial H}{\partial p}\right)_T = T\left(\frac{\partial S}{\partial p}\right)_T + V = V - T\left(\frac{\partial V}{\partial T}\right)_p, \tag{2.2.6}$$

最后一步已利用了麦克斯韦关系(2.1.19)，将(2.2.6)代入(2.2.5)，得

$$\mu = \left(\frac{\partial T}{\partial p}\right)_H = \frac{1}{C_p}\left[T\left(\frac{\partial V}{\partial T}\right)_p - V\right]. \tag{2.2.7}$$

因为 $C_p > 0$ (其证明需要用到平衡的稳定理论，见 §3.4)，故 μ 的正负完全由 $\left[T\left(\frac{\partial V}{\partial T}\right)_p - V\right]$ 决定. 在以(T,p)为变量的状态空间中，$\mu(T,p) > 0$ 的区域称为**致冷区**；$\mu <$

0 称为**致温区**；$\mu=0$ 决定了一条曲线，是两个区的分界，称为**反转曲线**，相应的温度称为**反转温度**. 公式(2.2.7)是普遍的，适用于一切气体. 进一步的结果需要用特殊物质的物态方程或由实验测量才能确定.

下面以范德瓦耳斯方程为例求反转曲线，由

$$\left(p+\frac{N^2a}{V^2}\right)(V-Nb)=NRT,$$

选 T 与 V 为独立变量比较方便，将上式改写为

$$p=\frac{NRT}{V-Nb}-\frac{N^2a}{V^2}, \tag{2.2.8}$$

利用微商公式

$$\left(\frac{\partial V}{\partial T}\right)_p=-\left(\frac{\partial V}{\partial p}\right)_T\left(\frac{\partial p}{\partial T}\right)_V, \tag{2.2.9}$$

代入(2.2.7)，得

$$\mu=-\frac{1}{C_p}\left(\frac{\partial V}{\partial p}\right)_T\left[T\left(\frac{\partial p}{\partial T}\right)_V+V\left(\frac{\partial p}{\partial V}\right)_T\right], \tag{2.2.10}$$

将范德瓦耳斯方程(2.2.8)代入上式，得

$$\mu=-\frac{1}{C_p}\left(\frac{\partial V}{\partial p}\right)_T\left[\frac{2N^2a}{V^2}-\frac{N^2RTb}{(V-Nb)^2}\right]. \tag{2.2.11}$$

令 $\mu=0$，得反转温度与体积的关系

$$\frac{RTb}{2a}=\left(1-\frac{N}{V}b\right)^2, \tag{2.2.12}$$

解出 V，代入(2.2.8)，得 T 与 p 的关系

$$p=\frac{a}{b^2}\left(1-\sqrt{\frac{RTb}{2a}}\right)\left(3\sqrt{\frac{RTb}{2a}}-1\right), \tag{2.2.13}$$

取消根号后化为

$$\left(\frac{b^2p}{a}+\frac{3RTb}{2a}+1\right)^2-\frac{8RTb}{a}=0. \tag{2.2.14}$$

方程(2.2.13)或(2.2.14)代表在(T,p)平面中的一条抛物线. 图 2.2.2 的虚线是用氮气的参数 a 与 b 代入而得到的，实线是氮气的实验结果. 可以看出二者定性相符，定量上有差别. 如果用改进的物态方程可以使理论与实验符合得更好.

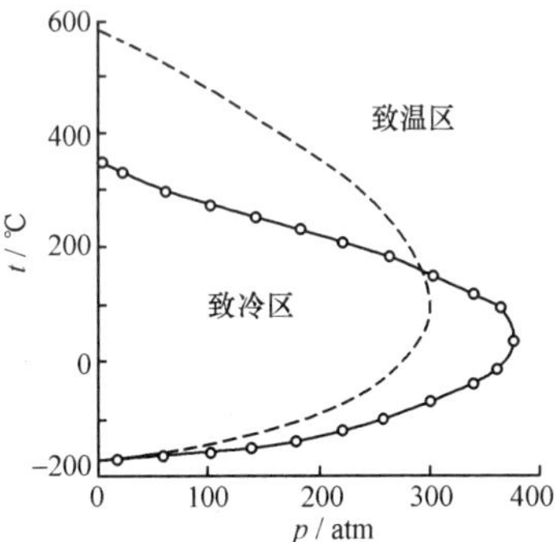

图 2.2.2 焦耳-汤姆孙效应的反转温度

1895 年，林德(Linde)利用焦耳-汤姆孙效应的制冷效应使气体液化. 此前，对有些气体，如二氧化碳，只需用等温压缩的办法就可以使气体液化. 但还有一些气体，如氮气，氧气等，不能用等温压缩的办法使它们液化，当时把这些气体称为“永气体”. 应用焦

耳-汤姆孙效应后,所有的"永气体"都可以液化了,这一点无论对工业还是实验室均有重要意义.

表 2.2.1 列出了通常用于低温工作的几种气体的最大反转温度①. 注意到对表中前六行的气体,室温已低于最大反转温度,亦即室温已处于致冷区,故可以直接从室温开始用焦耳-汤姆孙效应制冷. 但最后三行的气体的反转温度低于室温,必须先将它们预冷,待进入致冷区以后再用焦耳-汤姆孙效应制冷.

表 2.2.1 几种气体的最大反转温度

气体	最大反转温度/K
Xe	1486
CO_2	1275
Kr	1079
Ar	794
Co	644
N_2	607
Ne	228
H_2	204
He	43

§2.3 绝热去磁降温的热力学理论

1926 年,吉奥克(Giauque)和德拜(Debye)独立地提出了顺磁固体绝热去磁获得低温的原理. 本节对相关的热力学理论作一简单介绍.

设有一均匀、各向同性的顺磁固体,在外磁场作用下,其可逆过程微功的形式为(参看(1.4.11))

$$đW = -p\mathrm{d}V + \mu_0 V\mathscr{H}\mathrm{d}\mathscr{M},$$

因而热力学基本微分方程为

$$\mathrm{d}U = đQ + đW = T\mathrm{d}S - p\mathrm{d}V + \mu_0 V\mathscr{H}\mathrm{d}\mathscr{M}. \tag{2.3.1}$$

上式最后一项是磁化功,这样写已把磁场划到系统以外,即上式中系统的内能 U 不包括真空中的磁场能量. 为了简单,设磁介质的体积变化可以忽略(通常,磁场变化引起的磁介质体积的变化很小,除了研究磁致伸缩效应时必须考虑以外,忽略体积变化是很好的近似). 于是(2.3.1)中的膨胀功将不出现. 以下取单位体积,并令 U 和 S 代表单位体积磁介质的内能和

---

① 取自主要参考书目[12],p.329.

熵. 于是,基本微分方程(2.3.1)简化为

$$\mathrm{d}U = T\mathrm{d}S + \mu_0 \mathscr{H}\mathrm{d}\mathscr{M}. \tag{2.3.2}$$

令 $C_{\mathscr{H}}$ 和 $C_{\mathscr{M}}$ 分别代表磁介质在固定磁场 $\mathscr{H}$ 和固定磁化强度 $\mathscr{M}$ 时的热容,它们可表为

$$C_{\mathscr{H}} \equiv \frac{\mathrm{đ}Q_{\mathscr{H}}}{\mathrm{d}T} = T\left(\frac{\partial S}{\partial T}\right)_{\mathscr{H}}, \tag{2.3.3}$$

$$C_{\mathscr{M}} \equiv \frac{\mathrm{đ}Q_{\mathscr{M}}}{\mathrm{d}T} = T\left(\frac{\partial S}{\partial T}\right)_{\mathscr{M}}. \tag{2.3.4}$$

为了描述绝热条件下磁场变化引起的系统温度的变化,很自然可以用 $\left(\frac{\partial T}{\partial \mathscr{H}}\right)_{\text{绝热}}$ 这个量. 如果磁场变化足够慢,且耗散效应很小,则过程可近似看成可逆绝热过程①,亦即等熵过程,从而可以把 $\left(\frac{\partial T}{\partial \mathscr{H}}\right)_{\text{绝热}}$ 近似用 $\left(\frac{\partial T}{\partial \mathscr{H}}\right)_S$ 代替:

$$\left(\frac{\partial T}{\partial \mathscr{H}}\right)_{\text{绝热}} \rightarrow \left(\frac{\partial T}{\partial \mathscr{H}}\right)_S. \tag{2.3.5}$$

明确了需要计算的热力学量是 $\left(\frac{\partial T}{\partial \mathscr{H}}\right)_S$ 以后,剩下的具体计算就不困难了. 利用微商公式

$$\left(\frac{\partial T}{\partial \mathscr{H}}\right)_S = -\left(\frac{\partial T}{\partial S}\right)_{\mathscr{H}}\left(\frac{\partial S}{\partial \mathscr{H}}\right)_T = -\frac{T}{C_{\mathscr{H}}}\left(\frac{\partial S}{\partial \mathscr{H}}\right)_T, \tag{2.3.6}$$

右边的 $C_{\mathscr{H}}$ 是直接可测量,但 $\left(\frac{\partial S}{\partial \mathscr{H}}\right)_T$ 是未知的. 注意到热力学基本微分方程(2.3.2)是以(S, $\mathscr{M}$)为独立变量的形式,而求 $\left(\frac{\partial S}{\partial \mathscr{H}}\right)_T$ 需要用到以(T,$\mathscr{H}$)为独立变量的形式. 利用勒让德变换将独立变量从(S,$\mathscr{M}$)变换到(T,$\mathscr{H}$),得

$$\mathrm{d}(U - TS - \mu_0 \mathscr{H}\mathscr{M}) = - S\mathrm{d}T - \mu_0 \mathscr{M}\mathrm{d}\mathscr{H}, \tag{2.3.7}$$

上式左边的函数($U-TS-\mu_0\mathscr{H}\mathscr{M}$)是磁介质的吉布斯函数,但下面的计算无需计算这个量,只需明确它是态函数就足够了. 由(2.3.7),相应的麦克斯韦关系为

$$\left(\frac{\partial S}{\partial \mathscr{H}}\right)_T = \mu_0\left(\frac{\partial \mathscr{M}}{\partial T}\right)_{\mathscr{H}}, \tag{2.3.8}$$

代入(2.3.6),得

$$\left(\frac{\partial T}{\partial \mathscr{H}}\right)_S = -\frac{\mu_0 T}{C_{\mathscr{H}}}\left(\frac{\partial \mathscr{M}}{\partial T}\right)_{\mathscr{H}}. \tag{2.3.9}$$

公式(2.3.9)右边出现的量是状态变量、热容 $C_{\mathscr{H}}$ 以及与磁介质物态方程相联系的量,它们都是实验可以测量的量. 上述结果是普遍的,进一步的计算必须知道物态方程与 $C_{\mathscr{H}}$ 的

---

① 磁介质在静磁场作用下,由于磁场的变化,系统内部趋于平衡的弛豫时间很短,完全可以看成准静态过程(除非处理高频电磁场的问题). 另外,除了铁磁介质有强的磁滞效应(一种耗散效应)以外,对顺磁介质忽略耗散效应也是很好的近似.

知识.

实验发现,在高温、弱磁场下,顺磁固体的物态方程遵从居里定律,即

$$\mathscr{M} = \frac{C}{T}\mathscr{H}, \tag{2.3.10}$$

C 为居里常数($C>0$),它依赖于特殊物质.由(2.3.10),得

$$\left(\frac{\partial \mathscr{M}}{\partial T}\right)_{\mathscr{H}} = -\frac{C}{T^2}\mathscr{H}. \tag{2.3.11}$$

上式表明,当磁场固定时,磁化强度 $\mathscr{M}$ 随温度升高而减少.微观上 $\mathscr{M}$ 代表单位体积内分子磁矩总和的统计平均值,当温度升高时,分子无规热运动加剧,导致 $\mathscr{M}$ 值减少.将(2.3.11)代入(2.3.9),得

$$\left(\frac{\partial T}{\partial \mathscr{H}}\right)_S = \frac{\mu_0 C}{T C_{\mathscr{H}}}\mathscr{H}. \tag{2.3.12}$$

上式右方为正,表示在绝热条件下,磁场减少,温度将降低.

如果我们希望知道当磁场发生有限改变(比如从初态 $\mathscr{H}_1$ 变化到终态 $\mathscr{H}_2$),温度从初始 T_1 将变化到的终态 T_2 是多少,那么,可以先求出系统以$(T,\mathscr{H})$为独立变量的熵函数,再由可逆绝热过程熵不变,求出终态的温度.选$(T,\mathscr{H})$为独立变量,有

$$\mathrm{d}S = \left(\frac{\partial S}{\partial T}\right)_{\mathscr{H}}\mathrm{d}T + \left(\frac{\partial S}{\partial \mathscr{H}}\right)_T \mathrm{d}\mathscr{H}, \tag{2.3.13}$$

由(2.3.3)及(2.3.8),

$$\mathrm{d}S = \frac{C_{\mathscr{H}}}{T}\mathrm{d}T + \mu_0\left(\frac{\partial \mathscr{M}}{\partial T}\right)_{\mathscr{H}}\mathrm{d}\mathscr{H}. \tag{2.3.14}$$

进一步的计算必须知道热容 $C_{\mathscr{H}}=C_{\mathscr{H}}(T,\mathscr{H})$ 的具体函数依赖关系.已知磁场为零时的 $C_{\mathscr{H}}$ 为(参看图 2.3.1 注)

$$C_{\mathscr{H}}(T,0) = \frac{b}{T^2} \quad (b>0, b \text{ 为物质常数}), \tag{2.3.15}$$

当 $\mathscr{H}\neq 0$ 时容易求得(参看习题 2.11)

$$C_{\mathscr{H}}(T,\mathscr{H}) = \frac{1}{T^2}(b+\mu_0 C\mathscr{H}^2). \tag{2.3.16}$$

将(2.3.16)与(2.3.11)代入(2.3.14),即得熵所满足的微分方程为

$$\mathrm{d}S = \frac{1}{T^3}(b+\mu_0 C\mathscr{H}^2)\mathrm{d}T - \frac{\mu_0 C}{T^2}\mathscr{H}\mathrm{d}\mathscr{H} = \mathrm{d}\left(-\frac{b+\mu_0 C\mathscr{H}^2}{2T^2}\right), \tag{2.3.17}$$

积分得

$$S(T,\mathscr{H}) = -\frac{1}{2T^2}(b+\mu_0 C\mathscr{H}^2) + S_0. \tag{2.3.18}$$

因可逆绝热过程的熵不变,立即得

$$\frac{1}{T^2}(b+\mu_0 C\mathscr{H}^2) = \text{常数}. \tag{2.3.19}$$

上式是顺磁固体可逆绝热过程的过程方程，它给出了可逆绝热过程中温度与磁场的依赖关系. 令初态为$(T_1, \mathscr{H}_1)$，终态为$(T_2, \mathscr{H}_2)$，则得

$$\frac{T_2}{T_1} = \left(\frac{b + \mu_0 C\mathscr{H}_2^2}{b + \mu_0 C\mathscr{H}_1^2}\right)^{1/2}. \tag{2.3.20}$$

若 $\mathscr{H}_2 < \mathscr{H}_1$，则 $T_2 < T_1$，即磁场减小使温度降低.

应该指出，公式(2.3.18)与(2.3.20)是在物态方程遵从居里定律(2.3.10)以及 $C_{\mathscr{H}}$ 满足(2.3.16)的前提下得出的，它们要求磁场不太强，温度不太低. 若按(2.3.18)，当 $T \to 0$ 时，$(S - S_0) \to -\infty$，这显然是没有意义的. 适用于更宽范围的顺磁固体的熵可以从统计物理计算求出. 图 2.3.1 给出了不同磁场下熵与温度的关系曲线. 图中所示从 $\mathscr{H}=0$(态 a)出发，先等温磁化到 $\mathscr{H}=\mathscr{H}_2$(态 b)，这是一个熵减少的过程(亦即放热过程)；再从态 b 到态 c，这是绝热去磁，降低温度. 从态 c 还可以再进行"等温磁化及绝热去磁"，但从曲线上可以看出，继续重复时降温的效果将越来越小，这实际上是热力学第三定律的反映(详见 § 4.7).

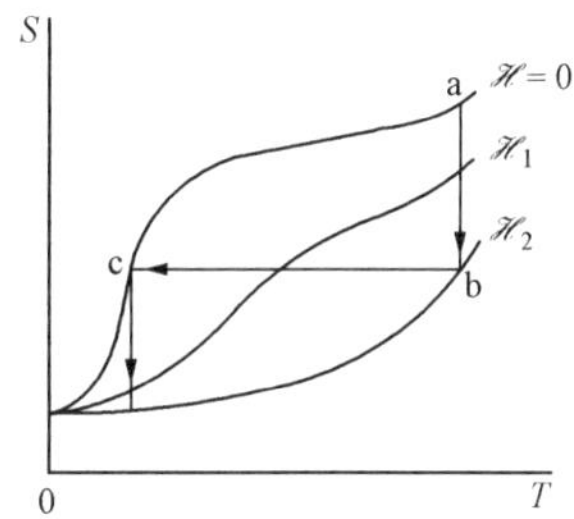

图 2.3.1 不同磁场下，顺磁固体的熵与温度的关系$(0 < \mathscr{H}_1 < \mathscr{H}_2)$①

§ 2.4 热辐射的热力学理论

热力学定律不仅可以应用于实物组成的宏观系统，还可以应用于热辐射场. 在空窖中与窖壁物质处于热平衡的辐射场，称为**热辐射**或**黑体辐射**. 热辐射是电磁波，它包含各种频率(从零到∞)，每一种频率的电磁波的振幅与相位都是无规则的，它们在空间各个方向上传播，在空间的分布是均匀且各向同性的(收音机或电视机所接收的电磁波有确定的频率与相位，它们是电磁学的研究对象，而不是热力学系统). 以上这些都已得到实验证实.

① 图 2.3.1 取自 Zemansky 与 Dittman 的书. 该书对顺磁固体绝热去磁降温的统计物理学与热力学理论以及实验装置都有很好的描述. 根据统计物理理论，顺磁固体是由顺磁离子的自旋子系统与晶格子系统两部分组成的. 在足够低温度下，晶格子系统的贡献相比于自旋子系统可以忽略，因而只需考虑自旋子系统的贡献. 应用量子统计物理关于定域子系的理论，可以计算出它的熵 $S(T, \mathscr{H})$，以及物态方程和 $C_{\mathscr{H}}$. 并可以得出(2.3.10)与(2.3.15)成立的条件，前者要求 $\frac{\mu_B \mathscr{H}}{kT} \ll 1$($\mu_B$ 为玻尔磁子，k 为玻尔兹曼常数)；后者要求 $\frac{\delta_1}{kT} \ll 1$($\delta_1$ 为晶场分裂的能量). 注意到根据统计理论，$S - S_0$ 随 $T \to 0$ 而趋于零. 详情可参看主要参考书目[12]，p. 464.

从热力学的观点看，热辐射是一种特殊的 p-V-T 系统.

2.4.1　热辐射的内能密度是温度的普适函数

令 $u \equiv U/V$ 代表热辐射单位体积的内能，即**内能密度**. 下面来证明，热辐射的内能密度 u 只是温度的函数，而与窖的形状、大小、窖壁物质的性质无关. 换句话说，$u=u(T)$ 是 T 的普适函数.

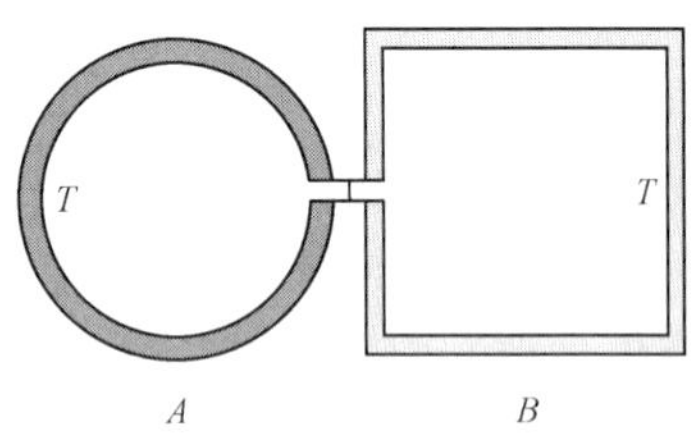

图 2.4.1　证明热辐射的内能密度是 T 的普适函数的假想实验

设有 A,B 两个空窖，窖内有热辐射；A 与 B 具有相同的温度 T；但窖的形状、大小与窖壁物质不同. 两窖通过一根小的管道连通，管道中放一个滤波片，只允许频率在 ν 到 $\nu+\mathrm{d}\nu$ 之间的辐射通过（见图 2.4.1）.

令 u_A 与 u_B 分别代表 A 窖与 B 窖内热辐射的内能密度，显然有

$$u_A = \int_0^{\infty} u_A(\nu)\mathrm{d}\nu, \tag{2.4.1a}$$

$$u_B = \int_0^{\infty} u_B(\nu)\mathrm{d}\nu, \tag{2.4.1b}$$

其中 $u_A(\nu)\mathrm{d}\nu$ 与 $u_B(\nu)\mathrm{d}\nu$ 分别代表 A 与 B 的频率在 ν 与 $\nu+\mathrm{d}\nu$ 之间的内能密度. 显然，只要证明 $u_A(\nu)=u_B(\nu)$，即得 $u_A=u_B$.

下面我们用热力学第二定律的开尔文表述来证明. 采用反证法，设 $u_A(\nu)>u_B(\nu)$. 令 $K(\nu)\mathrm{d}\nu$ 为辐射频率在 ν 与 $\nu+\mathrm{d}\nu$ 之间的面辐射强度，由于 $K(\nu)\mathrm{d}\nu \propto cu(\nu)\mathrm{d}\nu$（$c$ 为真空中电磁波的传播速度），亦即单位时间内从 A 窖通过小管传播到 B 窖且频率在 ν 与 $\nu+\mathrm{d}\nu$ 之间的辐射能应正比于 $cu_A(\nu)\mathrm{d}\nu$；同样，由 B 窖传播到 A 窖的应正比于 $cu_B(\nu)\mathrm{d}\nu$. 按假设 $u_A(\nu)>u_B(\nu)$，表示有净的热辐射不断地从 A 窖传到 B 窖，因而 A 窖的热辐射内能将减少，而 B 窖的将增加. 令 A,B 与外界无能量交换，A 与 B 各自的体积也不变，由 $C_V=\left(\dfrac{\partial U}{\partial T}\right)_V>0$（$C_V>0$ 是平衡的稳定性要求的，见 §3.4），内能减少，必定温度降低. 原来 A 与 B 有相同的温度，今在假设 $u_A(\nu)>u_B(\nu)$ 的情况下，将导致 A 的温度下降，B 的温度上升，即产生了温度差，可以用这个温度差来获得有用的功. 也就是说，从单一热源在没有引起任何其他变化的情况下获得了有用功，这就违背了热力学第二定律的开尔文表述，因此是不可能的. 检查推理过程，只能是所假设的前提不对，即 $u_A(\nu)>u_B(\nu)$ 不对. 同理可证 $u_A(\nu)<u_B(\nu)$ 也不可能. 由此推论只能是

$$u_A(\nu) = u_B(\nu),$$

于是

$$u_A = u_B.$$

这个结果与 A,B 两窖的形状、大小以及窖壁物质均无关，这就证明了 u 是 T 的普适函数. 热辐射的内能可表示为

$$U = U(T,V) = Vu(T), \tag{2.4.2}$$

即内能是体积乘以温度函数的形式.

2.4.2 辐射压强与内能密度的关系

可以证明,辐射压强与热辐射的内能密度之间存在下列关系

$$p = \frac{1}{3}u. \tag{2.4.3}$$

根据麦克斯韦的电磁理论,电磁场的胁强张量是

$$\begin{cases} P_{xx} = \dfrac{1}{8\pi}(\mathscr{E}_x^2 - \mathscr{E}_y^2 - \mathscr{E}_z^2) + \dfrac{1}{8\pi}(\mathscr{H}_x^2 - \mathscr{H}_y^2 - \mathscr{H}_z^2), \\ P_{xy} = \dfrac{1}{4\pi}(\mathscr{E}_x\mathscr{E}_y + \mathscr{H}_x\mathscr{H}_y), \end{cases} \tag{2.4.4}$$

其他 $P_{yy}, P_{zz}, P_{yz}, P_{zx}$ 可根据(2.4.4)对 x, y, z 作循环替代而得到. 对于一个各向同性的辐射场,各量的时间平均(用在其上加一横表示)应满足

$$\begin{cases} \overline{\mathscr{E}_x^2} = \overline{\mathscr{E}_y^2} = \overline{\mathscr{E}_z^2} = \dfrac{1}{3}\overline{\mathscr{E}^2}, \\ \overline{\mathscr{E}_x\mathscr{E}_y} = \overline{\mathscr{E}_y\mathscr{E}_z} = \overline{\mathscr{E}_z\mathscr{E}_x} = 0, \end{cases} \tag{2.4.5}$$

其中 $\mathscr{E}^2 = \mathscr{E}_x^2 + \mathscr{E}_y^2 + \mathscr{E}_z^2$. 对于磁场 $\mathscr{H}_x, \mathscr{H}_y, \mathscr{H}_z$ 也有与(2.4.5)同样的关系. 因辐射压强与胁强张量平均值的关系为

$$p = -\overline{P_{xx}} = -\overline{P_{yy}} = -\overline{P_{zz}} = \frac{1}{8\pi}\frac{(\overline{\mathscr{E}^2} + \overline{\mathscr{H}^2})}{3}, \tag{2.4.6}$$

而辐射的内能密度为

$$u = \frac{1}{8\pi}(\overline{\mathscr{E}^2} + \overline{\mathscr{H}^2}), \tag{2.4.7}$$

由(2.4.6)与(2.4.7),得

$$p = \frac{u}{3}. \tag{2.4.8}$$

实验上辐射压强的公式首先是由俄国物理学家列别捷夫(П. Н. Лебедев)在 1901 年证明的.

2.4.3 热辐射的热力学函数

有了前面的准备,现在可以求出热辐射的全部热力学性质. 热辐射的热力学基本微分方程与一般的 p-V-T 系统一样,即

$$\mathrm{d}U = T\mathrm{d}S - p\mathrm{d}V. \tag{2.4.9}$$

利用(2.1.30)

$$\left(\frac{\partial U}{\partial V}\right)_T = T\left(\frac{\partial p}{\partial T}\right)_V - p, \tag{2.4.10}$$

上式对任何 p-V-T 系统都成立，今对热辐射，利用(2.4.2)及(2.4.8)，则(2.4.10)化为

$$u = T\frac{1}{3}\frac{\mathrm{d}u}{\mathrm{d}T} - \frac{u}{3},$$

或

$$\frac{\mathrm{d}u}{u} = 4\frac{\mathrm{d}T}{T}, \tag{2.4.11}$$

积分得

$$u = aT^4, \tag{2.4.12}$$

其中 a 为积分常数(确定 a 需与实验结果比较)，于是热辐射的内能为

$$U = aT^4V, \tag{2.4.13}$$

注意，U 不包含任意可加常数，这是因为 $V=0$ 时，显然应有 $U=0$. 由(2.4.8)，辐射压强为

$$p = \frac{a}{3}T^4. \tag{2.4.14}$$

注意到 $p=p(T)$，可见 p 与 T 不独立，这是热辐射与一般 p-V-T 系统不同之处.

现在来求热辐射的熵. 由基本微分方程，并利用(2.4.13)及(2.4.14)，得

$$\mathrm{d}S = \frac{1}{T}(\mathrm{d}U + p\mathrm{d}V) = \frac{1}{T}\mathrm{d}(VaT^4) + \frac{aT^3}{3}\mathrm{d}V = \mathrm{d}\left(\frac{4}{3}aT^3V\right), \tag{2.4.15}$$

积分得

$$S = \frac{4}{3}aT^3V + S_0,$$

因为 $V=0$ 时，应有 $S=0$，故 $S_0=0$，最后得

$$S = \frac{4}{3}aT^3V. \tag{2.4.16}$$

以上求得了三个最基本的热力学函数，即物态方程、内能与熵，其他所有热力学量均可确定，下面列出结果：

$$H \equiv U + pV = \frac{4}{3}aT^4V, \tag{2.4.17}$$

$$F \equiv U - TS = -\frac{1}{3}aT^4V, \tag{2.4.18}$$

$$G \equiv U - TS + pV = F + pV = 0. \tag{2.4.19}$$

H 与 U 及 S 相同，不包含任意可加常数；而 F 与 G 不包含可加的 T 的任意线性函数. $G=0$ 有特殊含义，它代表热辐射的化学势为零，微观上代表热辐射的光子数不守恒，这里完全是由唯象热力学理论导出的(关于粒子数不守恒系统的化学势为零的热力学证明见(3.3.21)).

由 S 的公式(2.4.16)，立即得

$$C_V = T\left(\frac{\partial S}{\partial T}\right)_V = 4aT^3V = 3S, \tag{2.4.20}$$

$$C_p = T\left(\frac{\partial S}{\partial T}\right)_p = \infty. \tag{2.4.21}$$

(2.4.21)的结果很有意思,它表明热辐射的 $C_p=\infty$! 从热力学角度看这是可以理解的:对热辐射,p 仅是 T 的函数,p 不变,T 即不变;但若体积增加则 S 将增加(等温吸热过程),故 C_p 为无穷大.

热辐射的可逆绝热过程方程可以由(2.4.16)令 $S=$ 常数得到,以 (T,V) 为变量的形式为

$$VT^3 = C, \tag{2.4.22}$$

利用(2.4.14),上式可以化为以 (p,V) 为变量的形式

$$pV^{4/3} = C', \tag{2.4.23}$$

C' 是不同于 C 的另一常数. 上式虽然形式上与理想气体可逆绝热过程方程($pV^\gamma=$ 常数)相似,但对理想气体 $\gamma\equiv C_p/C_V$,而(2.4.23)中的 4/3 只是一个幂指数,与 γ 无关. 实际上热辐射的 $\gamma\equiv C_p/C_V=\infty$.

§2.5 气体的热力学函数

本书把确定气体的热力学函数放在比较晚给出,目的是使读者对气体的印象淡化一些,毕竟气体只不过是热力学诸多应用对象中的一个而已. 何况,即使不知道气体的熵等热力学函数的具体形式,也可以从热力学定律的普遍表述出发去处理某些问题.

本节先讨论理想气体,再讨论范德瓦耳斯气体,作为对理想气体的低阶修正.

2.5.1 理想气体的热力学函数

化学纯理想气体的物态方程与内能已经在§1.3 与§1.7 中分别给出了,它们是:

$$pV = NRT, \tag{2.5.1}$$

$$U(T) = \int C_V(T)\mathrm{d}T + U_0. \tag{2.5.2}$$

现在来求理想气体的熵,由热力学基本微分方程(2.1.4),有

$$\mathrm{d}S = \frac{1}{T}\mathrm{d}U + \frac{p}{T}\mathrm{d}V, \tag{2.5.3}$$

对理想气体,得

$$\mathrm{d}S = C_V\frac{\mathrm{d}T}{T} + NR\frac{\mathrm{d}V}{V}, \tag{2.5.4}$$

积分得

$$S = \int C_V\frac{\mathrm{d}T}{T} + NR\ln V + S_0. \tag{2.5.5}$$

上式是以(T,V)为独立变量表达的理想气体的熵[①]. 利用 $C_p - C_V = NR$ 及物态方程(2.5.1),可以从(2.5.5)或(2.5.4)得到以(T,p)为独立变量的熵的表达形式

$$S = \int C_p \frac{\mathrm{d}T}{T} - NR\ln p + S_0', \tag{2.5.6}$$

S_0' 为另一积分常数,与(2.5.3)中的 S_0 不同.

上面我们已经得到理想气体的三个基本热力学函数,即物态方程、内能和熵,其他的热力学函数可以从定义立即得到.

$$H \equiv U + pV = \int C_p \mathrm{d}T + H_0 \quad (H_0 = U_0), \tag{2.5.7}$$

$$F \equiv U - TS = \int C_V \mathrm{d}T - T\int C_V \frac{\mathrm{d}T}{T} - NRT\ln V + U_0 - TS_0, \tag{2.5.8}$$

利用分部积分公式

$$xy = \int x\mathrm{d}y + \int y\mathrm{d}x, \tag{2.5.9}$$

令 $x = \frac{1}{T}, y = \int C_V \mathrm{d}T$,则(2.5.8)右边的前二项可以合并,公式化为

$$F = -T\int \frac{\mathrm{d}T}{T^2}\int C_V \mathrm{d}T - NRT\ln V + U_0 - TS_0. \tag{2.5.10}$$

(2.5.8)与(2.5.10)中,自由能是以(T,V)为独立变量表达的形式. G 以(T,p)为独立变量更合适,利用(2.5.7)与(2.5.6),可得

$$\begin{aligned} G &\equiv U - TS + pV = H - TS \\ &= \int C_p \mathrm{d}T - T\int C_p \frac{\mathrm{d}T}{T} + NRT\ln p + H_0 - TS_0', \end{aligned} \tag{2.5.11}$$

再次利用分部积分公式(2.5.9),并令 $x = \frac{1}{T}, y = \int C_p \mathrm{d}T$, 则上式化为

$$G = -T\int \frac{\mathrm{d}T}{T^2}\int C_p \mathrm{d}T + NRT\ln p + H_0 - TS_0'. \tag{2.5.12}$$

令小写字母的 u,h,s,v 等分别代表 1 mol 理想气体的内能、焓、熵和体积等,将(2.5.2)、(2.5.7)、(2.5.5)与(2.5.6)用 N 除,则得

$$u = \int c_v \mathrm{d}T + u_0, \tag{2.5.13}$$

$$h = \int c_p \mathrm{d}T + h_0, \tag{2.5.14}$$

---

① 公式(2.5.5)看似不满足广延性的要求,但换一种形式可看出实际上是满足的. 将式中的积分写成定积分,从 $(T_0,V_0) \to (T,V)$, $S_0 = S(T_0,V_0)$,即得

$$S(T,V) = \int_{T_0}^{T} C_V \frac{\mathrm{d}T}{T} + NR\ln\frac{V}{V_0} + S(T_0,V_0).$$

下面的公式(2.5.10)可作同样理解.

$$s = \int c_v \frac{\mathrm{d}T}{T} + R\ln v + s_0, \tag{2.5.15}$$

$$s = \int c_p \frac{\mathrm{d}T}{T} - R\ln p + s_0'. \tag{2.5.16}$$

其中 $s_0 = (S_0 + NR\ln N)/N, s_0' = S_0'/N$. 化学纯物质 1 mol 的吉布斯函数用 μ 表示，即 $\mu \equiv G/N$，μ 称为**化学势**. 以后会看到，化学势 μ 是一个非常重要的物理量. 由 μ 的定义及(2.5.12)得

$$\mu \equiv u - Ts + pv = h - Ts = -T\int \frac{\mathrm{d}T}{T^2}\int c_p \mathrm{d}T + RT\ln p + h_0 - Ts_0', \tag{2.5.17}$$

上式可改写为

$$\begin{cases} \mu = RT\{\varphi(T) + \ln p\}, \\ \varphi(T) = -\int \frac{\mathrm{d}T}{RT^2}\int c_p \mathrm{d}T + \frac{h_0}{RT} - \frac{s_0'}{R}. \end{cases} \tag{2.5.18}$$

如果温度变化范围不大，理想气体的比热可以近似当作常数，则上述各式简化为

$$u = c_v T + u_0, \tag{2.5.13$'$}$$

$$h = c_p T + h_0, \tag{2.5.14$'$}$$

$$s = c_v \ln T + R\ln v + s_0, \tag{2.5.15$'$}$$

$$s = c_p \ln T - R\ln p + s_0', \tag{2.5.16$'$}$$

由 $\mu = h - Ts$ 及(2.5.14′)与(2.5.15′)，μ 仍可写成

$$\mu = RT\{\varphi(T) + \ln p\},$$

其中的 $\varphi(T)$ 简化为

$$\varphi(T) = -\frac{c_p}{R}\ln T + \frac{h_0}{RT} + \frac{c_p - s_0'}{R}. \tag{2.5.18$'$}$$

读者可以利用这些公式重新去计算 1.11.1 小节中理想气体自由膨胀过程熵的变化(只需代一下熵的公式，我们特意把理想气体的熵比较晚才给出，就是不希望读者早早就用代一下公式去计算 ΔS，那样就得不到应有的训练).

2.5.2 范德瓦耳斯气体的热力学函数

理想气体是实际气体在温度不太低，密度趋于零时的极限. 实际气体的性质会偏离理想气体的结果. 在 § 1.3 中已介绍了几种常用的气体物态方程的形式，范德瓦耳斯方程是对理想气体最低阶的修正形式. 下面为表达简单，考虑 1 mol 范德瓦耳斯气体，其物态方程为

$$\left(p + \frac{a}{v^2}\right)(v - b) = RT. \tag{2.5.19}$$

对任何 p-V-T 系统，可以普遍证明(请读者自己完成)

$$\left(\frac{\partial c_v}{\partial v}\right)_T = T\left(\frac{\partial^2 p}{\partial T^2}\right)_v, \tag{2.5.20}$$

对范德瓦耳斯气体，由于 p 是 T 的线性函数，故有

$$\left(\frac{\partial c_v}{\partial v}\right)_T = 0, \tag{2.5.21}$$

亦即 $c_v = c_v(T)$，与 v 无关. 注意到(2.5.19)在 T 一定，$v \to \infty$ 时趋向于理想气体：

$$p = \frac{RT}{v-b} - \frac{a}{v^2} \xrightarrow{v\to\infty} p = \frac{RT}{v}. \tag{2.5.22}$$

既然 $c_v(T)$ 与 v 无关，可知 c_v 与理想气体的定容比热相等.

容易求得 1 mol 范德瓦耳斯气体的内能与熵为

$$u(T,v) = \int c_v \mathrm{d}T - \frac{a}{v} + u_0, \tag{2.5.23}$$

$$s(T,v) = \int c_v \frac{\mathrm{d}T}{T} + R\ln(v-b) + s_0. \tag{2.5.24}$$

其他诸热力学函数这里就不一一列出了.

§2.6　基本热力学函数的确定

在所有的热力学函数中，最基本的热力学函数有三个，即物态方程、内能和熵. 它们分别是从热平衡定律、热力学第一定律和热力学第二定律引入的. 只要知道这三个基本热力学函数，均匀系的全部平衡性质就完全确定了，因为一切其他热力学函数都可以由这三个基本热力学函数导出.

在§2.3—§2.5 中，我们已对几种特殊的均匀系(顺磁固体、热辐射、理想气体和范德瓦耳斯气体)，讨论了如何求热力学函数. 本节将一般地讨论如何根据实验可测量的量来确定基本热力学函数.

仍以 p-V-T 系统为例，但推广到其他系统是直接的.

设以(T,V)为独立变量，我们需要确定以(T,V)为独立变量的物态方程、内能和熵，即确定

$$\begin{cases} p = p(T,V), \\ U = U(T,V), \\ S = S(T,V). \end{cases} \tag{2.6.1}$$

热力学理论本身不能确定物态方程，物态方程需要通过实验测量来确定(通常是通过测量 α 与 κ_T). 要确定 U 和 S，必须通过实验测量获得的物态方程和热容这两方面的知识(历史上称为测温学与量热学).

首先讨论如何确定内能. 若以(T,V)为独立变量，内能的全微分为

$$\mathrm{d}U = \left(\frac{\partial U}{\partial T}\right)_V \mathrm{d}T + \left(\frac{\partial U}{\partial V}\right)_T \mathrm{d}V, \tag{2.6.2}$$

利用(1.6.3)与(2.1.30)，得

$$\mathrm{d}U = C_V \mathrm{d}T + \left[T\left(\frac{\partial p}{\partial T}\right)_V - p\right]\mathrm{d}V. \tag{2.6.3}$$

上式右边出现的是热容 C_V 以及与物态方程相关的量. 一般地说，它们都是(T,V)的函数，通常不能简单地凑成全微分的形式(像§2.3 和§2.4 中那样). (2.6.3)的积分可以表达为

$$U(T,V) = \int_{(T_0,V_0)}^{(T,V)} \left\{C_V \mathrm{d}T + \left[T\left(\frac{\partial p}{\partial T}\right)_V - p\right]\mathrm{d}V\right\} + U_0, \tag{2.6.4}$$

其中 $U_0 = U(T_0,V_0)$是积分常数. 因为 U 是态函数，原则上说，上式中的积分可以沿 T-V 状态空间中任何一条联结(T_0,V_0)到(T,V)的路径来计算，图 2.6.1 中画出了三种不同的路径：由两段实直线段组成的路径；两段虚直线段组成的路径；曲线路径.

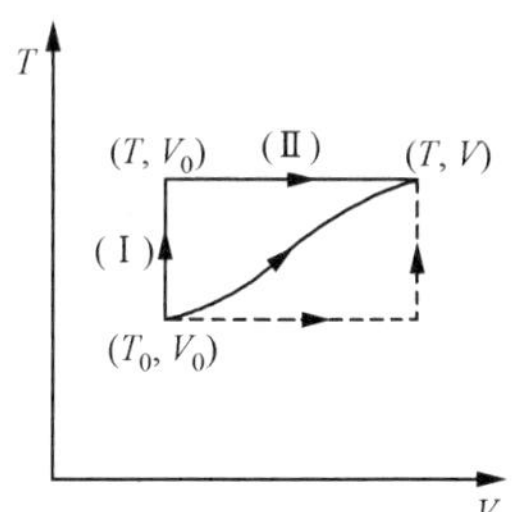

图 2.6.1 联结(T_0,V_0)到(T,V)的任何一条路径原则上都可以用来计算

不过马上可以看到，选两实直线段(Ⅰ)+(Ⅱ)的路径(或虚线路径)是有利的，因为这样所需要的实验测量的量较少，从而减少了实验测量的工作量. 按路径(Ⅰ)+(Ⅱ)，

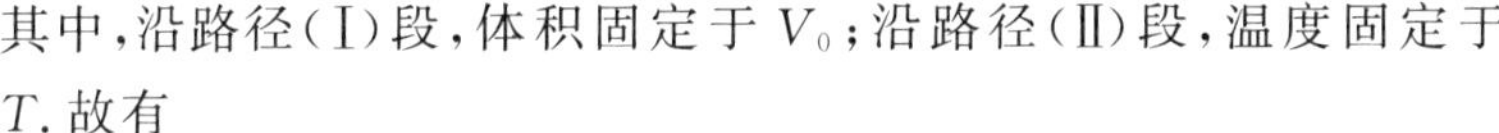

$$\int_{(T_0,V_0)}^{(T,V)} = \int_{T_0 \atop (\mathrm{I})}^{T} + \int_{V_0 \atop (\mathrm{II})}^{V}.$$

其中，沿路径(Ⅰ)段，体积固定于 V_0；沿路径(Ⅱ)段，温度固定于 T. 故有

$$U(T,V) = \int_{T_0}^{T} C_V(T,V_0)\mathrm{d}T + \int_{V_0}^{V}\left[T\left(\frac{\partial p}{\partial T}\right)_V - p\right]\mathrm{d}V + U_0. \tag{2.6.5}$$

上式右边的第一项是单变量 T 的积分，只需要知道固定体积的定容热容；第二项是单变量 V 的积分，温度 T 固定(参变量). 单变量的积分很容易完成. 读者可以试一下写出沿虚线路径的解.

现在来求熵 S，由热力学基本微分方程，得

$$\mathrm{d}S = \frac{1}{T}\mathrm{d}U + \frac{p}{T}\mathrm{d}V,$$

利用(2.6.3)，得

$$\mathrm{d}S = C_V \frac{\mathrm{d}T}{T} + \left(\frac{\partial p}{\partial T}\right)_V \mathrm{d}V, \tag{2.6.6}$$

仍用图 2.6.1 中的实线路径(Ⅰ)+(Ⅱ)，则得

$$S(T,V) = \int_{T_0}^{T} C_V(T,V_0)\frac{\mathrm{d}T}{T} + \int_{V_0}^{V}\left(\frac{\partial p}{\partial T}\right)_V \mathrm{d}V + S_0. \tag{2.6.7}$$

上式右边两个积分都是单变量的积分，第一个积分中固定 V 于 V_0；第二个积分中 T 是参变量.

我们看到，只要知道物态方程和某一固定体积下的定容热容，就可以求出内能和熵.

以上我们选(T,V)为独立变量，请读者选(T,p)为独立变量，完成上述计算(这时代替 U，选定焓 $H(T,p)$比较方便).

§2.7　特性函数(或热力学势)

可以证明,在独立变量适当选择之下,只要**一个**热力学函数就可以确定均匀系的全部平衡性质.这个函数称为**特性函数**,它是表征均匀系的特性的,也有的书称为**热力学势**.

注意,特性函数并不是什么新引入的态函数,而是适当选择独立变量之下的某一个热力学函数.

仍以 p-V-T 系统为例,可以证明表 2.7.1 所列出的独立变量与相应的特性函数,在表的最右方列出以相应独立变量为自然变量的热力学基本微分方程.

表 2.7.1　独立变量、特性函数和热力学基本微分方程

独立变量	特性函数	相应的热力学基本微分方程
(S,V)	$U(S,V)$	$\mathrm{d}U=T\mathrm{d}S-p\mathrm{d}V$
(S,p)	$H(S,p)$	$\mathrm{d}H=T\mathrm{d}S+V\mathrm{d}p$
(T,V)	$F(T,V)$	$\mathrm{d}F=-S\mathrm{d}T-p\mathrm{d}V$
(T,p)	$G(T,p)$	$\mathrm{d}G=-S\mathrm{d}T+V\mathrm{d}p$

下面首先证明:以(S,V)为独立变量时,内能 $U(S,V)$是特性函数.这就需要证明,由已知的 $U(S,V)$出发,可以确定三个基本热力学函数,因为只要知道了三个基本热力学函数,均匀系的一切平衡性质都确定了.还必须明确,所谓确定三个基本热力学函数,必须是确定它们作为以可测量的量为状态变量的函数才行,例如以(T,V)为独立变量的形式.由热力学基本微分方程

$$\mathrm{d}U = T\mathrm{d}S - p\mathrm{d}V,$$

得

$$T = \left(\frac{\partial U}{\partial S}\right)_V, \tag{2.7.1}$$

$$p = -\left(\frac{\partial U}{\partial V}\right)_S, \tag{2.7.2}$$

由假设,$U=U(S,V)$函数为已知,则

$$T = \left(\frac{\partial U}{\partial S}\right)_V, \Longrightarrow T = T(S,V), \Longrightarrow S = S(T,V). \tag{2.7.3}$$

亦即由(2.7.1)得到 T 作为(S,V)的函数,并进一步确定了 S 作为(T,V)的函数(原则上总可以确定反函数关系).再由(2.7.2),先得到 p 作为(S,V)的函数,

$$p=-\left(\frac{\partial U}{\partial V}\right)_S, \Longrightarrow p = p(S,V), \Longrightarrow p = p(S(T,V),V) = p(T,V), \tag{2.7.4}$$

最后一步已将 $S(T,V)$代入,这样就确定了 $p=p(T,V)$.

最后将 $S(T,V)$ 代入 $U(S,V)$,即得

$$U=U(S,V)=U(S(T,V),V)=U(T,V). \tag{2.7.5}$$

这样就证明了由已知的 $U=U(S,V)$ 函数出发,可以确定 $p=p(T,V)$,$U=U(T,V)$ 和 $S=S(T,V)$,即以可测量的量(这里是 T 和 V)为独立变量的物态方程、内能和熵. 也就是证明了 $U(S,V)$ 是特性函数.

为了使读者有具体的理解,举一个例子. 设已知 U 作为 (S,V) 的函数为

$$U=CS^{\frac{4}{3}}V^{-\frac{1}{3}}\quad(C\text{ 为正常数}), \tag{2.7.6}$$

我们来求以 (T,V) 为独立变量的三个基本热力学函数. 由

$$T=\left(\frac{\partial U}{\partial S}\right)_V=\frac{4C}{3}\left(\frac{S}{V}\right)^{1/3},$$

可以解出

$$S=\left(\frac{3}{4C}\right)^3T^3V, \tag{2.7.7}$$

又由

$$p=-\left(\frac{\partial U}{\partial V}\right)_S=\frac{C}{3}\left(\frac{S}{V}\right)^{4/3},$$

利用(2.7.7),可得

$$p=\frac{C}{3}\left(\frac{3}{4C}\right)^4T^4, \tag{2.7.8}$$

将(2.7.7)代入(2.7.6)得

$$U=C\left(\frac{3}{4C}\right)^4T^4V. \tag{2.7.9}$$

若令 $a=C\left(\dfrac{3}{4C}\right)^4=\dfrac{3}{4}\left(\dfrac{3}{4C}\right)^3$,立即可以看出上例就是热辐射. 这个例子是有意造出的,为了使读者能有一个具体的理解.

现在回到表 2.7.1 中所列出的其他特性函数的证明. $H(S,p)$ 是特性函数留给读者自己去证. 下面证明 $F(T,V)$ 是特性函数. 由

$$\mathrm{d}F=-S\mathrm{d}T-p\mathrm{d}V,$$

得

$$S=-\left(\frac{\partial F}{\partial T}\right)_V,\Rightarrow S=S(T,V), \tag{2.7.10}$$

$$p=-\left(\frac{\partial F}{\partial V}\right)_T,\Rightarrow p=p(T,V). \tag{2.7.11}$$

以上已由 $F(T,V)$ 确定了熵与物态方程. 再由 $F\equiv U-TS$,有 $U=F+TS$,将(2.7.10)代入,得

$$U=F-T\left(\frac{\partial F}{\partial T}\right)_V=-T^2\frac{\partial}{\partial T}\left(\frac{F}{T}\right). \tag{2.7.12}$$

上式确定了内能 U 作为 (T,V) 的函数，这样就证明了从 $F(T,V)$ 这一个函数出发可以导出三个基本热力学函数，也就证明了 $F(T,V)$ 是一个特性函数. 方程(2.7.12)称为**吉布斯-亥姆霍兹方程**.

最后证明 $G(T,p)$ 是特性函数，由

$$\mathrm{d}G=-S\mathrm{d}T+V\mathrm{d}p,$$

得

$$S=-\left(\frac{\partial G}{\partial T}\right)_p,\Longrightarrow S=S(T,p), \tag{2.7.13}$$

$$V=\left(\frac{\partial G}{\partial p}\right)_T,\Longrightarrow V=V(T,p). \tag{2.7.14}$$

再由 $G\equiv U-TS+pV$，有 $U=G+TS-pV$，将(2.7.13)与(2.7.14)代入，得

$$U=G-T\left(\frac{\partial G}{\partial T}\right)_p-p\left(\frac{\partial G}{\partial p}\right)_T. \tag{2.7.15}$$

上式确定了内能 U 作为 (T,p) 的函数. 这样就证明了从 $G(T,p)$ 这一个函数出发可以导出三个基本热力学函数，亦即证明了 $G(T,p)$ 是一个特性函数. 由 $G=H-TS$，得

$$H=G-T\left(\frac{\partial G}{\partial T}\right)_p=-T^2\frac{\partial}{\partial T}\left(\frac{G}{T}\right), \tag{2.7.16}$$

方程(2.7.16)也称为**吉布斯-亥姆霍兹方程**.

现在回过头来再看一下表 2.7.1. 读者会注意到，作为特性函数的独立变量，正是相应的基本微分方程中的自然变量. 也就是说，以热力学基本微分方程的自然变量为独立变量时，相应的函数就是特性函数.

由此也可以想到，特性函数实际上有许多，例如，将

$$\mathrm{d}U=T\mathrm{d}S-p\mathrm{d}V$$

改写成

$$\mathrm{d}S=\frac{1}{T}\mathrm{d}U+\frac{p}{T}\mathrm{d}V, \tag{2.7.17}$$

则 $S(U,V)$ 是特性函数，如此等等.

不过，在诸特性函数中，$F(T,V)$ 与 $G(T,p)$ 特别有用，因为它们相应的独立变量 (T,V) 与 (T,p) 都是直接可测量的变量.

在热力学中，特性函数 $F(T,V)$ 或 $G(T,p)$ 需要根据实验测得的物态方程和热容的知识来确定. 现以 $G(T,p)$ 为例，由

$$\mathrm{d}G=-S\mathrm{d}T+V\mathrm{d}p,$$

得

$$\left(\frac{\partial G}{\partial p}\right)_T=V(T,p). \tag{2.7.18}$$

设物态方程已由实验测定，则可以对(2.7.18)求积分. 这里换一种与 §2.6 不同的方法. 在

保持 T 不变下对(2.7.18)求积分,

$$\int_{p_0\ (T)}^{p}\left(\frac{\partial G(T,p)}{\partial p}\right)_T \mathrm{d}p = \int_{p_0\ (T)}^{p} V(T,p)\mathrm{d}p, \tag{2.7.19}$$

其中(T)表示积分时保持温度不变(即作为参变量),得

$$G(T,p) = \int_{p_0\ (T)}^{p} V(T,p)\mathrm{d}p + G(T,p_0), \tag{2.7.20}$$

注意上式右边的$G(T,p_0)$仍是未知的 T 的函数,需要进一步确定.利用

$$C_p = T\left(\frac{\partial S}{\partial T}\right)_p = -T\left(\frac{\partial^2 G}{\partial T^2}\right)_p, \tag{2.7.21}$$

当保持 $p=p_0$ 不变时,有

$$C_p(T,p_0) = -T\left(\frac{\partial^2 G}{\partial T^2}\right)_p\bigg|_{p=p_0} = -TG''(T,p_0), \tag{2.7.22}$$

$G''(T,p_0)$代表保持 $p=p_0$ 下对 T 的二次微商.(2.7.22)是 $G(T,p_0)$的二阶常微分方程,可改写成

$$-TG''(T,p_0) = C_p(T,p_0) \equiv C_{p_0}(T), \tag{2.7.23}$$

积分一次,得

$$G'(T,p_0) = -\int C_{p_0}(T)\frac{\mathrm{d}T}{T} + G_1,$$

再积分一次,得

$$G(T,p_0) = -\int \mathrm{d}T\int C_{p_0}(T)\frac{\mathrm{d}T}{T} + G_1 T + G_0, \tag{2.7.24}$$

其中 G_1 与 G_0 均为积分常数.代入(2.7.19),最后得

$$G(T,p) = \int_{(T)} V\mathrm{d}p - \int \mathrm{d}T\int C_{p_0}(T)\frac{\mathrm{d}T}{T} + G_1 T + G_0. \tag{2.7.25}$$

上式第一个积分中 T 为参变量;两个积分都是单变量积分,很容易完成,只需知道物态方程和在某一固定压强下的定压热容,就可以计算出 $G(T,p)$.式中包含任意可加的 T 的线性函数 G_1T+G_0,由于观测性质联系的是等温过程中 G 的改变,故 G_1T+G_0 不影响观测性质.

应该指出,特性函数的概念有重要意义.尽管热力学理论本身不能确定特性函数(需要依靠实验测量的物态方程和热容的知识来确定),但应用平衡态统计理论可以直接计算特性函数(例如正则系综的配分函数直接联系着 $F(T,V)$,见§8.4).热力学与统计物理学相结合就能充分发挥特性函数的作用了.

§ 2.8 可逆循环过程方法

至此,本章所介绍的研究均匀系平衡性质的方法可以称为热力学基本微分方程方法(也称为热力学函数法).这个方法的基础是热力学基本微分方程,它概括了热力学的两条基本

定律对微小可逆过程的全部内容.由它出发可以建立不同的热力学量(常常用热力学函数的偏微商来表达)之间的普遍关系,从而把未知量(或不能直接测量的量)用实验可测量的量(即状态变量、与物态方程相联系的量以及热容)表达出来.热力学基本微分方程方法是吉布斯发展起来的.

研究平衡性质还有另一种方法,是热力学发展早期所采用的,可以称为**可逆循环过程方法**.它把热力学第一定律和第二定律应用到特别设计的可逆循环过程,对于该可逆循环过程,热力学第一定律与第二定律可表达为

$$\oint dU = 0 \quad 或 \quad \oint dQ + \oint dW = 0, \tag{2.8.1}$$

$$\oint dS = 0 \quad 或 \quad \oint \frac{dQ}{T} = 0. \tag{2.8.2}$$

上面两个方程是积分形式(热力学基本微分方程是微分形式).

此方法的关键在于"设计"一个可逆循环过程,它能把待求的热力学量通过循环过程的公式(2.8.1)与(2.8.2)体现出来.在具体实施时,常常选可逆卡诺循环;但原则上,并不一定限于可逆卡诺循环.

为了说明可逆循环过程方法,让我们举一个例子.设已知热辐射的内能密度只是温度的函数,即 $u=u(T)$;且辐射压强 $p=\frac{1}{3}u(T)$.试求热辐射的内能密度 $u(T)$.这个问题在§2.4 中已经用热力学基本微分方程方法解决了,这里用可逆循环过程方法再求解一下.

考虑图 2.8.1 所示的微小可逆卡诺循环,它由下列两个等温过程(因为 $p=p(T)$,故等温过程也是等压过程)和两个绝热过程组成:

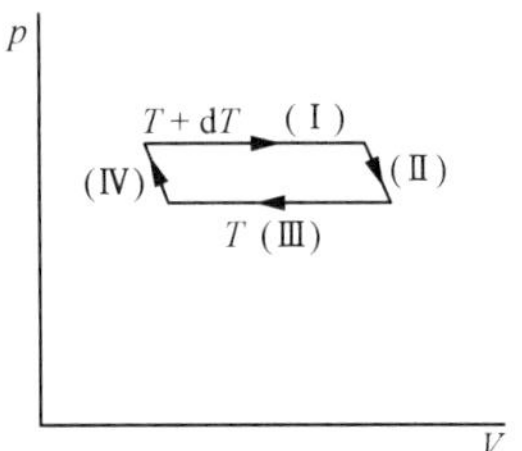

图 2.8.1　为求热辐射内能密度 $u(T)$所设计的可逆卡诺循环

(Ⅰ) 温度为 $T+dT$ 的等温膨胀过程,吸热 dQ_1,外界对系统做功 dW_1;

(Ⅱ) 绝热膨胀过程,温度从 $T+dT$ 降至 T;

(Ⅲ) 温度为 T 的等温压缩过程,吸热 dQ_2($dQ_2<0$,实为放热),外界对系统作功为 dW_2;

(Ⅳ) 绝热压缩过程,温度从 T 升高至 $T+dT$.

将(2.8.1)应用到所考虑的可逆卡诺循环,因只有(Ⅰ)、(Ⅲ)两步吸热,故

$$\oint dQ = dQ_1 + dQ_2, \tag{2.8.3}$$

整个循环过程系统对外所作的净功等于闭合曲线所包围的面积,它近似等于矩形面积 $dp dV$,即

$$-\oint dW \approx dp dV, \tag{2.8.4}$$

于是(2.8.1)化为

$$đQ_1 + đQ_2 \approx \mathrm{d}p\mathrm{d}V. \tag{2.8.5}$$

另外,应用(2.8.2)到此卡诺循环,得

$$\frac{đQ_1}{T+\mathrm{d}T} + \frac{đQ_2}{T} = 0,$$

或

$$\frac{đQ_1}{T+\mathrm{d}T} = -\frac{đQ_2}{T}, \tag{2.8.6}$$

利用分数恒等式

$$\frac{a}{b} = \frac{c}{d} = \frac{a-c}{b-d},$$

则(2.8.6)化为

$$\frac{đQ_1}{T+\mathrm{d}T} = \frac{đQ_1 - (-đQ_2)}{(T+\mathrm{d}T)-T} = \frac{đQ_1 + đQ_2}{\mathrm{d}T} \approx \frac{\mathrm{d}p\mathrm{d}V}{\mathrm{d}T}, \tag{2.8.7}$$

最后一步利用了(2.8.5).由热力学第一定律

$$\begin{aligned} đQ_1 &= \mathrm{d}U - đW_1 = u(T+\mathrm{d}T)\mathrm{d}V + p(T+\mathrm{d}T)\mathrm{d}V \\ &= \left[u(T) + \frac{\mathrm{d}u}{\mathrm{d}T}\mathrm{d}T + \cdots + p(T) + \frac{\mathrm{d}p}{\mathrm{d}T}\mathrm{d}T + \cdots\right]\mathrm{d}V, \end{aligned}$$

略去二阶小量,并用 $p=\frac{1}{3}u$,得

$$đQ_1 \approx [u(T) + p(T)]\mathrm{d}V = \frac{4}{3}u(T)\mathrm{d}V, \tag{2.8.8}$$

将(2.8.8)代入(2.8.7),将$\frac{đQ_1}{T+\mathrm{d}T}$近似代之以$\frac{đQ_1}{T}$(同样是略去二阶小量),则得

$$\frac{4}{3}\frac{u}{T} = \frac{1}{3}\frac{\mathrm{d}u}{\mathrm{d}T},$$

或

$$\frac{\mathrm{d}u}{u} = 4\frac{\mathrm{d}T}{T}, \tag{2.8.9}$$

积分后,得

$$u = aT^4. \tag{2.8.10}$$

上式与§2.4用热力学基本微分方程方法求得的(2.4.12)相同.

可逆循环过程方法的关键是设计一个可逆循环过程,通过对循环过程中相应的公式(2.8.1)与(2.8.2)的计算,把待求的热力学量计算出来.设计可逆循环是关键,也是不大好掌握之处.而且不同的问题需要设计不同的可逆循环过程,是颇为不便的.本书中只是提一下这个方法,使读者有所了解;集中介绍的还是热力学基本微分方程方法.

应该指出,可逆循环过程方法并不限于均匀系,例如用它可以推导出两相平衡时平衡压强随温度的变化(即克拉珀龙方程)和潜热随温度的变化(参看习题3.6).

习 题

2.1 (1) 证明：$\dfrac{\partial(T,S)}{\partial(p,V)}=\dfrac{\partial T}{\partial p}\dfrac{\partial S}{\partial V}-\dfrac{\partial T}{\partial V}\dfrac{\partial S}{\partial p}=1.$

(2) 根据雅可比行列式的性质，由上式得

$$\frac{\partial(T,S)}{\partial(x,y)}=\frac{\partial(p,V)}{\partial(x,y)},$$

其中 x,y 为任意两个独立变量. 由此导出麦克斯韦关系.

2.2 证明下列关系：

(1) $\left(\dfrac{\partial U}{\partial p}\right)_V=-T\left(\dfrac{\partial V}{\partial T}\right)_S$；

(2) $\left(\dfrac{\partial U}{\partial V}\right)_p=T\left(\dfrac{\partial p}{\partial T}\right)_S-p$；

(3) $\left(\dfrac{\partial T}{\partial V}\right)_U=p\left(\dfrac{\partial T}{\partial U}\right)_V-T\left(\dfrac{\partial p}{\partial U}\right)_V$；

(4) $\left(\dfrac{\partial T}{\partial p}\right)_H=T\left(\dfrac{\partial V}{\partial H}\right)_p-V\left(\dfrac{\partial T}{\partial H}\right)_p$；

(5) $\left(\dfrac{\partial T}{\partial S}\right)_H=\dfrac{T}{C_p}-\dfrac{T^2}{V}\left(\dfrac{\partial V}{\partial H}\right)_p$.

2.3 对 p-V-T 系统，证明

$$\frac{\kappa_T}{\kappa_S}=\frac{C_p}{C_V},$$

其中

$$\kappa_T=-\frac{1}{V}\left(\frac{\partial V}{\partial p}\right)_T,\quad \kappa_S=-\frac{1}{V}\left(\frac{\partial V}{\partial p}\right)_S$$

分别代表等温与绝热压缩系数.

2.4 设一物体的物态方程具有下列形式

$$p=f(V)T,$$

证明其内能与体积无关.

2.5 (1) 证明

$$\left(\frac{\partial C_V}{\partial V}\right)_T=T\left(\frac{\partial^2 p}{\partial T^2}\right)_V;\quad \left(\frac{\partial C_p}{\partial p}\right)_T=-T\left(\frac{\partial^2 V}{\partial T^2}\right)_p.$$

并由此导出

$$C_V=C_{V_0}+T\int_{V_0}^{V}\left(\frac{\partial^2 p}{\partial T^2}\right)_V\mathrm{d}V,$$

$$C_p=C_{p_0}-T\int_{p_0}^{p}\left(\frac{\partial^2 V}{\partial T^2}\right)_p\mathrm{d}p.$$

其中 C_{V_0} 与 C_{p_0} 分别代表体积为 V_0 时的定容热容与压强为 p_0 时的定压热容,它们都只是温度的函数.

(2) 根据以上 C_V,C_p 两式证明,理想气体的 C_V 与 C_p 只是温度的函数.

(3) 证明范德瓦耳斯气体的 C_V 只是温度的函数,与体积无关.

2.6 由测量一气体的膨胀系数与等温压缩系数得

$$\left(\frac{\partial v}{\partial T}\right)_p = \frac{R}{p} + \frac{a}{T^2}, \quad \left(\frac{\partial v}{\partial p}\right)_T = -Tf(p),$$

其中 v 为摩尔体积,a 为常数,$f(p)$是压强的函数. 又已知在低压下 1 mol 该气体的定压比热 $c_p = \frac{5}{2}R$. 证明:

(1) $f(p) = \frac{R}{p^2}$;

(2) 物态方程为 $pv = RT - \frac{ap}{T}$;

(3) $c_p = \frac{5}{2}R + \frac{2ap}{T^2}$.

2.7 一弹簧在恒温下的张力 X 与其伸长 x 成正比,即 $X = Ax$,比例系数 A 是温度的函数. 忽略弹簧的热膨胀,当 x 增加 $\mathrm{d}x$ 时,外力所作的微功为 $\mathrm{d}W = X\mathrm{d}x$. 试证明弹簧的自由能、熵和内能的表达式为

$$F(T,x) = F(T,0) + \frac{1}{2}Ax^2,$$

$$S(T,x) = S(T,0) - \frac{x^2}{2}\frac{\mathrm{d}A}{\mathrm{d}T},$$

$$U(T,x) = U(T,0) + \frac{1}{2}\left(A - T\frac{\mathrm{d}A}{\mathrm{d}T}\right)x^2.$$

2.8 计算以热辐射为工作物质的可逆卡诺循环的效率.

2.9 一橡皮带遵从物态方程 $X = A(L)T$,其中 X 为张力,L 为长度,$A(L)$为 L 的函数,且 $A(L) > 0$.

(1) 证明这种橡皮带的内能只是温度的函数;

(2) 证明在等温条件下,其熵随长度增加而减少;

(3) 把橡皮带绝热拉长,问其温度是升高还是降低?

(4) 在保持张力不变下使橡皮带升高温度,问它将伸长还是缩短? $\Big($(3),(4)的证明需用到 $C_L > 0$ 与 $\left(\frac{\partial L}{\partial X}\right)_T > 0$,详见 §3.4$\Big)$

2.10 一均匀各向同性的顺磁固体,设其体积变化可以忽略,并取单位体积:

(1) 证明

$$\chi_T/\chi_S=C_{\mathscr{H}}/C_{\mathscr{M}},$$

其中 $\chi_T=\left(\frac{\partial\mathscr{M}}{\partial\mathscr{H}}\right)_T$ 与 $\chi_S=\left(\frac{\partial\mathscr{M}}{\partial\mathscr{H}}\right)_S$ 分别代表等温与绝热磁化率.

(2) 计算 $C_{\mathscr{H}}-C_{\mathscr{M}}$.

(3) 在完成(1)、(2)计算后，对(1)、(2)的结论，还可以试一下用类比的办法，从 p-V-T 系统的相应公式

$$\frac{\kappa_T}{\kappa_S}=\frac{C_p}{C_V},\quad C_p-C_V=T\left(\frac{\partial p}{\partial T}\right)_V\left(\frac{\partial V}{\partial T}\right)_p,$$

按对应关系

$$-p\longleftrightarrow\mathscr{H},$$

$$V\longleftrightarrow\mu_0\mathscr{M}$$

而得到. 上述对应关系可以从 p-V-T 系统的热力学基本微分方程

$$\mathrm{d}U=T\mathrm{d}S-p\mathrm{d}V$$

与顺磁固体(在上述简化条件下)的基本微分方程

$$\mathrm{d}U=T\mathrm{d}S+\mu_0\mathscr{H}\mathrm{d}\mathscr{M}$$

的比较中看出.

2.11　一均匀各向同性的顺磁固体，忽略体积变化，并取单位体积. 已知：(a) 它满足居里定律，即 $\mathscr{M}=\frac{C}{T}\mathscr{H}$($C$ 为正常数)；(b) $C_0\equiv C_{\mathscr{M}}|_{\mathscr{M}=0}=b/T^2$($b$ 为正常数，T 不太低时).

(1) 证明 $\left(\frac{\partial C_{\mathscr{M}}}{\partial\mathscr{M}}\right)_T=0$，亦即 $C_{\mathscr{M}}$ 与 $\mathscr{M}$ 无关；

(2) 求 $C_{\mathscr{H}}-C_{\mathscr{M}}$；

(3) 求以($T,\mathscr{H}$)为独立变量的熵的表达式；

(4) 求以($\mathscr{H},\mathscr{M}$)为变量的可逆绝热过程方程；

(5) 求等温磁化过程(磁场从 $0\to\mathscr{H}_0$)吸收的热量；

(6) 求绝热去磁过程(磁场从 $\mathscr{H}_0\to0$)的温度变化；

(7) 计算以此顺磁固体为工作物质的可逆卡诺循环的效率.

答：(2) $C_{\mathscr{H}}-C_{\mathscr{M}}=-\mu_0T\left(\frac{\partial\mathscr{H}}{\partial T}\right)_{\mathscr{M}}\left(\frac{\partial\mathscr{M}}{\partial T}\right)_{\mathscr{H}}=\mu_0C\mathscr{H}^2/T^2$；

(3) $S(T,\mathscr{H})=-\frac{1}{2T^2}(b+\mu_0C\mathscr{H}^2)+S_0$；

(4) $\mathscr{M}=A\mathscr{H}/\sqrt{b+\mu_0C\mathscr{H}^2}$ (A=常数)；

(5) $Q=-\frac{\mu_0C\mathscr{H}_0^2}{2T^2}<0$ (放热)；

(6) $\Delta T=T_2-T_1=T_1\left\{1-\left(\frac{b}{b+\mu_0C\mathscr{H}_0^2}\right)^{1/2}\right\}$.

2.12 设一物系统具有下列性质：

(a) 在保持温度 T_0 不变下，体积由 V_0 可逆膨胀到 V 时系统对外所作的功为

$$W = RT_0 \ln \frac{V}{V_0};$$

(b) 系统的熵为

$$S = R\left(\frac{V_0}{V}\right)\left(\frac{T}{T_0}\right)^{\alpha},$$

其中 V_0, T_0, α 为常数，R 为气体常数.

求：(1) 系统的自由能；

(2) 物态方程；

(3) $T \neq T_0$ 时从 $V_1 \to V_2$ 的任意等温过程系统对外所作的功.

答：(1) $F(T,V) = -\frac{RT_0V_0}{(\alpha+1)V}\left[\left(\frac{T}{T_0}\right)^{\alpha+1} - 1\right] - RT_0 \ln \frac{V}{V_0} + F_0$；

(2) $p = \frac{RT_0}{V}\left\{1 - \frac{V_0}{(\alpha+1)V}\left[\left(\frac{T}{T_0}\right)^{\alpha+1} - 1\right]\right\}$；

(3) $W = RT_0 \ln \frac{V_2}{V_1} - \frac{RT_0}{\alpha+1}\left(\frac{V_0}{V_2} - \frac{V_0}{V_1}\right) + \frac{RT_0}{\alpha+1}\left(\frac{T}{T_0}\right)^{\alpha+1}\left(\frac{V_0}{V_2} - \frac{V_0}{V_1}\right)$.

第三章 相变的热力学理论

相变是自然界中广泛存在的一类现象.本章介绍相变的热力学理论.首先,根据热力学第二定律判断不可逆过程方向的结论,推导出判断热力学系统平衡态的普遍准则,即**热动平衡判据**.然后根据平衡判据,导出具体的**平衡条件**与**稳定条件**.以上这些是基本定律的推论与发展.接着将介绍相图;讨论气-液相变、正常-超导相变、相变的分类.然后简单介绍朗道的二级相变理论.最后对临界现象的相关概念及平均场近似理论作一简介.

§3.1 热动平衡判据

热动平衡判据是判断热力学系统是否处于平衡态的普遍准则,它是热力学第二定律关于判断不可逆过程方向的普遍准则的推论.

3.1.1 熵判据

熵增加原理告诉我们:孤立系的熵永不减少.在孤立系中,如果开始时系统不处于平衡态,那么,系统一定会发生变化,这个变化向着熵增加的方向进行.当熵不断增加达到极大值时,系统就不能再变化了,因为再变化熵就会减少.因此,熵为极大对应孤立系处于平衡态.反之,如果孤立系已经处于平衡态,那么它的熵必为极大,否则它还可能再发生变化(向着熵增加的方向);因此,孤立系的平衡态熵必为极大.总的来说,熵为极大是孤立系热动平衡的充分与必要条件,即

$$S = S_{\max} \iff \text{孤立系处于平衡态}.$$

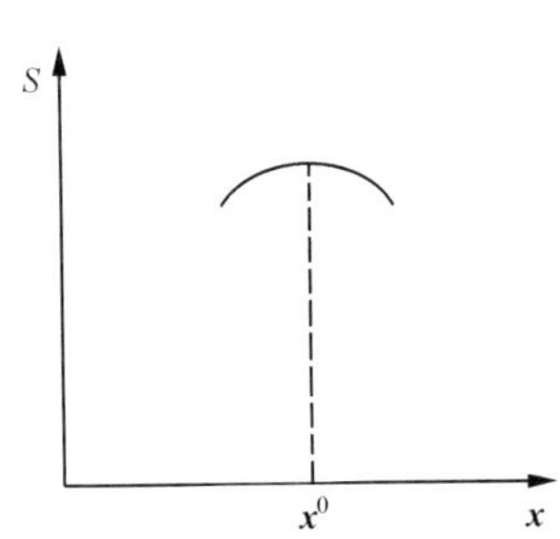

图 3.1.1 熵 S 在 $\boldsymbol{x}^0$ 处取极大值的示意(其中已用一条坐标轴代表 n 条轴)

令熵 S 是 n 个独立变量 $(x_1,\cdots,x_n)\equiv\boldsymbol{x}$ 的函数(符号 $\boldsymbol{x}$ 是 n 个变量的简记),若熵在 $(x_1^0,\cdots,x_n^0)\equiv\boldsymbol{x}^0$ 处取极大值,则对于任何相对于 $\boldsymbol{x}^0$ 的微小变动 $\delta\boldsymbol{x}\equiv(\delta x_1,\cdots,\delta x_n)$,必有(参看图 3.1.1)

$$\tilde{\Delta} S \equiv S(x_1^0+\delta x_1,\cdots,x_n^0+\delta x_n)-S(x_1^0,\cdots,x_n^0)<0, \tag{3.1.1}$$

这里特意引入一特别的符号 $\tilde{\Delta}$ 来表示 $\boldsymbol{x}+\delta\boldsymbol{x}$ 点的熵与极大点 $\boldsymbol{x}^0$ 的熵之差(下面将解释为什么用 $\tilde{\Delta}$).对微小的变动 $\delta\boldsymbol{x}$,$\tilde{\Delta}S$ 可以围绕极值点作泰勒展开:

$$\begin{cases}\tilde{\Delta} S = \delta S + \dfrac{1}{2!}\delta^2 S + \dfrac{1}{3!}\delta^3 S + \dfrac{1}{4!}\delta^4 S + \cdots, \\ \delta S = \displaystyle\sum_{i=1}^{n}\left(\frac{\partial S}{\partial x_i}\right)^0 \delta x_i, \\ \delta^2 S = \displaystyle\sum_{i,j}\left(\frac{\partial^2 S}{\partial x_i \partial x_j}\right)^0 \delta x_i \delta x_j,\end{cases} \tag{3.1.2}$$

其中$(\quad)^0$定义为偏微商取$\boldsymbol{x}=\boldsymbol{x}^0$点的值.由(3.1.1),熵在$\boldsymbol{x}^0$点取极大要求$\delta S=0$,$\delta^2 S<0$.

以上的表述还不完全,还必须把求熵极大的附加条件(也称为约束条件)表示出来,这个条件就是体现孤立系所相应的数学条件.在只有膨胀功的情况下,孤立系的条件可以用内能、体积和总粒子数不变来表达(在上一章中,由于不涉及粒子数的变化,我们并没有提总粒子数不变,那是不言而喻的.但相变涉及粒子数的变化,总粒子数不变需要明显地表达出来).于是,熵判据可以表达如下:

熵判据:一物体系在内能、体积和总粒子数不变的情形下,对于各种可能的变动来说,平衡态的熵为极大.数学表述为

$$\begin{cases}\delta S = 0, \\ \delta^2 S < 0, \\ \delta U = 0, \delta V = 0, \delta N = 0.\end{cases} \tag{3.1.3}$$

其中$\delta S=0$为极值的必要条件,无论是极大还是极小都应满足;$\delta^2 S<0$才决定是极大而不是极小;最后一行是附加条件.在数学上,(3.1.3)是多元函数的条件极值问题.

在进一步介绍其他热动平衡判据前,需要作几点说明.

(1) **各种可能的变动是什么意思?**

上面所说的"各种可能的变动"是指围绕熵的极大值(也就是孤立系的平衡态)的一切变动,包括向着平衡态的变动和离开平衡态的变动.对孤立系,在热力学意义下,离开平衡态的变动是不可能发生的①.

这里考虑这些变动是为了考查熵函数是否有极大值,它是一种数学手段.这种变动是假想的,称为**虚变动**,它与分析力学中的**虚功原理**所考虑的**虚位移**在概念上是类似的.实际上,关于平衡和稳定性的热力学理论是吉布斯把拉格朗日的虚功原理的思想用到热力学中而发展起来的.

为了强调是虚变动,特意用符号"δ"表示微小的改变,以区别于实际上发生的变动,后者用"d"来表示.这也是为什么我们用符号"$\tilde{\Delta}$"的原因.(3.1.1)中$\tilde{\Delta}S<0$的表示相对极大值的虚变动应有$\tilde{\Delta}S<0$(而孤立系中真实发生的变化必为熵增加,即$\Delta S>0$).

---

① 从微观上看,即使孤立系已处于平衡态,仍然可能有变动,包括离开极大值的变动,其根源在于系统内部的涨落以及外界条件的涨落(详见第十一章).

(2) **平衡的稳定性**

如果熵作为态函数，在孤立系的约束条件下，对各种可能的变动有若干个极大，那么，其中最大的极大对应**稳定平衡**，其他较小的极大对应**亚稳平衡**，亚稳平衡的定义是：对于无限小的变动是稳定的；对于有限的变动是不稳定的.

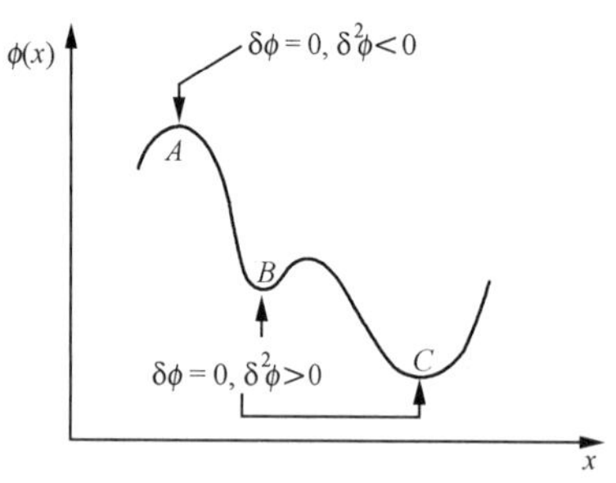

图 3.1.2　稳定、亚稳与不稳定平衡的力学对比

关于平衡的稳定性可以用力学类比来理解. 图 3.1.2 中的曲线代表重力场中光滑的槽，也代表了槽中的球在重力场中的势能 $\phi(x)$ 随 x 的变化. 图中 B, C 两点的 $\phi(x)$ 均为极小，但 B 点是相对极小，它对大的扰动是不稳定的，对应亚稳平衡；C 点是绝对极小(最小)，对应稳定平衡. 而 A 点 $\delta\phi=0$，但 $\delta^2\phi<0$，即 ϕ 取极大值，对应不稳定平衡.

再回到熵判据，由 $\delta S=0$ 所确定的极值，既包括极大，也包括极小，因此它决定的是平衡的必要条件. 而由 $\delta^2 S<0$，可以把极大挑出来，但相对极大与绝对极大(最大)都包括在内. 也就是说，虽然排除了不稳定平衡，但不能区分稳定与亚稳平衡. 要区别稳定与亚稳平衡，需要从几个极大中找出最大的那个.

(3) **临界态**

由公式(3.1.2)

$$\tilde{\Delta} S=\delta S+\frac{1}{2!}\delta^2 S+\frac{1}{3!}\delta^3 S+\frac{1}{4!}\delta^4 S+\cdots<0,$$

如果 $\delta S=0$，且 $\delta^2 S=0$，这时的稳定性条件必须由更高阶的项来决定. 注意到三阶项为

$$\delta^3 S=\sum_{i,j,k}\left(\frac{\partial^3 S}{\partial x_i \partial x_j \partial x_k}\right)^0 \delta x_i \delta x_j \delta x_k, \tag{3.1.4}$$

若对某一组变动 $\delta \boldsymbol{x}$ 有 $\delta^3 S<0$，则当 $\delta \boldsymbol{x} \rightarrow-\delta \boldsymbol{x}$ 时，$\delta^3 S$ 将反号，变为 $\delta^3 S>0$. 也就是说，$\delta^3 S$ 的符号可正可负. 因此，要保证 $\tilde{\Delta} S<0$，必须 $\delta^3 S=0$. 在这种情况下，稳定性条件应该由

$$\delta^4 S<0 \tag{3.1.5}$$

来决定. 这样的态称为**临界态**，气-液相变的临界点就是一例.

3.1.2　自由能判据　吉布斯函数判据　内能判据

原则上，熵判据已经可以解决有关平衡和稳定性的全部问题. 因为即使系统不是孤立系，总可以把与系统发生关系的那部分外界划入包括系统在内的新的复合系统，使得这个复合系统满足孤立系的条件，从而可以应用熵判据. 但是从应用的角度看，有时用其他判据更方便. 下面介绍另外三个热动平衡判据，它们是自由能判据、吉布斯函数判据和内能判据. 读者可以根据对熵判据的理解去理解另外三个判据. 下面将简略地叙述结论，略去过多的解释.

• 自由能判据：一物体系在温度、体积和总粒子数不变的情形下，对于各种可能的变动来说，平衡态的自由能为极小.

自由能判据的得出，是根据§1.13所得到的关于用自由能判断等温等容过程方向的普遍准则，即在没有非膨胀功的情况下，等温等容过程向着 $\Delta F<0$ 的方向进行. 由此得出结论：自由能极小是等温等容系统热动平衡的充分、必要条件，即

$$F=F_{\min}\Longleftrightarrow \text{等温等容系统处于平衡态.}$$

自由能判据用自由能函数取条件极值的形式可以表述为

$$\begin{cases}\delta F=0,\\ \delta^2 F>0,\\ \delta T=0,\delta V=0,\delta N=0.\end{cases}\tag{3.1.6}$$

• 吉布斯函数判据：一物体系在温度、压强和总粒子数不变的情形下，对于各种可能的变动来说，平衡态的吉布斯函数为极小. 即

$$G=G_{\min}\Longleftrightarrow \text{等温等压系统处于平衡态.}$$

吉布斯函数取条件极值的数学表述为

$$\begin{cases}\delta G=0,\\ \delta^2 G>0,\\ \delta T=0,\delta p=0,\delta N=0.\end{cases}\tag{3.1.7}$$

• 内能判据：一物体系在体积、熵和总粒子数不变的情形下，对于各种可能的变动来说，平衡态的内能为极小.

内能判据可以推导如下. 由热力学第一定律

$$\mathrm{d}U=\text{đ}Q+\text{đ}W,\tag{3.1.8}$$

又利用热力学第二定律(见(1.12.2))

$$\text{đ}Q\leqslant T_{\mathrm{e}}\mathrm{d}S,\tag{3.1.9}$$

于是得

$$\mathrm{d}U\leqslant T_{\mathrm{e}}\mathrm{d}S+\text{đ}W.\tag{3.1.10}$$

设除膨胀功外没有其他形式的功，则当体积不变时，$\text{đ}W=0$，于是有

$$\mathrm{d}U\leqslant T_{\mathrm{e}}\mathrm{d}S,\tag{3.1.11}$$

若 S 不变，则得

$$\mathrm{d}U\leqslant 0.\tag{3.1.12}$$

上面的不等式表明，在 V,S 和 N 不变的情形下(直到目前为止我们一直考虑的都是闭合系统，N 不变是不言而喻的)，不可逆变化应向着 $\mathrm{d}U<0$ 的方向进行. 由此得出推论：

$$U=U_{\min}\Longleftrightarrow V,S,N\ \text{不变系统处于平衡态,}$$

或表述为

$$\begin{cases}\delta U=0,\\ \delta^2 U>0,\\ \delta V=0,\delta S=0,\delta N=0.\end{cases}\tag{3.1.13}$$

内能判据与熵判据类似，其中所涉及的物理量内能、体积、熵和总粒子数都具有可加性，亦即系统的总内能、总体积、总熵和总粒子数都是各部分相应的物理量之和. 这在使用上有方便之处. 相比之下，自由能判据要求温度均匀（自由能具有可加性的条件）；吉布斯函数判据要求温度和压强均匀（吉布斯函数具有可加性的条件）.

3.1.3　几点说明

（1）以上所得到的几种热动平衡判据，都是热力学第二定律关于不可逆过程进行方向的结论的推论.

（2）需要强调的是，不同的热动平衡判据中的附加条件，应该理解为用虚变动方法求热力学函数极值的附加条件，它们与系统所处的真实的宏观条件并无必然联系. 这是因为，当系统已经达到平衡态时，系统与外界之间没有任何宏观的能量和物质交换；这时，把系统看成是“孤立系”或是“T,V,N 不变”等都是可以的. 这与系统发生实际变化过程时所处的宏观条件是不同的. 对于后者，宏观条件当然是有实质意义的.

（3）由上面的（2），可以理解，在具体应用时，几种热动平衡判据是等效的，用哪一个都可以（不过用 F 判据时需设 T 均匀；用 G 判据时需设 T,p 均匀）.

§3.2　粒子数可变系统

在应用热动平衡判据推导平衡条件与稳定条件之前，需要介绍粒子数可变系统的相关知识，因为相变涉及粒子数变化的情形.

考虑只有一种粒子的情形，即单元系. 可以证明，粒子数可变系统的热力学基本微分方程的形式为（设只有膨胀功）

$$dU = TdS - pdV + \mu dN, \tag{3.2.1}$$

其中 μ 为化学势，其定义为 1 mol 的吉布斯函数，即

$$\mu = \frac{G}{N} = u - Ts + pv, \tag{3.2.2}$$

以上我们用小写 u,s,v 代表 1 mol 的内能、熵和体积. 于是

$$\begin{cases} U = Nu, \\ V = Nv, \\ S = Ns. \end{cases} \tag{3.2.3}$$

对 1 mol 物质（物质数量是固定的），有

$$du = Tds - pdv, \tag{3.2.4}$$

由（3.2.3），

$$dU = d(Nu) = Ndu + udN,$$

将（3.2.4）代入上式，得

$$dU = N(Tds - pdv) + udN, \tag{3.2.5}$$

再用(3.2.3),得

$$Nds = dS - sdN,$$
$$Ndv = dV - vdN,$$

将上两式代入(3.2.5),得

$$dU = TdS - pdV + (u - Ts + pv)dN,$$

利用化学势的定义(3.2.2),上式化为

$$dU = TdS - pdV + \mu dN.$$

这就证明了一种粒子(单元系)的粒子数可变系统的热力学基本微分方程. 当 $dN=0$(即粒子数不变)时,上式还原为熟知的粒子数不变系统的热力学基本微分方程的形式. 当 $dN\neq 0$ 时,基本方程中多出一项 μdN,代表由于物质数量改变直接引起内能的变化.

类似于§2.1,可以通过勒让德变换得到基本方程的其他表达形式,现列举如下:

$$\begin{cases} dU = TdS - pdV + \mu dN, & \text{以 } S,V,N \text{ 为自然变量}, \\ dH = TdS + Vdp + \mu dN, & \text{以 } S,p,N \text{ 为自然变量}, \\ dF = - SdT - pdV + \mu dN, & \text{以 } T,V,N \text{ 为自然变量}, \\ dG = - SdT + Vdp + \mu dN, & \text{以 } T,p,N \text{ 为自然变量}, \end{cases} \tag{3.2.6}$$

其中 H,F,G 的定义不变,仍为

$$\begin{cases} H \equiv U + pV, \\ F \equiv U - TS, \\ G \equiv U - TS + pV. \end{cases} \tag{3.2.7}$$

由(3.2.6)可以得出相应的麦克斯韦关系(略).

从(3.2.6)可以得出化学势的几种等价表达式:

$$\mu = \left(\frac{\partial U}{\partial N}\right)_{S,V} = \left(\frac{\partial H}{\partial N}\right)_{S,p} = \left(\frac{\partial F}{\partial N}\right)_{T,V} = \left(\frac{\partial G}{\partial N}\right)_{T,p}. \tag{3.2.8}$$

顺便指出,对 1 mol 物质,由(3.2.4)作勒让德变换,将 $(s,v)\to(T,p)$,可得相应的基本微分方程为

$$d\mu = - sdT + vdp. \tag{3.2.9}$$

上式称为**吉布斯-杜安**(Gibbs-Duhem)关系(对化学纯物质的、多元系的吉布斯-杜安关系见(4.1.22)).

还有一种常用的形式是以 (T,V,μ) 为自然变量的表达形式. 从

$$dF = - SdT - pdV + \mu dN$$

作勒让德变换,将 $(T,V,N)\to(T,V,\mu)$,得

$$d(F - \mu N) = - SdT - pdV - Nd\mu. \tag{3.2.10}$$

令

$$\Psi \equiv F - \mu N = U - TS - \mu N = F - G, \tag{3.2.11}$$

则(3.2.10)可以表为

$$d\Psi = -SdT - pdV - Nd\mu. \tag{3.2.12}$$

Ψ 称为巨势，将来在统计物理中会看到，巨势直接联系着巨配分函数(见(8.7.24)).

关于粒子数可变系统的特性函数的概念也可以类似§2.7去讨论. 例如，可以证明，以(U,V,N)为独立变数时，$S(U,V,N)$是特性函数. 同样，$F(T,V,N)$，$G(T,p,N)$，$\Psi(T,V,\mu)$等也是特性函数.

顺便提一下，对于1.10.6小节中关于熵函数的性质，现在可以作几点补充. 其一是，对粒子数不变系统(亦称闭系)，熵S作为(U,V)的函数是特性函数. 对粒子数可变系统(亦称开系)，熵S作为(U,V,N)的函数是特性函数；相应的热力学基本微分方程也有改变，多了一项μdN. 其二是，可以用熵函数的条件极值来判断孤立系是否达到平衡态，平衡应满足的条件以及平衡是否稳定(即熵判据).

类似地，对§1.13中的自由能与吉布斯函数也可以作与熵类似的补充.

§3.3　热动平衡条件

§3.1中根据热力学第二定律所导出的热动平衡判据是判断系统是否达到平衡态的普遍准则，数学上是以某个热力学函数取条件极值的形式来表达的.

本节将从热动平衡判据出发导出**热动平衡条件**(或简称**平衡条件**)，它是指维持热力学系统平衡态的具体条件，有如下四种：

(1) 热平衡条件：物体内部各部分之间不发生热量交换的条件.

(2) 力学平衡条件：物体内部各部分之间不发生宏观位移的条件.

(3) 相变平衡条件：各相之间不发生物质转移(即不发生相变)的条件.

(4) 化学平衡条件：化学反应不再进行的条件.

上述各平衡条件是针对不同类型的具体过程达到平衡的条件，但平衡判据是普遍的，对任何过程均适用. 另外，这些平衡都是宏观意义上的，微观上分子仍在不断地运动，并非绝对的静止，这也是为什么称为热动平衡的原因.

3.3.1　用熵判据推导平衡条件

本节只限于单元系的情形(多元系有化学反应的情形将在第四章中介绍). 下面应用熵判据(3.1.3)导出热平衡、力学平衡与相变平衡条件. 将熵判据重写于下：

$$\delta S = 0, \tag{3.3.1a}$$

$$\delta^2 S < 0, \tag{3.3.1b}$$

$$\delta U = 0, \quad \delta V = 0, \quad \delta N = 0. \tag{3.3.1c}$$

本节求平衡条件(平衡的必要条件)只需用方程(3.3.1a)与附加条件(3.3.1c).

为简单，设想系统由两个均匀部分(或子系统)组成，分别代表两个相，相互接触，彼此之间可以发生能量与物质的交换，而且两个子系统的体积也可以改变，但保持总体积不变. 令$S_1,S_2;U_1,U_2;V_1,V_2;N_1,N_2$分别代表两个子系统的熵、内能、体积与摩尔数. 对整个系

统，有

$$S = S_1 + S_2; \quad U = U_1 + U_2;$$
$$V = V_1 + V_2; \quad N = N_1 + N_2. \tag{3.3.2}$$

于是有

$$\delta S = \delta S_1 + \delta S_2 = \sum_{\alpha=1,2} \delta S_\alpha. \tag{3.3.3}$$

由于 S_α 是$(U_\alpha, V_\alpha, N_\alpha)$的函数，故有

$$\delta S_\alpha = \left(\frac{\partial S_\alpha}{\partial U_\alpha}\right)^0_{V_\alpha, N_\alpha} \delta U_\alpha + \left(\frac{\partial S_\alpha}{\partial V_\alpha}\right)^0_{U_\alpha, N_\alpha} \delta V_\alpha + \left(\frac{\partial S_\alpha}{\partial N_\alpha}\right)^0_{U_\alpha, V_\alpha} \delta N_\alpha, \tag{3.3.4}$$

注意到$(\quad)^0$代表偏微商取极值点所对应的变量值，亦即取平衡态所对应的变量值. 根据粒子数可变系统的热力学基本微分方程（见(3.2.1)），

$$\mathrm{d}U_\alpha = T_\alpha \mathrm{d}S_\alpha - p_\alpha \mathrm{d}V_\alpha + \mu_\alpha \mathrm{d}N_\alpha,$$

或

$$\mathrm{d}S_\alpha = \frac{1}{T_\alpha}\mathrm{d}U_\alpha + \frac{p_\alpha}{T_\alpha}\mathrm{d}V_\alpha - \frac{\mu_\alpha}{T_\alpha}\mathrm{d}N_\alpha, \tag{3.3.5}$$

故有

$$\left(\frac{\partial S_\alpha}{\partial U_\alpha}\right)^0_{V_\alpha, N_\alpha} = \frac{1}{T_\alpha}; \quad \left(\frac{\partial S_\alpha}{\partial V_\alpha}\right)^0_{U_\alpha, N_\alpha} = \frac{p_\alpha}{T_\alpha}; \quad \left(\frac{\partial S_\alpha}{\partial N_\alpha}\right)^0_{U_\alpha, V_\alpha} = -\frac{\mu_\alpha}{T_\alpha}. \tag{3.3.6}$$

于是(3.3.4)化为

$$\delta S_\alpha = \frac{1}{T_\alpha}\delta U_\alpha + \frac{p_\alpha}{T_\alpha}\delta V_\alpha - \frac{\mu_\alpha}{T_\alpha}\delta N_\alpha. \tag{3.3.7}$$

也就是说，对无穷小的虚变动，一阶 δS_α 在形式上与热力学基本微分方程(3.3.5)相同，形式上只需要把“d”改写为“δ”即可.

由约束条件(3.3.1c)及(3.3.2)，得

$$\delta U_2 = -\delta U_1; \quad \delta V_2 = -\delta V_1; \quad \delta N_2 = -\delta N_1. \tag{3.3.8}$$

将(3.3.7)代入(3.3.3)，并利用(3.3.8)，得

$$\begin{aligned}\delta S &= \delta S_1 + \delta S_2 \\ &= \left(\frac{1}{T_1}\delta U_1 + \frac{p_1}{T_1}\delta V_1 - \frac{\mu_1}{T_1}\delta N_1\right) + \left(\frac{1}{T_2}\delta U_2 + \frac{p_2}{T_2}\delta V_2 - \frac{\mu_2}{T_2}\delta N_2\right) \\ &= \left(\frac{1}{T_1} - \frac{1}{T_2}\right)\delta U_1 + \left(\frac{p_1}{T_1} - \frac{p_2}{T_2}\right)\delta V_1 - \left(\frac{\mu_1}{T_1} - \frac{\mu_2}{T_2}\right)\delta N_1.\end{aligned} \tag{3.3.9}$$

根据熵判据，熵 S 取极大值的必要条件为

$$\delta S = 0, \tag{3.3.10}$$

由于(3.3.9)式中的 δU_1，δV_1 和 δN_1 均可独立改变，故由(3.3.10)，得到平衡条件

$$T_1 = T_2; \quad p_1 = p_2; \quad \mu_1 = \mu_2. \tag{3.3.11}$$

其中第一个条件是热平衡条件，即两个子系统的温度相等. 如果 $T_1 \neq T_2$，表示物体没有达到热平衡，必然会发生变化. 在孤立系的条件下，变化应向着熵增加的方向进行. 为简单，可以令 $\delta V_1=0$，$\delta N_1=0$（因 δU_1，δV_1 和 δN_1 都是独立的），并将 δ 改写成 d 以表示是真实的变化过程. 由(3.3.9)，变化应使

$$dS = \left(\frac{1}{T_1} - \frac{1}{T_2}\right) dU_1 > 0. \tag{3.3.12}$$

若 $T_1 > T_2$，则必有 $dU_1 < 0$，表示温度高的子系统的内能将减少. 温度低的子系统内能将增加（$dU_2 = -dU_1$），亦即热量从高温子系统流向较低温的子系统. 这些结果与熟知的经验事实相符，也起到对理论正确性的检验作用.

式(3.3.11)中的第二个条件是力学平衡条件，表示两个子系统达到力学平衡时，其压强相等①. 如果 $p_1 \neq p_2$，表示物体系没有达到力学平衡，必然会发生变化，类似于上面的讨论，可令 $T_1 = T_2 \equiv T$（即热平衡条件已满足），且 $\delta N_1 = 0$，由(3.3.9)，变化应使

$$dS = \frac{1}{T}(p_1 - p_2) dV_1 > 0. \tag{3.3.13}$$

若 $p_1 > p_2$，则应有 $dV_1 > 0$，表示压强高的子系统要膨胀，压强低的子系统要缩小（$dV_2 = -dV_1$）. 这也是熟知的经验事实.

(3.3.11)的第三个条件称为相变平衡条件：**一个化学纯(即单元系)的物体系的两相达到平衡时，两相的化学势相等**. 这个条件是新的，为了理解它，让我们设想相变平衡条件不满足，即 $\mu_1 \neq \mu_2$，这时系统必会发生变化. 为了集中考查两相之间物质的转移，设热平衡条件与力学平衡条件均已满足，这时发生的变化应向着 $dS > 0$ 的方向进行，由(3.3.9)，变化应使

$$dS = -\frac{1}{T}(\mu_1 - \mu_2) dN_1 > 0, \tag{3.3.14}$$

若 $\mu_1 > \mu_2$，则应有 $dN_1 < 0$. 表示化学势高的那一相的物质将减少，而化学势低的那一相物质将增加（$dN_2 = -dN_1$），也就是说，相变过程是物质从化学势高的相向化学势低的相转变. 化学势这个名称是类比电势、重力势而得到的.

3.3.2 用自由能判据推导平衡条件

为了说明不同的平衡判据是等效的，下面再用自由能判据重新推导一下平衡条件，把自由能判据(3.1.6)重写于下：

$$\delta F = 0, \tag{3.3.15a}$$

$$\delta^2 F > 0, \tag{3.3.15b}$$

$$\delta T = 0, \quad \delta V = 0, \quad \delta N = 0. \tag{3.3.15c}$$

需要指出，由于自由能判据的附加条件之一需要温度不变（相当于要求热平衡条件已满足），

① 对于液相有曲面分界的情形，力学平衡条件要考虑表面张力的影响. 参看主要参考书目[1]，181 页.

因此,不能用自由能判据推导热平衡条件.

仍然假设系统由两个子系统组成,分别代表两相.彼此接触,可以发生物质交换;且两个子系统各自的体积可以变化,但总体积保持不变.系统与子系统的各量之间有

$$F=F_1+F_2,\quad V=V_1+V_2,\quad N=N_1+N_2. \tag{3.3.16}$$

在温度不变的条件下,由(3.2.6),有

$$\delta F_1=-p_1\delta V_1+\mu_1\delta N_1,\quad \delta F_2=-p_2\delta V_2+\mu_2\delta N_2, \tag{3.3.17}$$

由约束条件(3.3.15c),得

$$\delta V_2=-\delta V_1,\quad \delta N_2=-\delta N_1, \tag{3.3.18}$$

于是得

$$\begin{aligned}\delta F&=\delta F_1+\delta F_2\\&=-p_1\delta V_1+\mu_1\delta N_1-p_2\delta V_2+\mu_2\delta N_2\\&=-(p_1-p_2)\delta V_1+(\mu_1-\mu_2)\delta N_1.\end{aligned} \tag{3.3.19}$$

由 $\delta F=0$,并注意到 δV_1 与 δN_1 是独立的,立即得

$$p_1=p_2,\quad \mu_1=\mu_2. \tag{3.3.20}$$

这样就重新推导出了力学平衡条件与相变平衡条件,它们与由熵判据推导出的结果(3.3.11)相符.

读者可以练习一下用吉布斯函数判据和内能判据重新推导平衡条件.

3.3.3 粒子数不守恒系统

以上在推导相变平衡条件时,所考虑的系统虽然每一相的粒子数可以变化,但总粒子数是守恒的,即 $N_1+N_2=N=$常数.故有 $\delta N_2=-\delta N_1$,即某一相粒子数的减少,必等于另一相粒子数的增加.

但是也存在这样的物理系统,其总粒子数是不守恒的.例如热辐射(微观上是光子气体),空窖内的热辐射所包含的光子数可以由于组成窖壁的物质的分子吸收和发射光子而改变,平衡态时只是光子的平均数不变.类似的系统还有固体中的声子气体和自旋波量子气体等(详见第七章§7.20).

对于粒子数不守恒的系统,不存在约束条件

$$N_1+N_2=N=\text{常数},$$

亦即不存在 $\delta N_2=-\delta N_1$ 的条件.换句话说,δN_1 与 δN_2 可以独立地改变.于是(3.3.19)应改为

$$\delta F=-(p_1-p_2)\delta V_1+\mu_1\delta N_1+\mu_2\delta N_2.$$

由于 δV_1,δN_1 与 δN_2 均可独立变化,故由 $\delta F=0$ 得

$$p_1=p_2,\quad \mu_1=\mu_2=0. \tag{3.3.21}$$

其中 $\mu_1=\mu_2=0$ 表示:**粒子数不守恒系统的化学势等于零**.实际上这一结果在讨论热辐射的热力学理论时(参看§2.4),已由 $G=0$ 表现出来(见(2.4.19)).

§3.4　平衡的稳定条件

上一节我们由平衡判据导出了平衡条件.由于只用到某热力学函数的一级微分等于零，并未肯定该热力学函数究竟是极大还是极小，因此所求得的平衡条件只是平衡的必要条件.为确定函数究竟是极大还是极小，必须考查二级微分，如熵判据要满足 $\delta^2 S<0$(熵为极大)，自由能判据要满足 $\delta^2 F>0$(自由能极小)等.这样又导出一些新的条件，它们保证平衡的稳定性，称为平衡的**稳定条件**.

推导稳定条件可以从任何一个热动平衡判据出发，下面我们用内能判据来求.把内能判据(3.1.13)重写于下：

$$\delta U=0, \tag{3.4.1a}$$

$$\delta^2 U>0, \tag{3.4.1b}$$

$$\delta S=0,\quad \delta V=0,\quad \delta N=0. \tag{3.4.1c}$$

设系统由两个子系统组成，于是有

$$U=U_1+U_2=\sum_{\alpha=1,2}U_\alpha, \tag{3.4.2}$$

$$\delta U=\sum_\alpha \delta U_\alpha=\sum_\alpha (T_\alpha\delta S_\alpha-p_\alpha\delta V_\alpha+\mu_\alpha\delta N_\alpha), \tag{3.4.3}$$

最后一步已经用到(3.3.5).现在对上式取第二级微分，得

$$\delta^2 U=\sum_\alpha\{T_\alpha\delta^2 S_\alpha-p_\alpha\delta^2 V_\alpha+\mu_\alpha\delta^2 N_\alpha+\delta T_\alpha\delta S_\alpha-\delta p_\alpha\delta V_\alpha+\delta\mu_\alpha\delta N_\alpha\}. \tag{3.4.4}$$

由于

$$S=S_1+S_2,\quad V=V_1+V_2,\quad N=N_1+N_2, \tag{3.4.5}$$

根据内能判据的约束条件(3.4.1c)，得

$$\delta S_2=-\delta S_1,\quad \delta V_2=-\delta V_1,\quad \delta N_2=-\delta N_1. \tag{3.4.6}$$

再取一次微分，得

$$\delta^2 S_2=-\delta^2 S_1,\quad \delta^2 V_2=-\delta^2 V_1,\quad \delta^2 N_2=-\delta^2 N_1. \tag{3.4.7}$$

由于我们是在已满足 $\delta U=0$(即在平衡条件已经满足)的前提下考查 $\delta^2 U>0$，故(3.4.4)右边的前三项应为零，即

$$(T_1-T_2)\delta^2 S_1-(p_1-p_2)\delta^2 V_1+(\mu_1-\mu_2)\delta^2 N_1=0, \tag{3.4.8}$$

于是(3.4.4)化为

$$\delta^2 U=\sum_\alpha\{\delta T_\alpha\delta S_\alpha-\delta p_\alpha\delta V_\alpha+\delta\mu_\alpha\delta N_\alpha\}. \tag{3.4.9}$$

令

$$S_\alpha=N_\alpha s_\alpha,\quad V_\alpha=N_\alpha v_\alpha, \tag{3.4.10}$$

其中小写的 s_α，v_α 分别代表 α 相 1 mol 的熵和体积，于是有

$$\delta S_\alpha = N_\alpha \delta s_\alpha + s_\alpha \delta N_\alpha, \quad \delta V_\alpha = N_\alpha \delta v_\alpha + v_\alpha \delta N_\alpha. \tag{3.4.11}$$

将(3.4.11)代入(3.4.9),得

$$\delta^2 U = \sum_\alpha N_\alpha (\delta T_\alpha \delta s_\alpha - \delta p_\alpha \delta v_\alpha) + \sum_\alpha (s_\alpha \delta T_\alpha - v_\alpha \delta p_\alpha + \delta \mu_\alpha) \delta N_\alpha, \tag{3.4.12}$$

利用(见(3.2.9))

$$\delta \mu_\alpha = - s_\alpha \delta T_\alpha + v_\alpha \delta p_\alpha, \tag{3.4.13}$$

由(3.4.12),$\delta^2 U > 0$ 即化为

$$\delta^2 U = \sum_\alpha N_\alpha (\delta T_\alpha \delta s_\alpha - \delta p_\alpha \delta v_\alpha) > 0, \tag{3.4.14}$$

注意到上式中的 N_α 为广延量,括号中的量是强度量. 从平衡条件可以看出,平衡态是否保持完全由强度量决定,而与 N_1 和 N_2 的数量无关. 也就是说,只要保持平衡条件不变,仅仅改变广延量 N_α 的大小,平衡必定仍然保持. 这表明,上面的不等式必须对任何 N_α 值都保持. 显然,这必须对每一个 α(即每一相),都有

$$\delta T_\alpha \delta s_\alpha - \delta p_\alpha \delta v_\alpha > 0. \tag{3.4.15}$$

由上面的不等式出发,即可导出稳定条件. 既然对每一 α 上面的不等式均成立,为表达简单,下面将省去下标 α,而将(3.4.15)简写成

$$\delta T \delta s - \delta p \delta v > 0. \tag{3.4.16}$$

选(T,v)为独立变量(注意,小写 u,s,v 均代表物质数量固定为1 mol 所相应的量),有

$$\delta s = \left(\frac{\partial s}{\partial T}\right)_v \delta T + \left(\frac{\partial s}{\partial v}\right)_T \delta v, \quad \delta p = \left(\frac{\partial p}{\partial T}\right)_v \delta T + \left(\frac{\partial p}{\partial v}\right)_T \delta v. \tag{3.4.17}$$

将(3.4.17)代入(3.4.16),并利用麦克斯韦关系

$$\left(\frac{\partial s}{\partial v}\right)_T = \left(\frac{\partial p}{\partial v}\right)_T,$$

则得

$$\frac{c_v}{T}(\delta T)^2 - \left(\frac{\partial p}{\partial v}\right)_T (\delta v)^2 > 0. \tag{3.4.18}$$

由于 δT 与 δv 是独立的,必有

$$\begin{cases} c_v > 0, \\ \left(\dfrac{\partial p}{\partial v}\right)_T < 0. \end{cases} \tag{3.4.19}$$

(3.4.19)是一组平衡的稳定条件,它包含两个条件:第一个条件要求定容比热 c_v 是正的;第二个条件要求等温压缩系数 κ_T 是正的(因 $\kappa_T \equiv -\dfrac{1}{v}\left(\dfrac{\partial v}{\partial p}\right)_T$,故$\left(\dfrac{\partial p}{\partial v}\right)_T < 0$,有 $\kappa_T > 0$).

稳定条件 $c_v > 0$ 的物理意义如下. 设想系统内部某局部区域的温度由于某种原因(比如由于外界的扰动或内部的涨落)而略高于周围的温度,那么,热量将从该区域流出,导致该区域的内能减少. 由于 $c_v = \left(\dfrac{\partial U}{\partial T}\right)_v > 0$,内能减少表示温度将降低,从而使该区域的温度恢复到

与周围相同，即恢复到均匀温度，这是稳定平衡态. 现在设想，如果 $c_v<0$，那么该区域的内能越少反而温度越高，使更多的热量流出，如此"正反馈"使局部区域的不均匀性不可能恢复，反而使不均匀性越来越大，表明系统处于不稳定平衡态.

同样可以理解 $\left(\frac{\partial p}{\partial v}\right)_T<0$. 设想系统内部某局部区域的体积由于某种原因（外部扰动或内部的涨落）而稍微增大. 如果 $\left(\frac{\partial p}{\partial v}\right)_T<0$，则其压强将减小，使该区域受到来自周围的压缩而恢复到压强均匀的平衡态. 反之，若 $\left(\frac{\partial p}{\partial v}\right)_T>0$，那么该区域的体积由于某种原因而稍微增大时，其压强反而增加，从而体积将进一步增大，导致不稳定.

从以上平衡的稳定条件的物理意义可以看出，当系统处于稳定（也包括亚稳）平衡态时，对任何扰动（无论是外界的还是内部的涨落）产生的局部不均匀性（温度、密度、压强等）会引起抵消该不均匀性的变化，使系统恢复原来的均匀性. 稳定平衡（也包括亚稳平衡）的上述特征是勒夏特列（Le Chatelier）原理的核心内容. 我们不准备讨论勒夏特列原理的细节，有兴趣的读者可看参考书①.

稳定条件还可以表达为其他形式. 如果选 (s,p) 为独立变量，将不等式（3.4.16）左边的 δT 与 δv 用 δs 与 δp 展开，得

$$\left(\frac{\partial T}{\partial s}\right)_p(\partial s)^2+\left[\left(\frac{\partial T}{\partial p}\right)_s-\left(\frac{\partial v}{\partial s}\right)_p\right]\delta s\delta p-\left(\frac{\partial v}{\partial p}\right)_s(\delta p)^2>0, \tag{3.4.20}$$

利用麦克斯韦关系

$$\left(\frac{\partial T}{\partial p}\right)_s=\left(\frac{\partial v}{\partial s}\right)_p,$$

于是（3.4.20）化为

$$\frac{T}{c_p}(\delta s)^2-\left(\frac{\partial v}{\partial p}\right)_s(\delta p)^2>0. \tag{3.4.21}$$

由于 δs 与 δp 是独立的，立即得

$$\begin{cases} c_p>0, \\ \left(\frac{\partial v}{\partial p}\right)_s<0. \end{cases} \tag{3.4.22}$$

第一个条件是定压比热为正；第二个条件是绝热压缩系数为正 $\left(\text{因 } \kappa_S\equiv-\frac{1}{v}\left(\frac{\partial v}{\partial p}\right)_s\right)$.

应该指出，（3.4.22）这一组条件与（3.4.19）是等效的，实际上它们不过是不等式（3.4.16）选不同独立变数的结果，还可以从（3.4.19）作变数变换得到（3.4.22）.

还应该注意，稳定条件（3.4.19）或（3.4.22）只能保证涨落不大时平衡的稳定性. 因为 $\delta^2 U>0$ 只能确定内能极小，而不能决定究竟是不是最小. 因此，稳定条件（3.4.19）（或

① 参看主要参考书目[1]，314 页.

(3.4.22))既适用于稳定平衡,也适用于亚稳平衡.在气-液相变的例子中,我们将看到满足 $\left(\frac{\partial p}{\partial v}\right)_T<0$ 但却是亚稳平衡的例子.

由(2.1.26)

$$c_p - c_v = Tv\frac{\alpha^2}{\kappa_T}, \tag{3.4.23}$$

利用稳定条件(3.4.19),即得

$$c_p > c_v > 0. \tag{3.4.24}$$

又由习题 2.3,

$$\frac{\kappa_T}{\kappa_S} = \frac{c_p}{c_v}, \tag{3.4.25}$$

再利用(3.4.24),得

$$\kappa_T > \kappa_S > 0. \tag{3.4.26}$$

§3.5 单元系的复相平衡

3.5.1 单元系的相图

本节应用平衡条件来讨论一个化学纯物质的复相平衡性质.化学纯物质又叫做单元系(即只有一个组元或一种分子).

设单元系有两个相(α 和 β)同时存在并达到平衡.根据§3.3所导出的平衡条件,这两个相的温度、压强和化学势都应该相等,即

$$\begin{cases} T^\alpha = T^\beta, \\ p^\alpha = p^\beta, \\ \mu^\alpha = \mu^\beta. \end{cases} \tag{3.5.1}$$

令 T 代表两相共同的温度,p 为两相共同的压强,并选 T 和 p 为独立变量,则相变平衡条件

$$\mu^\alpha(T,p) = \mu^\beta(T,p) \tag{3.5.2}$$

就决定了 T 和 p 之间的一个函数关系,在 T-p 平面是一条曲线.表明在两相达到平衡时,温度和压强不是彼此独立的(只有一个独立的强度变量).不过,在两相平衡时,两相的物质数量 N^α 与 N^β 仍然可以改变.

如果三相同时存在并达到平衡,则有

$$\mu^\alpha(T,p) = \mu^\beta(T,p) = \mu^\gamma(T,p), \tag{3.5.3}$$

(3.5.3)有两个方程,完全确定了三相共存时的温度与压强,它对应 T-p 状态空间中的一个点,称为**三相点**.

单元系的平衡性质可以用相图清楚地显示.相图常用 T-p 平面表示(也可以用其他表达法).在单元系相图上,可以看到若干个区,每一个区代表一个单相.另外有一些线,代表相

邻的两相平衡共存.还会看到三相点(相邻的三个相平衡共存)以及临界点(气相与液相平衡曲线的终点).

相图中的曲线由方程(3.5.2)确定.如果知道了 α 和 β 两相的化学势,那么曲线就完全确定了.但热力学理论不能提供化学势的具体形式.相图中的曲线都是直接由实验测定的[①].

下面举几个特殊物质相图的例子.

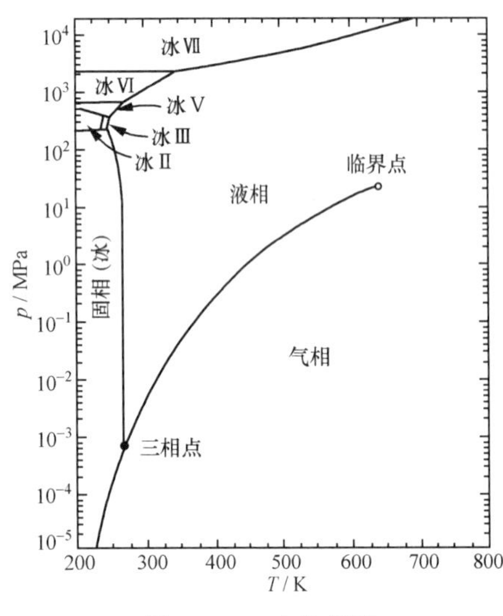

图 3.5.1　水的相图
(取自 http://www.enm.bris.ac.uk/teaching/projects/2002_03/phase_diagram)

图 3.5.1 显示水的相图.可以看到若干个单相区:水蒸气是气相,水是液相,冰是固相,冰又分成若干个不同的冰.分开气液两相的曲线叫做**汽化线**,分开液固两相的叫做**凝固线**或**熔解线**,分开气固两相的叫做**升华线**.三条曲线相交于一点,代表三相平衡共存,即**三相点**.水的三相点为 $t=0.01$℃,$p=0.006$ atm.气液两相平衡曲线有一个终点,称为临界点,有 $t_c=374$℃,$p_c=225$ atm.其他任何两条平衡曲线没有终点.图 3.5.1 显示了单元系相图的一般特征.图中还显示出在高压下水的固态(即冰)有多种不同的相,迄今已发现了 11 种不同的冰,它们有不同的晶体结构(图中只显示了 6 种).20 世纪 80 年代初由于高压技术的发展,为深入研究提供了可能,在 11 种不同的冰的相中,有多种具有从前未曾预料到的新的性质.例如,冰Ⅳ是亚稳相;冰Ⅷ是反铁磁有序相;冰Ⅲ,Ⅴ与Ⅶ都是很难形成的,冰Ⅶ有与其他冰完全不同的结构(可以用中子衍射方法探测),密度也最高 $\rho=1.437\ \mathrm{g\cdot cm^{-3}}$,虽然经过多年的研究,仍然不完全了解.进一步的研究集中在中等压强区以及亚稳相,以期进一步了解这些不同的相是如何形成的.

图 3.5.2 是氦(^{4}He)的相图,图中只画出低温区.^{4}He 的特点是液态有两个相,分别用 HeⅠ与 HeⅡ表示.HeⅠ为正常相,HeⅡ为超流相,这两个相的分界线称为 λ 线(正常与超流相之间的相变是二级相变,在相变温度比热随温度的变化呈现接近希腊字母 λ 的发散行为,故得名).图中 C 点是临界点.

氦是自然界中最独特的元素之一.由于它的原子质量小,原子之间相互作用力弱,它在很宽的压强范围内(约小于 25 atm)可以以液态形式一直保持到目前可以达到的一切低温.

^{4}He 是 1908 年由卡末林·昂尼斯成功液化的(在 1 atm,4.2 K),与一般液体不同,它有

① 统计物理可以从理论上计算相图,它已成为统计物理理论的最重要的课题之一.计算往往是从简化的模型出发,多数情形还必须作适当的近似,可以严格求解的例子是很少的.

两个三相点，在低温下有四个相，固相只存在于 25 atm 以上，固液之间的相变是一级相变.

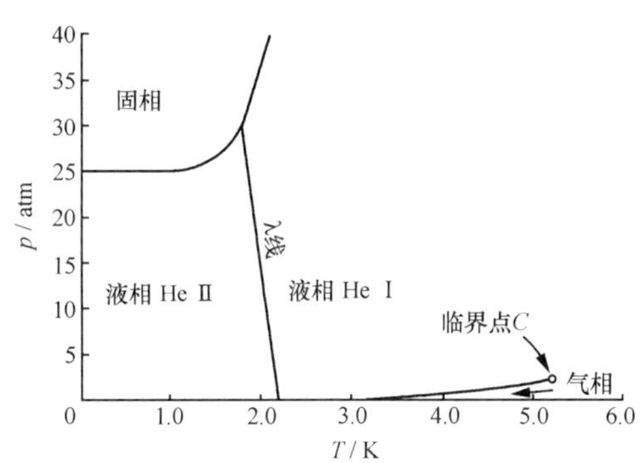

图 3.5.2 氦(^{4}He)的相图
(取自 F. London, Superfluidity, vol Ⅱ, John Wiley & Sons, Inc., 1954, p. 4)

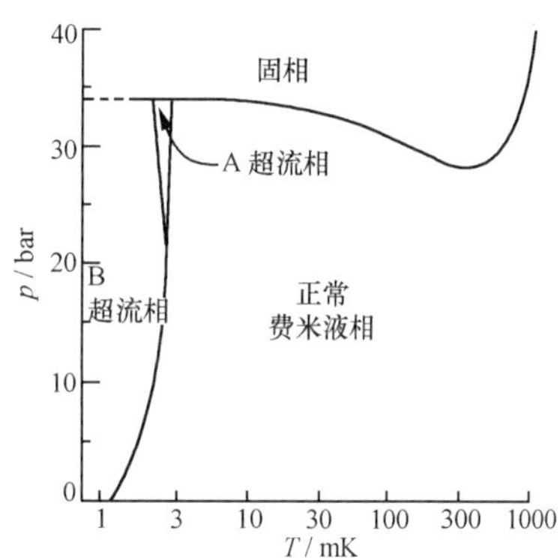

图 3.5.3 无外磁场时^{3}He 的相图
(取自 O. V. Lounasmaa, Experimental Principles and Methods below 1 K, Academic Press, London, 1974, p. 81)

^{3}He 是^{4}He 的同位素. 图3.5.3 显示^{3}He 在低温下的相图. 图中气相区因为太近横轴而未显示出来. ^{3}He 同^{4}He 一样，在压强低于 34 atm 的很宽的区域内可以以液态形式延续到目前可以达到的一切低温. 正常液相与固相的 p-T 平衡线在 $T \lesssim 300$ mK 呈现负斜率，这一独特性质涉及自旋熵(见习题 7.31). 它的液相也有正常相与超流相，而且超流相还分成 A 与 B 两个不同的超流相. 注意到从正常相到超流相的转变温度$\lesssim 0.003$ K(即$\lesssim 3$ mK). 虽然很早就有人猜测^{3}He 存在超流相，但直到 1971 年才在实验上观察到，因为它的超流转变的温度比^{4}He 低了三个量级，实验上实现要困难得多.

3.5.2 克拉珀龙方程

前已提到，两相平衡曲线虽然从理论上讲由 $\mu^\alpha(T,p)=\mu^\beta(T,p)$完全确定，但由于我们没有关于化学势的全部知识，因此实际上平衡曲线是直接由实验测定的. 热力学理论的应用主要是求两相平衡曲线的微分方程，它给出平衡曲线的斜率与相变潜热的关系，这就是**克拉珀龙**(Clapeyron)**方程**. 历史上最早是用可逆循环过程方法推导的，下面用两相平衡条件以及均匀系的热力学基本微分方程，推导更为简单.

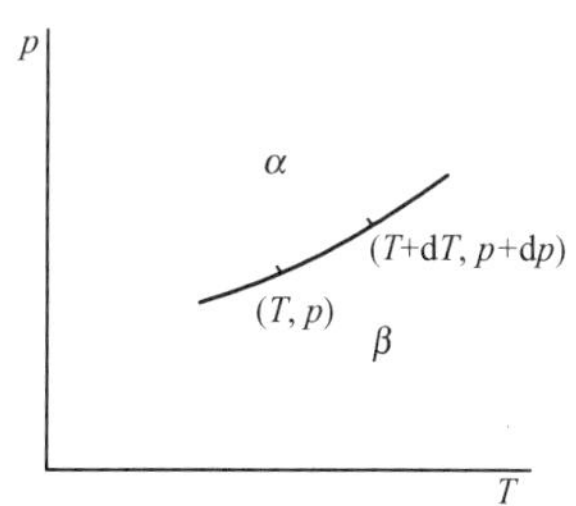

图 3.5.4 α,β两相的平衡曲线

如图 3.5.4，考查任意两相 α 和 β，沿两相平衡曲线处处都应满足热、力学和相变平衡条件，三个条件合起来可以表达成(3.5.2)，即

$$\mu^\alpha(T,p)=\mu^\beta(T,p).$$

设$(T+\mathrm{d}T,p+\mathrm{d}p)$为曲线上邻近$(T,p)$的一点，当 T 和 p 沿平衡曲线变到$(T+\mathrm{d}T,p+\mathrm{d}p)$时，$\mu^\alpha$ 和 μ^β 仍满足平衡条件，即有

$$\mu^{\alpha}(T+\mathrm{d}T, p+\mathrm{d}p)=\mu^{\beta}(T+\mathrm{d}T, p+\mathrm{d}p), \tag{3.5.4}$$

两边都在(T,p)点作泰勒展开,得

$$\mu^{\alpha}(T, p)+\mathrm{d}\mu^{\alpha}=\mu^{\beta}(T, p)+\mathrm{d}\mu^{\beta}, \tag{3.5.5}$$

利用平衡条件(3.5.2),得

$$\mathrm{d}\mu^{\alpha}=\mathrm{d}\mu^{\beta}, \tag{3.5.6}$$

其中每一相(α 或 β)都是均匀系.利用 μ 的基本微分方程(3.2.9),有

$$\begin{aligned} \mathrm{d}\mu^{\alpha} &=-s^{\alpha}\mathrm{d}T+v^{\alpha}\mathrm{d}p, \\ \mathrm{d}\mu^{\beta} &=-s^{\beta}\mathrm{d}T+v^{\beta}\mathrm{d}p, \end{aligned} \tag{3.5.7}$$

代入(3.5.6),立即得

$$\frac{\mathrm{d}p}{\mathrm{d}T}=\frac{s^{\alpha}-s^{\beta}}{v^{\alpha}-v^{\beta}}, \tag{3.5.8}$$

因为沿着平衡曲线 p 与 T 只有一个是独立的,即 $p=p(T)$,故左方为$\frac{\mathrm{d}p}{\mathrm{d}T}$.令 $\lambda_{\alpha\beta}$代表 1 mol 物质在保持两相平衡的温度和压强不变的条件下,从 β 相变为 α 相所吸收的热量,$\lambda_{\alpha\beta}$称为由 β 相变到 α 相的相变潜热,它应等于

$$\lambda_{\alpha\beta}=T(s^{\alpha}-s^{\beta})=h^{\alpha}-h^{\beta}, \tag{3.5.9}$$

于是(3.5.8)可以表为

$$\frac{\mathrm{d}p}{\mathrm{d}T}=\frac{\lambda_{\alpha\beta}}{T(v^{\alpha}-v^{\beta})}. \tag{3.5.10}$$

这就是克拉珀龙方程,它给出平衡曲线的斜率与潜热的关系,适用于有潜热和体积变化的相变(这种相变称为**一级相变**).

例 1　水的饱和蒸气压随温度的变化.

令 α 相为水蒸气,β 相为水,在 1 atm 下,水的沸点为 373.2 K.实验观测数据为:

$$v^{\alpha}=1673\times10^{-3}\ \mathrm{m^3/kg}, \quad v^{\beta}=1.043\times10^{-3}\ \mathrm{m^3/kg},$$
$$\lambda_{\alpha\beta}=2.257\times10^{6}\ \mathrm{J/kg}.$$

代入(3.5.10),得

$$\frac{\mathrm{d}p}{\mathrm{d}T}=\frac{2.257\times10^{6}}{373.2\times1672\times10^{-3}}\ \mathrm{Pa/K}=0.0357\ \mathrm{atm/K},$$

与实验测量值 0.0356 atm/K 符合得很好.

从(3.5.10)可以看出,因 $v^{\alpha}>v^{\beta}$(实际上 $v^{\alpha}\gg v^{\beta}$),$\lambda_{\alpha\beta}>0$,故$\frac{\mathrm{d}p}{\mathrm{d}T}>0$,表示饱和蒸气压曲线的斜率为正.

例 2　冰的熔点随压强的变化.

令 α 相为水,β 相为冰.在 1 atm 下,冰的熔点为 273.2 K.实验观测数据为:

$$v^{\alpha}=1.000\,13\times10^{-3}\ \mathrm{m^3/kg},$$
$$v^{\beta}=1.0907\times10^{-3}\ \mathrm{m^3/kg},$$
$$\lambda_{\alpha\beta}=3.35\times10^{5}\ \mathrm{J/kg}.$$

代入(3.5.10),得

$$\frac{\mathrm{d}T}{\mathrm{d}p}=\frac{273.2\times(-0.0906\times10^{-3})}{3.35\times10^{5}}\ \mathrm{K/Pa}=-0.00752\ \mathrm{K/atm}.$$

可以看出,水的熔解曲线的斜率为负,且很小.上面的结果与实验观测值 -0.0075 K/atm 符合.

3.5.3 蒸气压方程

与凝聚相(液相和固相)达到平衡的蒸气称为**饱和蒸气**.现在来求饱和蒸气的压强与温度的关系,称为**蒸气压方程**.

将(3.5.10)简写成

$$\frac{\mathrm{d}p}{\mathrm{d}T}=\frac{\lambda}{T(v-v')},\tag{3.5.11}$$

其中 v 和 v' 分别代表蒸气和凝聚相的摩尔体积.在求解这个方程时,必须知道潜热的行为.由

$$\lambda=h-h',\tag{3.5.12}$$

沿着平衡曲线,$p=p(T)$,于是

$$\frac{\mathrm{d}\lambda}{\mathrm{d}T}=\left(\frac{\partial h}{\partial T}\right)_p+\left(\frac{\partial h}{\partial p}\right)_T\frac{\mathrm{d}p}{\mathrm{d}T}-\left(\frac{\partial h'}{\partial T}\right)_p-\left(\frac{\partial h'}{\partial p}\right)_T\frac{\mathrm{d}p}{\mathrm{d}T}.\tag{3.5.13}$$

利用

$$\left(\frac{\partial h}{\partial T}\right)_p=c_p,\quad \left(\frac{\partial h'}{\partial T}\right)_p=c_p',\tag{3.5.14}$$

$$\left(\frac{\partial h}{\partial p}\right)_T=v-T\left(\frac{\partial v}{\partial T}\right)_p,\quad \left(\frac{\partial h'}{\partial p}\right)_T=v'-T\left(\frac{\partial v'}{\partial T}\right)_p,\tag{3.5.15}$$

其中(3.5.15)可以从热力学基本微分方程应用麦克斯韦关系得到.将(3.5.14)和(3.5.15)代入(3.5.13),并利用(3.5.11),即得

$$\frac{\mathrm{d}\lambda}{\mathrm{d}T}=c_p-c_p'+\frac{\lambda}{T}-\left(\frac{\partial v}{\partial T}-\frac{\partial v'}{\partial T}\right)\frac{\lambda}{v-v'}.\tag{3.5.16}$$

现在作两个近似:(1) 由于凝聚相的摩尔体积远小于蒸气的摩尔体积($v'\ll v$),可将(3.5.11)与(3.5.16)中的 v' 略去;(2) 将蒸气当作理想气体,得 $v=\dfrac{RT}{p}$.于是(3.5.11)与(3.5.16)简化为

$$\frac{\mathrm{d}p}{\mathrm{d}T}=\frac{\lambda}{RT^2}p,\tag{3.5.17}$$

$$\frac{\mathrm{d}\lambda}{\mathrm{d}T}=c_p-c_p'.\tag{3.5.18}$$

对(3.5.18)求积分,得

$$\lambda=\int_{T_0}^{T}(c_p-c_p')\mathrm{d}T+\lambda_0,\tag{3.5.19}$$

其中 T_0 为某一参考温度，λ_0 为 T_0 处的潜热. 将上式代入(3.5.17)，得

$$\frac{\mathrm{d}p}{\mathrm{d}T}=\frac{p}{RT^2}\left[\int_{T_0}^{T}(c_p-c_p')\mathrm{d}T+\lambda_0\right]. \tag{3.5.20}$$

如果所考虑的蒸气压变化范围不太大，凝聚相的 c_p' 与压强的依赖可以忽略，则上式可以近似化为

$$\ln p=-\frac{\lambda_0}{RT}+\int_{T_0}^{T}\frac{\mathrm{d}T}{RT^2}\int_{T_0}^{T}(c_p-c_p')\mathrm{d}T+A_0, \tag{3.5.21}$$

其中 A_0 为积分常数.

在实用上，如果温度变化的范围不太大，比热可以近似当作是常数，则上式进一步简化为

$$\ln p=A-\frac{B}{T}+C\ln T, \tag{3.5.22}$$

其中 A,B 和 C 是三个常数，它们可以由实验测出三个不同温度下的蒸气压来确定.

§3.6 气-液相变 临界点

3.6.1 实验结果

1869 年，安住斯(Andrews)测量了二氧化碳在高压下的等温线(见图 3.6.1). 当温度高于临界温度 $T_c=31.1$℃(或 304.3 K)时，对应于气相的等温线其形状类似于玻意耳定律的双曲线. 当 $T<T_c$ 时，等温线由三段组成，分别代表液相、气液两相共存及气相. 液相是左边的那一段，它几乎与 p 轴平行，当 v 减小时 p 陡增，表示液相很难压缩. 气相是最右边的那一段，也是压强最低的那一段. 中间对应于气液两相共存，这是一条水平直线，因为在一定温度下从液相完全转变为气相的过程中，压强一直保持不变. 对于单位质量的物质，水平直线的左端的横坐标表示液相的比容 v_l；右端是气相的比容 v_g. 在这两点之间，体积 v 与气液两相的比例关系为

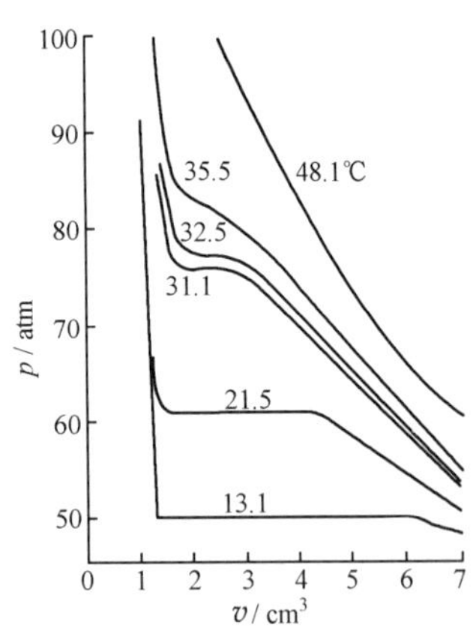

图 3.6.1 二氧化碳的等温线(实验)

$$v=xv_l+(1-x)v_g, \tag{3.6.1}$$

其中 x 为液相的比例，$(1-x)$为气相的比例. 当 x 由 1 变到 0 时，v 由 v_l 变到 v_g，即由纯液相经过气液共存阶段而变到纯气相.

从图 3.6.1 中可以看出，对于 $T<T_c$ 的那些等温线，其水平段随温度升高而减少，两个端点越来越接近，表明气相与液相的比容之差越来越小，当 $T\to T_c$ 时，两个端点合二为一，即$(v_g-v_l)\to 0$(亦即密度差 $\rho_l-\rho_g\to 0$)，这一点的压强为 p_c. 在临界点(T_c,p_c)，气液两相的差别消失.

3.6.2 范德瓦耳斯气体的等温线

图 3.6.2 是按范德瓦耳斯方程(1 mol 气体)

$$p=\frac{RT}{v-b}-\frac{a}{v^2} \tag{3.6.2}$$

画出的等温线.范德瓦耳斯 1873 年在他的博士论文《论液态与气态的连续性》中,通过简单的物理分析得到上述物态方程,并以此为基础讨论了气-液相互转变.图 3.6.2 显示了三种有代表性的等温线.

第一种是 $T>T_c$ 的情形,它类似于玻意耳定律的双曲线.第二种是$T=T_c$ 的等温线,其中 C 点为拐点,在 C 点曲线的斜率为零,即与水平 v 轴平行.第三种代表 $T<T_c$ 的情形,如图中 $DPMONQE$ 所示,线上有一个极小点 M 和一个极大点 N.

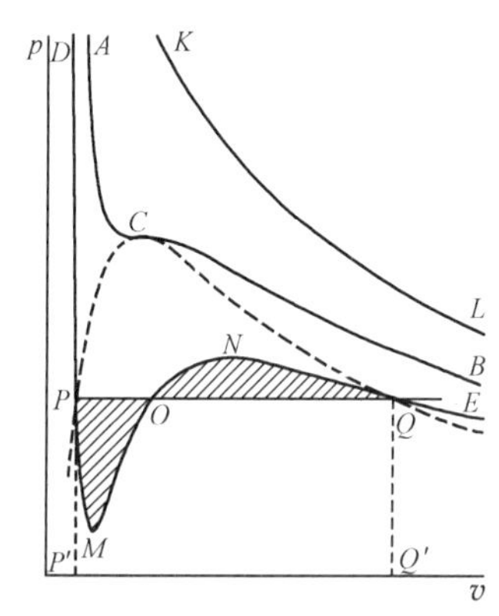

图 3.6.2 范德瓦耳斯气体的等温线

比较图 3.6.2 与实验结果图3.6.1,可以看出,对于 $T>T_c$ 与 $T=T_c$ 两种情形,范德瓦耳斯方程的结果尽管定量上与实验有差别,但定性与实验相符.问题出在 $T<T_c$ 的等温线,它们与实验结果明显不符.实验是水平线,在 v_l 与 v_g 两点微商不连续;水平线段代表气液两相共存.而范德瓦耳斯气体的等温线是连续变化的曲线.

3.6.3 麦克斯韦等面积法则

范德瓦耳斯理论对 $T<T_c$ 的情形与实验不符从一开始就被注意到了,而且不久后,麦克斯韦就根据热力学理论提出了修正的办法,这就是**麦克斯韦等面积法则**.

根据热力学关于平衡的稳定性理论可以看出,对于 $T<T_c$ 的等温线 $DPMONQE$,其中 MON 段曲线的斜率为正,即$\left(\frac{\partial p}{\partial V}\right)_T>0$,这不满足平衡的稳定条件,该条件要求$\left(\frac{\partial p}{\partial V}\right)_T<0$(见(3.4.19)).因此,$MON$ 段是不稳定的,根本不可能观测到.另外,PM 段与 NQ 段虽然满足稳定条件$\left(\frac{\partial p}{\partial V}\right)_T<0$,但下面将证明它们对应的是亚稳态,而不是稳定平衡态.实际上,如果很小心地做实验(气体很干净,没有杂质、灰尘;实验中防止震动;等等),确实可以观测到 PM 段靠近 P 点的一小段(代表**过热液态**);同样 QN 段靠近Q 点的一小段也可以观测到(代表**过冷蒸气或过饱和蒸气**).以上两种态都属于亚稳平衡态,它们对于微小的扰动是稳定的,但对较大的扰动就不稳定.由于系统自身的涨落或外部条件的涨落或者其他扰动的影响,系统会离开亚稳态而过渡到稳定平衡态,而稳定平衡态对应的是 P 到 Q 的水平直线,其位置可以根据热力学理论确定.

注意到 P 点代表纯液相,Q 点代表纯气相,两点具有相同的温度与压强,并处于气-液

两相平衡曲线上同一点，故两点的化学势应相等，即

$$\mu_P = \mu_Q. \tag{3.6.3}$$

令 p^* 代表 P 点与 Q 点共同的压强，由 $\mu = f + pv$，则(3.6.3)可以写成

$$f_P + p^* v_P = f_Q + p^* v_Q,$$

或

$$p^*(v_Q - v_P) = f_P - f_Q. \tag{3.6.4}$$

现在用范德瓦耳斯等温线段 $PMONQ$ 来计算 $f_P - f_Q$，由

$$\left(\frac{\partial f}{\partial v}\right)_T = -p$$

积分得

$$f_P - f_Q = -\int_{v_Q}^{v_P} p\,\mathrm{d}v = \int_{v_P}^{v_Q} p\,\mathrm{d}v, \tag{3.6.5}$$

上式积分号中的 p 是沿实线 $PMONQ$ 上的压强. 将(3.6.5)代入(3.6.4)，得

$$p^*(v_Q - v_P) = \int_{v_P}^{v_Q} p\,\mathrm{d}v. \tag{3.6.6}$$

公式(3.6.6)的左边等于图 3.6.2 中矩形 $P'PQQ'$ 的面积，右边等于曲线 $PMONQ$ 下的面积. 右边的面积与左边相比，在 O 点的左边少了一块 PMO，右边多了一块 ONQ，所以(3.6.6)可以表示为：

$$\text{面积 } PMO = \text{面积 } ONQ. \tag{3.6.7}$$

公式(3.6.6)称为**麦克斯韦等面积法则**，它告诉我们如何正确地确定与稳定平衡态对应的气-液两相共存线的压强值.

上面提到，$T<T_c$ 的等温线中，曲线 $PMONQ$ 是亚稳和不稳定的，直线段 PQ 是稳定的，这可以从自由能判据看出. 先求沿曲线的自由能，由 $\left(\frac{\partial f}{\partial v}\right)_T = -p$，并利用范德瓦耳斯方程，即得

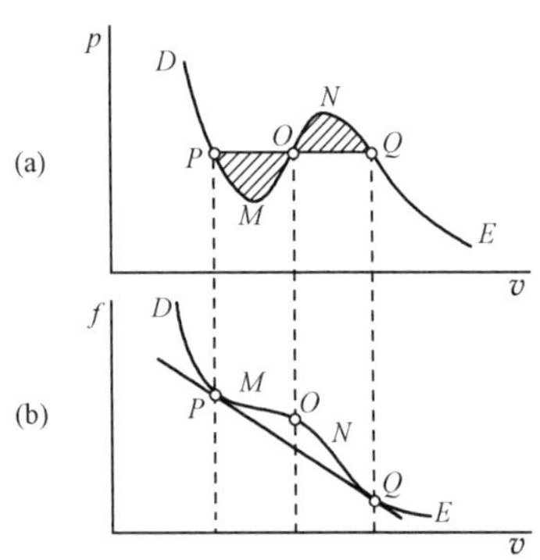

图 3.6.3　$T<T_c$ 的等温线 p-v (a)与 f-v (b)的对应关系

$$\begin{aligned} f_{\text{曲线}}(T,v) \equiv f_{\mathrm{W}}(T,v) &= -\int p\,\mathrm{d}v \\ &= -RT\ln(v-b) - \frac{a}{v} + f_0(T), \end{aligned} \tag{3.6.8}$$

其中 $f_0(T)$ 是一待定的温度函数. 由于在应用自由能判据时温度保持不变，故 $f_0(T)$ 无需知道. 图 3.6.3(b) 画出了 $T<T_c$ 的范德瓦耳斯等温线所对应的 $f_{\mathrm{W}}(T,v)$ 与 v 的关系. 由于 $\left(\frac{\partial f}{\partial v}\right)_T = -p < 0$，故 $f_{\mathrm{W}}(T,v)$ 是的单调下降函数.

另一方面，沿图 3.6.2 的两相共存的水平直线 PQ 在 $v_P < v < v_Q$ 范围的自由能可以由下式确定：

$$\left(\frac{\partial f_{直线}}{\partial v}\right)_T = -p^* = \left(\frac{f_W(T,v_Q)-f_W(T,v_P)}{v_Q-v_P}\right). \tag{3.6.9}$$

注意在图 3.6.3(b)中的 $f_{直线}$ 是直线，于是得

$$f_{直线}(T,v) = f_W(T,v_P) - p^*(v-v_P). \tag{3.6.10}$$

由(3.6.9)可以看出，$f_W(T,v)$ 在 P,Q 两点的切线有相同的斜率，也就等于直线的斜率.

从图 3.6.3 可以看出，直线段 PQ 上的自由能比同样体积 v 时曲线($PMONQ$)上的自由能小，因此，根据自由能判据，直线段 PQ 代表的气-液混合态是稳定的平衡态.

3.6.4 用化学势分析稳定性

下面换一种方法，用化学势来分析 $T<T_c$ 的等温线中各态的稳定性(化学纯物质的化学势 $\mu\equiv G/N$，即 1 mol 吉布斯函数；用化学势相当于用吉布斯函数判据). 图 3.6.4(a)、(b)分别给出 $T<T_c$ 的范德瓦耳斯等温线在 v-p 平面的曲线与所对应的 μ-p 平面的曲线.

图 3.6.4(b)中的 μ-p 曲线可以通过下面的定性分析得出. 由 μ 所满足的微分方程

$$\mathrm{d}\mu = -s\mathrm{d}T + v\mathrm{d}p, \tag{3.6.11}$$

有

$$\left(\frac{\partial \mu}{\partial p}\right)_T = v, \tag{3.6.12}$$

对此微分方程求积分，得

$$\mu = \int_{(T)} v\mathrm{d}p + g(T). \tag{3.6.13}$$

右边第一项是在 T 不变下(即沿等温线)计算的积分；第二项是 T 的待定函数. 由于我们关心的是沿一条等温线 μ 与 p 的依赖关系，没有必要知道 $g(T)$.

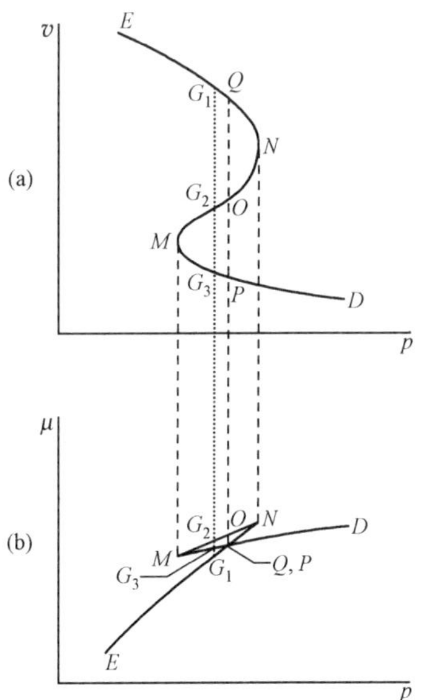

图 3.6.4 范德瓦耳斯气体 $T<T_c$ 的等温线
(a) 在 v-p 空间；(b) 在 μ-p 空间

图 3.6.4(a)是换一种方式画的 $T<T_c$ 的等温线，以 v 为纵轴，p 为横轴. 这样，(3.6.13)右边第一项积分 $\int v\mathrm{d}p$ 正好联系着 v-p 等温线下的面积. 需要注意的是，当沿着等温线向 p 的正方向进行时，积分等于曲线下的面积；向 p 的反方向进行时，积分等于曲线下的面积取负号. 注意到这一点，不难看出，当沿 v-p 图上的曲线 EQN 进行时，化学势 μ 不断增大. 当沿 NOM 进行时，积分对应于面积取负值，故 μ 不断减小；M 点的化学势比 N 点低，但比 E 点高. 最后当沿 MPD 进行时，化学势再次不断增大；但 D 点的化学势较 N 点低. 此外，根据麦克斯韦等面积法则，QNO 所包围的面积与 OMP 的面积相等，故 P 点与 Q 点的化学势相等；但 O 点的化学势比 P，Q 两点的化学势要

高. 注意 O 点是在范德瓦耳斯等温线上, O 点的 T 和 p 与 P, Q 两点相同; 但 O 点化学势较 P, Q 两点的高.

由 μ-p 图还可以看出, 当压强处于 $p_M<p<p_N$ 之间时, 对每一个 p 的值, 有三个不同的 μ 值(见图 3.6.4(b)中虚线所交的三个点 G_1, G_2, G_3, 它们对应的 μ 值为 μ_1, μ_2, μ_3). 根据吉布斯函数判据, μ 最小的(即 μ_1)对应于稳定平衡态. 现在 EQ 线段上的 μ 比在同样 p 时的 OM 段及 MP 段上的 μ 小, 所以 EQ 段代表稳定平衡态. 同样 DP 段代表稳定平衡态.

在图 3.6.2 上 P 与 Q 之间的水平直线代表气液共存的稳定平衡态. 在这一段上 μ 的数值应该维持在 P 点或 Q 点的数值不变, 而这是在 P 点和 Q 点的物质在固定的温度和压强下以任意比例共存的必然结果.

3.6.5　临界点　对应态定律

前已指出, 范德瓦耳斯气体在 $T<T_c$ 的等温线有一个极小点 M 与一个极大点 N. 当温度升高时, 这两个点逐渐靠近; 当温度达到临界温度 T_c 时, 这两个点重合为 C 点, 即临界点. C 点在数学上是一个拐点, 满足下列两个方程:

$$\left(\frac{\partial p}{\partial v}\right)_T=0, \tag{3.6.14}$$

$$\left(\frac{\partial^2 p}{\partial v^2}\right)_T=0, \tag{3.6.15}$$

此外 C 点还应该满足物态方程(3.6.2). 这三个方程, 即(3.6.14), (3.6.15)和(3.6.2), 完全确定了临界点的 v, p 和 T.

将(3.6.2)代入(3.6.14)和(3.6.15), 得

$$\left(\frac{\partial p}{\partial v}\right)_T=-\frac{RT}{(v-b)^2}+\frac{2a}{v^3}=0, \tag{3.6.16}$$

$$\left(\frac{\partial^2 p}{\partial v^2}\right)_T=\frac{2RT}{(v-b)^3}-\frac{6a}{v^4}=0, \tag{3.6.17}$$

由(3.6.16), (3.6.17)和(3.6.2), 可以解出 v, p 和 T 在临界点的值 v_c, p_c 和 T_c:

$$v_c=3b, \tag{3.6.18a}$$

$$p_c=\frac{a}{27b^2}, \tag{3.6.18b}$$

$$RT_c=\frac{8a}{27b}. \tag{3.6.18c}$$

由此, 范德瓦耳斯方程中的两个参数 a 和 b 可以通过测量 v_c, p_c 和 T_c 确定. 注意到上面有三个关系, 只有两个参数 a 和 b, 故必可消去 a 和 b 而得到 v_c, p_c 和 T_c 之间的一个普适关系, 这里"普适"关系是指与参数 a 和 b 无关. 实际上, 从(3.6.18)的三个关系可得

$$\frac{RT_c}{p_c v_c}=\left(\frac{8a}{27b}\right)\Big/\left[\frac{a}{27b^2}\cdot 3b\right]=\frac{8}{3}=2.667, \tag{3.6.19}$$

表明$\frac{RT_c}{p_c v_c}$与参数 a 和 b 无关.

表 3.6.1 中所列的观测值 $RT_c/(p_c v_c)$ 比范德瓦耳斯方程所求得的值 $RT_c/(p_c v_c)=2.667$ 大一些,但数量级相同,而且大多数气体的数值都比较接近,说明范德瓦耳斯理论与实验大致相符,但不完全符合. 作为比较,对完全不考虑分子之间相互作用的理想气体,对一切 p,v 和 T,有 $RT/(pv)=1$;而且理想气体不存在临界点,完全不能描述气-液相变. 从这个意义上,范德瓦耳斯理论已对理想气体有了实质性的改进.

表 3.6.1 几种气体 $RT_c/(p_c v_c)$ 的实验值

气体	He	H_2	Ne	N_2	Ar	O_2	CO_2	NH_3	H_2O
$\frac{RT_c}{p_c v_c}$	3.28	3.27	3.25	3.43	3.42	3.42	3.65	4.11	4.37

引入无量纲温度 $\widetilde{T}$,压强 $\widetilde{p}$ 和体积 $\widetilde{v}$,它们定义为

$$\widetilde{T}\equiv\frac{T}{T_c},\quad \widetilde{p}\equiv\frac{p}{p_c},\quad \widetilde{v}\equiv\frac{v}{v_c},\tag{3.6.20}$$

利用(3.6.18),可以把范德瓦耳斯方程(3.6.2)表达为

$$\left(\widetilde{p}+\frac{3}{\widetilde{v}^2}\right)(3\widetilde{v}-1)=8\widetilde{T}.\tag{3.6.21}$$

式中的 $\widetilde{T}$,$\widetilde{p}$ 和 $\widetilde{v}$ 分别称为**对比温度**、**对比压强**和**对比体积**,而方程(3.6.21)称为范德瓦耳斯**对比物态方程**. 注意到这个方程中没有任何与物质性质有关的参数,因此,如果(3.6.21)能用到实际气体,那么各种气体的对比物态方程都应该相同. 也就是说,当两种气体的对比温度和对比压强相等时,它们的对比体积也必相等. 这一结果称为**对应态定律**.

乍一想,对应态定律可能只适用于范德瓦耳斯方程成立的情形. 然而实验表明,对实际气体,当用 $\widetilde{T}$,$\widetilde{p}$ 与 $\widetilde{v}$ 描述时,三者之间存在着一个普适的关系,其形式当然与(3.6.21)不同,但普适关系确实存在. 也就是说,对应态定律有更普遍的意义.

§3.7 正常-超导相变的热力学理论

3.7.1 超导态的两条基本性质①

许多金属和合金在温度降低到某一温度 T_c 时,发生从正常态到超导态的转变. 实验发现,超导态具有两条基本性质,即零电阻和迈斯纳(Meissner)效应. 1933 年,迈斯纳发现,当

① 参看黄昆原著,韩汝琦改编,《固体物理学》,高等教育出版社,1988 年,第十章.

置于磁场中的金属圆柱体转变到超导态以后，其内部的磁通量完全被排斥到圆柱体之外①，亦即在超导体内有

$$\vec{\mathscr{B}} = 0. \tag{3.7.1}$$

由于$\vec{\mathscr{B}}=\mu_0(\vec{\mathscr{H}}+\vec{\mathscr{M}})$，因而超导体内部有

$$\vec{\mathscr{M}} = -\vec{\mathscr{H}}, \tag{3.7.2}$$

表明超导体具有完全抗磁性.

实验还发现，当磁场达到一定值 $\mathscr{H}_c$ 时，超导态将被破坏而回到正常态，$\mathscr{H}_c$ 称为临界磁场，$\mathscr{H}_c$ 是温度的函数，实验结果可以表为

$$\mathscr{H}_c(T) = \mathscr{H}_c(0)\left[1-\left(\frac{T}{T_c}\right)^2\right] \quad (T \leqslant T_c), \tag{3.7.3}$$

T_c 是没有外磁场时正常态转变到超导态的转变温度.

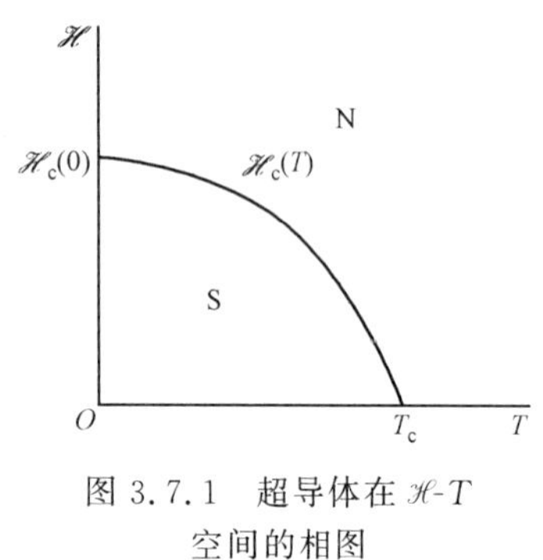

图 3.7.1 超导体在 $\mathscr{H}$-T 空间的相图

图 3.7.1 显示了 $\mathscr{H}_c(T)$随温度的变化，这个图类似于 p-T 平面的相图，这里是 $\mathscr{H}$-T 平面. $\mathscr{H}_c(T)$是超导态（或超导相，用 S 标记）和正常态（或正常相，用 N 标记）的两相平衡曲线. $\mathscr{H}_c(T)$在 $T\to 0$ K 时达到最大值 $\mathscr{H}_c(0)$，并随 T 上升而下降；在 $T=T_c$ 处，$\mathscr{H}_c(T_c)=0$. 从转变温度的角度看，没有磁场时转变温度最高；随着磁场增加，转变温度逐渐下降.

3.7.2 G 与 $\mathscr{H}$ 的关系

为简单起见，设所考虑的是均匀、各向同性的大块超导体，在均匀外磁场 $\mathscr{H}$ 中，热力学基本微分方程为

$$\mathrm{d}U = T\mathrm{d}S - p\mathrm{d}V + V\mathscr{H}\mathrm{d}\mathscr{B}, \tag{3.7.4}$$

上式中磁场所作的微功用 $V\mathscr{H}\mathrm{d}\mathscr{B}$ 表示（见(1.4.9)），因为超导体内部 $\mathscr{B}=0$，这种形式更方便.

由于 N-S 相变中，体积变化很小（$\mathscr{H}=0$ 时的转变无体积变化），以下将忽略不计，并取单位体积，于是(3.7.4)简化为

$$\mathrm{d}U = T\mathrm{d}S + \mathscr{H}\mathrm{d}\mathscr{B}, \tag{3.7.5}$$

注意，上式对超导态与正常态均适用. 公式(3.7.5)是以$(S,\mathscr{B})$为独立变量的基本微分方程，通过勒让德变换可以化为以$(T,\mathscr{H})$为独立变量的形式

$$\mathrm{d}G = -S\mathrm{d}T - \mathscr{B}\mathrm{d}\mathscr{H}, \tag{3.7.6}$$

其中

① 这里不讨论更为复杂的第Ⅱ类超导体的情形.

$$G \equiv U - TS - \mathscr{H}\mathscr{B} \tag{3.7.7}$$

为磁场中的吉布斯函数.

下面来推导一个重要的关系

$$G_{\mathrm{S}}(T,\mathscr{H}) - G_{\mathrm{N}}(T,\mathscr{H}) = \frac{\mu_0}{2}[\mathscr{H}^2 - \mathscr{H}_{\mathrm{c}}^2(T)], \tag{3.7.8}$$

其中 G_{S} 与 G_{N} 分别代表超导相与正常相的吉布斯函数,$\mathscr{H}_{\mathrm{c}}(T)$ 为 N-S 两相平衡时的磁场(即临界磁场,它是 T 的函数),$\mathscr{H}$ 为磁场,可取任意值.

先求 G 与 $\mathscr{H}$ 的关系,由基本微分方程(3.7.6),有

$$\left(\frac{\partial G}{\partial \mathscr{H}}\right)_T = -\mathscr{B}, \tag{3.7.9}$$

求积分,得

$$G(T,\mathscr{H}) - G(T,0) = -\int_{0\,(T)}^{\mathscr{B}} \mathscr{B}\mathrm{d}\mathscr{H}, \tag{3.7.10}$$

其中 $G(T,0)$ 是 $\mathscr{H}=0$ 时的吉布斯函数,这里不需要确定它(如果要定 $G(T,0)$,必须知道热容的知识).(3.7.10)对超导相或正常相均成立.

对处于正常相的金属,其磁化是很弱的,可以近似取为零,即 $\mathscr{M}\approx 0$,亦即有

$$\mathscr{B} \approx \mu_0 \mathscr{H}, \tag{3.7.11}$$

将上式代入(3.7.10),则正常态的吉布斯函数应满足

$$G_{\mathrm{N}}(T,\mathscr{H}) - G_{\mathrm{N}}(T,0) = -\frac{\mu_0}{2}\mathscr{H}^2. \tag{3.7.12}$$

另一方面,对超导相,将(3.7.1)代入(3.7.10),得

$$G_{\mathrm{S}}(T,\mathscr{H}) - G_{\mathrm{S}}(T,0) = 0. \tag{3.7.13}$$

上式表明,超导相的吉布斯函数与 $\mathscr{H}$ 无关,这是由于迈斯纳效应使磁场不能进入超导体的必然结果,它与正常相极不相同.

将(3.7.13)减去(3.7.12),得

$$G_{\mathrm{S}}(T,\mathscr{H}) - G_{\mathrm{N}}(T,\mathscr{H}) = G_{\mathrm{S}}(T,0) - G_{\mathrm{N}}(T,0) + \frac{\mu_0}{2}\mathscr{H}^2. \tag{3.7.14}$$

现在利用 N-S 两相平衡的条件,即两相的化学势相等:

$$\mu_{\mathrm{S}}(T,\mathscr{H}_{\mathrm{c}}) = \mu_{\mathrm{N}}(T,\mathscr{H}_{\mathrm{c}}). \tag{3.7.15}$$

讨论超导的热力学性质时,习惯上直接用吉布斯函数 G(这里是指单位体积的吉布斯函数),(3.7.15)可等价地表为:

$$G_{\mathrm{S}}(T,\mathscr{H}_{\mathrm{c}}) = G_{\mathrm{N}}(T,\mathscr{H}_{\mathrm{c}}). \tag{3.7.16}$$

注意(3.7.15)或(3.7.16)的变量 T 与 $\mathscr{H}$ 必须取平衡曲线上的值.再利用(3.7.13)及(3.7.12),上式化为

$$G_{\mathrm{S}}(T,0) = G_{\mathrm{N}}(T,0) - \frac{\mu_0}{2}\mathscr{H}_{\mathrm{c}}^2, \tag{3.7.17}$$

将(3.7.17)代入(3.7.14)，立即证明了(3.7.8).

公式(3.7.8)概括了 N-S 两相平衡以及每个单相区(N 或 S). 实际上：

若 $\mathscr{H}=\mathscr{H}_c$，则 $G_S(T,\mathscr{H}_c)=G_N(T,\mathscr{H}_c)$，即 N,S 两相平衡；

若 $\mathscr{H}>\mathscr{H}_c$，则 $G_N<G_S$，表示 N 相稳定；

若 $\mathscr{H}<\mathscr{H}_c$，则 $G_S<G_N$，表示 S 相稳定.

3.7.3　平衡曲线的克拉珀龙方程

类似 § 3.5 的推导，今代替 $d\mu^\alpha=d\mu^\beta$ 直接用吉布斯函数来表达，由

$$dG_N=-s_N dT-\mathscr{B}_N d\mathscr{H}, \tag{3.7.18a}$$

$$dG_S=-s_S dT-\mathscr{B}_S d\mathscr{H}, \tag{3.7.18b}$$

而沿 N-S 平衡曲线，有

$$dG_N=dG_S, \tag{3.7.19}$$

将(3.7.18a,b)代入上式，立即得

$$\frac{d\mathscr{H}_c(T)}{dT}=-\frac{s_N-s_S}{\mathscr{B}_N-\mathscr{B}_S}. \tag{3.7.20}$$

上式中已将沿两相平衡曲线的磁场用 $\mathscr{H}_c$ 表示，它是 T 的函数. 再利用 $\mathscr{B}_N\approx\mu_0\mathscr{H}_c$ 及 $\mathscr{B}_S=0$，上式化为

$$s_S-s_N=\mu_0\mathscr{H}_c\frac{d\mathscr{H}_c}{dT}, \tag{3.7.21}$$

注意到实验结果(见图 3.7.1)$\frac{d\mathscr{H}_c}{dT}<0$，故上式为负，表明在 N-S 两相平衡时，超导相的熵小于正常相的熵. 因此，从正常相转变为超导相的相变潜热为

$$L_{SN}=T(s_S-s_N)=\mu_0 T\mathscr{H}_c\frac{d\mathscr{H}_c}{dT}<0, \tag{3.7.22}$$

亦即从正常相转变到超导相将放热. 当 $\mathscr{H}_c\neq 0$ 时，N-S 相变的潜热不为零，是一级相变；另一方面，当 $T=T_c$ 时，$\mathscr{H}_c(T_c)=0$，故 $L_{SN}=0$，亦即在没有磁场作用下，N-S 的转变没有潜热，是二级相变(关于相变的分类将在下节讨论). 此外，当 $T\to 0$ K 时，实验发现$\frac{d\mathscr{H}_c}{dT}\to 0$(即 $\mathscr{H}_c(T)$ 在 $T\to 0$ K 处有水平切线)，因而 $L_{SN}\to 0$，这一结果与热力学第三定律有关(见 § 4.7).

3.7.4　比热在 T_c 点的跃变

由 $C_{\mathscr{H}}=T\left(\frac{\partial S}{\partial T}\right)_{\mathscr{H}}$，对(3.7.21)求微商，得超导态与正常态的比热之差为

$$C_{\mathscr{H}_S}-C_{\mathscr{H}_N}=\mu_0 T\left[\left(\frac{d\mathscr{H}_c}{dT}\right)^2+\mathscr{H}_c\frac{d^2\mathscr{H}_c}{dT^2}\right], \tag{3.7.23}$$

在 $T=T_c$，$\mathscr{H}_c=0$，于是得

$$\Delta C_{\mathscr{H}} \equiv (C_{\mathscr{H}_S} - C_{\mathscr{H}_N})\big|_{T=T_c} = \mu_0 T_c \left[\left(\frac{\mathrm{d}\mathscr{H}_c}{\mathrm{d}T}\right)^2\right]_{T=T_c} > 0, \tag{3.7.24}$$

即在 $T=T_c$ 点，两相的比热有一个有限大小的跃变，如图 3.7.2 所示.

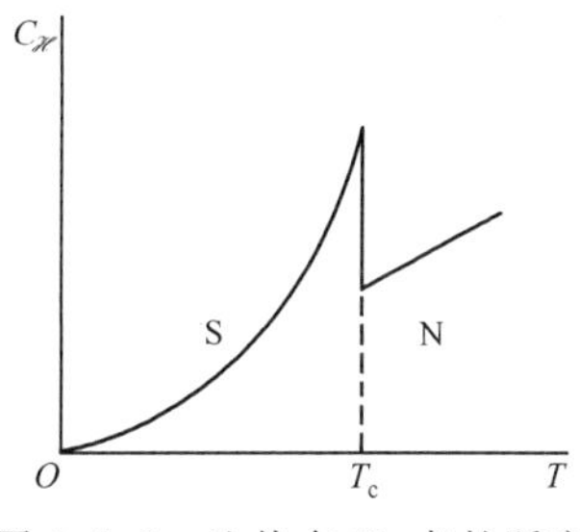

图 3.7.2 比热在 T_c 点的跃变

§3.8 相变的分类 埃伦费斯特方程

3.8.1 相变的分类

实验发现，自然界的各种相变中，有一类相变既有相变潜热又有体积变化，例如：固-液相变；固-气相变；固态不同相（不同晶格结构）之间的相变；气-液相变（临界点除外），等等. 另一类相变既无相变潜热，又无体积变化，例如：液氦的超流相与正常相之间的转变；超导-正常相变（无外磁场时）；铁磁-顺磁相变（无外磁场时）；合金的有序-无序相变；等等.

20 世纪 30 年代，埃伦费斯特（Ehrenfest）提出如下的相变分类方案：

- **一级相变：在相变点，两相的化学势相等，但化学势的一级偏微商不相等.**

若两相分别用 α 和 β 表示，令 Δ 表示两相之差，一级相变可以表示为

$$\Delta\mu = \mu^{\alpha} - \mu^{\beta} = 0, \quad \Delta s = s^{\alpha} - s^{\beta} \neq 0, \quad \Delta v = v^{\alpha} - v^{\beta} \neq 0, \tag{3.8.1}$$

其中已用到 $s=-\left(\frac{\partial\mu}{\partial T}\right)_p$，$v=\left(\frac{\partial\mu}{\partial p}\right)_T$，以及相变潜热 $L_{\alpha\beta}=T\Delta s$. 上面的说法还可以简化为：在相变点，化学势连续，化学势的一级偏微商不连续.

图 3.8.1 是一级相变 μ 及 μ 的偏微商（s 和 v）在相变点及两相的定性行为示意表示，其中(a)、(b)中实线代表最小的极小，故为稳定平衡. 虚线代表亚稳平衡，一级相变的一个特点是在相变点允许两相共存，而且可以有亚稳态.

- **二级相变：在相变点，两相的化学势和化学势的一级偏微商全部相等，但化学势的二级偏微商不相等.**

也就是说，

$$\Delta\mu = 0, \quad \Delta s = 0, \quad \Delta v = 0, \tag{3.8.2a}$$

但

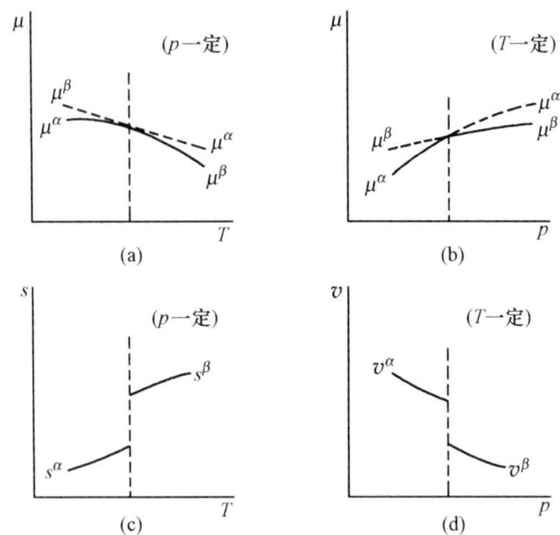

图 3.8.1 一级相变相变点及相邻两相中 $\mu, s=-\left(\frac{\partial\mu}{\partial T}\right)_p$ 和 $v=-\left(\frac{\partial\mu}{\partial p}\right)_T$ 的行为

$$\frac{\partial^2\mu}{\partial T^2},\quad \frac{\partial^2\mu}{\partial T\partial p},\quad \frac{\partial^2\mu}{\partial p^2} \tag{3.8.2b}$$

不连续.后面三个偏微商不连续,也可以表为

$$\Delta c_p \neq 0,\quad \Delta\alpha \neq 0,\quad \Delta\kappa_T \neq 0, \tag{3.8.2b$'$}$$

其中 $\alpha\equiv\frac{1}{v}\left(\frac{\partial v}{\partial T}\right)_p$ 为膨胀系数,$\kappa_T\equiv-\frac{1}{v}\left(\frac{\partial v}{\partial p}\right)_T$ 为等温压缩系数.

二级相变也可简单说成是:在相变点,μ 和 μ 的一级偏微商连续,但 μ 的二级偏微商不连续.

普遍地说,n **级相变**是:在相变点,μ 和 μ 的直到$(n-1)$级的偏微商都连续,但 n 级偏微商不连续.

然而,实验发现,大部分没有相变潜热和体积变化的相变,并不符合埃伦费斯特的方案.在相变点,化学势的二级偏微商不是不连续而是发散(无穷大).

应该指出,埃伦费斯特的分类方案只不过是当时他对不同相变特征的观察,并不涉及基本原理.现在对二级相变已采用费希尔(Fisher)的更为普遍的方案,即 μ 和 μ 的一级偏微商连续,二级偏微商或者不连续,或者发散,统称为二级相变.在无外磁场时的超导-正常相变属于前者(见§3.7,在 $T=T_c$ 点比热发生跃变,即不连续,但有界);而气-液相变的临界点属于后者(在临界点,c_p,α 和 κ_T 均为无穷大).

图 3.8.2 给出了二级相变的相变点(也称为**临界点**)附近部分 μ 及 μ 的一级和二级偏微商的行为的示意图.注意到 $s=-\left(\frac{\partial\mu}{\partial T}\right)_p$ 在 T_c 点是连续的,无论图(b1)还是图(b2)的情形.但 s 的偏微商(亦即 μ 的二级偏微商)在图(c1)中是不连续,但有界;而在图(c2)是无穷大.

与一级相变相比,二级相变没有两相共存(在临界点,两相合二为一);也没有亚稳态.

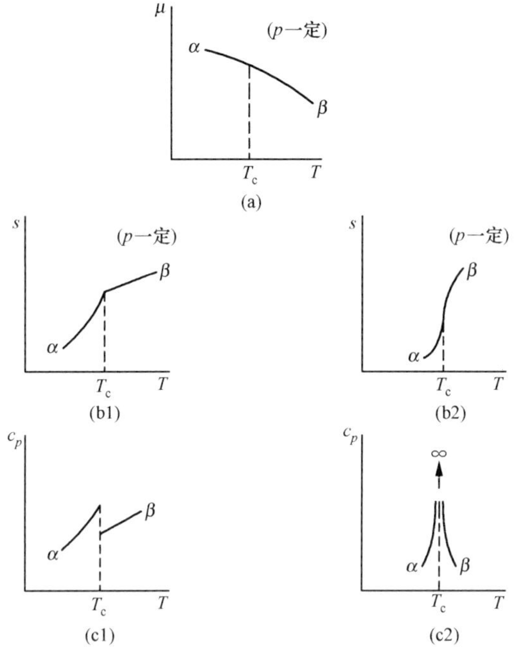

图 3.8.2 二级相变临界点附近部分热力学函数的行为

在一级相变的相变点，系统的宏观状态发生突变，比如体积变化，晶格结构改变等；但二级相变系统的宏观状态不发生突变，而是连续变化的. 因此又把二级相变称为**连续相变**. 又由于气-液相变的临界点是二级相变，通常把二级相变的相变点称为临界点.

研究还表明，二级相变虽然系统的宏观状态没有突变，但对称性发生突变，称为**对称性破缺**，这是二级相变突出的特征(关于对称性破缺的概念，将在§3.9再作说明).

顺便提一下，到目前为止，三级相变已知的例子是理想玻色气体的玻色-爱因斯坦凝聚，这是一种理想化的理论模型①. 三级和三级以上相变的实际物理系统至今尚未发现.

3.8.2 埃伦费斯特方程

埃伦费斯特方程适用于二级相变中 μ 的二级偏微商不连续但有界的情形.

把克拉珀龙方程重写于下：

$$\frac{\mathrm{d}p}{\mathrm{d}T}=\frac{s^{\beta}-s^{\gamma}}{v^{\beta}-v^{\gamma}}=\frac{\Delta s}{\Delta v}. \qquad (3.8.3)$$

这个方程只适用于 $\Delta s\neq 0,\Delta v\neq 0$ 的情形，即只适用于一级相变. 当 $\Delta s=0,\Delta v=0$ 时，上式变为 $\frac{0}{0}$ 的不定式，应用洛必达法则，将分子、分母对 T 求偏微商，得

① 实际上，玻色-爱因斯坦凝聚既有三级相变的特征，也有一级相变的特征(见§7.16).

$$\frac{\mathrm{d}p}{\mathrm{d}T}=\frac{\left(\frac{\partial s^{\beta}}{\partial T}\right)_p-\left(\frac{\partial s^{\gamma}}{\partial T}\right)_p}{\left(\frac{\partial v^{\beta}}{\partial T}\right)_p-\left(\frac{\partial v^{\gamma}}{\partial T}\right)_p}=\frac{(c_p^{\beta}-c_p^{\gamma})/T}{v(\alpha^{\beta}-\alpha^{\gamma})}=\frac{\Delta c_p}{Tv\Delta\alpha},\tag{3.8.4}$$

其中 $\alpha=\frac{1}{v}\left(\frac{\partial v}{\partial T}\right)_p$ 为膨胀系数，$v^{\beta}=v^{\gamma}\equiv v$.

若将(3.8.3)的右边分子、分母对 p 求偏微商，得

$$\frac{\mathrm{d}p}{\mathrm{d}T}=\frac{\left(\frac{\partial s^{\beta}}{\partial p}\right)_T-\left(\frac{\partial s^{\gamma}}{\partial p}\right)_T}{\left(\frac{\partial v^{\beta}}{\partial p}\right)_T-\left(\frac{\partial v^{\gamma}}{\partial p}\right)_T}=\frac{\Delta\alpha}{\Delta\kappa_T},\tag{3.8.5}$$

(3.8.4)和(3.8.5)称为**埃伦费斯特方程**. 显然，要保持自洽性，必有

$$\frac{\Delta c_p}{Tv\Delta\alpha}=\frac{\Delta\alpha}{\Delta\kappa_T},\tag{3.8.6}$$

或

$$\Delta c_p=Tv\frac{(\Delta\alpha)^2}{\Delta\kappa_T}.\tag{3.8.7}$$

§3.9　朗道二级相变理论简介

1937 年，朗道(Landau)建立了二级相变的一个唯象理论. 该理论包含两个非常重要的概念，即**序参量**和**对称性破缺**. 朗道提出了自由能在临界点附近的展开形式，并应用自由能极小的条件求出序参量的解，进而计算出各个**临界指数**.

朗道理论是**平均场理论**，但相比于以前的一些平均场理论(如气-液相变的范德瓦耳斯理论，顺磁-铁磁相变的外斯(Weiss)理论等)，朗道理论的表达形式更为普遍，为临界现象的现代理论(即重正化群理论)提供一种更为合适的、便于推广的表达形式.

虽然朗道理论所计算出的临界指数在定量上与实验结果有明显的差别(这是由理论本身的平均场性质所决定的)，但朗道理论包含了临界现象现代理论所需要的若干重要元素，如**序参量**、**对称性破缺**、**普适性**等. 这些元素超出了平均场理论本身的范畴，在临界现象的现代理论中仍然起着重要作用.

朗道理论可以应用于十分广泛的系统，虽然原来是为了研究二级相变而建立的，但稍作扩充就可以处理一级相变. 由于理论比较简单，当研究新的、复杂的连续相变时，可以作为研究问题的第一步，提供给我们近似但重要的信息.

朗道理论内容十分丰富，本节只作一简单介绍，进一步了解可以阅读相关的书籍①②.

① 参看主要参考书目[5]，第 14 章.

② 参看主要参考书目[10]，p. 167.

3.9.1 序参量 对称性破缺

序参量和对称性破缺是朗道相变理论的两个基本概念.下面以顺磁-铁磁相变为例来说明.

在没有外磁场作用时,铁磁体的顺磁-铁磁相变是二级相变.当温度高于临界温度 T_c 时($T>T_c$),系统处于顺磁相,磁化强度 $\mathscr{M}=0$;当温度低于临界温度时($T<T_c$),系统处于铁磁相,$\mathscr{M}\neq 0$.由于磁化不是外磁场引起的,而是由于电子的自旋磁矩之间的相互作用引起的,所以称为**自发磁化**.从 $T>T_c$ 到 $T<T_c$,$\mathscr{M}$ 从零连续地变为非零:在 $T=T_c$ 点,$\mathscr{M}=0$;$T<T_c$,$\mathscr{M}$ 逐渐增加,并在 $T=0$ 达到最大,如图 3.9.1 所示.

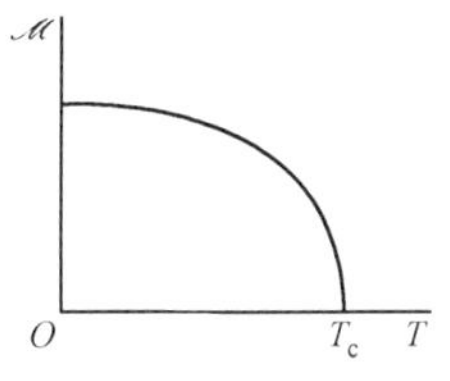

图 3.9.1 序参量 $\mathscr{M}$ 随温度的变化

从微观上看,铁磁体是由大量自旋磁矩组成,这些自旋磁矩之间有相互作用,倾向于使自旋排列在空间相同方向上.当 $T>T_c$ 时,热运动占主导地位,热运动使自旋混乱取向的倾向压倒相互作用使自旋有序排列的倾向,导致自旋在空间取向是无规则的,因而总的磁矩的平均值为零(宏观量 $\mathscr{M}$ 是单位体积内所有自旋磁矩之和的统计平均值).当 $T<T_c$ 时,自旋磁矩之间的相互作用占主导地位,自旋磁矩在空间排列在同一方向的倾向占主导,因而 $\mathscr{M}\neq 0$. $T=T_c$ 时正好对应于相互作用与无规则热运动这两种相反倾向平均而言相互抵消达到"均衡"(balance)的温度.通常我们把高温顺磁相称为无序相,把低温铁磁相称为有序相,其示意表示由图 3.9.2 给出.

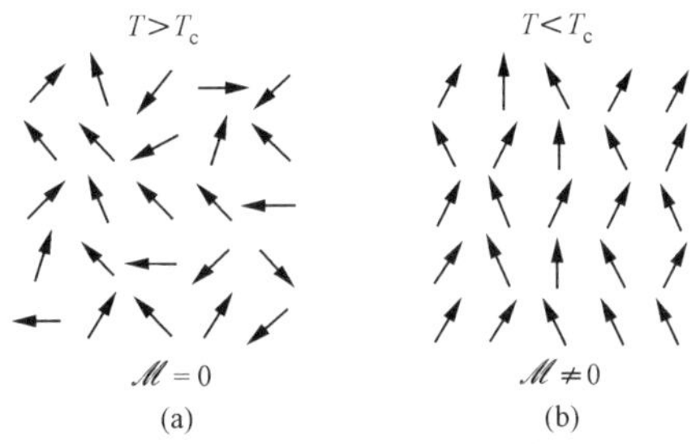

图 3.9.2 (a) 顺磁相(或无序相);(b) 铁磁相(或有序相)

可以看出,顺磁-铁磁相变从 $T>T_c$ 的无序相转变到 $T<T_c$ 的有序相,磁化强度 $\mathscr{M}$ 从零连续地改变到非零,由此很自然地可以把磁化强度 $\mathscr{M}$ 选作铁磁相的**序参量**.

从对称性的角度考查,高温顺磁相是无序相,$\mathscr{M}=0$;这时空间任何方向没有特殊性(空间各向同性).当 $T<T_c$ 时,$\mathscr{M}\neq 0$,序参量取空间某一方向(比如向上),这时向上与其它方向就不再对称了.换句话说,对有序相,宏观序参量失去了空间各向同性的对称性,这就是对称性破缺.这种对称性破缺不是由于外磁场作用引起的,故称为对称性自发破缺(外磁场通常称为对称性破缺场,因为在外磁场作用下,由于塞曼(Zeeman)效应,将使磁矩倾向于排在磁场方向上,导致对称性破缺).

一般地说,对二级相变,可以引入一个物理量——序参量——来定量地描写.序参量应该这样选择:在对称性高的相(也称无序相,对应于 $T>T_c$ 的那个相),序参量的值为零;而在对称性较低的相(也称有序相,对应于 $T<T_c$ 的那个相),序参量有不等于零的值.当从有序相趋于临界点时,序参量的值连续地变到零,图3.9.1显示了序参量的典型行为.

表3.9.1列举了几种二级相变及相应的序参量.表中,气-液相变的序参量是液相密度 ρ_l 与气相密度 ρ_g 之差.对液 ^{4}He 的正常-超流相变,序参量是 ^{4}He 原子的量子力学几率振幅.对超导相变,序参量是电子对(即库珀对)的量子力学几率振幅.后两种情形的序参量均为复数.二元溶液的序参量是两种组元的密度之差.对二元合金(如 CuZn),序参量取为 $(W_1-W_2)/(W_1+W_2)$,其中 $W_1(W_2)$ 代表 Cu(Zn)原子占据某一格点位置的几率.

表3.9.1　几种二级相变的序参量[①]

相变	序参量	实例
气-液	$\rho_l-\rho_g$	H_2O
铁磁	磁化强度	Fe
反铁磁	子晶格磁化	FeF_2
铁电	电极化强度	KH_2PO_4
液 ^{4}He 超流	He 原子的量子力学几率幅	液 ^{4}He
超导	电子对的量子力学几率幅	Pb
二元溶液	$\rho_1-\rho_2$	CCl_4-C_7F_{14}
二元合金	$\dfrac{W_1-W_2}{W_1+W_2}$	CuZn

从表中可以看出,序参量可以有不同的类型.它可以是标量、矢量、张量、复数等,由物理系统与具体相变决定.有些相变序参量的选择是很自然的;但有些相变,序参量相当复杂,其选择不一定那么容易,不是一眼就可以看出的.

序参量本身并不是二级相变所固有的特征,一级相变也可以用序参量来描写,但与二级相变不同,序参量在一级相变的相变点有不连续的跃变,而二级相变,在临界点序参量是连续变化的.

3.9.2　自由能在临界点附近的展开

仍然以顺磁-铁磁相变为例.首先考虑磁场为零($\mathscr{H}=0$)的情形.为了简单起见,设序参量(即磁化强度 $\mathscr{M}$)是一维矢量(相当于单轴各向异性铁磁体).在无外磁场时,顺磁-铁磁相变是二级相变,其序参量 $\mathscr{M}$ 是连续变化的.在临界点($T=T_c$;$\mathscr{H}=0$)序参量 $\mathscr{M}=0$;因而在临

① 参看 S. K. Ma, Modern Theory of Critical Phenomena, W. A. Benjamin, Inc., 1976, p. 6.

界点附近，$\mathscr{M}$ 是小量. 朗道假定，在临界点附近系统的自由能可以展开成 $\mathscr{M}$ 的幂级数[①]，即

$$F(T,\mathscr{M})=\sum_{n=0}^{\infty}a_n(T)\mathscr{M}^n$$

$$=a_0(T)+a_1(T)\mathscr{M}+a_2(T)\mathscr{M}^2+\cdots, \tag{3.9.1}$$

由于二级相变系统的体积不发生变化，为书写简单，已省去体积变量 V.

展开式(3.9.1)中的系数，必须满足系统对称性的要求. 在 $\mathscr{H}=0$ 的情况下，磁化强度 $\mathscr{M}$ 取正或负没有区别，亦即自由能是 $\mathscr{M}$ 的偶函数：$F(T,\mathscr{M})=F(T,-\mathscr{M})$. 由此立即得出，展开式中所有 $\mathscr{M}$ 奇次幂的系数应该为零，即

$$a_1=a_3=a_5=\cdots=0. \tag{3.9.2}$$

于是(3.9.1)化为

$$F(T,\mathscr{M})=F_0(T)+a_2(T)\mathscr{M}^2+a_4(T)\mathscr{M}^4+\cdots, \tag{3.9.3}$$

其中

$$F_0(T)\equiv a_0(T)=F(T,\mathscr{M}=0) \tag{3.9.4}$$

代表 $\mathscr{M}=0$ 时系统的自由能，亦即代表系统中与 $\mathscr{M}$ 无关的那部分自由能(微观上是与电子自旋无关的自由度所对应的那部分自由能，具体地说是晶格部分的自由能). 对 $T>T_c$ 的无序相，因为 $\mathscr{M}=0$，自由能只有 $F_0(T)$；当 $T<T_c$ 时，自由能除 $F_0(T)$ 外还包含与 $\mathscr{M}$ 有关的部分. 下面将看到，在临界点热力学函数的奇异性正是来自与 $\mathscr{M}$ 有关的那部分，而 $F_0(T)$ 是平滑的函数. 在以下的讨论中，不必知道 $F_0(T)$ 的具体形式.

应该注意，$F(T,\mathscr{M})$ 中 $\mathscr{M}$ 与 T 的地位是不同的；在一定的温度 T 下，$\mathscr{M}$ 需要由自由能极小的条件来确定，即由

$$\left(\frac{\partial F}{\partial\mathscr{M}}\right)_T=0, \tag{3.9.5}$$

$$\left(\frac{\partial^2 F}{\partial\mathscr{M}^2}\right)_T>0 \tag{3.9.6}$$

两个方程确定. 其中(3.9.5)是极值的必要条件，它给出所有可能的解；而(3.9.6)决定哪些解才是使自由能取极小的稳定解.

在下面讨论中，略去 $\mathscr{M}^4$ 以上的项，并对 $a_2(T)$ 及 $a_4(T)$ 作如下的选择：

$$a_2(T)=a_{20}(T-T_c)\quad(a_{20}\text{ 为正常数}), \tag{3.9.7a}$$

$$a_4(T)=a_4\quad(a_4\text{ 为正常数}), \tag{3.9.7b}$$

即 $a_2(T)$ 是 $(T-T_c)$ 的线性函数，当 $T>T_c$ 为正，$T<T_c$ 为负；a_4 近似当作常数. 下面会看到这样选取是合适的.

---

① (3.9.1)是对空间均匀系而言的. 对空间非均匀的情形，序参量与坐标 $\boldsymbol{r}$ 有关，即应写成 $\mathscr{M}(\boldsymbol{r})$，相应地需考查自由能密度 $f(T,\mathscr{M}(\boldsymbol{r}))$，它是 $\mathscr{M}(\boldsymbol{r})$ 的函数，数学上称为泛函(简单地说就是“函数的函数”). 而总自由能 F 为

$$F=\int f(T,\mathscr{M}(\boldsymbol{r}))\mathrm{d}^3\boldsymbol{r}\quad(\mathrm{d}^3\boldsymbol{r}\text{ 代表体元}).$$

空间非均匀的情形将在§11.2中遇到.

3.9.3　序参量的解 $\mathscr{M}(T)$

将(3.9.3)代入(3.9.5)，得

$$\frac{\partial F}{\partial \mathscr{M}} = \mathscr{M}[2a_2(T) + 4a_4\mathscr{M}^2] = 0, \tag{3.9.8}$$

其解为

$$\mathscr{M} = 0, \tag{3.9.9a}$$

$$\mathscr{M} = \pm\sqrt{-\frac{a_2(T)}{2a_4}}. \tag{3.9.9b}$$

上面一共有三个解：一个零解和两个非零解，但它们只是可能的解. 为找出使自由能取极小的解，需考查(3.9.6). 由(3.9.3)，得

$$\frac{\partial^2 F}{\partial \mathscr{M}^2} = 2a_2(T) + 12a_4\mathscr{M}^2, \tag{3.9.10}$$

将(3.9.9a)和(3.9.9b)分别代入上式，注意到当 $T>T_c$ 时，$a_2(T)=a_{20}(T-T_c)>0$，故当 $T>T_c$ 时，

$$\left.\frac{\partial^2 F}{\partial \mathscr{M}^2}\right|_{\mathscr{M}=0} = 2a_2(T) > 0, \tag{3.9.11a}$$

$$\begin{aligned}\left.\frac{\partial^2 F}{\partial \mathscr{M}^2}\right|_{\mathscr{M}=\pm\sqrt{-\frac{a_2(T)}{2a_4}}} &= 2\left[a_2(T) + 6a_4\left(-\frac{a_2(T)}{2a_4}\right)\right] \\ &= -4a_2(T) < 0.\end{aligned} \tag{3.9.11b}$$

可见当 $T>T_c$ 时，解 $\mathscr{M}=0$ 是稳定的；而非零解是不稳定的. 相反，当 $T<T_c$ 时，$a_2(T)=a_{20}(T-T_c)<0$，故 $\mathscr{M}=0$ 是不稳定解；而非零解是稳定的. 于是 $T>T_c$ 与 $T<T_c$ 的稳定解为

$$\mathscr{M}(T) = \begin{cases} 0, & T > T_c, \\ \pm\sqrt{\dfrac{a_{20}(T_c - T)}{2a_4}}, & T < T_c. \end{cases} \tag{3.9.12}$$

其中 $T<T_c$ 的解有两个：大小相等，符号相反. 由于 $\mathscr{M}$ 是一维矢量，这两个解都有意义，代表自发磁化沿着某一个方向的正向或反向. 图 3.9.3 显示了

$$F(T,\mathscr{M}) - F_0(T) = a_2(T)\mathscr{M}^2 + a_4\mathscr{M}^4$$

在临界温度以上($T>T_c$)与临界温度以下($T<T_c$)的特征. 注意到两者有完全不同的结构. $T>T_c$ 时，$F-F_0$ 只有一个极小，在 $\mathscr{M}=0$ 处；而 $T<T_c$ 时，$F-F_0$ 有两个相同大小的极小，相应的序参量在纵轴两边对称位置处.

$$\mathscr{M} = \pm\sqrt{a_{20}(T_c - T)/a_4}.$$

图 3.9.4 显示了使自由能取极小的序参量对全部温区的解.

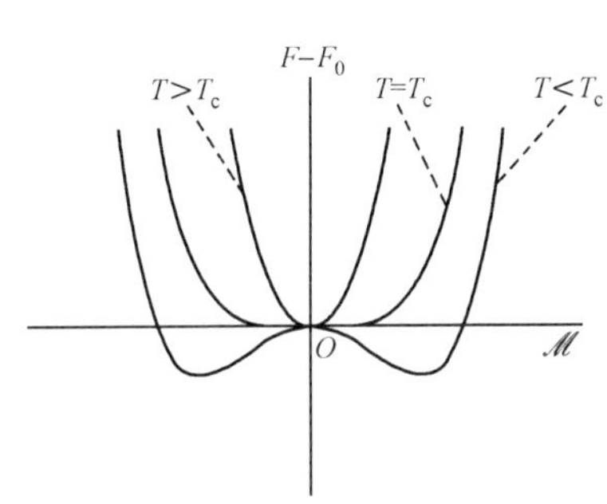

图 3.9.3 在三种不同温度下自由能随序参量的变化

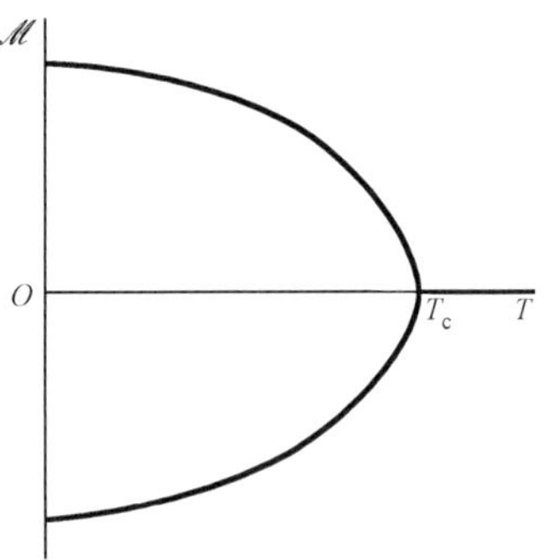

图 3.9.4 序参量对全部温区的解

3.9.4 熵

对磁系统，由公式(2.3.2)作勒让德变换后，可得

$$S=-\left(\frac{\partial F}{\partial T}\right)_{\mathscr{M}}. \tag{3.9.13}$$

将(3.9.3)代入上式，并利用(3.9.7a,b)，得

$$S=-\frac{\partial F_0}{\partial T}-a_{20}\mathscr{M}^2=S_0(T)-a_{20}\mathscr{M}^2, \tag{3.9.14}$$

其中

$$S_0(T)=-\frac{\partial F_0}{\partial T} \tag{3.9.15}$$

代表系统与序参量无关的那部分熵，它也是高温($T>T_c$)无序相系统的熵. 将(3.9.12)代入(3.9.14)，得

$$S=\begin{cases}S_0(T), & T>T_c,\\ S_0(T)-\dfrac{a_{20}^2}{2a_4}(T_c-T), & T<T_c.\end{cases} \tag{3.9.16}$$

从上式可以看出：首先，在 $T=T_c$，熵是连续改变的，没有不连续的跃变，亦即没有相变潜热；其次，$T<T_c$ 的熵比 $T>T_c$ 的熵要小. 在以后统计物理部分，我们将说明熵是系统“混乱度”或“无序度”的量度. 这里看到，$T<T_c$ 的有序相有较低的熵，亦即较低的“混乱度”.

3.9.5 外磁场不为零(但 $\mathscr{H}\sim 0$)的情形

顺磁-铁磁相变临界点为 $T=T_c$，$\mathscr{H}=0$. 以上我们所考查的临界点的邻域是对 $\mathscr{H}=0$，$T\sim T_c$. 现在转向考查 $T=T_c$，$\mathscr{H}\sim 0$. 当磁场不为零时，代替自由能 F，应考查吉布斯函数 G，G 与 F 的关系为

$$G(T,\mathscr{H},\mathscr{M}(T,\mathscr{H}))=F(T,\mathscr{M})-\mu_0\mathscr{M}\mathscr{H}, \tag{3.9.17}$$

在弱磁场下，假定 $F(T,\mathscr{M})$ 的展开形式(3.9.3)仍保持不变. 现在序参量的解应该满足在保

持 $T,\mathscr{H}$ 不变下使 G 极小的条件,即

$$\left(\frac{\partial G}{\partial \mathscr{M}}\right)_{T,\mathscr{H}}=0, \tag{3.9.18a}$$

$$\left(\frac{\partial^2 G}{\partial \mathscr{M}^2}\right)_{T,\mathscr{H}}>0, \tag{3.9.18b}$$

亦即

$$\left(\frac{\partial F}{\partial \mathscr{M}}\right)_{T}-\mu_0\mathscr{H}=0, \tag{3.9.19a}$$

$$\left(\frac{\partial^2 F}{\partial \mathscr{M}^2}\right)_{T}>0. \tag{3.9.19b}$$

对比 $\mathscr{H}=0$ 的情形,只需将(3.9.5)代之以(3.9.19a)即可. 将(3.9.3)代入(3.9.19a),得

$$2a_2(T)\mathscr{M}+4a_4\mathscr{M}^3=\mu_0\mathscr{H}. \tag{3.9.20}$$

由上式可以解出序参量 $\mathscr{M}$,注意现在 $\mathscr{M}$ 不仅与 T 有关,也与 $\mathscr{H}$ 有关. 对于 $T=T_c$,$a_2(T)=0$,故有

$$4a_4\mathscr{M}^3=\mu_0\mathscr{H},$$

或

$$\mathscr{M}\sim\mathscr{H}^{\frac{1}{3}}. \tag{3.9.21}$$

下面计算磁化率 χ,其定义为

$$\chi\equiv\left(\frac{\partial \mathscr{M}}{\partial \mathscr{H}}\right)_{T}.$$

将(3.9.20)两边对 $\mathscr{H}$ 求偏微商,得

$$\chi=\frac{\mu_0}{2a_2(T)+12a_4\mathscr{M}^2}, \tag{3.9.22}$$

我们关心的是临界点附近的行为,与之相应的 χ 称为零场磁化率,其定义为

$$\chi^0\equiv\chi\,|_{\mathscr{H}\to 0}. \tag{3.9.23}$$

将(3.9.22)式中的 $\mathscr{M}^2$ 用 $\mathscr{H}=0$ 的解(3.9.12)代入,得

$$\chi^0=\begin{cases}\dfrac{\mu_0}{2a_2(T)}=\dfrac{\mu_0}{2a_{20}}(T-T_c)^{-1}, & T\gtrsim T_c,\\[2ex] -\dfrac{\mu_0}{4a_2(T)}=\dfrac{\mu_0}{4a_{20}}(T_c-T)^{-1}, & T\lesssim T_c.\end{cases} \tag{3.9.24}$$

现在再来求热容在临界点邻域的行为. 令 $C_{\mathscr{H}}^0$ 与 $C_{\mathscr{M}}^0$ 分别代表固定 $\mathscr{H}$ 与固定 $\mathscr{M}$ 下的热容量在 $\mathscr{H}\to 0$ 的极限. 实际上直接测量的是 $C_{\mathscr{H}}^0$,但 $C_{\mathscr{M}}^0$ 可以方便地从自由能求出. 由公式(3.9.3)及普遍公式(见(2.3.4))

$$C_{\mathscr{M}}=T\left(\frac{\partial S}{\partial T}\right)_{\mathscr{M}}=-T\left(\frac{\partial^2 F}{\partial T^2}\right)_{\mathscr{M}}, \tag{3.9.25}$$

利用(3.9.7a,b),注意到 $a_2(T)=a_{20}(T-T_c)$ 以及 a_4 为常数,得

$$C_{\mathscr{M}}=-T\frac{\partial^2 F_0}{\partial T^2}. \tag{3.9.26}$$

可见 $C_{\mathscr{M}}$ 与序参量无关,实际上它是由 F_0 决定的自由能的平滑部分所相应的热容量,显然 $C_{\mathscr{M}}^0=C_{\mathscr{M}}$,且在临界点是连续的.

由磁系统 $C_{\mathscr{H}}-C_{\mathscr{M}}$ 的普遍公式(见习题 2.11)

$$C_{\mathscr{H}}-C_{\mathscr{M}}=-\mu_0 T\left(\frac{\partial\mathscr{H}}{\partial T}\right)_{\mathscr{M}}\left(\frac{\partial\mathscr{M}}{\partial T}\right)_{\mathscr{H}}, \tag{3.9.27}$$

由(3.9.20),得

$$\left(\frac{\partial\mathscr{H}}{\partial T}\right)_{\mathscr{M}}=\frac{2a_{20}}{\mu_0}\mathscr{M}, \tag{3.9.28}$$

于是上式化为

$$C_{\mathscr{H}}-C_{\mathscr{M}}=-\mu_0 T\left(\frac{2a_{20}}{\mu_0}\mathscr{M}\right)\left(\frac{\partial\mathscr{M}}{\partial T}\right)_{\mathscr{H}}=-2a_{20}T\mathscr{M}\left(\frac{\partial\mathscr{M}}{\partial T}\right)_{\mathscr{H}}, \tag{3.9.29}$$

在 $\mathscr{H}\to 0$ 的极限下,有

$$C_{\mathscr{H}}^0-C_{\mathscr{M}}^0=-2a_{20}T\left[\mathscr{M}\left(\frac{\partial\mathscr{M}}{\partial T}\right)_{\mathscr{H}}\right]_{\mathscr{H}\to 0}, \tag{3.9.30}$$

由于需要求的量是 $\mathscr{H}\to 0$ 及 $T\to T_c$ 时的极限值,故式中方括号内的量可以用 $\mathscr{H}=0$ 及 $T\to T_c$ 时 $\mathscr{M}$ 的解来计算. 利用(3.9.12),注意到 $T\to T_c^+$ 与 $T\to T_c^-$($T_c^{\pm}\equiv T_c\pm\delta$,$\delta$ 为正无穷小量,$T\to T_c^+$ 与 $T\to T_c^-$ 分别代表从 $T>T_c$ 与 $T<T_c$ 一侧趋于 T_c)的区别,得

$$\left[\mathscr{M}\left(\frac{\partial\mathscr{M}}{\partial T}\right)_{\mathscr{H}}\right]_{\mathscr{H}\to 0}=\begin{cases}0, & T\to T_c^+,\\ -\dfrac{a_{20}}{4a_4}, & T\to T_c^-.\end{cases} \tag{3.9.31}$$

将上式代入(3.9.30),即得

$$C_{\mathscr{H}}^0=\begin{cases}C_{\mathscr{M}}^0, & T\to T_c^+,\\ C_{\mathscr{M}}^0+\dfrac{a_{20}^2}{2a_4}T_c, & T\to T_c^-,\end{cases} \tag{3.9.32}$$

可见在 $T=T_c$ 点 $C_{\mathscr{H}}^0$ 有一有限大小的跃变:

$$\Delta C_{\mathscr{H}}^0\equiv C_{\mathscr{H}}^0\big|_{T_c^-}-C_{\mathscr{H}}^0\big|_{T_c^+}=\frac{a_{20}^2}{2a_4}T_c. \tag{3.9.33}$$

3.9.6 几点说明

(1) **朗道理论是平均场理论**

从统计物理的观点看,朗道相变理论是一种平均场近似. 实际上,可以从微观模型出发,根据平衡态统计理论,在平均场近似下导出朗道自由能按序参量展开的形式. 在这个意义下,可以把朗道理论称为平均场理论.

应该指出,并不是先有微观的统计理论以后才有唯象的朗道理论的. 朗道根据他对连续

相变的观察与思考，提出连续相变可以用序参量统一描述；并假定在临界点附近自由能可以按序参量展开，自由能的展开必须满足对称性的要求，并通过对自由能求极小以确定序参量，从而求出相关的热力学性质在临界点附近的行为. 这一整套理论，除了对称性涉及微观知识以外，其他都是唯象的，是典型的热力学方式. 对朗道理论给予微观的统计解释反而是后来的事.

（2）**朗道相变理论适用的条件：金兹堡判据**[①]

朗道相变理论是一个很有用的理论，它具有广泛的应用对象. 其中有的很成功，例如超导、某些液晶和某些铁电体的相变；有的定性符合，但定量不符，如对许多三维系统的连续相变；还有的是完全失败，如一维系统，按朗道理论存在相变，但统计理论可以证明不可能有非零温的相变（一维系统在非零温度下不可能有长程序）. 为什么朗道理论会失效呢？简单的回答是：朗道理论忽略了涨落. 实际上，所有形式的平均场理论都是忽略涨落的. 朗道理论用空间均匀的平均序参量近似地代替了空间不均匀的、涨落的序参量. 如果序参量围绕其平均值的涨落很小，可以忽略，那么平均场理论就是很好的近似；反之，如果涨落变得很重要而不能忽略（临界点附近尤其如此），则平均场理论失效. 金兹堡（Ginzburg）首先从理论上研究了平均场近似适用的条件，称为**金兹堡判据**（其推导超出本书范围，这里只给出结果），它可以表达为：

$$\left(\frac{\xi}{\xi_0}\right)^{d-4}=\left|\frac{T-T_c}{T_c}\right|^{(4-d)/2}>\frac{A_d}{2\Delta c_v\xi_0^d},\tag{3.9.34}$$

其中 ξ 为涨落关联的关联长度，ξ_0 是某一相干长度，A_d 是与空间维数 d 有关的一个常数，Δc_v 是平均场理论求得的在 T_c 处比热的跃变值.

当 $d>4$ 时（临界现象的统计理论中有一些模型涉及高维空间），ξ^{d-4} 随 $T\to T_c$ 而趋于无穷大，故（3.9.34）在临界点的邻域可以满足，因此平均场理论对 $d>4$ 适用.

对 $d<4$，只有当温度 T 足够远离 T_c，使（3.9.34）满足时，平均场理论才适用；当 $T\to T_c$ 时，不等式（3.9.34）的左边越来越小（意味着涨落变得越来越重要），最后不等式不再满足，平均场理论就失效了.

金兹堡判据还可以换一种方式来表达. 令 T_G 表示涨落变得重要时所相应的温度，称为金兹堡温度，其定义为

$$\tau_G\equiv\left|\frac{T_G-T_c}{T_c}\right|\equiv\left(\frac{A_d}{2\Delta c_v\xi_0^d}\right)^{2/(4-d)}.\tag{3.9.35}$$

上式同时给出了约化金兹堡温度 τ_G 的定义，τ_G 量度了涨落变得重要时所相应的临界点邻域的温度范围. 当温度离 T_c 比较"远"时，即当 $\tau\equiv\left|\dfrac{T-T_c}{T_c}\right|\gg\tau_G$ 时，涨落不重要，可以忽略；若 $\tau\lesssim\tau_G$ 时，涨落重要，不能忽略. 从（3.9.35）可以看出，即使 $d<4$（通常的物理系统的空

① 金兹堡判据的推导需要统计物理的知识，其深度超出本书的范围，此处读者只需了解其大意.（参看 P. M. Chaikin & T. C. Lubensky, Principles of Condensed Matter Physics, Cambridge University Press, 1995, pp. 214—216）

间维数为 $d=3$)，如果相干长度 ξ_0 比较大，τ_G 有可能很小，这时 $\tau \gg \tau_G$ 的条件能满足，以致平均场理论仍然适用.

例如，对液晶的层状 A 相与层状 C 相的相变，其 $\tau_G \approx 10^{-5}$，实验测量达不到 τ_G 那么小的范围，实验结果与平均场理论符合得很好.

又如超导相变，以铝的相关参数估算，其 $\tau_G \approx 10^{-16}$. 实验测量进入这么的小的临界温区是不可能的，观测都是在 $\tau \gg \tau_G$ 的范围(但仍然有 $\tau \ll 1$). 因此平均场理论用于超导相变非常成功.

顺便提一下，上面讲的超导体是指常规超导体，它的相干长度 ξ_0 比较大，使 τ_G 非常小. 对高温超导体，由于 ξ_0 要比常规超导体小很多，情况将不同.

(3) **朗道理论的推广**

朗道理论的一个重要而且成功的推广是关于超导电性的金兹堡-朗道(Ginzburg-Landau，以下简记为 G-L)理论. G-L 理论是在朗道理论的框架下，引入复的序参量 $\boldsymbol{\Psi}(\boldsymbol{r})$，$|\boldsymbol{\Psi}(\boldsymbol{r})|^2 = n_s$ 代表超导电子(即库珀对)的数密度. 且 $\boldsymbol{\Psi}(\boldsymbol{r})$ 是 $\boldsymbol{r}$ 的函数，以反映序参量的空间变化. 在空间非均匀的情况下，需考虑与 $\boldsymbol{r}$ 有关的自由能密度(总自由能是自由能密度的积分)，其展开式中增加了 $|\nabla \boldsymbol{\Psi}(\boldsymbol{r})|^2$ 项、磁场能量项，以及与矢势 $\boldsymbol{A}$ 有关的项. 从自由能极小可以导出 $\boldsymbol{\Psi}(\boldsymbol{r})$ 所满足的微分方程以及电流公式. G-L 理论不仅可以用于临界点附近，而且对远离临界点的行为也可以给出相当好的描述，包括超导相本身以及同时包含超导相与正常相的复合系统的性质. 阿布里科索夫(Abrikosov)应用 G-L 理论研究了第Ⅱ类超导体的许多性质，特别是从理论上预言量子化的磁通线在第Ⅱ类超导体内部会形成点阵结构.

朗道理论还被应用于液晶、铁电体等多种不同的连续相变. 稍加修改也可以用于处理一级相变.

§3.10 临界现象和临界指数

连续相变的具体形式多种多样，临界温度 T_c 的大小也各不相同，但在临界点热力学函数和关联函数呈现奇异性这一点则带有普遍性. 在临界点的**邻域**，热力学函数和关联函数所表现出的独特行为统称为**临界现象**，它由一组幂指数描写，这组幂指数称为**临界指数**. 研究这些临界指数遵从的规律，以及如何从理论上计算临界指数等，已经成为相变领域最重要的研究课题之一.

本节只讨论与热力学函数有关的临界指数. 首先给出它们的定义；接着介绍根据朗道理论所计算的顺磁-铁磁相变的临界指数.

至于与关联函数有关的临界指数，由于涉及统计物理学知识，将在§9.3再介绍.

3.10.1 临界指数定义：$\beta,\delta,\gamma,\alpha$

研究表明，在临界点的**邻域**，某些热力学量可以表达为如下的幂律形式：

$$f(\varepsilon)=A\varepsilon^{\lambda}\{1+B\varepsilon^{x}+\cdots\}\quad(x>0),\tag{3.10.1}$$

其中 $f(\varepsilon)$代表某热力学量(例如序参量、比热、磁化率等),A 和 B 是与 ε 无关的物质常数,ε 的定义为

$$\varepsilon\equiv\frac{T-T_{c}}{T_{c}},\tag{3.10.2}$$

ε 是无量纲量,它量度了与临界温度的“距离”,$\varepsilon=0$ 对应 $T=T_{c}$. 此外,ε 还可以代表其他变量(如压强,磁场等),将在下面结合特定临界指数的定义时再具体交代.

现考虑 $\varepsilon>0$,当 ε 足够小时,

$$\{1+B\varepsilon^{x}+\cdots\}\rightarrow 1,$$

因而

$$f(\varepsilon)\rightarrow A\varepsilon^{\lambda}.$$

亦即当 $\varepsilon\rightarrow 0$ 时,$f(\varepsilon)$与 ε 的关系由幂指数 λ 描写. 于是可以定义

$$\lambda\equiv\lim_{\varepsilon\rightarrow 0}\frac{\ln f(\varepsilon)}{\ln\varepsilon},\tag{3.10.3}$$

指数 λ 称为与函数 $f(\varepsilon)$相联系的临界指数. 可以看出,为了表达$\varepsilon\rightarrow 0$ 时 $f(\varepsilon)$与 ε 的关系,将(3.10.1)简化为

$$f(\varepsilon)\sim\varepsilon^{\lambda}\quad(\varepsilon\rightarrow 0)\tag{3.10.4}$$

就够了. 表达成(3.10.4)的形式后,临界指数已一目了然. 应该指出,$f(\varepsilon)$与 ε 完全的关系是(3.10.1)而不是(3.10.4);临界指数表达的只是 ε 足够小时领头项(leading term)的行为.

临界指数还可以直接通过将测量的实验数据绘成 $\ln f(\varepsilon)$对 $\ln\varepsilon$ 的双对数曲线来确定. 当 ε 足够小时,它是一条直线,其斜率就是相应的临界指数. 图 3.10.1 是一个例子.

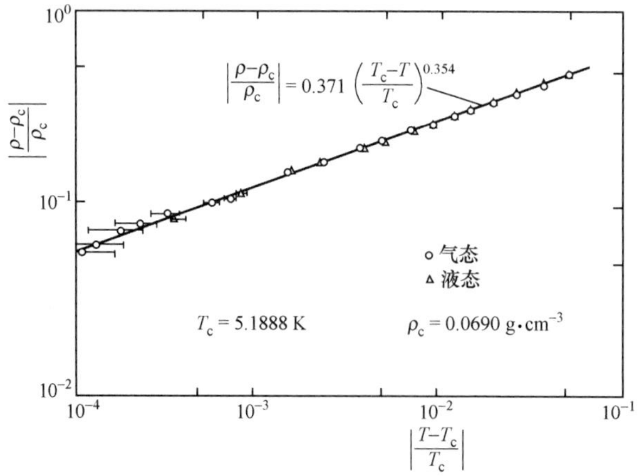

图 3.10.1　氦在其临界点的邻域序参量与$|\varepsilon|$的双对数图,实验数据相当准确地落在一条直线上(取自 P. R. Roach, Phys. Rev. ,**170**,213(1968))

下面我们以磁系统的顺磁-铁磁相变和流体系统的气-液相变为例来定义临界指数β,δ,

γ 和 α.

(1) **序参量随温度的变化：临界指数 β**

当温度从低温一侧趋向 T_c 时，顺磁-铁磁相变的序参量 $\mathscr{M}$ 可表为

$$\mathscr{M}(T) \sim (T_c - T)^\beta \quad (T \to T_c^-, \mathscr{H} = 0), \tag{3.10.5a}$$

上式定义了临界指数 β. 这里直接用 $(T_c - T)$ 代替前面的 ε，是常用的表达方式.

对气-液相变，序参量为 $\rho_l - \rho_g$，即液相与气相的密度差，相应有

$$(\rho_l(T) - \rho_g(T)) \sim (T_c \sim T)^\beta \quad (T \to T_c^-, p = p_c), \tag{3.10.5b}$$

其中 p_c 为临界压强.

实验表明，β 是正的非整数，不同系统 β 的值可以不同，但差别不大，大体在 0.30～0.35 之间. β 为正，表示序参量随 $T \to T_c$ 而趋于零. 当 $T > T_c$ 时，序参量为零.

(2) **临界等温线的"平坦度"：临界指数 δ**

δ 标志临界等温线的"平坦度"(degree of flatness). 对铁磁相变，沿临界等温线(即 $T = T_c$)，当 $\mathscr{H}$ 很小时，$\mathscr{M}$ 也很小，两者之间的关系可表为

$$\mathscr{H} \sim |\mathscr{M}|^\delta \operatorname{sgn}(\mathscr{M}) \quad (T = T_c, \mathscr{H} \to 0), \tag{3.10.6a$_1$}$$

其中 $\operatorname{sgn}(\mathscr{M})$ 代表 $\mathscr{M}$ 的符号. 上式给出了 δ 的定义，有时也简写成

$$|\mathscr{H}| \sim |\mathscr{M}|^\delta \quad (T = T_c, \mathscr{H} \to 0). \tag{3.10.6a$_2$}$$

类似地，对气-液相变，沿临界等温线有

$$(p - p_c) \sim |\rho - \rho_c|^\delta \operatorname{sgn}(\rho - \rho_c) \quad (T = T_c, p \to p_c), \tag{3.10.6b$_1$}$$

或简单写成

$$|p - p_c| \sim |\rho - \rho_c|^\delta \quad (T = T_c, p \to p_c), \tag{3.10.6b$_2$}$$

其中 ρ_c 为临界点的密度.

(3) **χ^0 或 κ_T 随温度的变化：临界指数 γ**

磁系统的零场磁化率定义为

$$\chi^0 \equiv \left(\frac{\partial \mathscr{M}}{\partial \mathscr{H}}\right)_T \bigg|_{\mathscr{H}=0}.$$

当 $T \to T_c^+$(从高温一侧趋于 T_c)时，可以表为

$$\chi^0 \sim A_+ (T - T_c)^{-\gamma} \quad (T \to T_c^+, \mathscr{H} = 0),$$

当 $T \to T_c^-$ 时，有

$$\chi^0 \sim A_- (T - T_c)^{-\gamma'} \quad (T \to T_c^-, \mathscr{H} = 0).$$

实验与理论计算均表明，$\gamma = \gamma'$；但比例常数 $A_+ \neq A_-$. 为了表达简洁，通常将上面的两种形式统一地表为

$$\chi^0 \sim |T - T_c|^{-\gamma} \quad (T \to T_c, \mathscr{H} = 0), \tag{3.10.7a}$$

表示无论从高温一侧还是从低温一侧趋于 T_c，上述幂律关系都成立，且有相同的指数 γ.

对流体系统，与 χ^0 对应的量是等温压缩率

$$\kappa_T \equiv -\frac{1}{v}\left(\frac{\partial v}{\partial p}\right)_T,$$

当 $T \to T_c$ 时，κ_T 可表为

$$\kappa_T \sim |T - T_c|^{-\gamma} \quad (T \to T_c, p = p_c). \tag{3.10.7b}$$

(4) **热容随温度的变化：临界指数 α**

χ^0 与 κ_T 是一类与物态方程相联系的响应函数，还有另一类响应函数是热容. 热容在临界点邻域随温度的变化由临界指数 α 表征. α 的定义如下. 对磁系统，

$$C_{\mathscr{H}}^0 \equiv C_{\mathscr{H}}|_{\mathscr{H}=0} \sim |T - T_c|^{-\alpha} \quad (T \to T_c, \mathscr{H} = 0), \tag{3.10.8a}$$

对流体系统

$$C_v \sim |T - T_c|^{-\alpha} \quad (T \to T_c, p = p_c). \tag{3.10.8b}$$

以上我们给出了与热力学量相联系的四个临界指数的定义. 表3.10.1将它们一并列出，便于查看.

表 3.10.1　与热力学量相联系的临界指数的定义

临界指数	顺磁-铁磁相变	气-液相变
β	$\mathscr{M} \sim (T_c - T)^\beta (T \to T_c^-, \mathscr{H}=0)$	$(\rho_l \sim \rho_g) \sim (T_c - T)^\beta (T \to T_c^-, p = p_c)$
δ	$\lvert\mathscr{H}\rvert \sim \lvert\mathscr{M}\rvert^\delta (T = T_c, \mathscr{H} \to 0)$	$\lvert p - p_c\rvert \sim \lvert\rho - \rho_c\rvert^\delta (T = T_c, p \to p_c)$
γ	$\chi^0 \sim \lvert T - T_c\rvert^{-\gamma} (T \to T_c, \mathscr{H}=0)$	$\kappa_T \sim \lvert T - T_c\rvert^{-\gamma} (T \to T_c, p = p_c)$
α	$C_{\mathscr{H}}^0 \sim \lvert T - T_c\rvert^{-\alpha} (T \to T_c, \mathscr{H}=0)$	$C_v \sim \lvert T - T_c\rvert^{-\alpha} (T \to T_c, p = p_c)$

应该指出，在临界指数的定义中，对相应的临界指数采用了相同的符号，如用 β 代表序参量随温度变化相应的临界指数. 但不同的系统 β 的具体数值可以不同，通常把具有相同临界指数的那些相变称为是属于同一个**普适类**.

为了使读者对与上述临界指数相联系的热力学量在临界点邻域的行为有定性的了解，图 3.10.2—图 3.10.5 以顺磁-铁磁相变为例用图形示意表出. 图中虚线表示超出临界点的邻域范围幂律行为不再成立.

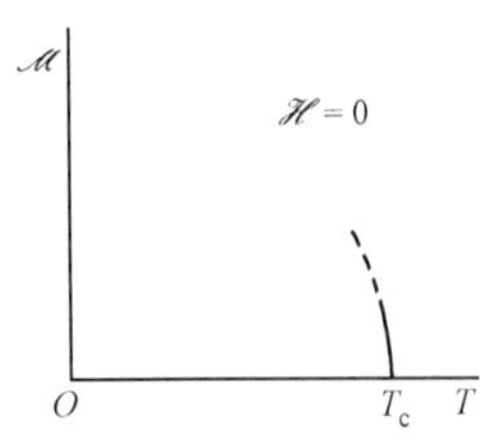

图 3.10.2　β 表征 $T \to T_c^-$ 时序参量的行为

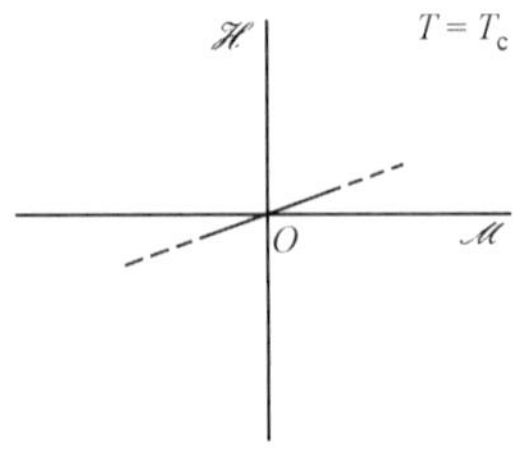

图 3.10.3　δ 表征临界等温线的"平坦"度

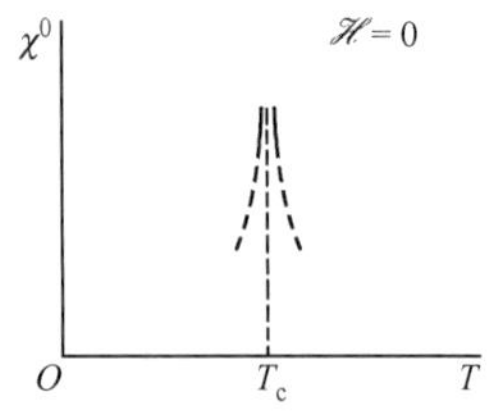

图 3.10.4　γ 表征 $T \to T_c$ 时零场磁化率的行为

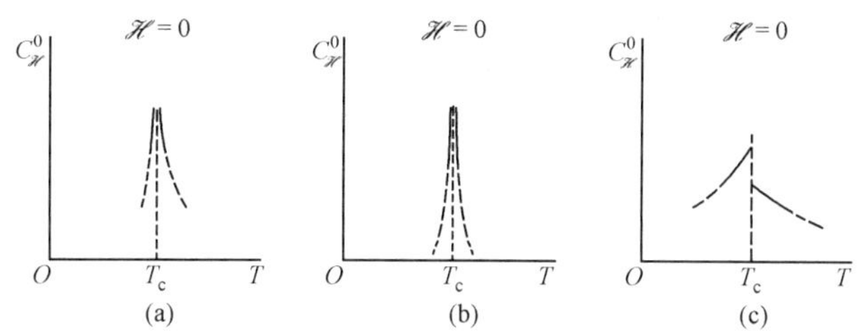

图 3.10.5　α 表征 $T\to T_c$ 时 $C^0_{\mathscr{H}}$ 的行为. 三种典型情况为：
(a) $\alpha>0$，幂律发散；(b) $\alpha=0$，对数发散；(c) $\alpha=0$，不连续(有界)

$\alpha=0$ 可以对应两种不同的情形，一种是比热在 T_c 处具有比幂次函数更弱的发散行为，例如对数发散；另一种是比热在 T_c 处不连续，存在有限大小的跃变. 按定义式(3.10.3)，这两种情形下均有 $\alpha=0$.

3.10.2　朗道理论的临界指数

朗道的连续相变理论可以计算临界指数. 在§3.9中，对顺磁-铁磁相变，求得了四个关系(3.9.12)，(3.9.21)，(3.9.24)和(3.9.32)，它们可以表达成

$$\mathscr{M}\sim(T_c-T)^{\frac{1}{2}}\quad(T\to T_c^-,\mathscr{H}=0),\tag{3.10.9}$$

$$\mathscr{H}\sim\mathscr{M}^3\quad(T=T_c,\mathscr{H}\to 0),\tag{3.10.10}$$

$$\chi^0\sim|T-T_c|^{-1}\quad(T\to T_c,\mathscr{H}=0),\tag{3.10.11}$$

$$C^0_{\mathscr{H}}=\begin{cases}C^0_{\mathscr{M}} & (T\to T_c^+,\mathscr{H}=0),\\ C^0_{\mathscr{M}}+\dfrac{a_{20}^2}{2a_4}T_c & (T\to T_c^-,\mathscr{H}=0).\end{cases}\tag{3.10.12}$$

与定义式(3.10.5a)，(3.10.6a_2)，(3.10.7a)和(3.10.8a)比较，立即得出相应的临界指数为

$$\beta=\frac{1}{2},\quad\delta=3,\quad\gamma=1,\quad\alpha=0.\tag{3.10.13}$$

这里 $\alpha=0$ 表示 $C^0_{\mathscr{H}}$ 在 $T=T_c$ 不连续，有一有限大小的跃变.

应该指出，朗道理论也可以用来计算气-液相变的临界指数，只需要将铁磁相变中的 $\mathscr{M}$ 和 $\mathscr{H}$ 代之以 $(\rho_l-\rho_g)$ 和 $(p-p_c)$，这里不再重复.

习　题

3.1　利用无穷小的变动，导出下列各平衡判据(假设总粒子数不变，且 $S>0$)：

(1) 在 U 及 V 不变的情形下，平衡态的 S 极大；

(2) 在 S 及 V 不变的情形下，平衡态的 U 极小；

(3) 在 S 及 U 不变的情形下，平衡态的 V 极小；

(4) 在 H 及 p 不变的情形下，平衡态的 S 极大；

（5）在 S 及 p 不变的情形下，平衡态的 H 极小；

（6）在 T 及 V 不变的情形下，平衡态的 F 极小；

（7）在 F 及 T 不变的情形下，平衡态的 V 极小；

（8）在 T 及 p 不变的情形下，平衡态的 G 极小.

3.2　用内能判据导出热、力学和相变平衡条件.

3.3　从不等式(3.4.16)出发，选 T 和 p 为独立变量，导出稳定条件（参看主要参考书目[1]，283—284 页，290 页）：

$$c_p > 0,\quad \frac{c_p}{T}\left(\frac{\partial v}{\partial p}\right)_T + \left(\frac{\partial v}{\partial T}\right)_p^2 < 0.$$

3.4　证明：

（1）$\left(\frac{\partial \mu}{\partial T}\right)_{V,N} = -\left(\frac{\partial S}{\partial N}\right)_{T,V}$；

（2）$\left(\frac{\partial \mu}{\partial p}\right)_{T,N} = \left(\frac{\partial V}{\partial N}\right)_{T,p}$；

（3）$\left(\frac{\partial U}{\partial N}\right)_{T,V} - \mu = -T\left(\frac{\partial \mu}{\partial T}\right)_{V,N}$.

3.5　令 c_β^α 为 α 相的**两相平衡比热**，其定义为：在保持 α 相与 β 相两相平衡的情形下，1 mol（或 1 g）α 相物质温度升高 1 K 所吸收的热量.

（1）根据上述定义，证明：

$$c_\beta^\alpha = c_p^\alpha - \frac{\lambda_{\alpha\beta}}{v^\alpha - v^\beta}\left(\frac{\partial v^\alpha}{\partial T}\right)_p,$$

及

$$c_\alpha^\beta = c_p^\beta - \frac{\lambda_{\alpha\beta}}{v^\alpha - v^\beta}\left(\frac{\partial v^\beta}{\partial T}\right)_p.$$

（2）证明：

$$\frac{\mathrm{d}\lambda_{\alpha\beta}}{\mathrm{d}T} = \frac{\lambda_{\alpha\beta}}{T} + c_\beta^\alpha - c_\alpha^\beta.$$

（3）若 α 相是蒸气，并设可近似当作理想气体；β 相是液相. 证明上述 c_β^α 的公式可以简化为

$$c_\beta^\alpha = c_p^\alpha - \frac{\lambda_{\alpha\beta}}{T}.$$

由上式可以说明饱和蒸气的两相平衡比热 c_β^α 在什么条件下是负的.

为此，设 α 相为水蒸气，β 相为水，$T=373.15\ \mathrm{K}$，$p=1\ \mathrm{atm}$. 测量的数据为①

$$v^\alpha = 1\,673\ \mathrm{cm^3/g},\quad \lambda = 539.14\ \mathrm{cal/g},$$
$$c_p^\alpha = 0.4620\ \mathrm{cal/(g\cdot K)},\quad c_p^\beta = 1.0072\ \mathrm{cal/(g\cdot K)},$$

① 1 cal=4.18 J.

$$\left(\frac{\partial v^{\alpha}}{\partial T}\right)_p = 4.813\ \mathrm{cm^3/K},\quad \left(\frac{\partial v^{\beta}}{\partial T}\right)_p = 0.000\,784\ \mathrm{cm^3/K}.$$

利用本题(1)的公式($v^{\beta} \ll v^{\alpha}$,可略)及以上数据计算得

$$c_{\beta}^{\alpha} = (0.4620 - 1.5520)\ \mathrm{cal/(g\cdot K)} = -1.090\ \mathrm{cal/(g\cdot K)},$$

$$c_{\alpha}^{\beta} = (1.0072 - 0.000\,253)\ \mathrm{cal/(g\cdot K)} = 1.0069\ \mathrm{cal/(g\cdot K)}.$$

水的两相平衡比热 c_{α}^{β} 与水的定压比热 c_p^{β} 相差很少,可以认为近似相等;但水蒸气的两相平衡比热 c_{β}^{α} 与它的定压比热 c_p^{α} 相差很大,c_{β}^{α} 变为负的了.这个事实可以用来设计云室.当饱和蒸气作绝热膨胀时,它的温度降低,由于饱和蒸气的两相平衡比热是负的,它在绝热膨胀后变为过饱和状态.在有微尘时水蒸气以微尘为凝结核而成雾.

*3.6　利用下面的可逆循环过程:

(a) 在 T,p 下由 α 相转变为 β 相;

(b) 在保持 β 相与 α 相平衡的情形下,由 T,p 变为 $T+\mathrm{d}T,p+\mathrm{d}p$;

(c) 在 $T+\mathrm{d}T,p+\mathrm{d}p$ 下由 β 相转变为 α 相;

(d) 在保持 α 相与 β 相平衡的情形下,由 $T+\mathrm{d}T,p+\mathrm{d}p$ 回到 T,p 态.

计算每一步内能的改变和熵的改变,使整个循环过程的改变为零,即 $\sum \Delta U = 0$ 和 $\sum \Delta S = 0$,导出 $\mathrm{d}p/\mathrm{d}T$ 及 $\mathrm{d}\lambda/\mathrm{d}T$ 的公式:

$$\frac{\mathrm{d}p}{\mathrm{d}T} = \frac{\lambda_{\alpha\beta}}{T(v^{\alpha} - v^{\beta})},$$

$$\frac{\mathrm{d}\lambda_{\alpha\beta}}{\mathrm{d}T} = \frac{\lambda_{\alpha\beta}}{T} + C_{\beta}^{\alpha} - C_{\alpha}^{\beta}.$$

3.7　两相平衡共存系统的 C_p,α 和 κ_T 都是无穷大,试说明之.

3.8　证明范德瓦耳斯气体在 $T<T_c$ 的 p-V 等温线上的极小点 M 与极大点 N 的轨迹为

$$pv^3 = a(v-2b).$$

第四章　多元系的复相平衡与化学平衡　热力学第三定律

本章介绍多元系的平衡性质，引入描写系统化学成分的化学变量，许多内容是单元均匀系和单元复相系理论的推广与发展，读者学习时应注意哪些是简单的推广，哪些是新的内容.

热力学第三定律放在本章介绍，一方面，第三定律的发现与研究低温下的化学反应密切联系，另一方面作为第三定律的重要应用，确定化学常数需要根据第三定律.

§4.1　多元均匀系的热力学函数与基本微分方程

4.1.1　化学变量

在§3.2中我们讨论过如何描写粒子数可变的单元均匀系的平衡态，那里，状态变量可选(T,p,N)或(T,V,N)等，其中N是系统的摩尔数，它也是独立变量. 多元均匀系是上述情况的简单推广. 设系统包含k种不同的分子，每一种分子在热力学上称为一个组元. 令$N_1,N_2,\cdots,N_k$代表各种组元的摩尔数，称为**化学变量**. 平衡态的状态变量可选$(T,p,N_1,\cdots,N_k)$或$(T,V,N_1,\cdots,N_k)$等. 为了表达简单，我们把这组变量$(N_1,N_2,\cdots,N_k)$简记为$\{N_i\}$.

如果各组元之间没有化学反应，而且每一组元均可独立地与外界交换分子，则$\{N_i\}$都是独立变量. 但是，如果各组元之间存在化学反应，在达到平衡时各组元的摩尔数之间必须满足一定的条件(即**化学平衡条件**，见§4.3)，因而平衡时独立变量的数目将少于组元数. 暂时我们把k个组元都当作是独立的，即$\{N_i\}$都是独立变量. 以后当涉及化学反应时，再以附加条件的方式来表达各N_i之间关系.

均匀系的三个基本热力学函数是物态方程、内能和熵，若选$(T,p,N_1,\cdots,N_k)$为独立状态变量，则可表达为

$$V=V(T,p,N_1,\cdots,N_k),\tag{4.1.1}$$

$$U=U(T,p,N_1,\cdots,N_k),\tag{4.1.2}$$

$$S=S(T,p,N_1,\cdots,N_k).\tag{4.1.3}$$

其中物态方程可以直接由实验确定；内能和熵可以利用物态方程以及多元系热容的实验知识确定，其方法与单元均匀系类似，这里不再讨论.

4.1.2 广延量的数学性质 偏摩尔量

均匀系的热力学量(变量与函数)分为两类:一类是与物质总量成比例的,称为广延量;另一类是代表物质的内在性质,与物质总量无关的,称为强度量. 广延量有摩尔数、体积、内能、熵、热容等;强度量有压强、温度、密度、比热等.

广延量具有下列数学性质(以 U 为例):

$$U(T,p,\lambda N_1,\cdots,\lambda N_k)=\lambda U(T,p,N_1,\cdots,N_k), \tag{4.1.4}$$

上式表示,在强度变量(今为 T 和 p)不变的情况下,每个组元的摩尔数同时增加 λ 倍,则 U 也增加 λ 倍.

如果选$(T,V,N_1,\cdots,N_k)$为独立变量,则(4.1.4)与相应性质应该表达为

$$U(T,\lambda V,\lambda N_1,\cdots,\lambda N_k)=\lambda U(T,V,N_1,\cdots,N_k), \tag{4.1.5}$$

因为 V 也是广延量,所有广延变量同时增加 λ 倍应包括变量 V.

在数学上,m **次齐次函数**的定义为:若一个函数 $f(x_1,\cdots,x_n)$满足下列关系:

$$f(\lambda x_1,\cdots,\lambda x_n)=\lambda^m f(x_1,\cdots,x_n), \tag{4.1.6}$$

则称 f 为$(x_1,\cdots,x_n)$的 m 次齐次函数. 齐次函数有一个重要的性质,即满足**欧拉定理**:

$$\sum_{i=1}^{n} x_i \frac{\partial f}{\partial x_i}=mf. \tag{4.1.7}$$

上式的证明只需将(4.1.6)的两边对 λ 求微商然后令 $\lambda=1$ 即得.

现在来看热力学的广延量,比较(4.1.4)、(4.1.5)和(4.1.6),可以看出,热力学的**广延量是其广延变量的一次齐次函数**. 例如$U(T,p,N_1,\cdots,N_k)$是广延变量 $N_1,\cdots,N_k$ 的一次齐次函数;$U(T,V,N_1,\cdots,N_k)$是 $V,N_1,\cdots,N_k$ 的一次齐次函数. 注意,U 中的强度变量必须作为参数看待,不能与广延变量同等对待. 现在,对 $U(T,p,N_1,\cdots,N_k)$应用欧拉定理,得

$$U(T,p,N_1,\cdots,N_k)=\sum_i N_i\left(\frac{\partial U}{\partial N_i}\right)_{T,p,\{N_{j\neq i}\}}, \tag{4.1.8}$$

其中,符号$\{N_{j\neq i}\}$代表除 N_i 以外的所有其他组元的摩尔数,即

$$\{N_{j\neq i}\}\equiv(N_1,\cdots,N_{i-1},N_{i+1},\cdots,N_k).$$

定义组元 i 的偏摩尔内能为(注意求偏微商时的不变量)

$$u_i\equiv\left(\frac{\partial U}{\partial N_i}\right)_{T,p,\{N_{j\neq i}\}}, \tag{4.1.9}$$

则(4.1.8)可以写成

$$U=\sum_i N_i u_i. \tag{4.1.10}$$

类似地,V 与 S 也可以用相应的偏摩尔量表达如下:

$$V=\sum_i N_i v_i,\quad v_i\equiv\left(\frac{\partial V}{\partial N_i}\right)_{T,p,\{N_{j\neq i}\}}; \tag{4.1.11}$$

$$S=\sum_i N_i s_i,\quad s_i\equiv\left(\frac{\partial S}{\partial N_i}\right)_{T,p,\{N_{j\neq i}\}}. \tag{4.1.12}$$

注意所有的偏摩尔量都是强度量.

特别有用的是吉布斯函数 $G \equiv U - TS + pV$,由于 G 是广延量,$G = G(T, p, N_1, \cdots, N_k)$ 可以表为

$$G = \sum_i N_i \left(\frac{\partial G}{\partial N_i}\right)_{T,p,\{N_{j\neq i}\}} = \sum_i N_i \mu_i, \tag{4.1.13}$$

其中

$$\mu_i \equiv \left(\frac{\partial G}{\partial N_i}\right)_{T,p,\{N_{j\neq i}\}} \tag{4.1.14}$$

是组元 i 的偏摩尔吉布斯函数,称为组元 i 的**化学势**,它是单元均匀系 $G = N\mu$ 公式的推广.

需要小心的是,一般而言,组元的 i 偏摩尔量**不等于**纯 i 组元的摩尔量. 这是由于不同分子之间相互作用的结果. 以后将看到,只有在特殊情况下(如混合理想气体,其分子之间的相互作用可以忽略),偏摩尔量与纯摩尔量才相等.

4.1.3　多元均匀系的热力学基本微分方程

对单元均匀系,当粒子数可变时,其热力学基本微分方程为(见(3.2.1))

$$\mathrm{d}U = T\mathrm{d}S - p\mathrm{d}V + \mu\mathrm{d}N,$$

今对多元系,必须把 $\mu\mathrm{d}N$ 推广为 k 个 $\mu_i\mathrm{d}N_i$ 项之和,即

$$\mathrm{d}U = T\mathrm{d}S - p\mathrm{d}V + \sum_i \mu_i \mathrm{d}N_i. \tag{4.1.15}$$

显然,从上式可以看出,如果所有组元均不变,即 $\mathrm{d}N_i = 0 (i = 1, \cdots, k)$,则(4.1.15)还原为

$$\mathrm{d}U = T\mathrm{d}S - p\mathrm{d}V,$$

也就是说,只要所有组元都不发生变化,(4.1.15)也适用于多元均匀系.

对多元均匀系,焓、自由能和吉布斯函数的定义与单元系相同,即

$$H \equiv U + pV;\quad F \equiv U - TS;\quad G \equiv U - TS + pV. \tag{4.1.16}$$

由热力学基本微分方程(4.1.15)及定义式(4.1.16),立即得到基本微分方程的其他等价形式:

$$\mathrm{d}H = T\mathrm{d}S + V\mathrm{d}p + \sum_i \mu_i \mathrm{d}N_i, \tag{4.1.17}$$

$$\mathrm{d}F = -S\mathrm{d}T - p\mathrm{d}V + \sum_i \mu_i \mathrm{d}N_i, \tag{4.1.18}$$

$$\mathrm{d}G = -S\mathrm{d}T + V\mathrm{d}p + \sum_i \mu_i \mathrm{d}N_i. \tag{4.1.19}$$

(4.1.17)—(4.1.19)也可以从(4.1.15)出发通过勒让德变换得到. 由(4.1.15),(4.1.17)—(4.1.19),可得化学势的几种完全等价的表达式:

$$\begin{aligned}\mu_i &= \left(\frac{\partial U}{\partial N_i}\right)_{S,V,\{N_{j\neq i}\}} = \left(\frac{\partial H}{\partial N_i}\right)_{S,p,\{N_{j\neq i}\}} = \left(\frac{\partial F}{\partial N_i}\right)_{T,V,\{N_{j\neq i}\}} \\ &= \left(\frac{\partial G}{\partial N_i}\right)_{T,p,\{N_{j\neq i}\}}.\end{aligned} \tag{4.1.20}$$

需要小心的是，上面的四种表达式中，求偏微商的函数与不变量是不相同的.

与单元均匀系类似，也可以定义巨势 $\Psi \equiv F - G = F - \sum_i N_i \mu_i$；$\Psi$ 相应的基本微分方程为

$$\mathrm{d}\Psi = - S\mathrm{d}T - p\mathrm{d}V - \sum_i N_i \mathrm{d}\mu_i. \tag{4.1.21}$$

最后再推导一个多元系的重要的关系——**吉布斯-杜安关系**. 由(4.1.13)，$G = \sum_i N_i \mu_i$，即得

$$\mathrm{d}G = \sum_i N_i \mathrm{d}\mu_i + \sum_i \mu_i \mathrm{d}N_i,$$

代入(4.1.19)，消去 $\mathrm{d}G$，得

$$S\mathrm{d}T - V\mathrm{d}p + \sum_i N_i \mathrm{d}\mu_i = 0. \tag{4.1.22}$$

上式称为吉布斯-杜安关系，它表明 $k+2$ 个强度变量 $T, p, \mu_1, \cdots, \mu_k$ 之间存在一个关系. 所以，独立的状态变量如果有 $k+2$ 个的话，独立的强度变量只有 $k+1$ 个.

4.1.4 多元均匀系的特性函数

特性函数的概念在§2.7 中已经介绍过，即在适当选择的独立变量下，只要知道一个函数，就可以确定均匀系的全部平衡性质，这个函数就称为特性函数. 这个概念对多元系也适用. 表 4.1.1 列出常见的几个特性函数，相应的独立变量以及热力学基本微分方程的形式.

表 4.1.1 多元均匀系的特性函数一览

自然变量	特性函数	热力学基本微分方程的形式
$S, V, \{N_i\}$	U	$\mathrm{d}U = T\mathrm{d}S - p\mathrm{d}V + \sum_i \mu_i \mathrm{d}N_i$
$S, p, \{N_i\}$	H	$\mathrm{d}H = T\mathrm{d}S + V\mathrm{d}p + \sum_i \mu_i \mathrm{d}N_i$
$T, V, \{N_i\}$	F	$\mathrm{d}F = - S\mathrm{d}T - p\mathrm{d}V + \sum_i \mu_i \mathrm{d}N_i$
$T, p, \{N_i\}$	G	$\mathrm{d}G = - S\mathrm{d}T + V\mathrm{d}p + \sum_i \mu_i \mathrm{d}N_i$
$T, V, \{\mu_i\}$	Ψ	$\mathrm{d}\Psi = - S\mathrm{d}T - p\mathrm{d}V - \sum_i N_i \mathrm{d}\mu_i$
$U, V, \{N_i\}$	S	$\mathrm{d}S = \frac{1}{T}\mathrm{d}U + \frac{p}{T}\mathrm{d}V - \sum_i \frac{\mu_i}{T}\mathrm{d}N_i$

对这些特性函数这里不一一证明，只以 $G(T, p, N_1, \cdots, N_k)$ 为例，作一证明. 实际上，如果知道了 G 作为$(T, p, N_1, \cdots, N_k)$的函数，则由 G 的基本微分方程，立即可以得出物态方程、熵和内能：

$$\begin{cases} V = \left(\frac{\partial G}{\partial p}\right)_{T, \{N_i\}}, \\ S = -\left(\frac{\partial G}{\partial T}\right)_{p, \{N_i\}}, \\ U = G - T\left(\frac{\partial G}{\partial T}\right)_{p, \{N_i\}} - p\left(\frac{\partial G}{\partial p}\right)_{T, \{N_i\}}. \end{cases} \tag{4.1.23}$$

热力学不能从理论上求出特性函数，而需要根据实验，用物态方程与热容的相关知识来得到. 确定 $G(T,p,N_1,\cdots,N_k)$ 可以用更为方便的办法，即利用化学势 μ_i 的知识，在§4.5中将对混合理想气体，通过 μ_i 来定出特性函数 $G(T,p,N_1,\cdots,N_k)$.

在统计物理学中，可以根据平衡态统计理论从理论上计算特性函数.

§4.2　多元系的复相平衡

如果系统是多元复相系，它的每一相是一个均匀系，上节所有公式均适用. 比如，对它的第 α 相，若以 $(T^\alpha,p^\alpha,N_1^\alpha,\cdots,N_k^\alpha)$ 为独立变量，则 α 相的诸热力学函数均可表为这一组状态变量的函数，也以带角标 α 的量表示它们，例如 $V^\alpha,U^\alpha,S^\alpha,\cdots$ 等，热力学基本微分方程为

$$dU^\alpha = T^\alpha dS^\alpha - p^\alpha dV^\alpha + \sum_i \mu_i^\alpha dN_i^\alpha. \tag{4.2.1}$$

其他以 dH^α，dF^α 表达的基本方程这里不再写了，只写出 dG^α 的形式，即

$$dG^\alpha = - S^\alpha dT^\alpha + V^\alpha dp^\alpha + \sum_i \mu_i^\alpha dN_i^\alpha, \tag{4.2.2}$$

其中

$$\mu_i^\alpha = \left(\frac{\partial G^\alpha}{\partial N_i^\alpha}\right)_{T^\alpha,p^\alpha,\{N_{j\neq i}^\alpha\}} \tag{4.2.3}$$

是第 α 相组元 i 的化学势.

对整个复相系，总体积 V，总内能 U，总熵 S，组元 i 的总摩尔数 N_i 都是各相相应的量之和(可加性)：

$$V = \sum_\alpha V^\alpha;\quad U = \sum_\alpha U^\alpha;\quad S = \sum_\alpha S^\alpha;$$
$$N_i = \sum_\alpha N_i^\alpha \quad (i = 1,2,\cdots,k). \tag{4.2.4}$$

其中 $\sum\limits_{\alpha=1}^{\sigma}$ 是对系统所包含的各相(设总相数为 σ)求和.

应该指出，V,U,S,N_i 诸量的可加性无需条件，但对复相系的总焓 H，总自由能 F，总吉布斯函数 G，其可加性需要一定的条件. 虽然每一相有 $H^\alpha,F^\alpha,G^\alpha$，但总焓 H 只有在各相的压强相同时才可加，即总焓 $H = \sum\limits_\alpha H^\alpha$ 才有意义；类似地，$F = \sum\limits_\alpha F^\alpha$ 需要各相的温度相同；$G = \sum\limits_\alpha G^\alpha$ 需要各相的温度与压强相同(参看第45页注).

现在讨论多元系的复相平衡条件. 为简单，假设不存在化学反应. 设物体系有两个相 α 和 β，可以证明，两相达到平衡的条件为：

$$T^\alpha = T^\beta, \tag{4.2.5}$$

$$p^\alpha = p^\beta, \tag{4.2.6}$$

$$\mu_i^\alpha = \mu_i^\beta \quad (i = 1,2,\cdots,k), \tag{4.2.7}$$

它们分别代表热平衡条件、力学平衡条件和相变平衡条件(注意到相变平衡条件是对每一组

元两相的化学势相等). 下面只证明(4.2.7),条件(4.2.5)与(4.2.6)不再证明. 为简单,假设热平衡条件与力学平衡条件已经满足,应用吉布斯函数判据

$$\begin{cases}\delta G = 0,\\ \delta^2 G > 0,\\ \delta T = 0, \delta p = 0, \delta N_i = 0 \quad (i = 1, \cdots, k).\end{cases} \tag{4.2.8}$$

其中由 $\delta G=0$ 导出平衡条件(平衡的必要条件);由 $\delta^2 G>0$ 导出稳定条件. 约束条件中

$$\delta N_i = \delta N_i^\alpha + \delta N_i^\beta = 0, \quad \Longrightarrow \quad \delta N_i^\alpha = -\delta N_i^\beta. \tag{4.2.9}$$

在满足热平衡条件与力学平衡条件下,由(4.2.2)

$$\delta G^\alpha = \sum_i \mu_i^\alpha \delta N_i^\alpha, \tag{4.2.10}$$

利用(4.2.10)及(4.2.9)

$$\delta G = \delta G^\alpha + \delta G^\beta = \sum_i (\mu_i^\alpha - \mu_i^\beta) \delta N_i^\alpha, \tag{4.2.11}$$

应用吉布斯函数极小的必要条件 $\delta G=0$,即得

$$\mu_i^\alpha = \mu_i^\beta. \tag{4.2.12}$$

这是单元系相变平衡条件的推广.

若相变平衡条件(4.2.12)不满足,在 T, p 不变的条件下,过程应该向着 $\mathrm{d}G<0$ 的方向进行(注意,对真实发生的变化用"d",以别于虚变动"δ"),

$$\mathrm{d}G = \sum_i (\mu_i^\alpha - \mu_i^\beta) \mathrm{d}N_i^\alpha < 0, \tag{4.2.13}$$

因为$\{\mathrm{d}N_i^\alpha\}$独立,故每一项均必须满足

$$(\mu_i^\alpha - \mu_i^\beta) \mathrm{d}N_i^\alpha < 0 \quad (i = 1, 2, \cdots, k), \tag{4.2.14}$$

若 $\mu_i^\alpha > \mu_i^\beta$,则 $\mathrm{d}N_i^\alpha < 0$,表示组元 i 从化学势高的相向化学势低的相转变.

§ 4.3 化学平衡条件

4.3.1 热力学观点下的各种化学反应

在热力学理论中,化学反应涵盖的内容非常广,除了大家熟悉的通常意义下的化学反应,如

$$\mathrm{CO} + \frac{1}{2}\mathrm{O_2} \rightleftharpoons \mathrm{CO_2}$$

之类外,还有许多物理过程都可以看成是化学反应,这里举几个例子.

例 1 原子的逐级电离过程.

在足够高的温度下,原子之间的相互碰撞可以引起原子发生逐级的电离过程,称为**热电离**,它们可以表达成:

$$\mathrm{A} \rightleftharpoons \mathrm{A^+} + \mathrm{e^-},$$

$$A^+ \rightleftharpoons A^{++} + e^-,$$

$$\cdots$$

其中 A 代表中性原子，A^+，A^{++}，…分别代表原子一次电离的离子，二次电离的离子，……，e^- 代表电子. 这类过程在研究大气高层的性质中很重要.

例 2　半导体中施主杂质的电离与复合过程.

半导体有一类杂质称为施主(donor)，它可以发生下列的电离-复合过程：

$$D \rightleftharpoons D^+ + e^-.$$

电离是中性杂质原子 D 变为正离子 D^+，并将电子交给导带；或反过来，D^+ 与 e^- 复合为中性原子 D.

例 3　正负电子对的产生与湮没.

当温度非常高，使 kT(这里 k 为玻尔兹曼常数)与电子的静止质量 mc^2 相应的能量可以比拟时($mc^2 \approx 0.51 \times 10^6$ eV，对应的温度约为 5×10^9 K)，可以发生正负电子对的产生与湮没过程：

$$e^+ + e^- \rightleftharpoons \gamma,$$

其中的 e^+，e^- 分别代表正、负电子，γ 代表一个或几个光子.

例 4　极高密度下的天体.

在极高密度下，天体(如白矮星)中可以发生如下过程：

$$p + e^- \rightleftharpoons n + \nu_e,$$

$$p + \tilde{\nu}_e \rightleftharpoons n + e^+,$$

其中 p 代表质子，n 代表中子，ν_e 与 $\tilde{\nu}_e$ 分别代表正、反电子中微子.

例 5　生物高分子的生长.

有一种线型的生物高分子是由许多完全相同的“单元”构成的. 在这种高分子溶液中，可以发生如下的过程：

$$A_N + A \rightleftharpoons A_{N+1},$$

其中 A 代表一个“单元”，A_N 与 A_N+1 分别代表 N 个单元的结构与 $N+1$ 个单元的结构.

例 6　相变.

可以把第 i 种组元在 α 相与 β 相之间的相变过程看成一种特殊的化学反应，写成：

$$A_i^\alpha \rightleftharpoons A_i^\beta,$$

A_i^α 与 A_i^β 分别代表在 α 相与 β 相的组元 i.

其他例子还可以举出许多，如核聚变反应等等.

4.3.2　化学反应的表达

为了讨论简单，我们将限于通常意义下的化学反应，而且只讨论均匀系(或单相系)的化学反应(不难推广到复相化学反应的情形). 仍以

$$CO+\frac{1}{2}O_2 \rightleftharpoons CO_2 \tag{4.3.1}$$

为例.上面的表达式中,左边代表**反应物**组元(CO 与 O_2);右边代表**生成物**组元(CO_2).一般地说,任何化学反应既沿正方向进行,也沿反方向进行.在达到平衡之前,正方向的反应占优势,净效果是正向进行.当达到平衡时,反应就停止进行(这是在宏观意义上说的,微观上正、反两个方向的反应都有,但正好抵消,是一种动态平衡).在热力学中,通常把表达化学反应的式子写成一个方程的形式,称为**化学反应方程**,如(4.3.1)就写成

$$CO_2-CO-\frac{1}{2}O_2=0, \tag{4.3.2}$$

并约定:方程中系数为正的组元是生成物;系数为负的组元是反应物.

一般的化学反应方程可以写成

$$\sum_{i=1}^{k}\nu_i A_i=0, \tag{4.3.3}$$

其中,k 代表组元总数,A_i 代表组元 i,ν_i 是反应方程中与组元 A_i 相应的系数,表示因化学反应而引起各组元的摩尔数变化的比例关系(但并不代表各组元实际数量的比例).例如,对(4.3.2)的化学反应,$k=3$,

$$A_1=CO_2,\quad A_2=CO,\quad A_3=O_2;$$
$$\nu_1=1,\qquad \nu_2=-1,\qquad \nu_3=-\frac{1}{2}.$$

4.3.3 化学平衡条件

可以证明,一个多元均匀系(亦即多元单相系)达到平衡需要满足的平衡条件包括热平衡条件(系统各部分的温度相等),力学平衡条件(系统各部分的压强相等),以及化学平衡条件.前两个条件是我们熟悉的,下面我们来推导化学平衡条件.为了简单,假定系统的温度与压强保持均匀恒定(即热平衡条件和力学平衡条件已满足).设系统内部有化学反应

$$\sum_i \nu_i A_i=0,$$

但与外界没有物质交换.也就是说,系统内部各组元数量的变化完全是由化学反应引起的.在假定 T,p 不变的情况下,可以用吉布斯函数判据.由(4.1.19),在 $\delta T=0,\delta p=0$ 的条件下,设想化学反应引起组元 i 数量上的虚变化为 δN_i,于是

$$\delta G=\sum_i \mu_i\delta N_i. \tag{4.3.4}$$

今 δN_i 的变化是由假想的内部化学反应引起的,由于每一组元应按反应方程的系数$\{\nu_i\}$的比例变化,则有

$$\delta N_i=\nu_i\varepsilon, \tag{4.3.5}$$

ε 是不等于零的小量,代表小的虚变动.将(4.3.5)代入(4.3.4),得

$$\delta G = \varepsilon\Big(\sum_i \nu_i \mu_i\Big), \tag{4.3.6}$$

应用吉布斯函数极小的必要条件 $\delta G=0$，即得

$$\sum_i \nu_i \mu_i = 0. \tag{4.3.7}$$

上式是对化学反应(4.3.3)的**化学平衡条件**. 当条件满足时，化学反应不再进行，达到了平衡态.

如果化学平衡条件(4.3.7)不满足，则在保持 T, p 不变的条件下，化学反应将向着$\mathrm{d}G<0$ 的方向进行(注意这里用 $\mathrm{d}G$ 代表真实的变化，以别于虚变动 δG). 由(4.3.6)，应有

$$\mathrm{d}G = \varepsilon\Big(\sum_i \nu_i \mu_i\Big) < 0. \tag{4.3.8}$$

由此得出：若 $\sum_i \nu_i \mu_i < 0$，则 $\varepsilon > 0$，故 ν_i 为正的组元有 $\mathrm{d}N_i = \nu_i \varepsilon > 0$，表示生成物组元的数量增加，亦即反应正向进行. 反之，若 $\sum_i \nu_i \mu_i > 0$，则 $\varepsilon < 0$，表示生成物组元的数量减少，亦即反应反向进行.

(4.3.8)的物理意义可以如下理解，仍以(4.3.2)的化学反应为例，当化学平衡条件不满足时，即

$$\mu_1 - \mu_2 - \frac{1}{2}\mu_3 \neq 0,$$

可以把 $\mu_1 - \mu_2 - \frac{1}{2}\mu_3 < 0$ 写成

$$\mu_1 \leftleftarrows\!\!< \mu_2 + \frac{1}{2}\mu_3, \tag{4.3.9a}$$

而把 $\mu_1 - \mu_2 - \frac{1}{2}\mu_3 > 0$ 写成

$$\mu_1 \rightrightarrows\!\!> \mu_2 + \frac{1}{2}\mu_3, \tag{4.3.9b}$$

(4.3.9a)与(4.3.9b)不等式中用箭头表示出反应方向. 大家记得，在相变平衡条件不满足时，物质从高化学势的相转变到低化学势的相. 对化学反应而言，不等式(4.3.9a,b)可以理解成，生成物“阵营”与反应物“阵营”的化学势的“整体”(按系数 ν_i 比例组合)，决定了反应从“高”的阵营向“低”的阵营转化.

§4.4　吉布斯相律

相律是关于多元系复相平衡的一个普遍性的结论，是吉布斯证明的一个定理.

首先说明一下什么是**热力学系统的自由度**. 回忆单元系的情形：单相平衡态，其独立强度变量数目为 2(即 T 与 p)；若两相平衡，其独立强度变量数减为 1(T 或 p)；若三相平衡共存，则 T 和 p 都完全确定，或者说独立强度变量数为零. 可以看出，随着平衡共存相数增加，

独立强度变量的个数将减少,这是由于平衡条件数目增加的结果.

热力学(系统的)**自由度**定义为**系统能独立改变的强度变量的个数**.

相律可以表述为:**一个复相系在平衡时的自由度等于独立组元数加 2 再减去平衡共存相数**,即

$$f = k + 2 - \sigma, \tag{4.4.1}$$

其中 f 代表系统的自由度,k 为独立组元数,σ 为平衡共存相数. 下面来证明.

一个复相系要达到热力学平衡,不仅每一相本身要达到平衡,而且共存相之间也要达到平衡. 显然,多相共存的系统,其自由度应等于

$$f = \sum_{\alpha}(\alpha\text{ 相的自由度}) - \text{复相平衡条件数}. \tag{4.4.2}$$

设系统共有 σ 个共存相,为简单设没有化学反应,并设每一相有相同的独立组元数 k,第 α 相各组元的摩尔数为 $N_1^\alpha, N_2^\alpha, \cdots, N_k^\alpha$. 注意 $\{N_i^\alpha\}$ 是广延变量,表示化学成分的强度变量通常用**摩尔分数** x_i^α 表示,

$$x_i^\alpha \equiv \frac{N_i^\alpha}{\sum_i N_i^\alpha} = \frac{N_i^\alpha}{N^\alpha} \quad \left(N^\alpha = \sum_i N_i^\alpha\right), \tag{4.4.3}$$

k 个 x_i^α 之间应满足一个关系

$$\sum_{i=1}^{k} x_i^\alpha = \frac{\sum_i N_i^\alpha}{N^\alpha} = \frac{N^\alpha}{N^\alpha} = 1. \tag{4.4.4}$$

上式表明,如果每一相有 k 个独立组元,则表示化学成分的独立强度变量 x_i^α 的数目为 $k-1$,再加上 T 和 p,故每一相都有 $k+1$ 个独立的强度变量. 总的复相系有 σ 个共存相,则共有 $(k+1)\sigma$ 个强度变量. 这也就是(4.4.2)右边第一项的值.

现在来数一下复相平衡条件的数目,它们是:

热平衡条件

$$T^{(1)} = T^{(2)} = \cdots = T^{(\sigma)}; \tag{4.4.5}$$

力学平衡条件

$$p^{(1)} = p^{(2)} = \cdots = p^{(\sigma)}; \tag{4.4.6}$$

相变平衡条件

$$\begin{aligned} &\mu_1^{(1)} = \mu_1^{(2)} = \cdots = \mu_1^{(\sigma)}, \\ &\mu_2^{(1)} = \mu_2^{(2)} = \cdots = \mu_2^{(\sigma)}, \\ &\cdots \\ &\mu_k^{(1)} = \mu_k^{(2)} = \cdots = \mu_k^{(\sigma)}. \end{aligned} \tag{4.4.7}$$

由于已假定不存在化学反应,故不再有化学平衡条件,(4.4.5)—(4.4.7)就是全部应满足的平衡条件,它们共有 $(k+2)(\sigma-1)$ 个,这就是公式(4.4.2)右边第二项的值. 于是得

$$f = (k+1)\sigma - (k+2)(\sigma-1) = k + 2 - \sigma.$$

这就证明了相律(4.4.1).

下面再作几点说明.首先,在上面的证明中,我们假定每一相的独立组元数相同,均为k.这个假定只是为了简单,并不是必要的.如果某一相的独立组元数少了一个,那么平衡条件(4.4.7)必定也同时减少一个,结果总的自由度数不变,(4.4.1)仍然成立.不过现在k代表的是复相系的总的独立组元数.其次,公式(4.4.1)中的数字2来源于温度和压强这两个强度变量.因此,公式(4.4.1)只适用于有均匀压强的情形.对固体,最多可能有6个胁强,这时一个压强应换为6个胁强,亦即公式(4.4.1)中的2应改为7.

另外,还存在其他一些复杂情形,如存在化学反应,有电磁场,或有半透膜存在使某种平衡条件不起作用等等,这里不再讨论,有兴趣的读者可以参看 Zemansky 和 Dittman 的书①,该书对相律的应用也有很好介绍.

§4.5 混合理想气体的性质

混合理想气体是包含多种组元的理想气体,是实际混合气体在极低压强时的极限;可以作为在通常温度和压强下实际混合气体的近似.

和任何均匀系一样,要确定混合理想气体的性质,必须知道它的三个基本热力学函数,即物态方程、内能和熵.物态方程由实验确定,内能和熵可以从物态方程和热容的实验知识确定.本节将用另一种方法:先确定混合理想气体的化学势,进而确定特性函数$G(T,p,N_1,\cdots,N_k)$;然后再由该特性函数确定内能和熵.

4.5.1 物态方程

混合理想气体的物态方程为

$$pV=(N_1+N_2+\cdots+N_k)RT,\tag{4.5.1}$$

其中,N_i是组元$i(i=1,2,\cdots,k)$的摩尔数.(4.5.1)从形式上看,与总摩尔数为$N\left(N=\sum_i N_i\right)$的化学纯理想气体一样.

方程(4.5.1)的得出是根据两个实验结果.一个是**道尔顿(Dalton)分压律:混合气体的压强p等于各个组元的分压p_i之和**,即

$$p=\sum_i p_i.\tag{4.5.2}$$

分压p_i的定义是:组元i的气体在以化学纯状态存在,并与混合气体有相同的T,V,N_i时的压强.(4.5.2)在极低压强极限下(亦即混合理想气体)才成立.

所根据的另一个实验结果是化学纯理想气体的物态方程,即

$$p_i=\frac{N_iRT}{V}.\tag{4.5.3}$$

① 参看主要参考书目[12],第16章.

由(4.5.2)与(4.5.3),立即得

$$p = \sum_i p_i = \sum_i \frac{N_i RT}{V} = \left(\sum_i N_i\right)\frac{RT}{V},$$

即得(4.5.1).

对混合理想气体,分压与总压强有如下关系

$$p_i = \frac{N_i RT}{V} = \frac{N_i}{N}\frac{NRT}{V} = \frac{N_i}{N}p = x_i p, \tag{4.5.4}$$

其中 $x_i = N_i/N$ 为组元 i 的摩尔分数. 可见分压是每个组元对总压强的贡献,x_i 给出贡献所占的百分比.

4.5.2 化学势与吉布斯函数

§4.1 中已证明,以 $(T,p,N_1,\cdots,N_k)$ 为独立变量时,$G(T,p,N_1,\cdots,N_k)$ 是特性函数. 由(4.1.13),

$$G(T,p,N_1,\cdots,N_k) = \sum_i N_i \mu_i, \tag{4.5.5}$$

若能确定 μ_i,就确定了 G.

对于混合理想气体,μ_i 的确定利用了以下两条:

第一条是关于半透壁的实验结果. 半透壁的含义是指只允许某一种组元的分子通过,而不让其他组元的分子通过(把它叫做"选择性透过"壁更准确,例如,赤热的钯允许 H_2 气分子通过). 实验结果是:一个能通过半透壁的组元,它在壁的两边的分压在平衡时相等. 图 4.5.1(a)表示由半透壁(允许组元 i 通过)隔开的两边都是混合理想气体,组元 i 在两边的分压为 p_i 与 p_i'. 实验结果为

$$p_i = p_i', \tag{4.5.6}$$

但对两边气体其他组元的分压 p_j 与 p_j' $(j \neq i)$ 以及总压强 p 与 p' 并无限制.

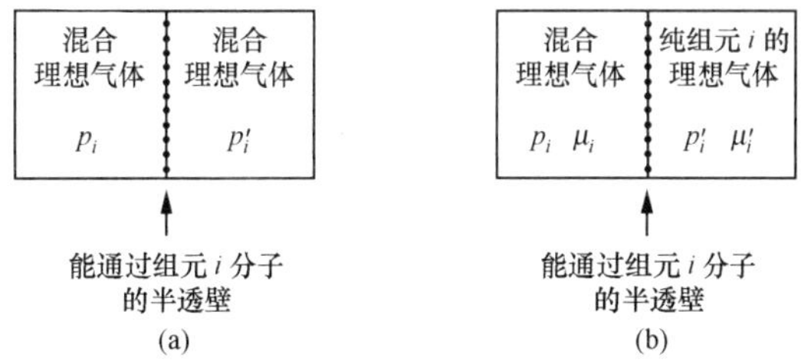

图 4.5.1 (a) 确定混合理想气体分压的半透壁实验,
(b) 确定混合理想气体化学势的假想实验

第二条是利用相变平衡条件,这是理论结果. 由半透壁分开的两部分气体,可以看成两个相,在达到平衡时,有

$$\mu_i = \mu_i'. \tag{4.5.7}$$

现在把上述结果用到图 4.5.1(b)的情形，半透壁分开的两部分中，左边是混合理想气体，右边是纯组元 i 的理想气体，这时(4.5.6)与(4.5.7)左边的 p_i 与 μ_i 是混合理想气体的分压与化学势，而右边的 p_i' 与 μ_i' 是纯组元 i 的理想气体的压强与化学势. μ_i' 已在§2.5 中求出(参看(2.5.18))，即

$$\begin{cases}\mu_i' = RT\{\varphi_i(T) + \ln p_i'\},\\ \varphi_i(T) = \dfrac{h_{i0} - Ts_{i0}}{RT} + \dfrac{1}{RT}\displaystyle\int c_{p_i}\,\mathrm{d}T - \dfrac{1}{R}\displaystyle\int c_{p_i}\,\dfrac{\mathrm{d}T}{T},\end{cases} \tag{4.5.8}$$

代入(4.5.5)，并利用 $p_i' = p_i = x_i p$，这里 p_i 与 p 分别是混合理想气体组元 i 的分压与总压强，于是得

$$G = \sum_i N_i\mu_i = \sum_i N_i\mu_i' = \sum_i N_i RT\{\varphi_i(T) + \ln(x_i p)\}. \tag{4.5.9}$$

上式给出了混合理想气体的 G 作为$(T, p, N_1, \cdots, N_k)$的函数完全确定的表达式. 由于 $G(T, p, N_1, \cdots, N_k)$是特性函数，其他一切热力学函数均可由它确定. 下面求内能与熵.

4.5.3　内能与熵

由(4.1.19)

$$\mathrm{d}G = -S\mathrm{d}T + V\mathrm{d}p + \sum_i \mu_i \mathrm{d}N_i, \tag{4.5.10}$$

利用 G 的表达式(4.5.9)，立即得

$$V = \left(\frac{\partial G}{\partial p}\right)_{T,\{N_i\}} = \sum_i \frac{N_i RT}{p},$$

这就重新得到物态方程(4.5.1)，说明理论没有矛盾.

现在求熵，得

$$S = -\left(\frac{\partial G}{\partial T}\right)_{p,\{N_i\}} = \sum_i N_i\left\{\int c_{p_i}\,\frac{\mathrm{d}T}{T} - R\ln(x_i p) + s_{i0}\right\}. \tag{4.5.11}$$

最后求内能，

$$U = G + TS - pV = G - T\left(\frac{\partial G}{\partial T}\right)_{p,\{N_i\}} - p\left(\frac{\partial G}{\partial p}\right)_{T,\{N_i\}},$$

经过简单的运算，并利用理想气体公式 $c_{p_i} - c_{v_i} = R$，得

$$U = \sum_i N_i\left\{\int c_{v_i}\,\mathrm{d}T + u_{i0}\right\}, \tag{4.5.12}$$

其中 $u_{i0} = h_{i0}$ 是积分常数. (4.5.12)表明混合理想气体的内能只是温度的函数，这是预料之中的结果.

4.5.4　吉布斯佯谬

混合理想气体熵的公式(4.5.11)可以改写为

$$S = \sum_i N_i \left\{ \int c_{p_i} \frac{\mathrm{d}T}{T} - R\ln p + s_{i0} \right\} + C, \tag{4.5.13}$$

其中

$$C = -R\sum_i N_i \ln x_i > 0. \tag{4.5.14}$$

因为 $x_i<1$，$\ln x_i<0$. 熵的公式(4.5.13)右边第一项可以解释为各种纯理想气体未混合前在相同的 T 和 p 下的熵之和(参看公式(2.5.16))；而第二项 C 就代表混合后由于不可逆扩散过程引起的熵的增加. 为简单，考虑两种气体混合过程. 设初态(A)为两种纯理想气体，它们有相同的 T 和 p，总熵 S_A 为两部分之和，即

$$S_A = \sum_{i=1,2} N_i \left\{ \int c_{p_i} \frac{\mathrm{d}T}{T} - R\ln p + s_{i0} \right\}. \tag{4.5.15}$$

末态(B)是混合以后，应该用理想气体的公式(4.5.13)，即

$$S_B = \sum_{i=1,2} N_i \left\{ \int c_{p_i} \frac{\mathrm{d}T}{T} - R\ln p + s_{i0} \right\} + C. \tag{4.5.16}$$

熵的改变为

$$\Delta S = S_B - S_A = C = -R\sum_i N_i \ln x_i. \tag{4.5.17}$$

若令

$$N_1 = N_2 = \frac{N}{2},$$

则

$$x_1 = x_2 = \frac{1}{2},$$

于是有

$$\Delta S = C = NR\ln 2 > 0. \tag{4.5.18}$$

系统与外界隔绝，是孤立系；其内部发生了两种气体的扩散，这是一个不可逆过程，计算得到的熵增加了，符合热力学第二定律. 不论这两种气体的性质如何，只要它们有所不同，上述结果都是正确的.

现在来说**吉布斯佯谬**. 如果两种气体根本就是一种气体，丝毫没有分别，那么根据熵是广延量的性质，混合后的熵应该是未混合前的两部分气体的熵之和，因而 $\Delta S=0$. 这就与(4.5.18)矛盾，这就是吉布斯佯谬.

在热力学范围内，对吉布斯佯谬的回答只能说混合理想气体的熵的公式(4.5.13)不能用到完全相同分子的情形，很难再作更深入的解释. 只有根据量子统计理论，基于全同粒子的不可分辨性，才能作出完满的解释(参看§7.14).

§4.6　理想气体的化学平衡

对化学反应，需要解决的基本问题有：

（1）化学反应释放的能量？（热化学的内容）

（2）化学反应在什么条件下达到平衡？（化学平衡条件，前已导出）

（3）化学反应达到平衡时各组元的数量关系？

（4）若反应未达到平衡，反应进行的方向？

（5）化学反应的速率？（化学动力学的内容）

……

本节只对理想气体化学反应的(3)、(4)两个问题作一简略介绍. 理想气体的化学反应可以作为实际气体化学反应的近似.

4.6.1　质量作用定律

设混合理想气体有一化学反应，由下列方程表示：

$$\sum_i \nu_i \mathrm{A}_i = 0. \tag{4.6.1}$$

当反应达到平衡时，必须满足如下的化学平衡条件(见(4.3.7))：

$$\sum_i \nu_i \mu_i = 0. \tag{4.6.2}$$

利用上节导出的理想气体化学势的公式(4.5.8)

$$\mu_i = RT\{\varphi_i(T) + \ln p_i\}, \tag{4.6.3}$$

代入(4.6.2)，得

$$RT\sum_i \nu_i\{\varphi_i(T) + \ln p_i\} = 0,$$

或

$$\sum_i \nu_i \ln p_i = -\sum_i \nu_i \varphi_i(T). \tag{4.6.4}$$

引入 $K_p(T)$，其定义为

$$\ln K_p(T) \equiv -\sum_i \nu_i \varphi_i(T), \tag{4.6.5}$$

则(4.6.4)可以写成

$$\ln \prod_i p_i^{\nu_i} = \ln K_p(T),$$

或

$$\prod_i p_i^{\nu_i} = K_p(T). \tag{4.6.6}$$

公式(4.6.6)是**质量作用定律**的一种表达形式，即用各组元的分压和 $K_p(T)$ 来表达的形式. 质量作用定律还有用组元浓度或摩尔分数表达的其他形式，这里不一一列出(见习题 4.6). 公式(4.6.6)中的 $K_p(T)$ 称为**定压平衡恒量**，从它的定义式(4.6.5)可以看出，$K_p(T)$ 只是温度的函数，与压强无关. 注意，$K_p(T)$ 是针对一定的化学反应 $\sum_i \nu_i A_i = 0$ 而言的，不同的反应 K_p 有不同的值，$K_p(T)$ 在不同温度下的值可以从化学手册中查到. 根据质量作用定律

(4.6.6),可以求出化学反应达到平衡时各组元的数量关系.

4.6.2 质量作用定律应用例子

例 1 水煤气反应.

反应方程为

$$CO_2 + H_2 - CO - H_2O = 0, \tag{4.6.7}$$

$\{A_i\}$与$\{\nu_i\}$为

$$A_1 = CO_2,\quad A_2 = H_2,\quad A_3 = CO,\quad A_4 = H_2O,$$
$$\nu_1 = 1\quad \nu_2 = 1,\quad \nu_3 = -1,\quad \nu_4 = -1.$$

今质量作用定律(4.6.6)为

$$\frac{p_1 p_2}{p_3 p_4} = K_p(T), \tag{4.6.8}$$

上式左边分子代表生成物组元,分母代表反应物组元.如果改用摩尔分数 $x_i = N_i/N\left(N = \sum_i N_i\right)$ 代替分压 p_i 来表达,由 $p_i = x_i p$,则(4.6.8)化为

$$\frac{(x_1 p)(x_2 p)}{(x_3 p)(x_4 p)} = K_p(T),$$

分子分母中的 p 正好消去,得

$$\frac{x_1 x_2}{x_3 x_4} = K_p(T). \tag{4.6.9}$$

这个例子代表的是总摩尔数不变的化学反应,其特点是平衡时组元的数量只依赖于温度,与压强无关.

例 2 N_2O_4 的分解反应.

反应方程为

$$2NO_2 - N_2O_4 = 0, \tag{4.6.10}$$

$\{A_i\}$与$\{\nu_i\}$为

$$A_1 = NO_2,\quad A_2 = N_2O_4,$$
$$\nu_1 = 2,\quad \nu_2 = -1.$$

注意,与例 1 不同,这个例子是总摩尔数变化的反应.容易看出,凡是 $\sum_i \nu_i = 0$ 的反应是总摩尔数(或总分子数)不变的;而$\sum_i \nu_i \neq 0$的反应是总摩尔数(或总分子数)变化的.现在,质量作用定律(4.6.6)为

$$\frac{p_1^2}{p_2} = K_p(T), \tag{4.6.11}$$

改用 x_i 代替 p_i,由 $p_i = x_i p$,得

$$\frac{(x_1 p)^2}{x_2 p} = K_p(T),$$

亦即

$$\frac{x_1^2}{x_2} = p^{-1}K_p(T). \tag{4.6.12}$$

上式表明,凡是总摩尔数发生变化的反应,平衡时各组元数量不仅依赖于温度,而且与压强有关.这是与例1不同之处.

引入**分解度** ξ,其定义为

$$\xi \equiv \frac{\text{反应达到平衡时已分解的 } N_2O_4 \text{ 摩尔数}}{\text{初始时 } N_2O_4 \text{ 的摩尔数}}. \tag{4.6.13}$$

令 N_0 为初始时(即没有发生分解时)N_2O_4 的摩尔数,则平衡时:

已分解的 N_2O_4 的摩尔数 $= \xi N_0$;

生成物 N_2O_4 的摩尔数 $= N_1 = 2\xi N_0$;

反应物 N_2O_4 的摩尔数 $= N_2 = N_0 - \xi N_0 = N_0(1-\xi)$.

平衡时的总摩尔数为

$$N = N_1 + N_2 = N_0(1+\xi),$$

平衡时各组元相应的摩尔分数为

$$x_1 = \frac{N_1}{N} = \frac{2\xi}{1+\xi}, \quad x_2 = \frac{N_2}{N} = \frac{1-\xi}{1+\xi}, \tag{4.6.14}$$

代入(4.6.12),得

$$\frac{4\xi^2}{1-\xi^2} = p^{-1}K_p(T). \tag{4.6.15}$$

可以看出,在保持 T 不变的条件下,减低压强,则反应度 ξ 将增加.当 $T=273.2\,\text{K}$(即 0℃),查表知 $K_p=0.01803$,设 $p=1\,\text{atm}$(注意,在这类公式中习惯上规定压强的单位为大气压),由(4.6.15)解得 $\xi=0.067$,再由(4.6.14)得

$$x_1 = 0.126, \quad x_2 = 0.874.$$

当 $T=373.2\,\text{K}$(即 100℃),查表知 $K_p=14.29$,若仍有 $p=1\,\text{atm}$,得 $\xi=0.884$,以及

$$x_1 = 0.938, \quad x_2 = 0.062.$$

注意,由于 $K_p(T)$ 的值总是有限的,故 ξ 不可能等于1,这表明反应达到平衡时总会有一定量的反应物仍然存在.

4.6.3 判断反应进行的方向

考虑化学反应 $\sum \nu_i A_i = 0$,根据 §4.3,

$$\begin{cases} \text{当} \sum_i \nu_i \mu_i = 0 \text{ 时,反应达到平衡;} \\ \text{当} \sum_i \nu_i \mu_i < 0 \text{ 时,反应正向进行;} \\ \text{当} \sum_i \nu_i \mu_i > 0 \text{ 时,反应反向进行.} \end{cases} \tag{4.6.16}$$

利用(4.6.3),(4.6.16)化为

$$\begin{cases}\text{当}\prod_i p_i^{\nu_i} = K_p(T)\text{ 时,反应达到平衡;}\\ \text{当}\prod_i p_i^{\nu_i} < K_p(T)\text{ 时,反应正向进行;}\\ \text{当}\prod_i p_i^{\nu_i} > K_p(T)\text{ 时,反应反向进行.}\end{cases} \tag{4.6.17}$$

为了使读者有一点具体认识,以高炉中的下列反应为例,

$$2CO_2 - 2CO - O_2 = 0, \tag{4.6.18}$$

在 $T=1600\ \text{K}$ 下,测得分压为(以 atm 为单位)

$$p_{CO_2} = 1,\quad p_{CO} = 1,\quad p_{O_2} = 2,$$

已知在该温度下,$K_p(T)=0.666$,则得

$$\frac{p_{CO_2}^2}{p_{CO}^2 p_{O_2}} = \frac{1^2}{1^2\cdot 2} = 0.5 < K_p(T),$$

由此可知,反应正向进行.

若在相同温度下,测得各分压为

$$p_{CO_2} = 1,\quad p_{CO} = 1,\quad p_{O_2} = 1,$$

则有

$$\frac{p_{CO_2}^2}{p_{CO}^2 p_{O_2}} = \frac{1^2}{1^2\cdot 1} = 1 > K_p(T),$$

可知反应反向进行.如果想使反应正向进行,一种办法是增加 O_2 的分压,鼓风即可.

§4.7 热力学第三定律

热力学第三定律是独立于热力学第一定律和第二定律的另一基本规律,它是从低温现象的研究中得到的.由于实验需要低温条件,所以第三定律的建立要比第一定律和第二定律晚得多.

热力学第三定律的建立不影响以第一、第二定律为核心的热力学的理论体系.

热力学第三定律有三种不同的表述形式,它们彼此是等价的.本书采用能斯特(Nernst)定理作为第三定律的基本形式,主要是便于应用.

热力学第三定律是量子效应的宏观表现,必须用量子统计理论才能解释.

4.7.1 能斯特定理

1906 年能斯特从研究低温下的各种化学反应中得到一个重要的结果,他本人称之为"热定理",以后被称为**能斯特定理**,它可以表述为:

系统的熵在等温过程中的改变随绝对温度趋于零，即

$$\lim_{T\to 0}(\Delta S)_T = 0. \tag{4.7.1}$$

其中$(\Delta S)_T$代表系统在等温过程熵的改变，这个等温过程可以是某个参数（比如体积、压强、磁场等）改变引起的，也可以是相变或化学反应引起的.

下面我们先说明一下能斯特是如何得到这个结论的.

在能斯特之前，化学家在研究低温化学反应中，总结出一条经验规则（不能叫规律），称为汤姆生-伯特洛规则（Thomsen-Berthelot rule），其内容是：在等温等压条件下，低温化学反应向着放热的方向进行.

乍一个看这个规则与热力学理论不符.因为根据热力学第二定律关于判断过程方向的普遍准则，在等温等压条件下，过程应该向着吉布斯函数减少的方向进行（见(1.13.18)），但是汤姆生-伯特洛规则在许多情况下是对的，这又该如何理解呢？显然，需要用热力学理论来回答.

令ΔG代表等温等压下化学反应过程中吉布斯函数的改变，定义**化学亲和势**A，

$$A \equiv -\Delta G. \tag{4.7.2}$$

根据热力学公式（见(2.7.15)），

$$H = G - T\frac{\partial G}{\partial T}, \tag{4.7.3}$$

用符号“Δ”代表等温等压下化学反应过程中热力学函数的改变，由上式得

$$\Delta H = \Delta G - T\frac{\partial}{\partial T}\Delta G. \tag{4.7.4}$$

又令

$$Q \equiv -\Delta H, \tag{4.7.5}$$

Q代表等温等压过程所放出的热量，称为**反应热**（大部分化学反应$Q>0$）.于是(4.7.4)可改写为

$$Q = A - T\frac{\partial A}{\partial T}. \tag{4.7.6}$$

令Q_0与A_0代表Q与A在$T\to 0$时的极限值，即

$$Q_0 = \lim_{T\to 0}Q,\quad A_0 = \lim_{T\to 0}A, \tag{4.7.7}$$

由(4.7.6)可以看出，由于当$T\to 0$时，$\frac{\partial A}{\partial T}$是有界的，故有

$$Q_0 = A_0, \tag{4.7.8}$$

说明在$T\to 0$时反应热与化学亲和势相等.换句话说，在$T\to 0$时，用$A>0$（即$\Delta G<0$）还是用$Q>0$来判断等温等压过程的方向应该是一致的.但是，汤姆生-伯特洛规则通常在绝对温度零度以上（并不非常小的）一段温度范围内仍然适用，这如何解释？

把(4.7.6)用T除，得

$$\frac{\partial A}{\partial T}=\frac{A-Q}{T}. \tag{4.7.9}$$

当 $T\to 0$ 时，上式右方分子分母都趋于零，是 $\frac{0}{0}$ 不定式. 应用微分学求不定式的公式，得

$$\begin{aligned}\left(\frac{\partial A}{\partial T}\right)_0 &\equiv \lim_{T\to 0}\frac{\partial A}{\partial T}=\lim_{T\to 0}\frac{A-Q}{T}=\lim_{T\to 0}\left(\frac{\partial A}{\partial T}-\frac{\partial Q}{\partial T}\right)\\ &=\left(\frac{\partial A}{\partial T}\right)_0-\left(\frac{\partial Q}{\partial T}\right)_0.\end{aligned} \tag{4.7.10}$$

在这里，能斯特引入了一个假设：

$$\left(\frac{\partial A}{\partial T}\right)_0=\left(\frac{\partial Q}{\partial T}\right)_0, \tag{4.7.11}$$

上述假设称为**相切假设**. 以 T 为横坐标，以 A 及 Q 为纵坐标作图，见图 4.7.1，图中 Q 曲线与 A 曲线在 $T=0$ 处相交而且相切：相交的条件是(4.7.8)，它是热力学理论的结果；相切的条件是(4.7.11)，这是能斯特的假设，他猜想相切可以使在零温以上一段温度范围内 Q 与 A 相近.

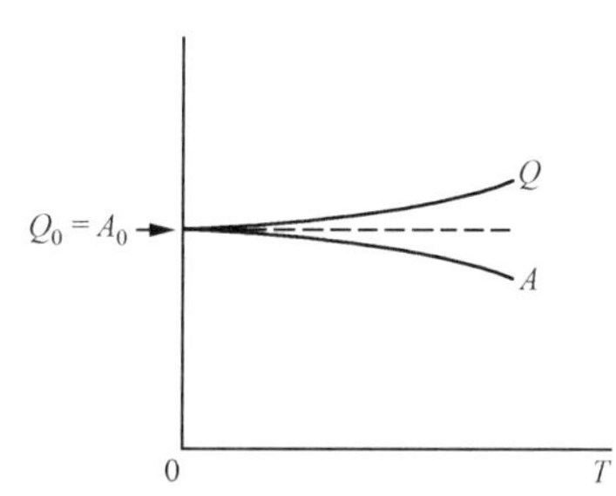

图 4.7.1　$T\to 0$ 时化学亲和势与反应热相切

根据相切假设，由(4.7.10)立即得

$$\left(\frac{\partial A}{\partial T}\right)_0=0, \tag{4.7.12}$$

表明在相切点的切线是与 T 轴平行的. 由于 A 曲线与 Q 曲线相切，使得在零度以上不太小的一段温度范围内，Q 的数值与 A 的数值相差不大.

由公式

$$S=-\frac{\partial G}{\partial T}, \tag{4.7.13}$$

故

$$\Delta S=-\frac{\partial}{\partial T}\Delta G=\frac{\partial A}{\partial T}. \tag{4.7.14}$$

由(4.7.12)，得

$$\lim_{T\to 0}(\Delta S)_T=0.$$

这就证明了能斯特定理(4.7.1)，证明的关键是用到了相切假设(4.7.11).

后来，人们直接将能斯特定理当作经验总结的规律，并作为热力学第三定律的表述形式之一.

下面对能斯特定理作两点说明.

(1) **定理不能用于涉及冻结的非平衡态的等温过程**

能斯特定理自 1906 年提出后，很长一段时间都有争议，原因是常有实验不符. 前后经历了三十年时间，经过许多人的工作，特别是西蒙(F. Simon)的系统研究，才得以搞清楚，使得

能斯特定理得到公认.原因在于,在很低的温度下,系统有可能处于冻结的非平衡态,这时(4.7.1)就不成立.因此,定理中所说的等温过程,必须排除"冻结的非平衡态"的情况,为此,有的书上在定理表述中采用"可逆等温过程".应该指出,能斯特定理不仅适用于稳定平衡态的等温过程,而且适用于亚稳平衡态的等温过程,只要在此过程中不破坏这个冻结的亚稳平衡态即可.

(2)**"系统"无需限制在"凝聚系"**

在最初的表述中,能斯特将"系统"限制在凝聚系,即指固体和液体(迄今所知的只有液^{4}He与液^{3}He能以液态存在直到$T\approx 0$ K),不包括气体.因为普通的气体早在温度远未达到0 K时已变成固态了.但是,20世纪20年代正是玻色-爱因斯坦统计与费米-狄拉克统计创建时期,能斯特也注意到简并气体的情形.根据量子统计理论,可以证明玻色气体和费米气体都遵从能斯特定理.因此,这里在对定理的表述中,我们已经把"凝聚系的熵……"改成"系统的熵……",亦即不限于凝聚系,而是普遍的.

4.7.2 能斯特定理的推论

我们把能斯特定理作为热力学第三定律的基本表述形式,主要是便于应用.根据它可以推出物质在$T\to 0$时的许多独特性质.这些推论也是检验热力学第三定律正确性的重要依据.下面举几个例子.

(1) p-V-T 系统

由麦克斯韦关系

$$\left(\frac{\partial S}{\partial V}\right)_T=\left(\frac{\partial p}{\partial T}\right)_V,$$

对于体积发生微小改变的等温过程,其熵的改变为

$$(\Delta S)_T\approx\left(\frac{\partial S}{\partial V}\right)_T\Delta V=\left(\frac{\partial p}{\partial T}\right)_V\Delta V. \tag{4.7.15}$$

由能斯特定理得

$$\left(\frac{\partial p}{\partial T}\right)_V\xrightarrow{T\to 0}0, \tag{4.7.16a}$$

或

$$\beta\xrightarrow{T\to 0}0, \tag{4.7.16b}$$

其中$\beta\equiv\frac{1}{p}\left(\frac{\partial p}{\partial T}\right)_V$为压强系数.

类似地,由麦克斯韦关系

$$\left(\frac{\partial S}{\partial p}\right)_T=-\left(\frac{\partial V}{\partial T}\right)_p,$$

应用能斯特定理,得

$$\left(\frac{\partial V}{\partial T}\right)_p \xrightarrow{T\to 0} 0, \tag{4.7.17a}$$

或

$$\alpha \xrightarrow{T\to 0} 0, \tag{4.7.17b}$$

其中 $\alpha\equiv\frac{1}{V}\left(\frac{\partial V}{\partial T}\right)_p$ 为膨胀系数.

又由 C_p 与 C_V 之差的公式

$$C_p - C_V = T\left(\frac{\partial p}{\partial T}\right)_V\left(\frac{\partial V}{\partial T}\right)_p,$$

及(4.7.16a),(4.7.17a),即得

$$\lim_{T\to 0} C_p = \lim_{T\to 0} C_V. \tag{4.7.18}$$

(2) **顺磁物质**

考虑均匀、各向同性的顺磁物质,忽略体积的变化并考虑单位体积,于是热力学基本微分方程为(见§2.3)

$$\mathrm{d}U = T\mathrm{d}S + \mu_0\mathscr{H}\mathrm{d}\mathscr{M},$$

用勒让德变换将独立变量从$(S,\mathscr{M})$变换到$(T,\mathscr{H})$,得

$$\mathrm{d}(U - TS - \mu_0\mathscr{H}\mathscr{M}) = -S\mathrm{d}T - \mu_0\mathscr{M}\mathrm{d}\mathscr{H}.$$

由麦克斯韦关系,

$$\left(\frac{\partial S}{\partial \mathscr{H}}\right)_T = \mu_0\left(\frac{\partial \mathscr{M}}{\partial T}\right)_{\mathscr{H}} = \mu_0\mathscr{H}\left(\frac{\partial \chi}{\partial T}\right)_{\mathscr{H}}, \tag{4.7.19}$$

最后一步已用到 $\mathscr{M}=\chi\mathscr{H}$,其中 χ 为磁化率.

在等温条件下由磁场微小变化 $\Delta\mathscr{H}$ 引起系统熵的改变为

$$(\Delta S)_T \approx \left(\frac{\partial S}{\partial \mathscr{H}}\right)_T\Delta\mathscr{H} = \mu_0\mathscr{H}\left(\frac{\partial \chi}{\partial T}\right)_{\mathscr{H}}\Delta\mathscr{H}, \tag{4.7.20}$$

应用能斯特定理,得

$$\left(\frac{\partial \chi}{\partial T}\right)_{\mathscr{H}} \xrightarrow{T\to 0} 0. \tag{4.7.21}$$

若按居里定律,$\chi=\frac{C}{T}$,则$\left(\frac{\partial \chi}{\partial T}\right)_{\mathscr{H}}=-\frac{C}{T^2}\xrightarrow{T\to 0}-\infty$,与(4.7.21)矛盾,表明在 $T\to 0$ 时,居里定律不再成立.实际上,量子统计理论可以证明居里定律在高温弱场条件下才成立;当 $T\to 0$ 时,由于能量量子化,磁化率最终将变得与温度无关,从而$\left(\frac{\partial \chi}{\partial T}\right)_{\mathscr{H}}\longrightarrow 0$.

(3) **氦(^{4}He)的超流相与固相之间的相变**

氦的相图已示于图 3.5.2,现在让我们注意看其中超流液相与固相之间的两相平衡曲线,由于这两个相之间的转变是一级相变,遵从克拉珀龙方程,有

$$\frac{\mathrm{d}p}{\mathrm{d}T}=\frac{\Delta s}{\Delta v},\tag{4.7.22}$$

这里符号“Δ”代表 T,p 不变下，从一相转变到另一相热力学量的改变，根据能斯特定理，立即得

$$\frac{\mathrm{d}p}{\mathrm{d}T}\xrightarrow{T\to 0}0.\tag{4.7.23}$$

实验肯定了这一推论.从相图中这一段的平衡曲线可以看出，在温度接近零时曲线接近水平线.实验发现，在低温下，

$$\frac{\mathrm{d}p}{\mathrm{d}T}\sim 0.425T^{7},\tag{4.7.24}$$

当 $T\approx 0.5\ \mathrm{K}$ 时，已明显有 $\frac{\mathrm{d}p}{\mathrm{d}T}\approx 0$.

（4）**超导体的临界磁场**

在§3.7曾讨论过超导相与正常相的两相平衡曲线，即临界磁场随温度的变化 $\mathscr{H}_c(T)$，并导出

$$s_{\mathrm{S}}(T,\mathscr{H}_c)-s_{\mathrm{N}}(T,\mathscr{H}_c)=\mu_0\mathscr{H}_0(T)\frac{\mathrm{d}\mathscr{H}_c(T)}{\mathrm{d}T}.$$

上式左边就是在保持温度不变条件下从正常相转变到超导相熵的改变.根据能斯特定理，注意到 $\mathscr{H}_c(0)\neq 0$，即得

$$\frac{\mathrm{d}\mathscr{H}_c(T)}{\mathrm{d}T}\xrightarrow{T\to 0}0.\tag{4.7.25}$$

从图3.7.1可以看出，曲线 $\mathscr{H}_c(T)$ 在 $T\to 0$ 时有水平切线.

以上这些推论都被实验证实，这也间接地肯定了热力学第三定律.

4.7.3　绝对熵

由热力学公式

$$C_y=T\left(\frac{\partial S}{\partial T}\right)_y,\tag{4.7.26}$$

其中 y 可以代表体积 V，或磁场 $\mathscr{H}$ 等，也可以代表几个参量.将上式求积分，得

$$S(T,y)=S_0+\int_{T_0}^{T}C_y\frac{\mathrm{d}T}{T},\tag{4.7.27}$$

其中 $S_0\equiv S(T_0,y)$ 是 S 在某一参考温度 T_0 时的值，注意 S_0 是 y 的函数.(4.7.27)中的积分是在保持 y 不变下计算的.

实验发现，各种物质的 C_y 随绝对温度趋于零，即

$$C_y\xrightarrow{T\to 0}0.\tag{4.7.28}$$

例如，在足够低的温度下，有

常规非金属固体 $C_V \sim T^3$

常规金属 $C_V \sim T$

超导体 $C_V \sim \mathrm{e}^{-\Delta/T}$

超流^{4}He $C_V \sim T^3$

超流^{3}He $C_V \sim T^3 \ln T$

……

此外,量子统计理论也可以得到上述结果,与实验测得的完全符合.量子统计理论证明,一切物质,包括气体和液体(在 $T \to 0$ 仍能以气态和液态存在的称为量子流体),当温度趋于绝对零度时,它的比热一定趋于零.C_y 随 T 趋于零,是量子统计理论的结果,经典统计理论是不能解释的.

根据 C_y 的这一性质,可以把(4.7.27)式中积分下限选为零,即

$$S(T, y) = S_0 + \int_0^T C_y \frac{\mathrm{d}T}{T}, \tag{4.7.29}$$

其中 $S_0 \equiv S(0, y)$,注意积分是在保持 y 不变下计算的.

现在考虑一等温过程从初态(T, y')到终态(T, y''),则由(4.7.29),得

$$(\Delta S)_T = S_0'' - S_0' + \int_0^T (C_{y'} - C_{y''}) \frac{\mathrm{d}T}{T}. \tag{4.7.30}$$

令 $T \to 0$,则上式右边积分趋于零,根据能斯特定理,得

$$\lim_{T \to 0} (\Delta S)_T = S_0'' - S_0' = 0,$$

亦即

$$S_0'' = S_0', \tag{4.7.31}$$

其中 S_0'' 与 S_0' 代表在 y''与 y'这两个 y 值时的数值.由于能斯特定理对任何等温过程都成立,故对 y''与 y'没有任何限制,因此由(4.7.31)可以得出结论:熵常数 $S_0 \equiv S(0, y)$是一个与状态变数 y 无关的**绝对常数**.

另一方面,根据热力学第二定律,熵常数是可以任意选择的(不过按第二定律,不同参考态的熵没有理由相同).现在根据热力学第三定律,S_0 既然是一个绝对常数,当我们选定数值以后,它的数值将维持不变.普朗克进一步选 $S_0 = 0$.在这种选择后,公式(4.7.29)化为

$$S(T, y) = \int_0^T C_y \frac{\mathrm{d}T}{T}, \tag{4.7.32}$$

上式把熵的数值完全确定了,它不含有任意可加常数,因此称为**绝对熵**.按(4.7.32),显然有

$$\lim_{T \to 0} S = 0, \tag{4.7.33}$$

亦即**系统的熵随绝对温度趋于零**,这是热力学第三定律的另一种表述形式,我们是由能斯特定理证明了 S_0 是绝对常数并选 $S_0 = 0$ 而得到(4.7.33)的.其中关键的是用到 C_y 随 T 趋于零,这是实验总结得到的结果,也得到量子统计理论的证明(关于绝对熵的进一步讨论见§8.4).

反过来,由绝对熵的表达式(4.7.32)出发立即可得能斯特定理.当然也可由(4.7.33)直

接得到能斯特定理.

绝对熵解决了熵的可加常数的不确定性.虽然在许多问题中,只涉及熵差,熵的相加常数不确定并不影响计算和测量的性质.但是,化学反应的定压平衡恒量中就包含熵常数,根据绝对熵的公式可以完全解决这个问题.化学手册中熵、自由能、吉布斯函数数值的确定也要以绝对熵为依据①.本书 8.4.3 小节还会再谈到绝对熵的问题.

4.7.4　热力学第三定律的三种表述

热力学第三定律有三种不同的表述形式,它们是:

(1) 能斯特定理;

(2) 系统的熵随绝对温度趋于零,即 $\lim_{T\to 0} S=0$;

(3) 不可能通过有限步骤使物体冷到绝对零度(简称**绝对零度不能达到原理**,或**不可达原理**).

前两种表述之间的关系在 4.7.3 小节中已讨论过,本书以能斯特定理作为第三定律的基本表述形式.第三种表述形式是 1912 年能斯特提出的.如果采用这种表述形式,那么,热力学第三定律的表述就与第一定律和第二定律在表述上采用了同样的形式,都是说某种事情做不到.从绝对零度不能达到原理出发,可以导出能斯特定理,有兴趣的读者可以参看王竹溪的书②,这里不再介绍.但有一点必须强调,在推导中需要用到 C_y 随绝对温度趋于零,这是关键的一点.

注意,不可达原理所说的绝对零度不可达到是指"通过有限步骤"不可能使物体温度降到绝对零度.但并未否定可以无限趋近于绝对零度.近二十年来所发展的激光冷却、蒸发冷却等原理,已成功地实现了纳开(10^{-9} K)的超低温.相对于室温(300 K)而言,已下降了 11 个量级.只要不是绝对零度,总是有可能使它再降低的!

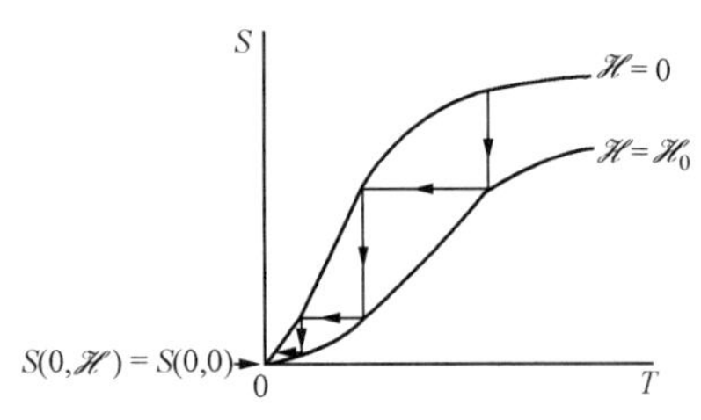

图 4.7.2　不同磁场下顺磁介质的熵随温度的变化

图 4.7.2 是一个示意图.曲线是固定不同磁场值 $\mathscr{H}=0$ 与 $\mathscr{H}=\mathscr{H}_0$ 时顺磁介质的熵随温度的变化(可以用量子统计理论计算出).折线分别代表等温磁化(熵减少)与绝热去磁(熵不变,温度降低).可以清楚地看出,通过有限步骤不可能达到绝对零度;只能通过无穷多步趋近 0 K.

在文献中常常会遇见一些提法,如"零温下的系统"(指系统处于量子力学的最低能量状态,即基态);"零温相变"(这时热运动消失,量子涨落代替热涨落,也称为量子相变);等等.确切的含义是指 $T\to 0$ 的极限情形.

---

①② 参看主要参考书目[1],359—368 页.

习 题

4.1 若把 U 作为独立变量 $T,V,N_1,\cdots,N_k$ 的函数,证明:

(1) $u_i=\left(\frac{\partial U}{\partial N_i}\right)_{T,V,\{N_{j\neq i}\}}+v_i\left(\frac{\partial U}{\partial V}\right)_{T,\{N_i\}}$,

其中 u_i 及 v_i 为偏摩尔内能及偏摩尔体积,即

$$u_i=\left(\frac{\partial U}{\partial N_i}\right)_{T,p,\{N_{j\neq i}\}},\quad v_i=\left(\frac{\partial V}{\partial N_i}\right)_{T,p,\{N_{j\neq i}\}}.$$

(2) 此时欧拉定理为

$$U=\sum N_i\left(\frac{\partial U}{\partial N_i}\right)_{T,V,\{N_{j\neq i}\}}+V\left(\frac{\partial U}{\partial V}\right)_{T,\{N_i\}}.$$

4.2 证明 $\mu_i(T,p,N_1,\cdots,N_k)$ 是 $N_1,\cdots,N_k$ 的零次齐次函数,并导出

$$\sum_j N_j\left(\frac{\partial \mu_i}{\partial N_j}\right)_{T,p,\{N_{l\neq j}\}}=0\quad 及\quad \sum_j N_j\left(\frac{\partial \mu_j}{\partial N_i}\right)_{T,p,\{N_{l\neq i}\}}=0.$$

其中 $\{N_{l\neq i}\}\equiv(N_1,\cdots,N_{l-1},N_{l+1},\cdots,N_k)$.

4.3 证明对多元均匀系,$\Xi=G-F$ 所相应的热力学基本方程为

$$\mathrm{d}\Xi=S\mathrm{d}T+p\mathrm{d}V+\sum_i N_i\mathrm{d}\mu_i,$$

并证明 Ξ 是以 $T,V,\mu_1,\cdots,\mu_k$ 为独立变量的特性函数.

4.4 由混合理想气体的吉布斯函数 G 的公式(4.5.9),求出 F 作为 $T,V,N_1,\cdots,N_k$ 的函数:

$$F=\sum_i N_iRT\left\{\varphi_i(T)-1+\ln\frac{N_iRT}{V}\right\}.$$

4.5 隔板将一绝热容器分成体积为 V_1 与 V_2 的两部分,分别装有 N_1 mol 与 N_2 mol 的理想气体.设两边气体的温度同为 T,压强分别为 p_1 与 $p_2(p_1\neq p_2)$.今将隔板抽去.

(1) 求气体混合达到平衡后的压强;

(2) 如果两种气体是不同的,计算混合后的熵变;

(3) 如果两种气体是相同的,计算混合后的熵变.

答:(1) $p=\frac{N_1+N_2}{V_1+V_2}RT$;

(2) $\Delta S=N_1R\ln\frac{V_1+V_2}{V_1}+N_2R\ln\frac{V_1+V_2}{V_2}$;

(3) $\Delta S=(N_1+N_2)R\ln\frac{V_1+V_2}{N_1+N_2}-N_1R\ln\frac{V_1}{N_1}-N_2R\ln\frac{V_2}{N_2}$.

4.6 对于理想气体的化学反应 $\sum_i\nu_i\mathrm{A}_i=0$,用分压表达的质量作用定律为 $\prod_i p_i^{\nu_i}=K_p$.试由此出发,

(1) 导出用组元的摩尔浓度 $c_i=N_i/V$ 表达的质量作用定律的形式

$$\prod_i c_i^{\nu_i} = K_c, \quad K_c \equiv (RT)^{-\nu} K_p \quad \left(\nu = \sum_i \nu_i\right),$$

其中 K_c 称为**定容平衡恒量**，它只是温度的函数；

（2）导出用组元的摩尔分数 $x_i = N_i/N$ 表达的质量作用定律的形式

$$\prod_i x_i^{\nu_i} = K, \quad K \equiv p^{-\nu} K_p \quad \left(\nu = \sum_i \nu_i\right),$$

其中 K 称为**平衡恒量**. 一般而言，K 是温度与压强的函数.

通常 $K_p \neq K_c \neq K$，但对 $\nu = \sum_i \nu_i = 0$ 的化学反应，上述三个平衡恒量相等，即

$$K_p = K_c = K,$$

并且仅是温度函数.

4.7　碘化氢的分解反应为

$$H_2 + I_2 - 2HI = 0,$$

实验测得该反应的平衡恒量 K 用下式表示

$$\lg K = -\frac{540.4}{T} + 0.503 \lg T - 2.350,$$

设在最初未发生分解时，除有 N_0 mol 的 HI 外，还同时有 αN_0 mol 的 H_2（这个问题称为有多余氢存在下 HI 的分解问题），又设 I_2 不分解. 试比较 $\alpha=0$ 与 $\alpha=1$ 两种情形在 $T=500\,K$，$1000\,K$，$1500\,K$ 时的分解度 ξ.

4.8　在某些星体的大气层中存在下列金属蒸气的热电离过程：

$$A \rightleftharpoons A^+ + e^-,$$

其中 A，A^+ 与 e^- 分别代表中性原子、正离子和电子. 设这三种组元构成的气体可以当作混合理想气体. 又已知上述反应相应的定压平衡恒量可表为

$$K_p = CT^{5/2} e^{-W/RT},$$

其中 C 为常数，W 为电离能，R 为气体常数. 试求电离度 α 与温度 T 及总压强 p 的关系.

电离度 α 的定义为：

$$\alpha \equiv \frac{\text{反应达到平衡时已电离原子 A 的摩尔数}}{\text{初始时原子 A 的摩尔数}}.$$

注：由于 $A \longrightarrow A^+ + e$（也称为一次电离）的电离能远小于二次电离 $A^+ \longrightarrow A^{++} + e$ 及更高次电离的电离能，作为近似，可以忽略二次及高次电离过程.

*4.9　令 $Q = -\Delta H$ 代表等温等压下化学反应过程所放出的热量，由

$$\left(\frac{\partial Q}{\partial T}\right)_p = -\frac{\partial}{\partial T}\Delta H = -\Delta\left(\frac{\partial H}{\partial T}\right)_p = -\Delta C_p,$$

求积分即得

$$Q = Q_0 - \int_0^T \Delta C_p \mathrm{d}T.$$

（1）利用公式（4.7.6）

$$Q=A-T\frac{\partial A}{\partial T}=-T^2\frac{\partial}{\partial T}\frac{A}{T},$$

在保持压强不变下求积分，证明

$$A=Q_0-T\int_0^T\frac{Q-Q_0}{T^2}\mathrm{d}T.$$

(2) 已知在 $T\approx0$ 时，非金属固体有 $C_p=\alpha T^3$，金属固体有 $C_p=\beta T$(α,β 为常数). 试证明 Q 与 A 两个量与 T 构成的函数关系曲线在 $T\approx0$ 时位于公共水平切线不同的两侧，数学上就是要证明在 $T\approx0$ 时有

$$\frac{\partial Q}{\partial T}\approx-b\frac{\partial A}{\partial T},$$

其中 b 为正常数.

4.10 大多数宏观系统的熵在 $T\to0$ 时以幂律形式趋于零，即熵在 $T\to0$ 时可以表达为 $S=aT^n$($n>0$)，其中 a 是体积 V 或压强 p 的函数. 试根据能斯特定理，证明：

(1) 当 $T\to0$ 时，C_V，C_p，$\left(\frac{\partial V}{\partial T}\right)_p$，$\left(\frac{\partial p}{\partial T}\right)_V$ 均以与 S 相同的幂次 n 趋于零.

(2) 当 $T\to0$ 时 $\left(\frac{\partial V}{\partial p}\right)_T$ 趋于有限值.

(3) C_p-C_V 以比 n 更高的幂次趋于零.

(4) $\left(\frac{\partial T}{\partial p}\right)_S$ 随 $T\to0$ 而趋于零. 由此可知，当 $T\to0$ 时，要使温度发生有限改变所需的压强为无穷大.

4.11 设在一定压强 p 下，由固相转变到液相的相变温度为 T'，相变潜热为 $\lambda'=T'(s'-s)$，s' 是 1 mol 液体的熵. 证明在 $T>T'$ 时 1 mol 液体的绝对熵为

$$s'=\int_{T'}^{T}c_p'\frac{\mathrm{d}T}{T}+\frac{\lambda'}{T'}+\int_0^{T'}c_p\frac{\mathrm{d}T}{T},$$

其中 c_p' 与 c_p 分别代表 1 mol 物质在液相与固相的定压比热，积分是在固定压强 p 下计算的.

第五章　非平衡态热力学(线性理论)简介

到目前为止,本书所介绍的热力学可以称为“传统热力学”,主要研究的是物体处于平衡态的性质.对于非平衡态或不可逆过程,“传统热力学”能够告诉我们的不多,包括:

(1) 判断不可逆过程进行的方向;

(2) 对初、终态是平衡态的不可逆过程,可以严格处理,求出终态的性质;

(3) 当不可逆“程度”不太强(即过程进行得比较慢;耗散效应比较弱)时,可以近似地当作可逆过程来研究.

至于不可逆过程**本身**的许多问题,如过程进行的速率,时间演化等等,“传统热力学”完全无能为力.实际上,“传统热力学”理论中完全不出现时间变量.

自然界中,非平衡现象是大量的,普遍存在的;而平衡是相对的,有条件的.为了研究非平衡态的性质,必须发展非平衡态(或不可逆过程)的热力学理论.实际上,早在热力学理论建立不久,开尔文就试图处理不可逆过程.20世纪三四十年代,昂萨格、卡西米尔、普里高津和德格鲁特等人建立了非平衡态热力学的线性理论.这个理论适用于描述偏离平衡态不远的非平衡态的性质,它已经发展成一个成熟的理论.本节将对这个理论作一个简略的介绍.①

至于非平衡态热力学的非线性理论,即远离平衡的非平衡态的性质,本书将完全不涉及.

§5.1　非平衡态热力学(线性理论)纲要

5.1.1　局域平衡近似

当系统处于非平衡态时,内部出现各种不均匀性;如果是流体,一般还会有流动.所以在非平衡态下,系统的性质既与空间位置有关,也与时间有关.

线性非平衡态热力学所研究的是偏离平衡态不大的情形,这时,对非平衡态的描写,可以采用**局域平衡近似**(local equilibrium approximation):把整个系统分成许多小块(宏观小,足以反映出空间的不均匀性;微观大,即包含足够多的粒子,这样统计平均才有意义),每一小块的性质近似是均匀的,可以用描写平衡态的状态变量描写(比如小块有它的温度、压强、密度、化学势等).而且,每一小块存在相应的热力学函数如内能、熵等.此外,对流体系

① 参看主要参考书目[15].

统,如果有宏观流动,还需要补充小块质心的坐标 $\boldsymbol{r}$ 和速度 $\boldsymbol{v}$.

注意,局域平衡是一种近似,是对小块而言的;但整个系统整体处于非平衡(global non-equilibrium);小块与小块之间不满足平衡条件.局域平衡的同时,一般而言存在温度梯度($\nabla T\neq0$),压强梯度($\nabla p\neq0$),密度梯度($\nabla\rho\neq0$),化学势梯度($\nabla\mu\neq0$)等.

局域平衡近似在什么条件下成立呢?非平衡态热力学本身不能回答这个问题,必须根据非平衡态统计理论才能解答,这里只说一下结论,它要求

$$\tau_{小块}\ll\Delta t\ll\tau_{系统},\tag{5.1.1}$$

其中 $\tau_{小块}$ 代表如果把小块孤立出来,它达到平衡的弛豫时间,$\tau_{系统}$ 代表整个系统在切断引起非平衡的外部作用后达到平衡的弛豫时间,Δt 代表非平衡过程进行的特征时间.当(5.1.1)的条件满足,在系统随时间变化过程中,虽然整个系统处于非平衡态,但局部的小块可以近似看成平衡态.显然要求(5.1.1)中的三个时间尺度 $\tau_{小块}$,Δt 与 $\tau_{系统}$ 彼此有明显的差别才行(与此相反,准静态过程要求 $\tau_{系统}\ll\Delta t$).

局域平衡近似是线性非平衡态热力学的一个基本假设,只有在这个近似下,局部的宏观变量与局部的热力学函数才有意义.

5.1.2 热力学第一定律的推广形式

对于系统的任一小块,热力学第一定律可以表达为

$$\mathrm{d}U+\mathrm{d}\left(\frac{1}{2}Mv^2\right)=\mathrm{d}Q+\mathrm{d}W,\tag{5.1.2}$$

其中 U,M,v 分别代表小块的内能、质量和质心速度,$\mathrm{d}Q$ 代表小块从周围其他部分所吸收的热量,$\mathrm{d}W$ 代表周围其他部分以及外场(如果存在的话)对小块所作的功.$\mathrm{d}Q$ 与 $\mathrm{d}W$ 的具体形式此处略去.

5.1.3 局域熵与 U,V,N_i 的关系

对于系统的任一小块,**假设**:在平衡态下的熵与内能、体积及各组元摩尔数之间关系(公式(4.1.15))仍然成立,即

$$T\mathrm{d}S=\mathrm{d}U+p\mathrm{d}V-\sum_i\mu_i\mathrm{d}N_i,\tag{5.1.3}$$

上式中的诸量 $S,U,V,\{N_i\},T,p,\{\mu_i\}$ 均指**小块的**.上式应理解成,对小块而言,S 仍然是 $U,V,\{N_i\}$ 的函数,并保持与平衡态时相同的微分关系.

这个假设绝不是显然的.现在,$S,U,V,\{N_i\}$ 等量原则上都可能是坐标和时间的函数,而且整个系统中还存在 $\nabla T,\nabla p,\nabla\mu_i$ 等,为什么 S 不显含时间以及各种梯度呢?热力学本身不能回答这个问题,必须根据非平衡态统计理论才能搞清楚这一假设是否成立以及成立的条件.研究表明,这个假设与局域平衡近似成立的条件相同,均要求偏离平衡态不大.必须注意,(5.1.3)对小块近似成立,但对整个系统不成立.这里提醒读者一下,式中各量的符号虽然用大写字母 S,U,V 等,但它们都是对小块而言的.

5.1.4　热力学第二定律　熵产生率

热力学第二定律对不可逆过程有

$$dS > \frac{đQ}{T_e}, \tag{5.1.4}$$

其中 T_e 代表热源(或环境)的温度.

现在把上式用到小块,并把它改写成等式的形式:

$$\begin{cases} dS = d_e S + d_i S, \\ d_e S = \dfrac{đQ}{T_e}, \\ d_i S > 0, \end{cases} \tag{5.1.5}$$

其中 $d_e S$ 代表由于小块从周围吸收热量而引起它的熵的改变,这部分可正可负:正表示从周围吸热;负表示向周围放热.下面将会看到,这一项可以用熵流来表示.与 $d_e S$ 不同,$d_i S$ 代表由于不可逆过程在小块内产生的熵,这一项是恒正的,这样就保证了与(5.1.4)一致.仅对可逆过程,$d_i S=0$;这时有 $dS=d_e S=đQ/T_e$.

定义熵产生率 θ 如下:

$$\theta \equiv \frac{\partial_i s}{\partial t}, \tag{5.1.6}$$

θ 代表单位时间单位体积内的熵产生[①].请读者注意我们采用的符号:用小写的 s 代表单位体积的熵,即熵密度,故小块的熵 S 为 $S=Vs$,V 为小块的体积.一般而言,熵密度是坐标 $\boldsymbol{r}$ 与时间 t 的函数,即 $s=s(\boldsymbol{r},t)$.(5.1.6)中对时间偏微商是指对某固定的 $\boldsymbol{r}$ 而求的.

如果不考虑小块体积的变化,则(5.1.5)可以用熵密度的变化来表示,考虑 dt 时间内的变化率,则有

$$\frac{\partial s}{\partial t} = \frac{\partial_e s}{\partial t} + \frac{\partial_i s}{\partial t}, \tag{5.1.7}$$

上式右方第一项是由于小块从周围吸收热量引起的变化,它可以表达为

$$\frac{\partial_e s}{\partial t} = -\nabla \cdot \boldsymbol{J}_s, \tag{5.1.8}$$

其中 $\boldsymbol{J}_s$ 为熵流密度(推导见下节).利用(5.1.6)和(5.1.8),则(5.1.7)可以表为

$$\frac{\partial s}{\partial t} = -\nabla \cdot \boldsymbol{J}_s + \theta, \tag{5.1.9}$$

上式常称为**熵平衡方程**.注意它不同于一般的守恒定律,因为方程右边多了一项熵产生率 θ,有时 θ 也称为**熵源强度**.

---

① 有的书上定义为单位时间单位质量的熵产生.

5.1.5 其他守恒定律

如果所研究的是流体，还需要补充质量守恒定律与动量守恒定律(后者是牛顿方程的流体力学形式). 动量守恒定律比较麻烦，我们不准备讨论，故略去. 质量守恒定律为

$$\frac{\partial n}{\partial t}+\nabla\cdot\boldsymbol{J}_n=0, \tag{5.1.10}$$

其中 n 代表粒子数密度，$\boldsymbol{J}_n$ 为粒子流密度(也可用质量密度和质量流密度表达).

5.1.6 经验规律

当系统处于非平衡态时，系统内一般存在温度梯度、化学势梯度、电势梯度等，引起能量、粒子和电荷的迁移，称为**输运过程**. 实验发现，当梯度不太大时，系统对平衡态的偏离不大，处于非平衡态的线性区，由梯度引起的各种“流”与梯度成正比. 这些经验规律与局域平衡近似及(5.1.3)的适用范围相同. 几个常遇到的经验规律是

(1) **热传导的傅里叶(Fourier)定律**

$$\boldsymbol{J}_q=-\kappa\nabla T, \tag{5.1.11}$$

其中 $\boldsymbol{J}_q$ 代表热流密度，即单位时间通过单位面积的热量，κ 为热导系数或热导率，∇T 是温度梯度. 式中负号表示热流矢量向着温度降低的方向.

(2) **扩散的菲克(Fick)定律**

它可以有不同的表达形式，一种是

$$\boldsymbol{J}_n=-D_n\nabla n, \tag{5.1.12}$$

其中 $\boldsymbol{J}_n$ 为扩散的粒子流密度，即单位时间通过单位面积的粒子数，D_n 为扩散系数，∇n 为粒子数密度梯度. 也可以用质量流密度和质量密度梯度来表达(略). 还有一种表达形式是用化学势梯度来表达的：

$$\boldsymbol{J}_n=-D\nabla\mu, \tag{5.1.13}$$

我们不来解释为什么这样写. 注意不同的形式(5.1.13)与(5.1.12)中的扩散系数不同.

(3) 电流的**欧姆定律**

$$\boldsymbol{J}_{\mathrm{e}}=\sigma\vec{\mathscr{E}}=-\sigma\nabla\Phi, \tag{5.1.14}$$

其中 $\boldsymbol{J}_{\mathrm{e}}$ 为电流密度，σ 为电导率，$\nabla\Phi$ 为电势梯度.

以上的经验规律都显示了热力学流(热流、物质流、电流等)与热力学力(温度梯度、浓度梯度、电势梯度等)成正比的关系，即线性关系. 这些规律适用于热力学力比较小的情形.

“流”与“力”之间还可以存在更为复杂的交叉效应. 例如温度梯度不仅可以引起热流，也可以引起扩散流，后者称为热扩散，或索瑞(Soret)效应，是索瑞最早在液体中发现的. 类似地，浓度梯度不仅可以引起扩散流，也可以引起热流. 又如导体中的电势梯度不仅可以引起电流，也可以引起热流；而温度梯度也可引起电流，等等. 这些都是交叉效应.

普遍地说，设热力学流有 n 个分量，用 $\boldsymbol{J}=(J_1,J_2,\cdots,J_n)$ 表示，相应的热力学力用 $\boldsymbol{X}=$

$(X_1, X_2, \cdots, X_n)$表示,普遍的经验规律可以表为

$$J_k = \sum_{\lambda=1}^{n} L_{k\lambda} X_\lambda, \tag{5.1.15a}$$

式中的 $L_{k\lambda}$ 称为动力学系数(kinetic coefficients).上式也可以写成矩阵形式

$$\boldsymbol{J} = \begin{bmatrix} J_1 \\ J_2 \\ \vdots \\ J_n \end{bmatrix} = \begin{bmatrix} L_{11} & L_{12} & \cdots & L_{1n} \\ L_{21} & L_{22} & \cdots & L_{2n} \\ \vdots & \vdots & & \vdots \\ L_{n1} & L_{n2} & \cdots & L_{nn} \end{bmatrix} \begin{bmatrix} X_1 \\ X_2 \\ \vdots \\ X_n \end{bmatrix} = \hat{\boldsymbol{L}} \cdot \boldsymbol{X}, \tag{5.1.15b}$$

系数 $L_{k\lambda}$ 构成的矩阵 $\hat{\boldsymbol{L}}$ 中,所有非对角元($k \neq \lambda$ 的 $L_{k\lambda}$)反映交叉效应.

5.1.7 昂萨格倒易关系

在不可逆过程热力学的线性理论中,一个最重要的结果是**昂萨格倒易关系**,它是关于动力学系数 $L_{k\lambda}$ 所满足的关系:

$$L_{k\lambda} = L_{\lambda k}. \tag{5.1.16a}$$

或者说,(5.1.15b)的系数矩阵 $\hat{\boldsymbol{L}}$ 是对称矩阵,即

$$\widetilde{\hat{\boldsymbol{L}}} = \hat{\boldsymbol{L}}. \tag{5.1.16b}$$

式中 $\widetilde{\hat{\boldsymbol{L}}}$ 代表 $\hat{\boldsymbol{L}}$ 的转置矩阵.昂萨格关系是微观可逆性在宏观输运性质中的表现,它不能从热力学理论得出.昂萨格根据统计物理理论以及微观可逆性,推导出上述关系.

应该指出,(5.1.16a)成立必须对“流”和“力”作适当的选择,使它们满足下列关系:

$$\theta = \sum_k J_k X_k, \tag{5.1.17}$$

上式中 θ 为熵产生率,这个条件是卡西米尔得到的[①].

5.1.8 非平衡定态:最小熵产生率

非平衡定态是指不随时间变化的非平衡态,即$\dfrac{\partial}{\partial t}=0$ 的态.例如将一根金属杆一端插在100℃的大水槽中,另一端插入0℃的大水槽中,经过一段时间后金属杆内就建立起稳定的温度分布,只要外界条件不变(指两个水槽的温度保持恒定),杆内各处的温度将不随时间改变.这时,系统(即金属杆)处于非平衡态定态.

可以证明:在恒定的外界条件下,非平衡定态是使熵产生率最小的态.而且,非平衡态定态对小的扰动是稳定的.

关于这个证明,这里将不再介绍.

---

① H. B. G. Casimir, Rev. Mod. Phys. ,**17**, 343(1945).

§5.2 热 传 导

为简单,本节只考虑单纯热传导的情形.设有一均匀的非金属固体,存在温度梯度,设体积变化可以忽略,且系统中不存在宏观流动.这时,热力学第一定律的公式(5.1.2)化为

$$\mathrm{d}U = \text{đ}Q. \tag{5.2.1}$$

令 u 代表单位体积的内能,小块的内能为 $U=Vu$,在假定 V 不变下,有

$$\mathrm{d}U = V\mathrm{d}u, \tag{5.2.2}$$

V 为小块的体积.令 $\boldsymbol{J}_q$ 代表热流矢量,在 $\mathrm{d}t$ 时间内,从小块的表面流入 V 的热量为

$$\text{đ}Q = -\oint\!\!\!\oint_V \boldsymbol{n}\cdot\boldsymbol{J}_q \mathrm{d}t\mathrm{d}\Sigma, \tag{5.2.3}$$

其中 $\mathrm{d}\Sigma$ 为小块表面的面积元,$\boldsymbol{n}$ 为这个面积元外向法线的单位矢量,负号表示流入的热量,积分遍及小块的表面积.利用高斯定理将面积分化为体积分,得

$$\text{đ}Q = -\mathrm{d}t\iiint_V \nabla\cdot\boldsymbol{J}_q \mathrm{d}\tau = -\mathrm{d}tV\,\nabla\cdot\boldsymbol{J}_q, \tag{5.2.4}$$

最后一步的推得,是因为小块内部 $\nabla\cdot\boldsymbol{J}_q$ 可近似看成均匀的.将(5.2.4)和(5.2.2)代入(5.2.1),得

$$V\mathrm{d}u = -\mathrm{d}tV\,\nabla\cdot\boldsymbol{J}_q,$$

消去 V 得

$$\frac{\partial u}{\partial t} = -\nabla\cdot\boldsymbol{J}_q,$$

或

$$\frac{\partial u}{\partial t} + \nabla\cdot\boldsymbol{J}_q = 0, \tag{5.2.5}$$

其中 u 对时间的偏微商表示坐标 x,y,z 不变(对某一特定小块而言).上式是典型的守恒定律的形式.

下面来计算熵产生率.由(5.1.5),

$$\mathrm{d}_i S = \mathrm{d}S - \mathrm{d}_e S, \tag{5.2.6}$$

$\mathrm{d}S$ 可以用(5.1.3)计算,$\mathrm{d}_e S$ 可以直接计算,从而可以算出 $\mathrm{d}_i S$.先计算 $\mathrm{d}_e S$,即由于热量流入小块而引起小块的熵的改变,它可以表为

$$\begin{aligned}\mathrm{d}_e S &= -\oint\!\!\!\oint \frac{\boldsymbol{n}\cdot\boldsymbol{J}_q}{T}\mathrm{d}t\mathrm{d}\Sigma = -\mathrm{d}t\oint\!\!\!\oint \boldsymbol{n}\cdot\left(\frac{\boldsymbol{J}_q}{T}\right)\mathrm{d}\Sigma \\ &= -\mathrm{d}t\iiint_V \nabla\cdot\left(\frac{\boldsymbol{J}_q}{T}\right)\mathrm{d}\tau = -\mathrm{d}tV\,\nabla\cdot\left(\frac{\boldsymbol{J}_q}{T}\right).\end{aligned} \tag{5.2.7}$$

需要小心的是,(5.2.7)的第一步对小块表面积积分的公式中,T 代表表面的温度,表面不同处温度是不同的,不能在求面积分的公式中就把 T 提到积分号外去.

令 s 代表单位体积的熵，小块的熵为 S，$S=Vs$，故(5.2.7)化为

$$V\mathrm{d}_{\mathrm{e}}s = -\mathrm{d}tV\,\nabla\cdot\left(\frac{\boldsymbol{J}_q}{T}\right),$$

消去 V，得

$$\frac{\partial_{\mathrm{e}}s}{\partial t} = -\nabla\cdot\left(\frac{\boldsymbol{J}_q}{T}\right). \tag{5.2.8}$$

若令

$$\boldsymbol{J}_s \equiv \frac{\boldsymbol{J}_q}{T}, \tag{5.2.9}$$

则(5.2.8)可以表达为

$$\frac{\partial_{\mathrm{e}}s}{\partial t} = -\nabla\cdot\boldsymbol{J}_s, \tag{5.2.10}$$

可见，$\boldsymbol{J}_s$ 的物理意义是熵流密度.

再利用公式(5.1.3)，因 $\mathrm{d}V=0$，$\mathrm{d}N_i=0$，得

$$T\mathrm{d}S = \mathrm{d}U,$$

或

$$T\mathrm{d}s = \mathrm{d}u,$$

于是得

$$\frac{\partial s}{\partial t} = \frac{1}{T}\frac{\partial u}{\partial t} = -\frac{1}{T}\nabla\cdot\boldsymbol{J}_q. \tag{5.2.11}$$

最后一步利用了(5.2.5). 由(5.2.6)，(5.2.11)和(5.2.10)，得

$$\begin{aligned}\frac{\partial_{\mathrm{i}}s}{\partial t} &= \frac{\partial s}{\partial t} - \frac{\partial_{\mathrm{e}}s}{\partial t} \\ &= -\frac{1}{T}\nabla\cdot\boldsymbol{J}_q + \nabla\cdot\left(\frac{\boldsymbol{J}_q}{T}\right) \\ &= -\frac{1}{T}\nabla\cdot\boldsymbol{J}_q + \frac{1}{T}\nabla\cdot\boldsymbol{J}_q - \frac{1}{T^2}\boldsymbol{J}_q\cdot\nabla T \\ &= -\frac{1}{T^2}\boldsymbol{J}_q\cdot\nabla T. \end{aligned} \tag{5.2.12}$$

将热传导的经验公式(5.1.11)，即 $\boldsymbol{J}_q = -\kappa\nabla T$，代入上式，得

$$\theta = \frac{\partial_{\mathrm{i}}s}{\partial t} = \frac{\kappa}{T^2}(\nabla T)^2 > 0. \tag{5.2.13}$$

上式是所求得的熵产生率，如预期，θ 的值是正的.

*§5.3　温差电效应

当金属中存在电场时，会引起电流；当存在温度梯度时，会引起热流. 如果同时存在电场

和温度梯度,那么,还会引发各种交叉效应:温度梯度可以引起电流;电场可以引起热流.这类现象统称为**温差电现象**.如果电场和温度梯度都不太强,这个问题属于线性非平衡态热力学的范畴.

5.3.1 熵产生率

温差电效应中出现交叉效应,表现在热力学流与热力学力的线性关系(或称唯象方程)中出现交叉项.§5.1中曾经指出,要应用昂萨格关系,必须正确地选择热力学流与相应的热力学力.所谓正确选择,是指应满足卡西米尔条件(5.1.17),也就是说,必须使熵产生率能表达为热力学流与相应的热力学力乘积的形式.为此,必须首先求出熵产生率.

为简单,假设金属是均匀各向同性的,存在电场和温度梯度.与§5.2的讨论类似,考虑金属中一个宏观小块,体积为 V,并忽略热膨胀引起体积的变化.金属中有两种组元,一种是电子(这里指传导电子);另一种是正离子,正离子是静止不动的.令 N_e 代表小块内的总电子数,n_e 为小块内电子数密度,$N_e=Vn_e$.又令 $\boldsymbol{J}_n$ 代表电子数的流密度,$\boldsymbol{J}$ 为电流密度,二者的关系为

$$\boldsymbol{J}=-e\boldsymbol{J}_n, \tag{5.3.1}$$

这里用 $-e(e>0)$ 代表电子的电荷.

$\mathrm{d}t$ 时间内,小块 V 中电子数的变化是通过小块表面流入的电子数引起的,即有

$$\begin{aligned}\mathrm{d}N_e&=-\oint\!\!\!\oint \boldsymbol{n}\cdot\boldsymbol{J}_n\mathrm{d}t\mathrm{d}\Sigma\\&=-\mathrm{d}t\iiint_V\nabla\cdot\boldsymbol{J}_n\mathrm{d}\tau=-\mathrm{d}tV\,\nabla\cdot\boldsymbol{J}_n,\end{aligned} \tag{5.3.2}$$

于是得

$$\frac{\partial n_e}{\partial t}=-\nabla\cdot\boldsymbol{J}_n=\frac{1}{e}\nabla\cdot\boldsymbol{J}, \tag{5.3.3}$$

上式代表电子数守恒.

其次考查内能的平衡方程,由于金属中的正离子不动,电子的质量又很小,可以忽略(5.1.2)中的动能项.令 $\vec{\mathscr{E}}$ 为电场强度,它与电势 Φ 的关系为

$$\vec{\mathscr{E}}=-\nabla\Phi. \tag{5.3.4}$$

今能量守恒方程中应增加电场作功的一项.在 $\mathrm{d}t$ 时间内,在小块体积 V 内电场所作的功为 $V\mathrm{d}t\boldsymbol{J}\cdot\vec{\mathscr{E}}$.于是(5.1.2)应表达为

$$\mathrm{d}U=-\oint\!\!\!\oint\boldsymbol{n}\cdot\boldsymbol{J}_q\mathrm{d}t\mathrm{d}\Sigma+V\mathrm{d}t\boldsymbol{J}\cdot\vec{\mathscr{E}}. \tag{5.3.5}$$

上式右边第一项代表 $\mathrm{d}t$ 时间内流入小块的热量,$\boldsymbol{J}_q$ 为热流密度;第二项为电场所作的功.对第一项应用高斯定理后,上式化为

$$V\mathrm{d}u=-V\mathrm{d}t\,\nabla\cdot\boldsymbol{J}_q+V\mathrm{d}t\boldsymbol{J}\cdot\vec{\mathscr{E}},$$

消去 V,得

$$\frac{\partial u}{\partial t}=-\nabla\cdot\boldsymbol{J}_q+\boldsymbol{J}\cdot\vec{\mathscr{E}}. \tag{5.3.6}$$

有了以上的准备,现在可以来求熵密度的时间改变率 $\frac{\partial s}{\partial t}$,进而求出熵产生率 θ. 从(5.1.3)出发,注意到金属小块中正离子的数量是不变的,且小块的体积变化可以忽略,于是(5.1.3)简化为

$$T\mathrm{d}S=\mathrm{d}U-\mu\mathrm{d}N_{\mathrm{e}}, \tag{5.3.7}$$

S 为小块的熵,μ 为小块中电子的化学势. 注意这里所用的符号 N_{e},μ 分别代表小块的总电子数与每一个电子的化学势(不同于公式(4.1.15)中的定义,那里,$\mu\mathrm{d}N$ 中的 N 是摩尔数,μ 是对 1 mol 物质而言的),现在这样定义对下面讨论更方便. 用 V 除(5.3.7),得

$$\frac{\partial s}{\partial t}=\frac{1}{T}\frac{\partial u}{\partial t}-\frac{\mu}{T}\frac{\partial n_{\mathrm{e}}}{\partial T}, \tag{5.3.8}$$

将(5.3.3)和(5.3.6)代入上式,得

$$\frac{\partial s}{\partial t}=\frac{1}{T}(-\nabla\cdot\boldsymbol{J}_q+\boldsymbol{J}\cdot\vec{\mathscr{E}})-\frac{\zeta}{T}\nabla\cdot\boldsymbol{J}, \tag{5.3.9}$$

其中已令

$$\zeta\equiv\frac{\mu}{e}, \tag{5.3.10}$$

ζ 直接联系着电子的化学势.(5.3.9)可以进一步改写成

$$\frac{\partial s}{\partial t}=-\nabla\cdot\left(\frac{\boldsymbol{J}_q+\zeta\boldsymbol{J}}{T}\right)+\boldsymbol{J}\cdot\frac{1}{T}\left(\vec{\mathscr{E}}+T\nabla\frac{\zeta}{T}\right)+\boldsymbol{J}_q\cdot\nabla\frac{1}{T}. \tag{5.3.11}$$

将上式与熵密度变化率的一般形式(即方程(5.1.9))比较,可以看出右边第一项正是熵流密度的散度,第二、三项代表熵产生率. 于是可将上式表达为

$$\frac{\partial s}{\partial t}=-\nabla\cdot\boldsymbol{J}_s+\theta, \tag{5.3.12}$$

其中

$$\boldsymbol{J}_s=\frac{1}{T}(\boldsymbol{J}_q+\zeta\boldsymbol{J})=\frac{1}{T}(\boldsymbol{J}_q-\mu\boldsymbol{J}_n) \tag{5.3.13}$$

为熵流密度;与单纯热传导的情形(公式(5.2.9))相比,今 $\boldsymbol{J}_s$ 中多了一项 $\frac{\zeta}{T}\boldsymbol{J}=-\frac{\mu}{T}\boldsymbol{J}_n$,它是电子流动所携带的熵流.(5.3.12)中的 θ 为熵产生率,

$$\theta=\boldsymbol{J}\cdot\frac{1}{T}\left(\vec{\mathscr{E}}+T\nabla\frac{\zeta}{T}\right)+\boldsymbol{J}_q\cdot\nabla\frac{1}{T}, \tag{5.3.14}$$

或写成①

$$T\theta = \boldsymbol{J}\cdot\left(\vec{\mathscr{E}} + T\nabla\frac{\zeta}{T}\right) + \boldsymbol{J}_q\cdot\left(-\frac{\nabla T}{T}\right), \tag{5.3.15}$$

若电流为零($\boldsymbol{J}=0$),则上式还原为单纯热传导的结果,即公式(5.2.12).

5.3.2 热力学流与力的选择

卡西米尔条件(5.1.17)要求,熵产生率应表为热力学流与相应的热力学力(也称为共轭力)乘积之和的形式.根据(5.3.15),若选 $\boldsymbol{J}$ 与 $\boldsymbol{J}_q$ 为流,相应的共轭力为

$$\boldsymbol{X}_J = \vec{\mathscr{E}} + T\nabla\frac{\zeta}{T}, \tag{5.3.16a}$$

$$\boldsymbol{X}_q = -\frac{\nabla T}{T}, \tag{5.3.16b}$$

则(5.3.15)可以表达为

$$T\theta = \boldsymbol{J}\cdot\boldsymbol{X}_J + \boldsymbol{J}_q\cdot\boldsymbol{X}_q. \tag{5.3.17}$$

这正是卡西米尔条件所要求的,表明上述热力学流与力的选择是正确的,因而唯象方程可表述为

$$\boldsymbol{J} = L'_{11}\boldsymbol{X}_J + L'_{12}\boldsymbol{X}_q, \tag{5.3.18a}$$

$$\boldsymbol{J}_q = L'_{21}\boldsymbol{X}_J + L'_{22}\boldsymbol{X}_q, \tag{5.3.18b}$$

其中交叉项的动力学系数满足昂萨格关系

$$L'_{12} = L'_{21}. \tag{5.3.19}$$

以(5.3.18a),(5.3.18b)为基础,可以讨论温差电效应的全部问题.

但是,卡西米尔条件满足时,热力学流与相应的热力学力的选择并不是唯一的.下面我们将给出另一种选择,即选电流密度 $\boldsymbol{J}$ 与熵流密度 $\boldsymbol{J}_s$ 作为流,相应的热力学力记为 $\boldsymbol{X}_1$ 与 $\boldsymbol{X}_2$.显然,熵产生率对不同的流与其共轭力的选择是一个不变量.由此可以完全确定 $\boldsymbol{X}_1$ 与 $\boldsymbol{X}_2$.即 $\boldsymbol{X}_1$ 与 $\boldsymbol{X}_2$ 应满足

$$\boldsymbol{J}\cdot\boldsymbol{X}_1 + \boldsymbol{J}_s\cdot\boldsymbol{X}_2 \equiv \boldsymbol{J}\cdot\boldsymbol{X}_J + \boldsymbol{J}_q\cdot\boldsymbol{X}_q. \tag{5.3.20}$$

将(5.3.16a)与(5.3.16b)以及(5.3.13)代入上式右边,得

---

① 读者在阅读其他参考书时,还会见到下列与(5.3.15)等价的表达式,如

$$T\theta = \boldsymbol{J}\cdot(\vec{\mathscr{E}} + \nabla\zeta) + \boldsymbol{J}_s\cdot(-\nabla T), \tag{N1}$$

$$T\theta = -\boldsymbol{J}_n\cdot\nabla\tilde{\mu} + \boldsymbol{J}_s\cdot(-\nabla T), \tag{N2}$$

$$T\theta = -\boldsymbol{J}_n\cdot\left(\nabla\tilde{\mu} - \frac{\mu}{T}\nabla T\right) + \boldsymbol{J}_q\cdot\left(-\frac{\nabla T}{T}\right). \tag{N3}$$

这里已将上述各式用本书的符号统一表出.(N2)与(N3)中的 $\tilde{\mu}$ 称为电化学势,其定义为

$$\tilde{\mu} \equiv \mu - e\Phi, \tag{N4}$$

μ 是没有电场时电子的化学势,它只由温度与电子数密度 n_e 决定.当有静电场存在时,化学势由电化学势取代.由于化学势的定义中包含能量,在静电场中,$-e\Phi$ 正是一个电子的静电势能.

读者不难验证(N1)—(N3)与(5.3.15)相等.

$$\boldsymbol{J}\cdot\boldsymbol{X}_1+\boldsymbol{J}_s\cdot\boldsymbol{X}_2\equiv\boldsymbol{J}\cdot\left(\vec{\mathscr{E}}+T\nabla\frac{\zeta}{T}\right)+(T\boldsymbol{J}_s-\zeta\boldsymbol{J})\cdot\left(-\frac{\nabla T}{T}\right),$$

合并项后,得

$$\boldsymbol{J}\cdot(\boldsymbol{X}_1-\vec{\mathscr{E}}-\nabla\zeta)+\boldsymbol{J}_s\cdot(\boldsymbol{X}_2+\nabla T)\equiv 0. \tag{5.3.21}$$

由于上式为恒等式,对任何 $\boldsymbol{J}$ 与 $\boldsymbol{J}_s$ 均成立,故必有

$$\boldsymbol{X}_1=\vec{\mathscr{E}}+\nabla\zeta, \tag{5.3.22a}$$

$$\boldsymbol{X}_2=-\nabla T. \tag{5.3.22b}$$

现在,对于所选的热力学流 $\boldsymbol{J}$ 与 $\boldsymbol{J}_s$ 及相应的热力学力 $\boldsymbol{X}_1$ 与 $\boldsymbol{X}_2$,唯象方程可以表为

$$\boldsymbol{J}=L_{11}\boldsymbol{X}_1+L_{12}\boldsymbol{X}_2, \tag{5.3.23a}$$

$$\boldsymbol{J}_s=L_{21}\boldsymbol{X}_1+L_{22}\boldsymbol{X}_2, \tag{5.3.23b}$$

且满足昂萨格关系

$$L_{12}=L_{21}. \tag{5.3.24}$$

具体计算表明,选择 $\boldsymbol{J}$ 与 $\boldsymbol{J}_s$ 作“流”以及相应的 $\boldsymbol{X}_1$ 与 $\boldsymbol{X}_2$ 作“力”,在讨论温差电效应时数学上更方便些.将(5.3.22a)与(5.3.22b)代入唯象方程(5.3.23a)与(5.3.23b),得

$$\boldsymbol{J}=L_{11}(\vec{\mathscr{E}}+\nabla\zeta)+L_{12}(-\nabla T), \tag{5.3.25a}$$

$$\boldsymbol{J}_s=L_{21}(\vec{\mathscr{E}}+\nabla\zeta)+L_{22}(-\nabla T). \tag{5.3.25b}$$

唯象方程中有四个动力学系数 $L_{11}, L_{12}, L_{21}, L_{22}$,由于昂萨格关系 $L_{12}=L_{21}$,故只有三个系数是独立的,它们与电导率 σ 和热导率 κ 的关系确定如下.

设金属本身是均匀的,温度也均匀,并存在均匀恒定的电场 $\vec{\mathscr{E}}$.在稳定电流状态下,$\nabla\cdot\boldsymbol{J}=0$,故电子数密度 n_e 应是均匀的.在 T, n_e 均匀的情况下,电子的化学势也应为均匀的,故 $\nabla\zeta=0$.于是(5.3.25a)化为(纯电导现象)

$$\boldsymbol{J}=L_{11}\vec{\mathscr{E}}, \tag{5.3.26}$$

与经验规律(欧姆定律)

$$\boldsymbol{J}=\sigma\vec{\mathscr{E}} \tag{5.3.27}$$

比较,得

$$L_{11}=\sigma. \tag{5.3.28}$$

其次考虑只有热传导而没有电流的情形,即 $\boldsymbol{J}=0$.由(5.3.25a),用 $\boldsymbol{J}=0$,得

$$\vec{\mathscr{E}}+\nabla\zeta=\frac{L_{12}}{L_{11}}\nabla T, \tag{5.3.29}$$

代入(5.3.25b),则有

$$\boldsymbol{J}_s=\frac{L_{12}L_{21}}{L_{11}}\nabla T+L_{22}(-\nabla T)=\frac{L_{11}L_{22}-L_{12}L_{21}}{L_{11}}(-\nabla T). \tag{5.3.30}$$

在 $\boldsymbol{J}=0$ 时,由(5.3.13),$\boldsymbol{J}_s=\frac{1}{T}\boldsymbol{J}_q$,于是得

$$\boldsymbol{J}_q = -T\frac{L_{11}L_{22}-L_{12}L_{21}}{L_{11}}\nabla T. \tag{5.3.31}$$

与热传导的经验规律(傅里叶定律)

$$\boldsymbol{J}_q = -\kappa\nabla T \tag{5.3.32}$$

比较,得

$$\frac{L_{11}L_{22}-L_{12}L_{21}}{L_{11}} = \frac{\kappa}{T}. \tag{5.3.33}$$

公式(5.3.28)与(5.3.33)把动力学系数与可以直接观测的输运参数 σ 与 κ 联系起来.

由于实际观测中控制电流 $\boldsymbol{J}$ 比控制金属中的电场强度 $\vec{\mathscr{E}}$ 更方便,我们把(5.3.25a)与(5.3.25b)改写为

$$\vec{\mathscr{E}}+\nabla\zeta = \frac{\boldsymbol{J}}{L_{11}}+\frac{L_{12}}{L_{11}}\nabla T, \tag{5.3.34a}$$

$$\boldsymbol{J}_s = \frac{L_{21}}{L_{11}}\boldsymbol{J}-\frac{L_{11}L_{22}-L_{12}L_{21}}{L_{11}}\nabla T. \tag{5.3.34b}$$

令

$$\eta = -\frac{L_{12}}{L_{11}}, \tag{5.3.35}$$

$$\frac{\pi}{T} = \frac{L_{21}}{L_{11}}, \tag{5.3.36}$$

并利用(5.3.28)与(5.3.33),则(5.3.34a,b)可以写成

$$\vec{\mathscr{E}}+\nabla\zeta = \frac{\boldsymbol{J}}{\sigma}-\eta\nabla T, \tag{5.3.37a}$$

$$\boldsymbol{J}_s = \frac{\pi}{T}\boldsymbol{J}-\frac{\kappa}{T}\nabla T, \tag{5.3.37b}$$

其中参数 η 与 π 的意义下面将看到. 利用昂萨格关系(5.3.24),即 $L_{12}=L_{21}$,由(5.3.35)与(5.3.36),即有

$$\pi = -T\eta. \tag{5.3.38}$$

上式是一个重要关系,它是昂萨格倒易关系 $L_{12}=L_{21}$ 的结果. 公式(5.3.37a,b)与(5.3.38)是讨论温差电效应的基础. 我们将看到,新的唯象系数 η_{ab} 与 π_{ab}(定义见后)都是可以测量的量.

5.3.3 赛贝克效应: 温差电动势

考虑如图 5.3.1 的温差电偶,它由两种不同的金属 a 与 b 构成,a,b 的两个接头 1 与 2 的温度分别为 T_0 与 T. 电容器 C 嵌接在金属 b 中,电容器 C 的二极板的温度相同. 实验发现电容器的二极板的电势差 $\Delta\Phi$(称为温差电动势,记为 E)与两个接头的温度差成正比,即

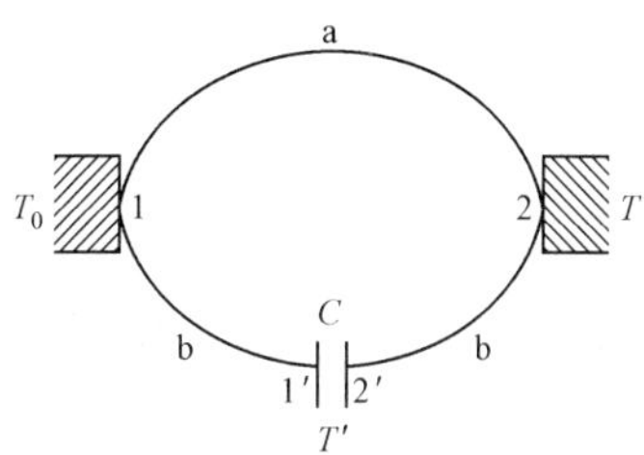

图 5.3.1 温差电偶示意

$$E = \Delta\Phi = \eta_{ab}\Delta T = \eta_{ab}(T - T_0),$$

或

$$\frac{\partial E}{\partial T} = \eta_{ab}. \tag{5.3.39}$$

比例系数 η_{ab} 称为**温差电动势系数**,η_{ab} 与两种金属的性质以及温度有关.这个效应称为**赛贝克效应**,是 1827 年由赛贝克(Seeback)发现的.

温差电动势 E 是指处于电流为零($\boldsymbol{J}=0$)的稳定状态时,电容器二极板之间的电势差 $\Delta\Phi$,E 由下式确定:

$$E = \Delta\Phi = -\int_{1'}^{2'} \nabla\Phi \cdot \mathrm{d}\boldsymbol{l} = \int_{1'}^{2'} \vec{\mathscr{E}} \cdot \mathrm{d}\boldsymbol{l}. \tag{5.3.40}$$

上式积分号代表从极板 $1'$ 到 $2'$ 沿外接金属导体内部的任何路径积分.当金属导体为细导线时,可以近似看成一维,积分即沿导线进行.将(5.3.37a)代入(5.3.40),并利用 $\boldsymbol{J}=0$,则得

$$E = -\int_{1'}^{2'} \nabla\zeta \cdot \mathrm{d}\boldsymbol{l} - \int_{1'}^{2'} \eta \nabla T \cdot \mathrm{d}\boldsymbol{l}. \tag{5.3.41}$$

上式右边第一项的积分等于零,证明如下:$\int_{1'}^{2'} \nabla\zeta \cdot \mathrm{d}\boldsymbol{l}$ 等于各段积分与接头处的 ζ 值之差的和,即(参看图 5.3.1)

$$\begin{aligned}\int_{1'}^{2'} \nabla\zeta \cdot \mathrm{d}\boldsymbol{l} = &\int_{1'}^{1} \mathrm{d}\zeta_b + (\zeta_a(1) - \zeta_b(1)) + \int_{1}^{2} \mathrm{d}\zeta_a \\ &+ (\zeta_b(2) - \zeta_a(2)) + \int_{2}^{2'} \mathrm{d}\zeta_b,\end{aligned} \tag{5.3.42}$$

其中 $\zeta_a(1)$,$\zeta_b(1)$,$\zeta_a(2)$,$\zeta_b(2)$ 分别代表接头 1 与 2 处金属 a 与 b 的 ζ 值($\zeta \equiv \mu/e$),$(\zeta_a(1) - \zeta_b(1))$ 与 $(\zeta_b(2) - \zeta_a(2))$ 分别代表接头 1 与 2 处金属 a 与 b 的 ζ 值之差(联系着接触电势差).

将(5.3.42)的各项积分写出,涉及 $\zeta_a(1)$,$\zeta_b(1)$,$\zeta_a(2)$,$\zeta_b(2)$ 的项均抵消,最后得

$$\int_{1'}^{2'} \nabla\zeta \cdot \mathrm{d}\boldsymbol{l} = \zeta_b(2') - \zeta_b(1'). \tag{5.3.43}$$

由于电容器二极板有相同的温度,在 $\boldsymbol{J}=0$ 的稳定状态下,两极板处的电子数密度相等(电中性条件决定),故 $\mu_b(2') = \mu_b(1')$,亦即 $\zeta_b(2') = \zeta_b(1')$,故上式等于零.于是(5.3.41)化为

$$\begin{aligned}E &= -\int_{1'}^{2'} \eta \nabla T \cdot \mathrm{d}\boldsymbol{l} \\ &= -\left\{\int_{1'}^{1} \eta_b \mathrm{d}T + \int_{1}^{2} \eta_a \mathrm{d}T + \int_{2}^{2'} \eta_b \mathrm{d}T\right\} \\ &= -\left\{-\left(\int_{1}^{1'} \eta_b \mathrm{d}T + \int_{2'}^{2} \eta_b \mathrm{d}T\right) + \int_{1}^{2} \eta_a \mathrm{d}T\right\}.\end{aligned}$$

对积分而言,电容器二极板 $1'$ 与 $2'$ 可以看成重合的,于是上式化为

$$E = \int_{1}^{2} (\eta_b - \eta_a) \mathrm{d}T = \int_{T_0}^{T} (\eta_b - \eta_a) \mathrm{d}T, \tag{5.3.44}$$

对温度 T 求微商,得

$$\frac{\partial E}{\partial T}=\eta_b-\eta_a, \tag{5.3.45}$$

与实验定义的温差电动势公式(5.3.39)比较,即得

$$\eta_{ab}=\frac{\partial E}{\partial T}=\eta_b-\eta_a. \tag{5.3.46}$$

实验可以直接测量$\frac{\partial E}{\partial T}$,由此可以确定温差电动势系数 $\eta_{ab}=\eta_b-\eta_a$,但不能单独确定单个的 η_a 或 η_b 的值.

5.3.4 佩尔捷效应

把两种不同的金属 a 与 b 连接(如图 5.3.2(a)),并保持整个系统的温度均匀、恒定,当有电流流过电路时,在一个接头处会吸收(或放出)热量,同时另一个接头处会放出(或吸收)同数量的热量.若令 I 代表单位时间内从金属 a 流向金属 b 的总电流,实验发现,单位时间内接头处从外界吸收的热量 Q_P(称为**佩尔捷**(Peltier)热)与通过接头的总电流成正比,

$$Q_P=\pi_{ab}I, \tag{5.3.47}$$

比例系数 π_{ab} 称为**佩尔捷系数**,它与两种金属的性质以及温度有关.

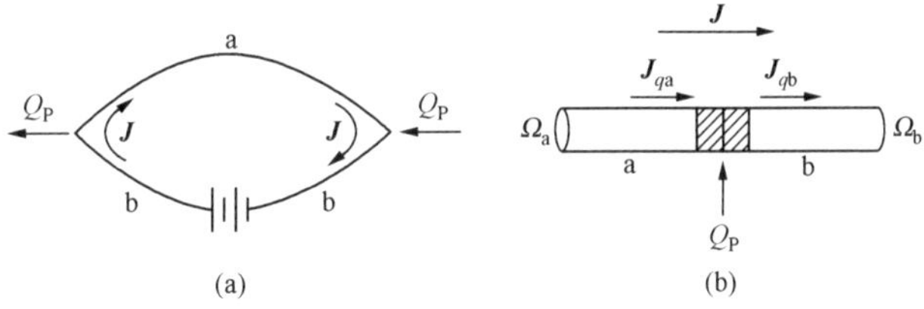

图 5.3.2 佩尔捷效应示意

为了计算佩尔捷效应,考虑如图 5.3.2(b)所示的接头附近的小区域(阴影部分),设其体积为 V.金属导线 a 与 b 的截面积为 Ω_a 与 Ω_b,且 $\Omega_a=\Omega_b$,当保持温度均匀恒定的情况下,设有恒定电流密度 $\boldsymbol{J}$ 从金属 a 流向金属 b.

计算佩尔捷热最直接的办法是从能量平衡方程去考查.将(5.3.13)代入(5.3.6),有

$$\frac{\partial u}{\partial t}=-\nabla\cdot(T\boldsymbol{J}_s-\zeta\boldsymbol{J})+\boldsymbol{J}\cdot\vec{\mathscr{E}}=-\nabla\cdot(T\boldsymbol{J}_s)+\boldsymbol{J}\cdot(\vec{\mathscr{E}}+\nabla\zeta), \tag{5.3.48}$$

其中已用到稳定电流的条件 $\nabla\cdot\boldsymbol{J}=0$.将(5.3.37a)与(5.3.37b)代入上式,则有

$$\begin{aligned}\frac{\partial u}{\partial t}&=-\nabla\cdot\left\{T\left(\frac{\pi}{T}\boldsymbol{J}-\frac{\kappa}{T}\nabla T\right)\right\}+\boldsymbol{J}\cdot\left(\frac{\boldsymbol{J}}{\sigma}-\eta\nabla T\right)\\&=-\nabla\cdot(\pi\boldsymbol{J})+\nabla\cdot(\kappa\nabla T)+\frac{J^2}{\sigma}-\eta\boldsymbol{J}\cdot\nabla T.\end{aligned} \tag{5.3.49}$$

当温度均匀时,即 $\nabla T=0$,上式化为

$$\frac{\partial u}{\partial t}=-\nabla\cdot(\pi\boldsymbol{J})+\frac{J^2}{\sigma}.\tag{5.3.50}$$

将上式乘体元 $\mathrm{d}\tau$ 并对图 5.3.2(b)中接头附近体积为 V 的小区域积分,注意到 $U=Vu$,则得

$$\begin{aligned}\frac{\partial U}{\partial t}&=-\iiint_V\nabla\cdot(\pi\boldsymbol{J})\mathrm{d}\tau+\iiint_V\frac{J^2}{\sigma}\mathrm{d}\tau\\&=-\int_{\Omega_a}\pi_a\boldsymbol{J}\cdot\boldsymbol{n}_a\mathrm{d}\Sigma_a-\int_{\Omega_b}\pi_b\boldsymbol{J}\cdot\boldsymbol{n}_b\mathrm{d}\Sigma_b+\iiint_V\frac{J^2}{\sigma}\mathrm{d}\tau.\end{aligned}\tag{5.3.51}$$

最后一步已应用了高斯定理. 今设 $\boldsymbol{J}$ 的方向从 a 流向 b,面元 $\mathrm{d}\Sigma_b$ 的外向法线方向 $\boldsymbol{n}_b$ 与 $\boldsymbol{J}$ 一致取为正,面元 $\mathrm{d}\Sigma_a$ 的外向法线方向 $\boldsymbol{n}_a$ 与 $\boldsymbol{J}$ 相反取为负. 取 $V\to0$ 的极限,则 Ω_a 与 Ω_b 二截面重合;由于 $\boldsymbol{J}$ 是有限的,故(5.3.51)右方第三项为零,于是上式化为

$$\frac{\partial U}{\partial t}=(\pi_a-\pi_b)I,\tag{5.3.52}$$

其中 $I=J\Omega_a=J\Omega_b$ 为通过接头的总电流,上式正是佩尔捷热. 与(5.3.47)比较,即得

$$\pi_{ab}=\pi_a-\pi_b.\tag{5.3.53}$$

由(5.3.38),得

$$\pi_{ab}=T(\eta_b-\eta_a),\tag{5.3.54}$$

再利用(5.3.46),得

$$\pi_{ab}=T\frac{\partial E}{\partial T}.\tag{5.3.55}$$

上式称为**汤姆孙**(Thomson)**第二关系**,它把温差电动势与佩尔捷系数联系起来.

5.3.5 汤姆孙效应

如果导体中存在温度梯度,当有电流通过时,除产生焦耳热以外,还会放出额外的热量,称为**汤姆孙热**. 这是汤姆孙于 1854 年从实验上发现的,称为**汤姆孙效应**. 令 q_T 代表单位时间单位体积内导体所释放出的汤姆孙热,实验结果可以表达为

$$q_T=-\tau\boldsymbol{J}\cdot\nabla T,\tag{5.3.56}$$

其中 τ 称为**汤姆孙系数**,它与金属的性质以及温度有关. 从上式可以看出,如果电流方向反向,则 q_T 将改号,若原来是放热,将改为吸热.

为了计算 q_T,仍回到能量平衡方程(5.3.49). 在稳定电流的情况下,$\nabla\cdot\boldsymbol{J}=0$,(5.3.49)化为

$$\frac{\partial u}{\partial t}=-\boldsymbol{J}\cdot\nabla\pi-\eta\boldsymbol{J}\cdot\nabla T+\nabla\cdot(\kappa\nabla T)+\frac{J^2}{\sigma}.\tag{5.3.57}$$

将 $\nabla\pi$ 分成两部分:

$$\nabla\pi=(\nabla\pi)_T+\frac{\partial\pi}{\partial T}\nabla T,\tag{5.3.58}$$

其中第一项代表 T 不变下由于空间位置变化引起 π 的改变，第二项是由温度变化引起的，于是(5.3.57)化为

$$\begin{aligned}\frac{\partial u}{\partial t}&=-\boldsymbol{J}\cdot(\nabla\pi)_T-\left(\frac{\partial\pi}{\partial T}+\eta\right)\boldsymbol{J}\cdot\nabla T+\nabla\cdot(\kappa\nabla T)+\frac{J^2}{\sigma}\\&=-\boldsymbol{J}\cdot(\nabla\pi)_T-\left(\frac{\partial\pi}{\partial T}-\frac{\pi}{T}\right)\boldsymbol{J}\cdot\nabla T+\nabla\cdot(\kappa\nabla T)+\frac{J^2}{\sigma}.\end{aligned}\tag{5.3.59}$$

上式右方第三项代表单位时间内由于热传导在单位体积内产生的热，第四项代表焦耳热，这两项是熟知的. 第一项是没有温度梯度时仍然存在的热效应，它是前面讨论过的佩尔捷热. 这一项即使没有两种金属的接头，在不均匀的金属内部，只要 $\boldsymbol{J}\neq 0$ 和 $(\nabla\pi)_T\neq 0$，也可以存在，它相当于体佩尔捷效应. 上式中的第二项是 $\boldsymbol{J}\neq 0$ 与 $\nabla T\neq 0$ 同时存在时的热效应，这正是汤姆孙热(注意符号). 与(5.3.56)比较，即得

$$\tau=-\left(\frac{\partial\pi}{\partial T}-\frac{\pi}{T}\right).\tag{5.3.60}$$

将上式用到两种金属接头处，有

$$\tau_a-\tau_b=\frac{\pi_{ab}}{T}-\frac{\partial\pi_{ab}}{\partial T},\tag{5.3.61}$$

利用(5.3.55)，得

$$\tau_a-\tau_b=\frac{\partial E}{\partial T}-\frac{\partial\pi_{ab}}{\partial T}.\tag{5.3.62}$$

公式(5.3.62)称为**汤姆孙第一关系**. 公式(5.3.62)与(5.3.55)这两个汤姆孙关系是温差电效应的核心结果.

线性非平衡态热力学可以把不同的可观测量联系起来. 两个汤姆孙关系是具有典型意义的(这一点与传统热力学将不同的平衡态下的热力学量联系起来类似). 但非平衡态热力学不能直接计算这些系数本身(如 η,π,τ 等). 非平衡态统计物理可以在一定的简化下计算这些参数.

习　题

*5.1　证明(5.3.15)与(N1)，(N2)，(N3)诸式(见 163 页注)相等.

*5.2　若选电流密度 $\boldsymbol{J}$ 与热流密度 $\boldsymbol{J}_q$ 作为热力学流，其共轭热力学力 $\boldsymbol{X}_J$ 与 $\boldsymbol{X}_q$ 由(5.3.16a)与(5.3.16b)给出，相应的唯象方程为(5.3.18a)，(5.3.18b). 试以此为基础，导出温差电效应的汤姆孙第一关系与第二关系.

(参看主要参考书目[1]，413 页.)

*5.3　如果像 §5.3 一样选电流密度 $\boldsymbol{J}$ 与熵流密度 $\boldsymbol{J}_s$ 作为热力学流，其共轭热力学力 $\boldsymbol{X}_1$ 与 $\boldsymbol{X}_2$ 由(5.3.22a)与(5.3.22b)给出，相应的唯象方程为(5.3.23a)，(5.3.23b). 试以此为基础，从熵平衡方程导出汤姆孙第一关系与第二关系(不同于 §5.3，那里是从能量平衡方

程的分析导出两个关系).

(参看主要参考书目[15], 298—303 页.)

*5.4　由(5.3.15),证明熵产生率 $\vartheta \geqslant 0$.

提示:从与(5.3.15)等价的公式(N1)证明比较简单.

第六章　统计物理学的基本概念

§6.1　统计物理学的研究对象、目的与方法

本书的第一部分介绍了热力学,它是热现象的宏观理论.从本章开始将介绍热现象的微观理论,即统计物理学.

热力学与统计物理学的研究对象相同,都是宏观物体.但热力学把物体当作连续介质,完全不管物体的微观结构;相反,统计物理学一开始就考虑宏观物体是由大量微观粒子组成的,从物体的微观组成与结构出发.其研究目的是从系统的微观性质出发研究和计算宏观性质.它好比是一座桥,把系统的微观性质和宏观性质联系起来.

热力学的基础是经验概括的三条基本定律,统计物理学的基础除了描述微观粒子运动的量子力学外,还需要统计假设.

热力学与统计物理学的研究方法也不同.前者以三条基本定律为基础作演绎推论;后者从物体的微观组成和结构出发,把宏观性质看成微观性质的统计平均,采用统计平均的方法.

统计物理学从内容看可以分成三大部分,即平衡态统计理论、非平衡态统计理论和涨落理论.平衡态统计理论是发展得最完善的,其中统计系综理论是普遍的,可以用于任何宏观物体系统.自 20 世纪 30 年代开始,平衡态理论的主要发展集中在如何处理相互作用不能忽略的系统,包括稠密气体、液体、相互作用多粒子系统、相变和临界现象等.在处理这类问题时,虽然基本理论框架没有改变,但在概念和方法上都有重要的发展,例如元激发的概念和方法,临界现象的重正化群理论等.平衡态统计理论还被广泛应用于凝聚态物理、天体物理等领域.这些领域在过去五十年都有巨大的进展.

非平衡态统计理论研究物体处于非平衡态下的性质、各种输运过程,以及具有基本意义的关于非平衡过程的宏观不可逆性等.与平衡态理论相比,由于必须考虑粒子之间相互作用的机制,使理论更为困难.其中对偏离平衡态不大的非平衡态,已有成熟的理论;但对远离平衡态的非平衡态,理论还不完善.非平衡态统计还为非平衡态热力学提供了必要的基础.

统计物理学的第三部分是涨落理论,这是热力学中完全被忽略的现象.涉及热现象的涨落现象有两类,一类是围绕平均值的涨落,另一类是布朗运动.后者已大大发展,远远超出早期狭义的布朗运动的研究内容,其中关于各类噪声的研究有重要的应用.此外,还有一类与热现象无关的量子涨落,与量子相变等密切相关.

从历史上看,经典统计物理学建立于 19 世纪下半叶,它是以经典力学作为其力学基础

的.经典统计理论曾经获得很大的成功,但19世纪末在应用到气体比热、固体比热,特别是应用到黑体辐射问题时,遇到了不可克服的困难.普朗克正是在对黑体辐射能谱的研究中提出量子假说,由此揭开了创建量子力学的序幕.有趣的是,量子力学的建立与量子统计物理学的建立二者之间有着相互依赖和相互促进的关系,并非先有了量子力学以后,才建立起量子统计物理学.今天,我们学习统计物理学,不必遵循历史发展的顺序.本书将首先介绍量子统计(在大学本科水平上的),而把经典统计作为量子统计的极限来介绍.这样做不但可以减少不必要的重复,而且对理解经典统计的适用条件也是有益的.

最后提一点,统计物理学的基本原理是简单的,理论框架也不复杂,但其应用却极为广泛,在应用中概念和方法均有发展.初学者应注意通过学习理论是如何应用的去理解和掌握基本概念、原理和方法.这样就不至于只记住几条干巴巴的原理和公式,而缺少有血有肉的丰富的物理内容.

§6.2 微观状态的经典描写与量子描写

前已提到,统计物理学的目的是从系统的微观性质出发研究和计算宏观性质,统计物理学搭了一座桥,把微观与宏观性质联系起来.微观性质由系统的微观状态决定,宏观性质由宏观状态决定.为此,必须首先明确如何描写系统的微观状态(宏观状态的描写已在热力学中介绍了).下面先介绍以经典力学为基础的经典描写,再介绍以量子力学为基础的量子描写.虽然微观粒子的运动遵从量子力学,但作为极限,经典描写在一定条件下仍是正确的.

6.2.1 微观状态的经典描写

微观状态(或**力学运动状态**)的经典描写以经典力学为基础,通常采用正则形式,即用广义坐标与广义动量来描写.

例1 三维空间中的质点,其自由度为3,用坐标x,y,z及动量p_x,p_y,p_z共6个变量描写其力学运动状态.运动状态及一切力学量(能量、动量等)均可连续变化,能量表达式为

$$\varepsilon=\frac{1}{2m}(p_x^2+p_y^2+p_z^2)=\frac{p^2}{2m}. \tag{6.2.1}$$

例2 一维谐振子,其自由度为1,用坐标x,动量p描写.其能量表达式为

$$\varepsilon=\frac{p^2}{2m}+\frac{1}{2}m\omega^2x^2. \tag{6.2.2}$$

一般地说,我们把组成宏观物体的基本单元称为**子系**,它可以是气体中的分子,固体中的原子,也可以是粒子的某一个自由度,如双原子分子的振动自由度,磁性原子的自旋自由度,等等.

如果子系有r个自由度,其微观状态需用$2r$个变量来描写,即r个广义坐标$q_1,q_2,\cdots,q_r$和相应的r个广义动量$p_1,p_2,\cdots,p_r$.子系的能量表达式一般为坐标和动量的函数:

$$\varepsilon = \varepsilon(q_1, \cdots, q_r, p_1, \cdots, p_r). \tag{6.2.3}$$

为了表达方便,通常还引入几何表示法:将描写子系力学运动状态的坐标和动量 q_1,$\cdots$,q_r,p_1,$\cdots$,p_r 作为直角坐标架,构成一个 $2r$ 维空间,称为**子相空间**(或 μ 空间).这里“相”的意思是指“运动状态”.现在,子系的一个力学运动状态对应于子相空间中的一个点,子系运动状态的微小范围用 $\mathrm{d}\omega$ 表示:

$$\mathrm{d}\omega = \mathrm{d}q_1 \cdots \mathrm{d}q_r \mathrm{d}p_1 \cdots \mathrm{d}p_r, \tag{6.2.4}$$

$\mathrm{d}\omega$ 称为**子相体元**.

以上是对子系微观状态的描写.整个系统的情况与此类似,例如对 N 个质点组成的系统,每个质点有 3 个自由度,整个系统的总自由度数为 $3N$,需用 $6N$ 个变量来描写,即 $3N$ 个坐标 $x_1, y_1, z_1, \cdots, x_N, y_N, z_N$ 和相应的 $3N$ 个动量 $p_{x_1}, p_{y_1}, p_{z_1}, \cdots, p_{x_N}, p_{y_N}, p_{z_N}$.一般地说,若系统由 N 个子系组成,每个子系的自由度为 r,整个系统的总自由度数为 $s=Nr$,则需用 $2s$ 个广义坐标和广义动量 $q_1, \cdots, q_s, p_1, \cdots, p_s$ 来描写其力学运动状态.用这 $2s$ 个坐标和动量作为直角坐标架构成的空间称为**相空间**(或 Γ 空间),相空间中的一个点就代表系统的一个微观状态,而相空间的小体积元(称为**相体元**)用 $\mathrm{d}\Omega$ 表示:

$$\mathrm{d}\Omega = \mathrm{d}q_1 \cdots \mathrm{d}q_s \mathrm{d}p_1 \cdots \mathrm{d}p_s, \tag{6.2.5}$$

它代表系统微观状态的微小范围.

根据经典力学,微观状态可以连续变化,相应的力学量的取值也可以连续变化.实际上微观粒子应遵从量子力学;不过经典力学的描写在一定条件下作为量子力学的极限仍是适用的.

6.2.2 微观状态的量子描写

微观状态的量子描写以量子力学为基础.对于现阶段的学习来说,知道下面两点就够了.

(1) **微观状态是一些量子态,可以用一个或一组量子数标志,相应的微观力学量(如能量、动量等)的取值是不连续的,或者说是量子化的.**

例 1 边长为 L 的正方形容器中的自由粒子.

根据量子力学,粒子的运动遵从薛定谔方程,若选用周期性边条件,则量子态有平面波的形式:

$$\Psi_{n_1, n_2, n_3}(\boldsymbol{r}) \sim \mathrm{e}^{\mathrm{i}\boldsymbol{p}\cdot\boldsymbol{r}/\hbar}. \tag{6.2.6}$$

这些量子态由一组量子数 (n_1, n_2, n_3) 标志,$n_i = \pm 1, \pm 2, \cdots$,相应的动量与能量本征值都是量子化的:

$$\boldsymbol{p} = (p_1, p_2, p_3) = \frac{2\pi\hbar}{L}(n_1, n_2, n_3), \tag{6.2.7}$$

$$\varepsilon = \frac{1}{2m}(p_x^2 + p_y^2 + p_z^2) = \frac{2\pi^2\hbar^2}{mL^2}(n_1^2 + n_2^2 + n_3^2), \tag{6.2.8}$$

量子化的能量也称为能级.例如,$n_1=n_2=n_3=1$ 的态(简记为(1,1,1))的能量为 $\varepsilon_{1,1,1}=\frac{2\pi^2\hbar^2}{mL^2}\times 3\equiv\varepsilon_0$,为最低能级.属于同一能级的不同量子态数称为该能级的**简并度**,用 g 表示.例如,具有相同能量 ε_0 的不同量子态有 8 个,它们是(1,1,1),(−1,1,1),(1,−1,1),(1,1,−1),(−1,−1,1),(1,−1,−1),(−1,1,−1),(−1,−1,−1),即 ε_0 能级的简并度为 8,记为 $g_0=8$.

例 2 一维谐振子.

以后在讨论双原子分子气体的振动以及固体原子振动的爱因斯坦模型等问题时都会遇到一维谐振子.按照量子力学,一维谐振子的量子态由一个量子数 n 标志(其本征函数的具体形式略),相应的能量为

$$\varepsilon_n=\left(n+\frac{1}{2}\right)h\nu,\quad n=0,1,2,\cdots. \tag{6.2.9}$$

每一能级只有一个量子态,即简并度 $g_n=1$.这些能级是等间隔的,相邻的两个能级的间隔为 $\Delta\varepsilon=h\nu$,与 n 无关.

其他子系统的量子态与能级将在以后结合具体问题再介绍.

顺便说一下,在以后计算热力学性质时,常常会涉及计算对量子态的求和.在一定条件下(条件是:粒子的能级间隔 $\Delta\varepsilon_n$ 远小于热运动的特征能量 kT.该条件相当于能量量子化效应可以忽略.详见 §7.7,§7.11),求和可以代替为对子相空间的积分.这时,需要用到子系量子态与子相体积之间的对应关系,若子系的自由度为 r,则

$$\text{子系的一个量子态} \longleftrightarrow \text{大小为 } h^r \text{ 的子相体积}. \tag{6.2.10}$$

这里用一维谐振子为例来证明.一维谐振子的能量的经典表达式为

$$\varepsilon=\frac{p^2}{2m}+\frac{1}{2}m\omega^2x^2, \tag{6.2.11}$$

其子相空间为(x,p)的二维平面.将(6.2.11)用 ε 除,即化为

$$\frac{x^2}{2\varepsilon/m\omega^2}+\frac{p^2}{2m\varepsilon}=1, \tag{6.2.12}$$

上式是标准的椭圆方程,$\varepsilon=$常数的等能曲面(这里是曲线)是椭圆,两个半轴分别为 $a=\sqrt{2\varepsilon/m\omega^2}$ 和 $b=\sqrt{2m\varepsilon}$,故椭圆的面积为

$$S=\pi ab=\frac{2\pi\varepsilon}{\omega}=\frac{\varepsilon}{\nu}. \tag{6.2.13}$$

根据经典力学,谐振子能量 ε 取值是连续的,故椭圆面积可以连续变化.但按照量子力学,振子能量只能取量子化的值 $\varepsilon_n=(n+1/2)h\nu$,相应椭圆轨道的面积为 $S=\varepsilon_n/\nu=(n+1/2)h$,因而两相邻轨道之间的面积为 h(参看图 6.2.1),亦即每 h 大小的子相体积(这里是面积)对应振子的一个量子态.子系量子态与子相体积之间的对应关系的普遍证明可参考朗道、栗弗席

兹的《量子力学》[①].

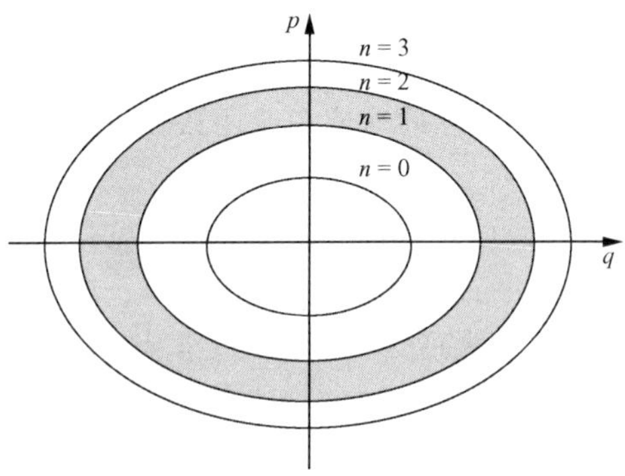

图 6.2.1 一维谐振子的子相空间与等能曲线

(2) **全同粒子系统·全同性原理**

统计物理学研究的系统是由大量微观粒子组成的,常常遇到的是由全同粒子组成的情形.所谓全同粒子是指它们的内禀性质(如质量、电荷、自旋等)完全相同.对于全同粒子组成的多粒子系统,量子力学有一条基本规律,称为**全同性原理**.它可以简单表述为:**全同粒子的交换不引起新的系统的量子态**,或者说**全同粒子是不可分辨的**.全同性原理是经典力学所没有的.倘若粒子遵从经典力学,那么,尽管不能从内禀性质去区分全同粒子,但由于各个粒子具有完全确定的力学运动轨道,原则上仍可以按粒子的轨道来追踪,从而区分它们.与此相反,根据量子力学,由于微观粒子具有波粒二重性,用确定的轨道描述粒子的运动已失去意义,也就是说,原则上不能用粒子的运动状态来区分全同粒子.图 6.2.2 给出经典与量子的比较示意,显示用波包描述粒子时,由于波包有有限的大小,并会随时间扩张,即使初始时刻两个粒子的波包是分开的,但以后波包会重叠,在重叠区发现粒子,根本不能区分它是哪一个粒子了.

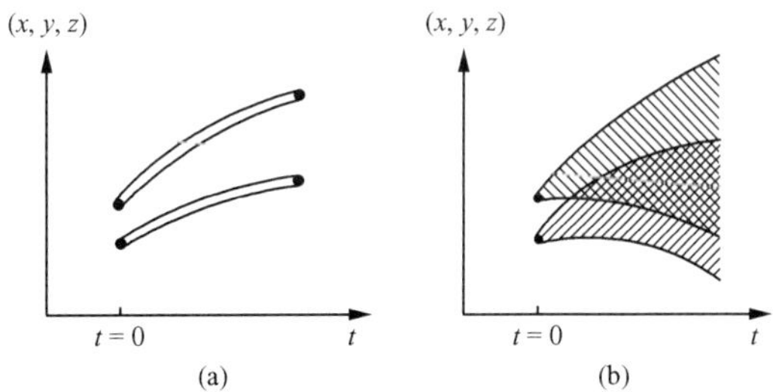

图 6.2.2 两个全同粒子状态随时间的演化示意
(a) 经典情形;(b) 量子情形

① L. D. Landau & E. M. Lifshitz, Quantum Mechanics, 3rd revised edition, Pergamon Press, 1977, p. 170.

- 全同粒子系统波函数的对称性

全同性原理给描述系统量子态的波函数带来很强的限制，要求波函数具有确定的对称性. 具体地说，当交换任何两个粒子全部坐标（包括位置和自旋）时系统的波函数只允许两种情况：或者波函数不变（波函数是对称的）；或者波函数变号（波函数是反对称的）.

- 费米子与玻色子

全同多粒子系统波函数的对称性质和粒子的自旋之间有确定的关系，并决定了它们的统计性质. 自旋为 $s\hbar(s=0,1,2,\cdots)$ 即为 $\hbar$ 的整数倍的粒子，称为**玻色子**（boson），例如光子（$s=1$），π 介子（$s=0$）等等，其波函数是交换对称的，遵从**玻色-爱因斯坦（Bose-Einstein）统计**. 自旋为 $\hbar$ 的半奇整数倍（$s=1/2,3/2,\cdots$）的粒子，称为**费米子**（fermion），例如所有的轻子（电子(e)，τ 子，μ 子），质子(p)，中子(n)（以上粒子均有 $s=1/2$）等. 其波函数是交换反对称的，遵从**费米-狄拉克（Fermi-Dirac）统计**. 对于**复合粒子**，如果是由偶数个费米子或由玻色子构成的，则为玻色子，例如氢原子 H（含 p，e），氦 ^{4}He（含 2p，2n，2e）等；由奇数个费米子构成的则为费米子，例如氢的同位素氘 ^{2}H（含 p，n，e），氦的同位素 ^{3}He（含 2p，n，2e）等等.

- 泡利不相容原理

全同费米子系统遵从一条重要的规律，称为**泡利（Pauli）不相容原理：不允许有两个全同的费米子处于同一个单粒子量子态**. 换句话说，任何一个单粒子态上，要么不占据，要么占据一个费米子. 与此不同，全同玻色子系统任一个单粒子态上占据的粒子数是不受限制的. 以后将看到，泡利不相容原理是我们理解费米子系统与玻色子系统不同统计性质的基础.

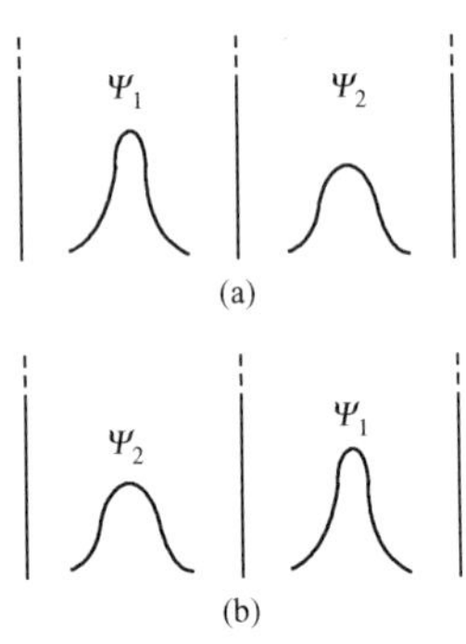

图 6.2.3 定域子系波函数彼此不重叠

(3) **定域子系**

全同多粒子系统在某些特殊情况下，全同性原理不起作用，这时全同粒子仍然是可以分辨的（distinguishable），不论它们是费米子还是玻色子. 这种特殊情况是指各个粒子的波函数分别局限在空间不同的范围内，彼此没有重叠. 在这种情况下，虽然不能从粒子的内禀性质去区分它们，但可以从粒子所处的不同位置对它们加以区分. 这种子系称为**定域子系**（localized sub-system）. 例如爱因斯坦的固体振动模型中，假设每个原子都围绕其平衡位置作微小的简谐振动，不同原子振动的波函数彼此不重叠. 图 6.2.3 显示两个定域粒子的不同波函数 Ψ_1 与 Ψ_2. 不难看出，如果交换两个粒子的波函数（即量子态），由这两个粒子组成的**系统的**微观状态是不同的. 通常我们简单地说成是"粒子的交换对应于系统的不同的量子态". 当然，这时真正交换的是粒子的量子态，而不是粒子本身（粒子是局域的）. 或者，也可以简单地说，全同的定域子系是可以分辨的.

与此相反，如果粒子的波函数不定域，粒子的波函数彼此会发生重叠，就不可能分辨全同粒子了. 这种情况称为**非定域子系**.

定域子系的其他例子还有稀磁系统（固体中低密度的磁性原子，它们彼此分得很开，波函数不重叠).此外,稀薄气体的分子本身是非定域的,但不同分子的内部运动自由度(转动、振动)的波函数不重叠,故可作为定域子系来处理.我们将看到,与非定域的费米子和玻色子系统不同,定域子系遵从**玻尔兹曼统计**.

(4) 子系的量子态与系统的量子态(全同多粒子系)

我们用下面的简例来说明子系的量子态与系统的量子态的关系(见图 6.2.4).

设子系有 3 个不同的量子态,每一个量子态用一条短横线表示;系统共有 2 个粒子.

对于定域子系,粒子是可分辨的,图中用加上标号的○表示;每一子系量子态上占据的粒子数不受限制.这时,每一个粒子占据确定的子系量子态,对应于系统的一个量子态.结果,系统共有 9 个不同的量子态(图 6.2.4(a)).

对于非定域玻色子,粒子不可分辨,图中用不加标号的○表示;但每一子系量子态上占据的粒子数不受限制.由于粒子不可分辨,所有粒子在子系量子态上的一种占据位形,对应于系统的一个量子态.结果,系统共有 6 个不同的量子态(图 6.2.4(b)).

对于非定域费米子,由于粒子不可分辨及泡利原理,所有粒子在子系量子态上的一种占据位形,对应于系统的一个量子态,且每一子系量子态上占据的粒子数不能多于 1.因而系统只有 3 个不同的量子态(图 6.2.4(c)).

以后我们将看到,上述区别会影响它们的统计分布.

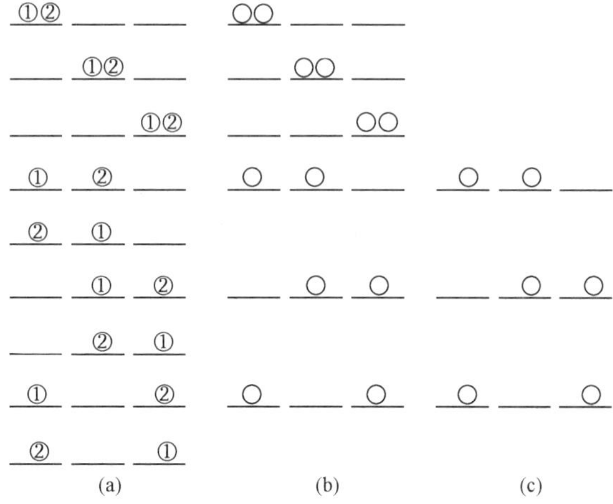

图 6.2.4 子系的量子态与系统的量子态示意
(a) 定域子系;(b) 非定域玻色子;(c) 非定域费米子

§6.3 宏观量的统计性质 统计规律性

6.3.1 宏观量的统计性质

统计物理学的任务是从物质的微观结构和微观运动来说明物质的宏观性质.宏观性质

由宏观量表征，它们是可以直接或间接通过宏观观测来确定的物理量，包括热力学变量（如密度、压强等），热力学函数（如内能、熵等），以及其他一些在传统热力学中并不出现的可观测量（如气体分子的速度分布，流体的密度涨落关联函数，磁系统的自旋密度涨落关联函数等）. 为此，必须建立宏观量与微观量之间的联系. 统计物理学的**基本观点**是：**宏观量是相应微观量的统计平均值**. 这可以从宏观观测的特点来说明. 宏观观测有两个基本特点：一是**空间尺度上是宏观小**（才有可能显示出宏观性质的空间变化）、**微观大**（仍包含足够大量的粒子）；二是**时间尺度上是宏观短**（才有可能显示宏观性质随时间的变化）、**微观长**（微观状态已经历足够多次变化）. 比如，以测量气体分子的数密度为例，在 0℃ 和 1 atm 下，1 cm^3 体积中包含气体分子数约为 2.7×10^{19}，如果选 10^{-6} cm^3 的体积来观测，宏观看它已足够小，但其中仍包含约 2.7×10^{13} 个分子，因而微观看还是非常大的. 类似地，在同样的宏观条件下，1 cm^3 内气体分子在 1 秒内的碰撞数高达 10^{29} 次. 倘若选 10^{-6} 秒为观测时间，宏观看已足够短，但即使取 10^{-6} cm^3 的宏观小体积，分子之间仍会有大约 $10^{29}\times10^{-6}\times10^{-6}$ 即 10^{17} 次碰撞发生，显然微观上已足够长.

由于宏观观测是宏观小、微观大，宏观短、微观长的，这就使得在每一次宏观观测中都出现极大数目的微观运动状态，就某一次特定的宏观观测而言，其宏观观测值是相应的微观量对该次测量中所出现的大量微观状态的统计平均值. 实验上通常取多次测量的平均作为最后的观测结果，因此，统计物理学中把理论上要计算的宏观量，看成是对一定宏观状态下一切可能出现的微观状态的统计平均值. 而且，由于每一次宏观观测中涉及的微观状态已经非常多，与“全部”相差并不显著，这就是为什么在一定宏观状态下，不同的观测结果实际上相差很小的道理.

以上讨论的是与宏观量有明显对应的微观量的情形，如宏观的内能对应的微观量是系统的微观总能量，宏观的磁化强度对应的是单位体积内的微观总磁矩等. 这种情况很简单，只需要直接求统计平均就行了. 对于没有明显与之对应的微观量的那些宏观量，如热量、熵等，可以通过与热力学的对比来确定（见 §7.4，§7.10）.

6.3.2　统计规律性

在统计物理学创建的早期阶段，人们对为什么采用统计平均方法并不十分清楚，当时有一种观点是：宏观量是相应的微观量的长时间平均值，而微观量随时间的变化完全由力学运动方程决定. 按照这种观点，力学运动规律原则上完全决定了宏观性质. **如果**有足够多的纸和笔，足够长的时间，**如果**能把大群分子系统的力学运动的微分方程解出来，就可以确定系统的宏观性质. 只是由于系统所包含的分子数太多，求解微分方程不可能，才不得不采用统计平均方法. 换句话说，采用统计平均方法是不得已而为之.

上述这种观点不能回答一个根本性的问题，即热现象过程的不可逆性. 我们知道，微观运动的力学运动方程（无论是量子力学的薛定谔方程，还是经典力学的牛顿方程）都是时间反演对称的，亦即是可逆的. 这表明，宏观物体的性质和规律不可能纯粹以力学规律为基础来解释，而有赖于新的规律，这就是**统计规律**，它可以表述为：**在一定的宏观条件下，某一时刻系统以一定的几率处于某一微观运动状态**. 宏观状态与微观状态之间的这种联系是几率性的，这是统计规律的特征. 与此不同的是力学规律，它的论断是决定性的. **力学规律**可表述为：**在一定的初始条件下，某一时刻系统必然处于一确定的运动状态**.

系统宏观状态与微观状态之间的几率性的联系是怎么产生的呢？一方面，系统的宏观状态只需少数几个状态变量就可以确定，例如容器中处于平衡态的气体，只需要温度、体积、总粒子数就可以完全确定其宏观状态. 但微观上看，系统的粒子数（因而其自由度数）非常多（量级大约为 10^{20}），因而允许出现的微观状态数极其巨大，它们不能由宏观状态确定. 另一方面，物体系统总是处于一定的外部环境之中，系统与环境不可能绝对隔离，即使对处于平衡态的系统，虽然与环境之间不再有宏观的能量和粒子的交换，但它们之间仍不可避免地存在着相互作用，这种相互作用足以影响系统的微观状态；特别是这种相互作用带有随机性，这就决定了系统宏观态与微观态之间的联系是统计性质的.

最后还应该指出，不能说“组成系统的粒子数多，力学规律就不起作用了”. 实际上对由大量粒子组成的宏观物体，力学规律与统计规律都起作用，它们决定着物体系统的不同的方面：微观运动遵从力学规律，而宏观与微观的联系遵从统计规律.

§6.4 平衡态统计理论的基本假设：等几率原理

等几率原理是平衡态统计理论的基本假设.

上面我们说明了统计物理学的基本观点，即宏观量是相应的微观量对微观态的统计平均值，并且指出采用统计平均方法的背后，反映了宏观态与微观态之间的联系遵从统计规律这一客观事实. 十分清楚，为了计算统计平均值，必须知道系统在一定的宏观状态下各个微观状态出现的几率. 考虑一个孤立系，处于平衡态，系统的总能量(E)，体积(V)和总粒子数(N)都是固定的. 这时微观上可能出现的状态仍然非常多. 现在要问：各个微观状态出现的几率是多少？一个最简单、朴素的猜想是：各个可能出现的微观状态出现的几率都一样. 这个看起来简单的叙述构成了平衡态统计物理理论的基本假设，这就是**等几率原理**，它可以表述为：**对于处于平衡态下的孤立系，系统各个可能的微观状态出现的几率相等**.

这里所说的“可能的微观态”是指孤立系的宏观条件所允许的那些微观态，亦即这些微观态均对应于给定的(E,V,N).

历史上最早提出等几率原理的是玻尔兹曼，玻尔兹曼曾经试图从力学定律来推导等几率原理，但没有成功（在第八章还会再谈到这个问题，见§8.3）. 直到目前为止，等几率原理仍然是一条基本假设，是平衡态统计物理学唯一的基本假设. 不过，我们不必怀疑它的正确性，因为一百多年来，基于等几率原理所建立的平衡态统计理论及其一切推论，经受了实验的检验，证明了它的正确性.

至于能否从更基本的原理出发得到等几率原理，当然是值得研究的问题，这是属于统计物理学“老根”的基础问题，迄今尚未解决.

第七章　近独立子系组成的系统

§7.1　分布与系统的微观态　最可几分布

7.1.1　近独立子系

子系是组成系统的基本单元，它可以是气体中的分子，金属中的传导电子，热辐射场中的光子等；也可以代表粒子的某一个自由度；此外，在某些理论处理中，还可以把系统分成许多宏观大小的部分，把每一部分看成一个子系，等等.不过，就目前的讨论而言，不妨把子系就简单地理解成粒子.

如果组成系统的粒子之间的相互作用很弱，可以忽略不计，以致系统的总能量 E 等于各个粒子能量 ε_i 之和：

$$E = \sum_{i=1}^{N} \varepsilon_i, \tag{7.1.1}$$

则称这种系统为近独立子系组成的系统，有的书上用"独立粒子系统"或"自由粒子系统"，意思实际上是一样的.这里用"近独立子系"(almost independent sub-system)，是想强调如下事实：假如粒子之间完全没有相互作用，粒子之间就不可能交换能量，系统就不可能达到平衡并保持平衡.

7.1.2　粒子按能级的分布 $\{a_\lambda\}$

令粒子的能级为 $\varepsilon_1, \varepsilon_2, \cdots, \varepsilon_\lambda, \cdots$，它们按从低到高的顺序排起来，相应各个能级的**简并度**为 $g_1, g_2, \cdots, g_\lambda, \cdots$，令 $a_1, a_2, \cdots, a_\lambda, \cdots$ 代表这些能级上占据的粒子数，称为粒子按能级的**微观分布**，简记为 $\{a_\lambda\}$.一组特定的数 $\{a_\lambda\}$，代表粒子按能级的一种特定的微观分布，不同的 $\{a_\lambda\}$ 代表不同的微观分布.

在一定的宏观状态下，允许出现的微观分布有许许多多.现在考虑处于平衡态的孤立系，这时系统的总能量 E，体积 V，总粒子数 N 都是固定的.在此宏观状态下，允许出现的微观分布必须满足下列两个条件：

$$\sum_\lambda a_\lambda = N, \tag{7.1.2}$$

$$\sum_\lambda \varepsilon_\lambda a_\lambda = E. \tag{7.1.3}$$

第一个条件代表粒子总数等于 N，第二个条件代表系统的总能量等于 E.这两个条件是宏观状态对微观分布所加的约束条件. 显然,满足这两个约束条件的微观分布的数目仍是很多的.

7.1.3 分布$\{a_\lambda\}$对应的系统微观状态数$W(\{a_\lambda\})$

应该注意,分布$\{a_\lambda\}$与系统微观状态是不同的概念. 在§6.2中,我们已对粒子可分辨(定域子系)与粒子不可分辨(非定域子系)的不同情形下子系与系统的量子态的关系用简单例子作了说明. 显然,一个特定的微观分布$\{a_\lambda\}$对应于许许多多系统的量子态. 一般而言,不同的微观分布对应的系统量子态数是不同的.

对于处于平衡态的孤立系,根据等几率原理,某一微观分布对应的系统微观态数越多,它出现的几率就越大. 令$P(\{a_\lambda\})$代表微观分布$\{a_\lambda\}$出现的几率,则$P(\{a_\lambda\})$应与该分布对应的系统微观状态数$W(\{a_\lambda\})$成正比,即

$$P(\{a_\lambda\}) \propto W(\{a_\lambda\}). \tag{7.1.4}$$

注意,分布的几率正比于$W(\{a_\lambda\})$是以等几率原理为基础的. $W(\{a_\lambda\})$代表未归一化的相对几率,称为**热力学几率**. 我们暂时不来计算$W(\{a_\lambda\})$的具体表达式,只要知道$W(\{a_\lambda\})$是分布$\{a_\lambda\}$的函数就够了.

7.1.4 最可几分布法

§6.3中我们曾经指出,宏观量是相应微观量的统计平均值. 近独立粒子按能量的分布也是一种宏观可观测量(热力学中没有,统计物理中引入的),它应该等于在一定宏观状态下各种微观上可能出现的分布的统计平均. 按此,知道了分布的几率,就可以进一步求出平均分布,形式上可表达为:

$$\bar{a}_\lambda = \sum_{\{a_\lambda\}} a_\lambda P(\{a_\lambda\}), \tag{7.1.5}$$

其中$P(\{a_\lambda\})$代表微观分布$\{a_\lambda\}$的几率,求和号代表对满足固定的总粒子数N与总能量E这两个约束条件下的一切可能的微观分布求和. 直接求平均分布将在§8.9中介绍.

最可几分布法不同于直接求平均的方法,它是从一定宏观状态下所有可能出现的微观分布中,找出出现几率最大的那个分布. 倘若最可几分布出现的几率,比起其他分布的几率占有压倒优势;那么,**最可几分布**应该就等于**平均分布**. 当然,这是一种猜想,是需要证明的. 可以证明,最可几分布与平均分布相同. 这里的关键是,组成系统的粒子数目必须很大(见下节).

最可几分布法的要点可以归结为: 对处于平衡态下的孤立系,先求出任意分布$\{a_\lambda\}$的相对几率$W(\{a_\lambda\})$,再从宏观状态所允许的所有分布中找出使$W(\{a_\lambda\})$取极大的分布. 数学上相当于在一定的约束条件下求多变量函数$W(\{a_\lambda\})$(它是变量$a_1, a_2, \cdots, a_\lambda, \cdots$的函数)的条件极值;具体计算时为了数学处理方便,用$\ln W$代替W,即

$$\delta \ln W(\{a_\lambda\}) = 0, \tag{7.1.6a}$$

$$\delta N = 0, \tag{7.1.6b}$$

$$\delta E = 0, \tag{7.1.6c}$$

其中(7.1.6b)及(7.1.6c)分别代表总粒子数固定与总能量固定这两个约束条件.

为了具体计算 $W(\{a_\lambda\})$，必须区别粒子可分辨或是粒子不可分辨的情况. 对粒子不可分辨的情况，还需要区分是玻色子还是费米子. 这三种情况相应的 $W(\{a_\lambda\})$是不同的，得到的最可几分布也不同. §7.2 将介绍粒子可分辨(定域子系)的情形，得到麦克斯韦-玻尔兹曼(Maxwell-Boltzmann)分布，§7.9 将介绍粒子不可分辨的情形，对非定域玻色子系统与非定域费米子系统，分别得到**玻色-爱因斯坦**(Bose-Einstein)分布与**费米-狄拉克**(Fermi-Dirac)分布.

§7.2 定域子系 麦克斯韦-玻尔兹曼分布

7.2.1 分布$\{a_\lambda\}$对应的系统量子态数 $W(\{a_\lambda\})$

本节应用最可几分布法推导全同定域子系的最可几分布. 所用的符号与上节相同，即令 $\varepsilon_1, \varepsilon_2, \cdots, \varepsilon_\lambda, \cdots$代表粒子的能级，$g_1, g_2, \cdots, g_\lambda, \cdots$代表各能级的简并度，$a_1, a_2, \cdots, a_\lambda, \cdots$代表各能级占据的粒子数. 设系统为孤立系，故总粒子数 N 与总能量 E 是固定的. 这时，微观上允许出现的分布$\{a_\lambda\}$必须满足下面两个条件：

$$\sum_\lambda a_\lambda = N, \tag{7.2.1}$$

$$\sum_\lambda \varepsilon_\lambda a_\lambda = E. \tag{7.2.2}$$

对于全同的定域子系，注意到粒子是可分辨的，我们可以给粒子加上标号：1,2,…,N. 这时，不难证明，分布$\{a_\lambda\}$所对应的系统量子态数 $W(\{a_\lambda\})$为

$$W(\{a_\lambda\}) = \frac{N!}{\prod_\lambda a_\lambda!}\prod_\lambda g_\lambda^{a_\lambda}. \tag{7.2.3}$$

实际上，先看式中第二个因子 $\prod_\lambda g_\lambda^{a_\lambda}$ 中的一项 $g_\lambda^{a_\lambda}$，它代表特定的 a_λ 个粒子在ε_λ 能级上的 g_λ 个不同的粒子量子态中的不同占据方式. 再将所有能级相应的因子相乘，即得 $\prod_\lambda g_\lambda^{a_\lambda}$，它代表特定的 a_1 个粒子占据 ε_1 能级的 g_1 个不同的粒子量子态，特定的 a_2 个粒子占据 ε_2 能级的 g_2 个不同的粒子量子态，……，特定的 a_λ 个粒子占据 ε_λ 能级的 g_λ 个不同的粒子量子态，…… 等等所对应的系统的不同的量子态数. 但这还不是 $W(\{a_\lambda\})$ 的全部，因为分布$\{a_\lambda\}$只考虑能级$\{\varepsilon_\lambda\}$ 上的粒子个数，并不问是哪些特定的粒子. 因此还必须考虑不同能级粒子之间的交换，这就是组合因子$\dfrac{N!}{\prod_\lambda a_\lambda!}$. 将这两个因子相乘就得到了公式(7.2.3).

7.2.2 最可几分布的推导

为了数学处理方便，把求 W 的极大改为求 $\ln W$ 的极大，二者在数学上完全等价①. 由斯特令公式

$$m! = m^m e^{-m} \sqrt{2\pi m} \tag{7.2.4}$$

取对数，得

$$\ln m! = m(\ln m - 1) + \frac{1}{2}\ln(2\pi m). \tag{7.2.5}$$

当 m 很大时，$\ln m \ll m$，故(7.2.5)右方最后一项可以忽略，即

$$\ln m! \approx m(\ln m - 1) \quad (m \gg 1). \tag{7.2.6}$$

现假设 $a_\lambda \gg 1$，应用(7.2.6)到 $\ln W$，可得

$$\begin{aligned}\ln W(\{a_\lambda\}) &= N(\ln N - 1) - \sum_\lambda a_\lambda(\ln a_\lambda - 1) + \sum_\lambda a_\lambda \ln g_\lambda \\ &= N\ln N - \sum_\lambda a_\lambda \ln\left(\frac{a_\lambda}{g_\lambda}\right).\end{aligned} \tag{7.2.7}$$

求最可几分布，就是要在满足(7.2.1)和(7.2.2)的条件下，找出使 $\delta \ln W = 0$ 且使 $\delta^2 \ln W < 0$ 的分布. 数学上是求以 $a_1, a_2, \cdots, a_\lambda, \cdots$ 为变数的多元函数 $\ln W(\{a_\lambda\})$ 的条件极值. 由(7.2.7)，得

$$\delta \ln W(\{a_\lambda\}) = -\sum_\lambda \ln\left(\frac{a_\lambda}{g_\lambda}\right)\delta a_\lambda = 0. \tag{7.2.8}$$

上式中的 $\{\delta a_\lambda\}$ 并不都是独立的，因为它们必须满足两个条件

$$\delta N = \sum_\lambda \delta a_\lambda = 0, \tag{7.2.9}$$

$$\delta E = \sum_\lambda \varepsilon_\lambda \delta a_\lambda = 0. \tag{7.2.10}$$

应用求多元函数条件极值的拉格朗日未定乘子法，今有两个约束条件，需要引入两个拉格朗日乘子，用 α 与 β 表示. 令 α 和 β 分别乘(7.2.9)与(7.2.10)，并从式(7.2.8)中减去，得

$$\delta \ln W - \alpha \delta N - \beta \delta E = -\sum_\lambda \left(\ln\frac{a_\lambda}{g_\lambda} + \alpha + \beta\varepsilon_\lambda\right)\delta a_\lambda = 0, \tag{7.2.11}$$

根据拉格朗日乘子法，上式中每个 δa_λ 的系数都等于零，即得

$$\ln\frac{a_\lambda}{g_\lambda} + \alpha + \beta\varepsilon_\lambda = 0. \tag{7.2.12}$$

用符号 $\tilde{a}_\lambda$ 代表满足上式的分布(以区别于任意的微观分布 a_λ)，并将上式改写为

$$\tilde{a}_\lambda = g_\lambda e^{-\alpha - \beta\varepsilon_\lambda}, \tag{7.2.13}$$

为了证明 $\tilde{a}_\lambda$ 是使 $\ln W$ 取极大的分布，还需考查二级微分. 由(7.2.8)，求二级微分，可以

---

① 以后将看到，求 $\ln W$ 的极大相当于求熵的极大(见(7.4.19)及习题 7.4).

得到

$$\delta^2 \ln W(\{a_\lambda\}) = -\delta \sum_\lambda \ln\left(\frac{a_\lambda}{g_\lambda}\right)\delta a_\lambda = -\sum_\lambda \frac{(\delta a_\lambda)^2}{a_\lambda}, \qquad (7.2.14)$$

由于 $a_\lambda > 0$，故右方总是负的. 所以上面求出的 $\tilde{a}_\lambda$ 确实是使 $\ln W$（或 W）取极大的分布，亦即最可几分布，公式(7.2.13)称为**麦克斯韦-玻尔兹曼分布**，简记为 MB 分布.

7.2.3　$\ln W(\{a_\lambda\})$ 是尖锐成峰的极大

现在我们要进一步证明，最可几分布 $\{\tilde{a}_\lambda\}$ 不仅使 $\ln W$ 取极大，而且这个极大是尖锐成峰的，倘若组成系统的粒子数十分巨大的话. 让我们考查相对于最可几分布 $\tilde{a}_\lambda$ 有微小偏离 δa_λ 所引起的 $\ln W$ 值的变化. 围绕 $\{\tilde{a}_\lambda\}$ 作泰勒展开：

$$\ln W(\{\tilde{a}_\lambda + \delta a_\lambda\}) = \ln W(\{\tilde{a}_\lambda\}) + \delta \ln W\big|_{\{\tilde{a}_\lambda\}} + \frac{1}{2}\delta^2 \ln W\big|_{\{\tilde{a}_\lambda\}} + \cdots, \qquad (7.2.15)$$

由于 δa_λ 很小，只需要保留到二阶项. (7.2.15)式中的符号 $|_{\{\tilde{a}_\lambda\}}$ 代表微分后再用 $\{\tilde{a}_\lambda\}$ 代入. 注意到右方第二项为零，第三项可利用(7.2.14)，并令 $W(\{\tilde{a}_\lambda\}) \equiv W_{\max}$，则上式可改写成

$$\ln W(\{\tilde{a}_\lambda + \delta a_\lambda\}) = \ln W_{\max} - \frac{1}{2}\sum_\lambda \left(\frac{\delta a_\lambda}{\tilde{a}_\lambda}\right)^2 \tilde{a}_\lambda,$$

或

$$\frac{W(\{\tilde{a}_\lambda + \delta a_\lambda\})}{W_{\max}} = \exp\left[-\frac{1}{2}\sum_\lambda \left(\frac{\delta a_\lambda}{\tilde{a}_\lambda}\right)^2 \tilde{a}_\lambda\right]. \qquad (7.2.16)$$

由于右方指数中的因子永远是负的，表示 W 将随 δa_λ 的绝对值增大而下降，而且当 N 很大时这个下降是非常陡的. 让我们作一估算. 若令相对偏离 $\left(\dfrac{\delta a_\lambda}{\tilde{a}_\lambda}\right) \sim 10^{-6}$，即百万分之一，这已是相当小的了. 但只要 $\sum\limits_\lambda \tilde{a}_\lambda = N$ 很大，比如说 $N \sim 10^{20}$，则指数上的因子仍然是一个极大的负数：

$$-\frac{1}{2}\sum_\lambda \left(\frac{\delta a_\lambda}{\tilde{a}_\lambda}\right)^2 \tilde{a}_\lambda \sim -\frac{1}{2} \times 10^{-12} \times N \sim -10^8,$$

因而

$$\frac{W(\{\tilde{a}_\lambda + \delta a_\lambda\})}{W_{\max}} \sim \exp[-10^8] \sim 0.$$

这表明，即使对于最可几分布 $\tilde{a}_\lambda$ 有很小的相对偏离，其热力学几率已陡降至零. 图 7.2.1 给出了分布的热力学几率 $W(\{a_\lambda\})$ 对 $\{a_\lambda\}$ 的示意图. 在 $\{\tilde{a}_\lambda\}$ 处 W 取极大值 $W_{\max}$，随 a_λ 偏离 $\tilde{a}_\lambda$，无论正或负的偏离，W 均迅速陡降至零. 只在 $\tilde{a}_\lambda$ 附近很小的范围之内 W 才显著不为零.

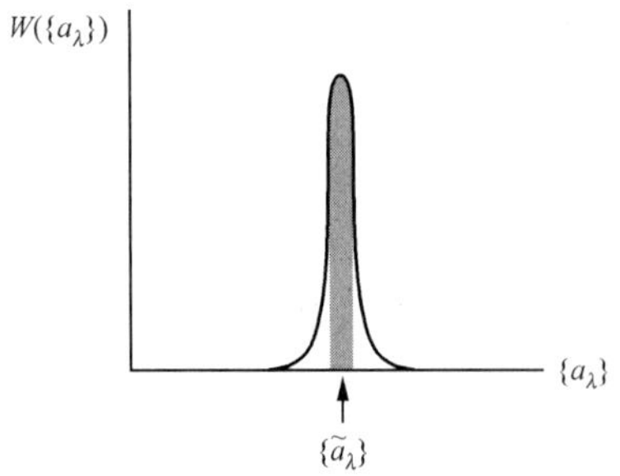

图 7.2.1　热力学几率与分布的依赖关系示意

上面所分析的有关热力学几率具有尖锐成峰的极大这一性质,使我们可以理解为什么最可几分布与平均分布相等,即 $\tilde{a}_\lambda=\bar{a}_\lambda$. 事实上,平均分布 $\bar{a}_\lambda$ 是指在所考虑的宏观状态下(今为孤立系平衡态)一切可能微观分布的统计平均,不同微观分布在统计平均中贡献的大小由分布对应的热力学几率决定,只有热力学几率显著不为零的那些分布才在统计平均中有重要贡献. 从图 7.2.1 可以清楚看出,热力学几率显著不为零的分布集中在以最可几分布 $\tilde{a}_\lambda$ 为中心的很窄的范围内. 因此,阴影区以外的那些分布对统计平均的贡献完全可以忽略,而阴影区内的其他分布在忽略很小的相对涨落时都可以由最可几分布代表. 以上的分析不能算是证明,但可以帮助我们理解 $\tilde{a}_\lambda=\bar{a}_\lambda$. 严格的证明见§8.9. 需要强调的是,最可几分布与平均分布相等必须对总粒子数很大的宏观系统才成立. 以后,我们将直接用符号 $\bar{a}_\lambda$ 代表最可几分布 $\tilde{a}_\lambda$.

7.2.4 麦克斯韦-玻尔兹曼分布中参数 α 与 β 的确定

麦克斯韦-玻尔兹曼分布 $\bar{a}_\lambda=g_\lambda e^{-\alpha-\beta\varepsilon_\lambda}$ 中有两个参数 α 和 β,它们由条件(7.2.1)与(7.2.2)确定:

$$N=\sum_\lambda g_\lambda e^{-\alpha-\beta\varepsilon_\lambda}, \tag{7.2.17}$$

$$E=\sum_\lambda \varepsilon_\lambda g_\lambda e^{-\alpha-\beta\varepsilon_\lambda}. \tag{7.2.18}$$

引进函数 Z,

$$Z\equiv\sum_\lambda g_\lambda e^{-\beta\varepsilon_\lambda}, \tag{7.2.19}$$

称为**子系配分函数**,它是 β 以及其他宏观参量的函数(其他宏观参量指体积或外电场、外磁场等,由于粒子能级与这些宏观参量有关,Z 将通过 ε_λ 而依赖于这些参量). 由(7.2.17)可得 α 与 Z 的关系为

$$\alpha=\ln\frac{Z}{N}. \tag{7.2.20}$$

从(7.2.17)与(7.2.18)中消去 α,得

$$E=-N\frac{\partial}{\partial\beta}\ln Z. \tag{7.2.21}$$

在§7.4 中我们将证明,只要求出子系配分函数 Z,即可确定定域子系统的一切热力学函数,并且将证明参数 β 与绝对温度 T 有一个简单的关系

$$\beta=\frac{1}{kT}, \tag{7.2.22}$$

其中 k 为玻尔兹曼常数,$k=1.381\times10^{-23}\ \mathrm{J\cdot K^{-1}}$.

§7.3 二能级系统

为了对麦克斯韦-玻尔兹曼分布的物理意义有一个初步理解,让我们讨论定域子系的

一个简单例子：**二能级系统**. 设有 N 个近独立的定域子系组成的系统，处于平衡态. 设子系只有两个能级，$\varepsilon_1=-\varepsilon,\varepsilon_2=\varepsilon$；且每个能级只有一个量子态，即 $g_1=g_2=1$. 试计算子系按能级的平均分布，系统的内能与热容.

二能级系统的物理实例之一是稀磁系统，它是在非磁性固体中含有密度很低的磁性原子. 如果磁性原子的总自旋为 $\frac{1}{2}$（以 $\hbar$ 为单位），其磁矩在外磁场中只有两种取向，相应的塞曼（Zeeman）能级只有两个可取的值：取向平行时，$\varepsilon_1=-\mu\mathscr{H}$；取向反平行时，$\varepsilon_2=\mu\mathscr{H}$. 这里 μ 为磁性原子的磁矩，$\mathscr{H}$ 为外磁场强度. 如果磁性原子的密度足够低，使它们之间的平均距离足够大，则它们之间的相互作用可以忽略，这样的磁性原子的集合就构成了一个近独立的二能级系统.

在平衡态下，子系按能级的平均分布遵从麦克斯韦-玻尔兹曼分布，子系配分函数为

$$Z=\sum_{\lambda} g_{\lambda}\mathrm{e}^{-\beta\varepsilon_{\lambda}}=1\cdot\mathrm{e}^{-\beta\varepsilon_1}+1\cdot\mathrm{e}^{-\beta\varepsilon_2}=\mathrm{e}^{\beta\varepsilon}+\mathrm{e}^{-\beta\varepsilon},\tag{7.3.1}$$

参数 α 由总粒子数 N 确定：

$$\mathrm{e}^{-\alpha}=\frac{N}{Z}=\frac{N}{\mathrm{e}^{\beta\varepsilon}+\mathrm{e}^{-\beta\varepsilon}}.\tag{7.3.2}$$

子系按能级的平均分布为

$$\bar{a}_1=1\cdot\mathrm{e}^{-\alpha-\beta\varepsilon_1}=N\frac{\mathrm{e}^{\beta\varepsilon}}{\mathrm{e}^{\beta\varepsilon}+\mathrm{e}^{-\beta\varepsilon}},\tag{7.3.3}$$

$$\bar{a}_2=1\cdot\mathrm{e}^{-\alpha-\beta\varepsilon_2}=N\frac{\mathrm{e}^{-\beta\varepsilon}}{\mathrm{e}^{\beta\varepsilon}+\mathrm{e}^{-\beta\varepsilon}},\tag{7.3.4}$$

式中 $\beta=1/kT$. 显然，在任何有限温度下，总有 $\bar{a}_1>\bar{a}_2$，即低能级上平均占据的粒子数更多. 从(7.3.3)与(7.3.4)不难得出 $T\to0$ 与 $T\to\infty$ 两种极限情形：

$$\text{当 } T\to0(\beta\to\infty)：\bar{a}_1=N,\bar{a}_2=0；\tag{7.3.5a}$$

$$\text{当 } T\to\infty(\beta\to0)：\bar{a}_1=\frac{N}{2},\bar{a}_2=\frac{N}{2}.\tag{7.3.5b}$$

图 7.3.1 给出了三种不同温度下的平均分布示意图.

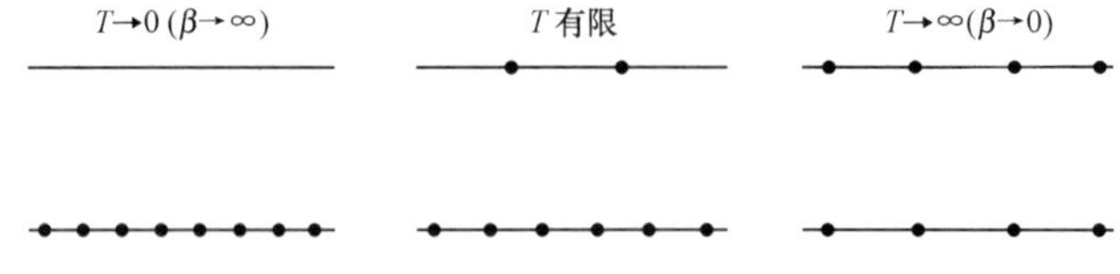

图 7.3.1　二能级系统在不同温度下的平均分布（示意）

由麦克斯韦-玻尔兹曼分布 $\bar{a}_{\lambda}=g_{\lambda}\mathrm{e}^{-\alpha-\beta\varepsilon_{\lambda}}$ 及(7.3.2)，立即得到粒子占据能级 ε_{λ} 上每一个量子态的几率 p_{λ} 为

$$p_\lambda = \frac{\bar{a}_\lambda}{N g_\lambda} = \frac{1}{Z} e^{-\beta \varepsilon_\lambda}, \tag{7.3.6}$$

亦即

$$p_\lambda \propto e^{-\beta \varepsilon_\lambda} = e^{-\varepsilon_\lambda / kT}, \tag{7.3.7}$$

因子 $e^{-\varepsilon_\lambda/kT}$ 称为**玻尔兹曼因子**,它清楚地反映出占据几率与能级及温度的依赖关系:当温度 T 固定时,占据几率随能级增高而减小;而对一定的能级 ε_λ,占据几率随温度升高而增加.

对二能级系统,高低二能级占据粒子数之比为

$$\frac{\bar{a}_2}{\bar{a}_1} \sim e^{-\Delta\varepsilon/kT}, \tag{7.3.8}$$

其中 $\Delta\varepsilon \equiv \varepsilon_2 - \varepsilon_1 = 2\varepsilon$. 在两种温度极限下有:

$$\frac{\bar{a}_2}{\bar{a}_1} \sim 1 \quad (kT \gg \Delta\varepsilon), \tag{7.3.9a}$$

$$\frac{\bar{a}_2}{\bar{a}_1} \sim 0 \quad (kT \ll \Delta\varepsilon). \tag{7.3.9b}$$

系统的内能等于微观总能量的统计平均值,本例中

$$\begin{aligned} \bar{E} &= \sum_\lambda \varepsilon_\lambda \bar{a}_\lambda = \varepsilon_1 \bar{a}_1 + \varepsilon_2 \bar{a}_2 \\ &= -N\varepsilon \frac{e^{\beta\varepsilon} - e^{-\beta\varepsilon}}{e^{\beta\varepsilon} + e^{-\beta\varepsilon}} = -N\varepsilon \tanh\left(\frac{\varepsilon}{kT}\right). \end{aligned} \tag{7.3.10}$$

直接对 T 求微商,即得热容:

$$C = \frac{\partial \bar{E}}{\partial T} = Nk \left(\frac{\Delta\varepsilon}{kT}\right)^2 \frac{1}{(e^{\varepsilon/kT} + e^{-\varepsilon/kT})^2}. \tag{7.3.11}$$

在 $T \to 0$ 的极限下,有:

$$C = Nk \left(\frac{\Delta\varepsilon}{kT}\right)^2 e^{-\Delta\varepsilon/kT} \to 0, \tag{7.3.12a}$$

这里,虽然 $T \to 0$ 时,$\left(\frac{\Delta\varepsilon}{kT}\right)^2 \to \infty$,但 $e^{-\Delta\varepsilon/kT} \to 0$ 更快. 另外,$T \to \infty$时,

$$C = \frac{Nk}{4}\left(\frac{\Delta\varepsilon}{kT}\right)^2 \sim \frac{1}{T^2} \to 0. \tag{7.3.12b}$$

热容随温度变化的定性行为由图 7.3.2 所示. 高温区以幂次形式趋于零,在某一有限温度达到极大,并在 $T \to 0$ 时以指数形式趋于零. 这是二能级系统热容的典型特征,称为**肖特基**(Schottky)**热容**行为. 这种热容的特征并不仅限于二能级系统,只要粒子能级的激发态与其基态(最低能级)之差为有限值时,都会呈现肖特基热容行为. 特别应当注意的

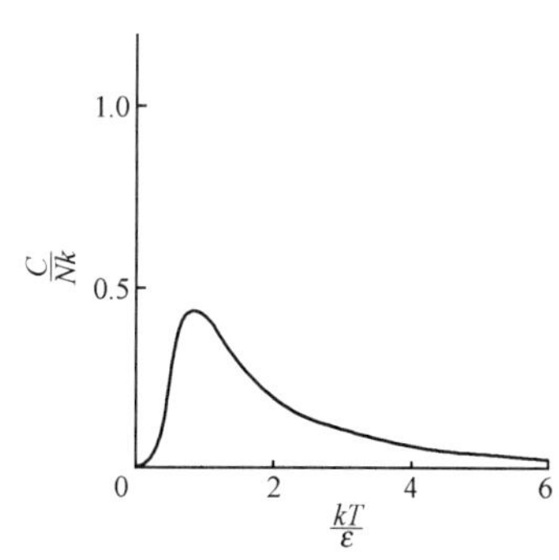

图 7.3.2 二能级系统的热容随温度的变化

是，在 $kT \ll \Delta\varepsilon$ 的低温下，大部分粒子处于基态，受热激发到激发态的粒子数很少，这是比热在低温下迅速趋于零的原因. 这里，能量量子化起着关键作用. 如果按经典力学，能量取值连续，任何小的 kT 值仍可引起粒子能量增加，即系统可以从外界吸收能量，故热容将与 T 无关. 二能级系统比热随 $T \to 0$ 而趋于零符合热力学第三定律. 实际上，热力学第三定律正是量子效应的宏观表现.

§7.4　定域子系热力学量的统计表达式　熵的统计解释

本节将从定域子系平衡态下的平均分布(即麦克斯韦-玻尔兹曼分布)出发，导出各热力学量的统计表达式. 热力学量分为两类，一类如内能、外界作用力(包括压强、极化强度、磁化强度等)，它们有直接对应的微观量，直接利用 $\bar{a}_\lambda$ 求统计平均就可以得到. 另一类如热量、熵等，它们没有明显对应的微观量，可以通过与热力学公式类比的办法来建立.

7.4.1　内能

内能是系统微观总能量的统计平均值，其统计表达式在 §7.2 中已经得到，这里重复一下(热力学中用符号 U 代表内能，统计物理中习惯用 $\bar{E}$ 表示)：

$$U = \bar{E} = \sum_\lambda \varepsilon_\lambda \bar{a}_\lambda = \sum_\lambda \varepsilon_\lambda g_\lambda \mathrm{e}^{-\alpha-\beta\varepsilon_\lambda} = \mathrm{e}^{-\alpha} \sum_\lambda \varepsilon_\lambda g_\lambda \mathrm{e}^{-\beta\varepsilon_\lambda}$$

$$= \frac{N}{Z}\left(-\frac{\partial}{\partial\beta}\sum_\lambda g_\lambda \mathrm{e}^{-\beta\varepsilon_\lambda}\right) = -N\frac{\partial}{\partial\beta}\ln Z. \tag{7.4.1}$$

推导中已用到 $\mathrm{e}^{-\alpha} = \dfrac{N}{Z}$. 上式推导中采用了对参数 β 求微商，这是计算中常用的技巧.

7.4.2　外界作用力

热力学中，可逆过程的微功可以表达成 $\mathrm{d}W = \sum_l \bar{Y}_l \mathrm{d}y_l$，其中 y_l 为“广义”坐标，有的书上称之为外参量，它们是便于从外部加以控制的宏观参量，如体积、电场强度、磁场强度等. $\mathrm{d}y_l$ 称为广义位移，这里已经把宏观上广义的外界作用力写成 $\bar{Y}_l$，表示它是统计平均的量. 为了求 $\bar{Y}_l$ 的表达式，需要找出与 $\bar{Y}_l$ 对应的微观量. 考虑 y_l 改变 $\mathrm{d}y_l$ 的微观过程，根据能量守恒定律(微观过程中也应满足)，在微观过程中外界对系统所作的微功 $\sum_l Y_l \mathrm{d}y_l$ 应等于系统微观总能量的增加，即

$$\sum_l Y_l \mathrm{d}y_l = \sum_l \frac{\partial E}{\partial y_l}\mathrm{d}y_l, \tag{7.4.2}$$

其中 E 是系统的微观总能量，对近独立子系组成的系统，$E = \sum_\lambda \varepsilon_\lambda a_\lambda$. 注意到粒子的能量 ε_λ 可以依赖于 y_l，例如 §7.3 所提到的二能级系统，子系的能量与外磁场 $\mathscr{H}$ 有关，$\varepsilon_\lambda = \sigma_\lambda \mu \mathscr{H}$ $(\sigma_\lambda = \pm 1)$；又如在容器中的自由粒子的能级

$$\varepsilon_{n_1,n_2,n_3}=\frac{2\pi^2\hbar^2}{mV^{2/3}}(n_1^2+n_2^2+n_3^2)$$

(见公式(6.2.8),这里 $V=L^3$),它明显依赖于体积 V,等等.普遍地说,微观总能量 E 除依赖一些量子数以外,同时也是 y_l 的函数.由公式(7.4.2),得

$$Y_l=\frac{\partial E}{\partial y_l},\tag{7.4.3}$$

对于近独立子系组成的系统,上式又可表达为

$$Y_l=\sum_\lambda\frac{\partial\varepsilon_\lambda}{\partial y_l}a_\lambda,\tag{7.4.4}$$

注意上式中的 a_λ 代表微观分布.对(7.4.4)求平均值,即

$$\begin{aligned}\bar{Y}_l&=\sum_\lambda\frac{\partial\varepsilon_\lambda}{\partial y_l}\bar{a}_\lambda=\sum_\lambda\frac{\partial\varepsilon_\lambda}{\partial y_l}g_\lambda e^{-\alpha-\beta\varepsilon_\lambda}=\frac{N}{Z}\sum_\lambda\frac{\partial\varepsilon_\lambda}{\partial y_l}g_\lambda e^{-\beta\varepsilon_\lambda}\\&=\frac{N}{Z}\left(-\frac{1}{\beta}\frac{\partial}{\partial y_l}\sum_\lambda g_\lambda e^{-\beta\varepsilon_\lambda}\right)=-\frac{N}{\beta}\frac{\partial}{\partial y_l}\ln Z.\end{aligned}\tag{7.4.5}$$

7.4.3 热量的统计表达式

热力学第一定律对微小的可逆过程可以表达为

$$đQ=d\bar{E}-\sum_l\bar{Y}_l dy_l,\tag{7.4.6}$$

将 $\bar{E}=\sum_\lambda\varepsilon_\lambda\bar{a}_\lambda$ 代入上式,

$$\begin{aligned}đQ&=d\left(\sum_\lambda\varepsilon_\lambda\bar{a}_\lambda\right)-\sum_l\bar{Y}_l dy_l\\&=\sum_\lambda d\varepsilon_\lambda\cdot\bar{a}_\lambda+\sum_\lambda\varepsilon_\lambda\cdot d\bar{a}_\lambda-\sum_\lambda\bar{Y}_l dy_l.\end{aligned}\tag{7.4.7}$$

可逆过程中内能的变化包含两项,第一项代表平均分布 $\bar{a}_\lambda$ 不改变,由于粒子能级随外参量改变而引起的变化;第二项代表能级不变,但平均分布变化而引起的改变.注意到第一项中 $d\varepsilon_\lambda=\sum_l\frac{\partial\varepsilon_\lambda}{\partial y_l}dy_l$,故第一项可改写为

$$\sum_\lambda d\varepsilon_\lambda\cdot\bar{a}_\lambda=\sum_\lambda\left(\sum_l\frac{\partial\varepsilon_\lambda}{\partial y_l}dy_l\right)\bar{a}_\lambda=\sum_l\left(\sum_\lambda\frac{\partial\varepsilon_\lambda}{\partial y_l}\bar{a}_\lambda\right)dy_l=\sum_l\bar{Y}_l dy_l.\tag{7.4.8}$$

可见,单纯由外参量变化而引起的内能改变等于外界对系统所作的功,它正好与(7.4.7)右方的第三项相消,于是(7.4.7)化为

$$đQ=\sum_\lambda\varepsilon_\lambda d\bar{a}_\lambda.\tag{7.4.9}$$

(7.4.9)是微小可逆过程热量的统计表达式,可以看出,热量与平均分布的改变是直接联系着的.由此也得出一个十分重要的结论:凡是平均分布不发生改变的过程是绝热过程.换句话说,在绝热过程中,外参量的变化导致粒子能级的变化,但不改变平均分布.这是关于绝热过程的微观解释,是对绝热过程的一个重要的认识.

7.4.4 熵的统计表达式

我们不知道与熵直接对应的微观量是什么，那么如何来确定它呢？回忆在热力学中，对微小的可逆过程，热力学基本微分方程为

$$T\mathrm{d}S = \mathrm{đ}Q = \mathrm{d}\bar{E} - \sum_l \bar{Y}_l \mathrm{d}y_l,$$

或

$$\mathrm{d}S = \frac{\mathrm{đ}Q}{T} = \frac{1}{T}\left(\mathrm{d}\bar{E} - \sum_l \bar{Y}_l \mathrm{d}y_l\right). \tag{7.4.10}$$

上式告诉我们，虽然 $\mathrm{đ}Q$ 不是全微分，但乘以$\frac{1}{T}$后，就成了全微分. 亦即$\frac{1}{T}$是 $\mathrm{đ}Q$ 的积分因子. 实际上，热力学中引入熵函数的一种途径，就是从热力学第二定律出发，证明 $\mathrm{đ}Q$ 存在积分因子，且该积分因子是温度的普适函数，从而引入平衡态的态函数熵. 喀喇西奥多里就是这样引入熵的[①]. 下面就沿着这一思路来建立熵的统计表达式. 为了证明 $\mathrm{đ}Q = \mathrm{d}\bar{E} - \sum_l \bar{Y}_l \mathrm{d}y_l$ 存在积分因子，用 β 乘$\left(\mathrm{d}\bar{E} - \sum_l \bar{Y}_l \mathrm{d}y_l\right)$，并将(7.4.1) 及(7.4.5) 代入，得

$$\begin{aligned}\beta\left(\mathrm{d}\bar{E} - \sum_l \bar{Y}_l \mathrm{d}y_l\right) &= - N\beta\mathrm{d}\left(\frac{\partial}{\partial\beta}\ln Z\right) + N\sum_l \frac{\partial}{\partial y_l}\ln Z \cdot \mathrm{d}y_l \\ &= - N\mathrm{d}\left(\beta\frac{\partial}{\partial\beta}\ln Z\right) + N\frac{\partial}{\partial\beta}\ln Z \cdot \mathrm{d}\beta + N\sum_l \frac{\partial}{\partial y_l}\ln Z \cdot \mathrm{d}y_l \\ &= N\mathrm{d}\left(\ln Z - \beta\frac{\partial}{\partial\beta}\ln Z\right).\end{aligned} \tag{7.4.11}$$

注意到上式右方是全微分，这就证明了 β 是微分式 $\mathrm{d}\bar{E} - \sum_l \bar{Y}_l \mathrm{d}y_l$ 的积分因子. 可以证明，β 是温度的普适函数(见习题 7.1). 今与热力学基本微分方程(7.4.10) 比较，积分因子 β 必定与热力学的积分因子$\frac{1}{T}$ 成比例，可选成

$$\beta = \frac{1}{kT}, \tag{7.4.12}$$

其中 T 是绝对温度，k 是一个普适常数. 要确定 k 的数值，还需将上述内能、外界作用力，或熵的公式中的任何一个，用到一个具体的物理系统，将得到的结果与实验比较，就可以确定. 这样定出 $k=1.38\times10^{-23}$ J/K，k 称为**玻尔兹曼常数**. 将(7.4.12)的 β 代入(7.4.11)，并与(7.4.10)比较，得

$$\mathrm{d}S = Nk\,\mathrm{d}\left(\ln Z - \beta\frac{\partial}{\partial\beta}\ln Z\right), \tag{7.4.13}$$

积分得

---

① 参看主要参考书目[1]，137 页.

$$S - S_0 = Nk\left(\ln Z - \beta\frac{\partial}{\partial\beta}\ln Z\right), \tag{7.4.14}$$

其中 S_0 为积分常数. 若选 $S_0=0$,就与普朗克的绝对熵一致了. 于是有

$$S = Nk\left(\ln Z - \beta\frac{\partial}{\partial\beta}\ln Z\right). \tag{7.4.15}$$

上面,我们已经从定域子系的平均分布 $\bar{a}_\lambda$ 出发,得到了基本热力学函数,即内能 $\bar{E}$,物态方程(即外界作用力 $\bar{Y}_\lambda$)和熵 S. 有了基本热力学函数,其他一切热力学量也就确定了. 例如系统的自由能为

$$F = \bar{E} - TS = -NkT\ln Z. \tag{7.4.16}$$

其他热力学量如焓、吉布斯函数等就不一一列出了.

从内能、外界作用力、熵和自由能的公式中我们可以看出,只要知道了子系配分函数 Z,一切热力学量均可以计算出来.

7.4.5 玻尔兹曼关系 熵与微观状态数

由§7.2的公式(7.2.7),对定域子系的任何分布,均有

$$\ln W(\{a_\lambda\}) = N\ln N - \sum_\lambda a_\lambda \ln\left(\frac{a_\lambda}{g_\lambda}\right).$$

显然,对平均分布或最可几分布 $\bar{a}_\lambda$,上式也成立,即

$$\ln W(\{\bar{a}_\lambda\}) = N\ln N - \sum_\lambda \bar{a}_\lambda \ln\left(\frac{\bar{a}_\lambda}{g_\lambda}\right).$$

现将平衡态下的最可几分布(即麦克斯韦-玻尔兹曼分布)$\bar{a}_\lambda = g_\lambda e^{-\alpha-\beta\varepsilon_\lambda}$ 代入上式,即有

$$\begin{aligned}\ln W(\{\bar{a}_\lambda\}) &= N\ln N - \sum_\lambda \bar{a}_\lambda(-\alpha - \beta\varepsilon_\lambda) \\ &= N\ln N + \alpha N + \beta\bar{E},\end{aligned} \tag{7.4.17}$$

将 α 的公式(7.2.20)与 $\bar{E}$ 的公式(7.4.1)代入,得

$$\ln W(\{\bar{a}_\lambda\}) = N\left(\ln Z - \beta\frac{\partial}{\partial\beta}\ln Z\right), \tag{7.4.18}$$

与熵的公式(7.4.15)比较,立即得

$$S = k\ln W(\{\bar{a}_\lambda\}) = k\ln W_{\max}. \tag{7.4.19}$$

上式称为**玻尔兹曼关系**①.

玻尔兹曼关系(7.4.19)把熵与最大热力学几率直接联系起来: 热力学几率越大,熵也越大. $W_{\max}$ 代表与最可几分布对应的系统的微观状态(量子态)数. 由此可以给熵一个统计解释: 熵代表系统的混乱度(或无序度). 热力学几率越大,相应的微观状态数越多,代表系统

① 玻尔兹曼关系(7.4.19)是普朗克得出的,玻尔兹曼本人并未得到上述表达形式,但他得到著名的 H 函数,除一比例常数外相当于负的熵(见§10.2). 为了纪念玻尔兹曼对统计物理学的贡献,在维也纳中央公园他的墓碑上刻有 $S=k\log W$(参看 J. L. Lebowitz, Physics Today, September 1993, p. 32).

越混乱.由于熵直接联系着 $\ln W_{\max}$,故§7.2中求 $\ln W$ 的极大相当于热力学中用熵判据求孤立系的平衡态.这也使我们认识到,宏观平衡态对应的就是最可几分布相应的态.

熵还可以表达成另一种形式

$$S = k\ln\Omega, \tag{7.4.20}$$

其中 Ω 代表系统量子态总数,亦即孤立系所允许的所有的分布 $\{a_\lambda\}$ 相应的量子态数的总和

$$\Omega = \sum_{\{a_\lambda\}} W(\{a_\lambda\}). \tag{7.4.21}$$

式中对分布 $\{a_\lambda\}$ 的求和应满足总粒子数 N 和总能量 E 固定的两个约束条件(7.1.2)与(7.1.3).

可以证明

$$\ln\Omega = \ln W_{\max} + O(\ln N), \tag{7.4.22}$$

其中 $O(\ln N)$ 代表量级为 $\ln N$ 的常数.因为 $\ln W_{\max}$ 是量级为 N 的量,若 $N\sim 10^{22}$,则 $\ln N\approx 50$.可见 $\ln N$ 远远小于 N,在 $N\gg 1$ 的情况下(7.4.22)右边的第二项完全可以忽略,于是(7.4.20)成立.这就是说,在 $N\gg 1$ 的情况下,熵的两个表达式(7.4.19)和(7.4.20)是完全等价的,可以选用任何一个来计算熵.(7.4.22)的严格证明数学上比较麻烦,此处略去,有兴趣的读者可以看参考书①.

熵的上述两种表述形式的等价性并不难理解.在§7.2中我们已经论证过,热力学几率的极大具有尖锐成峰的性质,也就是说,最可几分布相比其他分布占有压倒性的优势.当 $N\gg 1$ 时,在取对数下,

$$\begin{aligned}\ln\Omega &= \ln\Big\{\sum_{\{a_\lambda\}} W(\{a_\lambda\})\Big\} \\ &= \ln W_{\max} \qquad (N\gg 1).\end{aligned} \tag{7.4.23}$$

相当于在取对数的情况下,可以在求和中用最大项代替全部求和.

由于熵的这两种不同的表达形式的等价性非常重要,下面,我们再用上节讨论过的二能级系统(外磁场中的稀磁系统)来印证一下.为简单,这里只考查 $T\to 0$ 与 $T\to\infty$ 两种极限情形.由(7.3.3)与(7.3.4),当 $T\to 0$ 时,$\bar{a}_1 = N$,$\bar{a}_2 = 0$,有

$$W_{\max} = \frac{N!}{\bar{a}_1!\bar{a}_2!} = \frac{N!}{N!0!} = 1, \tag{7.4.24}$$

$$S = k\ln W_{\max} = k\ln 1 = 0. \tag{7.4.25}$$

另一方面,当 $T\to 0$ 时,所有磁性原子的磁矩都平行于外磁场,整个系统只有一个微观状态,即 $\Omega = 1$,同样有

$$S = k\ln\Omega = k\ln 1 = 0. \tag{7.4.26}$$

① 严格证明需要用到 Darwin-Fowler 方法.简明介绍可参看主要参考书目[2],§70;另可参看主要参考书目[7],p.44.

现考查另一极限. 当 $T\to\infty$ 时, $\bar{a}_1=\bar{a}_2=\frac{N}{2}$, 有

$$W_{\max}=\frac{N!}{\left(\frac{N}{2}\right)!\left(\frac{N}{2}\right)!}. \tag{7.4.27}$$

在 $T\to\infty$ 时, ε_1 与 ε_2 的差别可以忽略, 总能量固定的约束条件不需考虑, 只留下总粒子数 $N=a_1+a_2$ 固定一个条件:

$$\Omega=\sum_{\{a_\lambda\}}W(\{a_\lambda\})=\sum_{a_1+a_2=N}\frac{N!}{a_1!a_2!}=\sum_{a_1=0}^{N}\frac{N!}{a_1!(N-a_1)!}, \tag{7.4.28}$$

利用二项式展开

$$(x+y)^N=\sum_{a_1=0}^{N}\frac{N!}{a_1!(N-a_1)!}x^{a_1}y^{N-a_1}, \tag{7.4.29}$$

取 $x=y=1$, 即得

$$\Omega=(1+1)^N=2^N. \tag{7.4.30}$$

实际上, 上式可以更简单地求得: 当 $T\to\infty$ 时, $\varepsilon_2-\varepsilon_1\ll kT$, 这两个能级的能量差可以忽略, 故每个粒子可以以相等的几率占据两个能级中的任何一个, 或者说每个粒子有两个可能的态, 故 N 个粒子总共有 2^N 个量子态, 亦即 $\Omega=2^N$.

为了比较(7.4.27)与(7.4.30)在取对数时的差别, 需用斯特令公式(7.2.4), 可以得到

$$\begin{aligned}\ln W_{\max}&=N(\ln N-1)+\frac{1}{2}\ln(2\pi N)\\&\quad-2\left[\frac{N}{2}\left(\ln\frac{N}{2}-1\right)+\frac{1}{2}\left(\ln 2\pi\cdot\frac{N}{2}\right)\right]\\&=N\ln 2-\frac{1}{2}\ln N+O(1).\end{aligned} \tag{7.4.31}$$

其中 $O(1)$ 是量级为 1 的常数. 略去 $O(1)$ 项, 即得

$$\ln\Omega=\ln W_{\max}+\frac{1}{2}\ln N=\ln W_{\max}+O(\ln N), \tag{7.4.32}$$

当 $N\gg1$ 时, $N\gg\ln N$, 故有

$$\ln\Omega=\ln W_{\max}. \tag{7.4.33}$$

最后, 顺便提一下, 玻尔兹曼关系还可以推广, 用以定义非平衡态的熵. 当然, 那时 $W(\{\bar{a}_\lambda\})$ 中的 $\bar{a}_\lambda$ 应代表非平衡态下的平均分布(见§10.3). 另外, 玻尔兹曼关系还可以反过来用, 即写成 $W\propto e^{S/k}$, 由 S 确定相对几率, 这是爱因斯坦的涨落理论中的基本思想(见§11.1).

§7.5 热辐射的普朗克理论

普朗克关于热辐射的统计理论对量子理论的创建起着极为重要的作用. 历史上, 在普朗

克之前，先是维恩(Wien，1896 年)，以后是瑞利(Rayleigh，1900 年 6 月)，分别应用经典统计理论，从不同模型出发求出了热辐射的能量密度与频率和温度的依赖关系(称为**热辐射的谱密度**). 维恩公式在高频区与实验符合得很好，而瑞利-金斯公式(金斯(Jeans)后来补充了瑞利的工作，故称瑞利-金斯公式)只适用于低频区. 为了找出在整个频率范围与实验符合的谱密度，普朗克于 1900 年 10 月采用唯象拟合的办法，成功地得到了正确的谱密度. 普朗克是一位理论物理学大师，他当然不满足于停留在这一步，他希望从第一原理出发导出这个谱密度①. 经过反复尝试，普朗克发现必须放弃能量连续的传统观念，而假设振子的能量是间断的，在此基础上，普朗克于 1900 年 12 月导出了他的谱密度公式. 由此揭开了创建量子理论的序幕.

7.5.1　热辐射相当于无穷多个简谐振子组成的系统

统计物理学所处理的对象是由大量子系组成的宏观系统. 这里的子系并不限于分子、原子、电子等实物粒子，它可以具有更广的含义. 不过，要能用统计物理处理，子系必须是一个一个的、间断的"单元". 对热辐射，什么是组成它的子系呢? 对于这个问题的回答有两种不同的观点. 一种是波的观点，即把空窖中的电磁场分解成许许多多(实际上是无穷多)**简正振动**(也叫**简正模**)，每一个简正振动在力学性质上相当于一个简谐振子. 于是空窖中的辐射场相当于无穷多个简谐振子组成的系统，这样一来就可以用统计方法处理了. 另一种是粒子的观点，把辐射场看成由大群光子组成的光子气体. 光子的概念是 1905 年爱因斯坦提出的. 辐射场作为光子气体的统计理论将在以后介绍(见 §7.18). 本节所介绍的普朗克以及瑞利-金斯的理论都是采用波的观点来处理的.

我们要研究的是达到平衡时空窖内的辐射场，称为**平衡热辐射**或简称**热辐射**(也叫做**黑体辐射**). 实验表明，当窖壁物质的温度保持固定，且与窖内的电磁波达到平衡时，热辐射的谱密度是频率和温度的普适函数，亦即与窖的形状、大小、构成窖壁的物质的性质，以及窖壁原子与电磁场交换能量的具体机制无关. 要把空窖内的电磁波分解成各个频率的简正振动，数学上需要求解真空中的自由电磁场(无电荷、无电流)的本征值问题. 引入电磁场的矢势 $\boldsymbol{A}$ 与标势 A_0，适当选取规范，使 $A_0=0$，则 $\vec{\mathscr{E}}=-\frac{1}{c}\frac{\partial \boldsymbol{A}}{\partial t}$，$\vec{\mathscr{H}}=\nabla\times\boldsymbol{A}$，而矢势满足下列波动方程：

$$\nabla^2\boldsymbol{A}-\frac{1}{c^2}\frac{\partial^2\boldsymbol{A}}{\partial t^2}=0. \tag{7.5.1}$$

为了数学上处理方便，设空窖为边长为 L 的正方体，并选取周期性边条件②③. 矢势还应满足

---

① 关于普朗克的辐射理论的提出及前后那一段的历史，有兴趣的读者可以读一下阿伯拉罕·派依斯著：《上帝难以捉摸……》，方在庆、李勇等译，广东教育出版社，1998 年，第 19 章.

② 根据外尔-柯朗(Weyl-Courant)定理，若波长远小于空窖的线度，且边界条件是单纯的(即在全部界面上，函数或其微商或它们的线性组合为零或等于常数；或满足周期性边条件)，则单位频率间隔内简正模的数目(简称频谱)，与空窖的形状及边界条件的具体形式无关.

③ 不选用周期性边界条件的做法可参看书末主要参考书目[2]，245 页.

横波条件,在所选的规范下为$\nabla \cdot \boldsymbol{A}=0$(以下的计算大家可以作为练习自己去完成,这里只作一概述). 令 Ψ 代表 $\boldsymbol{A}$ 的任一分量,它满足与 $\boldsymbol{A}$ 同样的波动方程

$$\nabla^2 \Psi - \frac{1}{c^2}\frac{\partial^2 \Psi}{\partial t^2} = 0, \tag{7.5.2}$$

Ψ 满足周期性边条件,即

$$\left.\begin{aligned} \Psi(x+L,y,z) &= \Psi(x,y,z), \\ \Psi(x,y+L,z) &= \Psi(x,y,z), \\ \Psi(x,y,z+L) &= \Psi(x,y,z). \end{aligned}\right\} \tag{7.5.3}$$

设满足(7.5.2)的特解形式为

$$\Psi_{\boldsymbol{k}}(\boldsymbol{r},t) = \Phi_{\boldsymbol{k}}(t)\mathrm{e}^{\mathrm{i}\boldsymbol{k}\cdot\boldsymbol{r}}, \tag{7.5.4}$$

代入(7.5.2),即得

$$\ddot{\Phi}_{\boldsymbol{k}}(t) + \omega^2 \Phi_{\boldsymbol{k}}(t) = 0, \tag{7.5.5}$$

其中 $\omega=ck$,$\boldsymbol{k}$ 为波矢($k=|\boldsymbol{k}|$),$\omega=2\pi\nu$ 为圆频率. 方程(7.5.5)正是简谐振子的方程,解的形式为 $\Phi_{\boldsymbol{k}}(t)\sim \mathrm{e}^{-\mathrm{i}\omega t}$.

为了满足周期性边条件(7.5.3),$\boldsymbol{k}$ 的取值应为

$$\boldsymbol{k} = \frac{2\pi}{L}(n_1,n_2,n_3) \quad (n_i = 0, \pm 1, \pm 2, \cdots). \tag{7.5.6}$$

由于 $\omega=ck$,故不仅 k 的取值是间断的,而且 ω 的取值也是间断的. 简正模的形式最后可以表示为

$$\Psi_{\boldsymbol{k}}^{(\alpha)}(\boldsymbol{r},t) = C_{\boldsymbol{k}}^{(\alpha)}\mathrm{e}^{\mathrm{i}(\boldsymbol{k}\cdot\boldsymbol{r}-\omega t)}, \tag{7.5.7}$$

其中 $\alpha=1,2$ 代表相互垂直的两个偏振方向,$C_{\boldsymbol{k}}^{(\alpha)}$ 为常数系数.

7.5.2 频率间隔在($\nu,\nu+\mathrm{d}\nu$)内的振动自由度数

从方程(7.5.5)可以看出,每一个简正模在力学上等价于一个振动自由度. 现在需要求出频率间隔在($\nu,\nu+\mathrm{d}\nu$)内的振动自由度数,记为 $g(\nu)\mathrm{d}\nu$. 为此,先计算($0,\nu$)范围内的总自由度数 $G(\nu)$,它与 $g(\nu)$的关系为

$$G(\nu) = \int_0^{\nu} g(\nu)\mathrm{d}\nu, \tag{7.5.8}$$

计算出 $G(\nu)$后,只需求微分就可得到 $g(\nu)\mathrm{d}\nu$.

求 $G(\nu)$可借助几何方法. 由 $\omega=2\pi\nu=ck$ 及 k 的公式(7.5.6),只需计算出在($0,\nu$)之内有多少不同的正负整数组(n_1,n_2,n_3)的个数,再乘以 2(2 来自偏振),这些正负整数组应满足

$$n_1^2 + n_2^2 + n_3^2 \leqslant \left(\frac{L}{c}\nu\right)^2. \tag{7.5.9}$$

为了计算这个数目,考虑以 n_1,n_2,n_3 为直角坐标架的空间中半径为$\dfrac{L}{c}\nu$ 的球,即

$$n_1^2+n_2^2+n_3^2=\frac{L^2}{c^2}\nu^2,$$

每一组(n_1,n_2,n_3)对应于球内的一个点.满足上述条件的点都在以单位长度构成的小立方体的顶点上.注意到每个小立方体有 8 个顶点,而每个顶点分属于 8 个小立方体,故相当于每个小立方体对应于一个点,即一个(n_1,n_2,n_3)数组.而$G(\nu)$应等于球的体积内所包含的小立方体数再乘 2.由于小立方体的体积为 $1\times1\times1=1$,故 $G(\nu)$应等于球的体积乘 2,即

$$G(\nu)=2\times\frac{4\pi}{3}\left(\frac{L}{c}\right)^3\nu^3=\frac{8\pi V}{3c^3}\nu^3, \tag{7.5.10}$$

其中 $V=L^3$ 为空窖的体积.对 $G(\nu)$求微分,即得频率间隔在$(\nu,\nu+\mathrm{d}\nu)$内简正模的自由度数

$$g(\nu)\mathrm{d}\nu=\frac{8\pi V}{c^3}\nu^2\mathrm{d}\nu. \tag{7.5.11}$$

由于空窖中的辐射场频率取值的范围为 0 到∞,故总自由度为

$$\int_0^\infty g(\nu)\mathrm{d}\nu=\infty.$$

7.5.3　瑞利-金斯公式(经典统计理论)

我们已经证明,空窖中的辐射场相当于无穷多个简谐振子组成的系统,各个振子的频率从 0 到∞,按频谱 $g(\nu)$变化.由于窖壁原子不断地发射与吸收电磁波,使窖内各个振子的振幅不断作无规则的变化,这就是辐射场按波动观点的热运动图像.令 $\bar{E}$ 代表体积为 V 的空窖内平衡热辐射的总能量(内能),$u(\nu,T)\mathrm{d}\nu$ 代表单位体积、频率间隔在$(\nu,\nu+\mathrm{d}\nu)$内的能量,于是有

$$\frac{\bar{E}}{V}=\int_0^\infty u(\nu,T)\mathrm{d}\nu=\int_0^\infty \bar{\varepsilon}\tilde{g}(\nu)\mathrm{d}\nu, \tag{7.5.12}$$

$$u(\nu,T)\mathrm{d}\nu=\bar{\varepsilon}\tilde{g}(\nu)\mathrm{d}\nu, \tag{7.5.13}$$

其中 $u(\nu,T)$即谱密度,$\bar{\varepsilon}(\nu)$代表频率为 ν 的振子的平均能量,

$$\tilde{g}(\nu)\mathrm{d}\nu\equiv\frac{1}{V}g(\nu)\mathrm{d}\nu=\frac{8\pi}{c^3}\nu^2\mathrm{d}\nu \tag{7.5.14}$$

代表单位体积内频率间隔在$(\nu,\nu+\mathrm{d}\nu)$内的振动自由度数.

瑞利和金斯应用经典统计的能量均分定理(见§7.13),得到振子的平均能量为

$$\bar{\varepsilon}=kT, \tag{7.5.15}$$

$\bar{\varepsilon}$ 与振子的频率无关.将(7.5.15)代入(7.5.13),得

$$u(\nu,T)\mathrm{d}\nu=\frac{8\pi}{c^3}kT\nu^2\mathrm{d}\nu, \tag{7.5.16}$$

上式即瑞利-金斯公式.此公式在低频区与实验相符,但高频区严重偏离.特别是,按公式(7.5.16),辐射场的内能密度为无穷大:

$$u=\int_0^\infty u(\nu,T)\mathrm{d}\nu=\frac{8\pi}{c^3}kT\int_0^\infty \nu^2\mathrm{d}\nu=\infty! \tag{7.5.17}$$

由于频谱 $\tilde{g}(\nu)$的上限是无穷大，或者说热辐射的总自由度是无穷大，只要应用能量均分定理，必然导致内能密度发散. 这一结果违背了**斯特藩-玻尔兹曼定律** $u=aT^4$，暴露出经典统计的严重问题.

7.5.4 普朗克的量子理论

普朗克的热辐射理论认为振子频谱 $\tilde{g}(\nu)=\frac{8\pi}{c^3}\nu^2\mathrm{d}\nu$ 仍是正确的，但能量均分定理不适用. 不适用的原因出在振子能量取连续值上. 他假定对于频率为 ν 的振子，其能量 ε 只能取一个最小能量单元 $h\nu$ 的整数倍(注意这个能量单元与频率 ν 有关)，即 ε 取分立值：

$$\varepsilon \to \varepsilon_n(\nu) = nh\nu, \tag{7.5.18}$$

h 后来被称为普朗克常数，$h=6.626\times10^{-34}$ J·s. 若认为振子的平均分布仍遵从麦克斯韦-玻尔兹曼分布，即 $\bar{a}_n(\nu)=\mathrm{e}^{-\alpha-\beta\varepsilon_n(\nu)}$ 代表频率为 ν 的振子处于能级 $\varepsilon_n(\nu)$的平均数，于是，振子的平均能量为

$$\begin{aligned}\bar{\varepsilon} &= \frac{\sum\limits_n \varepsilon_n(\nu)\mathrm{e}^{-\alpha-\beta\varepsilon_n}}{\sum\limits_n \mathrm{e}^{-\alpha-\beta\varepsilon_n}} \\ &= \frac{\sum\limits_n \varepsilon_n(\nu)\mathrm{e}^{-\beta\varepsilon_n}}{\sum\limits_n \mathrm{e}^{-\beta\varepsilon_n}},\end{aligned} \tag{7.5.19}$$

即

$$\bar{\varepsilon}(\nu) = -\frac{\partial}{\partial\beta}\ln Z(\nu), \tag{7.5.20}$$

其中

$$Z(\nu) = \sum_{n=0}^{\infty}\mathrm{e}^{-\beta\varepsilon_n(\nu)} \tag{7.5.21}$$

代表频率为 ν 的振子的配分函数. 将(7.5.18)代入上式，得

$$Z(\nu) = \sum_{n=0}^{\infty}\mathrm{e}^{-n\beta h\nu} = \frac{1}{1-\mathrm{e}^{-\beta h\nu}}, \tag{7.5.22}$$

代入(7.5.20)式，得

$$\bar{\varepsilon}(\nu) = \frac{h\nu}{\mathrm{e}^{\beta h\nu}-1} = \frac{h\nu}{\mathrm{e}^{h\nu/kT}-1}. \tag{7.5.23}$$

从上式可以看出，当振子的能量取值不连续时，能量均分定理 $\bar{\varepsilon}=kT$ 不成立，且这时振子的平均能量与频率有关.

将(7.5.23) 代入(7.5.13)，即得热辐射的谱密度

$$u(\nu,T)\mathrm{d}\nu = \frac{8\pi}{c^3}\frac{h\nu^3\mathrm{d}\nu}{\mathrm{e}^{h\nu/kT}-1}, \tag{7.5.24}$$

上式就是普朗克辐射公式,它与实验结果在整个频率范围完全符合.按(7.5.24),辐射场的内能密度为

$$u = \int_0^\infty u(\nu,T)\mathrm{d}\nu = \frac{8\pi}{c^3}\int_0^\infty \frac{h\nu^3\mathrm{d}\nu}{\mathrm{e}^{h\nu/kT}-1},$$

令 $x=h\nu/kT$,得

$$u = \frac{8\pi}{c^3}\frac{(kT)^4}{h^3}\int_0^\infty \frac{x^3\mathrm{d}x}{\mathrm{e}^x-1} = aT^4, \tag{7.5.25}$$

其中常数 a 为

$$a = \frac{8\pi^5k^4}{15h^3c^3}, \tag{7.5.26}$$

计算中用到积分(见附录 B4)

$$\int_0^\infty \frac{x^3\mathrm{d}x}{\mathrm{e}^x-1} = \frac{\pi^4}{15}. \tag{7.5.27}$$

下面讨论两种极限情形:

(1) $\dfrac{h\nu}{kT}\ll 1$.

这时,可以将振子的平均能量公式(7.5.23)中的指数因子展开,

$$\mathrm{e}^{h\nu/kT}\approx 1+\frac{h\nu}{kT},$$

于是(7.5.23)化为

$$\bar{\varepsilon} = kT.$$

表明在 $h\nu\ll kT$ 的低频区,经典能量均分定理成立.这时谱密度的普朗克辐射公式(7.5.24)化为

$$u(\nu,T)\mathrm{d}\nu = \frac{8\pi}{c^3}kT\nu^2\mathrm{d}\nu.$$

即回到瑞利-金斯公式(7.5.16).

(2) $\dfrac{h\nu}{kT}\gg 1$.

由公式(7.5.23),得

$$\bar{\varepsilon}(\nu) = h\nu\mathrm{e}^{-h\nu/kT}. \tag{7.5.28}$$

上式表明振子的平均能量随 ν 增大将迅速(指数地)趋向于零.在此极限下,公式(7.5.24)化为

$$u(\nu,T)\mathrm{d}\nu = \frac{8\pi^2}{c^3}h\nu^3\mathrm{e}^{-h\nu/kT}\mathrm{d}\nu, \tag{7.5.29}$$

上式实际上就是维恩的辐射公式①.

图 7.5.1 显示了热辐射谱密度的三种不同的结果.

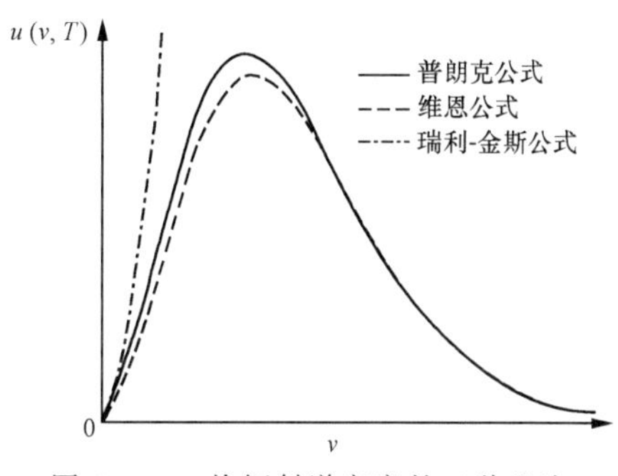

图 7.5.1 热辐射谱密度的三种理论

从两种极限的结果可以看出,关键是看 $h\nu$ 与 kT 之比,亦即振子的能级间隔 $\Delta\varepsilon = h\nu$ 与 kT 之比. 当温度一定时,那些使 $h\nu \ll kT$ 的低频振子,它们的能级间隔远小于 kT,能量量子化的效应不明显,就好像能量是连续的一样,这时经典能均分定理仍然成立. 相反,对于 $h\nu \gg kT$ 的那些高频振子,其能级间隔远大于 kT,它们几乎不可能被热激发,通常称这些高频自由度**冻结**了. 尽管辐射场的总自由度是无穷大,但高频振子由于自由度冻结,对平均能量的贡献为零. 这就是为什么热辐射总能量不会发散的物理原因.

§7.6 固体热容的统计理论

7.6.1 经典统计理论

在介绍量子统计理论之前,先简单回顾一下经典统计理论. 考虑如下的理想固体模型:固体中各个原子在它们各自的平衡位置附近作微小的简谐振动,且各个原子的振动彼此独立. 若总原子数为 N,并把原子看成质点,系统共有 $3N$ 个自由度. 扣除整个固体作为刚体而具有的 3 个平动和 3 个转动自由度,总振动自由度为 $3N-6 \approx 3N$(因为 $N \gg 1$). 固体的微观总能量为

$$E = \sum_{i=1}^{3N} \varepsilon_i + E_0, \tag{7.6.1}$$

其中 ε_i 为第 i 个振动自由度的能量,其经典形式为

---

① 维恩在 1893 年,根据热力学与电磁理论导出了谱密度的下列形式:

$$u(\nu, T) = \nu^3 f(\nu/T),$$

其中 $f(\nu/T)$ 是 ν/T 的一个普适函数. 1896 年,维恩进一步假设辐射场的振子可以看成某种"粒子",其动能正比于 ν,并遵从麦克斯韦-玻尔兹曼分布,且 $(\nu, \nu+d\nu)$ 内的"粒子"数仍然按公式(7.5.11)的 $g(\nu)d\nu$,这样就得到 $f(\nu/T)$ 的明显形式,从而得出

$$u(\nu, T) = A\nu^3 e^{-B\nu/T},$$

其中 A, B 为两个常数. 值得注意的是,无论看成经典的波(如瑞利-金斯),还是看成经典的粒子(如维恩),都不可能得到正确的结果.

读者可参看 J. F. Lee, F. W. Sears, D. L. Turcotte: Statistical Thermodynamics, Addison-Wesley Publishing Co. Inc., 1963, p. 123.

$$\varepsilon_i = \frac{p_i^2}{2m} + \frac{1}{2}m\omega^2 q_i^2,$$

$E_0 = E_0(V)$是固体原子处于平衡位置时的总能量,即固体的结合能,它是体积的函数.

根据经典统计的能量均分定理,每一个振动自由度的平均能量等于 $\bar{\varepsilon} = kT$,故得

$$\bar{E} = 3NkT + E_0, \tag{7.6.2}$$

$$C_V = \left(\frac{\partial \bar{E}}{\partial T}\right)_V = 3Nk. \tag{7.6.3}$$

公式(7.6.3)是 1876 年玻尔兹曼导出的,从理论上解释了先于此五十多年就已经发现的杜隆-珀蒂(Dulong-Petit)定律,该定律在高温下是正确的.

7.6.2 爱因斯坦的量子理论

1900 年普朗克在处理黑体辐射时提出能量量子化的假说以后,有几年时间并未引起物理学界的重视.是爱因斯坦首先指出量子概念有更广泛的应用,并于 1906 年用于解决固体比热的问题.此前,经典的固体比热理论已经暴露出严重的问题,例如,即使在室温下,某些固体的比热也远小于经典值 6 cal/(mol·K),且比热并非常数,低温下随温度而变化;1898 年杜瓦(Duwar)测得 20～85 K 下金刚石的比热约为 0.05 cal/(mol·K),远小于经典值,等等.爱因斯坦认识到,经典理论的问题出在能量均分定理在低温下不适用,他仍采用前述的理想固体模型,并假定所有的振子以单一频率 ν 振动,振子的能量取量子化值(见(6.2.9)):

$$\varepsilon_n = \left(n + \frac{1}{2}\right)h\nu \quad (n = 0,1,2,\cdots). \tag{7.6.4}$$

将每一个振动自由度当作一个子系,爱因斯坦模型是典型的近独立定域子系,按照麦克斯韦-玻尔兹曼分布,子系的配分函数为

$$Z = \sum_{n=0}^{\infty} e^{-\beta\varepsilon_n} = \sum_{n=0}^{\infty} e^{-\beta\left(n+\frac{1}{2}\right)h\nu} = \frac{e^{-\beta h\nu/2}}{1 - e^{-\beta h\nu}}. \tag{7.6.5}$$

每一振动自由度的平均能量为

$$\bar{\varepsilon} = -\frac{\partial}{\partial\beta}\ln Z = \frac{1}{2}h\nu + \frac{h\nu}{e^{h\nu/kT} - 1}. \tag{7.6.6}$$

固体的总能量为

$$E = 3N\bar{\varepsilon} = 3N\frac{h\nu}{e^{h\nu/kT} - 1} + E_0, \tag{7.6.7}$$

其中 $E_0 = \frac{3N}{2}h\nu$ 为固体的结合能,它是体积的函数,$E_0 = E_0(V)$.于是得

$$C_V = \left(\frac{\partial \bar{E}}{\partial T}\right)_V = 3Nk\left(\frac{h\nu}{kT}\right)^2 \frac{e^{h\nu/kT}}{(e^{h\nu/kT} - 1)^2}. \tag{7.6.8}$$

令 $x = h\nu/kT$,则上式可改写为

$$\frac{C_V}{3Nk}=\frac{x^2\mathrm{e}^x}{(\mathrm{e}^x-1)^2}. \tag{7.6.9}$$

上式即爱因斯坦的固体热容公式.

当温度足够高,使 $x=h\nu/kT\ll1$ 时,公式(7.6.9)化为 $C_V=3Nk$,即回到经典统计的结果.相反,当温度足够低,使 $x=h\nu/kT\gg1$ 时,得

$$\frac{C_V}{3Nk}=\left(\frac{h\nu}{kT}\right)^2\mathrm{e}^{-h\nu/kT}. \tag{7.6.10}$$

上式表明 C_V 随温度下降而减小,并预言了 C_V 将随 $T\to0$ 而趋于零.历史上,这一结果对热力学第三定律的建立有重要影响.我们再次看到,热力学第三定律是量子效应(这里是能量量子化)的结果.

1910 年前后,能斯特所完成的低温实验已清楚地肯定: C_V 随 $T\to0$ 而趋于零.但同时也发现,爱因斯坦公式所给出的 C_V 趋于零太陡了.实际上,爱因斯坦一开始就指出他的理论是近似的,不可能严格符合实验.不过他所指出的近似(忽略原子内部电子的运动以及温度变化引起的体积变化)并不重要,真正导致低温 C_V 过陡下降的原因是"所有振子有单一频率"的假设(这一点是由能斯特指出的).

从物理上看,对于由同一种原子组成的原子晶体,假设"各原子的振动彼此独立"是不合适的.因为晶体中的每一个原子,正是靠着它与周围原子相互作用才得以保持在其平衡位置①.由于原子之间很强的相互作用,原子晶体中原子的振动是集体振动.

7.6.3 德拜理论

低温区固体比热的正确理论是由德拜于 1912 年建立的.德拜所采用的固体模型是把固体看成连续的弹性介质,可以传播弹性波.类似于处理空窖内的热辐射,也可以把弹性波分解成许许多多简正振动(或简正模),每一个简正振动在力学性质上等价于一个简谐振动方式.但固体中的弹性波与空窖内的电磁波有两点不同:

(1) 电磁波是横波,而弹性波除了横波外还有纵波.令 c_{t} 与 c_{l} 分别代表横波与纵波的传播速度,完全类似 7.5.1 小节中的办法,可以求得频率间隔在$(\nu,\nu+\mathrm{d}\nu)$内的振动自由度数

$$g(\nu)\mathrm{d}\nu=2\times\frac{4\pi V}{3c_{\mathrm{t}}^3}\nu^2\mathrm{d}\nu+1\times\frac{4\pi V}{3c_{\mathrm{l}}^3}\nu^2\mathrm{d}\nu=\frac{4\pi V}{3}\left(\frac{2}{c_{\mathrm{t}}^3}+\frac{1}{c_{\mathrm{l}}^3}\right)\nu^2\mathrm{d}\nu=B\nu^2\mathrm{d}\nu, \tag{7.6.11}$$

其中

$$B=\frac{4\pi V}{3}\left(\frac{2}{c_{\mathrm{t}}^3}+\frac{1}{c_{\mathrm{l}}^3}\right), \tag{7.6.12}$$

上式中分子上的因子"2"代表横波有两种不同的偏振方向.

(2) 空窖中的辐射场总自由度为无穷大,而 N 个原子的固体振动的总自由度为 $3N-$

① 参看 M. 玻恩、黄昆著:《晶格动力学理论》,葛惟锟、贾惟义译,北京大学出版社,2006 年,第二章.

$6\approx 3N$. 为了满足总自由度有限的要求，德拜引入了频率上限 ν_D，称为**截止频率**或**德拜频率**，它由下式确定：

$$3N=\int_0^{\nu_D} g(\nu)\,d\nu=\frac{B}{3}\nu_D^3. \tag{7.6.13}$$

由此得

$$\nu_D^3=\frac{9N}{B}=\frac{27N}{4\pi V}\left(\frac{2}{c_t^3}+\frac{1}{c_l^3}\right)^{-1}. \tag{7.6.14}$$

根据实验测得的弹性波传播速度 c_t 与 c_l，以及固体的原子数密度$\dfrac{N}{V}$，即可由上式确定德拜频率 ν_D.

接下去的做法与7.6.2小节中类似，按照公式(7.6.4)，频率为 ν 的振子的能量取量子化值，相应的平均能量为(公式(7.6.6))

$$\bar{\varepsilon}(\nu)=\frac{1}{2}h\nu+\frac{h\nu}{e^{h\nu/kT}-1},$$

总能量为

$$\bar{E}=\int_0^{\nu_D}\bar{\varepsilon}(\nu)g(\nu)\,d\nu=B\int_0^{\nu_D}\frac{h\nu^3\,d\nu}{e^{h\nu/kT}-1}+E_0(V). \tag{7.6.15}$$

令 $y=h\nu/kT, x=h\nu_D/kT=\theta_D/T$，其中 $\theta_D=h\nu_D/k$ 称为**德拜温度**. 于是(7.6.15)可表为

$$\bar{E}=\frac{9N}{\nu_D^3}\frac{(kT)^4}{h^3}\int_0^x\frac{y^3\,dy}{e^y-1}+E_0(V)=3NkTD(x)+E_0(V), \tag{7.6.16}$$

其中

$$D(x)=\frac{3}{x^3}\int_0^x\frac{y^3\,dy}{e^y-1} \tag{7.6.17}$$

为一无量纲函数，称为**德拜函数**. 注意到 $x=\theta_D/T$，故 $D(x)$是 T 的函数. 由 $C_V=\left(\dfrac{\partial\bar{E}}{\partial T}\right)_V$，即得

$$\frac{C_V}{3Nk}=4D(x)-\frac{3x}{e^x-1}. \tag{7.6.18}$$

上式即德拜的固体热容公式. 下面讨论两种极限情形：

(1) 高温极限($T\gg\theta_D$).

此时 $x\ll 1$，$D(x)$的被积函数分母中的 $e^y\approx 1+y$，于是得 $D(x)\approx 1$，从而有$\dfrac{C_V}{3Nk}\approx 1$，即回到经典统计的结果.

(2) 低温极限($T\ll\theta_D$).

此时 $x\gg 1$，故 $D(x)$的积分上限可以近似代之以∞. 利用积分公式(7.5.27)，得

$$D(x)\approx\frac{3}{x^3}\int_0^\infty\frac{y^3\,dy}{e^y-1}=\frac{\pi^4}{5x^3}. \tag{7.6.19}$$

注意到当 $x\gg1$ 时(7.6.18)右边第二项与第一项相比可以略去,故有

$$\frac{C_V}{3Nk}\approx\frac{4\pi^4}{5}\frac{T^3}{\theta_D^3}\propto T^3,\tag{7.6.20}$$

上式就是著名的**德拜 T^3 定律**. 它与低温下非金属固体的热容符合得很好. 对于绝大多数金属固体,在温度高于 2 K 时,也与实验相符;但 $T<2$ K 时,金属中传导电子对比热的贡献必须考虑(见§7.19).

图 7.6.1 给出了固体热容的爱因斯坦理论(虚线)、德拜理论(实线)以及铜的实验结果之比较,图中水平点线代表经典统计的结果. 可以看出,在足够高的温度($T\gg\theta_D$)下,爱因斯坦理论与德拜理论的差别消失,都趋向于经典理论值. 但在低温区,爱因斯坦公式给出的 C_V 值下降太陡,而德拜理论与实验符合得很好. 德拜 T^3 定律成立的温区约为 $T\lesssim\frac{1}{10}\theta_D$.

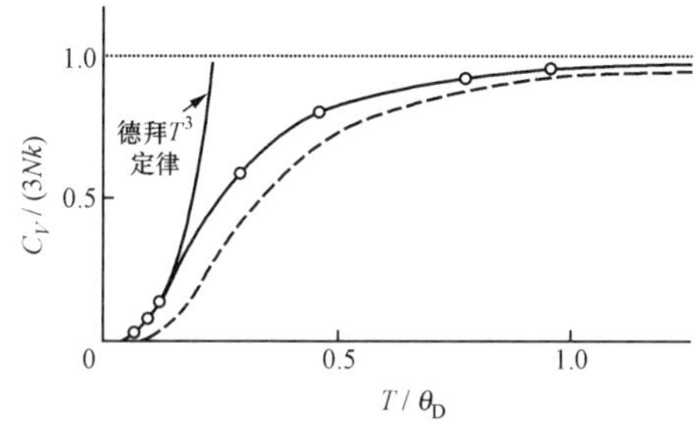

图 7.6.1　固体热容的爱因斯坦理论(虚线)、德拜理论(实线)与实验(∘)

读者会问,把固体当作弹性连续介质的德拜理论,完全不管固体原子实际所具有的间断的空间点阵结构,似乎模型很粗糙,为什么对原子晶体,C_V 在全部温区与实验基本符合,而且在足够低的温度下与实验符合得很好呢? 回答是:在足够低的温度下,起主要贡献的是低频(或长波长)的简正模,对于波长 $\lambda\gg a$(a 为晶格常数)的长波模,晶格的不连续结构不重要,当成连续弹性介质是很好的近似.

为了对固体热容行为作出完全的解释,必须根据以原子的点阵结构为出发点的晶格动力学理论. 图 7.6.2 给出根据晶格动力学理论得出的铝的频谱 $g(\omega)$,并以虚线显示德拜近似下的频谱. 可以看出,低频区德拜的频谱是很好的近似,但高频区就有明显的差别. 但由于比热是各种频率简正模贡献之和,它对频谱的细致行为并不敏感.

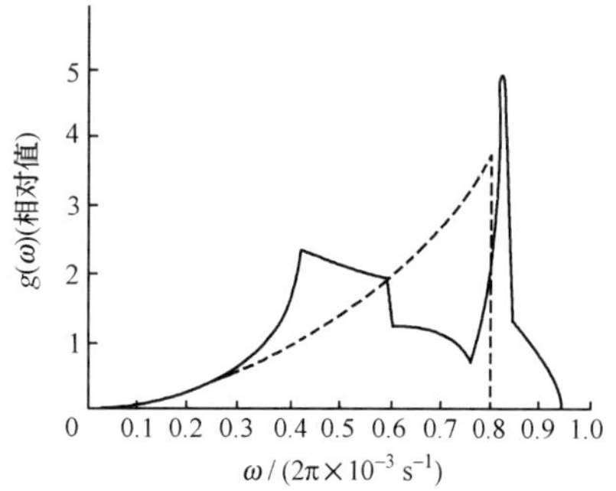

图 7.6.2　铝振动的频谱 $g(\omega)$.
实线按晶格动力学理论;
虚线按德拜理论

§7.7　定域子系的经典极限条件

7.7.1　定域子系的经典极限条件

经典统计物理学是以经典力学为其力学基础的，它在历史上曾经获得过很大的成功，但是在处理气体和固体比热，特别是热辐射等问题时，暴露出不可克服的困难. 普朗克为了从微观上导出热辐射的谱密度，大胆地提出了量子假说. 在量子力学建立后，对统计物理学的改造也相应地完成了，并建立起以量子力学为其力学基础的量子统计物理学. 现在我们需要也有可能回答：经典统计理论在什么条件下仍然正确. 这个条件称为**经典极限条件**.

前两节讨论热辐射和固体比热的量子理论已经接触到这个问题. 我们看到，当温度足够高，使能级间隔 $\Delta\varepsilon_n$（$\Delta\varepsilon_n \equiv \varepsilon_n - \varepsilon_{n-1}$）远远小于 kT 时，量子统计的结果就回到经典统计. 能级间隔 $\Delta\varepsilon_n$ 是能量不连续性的表征，而 kT 则代表了热运动的特征能量尺度. $\frac{\Delta\varepsilon_n}{kT} \ll 1$ 意味着与 kT 相比较，能量量子化的效应可以忽略.

量子统计区别于经典统计是其力学基础的不同，量子统计的力学基础是量子力学. 对于统计物理学而言，量子性质可以归结为两条：一是能量的取值是不连续的，或者说是量子化的；另一是粒子全同性原理. 对于定域子系，全同性原理不起作用（见 §6.2），所以只剩下一条，即能量量子化，它决定了定域子系量子统计与经典统计的区别. 由此可以理解，当 $\frac{\Delta\varepsilon_n}{kT} \ll 1$，亦即能量量子化效应（相对于 kT 而言！）可以忽略时，量子统计的结果就还原为经典统计. 对于定域子系，这是一个普遍的结论，即**定域子系的经典极限条件为**：

$$\frac{\Delta\varepsilon_n}{kT} \ll 1 \quad (\text{对一切 } n). \tag{7.7.1}$$

应该注意，上述条件所涉及的是两个能量尺度之比，而不是单由一个能量尺度决定. 对于一定的定域子系，其能级间隔 $\Delta\varepsilon_n$ 是确定的，因而决定于温度. 若温度足够高，条件（7.7.1）就满足；反之，若温度足够低，能量量子化效应将强烈地表现出来. 这也是为什么常常把高温称为经典极限的原因. 还有一种情况是热辐射问题中遇到的，在那里振子的频率从 0 到∞，不同频率振子的能级间隔 $h\nu$ 是不同的. 在一定温度下，低频区的那些振子满足条件（7.7.1），但高频区的振子就不满足（7.7.1）. 这就是经典统计的瑞利-金斯公式只适用于低频区的道理. 虽然整个频区不满足经典极限条件，但低频区是满足的.

7.7.2　子系配分函数的经典极限

§7.4 已经证明，定域子系的一切热力学量均由子系配分函数 Z 决定. 因此，我们可以换一个角度，从子系配分函数在经典极限下的形式来考查. 为具体，以一维谐振子为例，按（7.6.4），

$$\left.\begin{aligned} \varepsilon_n &= \left(n+\frac{1}{2}\right)h\nu, \\ g_n &= 1, \end{aligned}\right\} \tag{7.7.2}$$

其中 $n=0,1,2,\cdots$. 故谐振子的配分函数为

$$Z = \sum_{n=0}^{\infty} \mathrm{e}^{-\beta\left(n+\frac{1}{2}\right)h\nu} = \frac{\mathrm{e}^{-\beta h\nu/2}}{1-\mathrm{e}^{-\beta h\nu}}. \tag{7.7.3}$$

在满足经典极限的条件下，即

$$\beta h\nu = \frac{h\nu}{kT} \ll 1, \tag{7.7.4}$$

有

$$Z \approx \frac{1}{1-(1-\beta h\nu+\cdots)} = \frac{1}{\beta h\nu} = \frac{kT}{h\nu}. \tag{7.7.5}$$

下面我们换一种方法来计算，(7.7.3)可以写成

$$Z = \mathrm{e}^{-\frac{1}{2}\beta h\nu} \sum_{n=0}^{\infty} \mathrm{e}^{-n\beta h\nu}.$$

当 $\beta h\nu \ll 1$ 时，$\mathrm{e}^{-\frac{1}{2}\beta h\nu} \approx 1$，

$$Z \approx \sum_{n=0}^{\infty} \mathrm{e}^{-n\lambda} \quad (\lambda \equiv \beta h\nu). \tag{7.7.6}$$

它等于图 7.7.1 中一系列底为 1，高为 $\mathrm{e}^{-n\lambda}$ 的矩形面积之和.

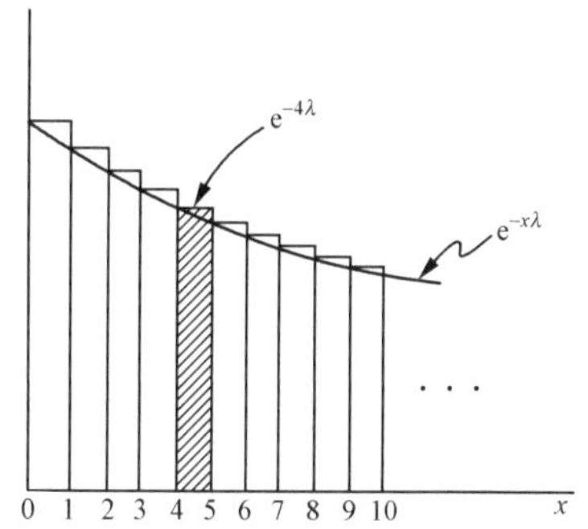

图 7.7.1 $\lambda=\beta h\nu \ll 1$ 时 Z 的求和可以用积分代替

在满足 $\lambda=\beta h\nu \ll 1$ 条件下，相邻的矩形的高相差很小，故求和可以近似以积分代之，即

$$Z \approx \int_0^{\infty} \mathrm{e}^{-x\lambda}\,\mathrm{d}x = \frac{1}{\lambda} = \frac{1}{\beta h\nu} = \frac{kT}{h\nu}.$$

这与用量子公式(7.7.3)取极限所得(7.7.5)完全相同.

在具体计算中，用积分代替求和常用的一种方法是利用子系量子态与经典子相体积之间的对应关系（见(6.2.10)）. 以一维谐振子为例，即按

$$Z = \sum_{n=0}^{\infty} \mathrm{e}^{-\beta\varepsilon_n} \xrightarrow{\frac{\Delta\varepsilon_n}{kT} \ll 1} \int \frac{\mathrm{d}\omega}{h} \mathrm{e}^{-\beta\varepsilon}. \tag{7.7.7}$$

其中积分元 $\mathrm{d}\omega=\mathrm{d}q\mathrm{d}p$ 代表一维谐振子的子相体元，因自由度 $r=1$，故每 $h^r=h$ 大小的子相体积对应于振子的一个量子态；ε 为经典振子的能量，即 $\varepsilon=\frac{1}{2m}p^2+\frac{1}{2}m\omega^2q^2$. (7.7.7)中，"→"的左边为量子形式的子系配分函数，求和遍及振子的所有的量子态，而"→"右边是其经典极限形式，积分遍及所允许的子相空间，即

$$Z = \int_{-\infty}^{\infty}\int_{-\infty}^{\infty} \frac{\mathrm{d}q\mathrm{d}p}{h} \mathrm{e}^{-\beta\left(\frac{p^2}{2m}+\frac{1}{2}m\omega^2q^2\right)} = \frac{1}{h}\int_{-\infty}^{\infty} \mathrm{e}^{-\beta\frac{1}{2}m\omega^2q^2}\,\mathrm{d}q \int_{-\infty}^{\infty} \mathrm{e}^{-\beta\frac{p^2}{2m}}\,\mathrm{d}p$$

$$=\frac{1}{h}\sqrt{\frac{\pi}{\beta m\omega^2/2}}\sqrt{\frac{\pi}{\beta/2m}}=\frac{1}{h}\frac{2\pi}{\beta\omega}=\frac{1}{\beta h\nu}=\frac{kT}{h\nu}.$$

这一结果与前面得到的(7.7.5)完全相同.

子系配分函数的经典极限形式可以推广到子系有 r 个自由度的普遍情形：

$$Z=\sum_{n=0}^{\infty}\mathrm{e}^{-\beta\varepsilon_n}\xrightarrow{\frac{\Delta\varepsilon_n}{kT}\ll 1}Z=\int\cdots\int\frac{\mathrm{d}q_1\cdots\mathrm{d}q_r\mathrm{d}p_1\cdots\mathrm{d}p_r}{h^r}\mathrm{e}^{-\beta\varepsilon},\tag{7.7.8}$$

其中 $\mathrm{d}\omega=\mathrm{d}q_1\cdots\mathrm{d}q_r\mathrm{d}p_1\cdots\mathrm{d}p_r$ 代表子相体元，$\varepsilon=\varepsilon(q_1,\cdots,q_r,p_1,\cdots,p_r)$ 为子系能量的经典表达式. 在满足经典极限条件下，可以直接用对子相空间积分的形式计算 Z.

§7.8 负绝对温度

1951 年，珀塞耳(Purcell)和庞德(Pound)发现了氟化锂(LiF)晶体中的核自旋系统可以处于负绝对温度状态[①]. 1956 年拉姆塞(Ramsey)给予了理论解释[②]. 本节将作一简单介绍.

迄今为止我们只讨论过正绝对温度的情形. 但从原则上说，热力学并不排斥负绝对温度的可能性. 从热力学公式 $\frac{1}{T}=\left(\frac{\partial S}{\partial \bar{E}}\right)_{N,V}$ 可以看出，如果 S 作为内能 $\bar{E}$ 的函数随 $\bar{E}$ 的增加而单调增加，则 $T>0$，这就是我们所讨论过的情形. 然而，如果 S 随 $\bar{E}$ 的增加而减小，则 $T<0$. 下面我们将看到，要实现负绝对温度状态，系统的能量必须有上限. LiF 晶体中的核自旋系统正是这样的系统.

7.8.1 内能和熵随温度的变化

为了讨论方便，我们设核自旋量子数 $j=\frac{1}{2}$. 在外磁场 $\mathscr{H}$ 中，核磁矩 μ 相对于 $\mathscr{H}$ 只有平行与反平行两种可能取向，相应的能量也只有两个可能的取值：$\varepsilon_1=-\mu\mathscr{H}\equiv-\varepsilon$，$\varepsilon_2=\mu\mathscr{H}=\varepsilon$，且每个能级只有一个量子态(即 $g_1=g_2=1$). 由于核自旋彼此之间的相互作用很弱，它们组成近独立的定域子系. 由(7.3.1)，(7.3.10)和(7.4.15)，子系配分函数、内能和熵分别为

$$Z=\sum_{\lambda}g_{\lambda}\mathrm{e}^{-\beta\varepsilon_{\lambda}}=\mathrm{e}^{\beta\varepsilon}+\mathrm{e}^{-\beta\varepsilon},\tag{7.8.1}$$

$$\frac{\bar{E}}{N}=-\frac{\partial}{\partial\beta}\ln Z=-\varepsilon\frac{\mathrm{e}^{\beta\varepsilon}-\mathrm{e}^{-\beta\varepsilon}}{\mathrm{e}^{\beta\varepsilon}+\mathrm{e}^{-\beta\varepsilon}},\tag{7.8.2}$$

$$\frac{S}{Nk}=\ln Z-\beta\frac{\partial}{\partial\beta}\ln Z=\ln(\mathrm{e}^{\beta\varepsilon}+\mathrm{e}^{-\beta\varepsilon})-\beta\varepsilon\frac{\mathrm{e}^{\beta\varepsilon}-\mathrm{e}^{-\beta\varepsilon}}{\mathrm{e}^{\beta\varepsilon}+\mathrm{e}^{-\beta\varepsilon}}.\tag{7.8.3}$$

从(7.8.2)与(7.8.3)可以看出，当 $-\beta=-1/kT$ 从 $-\infty$ 开始增大，通过 0，直到 $+\infty$ 时，

---

① E. M. Purcell and R. V. Pound, Phys. Rev., **81**, 279(1951).

② N. F. Ramsey, Phys. Rev., **103**, 20(1956).

$\bar{E}/N$ 由 $-\varepsilon$ 单调增加，通过 0 直到 $+\varepsilon$（图 7.8.1）. 相应地，S/Nk 由 0 增加到极大值 ln2，然后减小到 0（图 7.8.2）. 图 7.8.1、图 7.8.2 中同时标出了相应的温度 T 的变化，其中 0^+ 与 0^- 分别代表 $0\pm\eta$，η 为正无穷小量. 比较以上两图. 可以看出，在 $T<0$ 区，随着 $\bar{E}$ 上升，S 是下降的.

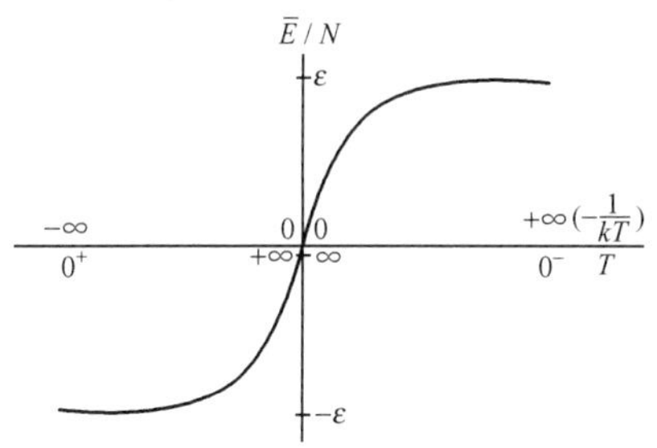

图 7.8.1 磁场中 $j=\frac{1}{2}$ 的核自旋系统内能随温度的变化

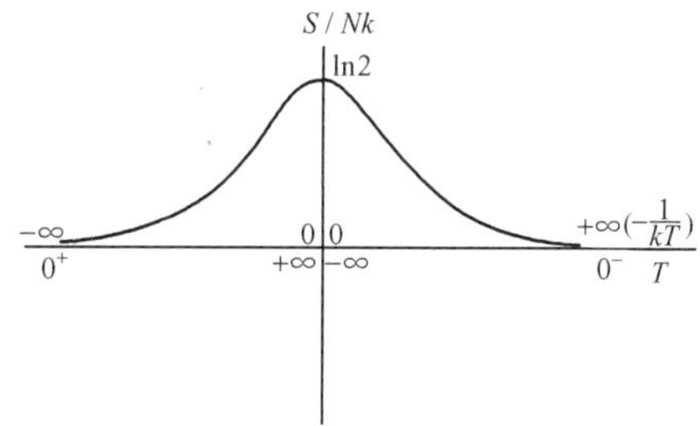

图 7.8.2 磁场中 $j=\frac{1}{2}$ 的核自旋系统熵随温度的变化

7.8.2 平均分布的变化

为了更好地理解上述结果的物理意义，我们来分析一下核自旋系统在任一温度下子系的平均分布. 今有：

$$\bar{a}_1 = N\frac{e^{\beta\varepsilon}}{e^{\beta\varepsilon}+e^{-\beta\varepsilon}}, \quad (\varepsilon_1=-\varepsilon \text{ 能级上粒子平均占据数}) \tag{7.8.4a}$$

$$\bar{a}_2 = N\frac{e^{-\beta\varepsilon}}{e^{\beta\varepsilon}+e^{-\beta\varepsilon}}. \quad (\varepsilon_2=\varepsilon \text{ 能级上粒子平均占据数}) \tag{7.8.4b}$$

图 7.8.3 给出了平均分布随温度变化的示意，可以看出，负绝对温度区的一个显著特征是，处于高能级的粒子平均数反而更多些，所以也把这种态称为**粒子占据数反转态**. 负绝对温度是比任何正温度都要高的温度.

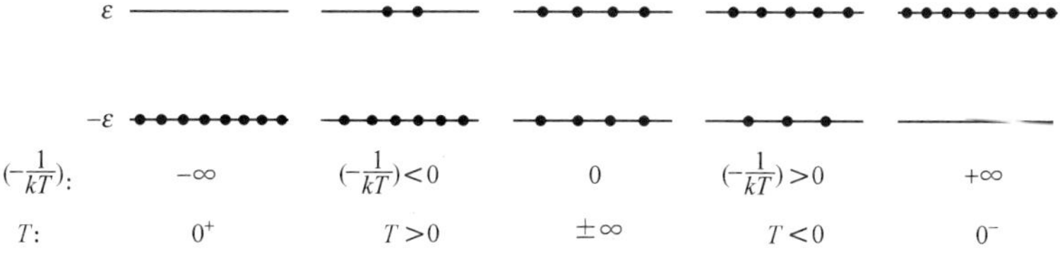

图 7.8.3 不同温度下的粒子平均占据数（示意）

7.8.3 S 与 $\bar{E}$ 的关系

下面我们换一个角度，从 $\frac{1}{T}=\left(\frac{\partial S}{\partial \bar{E}}\right)_N$（省去求偏微商的不变量下标 V，因为整个讨论均

忽略体积变化)来看，为了考查温度的行为，需要找出 S 对 $\bar{E}$ 的依赖关系. 这可以从(7.8.2)与(7.8.3)两式中消去 $\beta\varepsilon$ 得到. 但下面我们用另一种更为简便的办法，由

$$\bar{E}=\bar{a}_1\varepsilon_1+\bar{a}_2\varepsilon_2=(\bar{a}_2-\bar{a}_1)\varepsilon, \tag{7.8.5}$$

$$N=\bar{a}_1+\bar{a}_2, \tag{7.8.6}$$

可解出

$$\bar{a}_1=\frac{1}{2}\left(N-\frac{\bar{E}}{\varepsilon}\right), \tag{7.8.7a}$$

$$\bar{a}_2=\frac{1}{2}\left(N+\frac{\bar{E}}{\varepsilon}\right). \tag{7.8.7b}$$

与平均分布对应的热力学几率为

$$W(\bar{a}_1,\bar{a}_2)=W(\bar{E},N)=\frac{N!}{\bar{a}_1!\bar{a}_2!}=\frac{N!}{\frac{1}{2}\left(N-\frac{\bar{E}}{\varepsilon}\right)!\left(N+\frac{\bar{E}}{\varepsilon}\right)!}. \tag{7.8.8}$$

应用玻尔兹曼关系，得

$$\begin{aligned}S=k\ln W=&k\left\{N\ln N-\frac{1}{2}\left(N-\frac{\bar{E}}{\varepsilon}\right)\ln\left[\frac{1}{2}\left(N-\frac{\bar{E}}{\varepsilon}\right)\right]\right.\\&\left.-\frac{1}{2}\left(N+\frac{\bar{E}}{\varepsilon}\right)\ln\left[\frac{1}{2}\left(N+\frac{\bar{E}}{\varepsilon}\right)\right]\right\},\end{aligned} \tag{7.8.9}$$

得

$$\frac{1}{T}=\left(\frac{\partial S}{\partial \bar{E}}\right)_N=\frac{k}{2\varepsilon}\ln\frac{\left(N-\frac{\bar{E}}{\varepsilon}\right)}{\left(N+\frac{\bar{E}}{\varepsilon}\right)}. \tag{7.8.10}$$

从上式可以看出，若 $\bar{E}<0$，则 $T>0$；若 $\bar{E}>0$，则 $T<0$. 图 7.8.4 给出了熵与内能的关系.

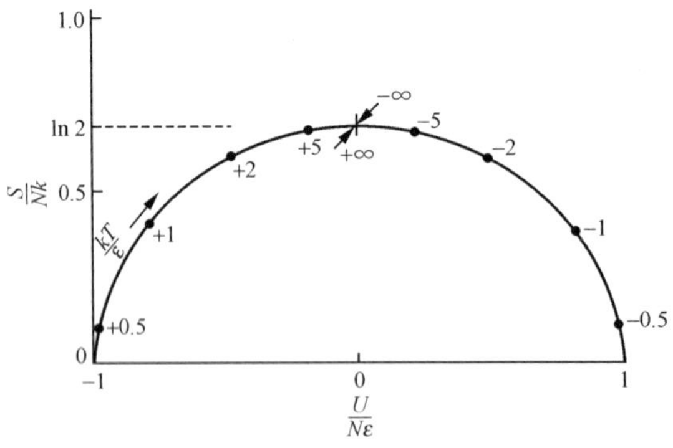

图 7.8.4　磁场中 $j=\frac{1}{2}$ 的核自旋系统熵随内能的变化

有趣的是，对所讨论的核自旋系统，$T=0^+$(最低温度)与 $T=0^-$(最高温度)均有 $S=0$，因为这两种状态下，热力学几率均为 1，都是最有序的状态. 而 $T=\pm\infty$ 的态，S 有最大值.

7.8.4 实现负绝对温度的条件

什么情况下才能实现负绝对温度状态呢？拉姆塞给出了三个条件：

(1) 系统的能量有上限；

(2) 系统自身内部的相互作用的弛豫时间足够短，能够保证系统内部达到平衡(局部平衡)，因而系统能够具有一个温度；

(3) 系统与环境隔绝(至少在一段时间内)．

条件(1)是必要的，否则，当 $T\to+\infty$ 时，系统能量将趋于 $+\infty$，根本不可能有这么多能量(无穷多)提供给系统使其温度上升到比 $T=+\infty$ 更高的负温区．条件(2)与(3)合起来，相当于要求系统内部达到平衡的弛豫时间(τ_s)远小于系统与环境之间达到平衡的弛豫时间(τ_E)，即要求

$$\tau_s \ll \tau_E .$$

LiF 晶体中的核自旋系统满足全部三个条件．其中 $\tau_s\sim10^{-4}$ s，而 $\tau_E\sim5$ min．

珀塞耳和庞德的实验大致是这样的：在室温下($T\approx300$ K)对 LiF 晶体加一个外磁场，使核自旋系统磁化，磁化强度(与图 7.8.5 中的偏转成正比)的方向与外场平行，亦即有更多的核自旋处于低能级(图中最左边的正峰)．然后，突然将磁场反向．由于核自旋之间的相互作用，经过很短的约 τ_s 的时间以后，核自旋系统达到了一个平衡态(严格地说是局部平衡态)，其磁化方向与外场相反，该状态具有负的绝对温度，$T\approx-350$ K(见图中最左边的负峰)．再经过约 τ_E 时间以后，核自旋系统将弛豫到与晶格系统达到平衡的整个晶体的新的平衡态．从图中还可以看出，弛豫过程是从 $T<0$ 的态通过磁化为 0 的 $T=\pm\infty$ 的态而过渡到 $T>0$ 态的．

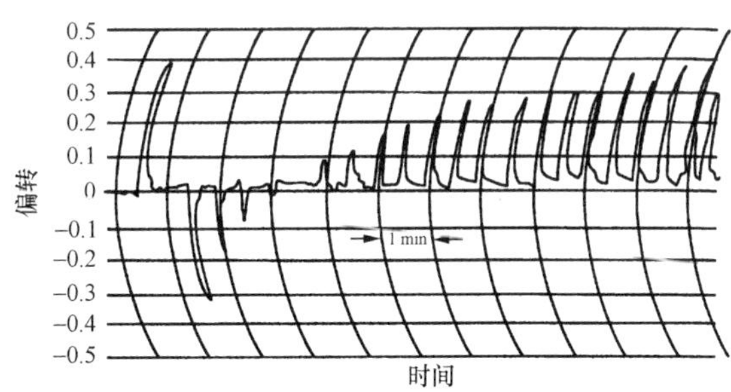

图 7.8.5 珀塞耳和庞德实验的典型结果

(取自 E. M. Purcell and R. V. Pound, Phys. Rev., **81**, 279 (1951))

7.8.5 几点说明

(1) 由于实现负绝对温度的条件相当苛刻，能实现的物理系统是很少的，而且仅仅是很

短的时间.

(2) 在激光物理中,涉及两个特定能级的粒子占据数反转的态,它是靠外界不断输入能量,将粒子从较低能级激发到较高能级而维持的.但这种粒子占据数反转的态并不是局部平衡态,实际上是远离平衡的非平衡态.确切地说,这种态不应该用负绝对温度描述.

(3) 在热力学中,我们学习过局域平衡的概念(见第五章),那里的“局域”,是指空间不同的局部区域.本节所介绍的LiF晶体中的核自旋系统可以处于局部(这里特意用“局部”平衡,以区别于空间的“局域”)平衡的负绝对温度态,所说的局部平衡有不同的含义.在这里,我们把整个LiF晶体按自由度分成两个子系统,一个由核自旋自由度组成,另一个由描述原子振动的“晶格自由度”组成(简称晶格系统).两个子系统各自的内部相互作用比起彼此之间的相互作用强,因而各自内部达到平衡的弛豫时间 τ_{s} 与 τ_{L} 远远短于彼此达到平衡的弛豫时间 τ_{E}.注意这里的两个子系统占据相同的空间区域,当核自旋系统处于负绝对温度态时,晶格系统仍然处于正绝对温度状态.热量将从高温子系统(负绝对温度的核自旋系统)流向低温子系统(正绝对温度的晶格系统).

(4) 对负绝对温度系统,热力学基本概念与基本定律的表述有一些需要修改.有兴趣的读者可以阅读相关的参考书[①].

§7.9 非定域子系 费米-狄拉克分布 玻色-爱因斯坦分布

7.9.1 非定域子系与定域子系的不同

至此,我们一直在讨论定域子系的麦克斯韦-玻尔兹曼分布以及它的某些应用(§7.3—§7.8).从本节起将讨论非定域子系.§6.2中曾经指出,非定域的全同粒子系统遵从粒子全同性原理,简单地说就是全同粒子是不可分辨的.而且,还需区分费米子与玻色子,前者遵从泡利原理,即不允许两个全同的费米子处于同一个粒子量子态,而后者不受泡利原理限制.本节将推导近独立的非定域子系在平衡态下的平均分布.对费米子与玻色子,分别得到**费米-狄拉克分布**与**玻色-爱因斯坦分布**.

本节所采用的方法仍然是§7.1所介绍的最可几分布法.与§7.2中推导定域子系的麦克斯韦-玻尔兹曼分布相比,所涉及的概念(如分布、最可几分布、平均分布等)、基本假设(等几率原理),以及求最可几分布的方法本身都是相同的,唯一的不同在于分布$\{a_\lambda\}$对应的系统微观状态数 $W(\{a_\lambda\})$ 的表达形式.导致 W 不同的根源并不是由于统计基础或方法,而是微观运动所遵从的量子力学规律对非定域费米子系与玻色子系以及定域子系的不同

① 见主要参考书目[2],314页.

表现①.

本节采用的符号与§7.2相同,即令 $\varepsilon_1,\varepsilon_2,\cdots,\varepsilon_\lambda,\cdots$ 代表粒子的能级,$g_1,g_2,\cdots,g_\lambda,\cdots$ 代表各能级的简并度,$a_1,a_2,\cdots,a_\lambda,\cdots$ 代表各能级占据的粒子数. 考虑处于平衡态的孤立系,其总粒子数 N 与总能量 E 的取值是固定的. 微观上允许出现的任何一个分布 $\{a_\lambda\}$ 都必须满足下面两个条件:

$$\sum_\lambda a_\lambda = N, \tag{7.9.1}$$

$$\sum_\lambda \varepsilon_\lambda a_\lambda = E. \tag{7.9.2}$$

令 $W(\{a_\lambda\})$ 代表分布 $\{a_\lambda\}$ 所对应的**系统**微观状态数,它也代表分布的相对几率(热力学几率). 最可几分布法就是求在满足约束条件(7.9.1)与(7.9.2)下使 $\ln W$ 取极大的分布.

7.9.2 非定域全同费米子和全同玻色子

首先来证明,对非定域的全同费米子系统,分布 $\{a_\lambda\}$ 对应的系统微观状态数为

$$W_{\mathrm{FD}}(\{a_\lambda\}) = \prod_\lambda \frac{g_\lambda!}{a_\lambda!(g_\lambda - a_\lambda)!}. \tag{7.9.3}$$

先考查 ε_λ 能级,要问 a_λ 个全同粒子在 g_λ 个不同的量子态上有多少种不同的占据方式(也就是 a_λ 个粒子的不同的量子态数). 在示意性的图 7.9.1 中,我们用横线代表粒子量子态,用圆圈代表粒子,圆圈不加标号以示粒子不可分辨. 由于费米子遵从泡利原理,每个粒子量子态最多只能占据 1 个粒子(当然可以不被占据). 显然,粒子数不能大于量子态数,即 $a_\lambda \leqslant g_\lambda$. 因此把 a_λ 个粒子放到 g_λ 个量子态上(每个量子态最多只能放一个粒子)的不同放法,等价于在 g_λ 个量子态中挑选出 a_λ 个态来让粒子占据的不同的挑选方式,这样的挑选方式共有

$$\frac{g_\lambda!}{a_\lambda!(g_\lambda - a_\lambda)!}.$$

再把所有的能级各自相应的上述因子相乘,就得到分布 $\{a_\lambda\}$ 所对应的系统量子态数(7.9.3).

图 7.9.1 a_λ 个全同费米子在 g_λ 个量子态上的一种占据方式

其次讨论玻色子的情形. 注意到全同玻色子是不可分辨的,但它们不受泡利原理的限制. 不难证明:

---

① 许多书上常用"玻尔兹曼统计法","费米-狄拉克统计法"(或"费米统计法"),"玻色-爱因斯坦统计法"(或"玻色统计法"),这些称呼并不确切. 实际上统计方法都是相同的,只是由于微观运动遵从量子力学,导致 $W(\{a_\lambda\})$ 的区别. 我们沿用这种称呼是考虑到这些称呼已经通用,文献和书中常常见到.

$$W_{\mathrm{BE}}(\{a_\lambda\}) = \prod_\lambda \frac{(g_\lambda + a_\lambda - 1)!}{a_\lambda!(g_\lambda - 1)!}. \tag{7.9.4}$$

先考查 ε_λ 能级，要问：把 a_λ 个全同玻色子放到 g_λ 个量子态上去有多少种不同的放法？图 7.9.2(a)代表其中的一种放法. 图中仍然用不加标号的圆圈代表不可分辨的全同玻色子，但今每一粒子量子态上占据的粒子数不受泡利原理的限制，因此 $a_\lambda > g_\lambda$ 也是允许的(图中特意画出 $g_\lambda = 5, a_\lambda = 10$).

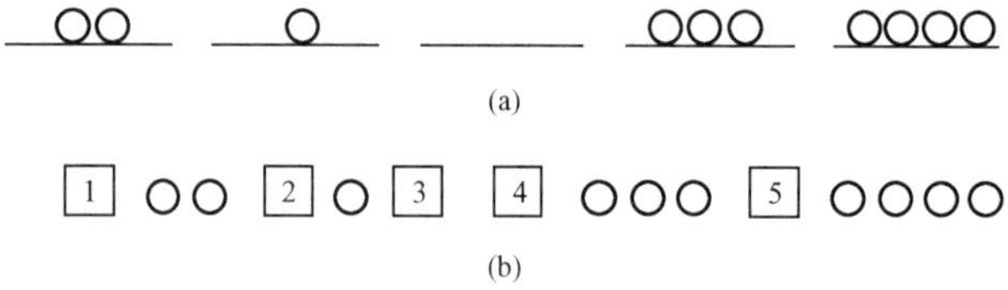

(a)

1 ○○ 2 ○ 3 4 ○○○ 5 ○○○○

(b)

图　7.9.2

(a) a_λ 个全同玻色子在 g_λ 个量子态上的一种占据方式；

(b) 用盒子和球的等效表示

为了计算 a_λ 个全同玻色子在 g_λ 个粒子量子态中有多少种不同的占据法，我们把 g_λ 个不同的粒子量子态比拟作 g_λ 个不同的盒子，把 a_λ 个全同粒子比拟作 a_λ 个相同的球. 将原来的问题换成：把 a_λ 个相同的球放到 g_λ 个不同的盒子中去，且每个盒子中的球数不限，问有多少种不同的放法？为此，我们把盒子与球排成一行(如图 7.9.2(b))，盒子用方块表示，加标号以示不同的量子态. 球不加标号以示粒子不可分辨，我们约定：凡是紧挨着盒子右边的球就认为是放在其左边那个盒子中的. 注意，最左端必须是盒子(否则球就放到盒子外边去了). 例如，图 7.9.2(a)的粒子在量子态中的占据方式对应图 7.9.2(b)中盒子与球的排列方式，即第 1 个盒子中放 2 个球，第 2 个盒子中放 1 个球，第 3 个盒子中没有球，第 4 个盒子中放 3 个球，第 5 个盒子中放 4 个球. 这样显示的只代表球放入盒子的一种放法.

在计算所有不同的排列方式时，注意最左边必须固定地放一个盒子，因此，应计入的是 $(g_\lambda - 1)$个盒子与 a_λ 个球的全排列数，即$(g_\lambda + a_\lambda - 1)!$. 其中 a_λ 个球的相互交换数$a_\lambda!$ 应该除去，因为球是相同的；$(g_\lambda - 1)$个盒子的相互交换数$(g_\lambda - 1)!$ 也应该除去，因为盒子本来就不需要进行排列. 这样就得到在能级 ε_λ 上不同放法的数目

$$\frac{(g_\lambda + a_\lambda - 1)!}{a_\lambda!(g_\lambda - 1)!}.$$

再把所有能级相应的因子相乘，即得分布$\{a_\lambda\}$所对应的系统量子态数 $W(\{a_\lambda\})$的表达式(7.9.4).

7.9.3　求最可几分布

- 费米子情形

按§7.2 推导麦克斯韦-玻尔兹曼分布同样的办法，现在来求满足约束条件(7.9.1)和

(7.9.2)下使得 $\ln W_{\mathrm{FD}}$取极大的分布.假设 $a_\lambda \gg 1, g_\lambda \gg 1$,对(7.9.3) 用斯特令公式,可得

$$\ln W_{\mathrm{FD}} \approx \sum_\lambda \{ g_\lambda \ln g_\lambda - a_\lambda \ln a_\lambda - (g_\lambda - a_\lambda)\ln(g_\lambda - a_\lambda) \}. \tag{7.9.5}$$

当$\{a_\lambda\}$改变$\{\delta a_\lambda\}$时,由上式得

$$\delta \ln W_{\mathrm{FD}} \approx \sum_\lambda \left\{ \ln \frac{g_\lambda - a_\lambda}{a_\lambda} \right\} \delta a_\lambda = 0. \tag{7.9.6}$$

上式中的$\{\delta a_\lambda\}$并不都是独立的,因为它们必须满足两个条件:

$$\delta N = \sum_\lambda \delta a_\lambda = 0, \tag{7.9.7}$$

$$\delta E = \sum_\lambda \varepsilon_\lambda \delta a_\lambda = 0. \tag{7.9.8}$$

用拉格朗日乘子 α 和 β 分别乘(7.9.7)和(7.9.8),并从(7.9.6)的 $\delta \ln W_{\mathrm{FD}}$中减去,得

$$\sum_\lambda \left\{ \ln \frac{g_\lambda - a_\lambda}{a_\lambda} - \alpha - \beta\varepsilon_\lambda \right\} \delta a_\lambda = 0, \tag{7.9.9}$$

或

$$\frac{g_\lambda - a_\lambda}{a_\lambda} = \mathrm{e}^{\alpha + \beta\varepsilon_\lambda}.$$

即得

$$\tilde{a}_\lambda = \bar{a}_\lambda = \frac{g_\lambda}{\mathrm{e}^{\alpha+\beta\varepsilon_\lambda} + 1}. \tag{7.9.10}$$

式中符号 $\tilde{a}_\lambda$ 代表最可几分布,$\bar{a}_\lambda$ 代表平均分布,它们是相等的(见 § 7.2 的讨论),以后我们就直接用 $\bar{a}_\lambda$ 来表示. 式(7.9.10)称为**费米-狄拉克分布**,也常称**费米分布**.

- 玻色子情形

与处理费米子情形类似,假设 $a_\lambda \gg 1, g_\lambda \gg 1$. 将式(7.9.4)的分子分母中的“1”均略去,并利用斯特令公式,可得

$$\ln W_{\mathrm{BE}} \approx \sum_\lambda \{ (g_\lambda + a_\lambda)\ln(g_\lambda + a_\lambda) - a_\lambda \ln a_\lambda - g_\lambda \ln g_\lambda \}. \tag{7.9.11}$$

求微分,得

$$\delta \ln W_{\mathrm{BE}} \approx \sum_\lambda \left\{ \ln \frac{g_\lambda + a_\lambda}{a_\lambda} \right\} \delta a_\lambda = 0. \tag{7.9.12}$$

用拉格朗日乘子 α 和 β 分别乘(7.9.7)和(7.9.8),并从(7.9.12)中减去,得

$$\sum_\lambda \left\{ \ln \frac{g_\lambda + a_\lambda}{a_\lambda} - \alpha - \beta\varepsilon_\lambda \right\} \delta a_\lambda = 0, \tag{7.9.13}$$

或

$$\frac{g_\lambda + a_\lambda}{a_\lambda} = \mathrm{e}^{\alpha + \beta\varepsilon_\lambda}.$$

即得

$$\tilde{a}_\lambda = \bar{a}_\lambda = \frac{g_\lambda}{\mathrm{e}^{\alpha+\beta\varepsilon_\lambda} - 1}. \tag{7.9.14}$$

上式称为**玻色-爱因斯坦分布**，也常称**玻色分布**.

7.9.4　几点说明

(1) 费米分布与玻色分布中的参量 α,β 是作为拉格朗日乘子而引入的. 它们分别由总粒子数条件与总能量条件确定. 在下一节中我们将证明：$\beta=\dfrac{1}{kT}$，$\alpha=-\mu/kT$，其中 μ 为化学势. 在实际计算中，温度 T 经常是给定的，所以总能量条件定 β 实际上是反过来用，即由给定的 T 计算总能量(即内能).

(2) 可以把定域子系的麦克斯韦-玻尔兹曼分布和本节求得的非定域子系的两种分布统一表成

$$\bar{a}_\lambda=\frac{g_\lambda}{e^{\alpha+\beta\varepsilon_\lambda}+\eta},\quad \eta=\begin{cases}+1, & \text{费米-狄拉克分布},\\ 0, & \text{麦克斯韦-玻尔兹曼分布},\\ -1, & \text{玻色-爱因斯坦分布}.\end{cases} \tag{7.9.15}$$

但是读者必须小心对待 $+1$，0，或 -1 的差别. 图 7.9.3 显示三种分布的区别，图中 FD，MB 和 BE 分别代表费米-狄拉克，麦克斯韦-玻尔兹曼和玻色-爱因斯坦分布. 在以后的讨论中我们将会看到在什么条件下它们的差别消失.

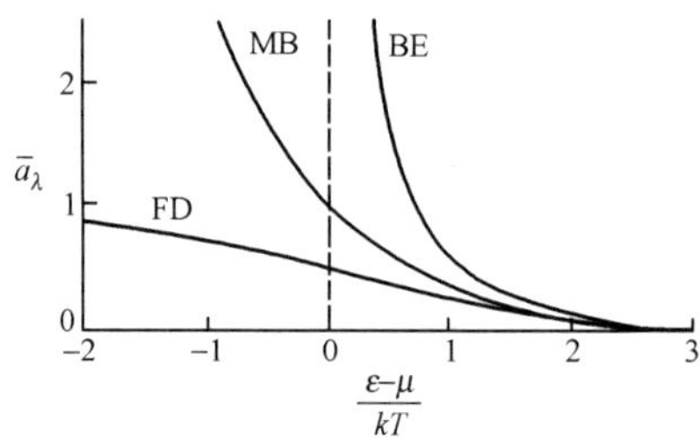

图 7.9.3　显示三种分布的差别，注意到在 $\dfrac{\varepsilon-\mu}{kT}\gg1$ 时差别消失

(3) 在利用斯特令公式时，需要假设 $a_\lambda\gg1$，$g_\lambda\gg1$. 但实际物理系统的 a_λ 与 g_λ 可能并不是大数. 这是最可几分布法在数学上的缺点. 但这个缺点实际上并不那么严重，我们可以设想把能量靠近的那些能级放在一起考虑，这样相应的 g_λ 与 a_λ 就成为大数；而另外一些很小的 a_λ 可以略去(因为 $0!=1$).

应该指出，可以用严格的办法，导出上述三种分布. 严格的办法有两种，一种是达尔文-福勒的方法[①]，另一种是从统计系综出发直接推导平均分布的方法，后一种方法将在§8.9中介绍.

① 达尔文-福勒(Darwin-Fowler)方法利用了复变函数理论中的最陡下降法，可参看 R. H. Fowler，Statistical Mechanics，Cambridge University Press，1980. 另见 7.4.5 小节注①.

§7.10 理想玻色气体和理想费米气体热力学量的统计表达式

本节将从近独立的非定域子系平衡态下的平均分布出发,导出各热力学量的统计表达式.近独立的非定域子系通常称为理想气体,这里"理想气体"有更广的含义,除包含熟知的低密度极限下的分子气体外,还包括热辐射的光子气体(理想玻色气体)、金属中的传导电子气体(近似可看成理想费米气体),等等.

7.10.1 理想玻色气体

在§7.9中我们已导出理想玻色气体平衡态下的平均分布或最可几分布(即玻色分布):

$$\bar{a}_\lambda = \frac{g_\lambda}{e^{\alpha+\beta\varepsilon_\lambda}-1}. \tag{7.10.1}$$

引入理想玻色气体的巨配分函数 Ξ:

$$\Xi = \prod_\lambda (1-e^{-\alpha-\beta\varepsilon_\lambda})^{-g_\lambda} = \Xi(\alpha,\beta,\{y_l\}). \tag{7.10.2}$$

Ξ 除依赖参数 α 和 β 外,还通过 ε_λ 依赖于外参量 $\{y_l\}$(若无外电场和磁场,则 y_l 只有一个,即 $y_l=V$).下面的公式中直接出现的是 $\ln\Xi$,即

$$\ln\Xi = -\sum_\lambda g_\lambda \ln(1-e^{-\alpha-\beta\varepsilon_\lambda}). \tag{7.10.3}$$

容易证明,理想气体总粒子数的平均值 $\bar{N}$、内能 $\bar{E}$ 和外界作用力的平均值 $\bar{Y}_l$ 可以表为:

$$\bar{N} = -\frac{\partial}{\partial\alpha}\ln\Xi, \tag{7.10.4}$$

$$\bar{E} = -\frac{\partial}{\partial\beta}\ln\Xi, \tag{7.10.5}$$

$$\bar{Y}_l = -\frac{1}{\beta}\frac{\partial}{\partial y_l}\ln\Xi. \tag{7.10.6}$$

(7.10.6)的一个特殊情形是:

$$p = \frac{1}{\beta}\frac{\partial}{\partial V}\ln\Xi. \tag{7.10.7}$$

证明如下:

$$-\frac{\partial}{\partial\alpha}\ln\Xi = -\frac{\partial}{\partial\alpha}\sum_\lambda g_\lambda\ln(1-e^{-\alpha-\beta\varepsilon_\lambda}) = \sum_\lambda g_\lambda\frac{e^{-\alpha-\beta\varepsilon_\lambda}}{1-e^{-\alpha-\beta\varepsilon_\lambda}} = \sum_\lambda \bar{a}_\lambda = \bar{N},$$

$$-\frac{\partial}{\partial\beta}\ln\Xi = -\frac{\partial}{\partial\beta}\sum_\lambda g_\lambda\ln(1-e^{-\alpha-\beta\varepsilon_\lambda}) = \sum_\lambda g_\lambda\frac{\varepsilon_\lambda e^{-\alpha-\beta\varepsilon_\lambda}}{1-e^{-\alpha-\beta\varepsilon_\lambda}} = \sum_\lambda \varepsilon_\lambda\bar{a}_\lambda = \bar{E},$$

$$-\frac{1}{\beta}\frac{\partial}{\partial y_l}\ln\Xi = -\frac{1}{\beta}\frac{\partial}{\partial y_l}\sum_\lambda g_\lambda \ln(1-\mathrm{e}^{-\alpha-\beta\varepsilon_\lambda}) = \frac{1}{\beta}\sum_\lambda g_\lambda \frac{\beta\frac{\partial\varepsilon_\lambda}{\partial y_l}\mathrm{e}^{-\alpha-\beta\varepsilon_\lambda}}{1-\mathrm{e}^{-\alpha-\beta\varepsilon_\lambda}}$$

$$= \sum_\lambda \frac{\partial\varepsilon_\lambda}{\partial y_l}\bar{a}_\lambda = \overline{\left(\frac{\partial E}{\partial y_l}\right)} = \bar{Y}_l,$$

最后一步利用了外界作用力的微观表达式 $Y_l = \frac{\partial E}{\partial y_l}$(见(7.4.3)).

应该说明,引入巨配分函数(7.10.2)最自然的方式是从巨正则系综出发.在§8.9中将证明,对理想玻色气体,平衡态下的平均分布就是由(7.10.1)式给出的玻色分布,而相应的巨配分函数就是(7.10.2)式.巨正则系综的宏观条件是系统与大热源及大粒子源接触达到平衡,在微观上系统与大热源及大粒子源之间允许有能量及粒子的交换,因此系统的微观总粒子数 N 与总能量 E 不是固定不变的.而玻色分布(7.10.1)成立的条件只要求是理想玻色气体处于平衡态,并不必须是孤立系.同样也可以理解为什么本节用符号 $\bar{N},\bar{E}$ 来表示平均值了(详见§8.7与§8.9).当然,对孤立系有 $\bar{N}\equiv N,\bar{E}\equiv E$.

现在来推导熵 S 的统计表达式.与§7.4的推导类似,采用与热力学公式类比的办法.由于相应的宏观条件是与大热源及大粒子源接触达到平衡,应该对应于粒子数可变情形的热力学基本微分方程,即

$$\mathrm{d}\bar{E} = T\mathrm{d}S + \sum_l \bar{Y}_l \mathrm{d}y_l + \mu \mathrm{d}\bar{N}, \tag{7.10.8}$$

其中的 μ 代表化学势.上式可改写成

$$\frac{1}{T}\left(\mathrm{d}\bar{E} - \sum_l \bar{Y}_l \mathrm{d}y_l\right) = \mathrm{d}S + \frac{\mu}{T}\mathrm{d}\bar{N}. \tag{7.10.9}$$

利用(7.10.5)及(7.10.6),有

$$\begin{aligned}\beta\left(\mathrm{d}\bar{E} - \sum_l \bar{Y}_l \mathrm{d}y_l\right) &= \beta\mathrm{d}\left(-\frac{\partial}{\partial\beta}\ln\Xi\right) + \sum_l\left(\frac{\partial}{\partial y_l}\ln\Xi\right)\mathrm{d}y_l \\ &= -\mathrm{d}\left(\beta\frac{\partial}{\partial\beta}\ln\Xi\right) + \left(\frac{\partial}{\partial\beta}\ln\Xi\right)\mathrm{d}\beta + \sum_l\left(\frac{\partial}{\partial y_l}\ln\Xi\right)\mathrm{d}y_l \\ &\quad + \left(\frac{\partial}{\partial\alpha}\ln\Xi\right)\mathrm{d}\alpha - \left(\frac{\partial}{\partial\alpha}\ln\Xi\right)\mathrm{d}\alpha,\end{aligned}$$

注意到等式最后一步推得结果的第二、三、四项合起来等于 $\mathrm{d}\ln\Xi$,最后一项也可以改写为

$$-\mathrm{d}\left(\alpha\frac{\partial}{\partial\alpha}\ln\Xi\right) + \alpha\mathrm{d}\left(\frac{\partial}{\partial\alpha}\ln\Xi\right),$$

再利用(7.10.4),等式进一步可改写成

$$\beta\left(\mathrm{d}\bar{E} - \sum_l \bar{Y}_l \mathrm{d}y_l\right) = \mathrm{d}\left(\ln\Xi - \alpha\frac{\partial}{\partial\alpha}\ln\Xi - \beta\frac{\partial}{\partial\beta}\ln\Xi\right) - \alpha\mathrm{d}\bar{N}. \tag{7.10.10}$$

将(7.10.10)与粒子数可变系统的热力学基本方程(7.10.9)对比,可以看出,若 $\bar{N}$ 不变时,β 和 $\frac{1}{T}$ 都是微分式 $\left(\mathrm{d}\bar{E} - \sum_l \bar{Y}_l \mathrm{d}y_l\right)$ 的积分因子,故可令

$$\beta=\frac{1}{kT}. \tag{7.10.11}$$

由于β只是T的函数(普遍的论证见§8.4),故k必为常数,实际上k就是玻尔兹曼常数.于是有

$$\mathrm{d}S=k\mathrm{d}\left(\ln\Xi-\alpha\frac{\partial}{\partial\alpha}\ln\Xi-\beta\frac{\partial}{\partial\beta}\ln\Xi\right). \tag{7.10.12}$$

对上式积分,并选积分常数为零,得

$$S=k\left(\ln\Xi-\alpha\frac{\partial}{\partial\alpha}\ln\Xi-\beta\frac{\partial}{\partial\beta}\ln\Xi\right). \tag{7.10.13}$$

若$\mathrm{d}\bar{N}\neq0$,利用(7.10.12)后,(7.10.10)可写成

$$\frac{1}{T}\left(\mathrm{d}\bar{E}-\sum_l\bar{Y}_l\mathrm{d}y_l\right)=\mathrm{d}S-k\alpha\mathrm{d}\bar{N}, \tag{7.10.14}$$

与(7.10.9)对比,得

$$\mu=-kT\alpha, \tag{7.10.15a}$$

或

$$\alpha=-\frac{\mu}{kT}. \tag{7.10.15b}$$

可见,α与化学势密切联系着.

以上我们已导出了用$\ln\Xi$及其偏微商表达的$\bar{N}$,$\bar{E}$,$\bar{Y}_\lambda$及S的公式,其他热力学量很容易得到,例如自由能(F)、吉布斯函数(G)和巨势(Ψ)分别为

$$F\equiv\bar{E}-TS=-kT\left(\ln\Xi-\alpha\frac{\partial}{\partial\alpha}\ln\Xi\right), \tag{7.10.16}$$

$$G=\bar{N}\mu=-\bar{N}kT\alpha=kT\alpha\frac{\partial}{\partial\alpha}\ln\Xi, \tag{7.10.17}$$

$$\Psi\equiv F-G=-kT\ln\Xi. \tag{7.10.18}$$

根据热力学理论(见§3.2),以(T,V,μ)为自然变数时,巨势$\Psi(T,V,\mu)$是特性函数,只要知道这一个函数$\Psi(T,V,\mu)$,则均匀系的一切平衡性质都确定了.现在,从(7.10.18)可以看出(只看$y_\lambda=V$的情形),$\ln\Xi$是(α,β,V)的函数,故(7.10.18)定出的Ψ实际上就是(T,V,μ)的函数.重要的是,根据统计物理学的理论,我们原则上可以从微观出发,计算出特性函数,从而求出一切热力学性质.

下面我们将证明,对理想玻色气体,联系熵与最大热力学几率的玻尔兹曼关系仍然成立,即

$$S=k\ln W_{\max}, \tag{7.10.19}$$

式中

$$W_{\max}=W(\{\bar{a}_\lambda\})=\prod_\lambda\frac{(g_\lambda+\bar{a}_\lambda-1)!}{\bar{a}_\lambda!(g_\lambda-1)!}. \tag{7.10.20}$$

证明如下:利用对任意分布都成立的(7.9.11)式

$$\ln W(\{a_\lambda\})\approx\sum_\lambda\{(g_\lambda+a_\lambda)\ln(g_\lambda+a_\lambda)-a_\lambda\ln a_\lambda-g_\lambda\ln g_\lambda\},$$

将 $\bar{a}_\lambda$ 代入上式,得

$$\ln W(\{\bar{a}_\lambda\}) \approx \sum_\lambda \left\{ g_\lambda \ln \frac{g_\lambda + \bar{a}_\lambda}{g_\lambda} + \bar{a}_\lambda \ln \frac{g_\lambda + \bar{a}_\lambda}{\bar{a}_\lambda} \right\}. \tag{7.10.21}$$

由(7.10.1)式,得

$$\frac{g_\lambda + \bar{a}_\lambda}{g_\lambda} = \frac{1}{1 - e^{-\alpha - \beta\varepsilon_\lambda}},$$

或

$$\frac{g_\lambda + \bar{a}_\lambda}{\bar{a}_\lambda} = e^{\alpha + \beta\varepsilon_\lambda}.$$

于是(7.10.21)化为

$$\begin{aligned} \ln W_{\max} &= \sum_\lambda \{-g_\lambda \ln(1 - e^{-\alpha - \beta\varepsilon_\lambda}) + \bar{a}_\lambda(\alpha + \beta\varepsilon_\lambda)\} \\ &= \ln \Xi + \alpha\bar{N} + \beta\bar{E} \\ &= \ln \Xi - \alpha \frac{\partial}{\partial\alpha} \ln \Xi - \beta \frac{\partial}{\partial\beta} \ln \Xi, \end{aligned} \tag{7.10.22}$$

立即得

$$S = k \ln W_{\max}.$$

7.10.2 理想费米气体

完全类似于理想玻色气体的情形,从费米分布出发,可以导出各热力学量的统计表达式.具体的推导留给读者自己去完成.

7.10.3 理想玻色气体和理想费米气体诸公式的统一表示

平均分布

$$\bar{a}_\lambda = \frac{g_\lambda}{e^{\alpha + \beta\varepsilon_\lambda} \pm 1}, \quad \left(\begin{array}{l} \text{“+”号: 理想费米气体} \\ \text{“-”号: 理想玻色气体} \end{array} \right) \tag{7.10.23}$$

巨配分函数

$$\Xi = \prod_\lambda (1 \pm e^{-\alpha - \beta\varepsilon_\lambda})^{\pm g_\lambda} = \Xi(\alpha, \beta, \{y_\lambda\}),$$

(“+ / -” 号规定同上) (7.10.24)

$$\ln \Xi = \pm \sum_\lambda g_\lambda \ln(1 \pm e^{-\alpha - \beta\varepsilon_\lambda}),$$

(“+ / -” 号规定同上) (7.10.25)

$$\bar{N} = -\frac{\partial}{\partial\alpha} \ln \Xi, \tag{7.10.26}$$

$$\bar{E} = -\frac{\partial}{\partial\beta} \ln \Xi, \tag{7.10.27}$$

$$\bar{Y}_l = -\frac{1}{\beta}\frac{\partial}{\partial y_l}\ln\Xi \quad \left(p = \frac{1}{\beta}\frac{\partial}{\partial V}\ln\Xi\right), \tag{7.10.28}$$

$$S = k\left(\ln\Xi - \alpha\frac{\partial}{\partial\alpha}\ln\Xi - \beta\frac{\partial}{\partial\beta}\ln\Xi\right), \tag{7.10.29}$$

$$F = -kT\ln\Xi + kT\alpha\frac{\partial}{\partial\alpha}\ln\Xi, \tag{7.10.30}$$

$$G = kT\alpha\frac{\partial}{\partial\alpha}\ln\Xi, \tag{7.10.31}$$

$$\Psi = -kT\ln\Xi, \tag{7.10.32}$$

$$S = k\ln W_{\max} = k\ln W(\{\bar{a}_\lambda\}). \tag{7.10.33}$$

说明：

(1) 公式(7.10.26)—(7.10.32)中诸热力学量用 $\ln\Xi$ 及其偏微商表达式的形式，对理想玻色气体和理想费米气体完全相同，当然，由于 $\ln\Xi$ 对二者是不同的，结果也是不同的.

(2) 玻尔兹曼关系仍然成立，但需注意，式中的 $W(\{\bar{a}_\lambda\})$ 对理想玻色气体和理想费米气体是不同的，它们分别等于

$$W_{\mathrm{BE}}(\{\bar{a}_\lambda\}) = \prod_\lambda \frac{(g_\lambda + \bar{a}_\lambda - 1)!}{\bar{a}_\lambda!(g_\lambda - 1)!}, \tag{7.10.34a}$$

$$W_{\mathrm{FD}}(\{\bar{a}_\lambda\}) = \prod_\lambda \frac{g_\lambda!}{\bar{a}_\lambda!(g_\lambda - \bar{a}_\lambda)!}. \tag{7.10.34b}$$

(7.10.34a)与(7.10.34b)两式中的 $\bar{a}_\lambda$ 应该分别用玻色分布和费米分布代入.

(3) 与定域子系的情形相同，对非定域子系，无论是理想玻色气体，还是理想费米气体，熵均可表达为

$$S = k\ln\Omega, \tag{7.10.35}$$

其中 $\Omega = \sum_{\{a_\lambda\}} W(\{a_\lambda\})$ 代表孤立系的总量子态数(详见(7.4.22)及相关说明). 对 $N \gg 1$，(7.10.35)与(7.10.33)等效.

§7.11 非简并条件 经典极限条件

7.11.1 非简并条件

从玻色分布与费米分布的表达式

$$\bar{a}_\lambda = \frac{g_\lambda}{e^{\alpha+\beta\varepsilon_\lambda} \pm 1} \quad \begin{pmatrix}+\text{号：费米分布} \\ -\text{号：玻色分布}\end{pmatrix} \tag{7.11.1}$$

可以看出，如果

$$e^\alpha \gg 1, \tag{7.11.2}$$

则(7.11.1)式右边分母中的 ± 1 可以忽略，于是公式化为

$$\bar{a}_\lambda = g_\lambda e^{-\alpha-\beta\varepsilon_\lambda}. \tag{7.11.3}$$

表明在 $e^\alpha \gg 1$ 的条件下，玻色分布与费米分布的差别消失，还原到麦克斯韦-玻尔兹曼分布. 条件(7.11.2)称为**非简并条件**(non-degenerate condition)[①]. 不满足此条件的称为**简并理想气体**.

如何理解在非简并条件下，玻色分布与费米分布的差别会消失呢？当 $e^\alpha \gg 1$，有

$$\frac{\bar{a}_\lambda}{g_\lambda} \ll 1, \tag{7.11.4}$$

表示每一个粒子量子态上平均占据的粒子数远远小于 1. 由于费米分布与玻色分布的差别来源于全同费米子遵从泡利不相容原理，即不允许两个费米子占据同一个粒子量子态，而玻色子不受泡利原理的限制. 当$\frac{\bar{a}_\lambda}{g_\lambda} \ll 1$ 时，两个粒子占据同一个粒子量子态的几率非常小，因而泡利原理对费米子的限制可以忽略，这就导致费米分布与玻色分布的差别消失. 至于为什么会回到麦克斯韦-玻尔兹曼分布，除了上面数学的结果外，还可以从分布对应的热力学几率来分析. 先看玻色子的情形：

$$\begin{aligned} W_{\text{BE}}(\{a_\lambda\}) &= \prod_\lambda \frac{(g_\lambda + a_\lambda - 1)!}{a_\lambda!(g_\lambda - 1)!} \\ &= \prod_\lambda \frac{(g_\lambda + a_\lambda - 1)(g_\lambda + a_\lambda - 2)\cdots(g_\lambda + 1)g_\lambda(g_\lambda - 1)!}{a_\lambda!(g_\lambda - 1)!} \\ &= \prod_\lambda \frac{g_\lambda^{a_\lambda}}{a_\lambda!}\left\{\left(1 + \frac{a_\lambda - 1}{g_\lambda}\right)\left(1 + \frac{a_\lambda - 2}{g_\lambda}\right)\cdots\left(1 + \frac{1}{g_\lambda}\right)\cdot 1\right\}. \end{aligned} \tag{7.11.5}$$

当$\frac{\bar{a}_\lambda}{g_\lambda} \ll 1$ 时，对平均有显著影响的那些分布，均有$\frac{a_\lambda}{g_\lambda} \ll 1$，因而上式右方$\{\cdots\} \approx 1$，于是有

$$W_{\text{BE}} \approx \prod_\lambda \frac{g_\lambda^{a_\lambda}}{a_\lambda!}. \tag{7.11.6}$$

类似地，对费米子的情形，有

$$\begin{aligned} W_{\text{FD}}(\{a_\lambda\}) &= \prod_\lambda \frac{g_\lambda!}{a_\lambda!(g_\lambda - a_\lambda)!} \\ &= \prod_\lambda \frac{g_\lambda(g_\lambda - 1)\cdots(g_\lambda - a_\lambda + 1)(g_\lambda - a_\lambda)!}{a_\lambda!(g_\lambda - a_\lambda)!} \\ &= \prod_\lambda \frac{g_\lambda^{a_\lambda}}{a_\lambda!}\left\{1 \cdot \left(1 - \frac{1}{g_\lambda}\right)\cdots\left(1 - \frac{a_\lambda - 1}{g_\lambda}\right)\right\} \\ &\approx \prod_\lambda \frac{g_\lambda^{a_\lambda}}{a_\lambda!}. \end{aligned} \tag{7.11.7}$$

最后一步已用到当$\frac{\bar{a}_\lambda}{g_\lambda} \ll 1$ 时，等式右方$\{\cdots\} \approx 1$.

① 注意不要把非简并条件中的“简并”与能级简并混淆，它们是不同的概念.

可见,当 $e^\alpha \gg 1$ 时,

$$W_{\mathrm{BE}} = W_{\mathrm{FD}} = \prod_\lambda \frac{g_\lambda^{a_\lambda}}{a_\lambda !} = \frac{1}{N!} W_{\mathrm{MB}}, \tag{7.11.8}$$

其中

$$W_{\mathrm{MB}} = N! \prod_\lambda \frac{g_\lambda^{a_\lambda}}{a_\lambda !} \tag{7.11.9}$$

代表定域子系所对应的热力学几率,即分布$\{a_\lambda\}$对应的系统量子态数.(7.11.8)式表明,在满足非简并条件的情况下,W_{BE}与W_{FD}彼此相等,而且除因子$\frac{1}{N!}$以外,也与W_{MB}相等.由于$\frac{1}{N!}$是一个常数,在对 $\ln W$ 求极大值时不产生任何影响,因此在 $e^\alpha \gg 1$ 的条件下,无论是理想玻色气体,还是理想费米气体,其最可几分布(或平均分布)都还原到麦克斯韦-玻尔兹曼分布.

应该注意,虽然在 $e^\alpha \gg 1$ 条件下,粒子全同性原理并不影响平均分布,但并非没有任何影响.实际上,W_{BE}与W_{FD}相对W_{MB}所相差的$\frac{1}{N!}$因子,将在熵以及所有与熵有关的量(如自由能、吉布斯函数等)中表现出来(见本节公式(7.11.23)与(7.11.27)).

7.11.2 决定非简并条件的物理参数

在处理各种理想气体的平衡性质时,需要判断是否满足非简并条件,这就需要知道非简并条件由哪些物理参数决定.

假设 $e^\alpha \gg 1$ 已满足,则有 $\bar{a}_\lambda = g_\lambda e^{-\alpha-\beta\varepsilon_\lambda}$. e^α 应该由总粒子数条件确定,即

$$N = \sum_\lambda \bar{a}_\lambda = e^{-\alpha} \sum_\lambda g_\lambda e^{-\beta\varepsilon_\lambda} = e^{-\alpha} Z,$$

或

$$e^\alpha = \frac{Z}{N}, \quad Z = \sum_\lambda g_\lambda e^{-\beta\varepsilon_\lambda}. \tag{7.11.10}$$

为了计算 e^α,考虑有代表性的情形:体积为 V 的容器中的理想气体.为简单,设容器为正方体(这只是为了数学表达更简单些,实际上气体的性质与容器的形状无关),并设粒子可看成质点(即忽略内部结构),而且暂时不考虑粒子的自旋.按(6.2.8),正方体容器中自由运动的粒子的动能为

$$\varepsilon = \frac{2\pi^2 \hbar^2}{mL^2}(n_1^2 + n_2^2 + n_3^2), \quad n_i = \pm 1, \pm 2, \cdots. \tag{7.11.11}$$

现在来估计一下在宏观大小的体积 $V(V=L^3)$中粒子的能级间隔 $\Delta\varepsilon$ 与 kT 之比.由上式,$\Delta\varepsilon$ 的量级为

$$\Delta\varepsilon \approx \frac{2\pi^2\hbar^2}{mL^2},$$

$$\frac{\Delta\varepsilon}{kT} \approx \frac{2\pi^2\hbar^2}{mL^2 kT}. \tag{7.11.12}$$

若取 $m\sim10^{-24}$ g(最轻的原子质量)，$L\sim1$ cm，得

$$\frac{\Delta\varepsilon}{kT}\approx\frac{10^{-14}}{T}.$$

即使在 $T\sim10^{-9}$ K 的低温下，仍有$\frac{\Delta\varepsilon}{kT}\sim10^{-5}\ll1$. 根据 § 7.7 的讨论，当$\frac{\Delta\varepsilon}{kT}\ll1$ 时，可以利用子系量子态与子相体积的对应关系来计算 Z. 对于容器中自由运动的质点，自由度 $r=3$，有

$$Z=\int\frac{\mathrm{d}\omega}{h^3}\mathrm{e}^{-\beta\varepsilon},$$

其中

$$\varepsilon=\frac{1}{2m}(p_x^2+p_y^2+p_z^2),\quad \mathrm{d}\omega=\mathrm{d}x\mathrm{d}y\mathrm{d}z\mathrm{d}p_x\mathrm{d}p_y\mathrm{d}p_z,$$

积分遍及所允许的子相空间，即

$$\begin{aligned}Z&=\frac{1}{h^3}\iiint\limits_V\mathrm{d}x\mathrm{d}y\mathrm{d}z\iiint\limits_{-\infty}^{\infty}\mathrm{e}^{-\beta(p_x^2+p_y^2+p_z^2)/2m}\mathrm{d}p_x\mathrm{d}p_y\mathrm{d}p_z\\&=\frac{V}{h^3}\left[\int_{-\infty}^{\infty}\mathrm{e}^{-\frac{\beta}{2m}p_x^2}\mathrm{d}p_x\right]^3\\&=\frac{V}{h^3}(2\pi mkT)^{3/2}.\end{aligned}\tag{7.11.13}$$

代入(7.11.10)，得

$$\mathrm{e}^{\alpha}=\frac{V(2\pi mkT)^{3/2}}{Nh^3}=\frac{(2\pi mkT)^{3/2}}{nh^3},\tag{7.11.14}$$

其中 $n=N/V$ 为粒子数密度. 现在考虑粒子自旋的影响，为简单，设无外磁场，这时不同自旋取向的能量是简并的，(7.11.13)式中仅仅多一自旋简并因子 $g_s=2s+1$，s 为粒子的自旋①，于是得

$$Z=g_s\frac{V}{h^3}(2\pi mkT)^{3/2},\tag{7.11.13$'$}$$

相应地(7.11.14)应该修改为

$$\mathrm{e}^{\alpha}=g_s\frac{(2\pi mkT)^{3/2}}{nh^3}.\tag{7.11.14$'$}$$

不过，由于因子 g_s 是数量级为 1 的数，若只需估计 e^{α} 的量级，完全可以略去 g_s 因子. 从(7.11.14)可以看出，与具体系统有关的参数有三个，即粒子的质量 m，温度 T 和数密度 n. 质量越大，温度越高，数密度越低，越容易满足非简并条件.

根据(7.11.14)式，非简并条件 $\mathrm{e}^{\alpha}\gg1$ 还有另一种物理解释. 由于 kT 代表粒子热运动的特征能量，$\sqrt{2mkT}$可以看成相应的热运动的特征动量. 按德布罗意关系，可以把

① 请读者注意，§ 6.2 与 § 7.7 关于子系量子态与子相体积的对应关系的结论只涉及经典自由度，不包括非经典自由度(如自旋).

$$\lambda_T = \frac{h}{(2\pi mkT)^{1/2}} \tag{7.11.15}$$

称为粒子的**热波长**. 如果把粒子看成波包,λ_T 大体上就代表波包的尺度. 故由(7.11.14),$e^{\alpha} \gg 1$ 可改写成

$$\frac{1}{n\lambda_T^3} \gg 1,$$

或

$$n\lambda_T^3 \ll 1. \tag{7.11.16}$$

令 $\overline{\delta r}$代表粒子之间的平均距离,当粒子数密度为 n 时,$\overline{\delta r} \sim n^{-\frac{1}{3}}$,故(7.11.16)也对应于

$$\lambda_T \ll \overline{\delta r}. \tag{7.11.17}$$

表明在非简并条件下,平均热波长远远小于粒子之间的平均距离,亦即粒子作为波包彼此之间的重叠完全可以忽略.

下面我们对不同系统的 e^{α} 值及相应的 $n\lambda_T^3$ 作一个具体的估计.

- 理想分子气体

表 7.11.1[①] 列出了几种气体在 $p=1$ atm 和相应的沸点温度(即该压强下气态存在的最低温度)下,按照公式(7.11.14)估计的值,同时也列出了 $n\lambda_T^3$ 的值(即 $e^{-\alpha}$)(确切地说,只有当 $e^{\alpha} \gg 1$ 时,e^{α} 的值才能由(7.11.14)表达(参看 §7.15—§7.19)). 可以看出,除了低温下质量很轻的分子(如 ^{4}He 与 ^{3}He)以外,表中所列其他理想分子气体均满足非简并条件,因而均遵从麦克斯韦-玻尔兹曼分布,无需区分究竟是玻色子还是费米子. 但对低温下的 He 气,已不满足 $e^{\alpha} \gg 1$,属于简并理想气体. 对 ^{4}He(玻色子)和 ^{3}He(费米子),需分别用玻色分布和费米分布去处理.

表 7.11.1

气体	T/K	e^{α}	$n\lambda_T^3$
Ar	87.4	5×10^5	2×10^{-6}
Ne	27.2	1×10^4	1×10^{-4}
H_2	20.3	1.4×10^2	7×10^{-3}
^{4}He	4.2	7.7	0.13
^{3}He	3.2	2.5	0.4

至于在较高温度,例如室温下,一切分子理想气体,包括 He 气在内,均满足非简并条件,遵从麦克斯韦-玻尔兹曼分布.

不满足非简并条件的情形,如:

① D. ter Haar, Elements of Statistical Mechanics, Butterworth-Heinemann, 1955, p. 94.

- 金属中巡游电子组成的电子气体

假设金属中巡游电子彼此之间的相互作用可以忽略(详见 § 7.19 的讨论),即近似当作理想费米气体.电子质量 $m\sim10^{-27}$ g,金属中巡游电子的数密度 $n\sim10^{23}$ cm^{-3},如果仍用公式(7.11.14)估计,则有

$$\mathrm{e}^{\alpha}\sim\frac{T^{3/2}}{10^{8}},$$

若取 $T\sim10^{2}$ K(室温),得 $\mathrm{e}^{\alpha}\sim10^{-5}\ll1$,不满足非简并条件.实际上,它是一种强简并的费米气体.

- 热辐射的光子气体

其化学势 $\mu=0$,即 $\mathrm{e}^{\alpha}=1$,不满足非简并条件,是强简并的玻色气体.

- 超低温下的原子气体(详见 § 7.17)

7.11.3　非简并条件下热力学量的统计表达式

根据 § 7.10 公式(7.10.25)—(7.10.33),可以直接得出诸热力学量在 $\mathrm{e}^{\alpha}\gg1$ 下的形式.这时理想玻色气体与理想费米气体的差别消失,所有公式都相同.事实上,由(7.10.25)

$$\ln\Xi=\pm\sum_{\lambda}g_{\lambda}\ln(1\pm\mathrm{e}^{-\alpha-\beta\varepsilon_{\lambda}}),$$

当 $\mathrm{e}^{\alpha}\gg1$ 时,$\mathrm{e}^{-\alpha-\beta\varepsilon_{\lambda}}\ll1$,可将 $\ln(1\pm\mathrm{e}^{-\alpha-\beta\varepsilon_{\lambda}})$ 作泰勒展开并只保留首项,即有

$$\ln(1\pm\mathrm{e}^{-\alpha-\beta\varepsilon_{\lambda}})\approx\pm\mathrm{e}^{-\alpha-\beta\varepsilon_{\lambda}},\tag{7.11.18}$$

于是有

$$\ln\Xi\approx\sum_{\lambda}g_{\lambda}\mathrm{e}^{-\alpha-\beta\varepsilon_{\lambda}}=\mathrm{e}^{-\alpha}Z.\tag{7.11.19}$$

将(7.11.19)代入(7.10.26)—(7.10.28),立即得

$$\bar{N}=-\frac{\partial}{\partial\alpha}\ln\Xi=\mathrm{e}^{-\alpha}Z,\tag{7.11.20}$$

$$\bar{E}=-\frac{\partial}{\partial\beta}\ln\Xi=-\mathrm{e}^{-\alpha}\frac{\partial Z}{\partial\beta}=-\bar{N}\frac{\partial}{\partial\beta}\ln Z,\tag{7.11.21}$$

$$\bar{Y}_{l}=-\frac{1}{\beta}\frac{\partial}{\partial y_{l}}\ln\Xi=-\frac{1}{\beta}\mathrm{e}^{-\alpha}\frac{\partial Z}{\partial y_{l}}=-\frac{\bar{N}}{\beta}\frac{\partial}{\partial y_{l}}\ln Z.\tag{7.11.22}$$

上式的一个特殊情形:

$$p=\frac{\bar{N}}{\beta}\frac{\partial}{\partial V}\ln Z.\tag{7.11.22$'$}$$

由(7.10.29)

$$S=k\left(\ln\Xi-\alpha\frac{\partial}{\partial\alpha}\ln\Xi-\beta\frac{\partial}{\partial\beta}\ln\Xi\right)=k(\ln\Xi+\alpha\bar{N}+\beta\bar{E}),$$

再利用(7.11.20)和(7.11.21),得

$$S=\overline{N}k\left(\ln Z-\beta\frac{\partial}{\partial\beta}\ln Z\right)-k\ln\overline{N}!. \tag{7.11.23}$$

由(7.10.15a)及(7.11.20)，得化学势

$$\mu=-kT\ln\frac{Z}{N}. \tag{7.11.24}$$

最后看一下玻尔兹曼关系，由公式(7.10.33)，当 $e^{\alpha}\gg1$ 时，有

$$W_{\mathrm{BE}}(\{\bar{a}_\lambda\})=W_{\mathrm{FD}}(\{\bar{a}_\lambda\})=\frac{1}{N!}W_{\mathrm{MB}}(\{\bar{a}_\lambda\})\equiv W_{\max}, \tag{7.11.25}$$

其中

$$W_{\mathrm{MB}}(\{\bar{a}_\lambda\})=N!\prod_\lambda\frac{g_\lambda^{\bar{a}_\lambda}}{\bar{a}_\lambda!}\equiv(W_{\mathrm{MB}})_{\max}. \tag{7.11.26}$$

公式(7.11.25)与(7.11.26)中的 $\bar{a}_\lambda$ 均为麦克斯韦-玻尔兹曼分布：$\bar{a}_\lambda=g_\lambda e^{-\alpha-\beta\varepsilon_\lambda}$. 因此，无论是理想玻色气体还是理想费米气体，均有

$$S=k\ln W_{\max}=k\ln(W_{\mathrm{MB}})_{\max}-k\ln\overline{N}!. \tag{7.11.27}$$

从公式(7.11.20)—(7.11.26)可以清楚地看出，当非简并条件($e^{\alpha}\gg1$)满足时：

(1) 理想玻色气体与理想费米气体的差别消失，所有的热力学量都可以由子系配分函数 $Z=\sum\limits_\lambda g_\lambda e^{-\beta\varepsilon_\lambda}$ 确定；

(2) 总粒子数、内能和外界作用力的公式与定域子系时的公式完全相同，表明粒子全同性原理对这些量无影响；

(3) 熵(以及与熵直接相关的量)的公式与定域子系公式相差一项 $k\ln\overline{N}!$，表明全同性原理的影响(见公式(7.11.23)与(7.11.27)). **由于熵涉及系统的量子态数，非定域子系与定域子系的这个差别即使在 $e^{\alpha}\gg1$ 的情况下也不会消失.**

7.11.4 非定域子系的经典极限条件

在§7.7中我们已介绍了定域子系的经典极限条件，即 $\frac{\Delta\varepsilon_n}{kT}\ll1$. 非定域子系与定域子系不同，能量量子化与粒子全同性原理这两条都起作用，只有当这两条都不起显著作用时，量子统计的结果才回到经典统计[①]. 因此非定域子系的经典极限条件有两条[②]：

$$e^{\alpha}\gg1, \tag{7.11.28a}$$

$$\frac{\Delta\varepsilon_n}{kT}\ll1. \tag{7.11.28b}$$

① “回到经典统计”的说法并不确切. 我们看到，在经典极限条件满足的情况下，全同性原理虽然对内能、压强等没有影响，但在熵的公式中有反映.

② 公式(7.11.14)是以容器中的自由粒子为例来推导的，在该例中 $\frac{\Delta\varepsilon}{kT}\ll1$ 也同时满足. 但不要误认为(7.11.28a)与(7.11.28b)总是同时满足的，只不过当(7.11.28b)不满足时，对 e^{α} 要用另外的办法计算.

如果(7.11.28a)不满足，但(7.11.28b)满足，这时，分布需用玻色分布或费米分布，但对子系能级的求和可以近似代之以对子相体积的积分，且能量可以用经典表达式，这种情况常称为**"半经典近似"**(见§7.18与§7.19).

§7.12　麦克斯韦速度分布律

麦克斯韦分布是气体分子质心运动的速度分布，它是满足非简并条件($e^{\alpha}\gg 1$)的理想气体所遵从的麦克斯韦-玻尔兹曼分布的一种特殊情形.

气体分子的运动包括**质心运动**(通常称为**平动**)和**内部运动**，后者又包括双原子和多原子分子的转动和振动、原子内束缚电子的运动，以及核内部自由度的运动.由于质心平动与内部运动彼此独立，故质心运动的速度分布与内部运动无关.

分子的能量 ε_{λ} 可以表达为平动能量 ε^{t} 与内部运动能量 ε^{i} 之和(ε^{t} 与 ε^{i} 的下标已省去)，相应的 g_{λ} 等于平动与内部运动的简并度之积：

$$\varepsilon_{\lambda} = \varepsilon^{t} + \varepsilon^{i}, \tag{7.12.1a}$$

$$g_{\lambda} = g^{t}\cdot g^{i}. \tag{7.12.1b}$$

于是麦克斯韦-玻尔兹曼分布可表为

$$\bar{a}_{\lambda} = g_{\lambda}e^{-\alpha-\beta\varepsilon_{\lambda}} = e^{-\alpha}(g^{i}e^{-\beta\varepsilon^{i}})(g^{t}e^{-\beta\varepsilon^{t}}). \tag{7.12.2}$$

对于宏观大小的体积内的气体分子，其平动能级间隔 $\Delta\varepsilon^{t}\ll kT$，因而平动自由度满足经典极限条件，可以将平动量子态用平动子相体元来表达.于是，分子质心运动处于子相体元 $d\omega^{t}$ 内的平均分子数为

$$e^{-\alpha}\left(\sum_{i}g^{i}e^{-\beta\varepsilon^{i}}\right)\frac{d\omega^{t}}{h^{3}}e^{-\beta\varepsilon^{t}} = e^{-\alpha}Z^{i}\frac{d\omega^{t}}{h^{3}}e^{-\beta\varepsilon^{t}}, \tag{7.12.3}$$

其中

$$d\omega^{t} = dxdydzdp_{x}dp_{y}dp_{z},$$

$$\varepsilon^{t} = \frac{1}{2m}(p_{x}^{2}+p_{y}^{2}+p_{z}^{2})+\varphi(x,y,z),$$

$$Z^{i} = \sum g^{i}e^{-\beta\varepsilon^{i}}.$$

$\varphi(x,y,z)$代表分子在外场中的势能，Z^{i} 为分子内部运动相应的配分函数.为简单，设 $\varphi=0$，则质心运动处于 $d\omega^{t}$ 内的平均分子数可表为

$$\begin{aligned}&\frac{1}{h^{3}}e^{-\alpha}Z^{i}e^{-(p_{x}^{2}+p_{y}^{2}+p_{z}^{2})/2mkT}dxdydzdp_{x}dp_{y}dp_{z}\\&= Ae^{-(p_{x}^{2}+p_{y}^{2}+p_{z}^{2})/2mkT}dxdydzdp_{x}dp_{y}dp_{z}.\end{aligned} \tag{7.12.4}$$

式中 $A=\frac{1}{h^{3}}e^{-\alpha}Z^{i}$ 为一与坐标、动量无关的常数，它可以由总粒子数条件确定：

$$N = A\iiint\limits_V \mathrm{d}x\mathrm{d}y\mathrm{d}z\iiint\limits_{-\infty}^{\infty}\mathrm{e}^{-(p_x^2+p_y^2+p_z^2)/2mkT}\mathrm{d}p_x\mathrm{d}p_y\mathrm{d}p_z = AV(2\pi mkT)^{3/2}, \tag{7.12.5}$$

即

$$A = n\left(\frac{1}{2\pi mkT}\right)^{3/2}, \tag{7.12.6}$$

其中 $n=N/V$ 为分子数密度. 将 A 代入(7.12.4),并取单位体积,(7.12.4)式右端变为

$$n\left(\frac{1}{2\pi mkT}\right)^{3/2}\mathrm{e}^{-(p_x^2+p_y^2+p_z^2)/2mkT}\mathrm{d}p_x\mathrm{d}p_y\mathrm{d}p_z, \tag{7.12.7}$$

令 v_x, v_y, v_z 为速度的三个分量,即

$$p_x = mv_x,\quad p_y = mv_y,\quad p_z = mv_z,$$

则单位体积内,质心运动处于 $\mathrm{d}v_x\mathrm{d}v_y\mathrm{d}v_z$ 内的平均分子数为

$$f(v_x, v_y, v_z)\mathrm{d}v_x\mathrm{d}v_y\mathrm{d}v_z = n\left(\frac{m}{2\pi kT}\right)^{3/2}\mathrm{e}^{-m(v_x^2+v_y^2+v_z^2)/2kT}\mathrm{d}v_x\mathrm{d}v_y\mathrm{d}v_z. \tag{7.12.8}$$

(7.12.8)式就是**麦克斯韦速度分布律**的常见表达形式,其中 $f(v_x, v_y, v_z)$ 称为**麦克斯韦速度分布函数**. 速度分布律的另一种表达形式是取速度空间的球坐标 v, θ, φ,它们与 v_x, v_y, v_z 的关系为

$$v_x = v\sin\theta\cos\varphi,\quad v_y = v\sin\theta\sin\varphi,\quad v_z = v\cos\theta. \tag{7.12.9}$$

用球坐标中的体积元 $v^2\mathrm{d}v\sin\theta\mathrm{d}\theta\mathrm{d}\varphi$ 代替直角坐标的体积元 $\mathrm{d}v_x\mathrm{d}v_y\mathrm{d}v_z$,就得到在单位体积内,速率间隔为 $\mathrm{d}v$ 和速度方向间隔为 $\mathrm{d}\theta\mathrm{d}\varphi$ 的平均分子数

$$n\left(\frac{m}{2\pi kT}\right)^{3/2}\mathrm{e}^{-mv^2/2kT}v^2\mathrm{d}v\sin\theta\mathrm{d}\theta\mathrm{d}\varphi. \tag{7.12.10}$$

对角度 θ 和 φ 求积分,φ 由 0 到 2π,θ 由 0 到 π,即得单位体积内,速率间隔处于 v 与 $v+\mathrm{d}v$ 内的平均分子数为

$$4\pi n\left(\frac{m}{2\pi kT}\right)^{3/2}\mathrm{e}^{-mv^2/2kT}v^2\mathrm{d}v. \tag{7.12.11}$$

速率分布函数(7.12.11)有一极大值,对应的速率称为**最可几速率** v_{m},它是下列方程的解:

$$\frac{\mathrm{d}}{\mathrm{d}v}(\mathrm{e}^{-mv^2/2kT}v^2) = 0, \tag{7.12.12}$$

即

$$v_{\mathrm{m}} = \sqrt{\frac{2kT}{m}}. \tag{7.12.13}$$

根据(7.12.11)并利用附录 B1 的积分公式,很容易求出分子的平均速率 $\bar{v}$ 和方均根速率 v_{s}:

$$\bar{v} = 4\pi\left(\frac{m}{2\pi kT}\right)^{3/2}\int_0^\infty v\mathrm{e}^{-mv^2/2kT}v^2\mathrm{d}v = \sqrt{\frac{8kT}{\pi m}}, \tag{7.12.14}$$

$$v_{\mathrm{s}}^2 = \overline{v^2} = 4\pi\left(\frac{m}{2\pi kT}\right)^{3/2}\int_0^\infty v^2\mathrm{e}^{-mv^2/2kT}v^2\mathrm{d}v = \frac{3kT}{m},$$

即

$$v_s = \sqrt{\frac{3kT}{m}}. \tag{7.12.15}$$

以上求得的三种速率均正比于$\sqrt{\frac{T}{m}}$,其数值之比为

$$v_s : \bar{v} : v_m = \sqrt{\frac{3}{2}} : \frac{2}{\sqrt{\pi}} : 1 = 1.225 : 1.128 : 1. \tag{7.12.16}$$

§7.13　能量均分定理

能量均分定理是玻尔兹曼于 1871 年根据经典统计推导出的一个重要结论,定理可以表述为:**系统微观能量表达式中的每一正平方项的平均值等于**$\frac{1}{2}kT$.

定理表述简单,使用方便,历史上曾被应用于计算各种系统的内能和比热,有成功也有失败.在量子统计建立以后,人们才弄清楚**能量均分定理只有在满足经典极限的条件下才成立.**

能量均分定理并不限于近独立子系组成的系统,它可以应用于有相互作用的系统.但本节只限于讨论近独立子系的情形.以下我们从满足经典极限条件下的近独立子系所遵从的麦克斯韦-玻尔兹曼分布出发来证明该定理.

将子系的微观能量表为动能 ε_k 与势能 ε_p 之和,即

$$\varepsilon = \varepsilon_k + \varepsilon_p. \tag{7.13.1}$$

动能总可以表为广义动量的平方项之和,

$$\varepsilon_k = \frac{1}{2}\sum_{i=1}^{r} a_i p_i^2, \tag{7.13.2}$$

其中 r 为子系自由度,系数 a_i 都是正数,但有可能是 $q_1,\cdots,q_r$ 的函数.现在来证明 ε_k 中每一项的平均值等于$\frac{1}{2}kT$.在满足经典极限的条件下,麦克斯韦-玻尔兹曼分布可以表为如下的形式:

$$e^{-\alpha-\beta\varepsilon}\ \frac{d\omega^r}{h^r}, \tag{7.13.3}$$

其中 $d\omega^r = dq_1\cdots dq_r dp_1\cdots dp_r$ 为子相体元.(7.13.3)代表子系的运动状态处于 $d\omega^r$ 内的平均数,并满足

$$N = \int e^{-\alpha-\beta\varepsilon}\ \frac{d\omega^r}{h^r} = e^{-\alpha}\int e^{-\beta\varepsilon}\ \frac{d\omega^r}{h^r} = e^{-\alpha}Z. \tag{7.13.4}$$

式中 N 为子系总数,Z 为子系配分函数,其经典极限下的形式为

$$Z = \int e^{-\beta\varepsilon}\ \frac{d\omega^r}{h^r}. \tag{7.13.5}$$

因而,子系的运动状态处于 $\mathrm{d}\omega^r$ 内的几率为

$$\frac{1}{N}\mathrm{e}^{-\beta\varepsilon}\frac{\mathrm{d}\omega^r}{h^r}=\frac{1}{Z}\mathrm{e}^{-\beta\varepsilon}\frac{\mathrm{d}\omega^r}{h^r}. \tag{7.13.6}$$

现在计算动能 ε_{k} 中任一项,比如$\frac{1}{2}a_1p_1^2$ 的平均值,即

$$\begin{aligned}\overline{\frac{1}{2}a_1p_1^2}&=\frac{1}{Z}\int\frac{1}{2}a_1p_1^2\mathrm{e}^{-\beta\varepsilon}\frac{\mathrm{d}\omega^r}{h^r}\\&=\frac{1}{Zh^r}\int\cdots\int\mathrm{e}^{-\beta\varepsilon_{\mathrm{p}}}\mathrm{d}q_1\cdots\mathrm{d}q_r\int\cdots\int\mathrm{e}^{-\beta\sum\limits_{i=2}^{r}a_ip_i^2/2}\mathrm{d}p_2\cdots\mathrm{d}p_r\\&\quad\cdot\int_{-\infty}^{\infty}\frac{1}{2}a_1p_1^2\mathrm{e}^{-\beta a_1p_1^2/2}\mathrm{d}p_1.\end{aligned} \tag{7.13.7}$$

由分部积分,得

$$\int_{-\infty}^{\infty}\frac{1}{2}a_1p_1^2\mathrm{e}^{-\beta a_1p_1^2/2}\mathrm{d}p_1=-\frac{p_1}{2\beta}\mathrm{e}^{-\beta a_1p_1^2/2}\Big|_{-\infty}^{\infty}+\frac{1}{2\beta}\int_{-\infty}^{\infty}\mathrm{e}^{-\beta a_1p_1^2/2}\mathrm{d}p_1,$$

由于 $a_1>0$,右方第一项等于零,故得

$$\overline{\frac{1}{2}a_1p_1^2}=\frac{1}{2\beta}\frac{1}{Z}\int\mathrm{e}^{-\beta\varepsilon}\frac{\mathrm{d}\omega^r}{h^r}=\frac{1}{2\beta}=\frac{1}{2}kT. \tag{7.13.8}$$

动能中任何一项都可以类似地证明.

现在来看势能部分.设 ε_{p} 可以写成下列形式

$$\varepsilon_{\mathrm{p}}=\frac{1}{2}\sum_{i=1}^{n}b_iq_i^2+\tilde{\varepsilon}_{\mathrm{p}}(q_{n+1},\cdots,q_r), \tag{7.13.9}$$

其中 b_i 都是正数,但可以是 $q_{n+1},\cdots,q_r$ 函数($n<r$);且假设(7.13.2)式中的 ε_{k} 系数 a_i 也只是 $q_{n+1},\cdots,q_r$ 的函数,与 $q_1,\cdots,q_n$ 无关.用与上面同样的计算,可得

$$\overline{\frac{1}{2}b_1q_1^2}=\frac{1}{Z}\int\frac{1}{2}b_1q_1^2\mathrm{e}^{-\beta\varepsilon}\frac{\mathrm{d}\omega^r}{h^r}=\frac{1}{2\beta}=\frac{1}{2}kT. \tag{7.13.10}$$

这样就证明了:能量 ε 中任意一个正平方项的平均值等于$\frac{1}{2}kT$.

下面我们举几个能量均分定理适用的例子.

(1) **非简并理想气体分子质心平动动能**

分子的运动可以分成质心运动及内部运动.内部运动除核外束缚电子的运动外,对双原子和多原子分子还有转动和振动(核内部自由度通常冻结于其最低能态,可以不考虑).由于质心平动动能的能级间隔远远小于 kT(见§7.11),故非简并理想气体分子质心平动部分满足经典极限条件,质心平动动能的经典表达式为

$$\varepsilon^{\mathrm{t}}=\frac{1}{2m}(p_x^2+p_y^2+p_z^2), \tag{7.13.11}$$

它有三个正平方项,故平动动能的平均值为

$$\overline{\varepsilon^{\mathrm{t}}}=\frac{3}{2}kT. \tag{7.13.12}$$

(2) **非简并理想气体分子转动动能**

除少数质量最轻的双原子分子(如 H_2,D_2 等)以外,绝大多数双原子分子及所有多原子分子的转动动能的能级间隔远小于 kT(详见 § 7.14),故绝大多数非简并理想气体分子的转动自由度也满足经典极限条件,可以用能量均分定理计算分子转动的平均能量.

双原子分子和线型多原子分子(如 CO_2,N_2O 等)转动动能的经典表达式为[①]

$$\varepsilon^{r} = \frac{1}{2I}\left(p_{\theta}^{2} + \frac{1}{\sin^{2}\theta}p_{\phi}^{2}\right), \tag{7.13.13}$$

其中 I 为分子的转动惯量,θ,ϕ 为广义坐标,代表原子质心连线在球极坐标中的两个方向角,p_θ,p_ϕ 为对应的广义动量. ε^r 有两个正平方项,故

$$\overline{\varepsilon^{r}} = kT. \tag{7.13.14}$$

非线型多原子分子(如 H_2O,NH_3 等)的转动相当于一个刚体的转动. 引入三个欧拉角 θ,ψ,φ,相应的三个广义动量为 $p_\theta,p_\psi,p_\varphi$,则转动动能可以表为广义动量的二次齐次式. 再通过正交变换,可以化为如下的平方和的形式[②]

$$\varepsilon^{r} = \frac{1}{2I_A}p_A^{2} + \frac{1}{2I_B}p_B^{2} + \frac{1}{2I_C}p_C^{2}, \tag{7.13.15}$$

其中 I_A,I_B,I_C 为三个主转动惯量,p_A,p_B,p_C 是与主轴相对应的三个广义动量. 由(7.13.15)式,非线型多原子分子的 ε^r 有三个正平方项,故

$$\overline{\varepsilon^{r}} = \frac{3}{2}kT. \tag{7.13.16}$$

(3) **理想固体模型中原子的振动**

在 § 7.6 中介绍过理想固体模型,其中每一个振动自由度的能量的经典表达式为

$$\varepsilon^{v} = \frac{1}{2m}p^{2} + \frac{1}{2}m\omega^{2}q^{2}, \tag{7.13.17}$$

每个振动自由度有两个正平方项,故

$$\overline{\varepsilon^{v}} = kT. \tag{7.13.18}$$

应该指出,只有当温度足够高,使振动能级间隔 $h\nu \ll kT$ 时,(7.13.18)才适用.

读者也许会问,在(7.13.10)式的证明中,对 q 的积分上下限取为 $\pm\infty$,而原子振动的振幅不可能超过近邻的间距,即应小于 10^{-8} cm,那么,积分限取 $\pm\infty$ 是否合理呢? 对于固体中原子的振动,让我们作一粗略估计:取 $m \sim 10^{-24}$ g,$\omega \sim 10^{14}$ s^{-1}(固体振动的频率在红外区),则 $m\omega^2 \sim 10^5$ g/s. 若取 $q \sim 10^{-8}$ cm,则 $m\omega^2q^2/(2kT) \sim 10^5/T$. 注意到(7.13.10)是高斯积分,因子 $e^{-\beta\varepsilon}$ 随 q 的增加衰减极快;在 $T < 10^3$ K 下,q 的积分限即使取 $\pm 10^{-8}$ cm 已完全可以用 $\pm\infty$ 代替了.

---

① 参看主要参考书目[2],73—76 页.

② 详见唐有祺,《统计力学》,科学出版社,1964 年,96—101 页.

§7.14 非简并理想气体的热力学函数与热容

7.14.1 一般公式

本节讨论满足非简并条件($e^{\alpha}\gg 1$)的理想分子气体. 在§7.11 中已经导出其内能、压强、熵与化学势的公式,现重列于下(已取 $N=\overline{N}$):

$$\overline{E}=-N\frac{\partial}{\partial\beta}\ln Z,\quad \left(\bar{\varepsilon}=\frac{\overline{E}}{N}=-\frac{\partial}{\partial\beta}\ln Z\right) \tag{7.14.1}$$

$$p=\frac{N}{\beta}\frac{\partial}{\partial V}\ln Z, \tag{7.14.2}$$

$$S=Nk\left(\ln Z-\beta\frac{\partial}{\partial\beta}\ln Z\right)-k\ln N!, \tag{7.14.3}$$

$$\mu=-kT\ln\frac{Z}{N}. \tag{7.14.4}$$

分子的能量可以近似表为四部分之和(核内部自由度通常处于基态,此处已略去;以下省去下标):

$$\varepsilon=\varepsilon^{t}+\varepsilon^{r}+\varepsilon^{v}+\varepsilon^{e}, \tag{7.14.5}$$

其中各项分别代表分子的平动、转动、振动和束缚电子运动的能量;相应的分子的配分函数也可以表为这四部分相应的配分函数相乘,即

$$\begin{aligned}Z&=\sum_{\lambda}g_{\lambda}e^{-\beta\varepsilon_{\lambda}}\\&=\left(\sum g^{t}e^{-\beta\varepsilon^{t}}\right)\left(\sum g^{r}e^{-\beta\varepsilon^{r}}\right)\left(\sum g^{v}e^{-\beta\varepsilon^{v}}\right)\left(\sum g^{e}e^{-\beta\varepsilon^{e}}\right)\\&=Z^{t}Z^{r}Z^{v}Z^{e},\end{aligned} \tag{7.14.6}$$

因而有

$$\ln Z=\ln Z^{t}+\ln Z^{r}+\ln Z^{v}+\ln Z^{e}. \tag{7.14.7}$$

注意到公式(7.14.1),(7.14.3)和(7.14.4)中只包含 $\ln Z$ 和它的微商,由(7.14.7)可以看出,形式上可以把 $\overline{E}$,S,μ 表为上述四部分贡献之和. 熵的公式(7.14.3)中的 $-k\ln N!$ 项来源于全同粒子的交换,应该归入平动熵之中(若忽略分子的内部运动,则分子只有质心平动,$-k\ln N!$ 项仍然存在). 下面依次讨论单原子分子、双原子分子和多原子分子的情形.

7.14.2 单原子分子理想气体

单原子分子的能量只有质心平动与核外束缚电子运动两部分. 由于平动能级间隔 $\Delta\varepsilon^{t}\ll kT$,可以将平动配分函数对能级求和的形式

$$Z^{t}=\sum_{\lambda}g_{\lambda}^{t}e^{-\beta\varepsilon_{\lambda}^{t}} \tag{7.14.8}$$

用对子相体积的积分来代替,于是得(见公式(7.11.13))

$$Z^{\mathrm{t}} = \frac{V}{h^3}\left(\frac{2\pi m}{\beta}\right)^{3/2}. \tag{7.14.9}$$

而分子内部束缚电子的配分函数为

$$Z^{\mathrm{e}} = \sum_{\lambda} g_{\lambda}^{\mathrm{e}} \mathrm{e}^{-\beta\varepsilon_{\lambda}^{\mathrm{e}}}, \tag{7.14.10}$$

通常束缚电子的最低能级 $\varepsilon_0^{\mathrm{e}}$（即其基态能级）与第一激发态能级 $\varepsilon_1^{\mathrm{e}}$ 之间的能量差（量级为 eV）远远大于 kT①，这时，在（7.14.9）式中可以近似只取第一项，即

$$Z^{\mathrm{e}} \approx g_0^{\mathrm{e}} \mathrm{e}^{-\beta\varepsilon_0^{\mathrm{e}}}, \tag{7.14.11}$$

于是

$$\bar{\varepsilon} = \overline{\varepsilon^{\mathrm{t}}} + \overline{\varepsilon^{\mathrm{e}}}, \tag{7.14.12}$$

$$\ln Z = \ln Z^{\mathrm{t}} + \ln Z^{\mathrm{e}}, \tag{7.14.13}$$

将（7.14.9）与（7.14.11）代入上式，即得

$$\overline{\varepsilon^{\mathrm{t}}} = -\frac{\partial}{\partial\beta}\ln Z^{\mathrm{t}} = \frac{3}{2}kT, \tag{7.14.14}$$

$$\overline{\varepsilon^{\mathrm{e}}} = -\frac{\partial}{\partial\beta}\ln Z^{\mathrm{e}} = \varepsilon_0^{\mathrm{e}}, \tag{7.14.15}$$

$$C_V = \frac{\partial \bar{E}}{\partial T} = \frac{\mathrm{d}\bar{E}}{\mathrm{d}T} = N\frac{\mathrm{d}\,\overline{\varepsilon^{\mathrm{t}}}}{\mathrm{d}T} + N\frac{\mathrm{d}\,\overline{\varepsilon^{\mathrm{e}}}}{\mathrm{d}T} = C_V^{\mathrm{t}} + C_V^{\mathrm{e}}, \tag{7.14.16}$$

$$C_V^{\mathrm{t}} = \frac{3}{2}Nk, \tag{7.14.17}$$

$$C_V^{\mathrm{e}} = 0. \tag{7.14.18}$$

以上结果表明：满足非简并条件的单原子分子理想气体的内能只是温度的函数，与体积无关；分子质心的平动对热容的贡献与按能量均分定理所得的结果相同；分子内部的束缚电子运动对热容没有贡献.

根据压强公式（7.14.2），并注意到只有平动配分函数与体积有关，故

$$p = \frac{N}{\beta}\frac{\partial}{\partial V}\ln Z = \frac{N}{\beta}\frac{\partial}{\partial V}\ln Z^{\mathrm{t}} = \frac{N}{\beta}\frac{1}{V} = \frac{NkT}{V} = nkT, \tag{7.14.19}$$

其中 $n=N/V$ 为数密度. 上式就是熟知的经典理想气体的物态方程. 由于内部运动配分函数与 V 无关，$p=nkT$ 对一切非简并理想分子气体均成立.

顺便说一下，公式（7.14.19）也提供了定玻尔兹曼常数的一种办法. 将（7.14.19）改写为

$$pV = \frac{N}{N_{\mathrm{A}}}N_{\mathrm{A}}kT, \tag{7.14.20}$$

其中 N_{A} 为阿伏伽德罗常数（$N_{\mathrm{A}}=6.0221\times10^{23}/\mathrm{mol}$）. 将上式与实验的理想气体物态方程 $pV=\dfrac{N}{N_{\mathrm{A}}}RT$ 比较（R 为气体常数，$R=8.3145\ \mathrm{J/(mol\cdot K)}$），即得

① 个别特殊情况需要考虑第一激发态的贡献，参看 R. H. Fowler, Statistical Mechanics, Cambridge University Press, 1980, Chap. 2.

$$k = \frac{R}{N_A} = 1.3806 \times 10^{-23}\ \mathrm{J/K}.$$

将(7.14.9)与(7.14.11)代入(7.14.3)，利用 $\ln N! \approx N(\ln N - 1)$，并令 $\varepsilon_0^e = 0$(相当于选 ε_0^e 为能量的零点)，即得单原子分子理想气体的熵：

$$S = \frac{3}{2}Nk\ln T + Nk\ln\frac{V}{N} + \frac{3}{2}Nk\left\{\frac{5}{3} + \ln\left[g_0^e\left(\frac{2\pi mk}{h^2}\right)\right]\right\}. \tag{7.14.21}$$

上式给出了 S 与 N, V 的正确依赖关系，它符合熵是广延量的要求. 这和(7.14.3)中包含 $-k\ln N!$ 一项有关. 不过，公式中的 $-k\ln N!$ 项是自然得出的，并不是像当年吉布斯那样为了得到熵与总粒子数的正确关系而人为引入的. 公式(7.14.21)也不会出现吉布斯佯谬(见习题 7.16).

读者可能注意到，熵的表达式(7.14.21)不满足 $T\to 0$ K 时熵为零(热力学第三定律，见§4.7). 不过问题实际上不存在，因为当温度足够低时，非简并条件已不再满足，必须代之以费米分布或玻色分布，而对理想费米气体或理想玻色气体，它们都遵从热力学第三定律(见§7.16 与§7.19).

将(7.14.9)与(7.14.11)代入公式(7.14.4)，立即得单原子分子理想气体的化学势

$$\mu = -kT\ln\left\{\frac{(2\pi mkT)^{3/2}g_0^e}{nh^3}\right\}. \tag{7.14.22}$$

利用(7.14.19)，上式还可以改写成用 T, p 为变量表达的形式

$$\mu = -kT\ln\left\{\frac{(2\pi m)^{3/2}(kT)^{5/2}g_0^e}{ph^3}\right\}. \tag{7.14.23}$$

7.14.3 双原子分子理想气体

双原子分子的配分函数中，Z^t 和 Z^e 与(7.14.9)和(7.14.11)相同，不再重复. 下面只讨论转动与振动部分.

根据量子力学，双原子分子的转动能级及其简并度为

$$\varepsilon_\lambda^r = \frac{h^2}{8\pi^2 I}\lambda(\lambda+1) \quad (\lambda = 0,1,2,\cdots), \tag{7.14.24a}$$

$$g_\lambda^r = 2\lambda + 1 \quad (\lambda = 0,1,2,\cdots), \tag{7.14.24b}$$

转动配分函数为

$$Z^r = \sum_0^\infty (2\lambda+1)e^{-\lambda(\lambda+1)\theta_r/T}, \tag{7.14.25}$$

其中 $\theta_r \equiv \dfrac{\hbar^2}{2Ik}$ 称为**转动特征温度**，θ_r 可以从分子的转动光谱数据推算出.

现在讨论两种极限情形. 首先考虑高温极限($T \gg \theta_r$)，这时

$$\frac{\Delta\varepsilon^r}{kT} \sim \frac{\theta_r}{T} \ll 1,$$

表明转动自由度满足经典极限条件，在 Z^r 中对转动量子态求和可以用对转动子相体积的积分来代替. 双原子分子转动动能的经典表达式为(见(7.13.13))

$$\varepsilon^r = \frac{1}{2I}\left(p_\theta^2 + \frac{1}{\sin^2\theta}p_\phi^2\right). \tag{7.14.26}$$

双原子分子有两个转动自由度，$d\omega^r = d\theta d\varphi\, dp_\theta dp_\varphi$，于是 Z^r 的经典极限形式为

$$\begin{aligned} Z^r &= \frac{1}{h^2}\int_0^\pi d\theta\int_0^{2\pi} d\phi\int_{-\infty}^{\infty} e^{-\beta p_\theta^2/2I}\, dp_\theta\int_{-\infty}^{\infty} e^{-\beta p_\phi^2/2I\sin^2\theta}\, dp_\phi \\ &= \frac{1}{h^2}2\pi\left(\frac{2\pi I}{\beta}\right)\int_0^\pi \sin\theta d\theta \\ &= \frac{8\pi^2 I}{h^2\beta}. \end{aligned} \tag{7.14.27}$$

即得

$$\overline{\varepsilon^r} = -\frac{\partial}{\partial\beta}\ln Z^r = kT, \tag{7.14.28}$$

$$\frac{C_V^r}{Nk} = 1. \tag{7.14.29}$$

可见高温极限下回到经典统计的结果.

其次考虑低温极限($T \ll \theta_r$)，由(7.14.25)，保留最前面的两项，得

$$Z^r \approx 1 + 3e^{-2\theta_r/T}, \tag{7.14.30}$$

$$\ln Z^r = \ln(1 + 3e^{-2\theta_r/T}) \approx 3e^{-2\theta_r/T}. \tag{7.14.31}$$

上式中已考虑 Z^r 中的第二项是小量而作了泰勒展开. 进而得

$$\overline{\varepsilon^r} = -\frac{\partial}{\partial\beta}\ln Z^r = 6k\theta_r e^{-2\theta_r/T}, \tag{7.14.32}$$

$$\frac{C_V^r}{Nk} = 12\left(\frac{\theta_r}{T}\right)^2 e^{-2\theta_r/T}. \tag{7.14.33}$$

公式(7.14.33)表明，双原子分子的转动热容随 T 降低而很快趋于零.

公式(7.14.29)与(7.14.33)分别代表高温与低温极限下的转动热容，中间温区需按公式(7.14.25)，作数值计算.

应该指出，公式(7.14.25)用到异核双原子分子是完全正确的，但当用于同核双原子分子(如 H_2，D_2)时，发现与实验不符. 研究表明，产生错误的原因是没有考虑同核双原子分子波函数的对称性. 以 H_2 为例，氢核(即质子)是自旋为 $\frac{1}{2}$ 的费米子，由两个氢核构成的氢分子的波函数必须是反对称的. 由于总波函数 Ψ 由核自旋波函数 Ψ_{nuc} 与转动波函数 Ψ_{rot} 相乘构成，即 $\Psi = \Psi_{nuc}\cdot\Psi_{rot}$. 要求 Ψ 反对称可以由 Ψ_{nuc} 与 Ψ_{rot} 中一个对称另一个反对称构成. 若两个核自旋平行(总核自旋为 $S=1$ 的三重态，Ψ_{nuc} 对称)，则 Ψ_{rot} 必须是反对称的，故 λ 只能取 1,3,5,…等奇数，这种氢称为正氢(orthohydrogen)；若两个核自旋反平行(总核自旋为 $S=0$ 的单态，Ψ_{nuc} 反对称)，则 Ψ_{rot} 必须是对称的，故 λ 只能取 0,2,4,…等偶数，称为仲氢

(parahydrogen).

令 Z_o^r 与 Z_p^r 分别代表正氢与仲氢的转动配分函数，

$$\left.\begin{aligned} Z_o^r &= \sum_{\lambda=1,3,5,\cdots}(2\lambda+1)e^{-\lambda(\lambda+1)\theta_r/T}, \\ Z_p^r &= \sum_{\lambda=2,4,6,\cdots}(2\lambda+1)e^{-\lambda(\lambda+1)\theta_r/T}. \end{aligned}\right\} \tag{7.14.34}$$

正氢与仲氢的核自旋态的权重因子分别为 $g_o=\frac{3}{4}$ 与 $g_p=\frac{1}{4}$，亦即正氢占 $\frac{3}{4}$，仲氢占 $\frac{1}{4}$，配分函数为

$$Z^r = \frac{3}{4}Z_o^r + \frac{1}{4}Z_p^r. \tag{7.14.35}$$

但按上述配分函数计算的转动热容与实验不符. 这个问题在 1927 年由 Dennison 解决了. 他提出，配分函数(7.14.35)代表正氢与仲氢处于完全的热力学平衡态时的结果，在温度远高于 θ_r 的高温下，可以实现完全的热力学平衡. 但当温度降低到 $T \lesssim \theta_r$ 时，要靠分子之间的碰撞达到热力学平衡已不可能，这是因为分子之间的碰撞改变核自旋态的几率极小，相应的弛豫过程的特征时间可以长到以年为单位计算. 因此，在低温下，正氢分子和仲氢分子的行为应该看成是处于局部平衡的混合气体：正氢与仲氢各自处于平衡，但二者之间并未达到平衡. 相应的转动热容为

$$C_V^r = \frac{3}{4}C_o^r + \frac{1}{4}C_p^r, \tag{7.14.36}$$

其中

$$\frac{C_o^r}{Nk} = \beta^2\frac{\partial^2}{\partial\beta^2}\ln Z_o^r, \quad \frac{C_p^r}{Nk} = \beta^2\frac{\partial^2}{\partial\beta^2}\ln Z_p^r, \tag{7.14.37}$$

公式(7.14.36)和(7.14.37)与实验符合.[①]

现在考虑双原子分子的振动，按量子力学，振动的能级与简并度为

$$\varepsilon_n^v = \left(n+\frac{1}{2}\right)h\nu \quad (n=0,1,2,\cdots), \tag{7.14.38a}$$

$$g_n^v = 1 \quad (n=0,1,2,\cdots), \tag{7.14.38b}$$

振动的配分函数为(见(7.6.5))

$$Z^v = \sum_n e^{-(n+1/2)h\nu/kT} = \frac{e^{-h\nu/2kT}}{1-e^{-h\nu/kT}}, \tag{7.14.39}$$

于是得

$$\overline{\varepsilon^v} = -\frac{\partial}{\partial\beta}\ln Z^v = \frac{h\nu}{e^{h\nu/kT}-1} + \frac{1}{2}h\nu, \tag{7.14.40}$$

① 详情可参看主要参考书目[7]，165—168 页. 那里还讨论了原子核是玻色子的情形(如 D_2 分子)，以及由于未达到热平衡态而引起的理论与实验观测的差别.

$$\frac{C_V^{\mathrm{v}}}{Nk}=\left(\frac{h\nu}{kT}\right)^2\frac{\mathrm{e}^{h\nu/kT}}{(\mathrm{e}^{h\nu/kT}-1)^2}=\frac{x^2\mathrm{e}^x}{(\mathrm{e}^x-1)^2}, \tag{7.14.41}$$

$$x=\frac{h\nu}{kT}=\frac{\theta_{\mathrm{v}}}{T},\quad \theta_{\mathrm{v}}\equiv\frac{h\nu}{k}.$$

其中 θ_{v} 称为**振动特征温度**,其值可以从双原子分子振动光谱的数据推算出.

表 7.14.1 给出了若干双原子分子转动与振动特征温度的数值.

表 7.14.1[①]

分子	H_2	N_2	O_2	CO	NO	HCl	HBr	HI
θ_{r}/K	85.4	2.86	2.07	2.77	2.42	15.2	12.1	9.0
θ_{v}/K	6210	3340	2230	3070	2690	4140	3700	3200

从表中可以看出,**在室温下**,除质量轻的双原子分子(例如 H_2)以外,绝大多数双原子分子均满足 $\frac{\Delta\varepsilon^{\mathrm{r}}}{kT}\sim\frac{\theta_{\mathrm{r}}}{T}\ll 1$,即满足经典极限条件,故转动热容可以直接用经典能量均分定理来计算.

与转动不同,双原子分子的振动特征温度很高($\theta_{\mathrm{v}}\sim 10^3$ K),在室温下,$\frac{\Delta\varepsilon^{\mathrm{v}}}{kT}=\frac{\theta_{\mathrm{v}}}{T}\gg 1$,因而振动部分对热容的贡献很小,振动自由度基本上是冻结的,能量均分定理不适用. 在较高的温度下,要精确估计振动热容,必须用量子统计公式(7.14.37)计算.

作为练习,读者可以自己去推导双原子分子理想气体的压强、熵和化学势.

7.14.4 多原子分子理想气体

下面将对比双原子分子与多原子分子理想气体的情形作几点说明.

(1) 平动与束缚电子运动部分仍与(7.14.9)及(7.14.11)相同.

(2) 由于多原子分子的转动惯量比双原子分子大,一般情况下,均满足 $\frac{\Delta\varepsilon^{\mathrm{r}}}{kT}\ll 1$,即转动自由度满足经典极限条件. 线型多原子分子的 Z^{r} 与双原子分子相同,非线型分子的 Z^{r} 读者自己去练习.

(3) 由 s 个原子组成的分子,其总自由度为 $3s$,扣除质心平动自由度(等于 3)和转动自由度(线型分子为 2,非线型分子为 3),振动自由度为 $3s-5$(线型分子)或 $3s-6$(非线型分子). 由于分子内部各原子之间的相互作用很强,分子的振动是集体振动,其本征振动方式称为简正模. 简正模的数目等于振动自由度数,不同的简正模彼此独立,每一个简正模相当于一个简谐振子,有特定的振动频率. 表 7.14.2 给出了 CO_2 分子的简正模及相应的频率和特征温度. CO_2 为线型分子,有 4 个振动自由度,表 7.14.2 中第二和第三简正模为对应于 C

① 取自 T. L. Hill, An Introduction to Statistical Thermodynamics, Addison-Wesley Publishing Co., 1960, p. 153.

原子在两个相互垂直方向的振动，它们有相同的频率①.

表 7.14.2　CO_2 分子的振动

简正模	频率 $\nu/(\mathrm{s}^{-1})$	$\theta_{\mathrm{v}}=(h\nu/k)/\mathrm{K}$
	$\nu_1=4011\times10^{10}$	1925
	$\nu_2=1912\times10^{10}$	915
	$\nu_3=1912\times10^{10}$	915
	$\nu_4=7050\times10^{10}$	3381

现在推导多原子分子振动热容的一般公式. 设多原子分子的振动频率为 $\nu_1,\nu_2,\cdots,\nu_\rho$，按量子力学其振动能量为

$$\varepsilon^{\mathrm{v}}=\sum_{\{n_i\}}\left(n_i+\frac{1}{2}\right)h\nu_i\quad(n_i=0,1,2,\cdots,i=1,2,\cdots,\rho),\tag{7.14.42}$$

分子振动的配分函数、平均能量及热容公式如下：

$$Z^{\mathrm{v}}=\prod_i\frac{\mathrm{e}^{-h\nu_i/2kT}}{1-\mathrm{e}^{h\nu_i/kT}},\tag{7.14.43}$$

$$\overline{\varepsilon^{\mathrm{v}}}=\sum_i\left\{\frac{h\nu_i}{\mathrm{e}^{h\nu_i/kT}-1}+\frac{1}{2}h\nu_i\right\},\tag{7.14.44}$$

$$\frac{C_V^{\mathrm{v}}}{Nk}=\sum_i\frac{x_i^2\mathrm{e}^{x_i}}{(\mathrm{e}^{x_i}-1)^2},\tag{7.14.45}$$

$$x_i=\frac{h\nu_i}{kT}=\frac{\theta_{\mathrm{v}_i}}{T},\quad\theta_{\mathrm{v}_i}\equiv\frac{h\nu_i}{k}.$$

多原子分子振动对热容的贡献，一般都需要用量子公式(7.14.45)计算.

7.14.5　简短小结

(1) 对非简并理想气体，由于已满足 $\mathrm{e}^{\alpha}\gg1$，只需要考查能级间隔与 kT 之比，就可确定是否满足经典极限条件. 由于分子的平动、转动、振动和束缚电子运动的能级间隔不同，需要分别对待.

一般而言，对以气态存在的一切温度，平动自由度都满足经典极限条件. 对大多数分子，转动自由度也满足经典极限条件. 振动由于能级间隔大，必须用量子公式处理，束缚电子运动和核内自由度运动在绝大多数情况下被冻结. 热容是平动、转动和振动各部分贡献之和，

① 参看唐有祺，《统计力学》，科学出版社，1964 年，110 页.

只有个别特殊情况下,束缚电子部分才有贡献.

(2) 一切非简并理想气体的物态方程都满足 $pV=NkT$(或 $p=nkT$)的经典形式,内部运动对压强无影响.

(3) 内能只是温度的函数,与体积无关.

(4) 熵可以分成平动、转动、振动、束缚电子运动及核内自由度的贡献之和.

§7.15 弱简并理想气体的物态方程与内能 统计关联

上一节我们讨论了非简并理想气体的热力学性质,我们看到,在非简并条件($e^{\alpha}\gg1$)下,理想玻色气体与理想费米气体的差别消失,它们的物态方程和内能具有下列形式:

$$pV = NkT,$$

$$\bar{E} = \bar{E}(T).$$

这里,物态方程为熟知的形式,内能只是温度的函数,与体积无关. 由于这两条性质,常常把非简并理想气体称为**经典理想气体**.

本节讨论**弱简并理想气体**,它们不满足 $e^{\alpha}\gg1$,但仍有 $e^{\alpha}>1$. 这时,物态方程与内能都将偏离上面的形式,并且玻色气体与费米气体的差别也将表现出来.

7.15.1 弱简并理想玻色气体

为简单,把分子看成质点(即忽略其内部结构),并设其自旋为 0. 根据§7.10,计算热力学性质归结为求巨配分函数 Ξ 或 $\ln\Xi$. 由(7.10.3),对理想玻色气体,

$$\ln\Xi = -\sum_{\lambda} g_{\lambda}\ln(1-e^{-\alpha-\beta\varepsilon_{\lambda}}).$$

由于质点平动能级间隔 $\Delta\varepsilon\ll kT$,故上式右方的求和可以近似用对子相体积的积分代替,即

$$\ln\Xi = -\int\frac{d\omega}{h^3}\ln(1-e^{-\alpha-\beta\varepsilon}), \tag{7.15.1}$$

其中 $\varepsilon=\frac{1}{2m}(p_x^2+p_y^2+p_z^2)=\frac{1}{2m}p^2$. 引入粒子**态密度** $D(\varepsilon)$,即令 $D(\varepsilon)d\varepsilon$ 代表粒子能量间隔处于$(\varepsilon,\varepsilon+d\varepsilon)$内的量子态数. 根据子系量子态与子相体积的对应关系,有

$$\begin{aligned} D(\varepsilon)d\varepsilon &= \int_{d\varepsilon}\frac{d\omega}{h^3} = \frac{1}{h^3}\iiint_V dx\,dy\,dz\iiint_{d\varepsilon}dp_x\,dp_y\,dp_z \\ &= \frac{V}{h^3}4\pi p^2\,dp = \frac{2\pi V}{h^3}(2m)^{3/2}\varepsilon^{1/2}d\varepsilon. \end{aligned} \tag{7.15.2}$$

注意,粒子的态密度(density of states,简记为 DOS)与粒子的能谱(即能量与动量的依赖关系)及空间维数有关(参看习题 7.17). 将(7.15.2)代入(7.15.1),并作变数变换 $x=\beta\varepsilon$(x 为无量纲变量),得

$$\ln\Xi = -\frac{2\pi V}{h^3}(2m)^{3/2}\int_0^{\infty}\ln(1-e^{-\alpha-\beta\varepsilon})\varepsilon^{1/2}d\varepsilon$$

$$=-\frac{2\pi V}{h^3}\left(\frac{2m}{\beta}\right)^{3/2}\int_0^{\infty}\ln(1-\mathrm{e}^{-\alpha-x})x^{1/2}\mathrm{d}x. \tag{7.15.3}$$

对上式作分部积分,则化为

$$\ln\Xi=\frac{2\pi V}{h^3}\left(\frac{2m}{\beta}\right)^{3/2}\frac{2}{3}\int_0^{\infty}\frac{x^{3/2}\mathrm{d}x}{\mathrm{e}^{\alpha+x}-1}. \tag{7.15.4}$$

令

$$z\equiv\mathrm{e}^{-\alpha}, \tag{7.15.5}$$

z 称为逸度(fugacity).定义函数

$$g_{\nu}(z)\equiv\frac{1}{\Gamma(\nu)}\int_0^{\infty}\frac{x^{\nu-1}\mathrm{d}x}{z^{-1}\mathrm{e}^{x}-1},\quad\begin{pmatrix}0\leqslant z<1, & \nu>0;\\ z=1, & \nu>1\end{pmatrix} \tag{7.15.6}$$

对所考虑的参数区,$z^{-1}\mathrm{e}^{x}>1$,上式中的$(z^{-1}\mathrm{e}^{x}-1)^{-1}$可以作如下的展开:

$$\frac{1}{z^{-1}\mathrm{e}^{x}-1}=z\mathrm{e}^{-x}\frac{1}{1-z\mathrm{e}^{-x}}=z\mathrm{e}^{-x}\sum_{\lambda=0}^{\infty}(z\mathrm{e}^{-x})^{\lambda}=\sum_{\lambda=1}^{\infty}z^{\lambda}\mathrm{e}^{-\lambda x}. \tag{7.15.7}$$

将(7.15.7)代入(7.15.6),逐项积分,

$$\begin{aligned}g_{\nu}(z)&=\frac{1}{\Gamma(\nu)}\sum_{\lambda=1}^{\infty}z^{\lambda}\int_0^{\infty}\mathrm{e}^{-\lambda x}x^{\nu-1}\mathrm{d}x\\&=\frac{1}{\Gamma(\nu)}\sum_{\lambda=1}^{\infty}\frac{z^{\lambda}}{\lambda^{\nu}}\int_0^{\infty}\mathrm{e}^{-\xi}\xi^{\nu-1}\mathrm{d}\xi,\end{aligned}$$

上式中的积分即 $\Gamma(\nu)$,于是得

$$g_{\nu}(z)=\sum_{\lambda=1}^{\infty}\frac{z^{\lambda}}{\lambda^{\nu}}=z+\frac{z^2}{2^{\nu}}+\frac{z^3}{3^{\nu}}+\cdots. \tag{7.15.8}$$

利用(7.15.6),则(7.15.4)可改写成

$$\ln\Xi=\frac{V}{\lambda_T^3}g_{5/2}(z), \tag{7.15.9}$$

其中

$$\lambda_T=\frac{h}{(2\pi mkT)^{1/2}}$$

为热波长(见公式(7.11.15)).注意 z 与 λ_T 分别联系着 α 与 β.

由(7.10.7)及(7.10.5),并利用(7.15.10),得

$$p=\frac{1}{\beta}\frac{\partial}{\partial V}\ln\Xi=\frac{1}{\beta\lambda_T^3}g_{5/2}(z),$$

$$\bar{E}=-\frac{\partial}{\partial\beta}\ln\Xi=\frac{3}{2}kT\frac{V}{\lambda_T^3}g_{5/2}(z).$$

或

$$\frac{pV}{kT}=\frac{V}{\lambda_T^3}g_{5/2}(z), \tag{7.15.10}$$

$$\frac{\bar{E}}{\frac{3}{2}kT}=\frac{V}{\lambda_T^3}g_{5/2}(z). \tag{7.15.11}$$

(7.15.10)与(7.15.11)两式中均有待定参数 z(或 α,因 $z=\mathrm{e}^{-\alpha}$),需由总粒子数条件确定:

$$N=-\frac{\partial}{\partial\alpha}\ln\Xi=z\frac{\partial}{\partial z}\ln\Xi=\frac{V}{\lambda_T^3}g_{3/2}(z), \tag{7.15.12}$$

其中已将 $\bar{N}$ 写成 N,并已利用了 $g_\nu(z)$ 函数的下列性质:

$$z\frac{\mathrm{d}g_\nu(z)}{\mathrm{d}z}=g_{\nu-1}(z)\quad(\nu>1). \tag{7.15.13}$$

于是,(7.15.12)可写成

$$n\lambda_T^3=g_{3/2}(z). \tag{7.15.14}$$

上式左边依赖于温度 T 与数密度 $n=N/V$,它们是实验可以控制的参数. 由方程(7.15.14)可解出 z 作为(T,n)的函数. 令

$$y=n\lambda_T^3, \tag{7.15.15}$$

y 为无量纲参数. 当 $\mathrm{e}^{\alpha}>1$ 且使 $y<1$ 时,可以用迭代法从(7.15.14)反解出 z 作为 y 的级数形式的解如下:

$$z=y-\frac{1}{2^{3/2}}y^2+\left(\frac{1}{4}-\frac{1}{3^{3/2}}\right)y^3-\cdots. \tag{7.15.16}$$

由(7.15.10)—(7.15.12),得

$$\frac{pV}{NkT}=\frac{\bar{E}}{\frac{3}{2}NkT}=\frac{g_{5/2}(z)}{g_{3/2}(z)}=\frac{z+\frac{1}{2^{5/2}}z^2+\cdots}{z+\frac{1}{2^{3/2}}z^2+\cdots}=1-\frac{1}{2^{5/2}}y+O(y^2). \tag{7.15.17}$$

上式表明,弱简并理想玻色气体的物态方程与内能均偏离经典理想气体的形式. 上式只计算到 y 一次幂的修正. 随着 y 值的增加,可根据需要,计算更高阶的修正.

7.15.2 弱简并理想费米气体

为了简单,对于弱简并理想费米气体,仍把分子看成无内部结构的质点,设其自旋 $s=\frac{1}{2}$,并假设不存在外磁场,这时自旋向上和向下的两种自旋态的能量相等. 全部计算可以参考上一小节玻色气体的情况进行,请读者作为练习自己去完成,下面只列出相应的结果:

$$\ln\Xi=2\int\frac{\mathrm{d}\omega}{h^3}\ln(1+\mathrm{e}^{-\alpha-\beta\varepsilon}),$$

(因子 2 来源于两种自旋态的简并) (7.15.1′)

$$D(\varepsilon)\mathrm{d}\varepsilon=\frac{2\pi V}{h^3}(2m)^{3/2}\varepsilon^{1/2}\mathrm{d}\varepsilon,$$

(每一种自旋态的态密度,与公式(7.15.2)同) (7.15.2′)

$$\ln\Xi=2\times\frac{2\pi V}{h^3}(2m)^{3/2}\int_0^\infty\ln(1+\mathrm{e}^{-\alpha-x})x^{1/2}\mathrm{d}x, \tag{7.15.3′}$$

$$\ln\Xi=2\times\frac{2\pi V}{h^3}\left(\frac{2m}{\beta}\right)^{3/2}\cdot\frac{2}{3}\int_0^\infty\frac{x^{3/2}\mathrm{d}x}{\mathrm{e}^{\alpha+x}+1}, \tag{7.15.4′}$$

$$z \equiv e^{-\alpha}, \tag{7.15.5$'$}$$

$$f_\nu(z) \equiv \frac{1}{\Gamma(\nu)}\int_0^\infty \frac{x^{\nu-1}\mathrm{d}x}{z^{-1}e^x+1} \qquad (0 \leqslant z < \infty, \nu > 0), \tag{7.15.6$'$}$$

$$\frac{1}{z^{-1}e^x+1} = \sum_{\lambda=1}^{\infty}(-1)^{\lambda-1}z^\lambda e^{-\lambda x}, \tag{7.15.7$'$}$$

$$f_\nu(z) = \sum_{\lambda=1}^{\infty}\frac{(-1)^{\lambda-1}z^\lambda}{\lambda^\nu} = z - \frac{z^2}{2^\nu} + \frac{z^3}{3^\nu} + \cdots, \tag{7.15.8$'$}$$

$$\ln\Xi = 2\frac{V}{\lambda_T^3}f_{5/2}(z), \tag{7.15.9$'$}$$

$$\frac{pV}{kT} = 2\frac{V}{\lambda_T^3}f_{5/2}(z), \tag{7.15.10$'$}$$

$$\frac{\bar{E}}{\frac{3}{2}kT} = 2\frac{V}{\lambda_T^3}f_{5/2}(z), \tag{7.15.11$'$}$$

$$N = 2\frac{V}{\lambda_T^3}f_{3/2}(z), \tag{7.15.12$'$}$$

$$z\frac{\mathrm{d}f_\nu(z)}{\mathrm{d}z} = f_{\nu-1}(z) \quad (\nu > 1), \tag{7.15.13$'$}$$

$$\frac{1}{2}n\lambda_T^3 = f_{3/2}(z), \tag{7.15.14$'$}$$

$$y = \frac{1}{2}n\lambda_T^3, \tag{7.15.15$'$}$$

$$z = y + \frac{1}{2^{3/2}}y^2 + \left(\frac{1}{4} - \frac{1}{3^{3/2}}\right)y^3 + \cdots, \tag{7.15.16$'$}$$

$$\frac{pV}{NkT} = \frac{\bar{E}}{\frac{3}{2}NkT} = \frac{f_{5/2}(z)}{f_{3/2}(z)} = 1 + \frac{1}{2^{5/2}}y + O(y^2). \tag{7.15.17$'$}$$

7.15.3 统计关联

根据以上对弱简并理想玻色(费米)气体的计算结果,可以引入一个称为**统计关联**的重要概念.先把导出的压强与内能统一写成(只保留到最低阶修正项):

$$\frac{pV}{NkT} = 1 \pm \frac{1}{2^{5/2}}y, \tag{7.15.18}$$

$$\frac{\bar{E}}{\frac{3}{2}NkT} = 1 \pm \frac{1}{2^{5/2}}y, \tag{7.15.19}$$

其中“+”号对应费米气体,“-”号对应玻色气体.参数 y 定义为

$$y \equiv \frac{1}{g_s} n \lambda_T^3, \tag{7.15.20a}$$

$$g_s = 2s + 1 = \begin{cases} 1, & 若\ s = 0, \\ 2, & 若\ s = \dfrac{1}{2}, \end{cases} \tag{7.15.20b}$$

g_s 代表自旋简并因子.

从(7.15.18)与(7.15.19)可以看出，弱简并理想费米气体与玻色气体均偏离经典理想气体的结果，但二者偏离的方向正好相反：前者增大，后者减小. 这表明费米气体中存在某种**有效排斥**作用，而玻色气体中存在**有效吸引**. 这种有效相互作用所引起的分子之间的关联称为**统计关联**(习惯上把由于分子之间的直接相互作用而引起的关联称为**动力学关联**，以示区别). 统计关联起源于粒子全同性原理，它是纯粹量子力学性质的. 当 $y \to 0$，亦即 $\lambda_T \ll \overline{\delta r}$ ($\overline{\delta r} \sim n^{-\frac{1}{3}}$)，统计关联完全可以忽略. 这是因为，根据量子力学，每个粒子相当于一个波包，波包的平均大小为 λ_T，粒子之间的平均距离为$\overline{\delta r}$，因此，当 $y \to 0$ 时，可以完全忽略波包之间的重叠. 但当 y 的值虽小但已不可忽略时，粒子的波包之间开始重叠，统计关联开始表现出来. 尽管理想气体粒子之间的相互作用可以忽略，但对于费米子，由于不能有两个粒子处于同一个粒子量子态，它的波函数必须是反对称的，产生一种**有效的排斥作用**；而玻色子的波函数是对称的，产生**有效的吸引作用**. 这是一种起源于量子力学的有效作用. 图 7.15.1 显示了费米子之间与玻色子之间的有效相互作用势 $V_s(r)$随 r/λ_T 的变化(具体计算超出了本书范围)，可以清楚看出费米子之间的有效相互作用势是排斥性的，而玻色子之间是吸引性的. 另外，当 $r > \lambda_T$ 时，有效相互作用势很快衰减到零，完全可以忽略不计了[①].

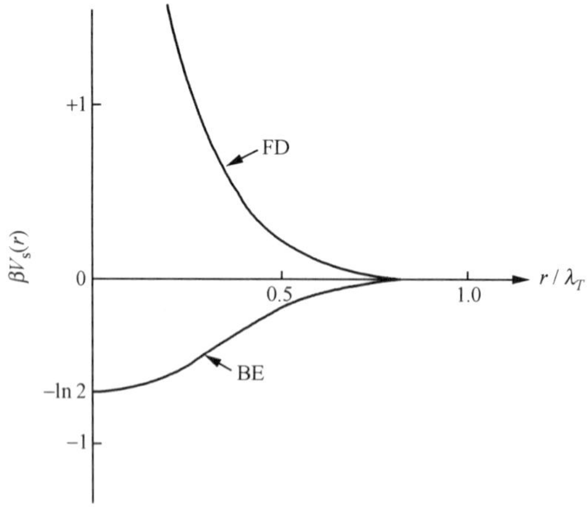

图 7.15.1 全同费米子(FD)与玻色子(BE)有效相互作用势 $V_s(r)$随粒子间距的变化

① 参看主要参考书目[7]，p. 138.

从(7.15.19)还可以看出,现在 $\bar{E}=\bar{E}\left(T,\dfrac{N}{V}\right)$,亦即内能不只是温度的函数,与气体的密度有关.这也是统计关联的结果.

§7.16 理想玻色气体的玻色-爱因斯坦凝聚

在上两节中,我们分别讨论了非简并(即 $z=\mathrm{e}^{-\alpha}\ll 1$ 或 $\mathrm{e}^{\alpha}\gg 1$)及弱简并(即 $z=\mathrm{e}^{-\alpha}<1$ 或 $\mathrm{e}^{\alpha}>1$)的情形.本节将讨论理想玻色气体的另一个参数区,即强简并区:z 接近 1 但仍小于 1 或 e^{α} 接近 1 但仍大于 1($z\lesssim 1$ 或 $\mathrm{e}^{\alpha}\gtrsim 1$).值得注意的是,对于理想玻色气体,$z\geqslant 1$ 或 $\mathrm{e}^{\alpha}\leqslant 1$ 是不允许的.这是因为任何一个能级上占据的粒子数不可能是负值,由 $\bar{a}_\lambda=g_\lambda/(\mathrm{e}^{\alpha+\beta\varepsilon_\lambda}-1)$,必须有 $\mathrm{e}^{\alpha+\beta\varepsilon_\lambda}>1$(对一切 λ).对于宏观大小的均匀系统,粒子平均动能的最低能级 ε_0 可取为零①,故必须有 $\mathrm{e}^{\alpha}>1$ 或 $z=\mathrm{e}^{-\alpha}<1$.对于粒子数守恒的理想玻色气体在强简并条件下将发生一种新的相变,称为**玻色-爱因斯坦凝聚**(Bose-Einstein condensation,简记为 BEC).

7.16.1 弱简并理论用到强简并区产生的问题及改正

首先说明,上一节所求得的弱简并理想玻色气体的公式,用到强简并区会出现问题.事实上,由(7.15.11)与(7.15.7)

$$N=\frac{V}{\lambda_T^3}g_{3/2}(z)=\frac{V}{h^3}(2\pi mkT)^{3/2}g_{3/2}(z),\qquad(7.16.1)$$

$$g_{3/2}(z)\equiv\sum_{\lambda=1}^{\infty}\frac{z^\lambda}{\lambda^{3/2}}=z+\frac{1}{2^{3/2}}z^2+\frac{1}{3^{3/2}}z^3+\cdots,\qquad(7.16.2)$$

级数 $g_{3/2}(z)$ 在 $0\leqslant z\leqslant 1$ 的范围内都是收敛的,它随 z 的增加而单调连续地增加,并在 $z=1$ 处达到其最大值 $g_{3/2}(1)=\zeta\left(\dfrac{3}{2}\right)\approx 2.612$(见图 7.16.1),其中 ζ 为黎曼(Riemann)ζ 函数(见附录 B4).从(7.16.1)可以看出,当给定 N,V 时,随着温度的下降,$g_{3/2}(z)$ 的值增加.但由于 $g_{3/2}(z)$ 有上限,必定存在某一非零温度 T_c,使

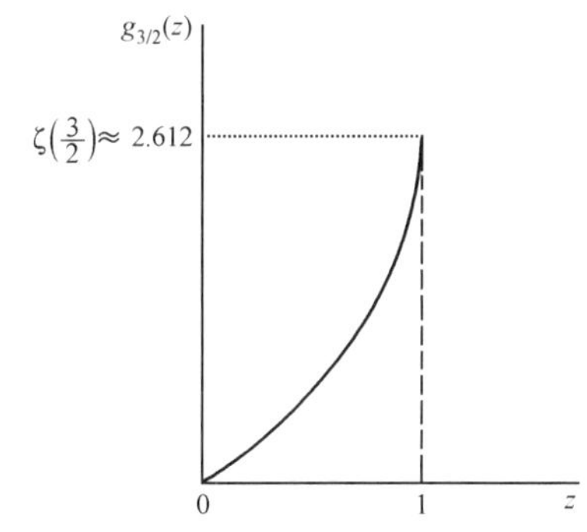

图 7.16.1 级数 $g_{3/2}(z)$ 随 z 的变化

① 粒子平动动能的最低能级的量级为(见公式(6.2.8))

$$\varepsilon_0\sim\frac{2\pi^2\hbar^2}{mL^2},$$

若取 $m\sim 10^{-24}$ g,$L\sim 1$ cm,得

$$\varepsilon_0\sim 10^{-37}\ \mathrm{J}\sim 10^{-18}\ \mathrm{eV}.$$

这是一个极小的数值,完全可以当成是零.因此常简单地称它是零能量态或零动量态.

$$N=\frac{V}{h^3}(2\pi mkT_c)^{3/2}g_{3/2}(1),\tag{7.16.3}$$

由上式得

$$T_c=\frac{h^2}{2\pi mk}\left[\frac{n}{g_{3/2}(1)}\right]^{2/3}.\tag{7.16.4}$$

在粒子数守恒的情况下,(7.16.1)的左边 N 值是固定的. 当温度降低到 $T<T_c$ 时,若硬要用公式(7.16.1),则有

$$N>\frac{V}{h^3}(2\pi mkT)^{3/2}g_{3/2}(1)\quad(T<T_c),\tag{7.16.5}$$

表明等式(7.16.1)不再成立.

问题出在哪里呢? 回忆我们在计算 $\ln\Xi$ 时,曾经把对子系量子态求和近似地用子相体积的积分代替(见公式(7.15.1)). 由于态密度 $D(\varepsilon)\sim\varepsilon^{1/2}$,当 $\varepsilon=0$ 时,$D(0)=0$. 因此在积分中把 $\varepsilon=0$ 态的贡献完全丢掉了. 这样做对 $T\geqslant T_c$ 是合理的(见下面的讨论),但对 $T<T_c$ 则不行. 现在,我们应该把 $\varepsilon=0$ 态的那一项捡回来. 由公式(7.15.1)

$$\begin{aligned}\ln\Xi&=-\sum_\lambda g_\lambda\ln(1-\mathrm{e}^{-\alpha-\beta\varepsilon_\lambda})\\&=-\ln(1-\mathrm{e}^{-\alpha})-\sum_{\varepsilon_\lambda\geqslant\varepsilon_1}g_\lambda\ln(1-\mathrm{e}^{-\alpha-\beta\varepsilon_\lambda}),\end{aligned}\tag{7.16.6}$$

上式右边第一项代表粒子最低能级(即粒子的基态 $\varepsilon_0=0$,为简单已设 $g_0=1$)的贡献,第二项的求和代表所有粒子激发态的贡献,ε_1 为第一激发能级. 对第二项的求和,对于宏观系统,由于$\frac{\Delta\varepsilon}{kT}\ll1$,仍可近似用对子相体积的积分来代替,于是有

$$\begin{aligned}\ln\Xi&=-\ln(1-\mathrm{e}^{-\alpha})-\int_{\varepsilon_1}^{\infty}\ln(1-\mathrm{e}^{-\alpha-\beta\varepsilon})D(\varepsilon)\mathrm{d}\varepsilon\\&=-\ln(1-\mathrm{e}^{-\alpha})-\int_{0}^{\infty}\ln(1-\mathrm{e}^{-\alpha-\beta\varepsilon})D(\varepsilon)\mathrm{d}\varepsilon,\end{aligned}\tag{7.16.7}$$

最后一步已利用 $D(0)=0$ 而将第二项积分的下限改成了零. 由(7.16.7)与(7.15.8),得

$$\ln\Xi=-\ln(1-z)+\frac{V}{\lambda_T^3}g_{5/2}(z),\tag{7.16.8}$$

其中 $z\equiv\mathrm{e}^{-\alpha}$,$\lambda_T=h/\sqrt{2\pi mkT}$为粒子的热波长,$g_{5/2}(z)$的定义见(7.15.6). 由上式

$$N=-\frac{\partial}{\partial\alpha}\ln\Xi=z\frac{\partial}{\partial z}\ln\Xi=\overline{N}_0+\overline{N}_{\text{exc}},\tag{7.16.9}$$

$$\overline{N}_0=\frac{z}{1-z},\tag{7.16.10}$$

$$\overline{N}_{\text{exc}}=\frac{V}{\lambda_T^3}g_{3/2}(z)=\frac{V}{h^3}(2\pi mkT)^{3/2}g_{3/2}(z),\tag{7.16.11}$$

(7.16.11)利用了公式(7.15.12). $\overline{N}_0$ 与 $\overline{N}_{\text{exc}}$分别代表基态与所有激发态上占据的粒子数.

7.16.2 玻色-爱因斯坦凝聚(BEC)

当 $T>T_c$ 时,尽管就单个能级而言,$\bar{N}_0$ 比任何单个激发态上占据的粒子数都多;但由于绝大多数的粒子都占据在激发态上,以致 $\bar{N}_{\rm exc}\approx N$,与 $N\sim10^{20}$ 如此巨大的数值相比,$\bar{N}_0$ 完全可以忽略,这一结论对 $T>T_c$ 的一切温度都成立. 所有激发态上占据的粒子数的最大值(在忽略 $\bar{N}_0$ 之后等于 N)也可以用下式表达:

$$(\bar{N}_{\rm exc})_{\max}=N=\frac{V}{h^3}(2\pi mkT_c)^{3/2}g_{3/2}(1). \tag{7.16.12}$$

当 $T\leqslant T_c$ 时,$\bar{N}_{\rm exc}\leqslant N$,并由下式确定

$$\bar{N}_{\rm exc}=\frac{V}{h^3}(2\pi mkT)^{3/2}g_{3/2}(1). \tag{7.16.13}$$

由上两式得

$$\frac{\bar{N}_{\rm exc}}{(\bar{N}_{\rm exc})_{\max}}=\frac{\bar{N}_{\rm exc}}{N}=\left(\frac{T}{T_c}\right)^{3/2}\qquad(T\leqslant T_c). \tag{7.16.14}$$

故有

$$\bar{N}_0=N-\bar{N}_{\rm exc}=N\left[1-\left(\frac{T}{T_c}\right)^{3/2}\right]\qquad(T\leqslant T_c). \tag{7.16.15}$$

以上结果表明,当 $T\leqslant T_c$ 时,$\bar{N}_{\rm exc}\leqslant N$,且随 T 的下降而减小,最后,当 $T\to0$ 时,$\bar{N}_{\rm exc}\to0$;相反,$\bar{N}_0$ 随 T 的下降而增大,并随 $T\to0$ 而趋于 N.

图 7.16.2 给出了 $\bar{N}_0/N$ 与 $\bar{N}_{\rm exc}/N$ 随 T 的变化. 从图中可以清楚看出,当温度降至 T_c 以下时,将有**宏观数量的粒子从激发态聚集到单粒子基态上去**,这一现象是爱因斯坦在 1925 年从理论上预言的,称为**玻色-爱因斯坦凝聚**(BEC),或爱因斯坦凝聚①.

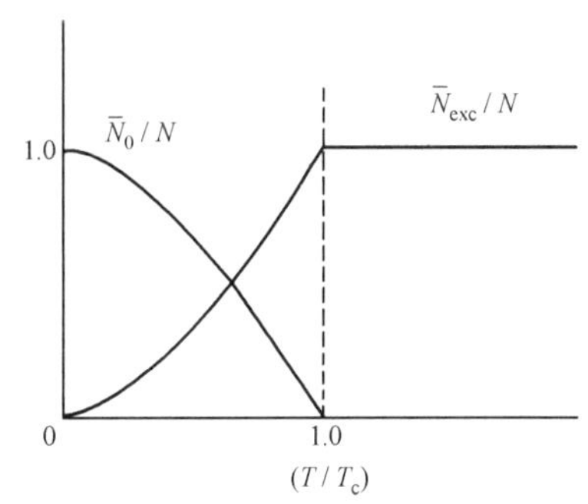

图 7.16.2 $\bar{N}_0/N$ 与 $\bar{N}_{\rm exc}/N$ 随温度的变化

爱因斯坦认为这是一种新类型的相变,如果把凝聚到单粒子基态(单粒子零能量或零动量态)上的粒子看成凝聚相,而把其余处于激发态上的粒子看成与凝聚相达到平衡的"气相",那么发生 BEC 的现象很像气-液相变:当 $T>T_c$ 时,

① 1924 年,印度物理学家玻色,对光子气体(黑体辐射)提出了一种新的用来计算分布所对应的系统量子态数的方法,重新推导出普朗克的辐射公式. 当投稿遭到拒绝后,他把文稿寄给爱因斯坦. 爱因斯坦看出玻色方法的深远意义,亲自译成德文并加了一个评注寄给柏林《物理学期刊》发表. 爱因斯坦随后将玻色的方法推广到实物粒子,写了两篇文章,即《关于单原子理想气体的量子理论》(一)与(二),在 1925 年发表的(二)中,爱因斯坦从理论上预言了"凝聚"现象,以后被称为玻色-爱因斯坦凝聚. 参看范岱年,赵中立,许良英编译《爱因斯坦文集》第二卷,商务印书馆出版,1977 年,398—427 页.

系统处于“气相”；当 $T\leqslant T_c$ 时，系统处于两相共存区. 但 BEC 与通常的气-液相变有两点不同：

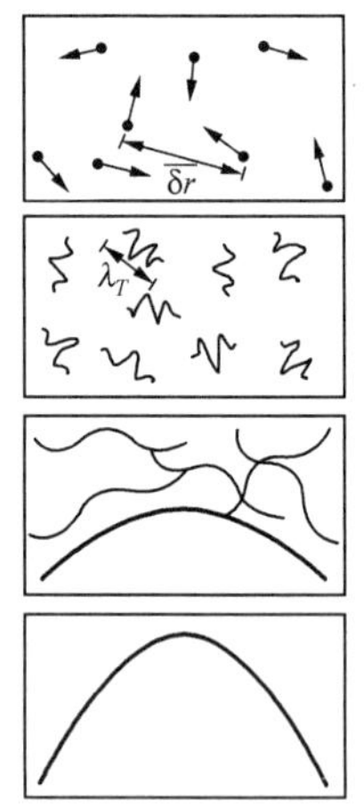

图 7.16.3 从高温到低温玻色子波包重叠的变化（取自 W. Ketterle, Optics Express, **2**, 301 (1998)）

（1）气-液相变中，气相与液相在实空间中是分开来的，分子从气相转变到液相是实空间中的凝聚. 而在 BEC 中，粒子从激发态转变到基态，是从非零动量态转变到零动量态，是动量空间的凝聚. BEC 中激发态的粒子（“气相”）与零动量态的粒子（“凝聚相”）占据实空间中相同的区域，并不分开成实空间中的两个部分.

（2）通常的气-液相变，必须存在分子之间的相互作用力，没有相互作用，相变是不可能发生的. BEC 是对理想玻色气体而言的，尽管理想气体分子之间的相互作用力可以忽略，但由于全同玻色子之间的量子起源的有效吸引，导致相变成为可能；但这纯粹是由量子力学起源的相互作用，即上一节所提到的统计关联的结果. 通常简单说成是量子统计效应的结果.

图 7.16.3 定性地显示从高温到低温，粒子波包重叠从可以忽略到重叠越来越厉害，因而有效相互作用增强，最终到 $T\approx 0$ K，全部粒子凝聚到基态上，形成单一的宏观波函数.

公式(7.16.4)所给出的 T_c 是在固定 N,V 之下发生 BEC 的转变温度. BEC 转变还可以用另一种形式来表达，即令温度保持固定，让气体的体积减小（等温压缩）. 与(7.16.3)类似，存在一特征体积 V_c，使

$$N=\frac{V_c}{h^3}(2\pi mkT)^{3/2}g_{3/2}(1). \qquad (7.16.16)$$

当 $V<V_c$ 时，将有宏观数量的粒子从激发态聚集到基态上去. 通常把(7.16.16)改写成用比容（比容 $v\equiv V/N$，代表一个粒子平均占据的体积）表达的形式：

$$v_c=\frac{h^3}{(2\pi mkT)^{3/2}g_{3/2}(1)}=\frac{\lambda_T^3}{g_{3/2}(1)}. \qquad (7.16.17)$$

综合(7.16.3)与(7.16.17)，我们可以把 BEC 转变的 T_c 与 v_c 统一地用下式来确定[①]：

$$\frac{\lambda_T^3}{v}=g_{3/2}(1). \qquad (7.16.18)$$

若固定 v，则上式确定 T_c；若固定 T，则上式确定 v_c. 上式有明确的物理意义：令 $\overline{\delta r}$ 代表气体粒子之间的平均距离，则 $\overline{\delta r}\sim v^{\frac{1}{3}}$. 故上式表示在 BEC 转变点

$$\lambda_T\lesssim\overline{\delta r}. \qquad (7.16.19)$$

即粒子的热波长与粒子之间的平均距离可比拟.

---

① 近年的文献中，常用相空间密度 ρ_{ps} 来表达(7.16.18)：

$$\rho_{ps}\equiv n\lambda_T^3=g_{3/2}(1)\approx 2.612. \quad (n=1/v)$$

在以下的讨论中，我们常将 T,v 的变化范围分成下列两个区域：

$$
\begin{cases}
\dfrac{\lambda_T^3}{v} \geqslant g_{3/2}(1)\text{，相应于 } T \leqslant T_c \text{ 或 } v \leqslant v_c\text{（两相共存区）；} \\
\dfrac{\lambda_T^3}{v} < g_{3/2}(1)\text{，相应于 } T > T_c \text{ 或 } v > v_c\text{（气相区）.}
\end{cases}
\tag{7.16.20}
$$

7.16.3 参数 z 随 T,v 的变化

为了确定热力学性质，需要首先确定 z 随 T,v 的变化关系. 方便的做法是研究 z 随 v/λ_T^3 的变化. 由(7.16.9)—(7.16.11)，

$$N = \frac{z}{1-z} + \frac{V}{\lambda_T^3} g_{3/2}(z), \tag{7.16.21}$$

或

$$1 = \frac{1}{N}\frac{z}{1-z} + \frac{1}{n\lambda_T^3} g_{3/2}(z). \tag{7.16.22}$$

上式是在全部 T,v 变化范围内确定 z 的严格方程. 由于 $g_{3/2}(z)$ 是 z 的无穷级数，z 作为 T，v 的关系一般只能数值求解. 但对 $T\to 0$ 的极限，可以确定如下. 当 $T\to 0$ 时，

$$\overline{N}_0 = \frac{z}{1-z} = N,$$

即有

$$z = \frac{N}{N+1} = 1 - O\left(\frac{1}{N}\right), \tag{7.16.23}$$

其中 $O\left(\dfrac{1}{N}\right)$ 代表数量级为 $\dfrac{1}{N}$. 对于 $N \gg 1$，当 $T\to 0$ 时，有 $z\to 1$.

图 7.16.4 给出数值解的结果. 其中(a) 对应于 V 有限的情形，$O\left(\dfrac{1}{V}\right)$ 代表数量级为 $\dfrac{1}{V}$；(b) 对应于热力学极限的结果（热力学极限是指：在保持 $\dfrac{N}{V} = n = \dfrac{1}{v}$ 不变下，取 $N\to\infty, V\to\infty$ 的极限）.

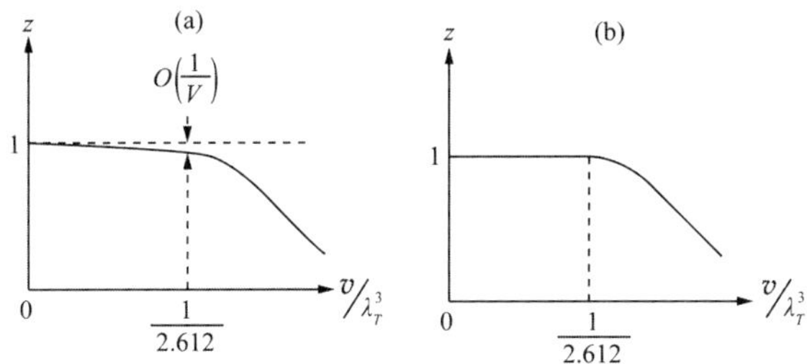

图 7.16.4 理想玻色气体 z 随 v/λ_T^3 的变化

(a) 有限体积 V 的结果；(b) 热力学极限的结果

值得指出的是，在 $\lambda_T^3/v \geqslant g_{3/2}(1)$，亦即 $T \leqslant T_c$ 或 $v \leqslant v_c$ 的两相共存区，对于 $N \sim 10^{20}$ 的宏观系统，在计算热力学性质时，对所涉及的 $g_{3/2}(z)$，$g_{5/2}(z)$ 等函数中的参数 z，可以直接取 $z=1$ 代入；但对 $T>T_c$ 或 $v>v_c$ 的气体，z 需要数值求解下列方程

$$g_{3/2}(z) = \frac{\lambda_T^3}{v} \quad (T > T_c \text{ 或 } v > v_c) \tag{7.16.24}$$

的根．只有对高温、低密度情形，使得 $z \ll 1$ 时，近似有 $g_{3/2}(z) \approx z$(这时已达到经典极限了)．

7.16.4　p-v 等温线

将(7.16.8)代入压强公式(7.10.7)，并按 $v \leqslant v_c$ 与 $v > v_c$ 分别写出：

$$\frac{p}{kT} = \begin{cases} \dfrac{1}{\lambda_T^3} g_{5/2}(1), & \text{当 } v \leqslant v_c, \\ \dfrac{1}{\lambda_T^3} g_{5/2}(z), & \text{当 } v > v_c, \end{cases} \tag{7.16.25}$$

其中 $g_{5/2}(z)$ 定义见(7.15.6)(取 $\nu=5/2$)，在 $0 \leqslant z \leqslant 1$，$g_{5/2}(z)$ 是连续收敛函数，且 $g_{5/2}(1) = \zeta\left(\frac{5}{2}\right) \approx 1.341$．上式表明，当 $v \leqslant v_c$ 时，压强只与温度 T 有关，与 v 无关，在 p-v 图上是一水平线段，用 p_0 表示，

$$p_0(T) = \frac{kT}{\lambda_T^3} g_{5/2}(1) \quad (v \leqslant v_c). \tag{7.16.26}$$

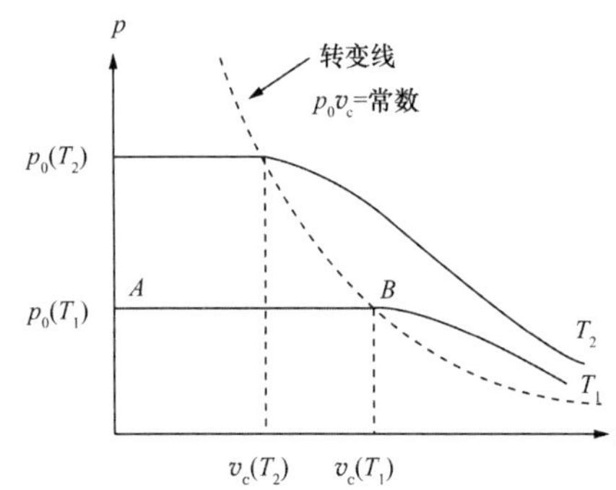

图 7.16.5　理想玻色气体的等温线($T_2 > T_1$)

当 $v > v_c$ 时，p 随 v 的增大而减小，如图 7.16.5 所示．

对于 $v \leqslant v_c$ 的水平段，压缩率 $\kappa_T = -\dfrac{1}{v}\left(\dfrac{\partial v}{\partial p}\right)_T$ 为无穷大．可以证明，当 v 从右边趋于 v_c 时，κ_T 也发散，表示 p-v 等温线从 $v > v_c$ 一侧趋于 v_c 时，曲线的切线仍为水平的(见图 7.16.5，亦即 p 和 p 对 v 的一级微商都连续)．事实上，对 $v > v_c$，由(7.16.25)，注意到 z 是 T，v 的函数，有

$$\left(\frac{\partial p}{\partial v}\right)_T = \frac{kT}{\lambda_T^3} \frac{\partial g_{5/2}(z)}{\partial z} \left(\frac{\partial z}{\partial v}\right)_T, \tag{7.16.27}$$

利用(7.15.12)，

$$\frac{\mathrm{d}g_{5/2}(z)}{\mathrm{d}z} = \frac{1}{z} g_{3/2}(z), \tag{7.16.28}$$

$$\frac{\mathrm{d}g_{3/2}(z)}{\mathrm{d}z} = \frac{1}{z} g_{1/2}(z), \tag{7.16.29}$$

$$\left(\frac{\partial g_{3/2}(z)}{\partial v}\right)_T = \frac{\mathrm{d}g_{3/2}(z)}{\mathrm{d}z}\left(\frac{\partial z}{\partial v}\right)_T = \frac{1}{z}g_{1/2}(z)\left(\frac{\partial z}{\partial v}\right)_T. \tag{7.16.30}$$

另由(7.16.24)

$$\left(\frac{\partial g_{3/2}(z)}{\partial v}\right)_T = -\frac{\lambda_T^3}{v^2}. \tag{7.16.31}$$

由上两式,得

$$\left(\frac{\partial z}{\partial v}\right)_T = -\frac{\lambda_T^3 z}{v g_{1/2}(z)}. \tag{7.16.32}$$

将(7.16.28)与(7.16.32)代入(7.16.27),得

$$\left(\frac{\partial p}{\partial v}\right)_T = -\frac{kT}{v^2}\frac{g_{3/2}(z)}{g_{1/2}(z)}. \tag{7.16.33}$$

最后得

$$\kappa_T = \frac{v}{kT}\frac{g_{1/2}(z)}{g_{3/2}(z)}. \tag{7.16.34}$$

当 $v \to v_c + 0$ 时,$z \to 1$,$g_{1/2}(z) \to g_{1/2}(1) = \infty$,亦即 $v \to v_c + 0$ 时,$\kappa_T \to \infty$.

图 7.16.5 中气相与两相共存区之间的转变线可以从(7.16.17)与(7.16.25)两式中消去 T 得到,

$$p_0 v_c^{5/3} = \frac{h^2}{2\pi m}\frac{g_{5/2}(1)}{[g_{3/2}(1)]^2} = \text{常数}. \tag{7.16.35}$$

理想玻色气体的 p-v 等温线与通常在临界点以下的气-液相变等温线有相似之处:二者都存在以水平线段为特征的两相共存区. 对 BEC,两相分别对应于凝聚相与气相,它们的比容分别由图 7.16.5 中的 A,B 两点相应的比容值给出(A 点的比容为零是理想玻色气体粒子间没有动力学相互作用的结果). 两相比容之差为

$$\Delta v = v_c. \tag{7.16.36}$$

将方程(7.16.26)对 T 求微商,并利用(7.16.17),得

$$\frac{\mathrm{d}p_0(T)}{\mathrm{d}T} = \frac{5}{2}\frac{k g_{5/2}(1)}{\lambda_T^3} = \frac{1}{T v_c}\left[\frac{5}{2}kT\frac{g_{5/2}(1)}{g_{3/2}(1)}\right]. \tag{7.16.37}$$

与通常气-液相变的克拉珀龙方程(3.5.10)比较,上式正是理想玻色气体在两相共存区的克拉珀龙方程,每个粒子的潜热 L 为

$$L = \frac{g_{5/2}(1)}{g_{3/2}(1)}\frac{5}{2}kT. \tag{7.16.38}$$

以上的计算还清楚表明,从单一的巨配分函数出发,的确可以描述不同相的行为. 这一点在历史上曾经引起过怀疑,索末菲(Sommerfeld)曾经认为,配分函数只能描写单相,不可能提供对系统不同相的描述. 上述计算则给出了肯定的结果. 应该指出,这需要在热力学极限下才能实现(本例中指 $N \to \infty$,$V \to \infty$,$n = \dfrac{N}{V}$保持一定之下,$z \to 1$ 或 $\mu \to 0$).

7.16.5　内能　熵　热容

将(7.16.8)代入内能公式(7.10.5)

$$\bar{E} = -\left(\frac{\partial \ln \Xi}{\partial \beta}\right)_{\alpha,V} = -\left(\frac{\partial \ln \Xi}{\partial \beta}\right)_{z,V} = \frac{3}{2}kT\frac{V}{\lambda_T^3}g_{5/2}(z). \tag{7.16.39}$$

从计算中可以看到,零动量态占据的粒子对内能没有贡献,贡献完全来源于占据激发态的粒子.下面将内能公式改写为分区表达形式:

$$\frac{\bar{E}}{\frac{3}{2}NkT} = \begin{cases} \dfrac{v}{\lambda_T^3}g_{5/2}(1), & T \leqslant T_c; \\ \dfrac{v}{\lambda_T^3}g_{5/2}(z), & T > T_c. \end{cases} \tag{7.16.40}$$

由熵的公式(7.10.13)

$$\begin{aligned} S &= k\left\{\ln \Xi - \alpha\frac{\partial \ln \Xi}{\partial \alpha} - \beta\frac{\partial \ln \Xi}{\partial \beta}\right\} \\ &= k\{\ln \Xi + \alpha N + \beta\bar{E}\}, \end{aligned} \tag{7.16.41}$$

利用(7.16.8)及(7.16.39),又 $\alpha = -\ln z$,上式化为

$$\frac{S}{Nk} = \frac{5}{2}\frac{v}{\lambda_T^3}g_{5/2}(z) - \frac{1}{N}\ln(1-z) - \ln z, \tag{7.16.42}$$

上式中第二项的最大值是在 $T \to 0$,z 接近于 1 时,此时

$$z = \frac{N}{N+1} \approx 1 - \frac{1}{N},$$

于是

$$-\frac{1}{N}\ln(1-z) \sim \frac{\ln N}{N} \ll 1,$$

因而(7.16.42)右边第二项可以忽略,于是得

$$\frac{S}{Nk} = \begin{cases} \dfrac{5}{2}\dfrac{v}{\lambda_T^3}g_{5/2}(1), & T \leqslant T_c; \\ \dfrac{5}{2}\dfrac{v}{\lambda_T^3}g_{5/2}(z) - \ln z, & T > T_c. \end{cases} \tag{7.16.43}$$

由 $T \leqslant T_c$ 的表达式可以看出,当 $T \to 0$ 时,$S \propto T^{3/2} \to 0$.由(7.16.15)已知,当 $T \to 0$ 时,$\bar{N}_0 = N$,即全部粒子处于凝聚相.这表明,凝聚相的熵等于零.另一方面,由(7.16.43),当 T 从高温端趋于 T_c 时,$z \to 1$,$\ln z \to 0$,表示气相在 T_c 的比熵(比熵定义为 $s = \dfrac{S}{N}$)为

$$s_c = \frac{5}{2}k\frac{v}{\lambda_{T_c}^3}g_{5/2}(1) = \frac{5}{2}k\frac{g_{5/2}(1)}{g_{3/2}(1)}. \tag{7.16.44}$$

最后一步用到(7.16.18),即 $\lambda_T^3/v = g_{3/2}(1)$.

由于凝聚相的比熵等于零,故在 BEC 的转变点,气相与凝聚相的比熵之差 $\Delta s = s_c$.这与

(7.16.37)、(7.16.38)的结果完全一致.

下面计算 C_V. 注意到对 T 求偏微商时的不变量是 V,N,这也等价于保持比容 v 不变,即

$$C_V=\left(\frac{\partial\bar{E}}{\partial T}\right)_{V,N}=\left(\frac{\partial\bar{E}}{\partial T}\right)_v. \tag{7.16.45}$$

对 $T\leqslant T_c$,直接由(7.16.40)可得

$$\frac{C_V}{Nk}=\frac{15}{4}\frac{v}{\lambda_T^3}g_{5/2}(1)\quad (T\leqslant T_c). \tag{7.16.46}$$

对 $T>T_c$,需注意 z 是 T,v 的函数. 由(7.16.40)

$$\begin{aligned}\frac{C_V}{Nk}&=\left[\frac{\partial}{\partial T}\left(\frac{3T}{2}\frac{v}{\lambda_T^3}g_{5/2}(z)\right)\right]_v\\&=\frac{15}{4}\frac{v}{\lambda_T^3}g_{5/2}(z)+\frac{3T}{2}\frac{v}{\lambda_T^3}\frac{\mathrm{d}g_{5/2}(z)}{\mathrm{d}z}\left(\frac{\partial z}{\partial T}\right)_v,\end{aligned} \tag{7.16.47}$$

仿照计算 $\left(\frac{\partial p}{\partial v}\right)_T$ 的办法,可以求出

$$\left(\frac{\partial z}{\partial T}\right)_v=-\frac{3z}{2T}\frac{g_{3/2}(z)}{g_{1/2}(z)}. \tag{7.16.48}$$

最后可得 C_V/Nk. 现将其分区表达如下:

$$\frac{C_V}{Nk}=\begin{cases}\dfrac{15}{4}\dfrac{v}{\lambda_T^3}g_{5/2}(1), & T\leqslant T_c;\\[2ex] \dfrac{15}{4}\dfrac{v}{\lambda_T^3}g_{5/2}(z)-\dfrac{9}{4}\dfrac{g_{3/2}(z)}{g_{1/2}(z)}, & T>T_c.\end{cases} \tag{7.16.49}$$

由(7.16.49)可以得出:

当 $T\to 0$ 时,$C_V\propto T^{3/2}$,即以 $T^{3/2}$ 的幂律形式趋于零,符合热力学第三定律.

在 $T=T_c$ 点,将(7.16.49)下方公式用 $z=1$ 代入,由于 $g_{1/2}(1)=\infty$,可见在 $T=T_c$ 点,C_V 是连续的,其值为

$$\frac{C_V}{Nk}=\frac{15}{4}\frac{g_{5/2}(1)}{g_{3/2}(1)}\approx 1.925. \tag{7.16.50}$$

最后看高温极限,利用(7.16.24),则(7.16.49)对 $T>T_c$ 的表达式可改写为

$$\frac{C_V}{Nk}=\frac{15}{4}\frac{g_{5/2}(z)}{g_{3/2}(z)}-\frac{9}{4}\frac{g_{3/2}(z)}{g_{1/2}(z)}. \tag{7.16.51}$$

当 $T\to\infty$ 时,$z\to 0$,这时 $g_{5/2}(z),g_{3/2}(z),g_{1/2}(z)$ 均趋于 z,故

$$\frac{C_V}{Nk}\approx\frac{15}{4}-\frac{9}{4}=1.5. \tag{7.16.52}$$

图 7.16.6 显示 C_V 随 T 的变化:高温趋于经典极限;随温度降低热容将向增大的方向偏离经典值,直到 $T=T_c$ 达到最大值;然后,对 $T<T_c$,将随温度下降而趋于零. 在 $T=T_c$,C_V 本身连续,但其微商不连续,表现出三级相变的特征.

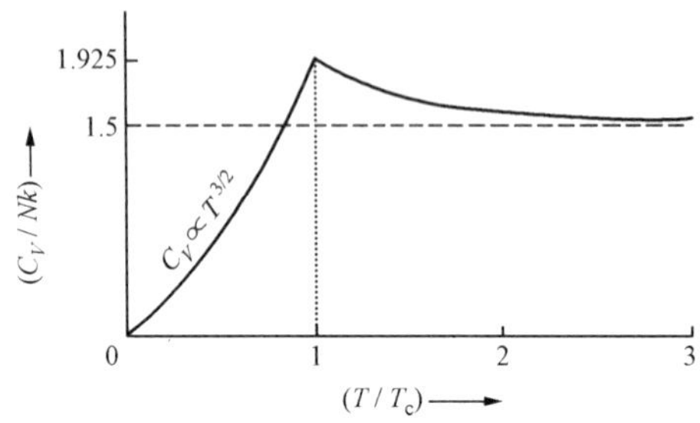

图 7.16.6　理想玻色气体热容随温度的变化

7.16.6　均匀理想玻色气体 BEC 相变的独特性质①

理想玻色气体的 BEC 是一种具有独特性质的相变：

(1) 它是一种动量空间的凝聚；

(2) 它是纯粹量子力学起源的统计关联(有效相互吸引)引起的；

(3) 根据在转变温度 T_c，C_V 本身连续，但其微商不连续，表明它具有三级相变的特征；

(4) 根据 p-v 等温线呈现出两相共存的水平线段，以及相应的克拉珀龙方程、相变潜热等性质，表明它又具有一级相变的特征.

笔者现在的认识是，对均匀理想玻色气体的 BEC 相变，不应简单地归之为一级相变或三级相变. 实际上，理想玻色气体是一种理想化的系统，它表现出既有一级相变的特征，也有三级相变的特征，并不违背热力学的基本原理. 至于埃伦费斯特所提出的相变分类方案，是当年他对相变分类的观察和总结，现在看来需要对其作扩展与修改.

§7.17　超冷稀薄原子气体的玻色-爱因斯坦凝聚②

自 1925 年爱因斯坦从理论上提出关于理想玻色气体在足够低的温度下会发生凝聚的预言，直到上世纪 30 年代末，这一理论并未被物理学界接受，反而遭到不少批评. 主要的反

---

① 关于理想玻色气体的 BEC 相变究竟是什么级的相变，历来有不同看法. 这里列举几种：

R. H. Fowler and H. Jones, Proc. Camb. Phil. Soc., **34**(1938), 573(根据 C_V 的行为，认为是三级相变)；

主要参考书目[6], p. 292(根据 p-v 等温线及相关性质，认为是一级相变)；

主要参考书目[8], p. 196，认为综合了一级与二级相变的特征.

② 本节参考文献如下：Pethick C J, Smith H. Bose-Einstein Condensation in Dilute Gases. 2nd ed. New York: Cambridge University Press, 2008.

Pitaevskii L, Stringari S. Bose-Einstein Condensation and Superfluidity. Oxford: Oxford University Press, 2016.

王义遒. 原子的激光冷却与陷俘. 北京：北京大学出版社，2007.

Ueda M. Fundamentals and New Frontiers of Bose-Einstein Condensation, 2010 (影印版). 北京：北京大学出版社，2014.

对意见认为,凝聚必须靠分子之间的相互作用力,既然理想气体分子之间相互作用可以忽略,如何能发生凝聚呢?实际上爱因斯坦本人也意识到这个问题,在《关于单原子理想气体的量子理论(二)》一文中,他把这种凝聚称为"没有吸引力的凝聚",并指出"……这个公式间接地表达了一个确定的假设,即认为分子以暂时还完全难以捉摸的方式相互影响着,……".限于当时的历史条件,物理学家们(也包括爱因斯坦本人在内)还不了解全同玻色子组成的多粒子系统由于波函数的对称性导致的有效吸引(即上节所讨论过的纯量子起源的统计关联).1932 年,卡皮查(Kapitza)发现液氦的超流现象,1938 年,伦敦(F. London)指出,液氦(^{4}He,玻色子)的超流可以看成是某种形式的玻色-爱因斯坦凝聚(当然并不是严格意义下的 BEC,因为液氦分子之间有很强的相互作用,并不是理想气体).此后,BEC 理论逐渐被接受.

要实现 BEC,目标非常明确,即要使气体冷却到足够低的温度 T_c,达到 $\lambda_T \gtrsim \overline{\delta r}$.然而由于 T_c 非常低,很可能在温度远没有冷到 T_c 之前,气体已经转变成液体甚至固体了.因此,要实现 BEC,一方面需要找到有效的降低温度的办法,另一方面又要保证气体不发生通常的液化和固化的相变,这是极为困难的任务.自 1925 年爱因斯坦提出理论预言,到 1995 年在碱金属玻色原子气体中实现 BEC,经历了整整七十年.1995 年 6 月,Cornell 与 Wieman 在铷(^{87}Rb)原子气体中首先观察到 BEC,其 $T_c \sim 170$ nK,并在 20 nK 下观察到 2000 个铷原子凝聚在原子的基态上(凝聚在基态上的这些原子称为玻色-爱因斯坦**凝聚体**(condensate)).同年 9 月,Ketterle 在钠(^{23}Na)原子气体中实现了 BEC,其 $T_c = 2\ \mu$K,凝聚体包含约 5×10^5 个原子,并观察到两团凝聚体之间作为物质波的干涉现象.由于他们在 BEC 研究上的贡献,Cornell, Ketterle 与 Wieman 获得 2001 年诺贝尔物理学奖.

7.17.1 BEC 转变温度 T_c 凝聚体分数

以碱金属铷原子气体为例,从室温下的气体开始,应用磁光阱捕俘并约束原子,用激光多普勒方法冷却,使原子云的温度降至约 10 μK,进一步应用蒸发冷却,使磁阱中原子云的温度降低至约 100 nK 的超低温,就实现了 BEC.

在典型的 BEC 实验中,磁阱中的原子云所包含的原子总数 N 的量级范围为 $N \sim 10^4$—10^8,粒子数密度 $n \sim 10^{11}$—10^{15} cm^{-3},BEC 的转变温度 $T_c \sim 10^2$ nK—μK(与总原子数、磁阱的参数等有关),实验中原子云的 BEC 可维持几秒钟,最长至几分钟.

下面,对稀薄原子气体的 BEC 理论作一简略介绍.为此,作如下简化假设:

(i) 将气体原子看成无内部结构的全同玻色子.

(ii) 设总原子数 $N \gg 1$,这样就可以直接利用 § 7.16 的近似:计算 $T \leqslant T_c$ 在粒子激发态上的占据数 $\overline{N}_{\mathrm{exc}}$ 时,可以近似取化学势 $\mu = 0$(因 $z = \mathrm{e}^{-\alpha} = \mathrm{e}^{\beta\mu}$,$\mu = 0$ 相当于 $z = 1$).

(iii) 设磁阱可以用三维各向异性谐振子势描述,即势能为

$$V(x,y,z) = \frac{m}{2}(\omega_1^2 x^2 + \omega_2^2 y^2 + \omega_3^2 z^2). \tag{7.17.1}$$

(iv) 忽略原子之间的相互作用,亦即仍视为理想气体.

（v）设气体处于平衡态.

这样,问题就简化为处理在谐振子势阱中非均匀理想玻色气体的 BEC 问题（§7.16 是空间均匀系）.

三维各向异性谐振子的哈密顿量可以分解成分别在 x,y,z 方向上的三个一维谐振子的哈密顿量之和. 按量子力学,粒子的能量本征值为

$$\varepsilon_{l_1,l_2,l_3} = \left(l_1+\frac{1}{2}\right)\hbar\omega_1 + \left(l_2+\frac{1}{2}\right)\hbar\omega_2 + \left(l_3+\frac{1}{2}\right)\hbar\omega_3, \tag{7.17.2}$$

粒子的基态能量为

$$\varepsilon_0 \equiv \varepsilon_{0,0,0} = \frac{1}{2}\hbar(\omega_1+\omega_2+\omega_3) = \frac{3}{2}\hbar\bar{\omega}, \quad \bar{\omega} \equiv \frac{1}{3}(\omega_1+\omega_2+\omega_3). \tag{7.17.3}$$

$\bar{\omega}$ 称为算术平均. 归一化的基态波函数等于三个一维谐振子的基态波函数之积,即

$$\begin{cases} \phi_0(x,y,z) = \left(\dfrac{m\omega_1}{\pi\hbar}\right)^{1/4} \mathrm{e}^{-\frac{m\omega_1}{2\hbar}x^2} \cdot \left(\dfrac{m\omega_2}{\pi\hbar}\right)^{1/4} \mathrm{e}^{-\frac{m\omega_2}{2\hbar}y^2} \cdot \left(\dfrac{m\omega_3}{\pi\hbar}\right)^{1/4} \mathrm{e}^{-\frac{m\omega_3}{2\hbar}z^2} \\ \qquad = \dfrac{1}{\pi^{3/4}(a_1a_2a_3)^{1/2}} \mathrm{e}^{-\left(\frac{x^2}{2a_1^2}+\frac{y^2}{2a_2^2}+\frac{z^2}{2a_3^2}\right)}, \\ a_i^2 = \dfrac{\hbar}{m\omega_i} \quad (i=1,2,3), \end{cases} \tag{7.17.4}$$

其中 a_i 代表波函数在第 i 方向的宽度.

应用玻色分布,总粒子数为

$$N = \sum_l \frac{1}{\mathrm{e}^{\beta(\varepsilon_l-\mu)}-1} = \bar{N}_0 + \bar{N}_{\mathrm{exc}}. \tag{7.17.5}$$

其中 l 是 $\{l_1,l_2,l_3\}$ 的简记,$\bar{N}_0$ 与 $\bar{N}_{\mathrm{exc}}$ 分别代表占据在单粒子基态与激发态上的平均粒子数. 上式可改写成

$$N - \bar{N}_0 = \bar{N}_{\mathrm{exc}} = \sum_{l\neq 0} \frac{1}{\mathrm{e}^{\beta(\varepsilon_l-\mu)}-1}, \tag{7.17.6}$$

右边的求和只对激发态.

由于直接计算求和的困难,通常需将求和以积分代之. 这就需要知道态密度. 在冷原子气体的实验中,磁阱的振荡频率约为 100 Hz,以 $T_c=170$ nK 估算,能级间隔 $\hbar\omega_i \ll kT_c$ （$\hbar\omega_i/kT_c \approx 0.04$）,故 l_i 可近似看成连续变量,并可忽略零点能. 引入 $\varepsilon_i = l_i\hbar\omega_i\ (i=1,2,3)$,用 $\varepsilon_1,\varepsilon_2,\varepsilon_3$ 构成直角坐标架,仿照 §7.5 的方法,先求能量从零到 ε 之间的量子态总数 $G(\varepsilon)$. 注意到 $\varepsilon_i \geqslant 0$,故 $G(\varepsilon)$ 应等于 $\varepsilon_1,\varepsilon_2,\varepsilon_3$ 的三个正轴与等能平面 $\varepsilon=\varepsilon_1+\varepsilon_2+\varepsilon_3$ 所形成的四面体的体积除以长方体元胞体积 $\hbar\omega_1\cdot\hbar\omega_2\cdot\hbar\omega_3$,即

$$G(\varepsilon) = \frac{1}{\hbar^3\omega_1\omega_2\omega_3}\int_0^{\varepsilon}\mathrm{d}\varepsilon_1\int_0^{\varepsilon-\varepsilon_1}\mathrm{d}\varepsilon_2\int_0^{\varepsilon-\varepsilon_1-\varepsilon_2}\mathrm{d}\varepsilon_3 = \frac{\varepsilon^3}{6(\hbar\omega_{\mathrm{h0}})^3}, \tag{7.17.7}$$

其中 $\omega_{\mathrm{h0}} \equiv (\omega_1\omega_2\omega_3)^{1/3}$ 称为几何平均. 态密度 $D(\varepsilon)$ 为

$$D(\varepsilon)=\frac{\mathrm{d}G(\varepsilon)}{\mathrm{d}\varepsilon}=\frac{\varepsilon^2}{2(\hbar\omega_{\mathrm{h0}})^3}. \tag{7.17.8}$$

现将公式(7.17.6)右边的求和近似用对 ε 的积分代替,

$$N-\overline{N}_0=\overline{N}_{\mathrm{exc}}=\int_0^{\infty}\frac{D(\varepsilon)\mathrm{d}\varepsilon}{\mathrm{e}^{\beta(\varepsilon-\mu)}-1}. \tag{7.17.9}$$

对谐振子势阱中的理想玻色气体,BEC 的定义仍然是:存在非零温度 T_c,当 $T<T_c$ 时,有宏观数量的粒子占据到单粒子基态上.按照与§7.16 同样的考虑,当 $N\gg 1$ 时,在 BEC 的转变温度 T_c,$\overline{N}_0$ 可以忽略,而 $\overline{N}_{\mathrm{exc}}=N$,且在计算中可取 $\mu=0$.于是上式化为

$$\begin{aligned}N&=(\overline{N}_{\mathrm{exc}})_{\max}\\&=\frac{1}{2(\hbar\omega_{\mathrm{h0}})^3}\int_0^{\infty}\frac{\varepsilon^2\mathrm{d}\varepsilon}{\mathrm{e}^{\varepsilon/kT_c}-1}=\frac{1}{2}\left(\frac{kT_c}{\hbar\omega_{\mathrm{h0}}}\right)^3\int_0^{\infty}\frac{\xi^2\mathrm{d}\xi}{\mathrm{e}^{\xi}-1}.\end{aligned} \tag{7.17.10}$$

最后一步已令 $\xi=\varepsilon/kT_c$.利用附录 B4 的公式,得

$$(\overline{N}_{\mathrm{exc}})_{\max}=N=\left(\frac{kT_c}{\hbar\omega_{\mathrm{h0}}}\right)^3\zeta(3), \tag{7.17.11}$$

或

$$kT_c=\hbar\omega_{\mathrm{h0}}\left[\frac{N}{\zeta(3)}\right]^{1/3}\approx 0.94\hbar\omega_{\mathrm{h0}}N^{1/3}. \tag{7.17.12}$$

对 $T<T_c$,仍可在(7.17.9)的积分中取 $\mu=0$,于是有

$$\overline{N}_{\mathrm{exc}}=\left(\frac{kT}{\hbar\omega_{\mathrm{h0}}}\right)^3\zeta(3)=N\left(\frac{T}{T_c}\right)^3\quad(T\leqslant T_c). \tag{7.17.13}$$

占据在单粒子基态上的全部原子构成凝聚体,其原子数 $\overline{N}_0$ 与总原子数之比称为**凝聚体分数**(condensate fraction).由 $\overline{N}_0=N-\overline{N}_{\mathrm{exc}}$,得

$$\frac{\overline{N}_0}{N}=1-\left(\frac{T}{T_c}\right)^3\quad(T\leqslant T_c). \tag{7.17.14}$$

(7.17.12)与(7.17.14)给出了在谐振子势阱中非均匀理想玻色气体的 BEC 转变温度和凝聚体分数,二者明显不同于均匀理想玻色气体的相应结果(7.16.4)与(7.16.15).

按(7.17.12)估算 T_c,典型实验中 $\hbar\omega_{\mathrm{h0}}/k$ 的量级为几个 nK,如果 $N\sim10^4$—10^8,则有 $T_c\sim10^2$ nK—μK.

实验测得的转变温度 T_c 及凝聚体分数 $\overline{N}_0(T)/N$ 与简化模型的结果(7.17.12),(7.17.14)相比,符合得比较好:T_c 比(7.17.12)的值要低约 10%(由于粒子数有限以及原子间相互作用,见后 7.17.3 小节);凝聚体分数 $\overline{N}_0(T)/N$ 的实验值与(7.17.14)符合得相当好(图 7.17.1).特别是 $T\to0$ K 时,$\overline{N}_0(T)/N$ 可高达 99%(近期实验).这一点与液 ^{4}He 极为不同,后者凝聚体分数不超过 10%,使实验观测极其困难.

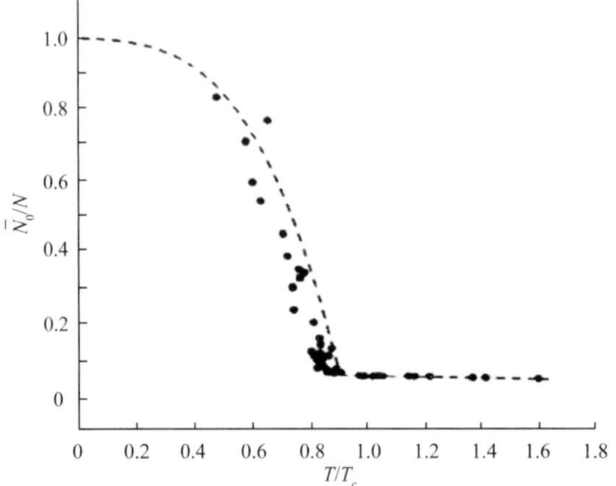

图 7.17.1　凝聚体原子数百分比随 T/T_c 的变化. 黑点为实验结果，虚线为理论(7.17.14)的结果. (取自 Ensher *et al*., Phys. Rev. Lett. **77**, 4984(1996).)

7.17.2　凝聚体与非凝聚体的密度分布和动量分布

对于势阱中的非均匀气体，在 $T \leqslant T_c$ 时，其密度是两部分之和

$$n(x,y,z) = n_0(x,y,z) + n_T(x,y,z), \tag{7.17.15}$$

其中 n_0 与 n_T 分别代表凝聚体与非凝聚体(也常称热云)的粒子数密度分布，$n(x,y,z)$ 归一化到总粒子数 N：$\iiint n(x,y,z)\mathrm{d}x\mathrm{d}y\mathrm{d}z = N$.

首先讨论 $T=0$ 系统处于基态的情形. 对于理想气体，系统的基态对应于所有粒子聚集到单粒子基态上. 按粒子基态波函数(7.17.4)，有

$$n_0(x,y,z) = N_0 \mid \phi_0(x,y,z) \mid^2 = \frac{N}{\pi^{3/2} a_1 a_2 a_3} \mathrm{e}^{-(x^2/a_1^2 + y^2/a_2^2 + z^2/a_3^2)}. \tag{7.17.16}$$

$T=0$ 时，$N_0 = N$，密度分布 $n_0(x,y,z)$ 直接反映了粒子基态波函数的空间位形. (7.17.16)是以 $x=y=z=0$ 为中心，在三个方向上有不同宽度的高斯分布. 三个方向分布的宽度为相应的方均根偏差，比如

$$a_1 = \sqrt{\overline{(\Delta x)^2}} = \sqrt{\overline{x^2}} = \sqrt{\hbar/m\omega_1},$$

它们可统一表为

$$a_i = \sqrt{\hbar/m\omega_i}, \quad i = 1,2,3. \tag{7.17.17}$$

对于各向异性谐振子势(这是实验的典型情况)，$n_0(x,y,z)$ 在三个方向分布的宽度不同，频率最低的相应的宽度最大. 文献中常用 a_1, a_2, a_3 的几何平均 a_{h0} 来表征凝聚体密度分布的特征宽度，a_{h0} 的定义为

$$a_{\mathrm{h0}} \equiv (a_1 a_2 a_3)^{1/3} = \sqrt{\hbar/m\omega_{\mathrm{h0}}}. \tag{7.17.18}$$

对典型实验，$a_{\mathrm{h0}} \sim 1\ \mu\mathrm{m}$.

现在求 $T=0$ 时,凝聚体的动量分布.将基态波函数(7.17.4)作傅里叶变换

$$\phi_0(p_x,p_y,p_z)=\iiint_{-\infty}^{\infty}\phi_0(x,y,z)\mathrm{e}^{\mathrm{i}(p_x x+p_y y+p_z z)/\hbar}\mathrm{d}x\mathrm{d}y\mathrm{d}z,$$

得

$$\phi_0(p_x,p_y,p_z)=\frac{1}{\pi^{3/4}(b_1b_2b_3)^{1/2}}\mathrm{e}^{-(p_x^2/2b_1^2+p_y^2/2b_2^2+p_z^2/2b_3^2)}. \tag{7.17.19}$$

其中 $b_i^2=m\hbar\omega_i(i=1,2,3)$.

令 $n_0(p_x,p_y,p_z)$代表凝聚体的动量分布,得

$$n_0(p_x,p_y,p_z)=N_0|\phi_0(p_x,p_y,p_z)|^2=\frac{N}{\pi^{3/2}b_1b_2b_3}\mathrm{e}^{-(p_x^2/b_1^2+p_y^2/b_2^2+p_z^2/b_3^2)}. \tag{7.17.20}$$

它是以 $p_x=p_y=p_z=0$ 为中心,各向异性的高斯分布,三个方向的宽度分别为

$$b_i=\sqrt{m\hbar\omega_i},\quad i=1,2,3. \tag{7.17.21}$$

常用 b_1,b_2,b_3 的几何平均 b_{h0} 表示凝聚体动量分布的特征宽度,

$$b_{\mathrm{h0}}\equiv(b_1b_2b_3)^{1/3}=\sqrt{m\hbar\omega_{\mathrm{h0}}}. \tag{7.17.22}$$

注意到 $a_ib_i\sim\hbar$,这正是测不准原理的反映.这也表明,坐标空间的分布越宽的方向,相应的动量分布越窄.

这里要着重指出,(i) 谐振子势阱中理想玻色气体的 BEC,与箱体中均匀理想玻色气体的 BEC,在密度分布与动量分布上,存在重大区别:对均匀系的情形(见§7.16),零温下全部原子凝聚到零动量态,动量分布是 δ 函数形式,而空间分布是均匀的,所以是动量空间的凝聚;而对势阱中的凝聚体,无论是坐标空间分布(7.17.16),还是动量空间分布(7.17.20),都是非均匀的高斯分布,表现为既有动量空间的凝聚,又有坐标空间的凝聚.

(ii) 对 $T\leqslant T_c$ 的情形,凝聚体的密度分布 $n_0(x,y,z)$只需将公式(7.17.16)中的 N 用 $N_0(T)$代替,空间分布的形式不变.

对非凝聚体的密度分布,这里只讨论**半经典近似**成立的情形,即指:粒子的能级间隔远小于 $kT(\hbar\omega_i\ll kT)$,且粒子的德布罗意波长远小于约束势发生显著变化的特征长度.这时,分布按玻色分布,但其中的能量用经典表达式,即

$$f_p(\boldsymbol{r})=\frac{1}{\mathrm{e}^{[\varepsilon_p(\boldsymbol{r})-\mu]/kT}-1}, \tag{7.17.23}$$

其中 $\varepsilon_p(\boldsymbol{r})$是 $\boldsymbol{r}$ 点经典自由粒子的能量,

$$\varepsilon_p(\boldsymbol{r})=p^2/2m+V(\boldsymbol{r}), \tag{7.17.24}$$

$V(\boldsymbol{r})$为(7.17.1)所给出的经典谐振子势.

在半经典近似下,占据在激发态上的粒子总数可表为

$$\overline{N}_T=\iint\frac{\mathrm{d}^3\boldsymbol{r}\mathrm{d}^3\boldsymbol{p}}{(2\pi\hbar)^3}f_p(\boldsymbol{r})=\int\mathrm{d}^3\boldsymbol{r}n_T(\boldsymbol{r}), \tag{7.17.25}$$

式中$\dfrac{\mathrm{d}^3\boldsymbol{r}\mathrm{d}^3\boldsymbol{p}}{(2\pi\hbar)^3}$代表在子相体元 $\mathrm{d}^3\boldsymbol{r}\mathrm{d}^3\boldsymbol{p}$ 中的量子态数,$n_T(\boldsymbol{r})$由下式给出

$$n_T(\boldsymbol{r}) = \frac{1}{(2\pi\hbar)^3}\int_0^\infty \frac{4\pi p^2\mathrm{d}p}{\mathrm{e}^{p^2/2mkT-[\mu-V(\boldsymbol{r})]/kT}-1}. \tag{7.17.26}$$

令 $\xi=p^2/2mkT, z(\boldsymbol{r})=\mathrm{e}^{[\mu-V(\boldsymbol{r})]/kT}$，则上式化为

$$n_T(\boldsymbol{r}) = \frac{2}{\sqrt{\pi}\lambda_T^3}\int_0^\infty \frac{\xi^{\frac{1}{2}}\mathrm{d}\xi}{z(\boldsymbol{r})^{-1}\mathrm{e}^{\xi}-1} = \frac{1}{\lambda_T^3}g_{3/2}(z(\boldsymbol{r})), \tag{7.17.27}$$

其中 $\lambda_T=\hbar/(2\pi mkT)^{1/2}$ 为粒子的热波长，$g_{3/2}(z)$ 的定义为

$$g_\nu(z) \equiv \frac{1}{\Gamma(\nu)}\int_0^\infty \frac{\xi^{\nu-1}\mathrm{d}\xi}{z^{-1}\mathrm{e}^{\xi}-1} = \sum_{\lambda=1}^\infty \frac{z^\nu}{\nu^\lambda},\quad (\text{取 } \nu=3/2) \tag{7.17.28}$$

上式中的 z 用 $z(\boldsymbol{r})$ 代入. 在 $T\leqslant T_c$ 时，可取 $\mu=0$，于是

$$z(\boldsymbol{r}) = \exp[-V(\boldsymbol{r})/kT] = \exp\left[-\frac{m}{2kT}(\omega_1^2x^2+\omega_2^2y^2+\omega_3^2z^2)\right]. \tag{7.17.29}$$

由(7.17.27)作数值计算，即可求得相应的 $n_T(x,y,z)$.

图 7.17.2 给出了在球对称势阱(即 $\omega_1=\omega_2=\omega_3$ 的各向同性势阱)中凝聚体与非凝聚体的积分密度分布的理论结果，其中积分密度 $\tilde{n}(z)$ 定义为

$$\tilde{n}(z) = \int \mathrm{d}x n(x,0,z). \tag{7.17.30}$$

计算中总粒子数 $N=5000, T=0.9T_c, \tilde{n}_0$ 与 $\tilde{n}_T$ 分别代表凝聚体与非凝聚体的积分密度分布. 距离 z 与积分密度 $\tilde{n}(z)$ 分别以 a_{h0} 与 a_{h0}^{-2} 为单位.

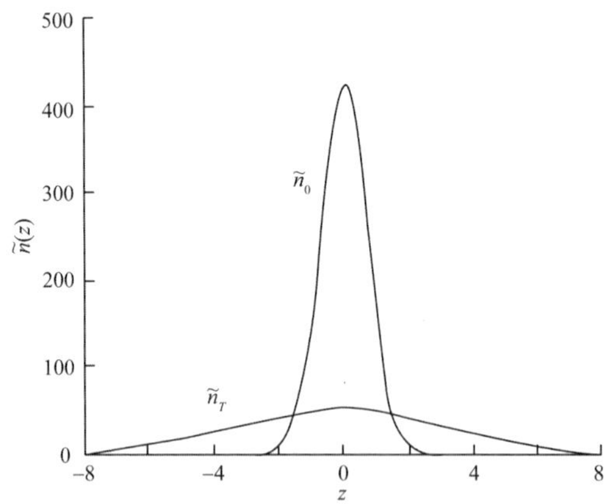

图 7.17.2　凝聚体与非凝聚体的密度分布

(取自 Dalfovo *et al.*, Rev. Mod. Phys., **71**, 467(1999).)

$\tilde{n}(z)$ 是实验可以观测的量，实验观测到的是中心尖锐的峰叠加在比较宽的分布之上.

最后，作为对比，再看一下当温度远高于转变温度($T\gg T_c$)时，正常气体的密度分布与动量分布. 在此高温下，气体满足经典极限条件，其密度分布遵从玻尔兹曼分布，

$$n(x,y,z) = \frac{N}{\pi^{3/2}R_1R_2R_3}\mathrm{e}^{-(x^2/R_1^2+y^2/R_2^2+z^2/R_3^2)}, \tag{7.17.31}$$

其中 R_i 代表 i 对应方向分布的宽度，它与温度有关，

$$R_i = \sqrt{\frac{2kT}{m\omega_i^2}}. \tag{7.17.32}$$

与零温时凝聚体密度分布的宽度 $a_i = \sqrt{\hbar/m\omega_i}$ 相比，有

$$\frac{R_i}{a_i} = \sqrt{\frac{2kT}{\hbar\omega_i}}. \tag{7.17.33}$$

在典型的实验条件下，$R_i/a_i \gg 1$，即正常气体密度分布比凝聚体的密度分布要宽得多.

在 $T \gg T_c$ 时，正常气体的动量分布遵从麦克斯韦分布，即

$$n(p_x, p_y, p_z) = \frac{N}{(2\pi mkT)^{3/2}} e^{-(p_x^2+p_y^2+p_z^2)/2mkT}. \tag{7.17.34}$$

这个动量分布是各向同性的. 其宽度 $\sim \sqrt{mkT}$，与零温时凝聚体动量分布的宽度(7.17.22)相比也要宽得多.

图 7.17.3 显示出实验观测到的 BEC 形成前后气体原子的动量分布. 左图为温度稍高于 T_c 时，热云的动量分布，它呈现宽的麦克斯韦分布；中图为 $T \lesssim T_c$，呈现的是尖锐的零动量峰叠加在较宽的热云分布之上，这是 BEC 凝聚开始出现的典型特征；右图是经过进一步蒸发冷却后，几乎纯的凝聚体的动量分布. 实验中总原子数 $N \sim 7\times10^5$，$T_c \sim 2\ \mu$K.

图 7.17.3 实验观测到的 BEC 形成前后气体原子的动量分布

（取自 Ketterle W, Rev. Mod. Phys. ,**74**,1140(2002)）

7.17.3 热力学性质

(1) **凝聚相**($0 < T \leqslant T_c$)

在 $0 < T \leqslant T_c$ 温区，凝聚相包括凝聚体与非凝聚体两部分. 凝聚体的能量与熵均为零(能量为零系忽略了振子的零点能)，故只有占据在激发态的粒子对能量与熵有贡献. 类似(7.17.9)，将求和近似用积分代替. 对 $T \leqslant T_c$，可取 $\mu = 0$，于是内能为

$$\bar{E} = \int_0^\infty \frac{D(\varepsilon)\,d\varepsilon}{e^{\beta\varepsilon} - 1} = C_3 \int_0^\infty \frac{\varepsilon^2\,d\varepsilon}{e^{\beta\varepsilon} - 1}. \tag{7.17.35}$$

其中 $D(\varepsilon)$为态密度,$D(\varepsilon)=C_3\varepsilon^2$,$C_3=[2(\hbar\omega_{h0})^3]^{-1}$(见公式(7.17.8)). 利用附录 B4 的公式,可得

$$\bar{E}=C_3\Gamma(4)\zeta(4)(kT)^4. \tag{7.17.36}$$

令 C 代表在保持谐振子势阱参数不变下的热容(与均匀系的 C_V 对应),

$$C=\frac{\partial\bar{E}}{\partial T}=\frac{4\bar{E}}{T}. \tag{7.17.37}$$

由$\dfrac{\partial S}{\partial T}=\dfrac{C}{T}$,积分得熵

$$S=\frac{C}{3}=\frac{4}{3}\frac{\bar{E}}{T}. \tag{7.17.38}$$

利用(7.17.11),则公式(7.17.36)—(7.17.38)可改写为

$$\bar{E}=3NkT\frac{\zeta(4)}{\zeta(3)}\left(\frac{T}{T_c}\right)^3, \tag{7.17.39}$$

$$C=12Nk\frac{\zeta(4)}{\zeta(3)}\left(\frac{T}{T_c}\right)^3, \tag{7.17.40}$$

$$S=4Nk\frac{\zeta(4)}{\zeta(3)}\left(\frac{T}{T_c}\right)^3. \tag{7.17.41}$$

显然,C 与 S 均满足热力学第三定律. 上述结果均适用于 $T\leqslant T_c$ 的一切温度.

(2) **正常相($T>T_c$)**

对 $T>T_c$ 的正常相,N 与 $\bar{E}$ 由下列公式确定:

$$N=\int_0^\infty\frac{D(\varepsilon)\mathrm{d}\varepsilon}{\mathrm{e}^{\beta(\varepsilon-\mu)}-1}, \tag{7.17.42}$$

$$\bar{E}=\int_0^\infty\frac{\varepsilon D(\varepsilon)\mathrm{d}\varepsilon}{\mathrm{e}^{\beta(\varepsilon-\mu)}-1}. \tag{7.17.43}$$

要想求得 $T>T_c$ 的一般解,只能求助于数值计算:由(7.17.42)定出 $\mu(T)$,代入 $\bar{E}$ 的公式,求出 $\bar{E}(T,\mu)$. 这里不再讨论这种一般情形,只讨论 T 显著高于 T_c 但尚未达到经典极限的"高温",亦即求对经典极限的一级修正. 经典极限是 $\mathrm{e}^{\beta(\varepsilon-\mu)}\gg1$,今考虑一级修正,即

$$\frac{1}{\mathrm{e}^{\beta(\varepsilon-\mu)}-1}=\mathrm{e}^{-\beta(\varepsilon-\mu)}\frac{1}{1-\mathrm{e}^{-\beta(\varepsilon-\mu)}}\approx\mathrm{e}^{-\beta(\varepsilon-\mu)}+\mathrm{e}^{-2\beta(\varepsilon-\mu)}, \tag{7.17.44}$$

相应地有

$$N\approx\int_0^\infty D(\varepsilon)\left[\mathrm{e}^{-(\varepsilon-\mu)/kT}+\mathrm{e}^{-2(\varepsilon-\mu)/kT}\right]\mathrm{d}\varepsilon, \tag{7.17.45}$$

$$\bar{E}\approx\int_0^\infty\varepsilon D(\varepsilon)\left[\mathrm{e}^{-(\varepsilon-\mu)/kT}+\mathrm{e}^{-2(\varepsilon-\mu)/kT}\right]\mathrm{d}\varepsilon. \tag{7.17.46}$$

由(7.17.45)分部积分可得

$$N\approx2C_3(kT)^3\mathrm{e}^{\mu/kT}+2C_3(kT)^3\cdot\frac{1}{8}\mathrm{e}^{2\mu/kT}, \tag{7.17.47}$$

进而得

$$e^{\mu/kT} \approx \frac{N}{2C_3(kT)^3}\left[1-\frac{1}{8}\frac{N}{2C_3(kT)^3}\right],$$

或

$$e^{\mu/kT} \approx \zeta(3)\left(\frac{T_c}{T}\right)^3\left[1-\frac{\zeta(3)}{8}\left(\frac{T_c}{T}\right)^3\right]. \tag{7.17.48}$$

类似地,可得

$$\begin{aligned}\bar{E} &\approx 6C_3(kT)^4\left[e^{\mu/kT}+\frac{1}{16}e^{2\mu/kT}\right]\\ &\approx 6C_3(kT)^4\zeta(3)\left(\frac{T_c}{T}\right)^3\left[1-\frac{\zeta(3)}{16}\left(\frac{T_c}{T}\right)^3\right],\end{aligned}$$

或

$$\bar{E} \approx 3NkT\left[1-\frac{\zeta(3)}{16}\left(\frac{T_c}{T}\right)^3\right]. \tag{7.17.49}$$

热容 C 为

$$C=\frac{\partial \bar{E}}{\partial T} \approx 3Nk\left[1+\frac{\zeta(3)}{8}\left(\frac{T_c}{T}\right)^3\right]. \tag{7.17.50}$$

当 $T \gg T_c$ 时,第二项可略,$C \to 3Nk$,即趋于经典极限.

(3) 热容在 T_c 点的不连续行为

现在来求 C 在 T_c 的行为,令

$$\Delta C = C\Big|_{T_c^+} - C\Big|_{T_c^-}. \tag{7.17.51}$$

需要小心的是,凝聚相的 C 的公式(7.17.40)可以延伸至 $T=T_c$;但正常相的 C 的公式(7.17.50)不能用于 T 接近 T_c^+,因为该式是在“高温”下对经典极限修正的结果,故 ΔC 要换一种计算方法.

注意到 $\bar{E}$ 是 T 与 μ 的函数,故有 $d\bar{E}=\left(\frac{\partial \bar{E}}{\partial T}\right)_\mu dT+\left(\frac{\partial \bar{E}}{\partial \mu}\right)_T d\mu$. 右边第一项的系数 $\left(\frac{\partial \bar{E}}{\partial T}\right)_\mu$ 在 T_c 是连续的,当计算 ΔC 时消去了,只有右边第二项有贡献. C 的奇异性来源于在 T_c 化学势 μ 的跃变. 于是有

$$\Delta C = C\Big|_{T_c^+} - C\Big|_{T_c^-} = \left(\frac{\partial \bar{E}}{\partial \mu}\right)_T\left[\left(\frac{\partial \mu}{\partial T}\right)\Big|_{T_c^+} - \left(\frac{\partial \mu}{\partial T}\right)\Big|_{T_c^-}\right] = \left(\frac{\partial \bar{E}}{\partial \mu}\right)_T\left[\left(\frac{\partial \mu}{\partial T}\right)\Big|_{T_c^+}\right], \tag{7.17.52}$$

其中 $\left(\frac{\partial \mu}{\partial T}\right)\Big|_{T_c^-}=0$ 是因为 $T<T_c$,$\mu=0$.

上式中,

$$\begin{aligned}\left(\frac{\partial \bar{E}}{\partial \mu}\right)_T &= C_3\int_0^\infty \varepsilon^3\left[\frac{\partial}{\partial \mu}\frac{1}{e^{\beta(\varepsilon-\mu)}-1}\right]d\varepsilon\\ &= C_3\int_0^\infty \varepsilon^3\left[-\frac{\partial}{\partial \varepsilon}\frac{1}{e^{\beta(\varepsilon-\mu)}-1}\right]d\varepsilon,\end{aligned} \tag{7.17.53}$$

分部积分,得

$$\left(\frac{\partial \bar{E}}{\partial \mu}\right)_T = 3C_3\int_0^{\infty} \frac{\varepsilon^2 \,\mathrm{d}\varepsilon}{\mathrm{e}^{\beta(\varepsilon-\mu)}-1} = 3N. \tag{7.17.54}$$

(7.17.52)右边 μ 对 T 的偏微商应在固定总粒子数 N 下计算,即 $\left(\frac{\partial \mu}{\partial T}\right)_N$.

由偏微商公式

$$\left(\frac{\partial \mu}{\partial T}\right)_N = -\left(\frac{\partial \mu}{\partial N}\right)_T\left(\frac{\partial N}{\partial T}\right)_\mu = -\left(\frac{\partial N}{\partial T}\right)_\mu \Big/ \left(\frac{\partial N}{\partial \mu}\right)_T, \tag{7.17.55}$$

由(7.17.42)出发,用分部积分法,可以求得(下列诸式中右边已直接取 $T=T_c$)

$$\left(\frac{\partial N}{\partial T}\right)_\mu = \frac{3N}{T_c}, \tag{7.17.56}$$

$$\left(\frac{\partial N}{\partial \mu}\right)_T = \frac{\zeta(2)}{\zeta(3)}\frac{N}{kT_c}, \tag{7.17.57}$$

于是得

$$\left(\frac{\partial \mu}{\partial T}\right)_N \Big|_{T_c^+} = -3\frac{\zeta(3)}{\zeta(2)}k. \tag{7.17.58}$$

将(7.17.54)与(7.17.58)代入(7.17.52),最后得在 T_c 处 C 的跃变为

$$\Delta C = -9\frac{\zeta(3)}{\zeta(2)}Nk \approx -6.58Nk. \tag{7.17.59}$$

图 7.17.4 显示了热容与温度的关系. 在 $T=T_c$ 处有不连续的跃变.

当 N 是不太大的有限值时,C 在 T_c 将偏离上述结果而呈现连续变化. 但当 N 足够大时($N \gtrsim 10^4$),热容量在 T_c 已明显呈现出不连续的跃变,清楚表明二级相变的特征,这与§7.16 中均匀系的 C_V 在 T_c 是连续的而其微商不连续有明显不同.

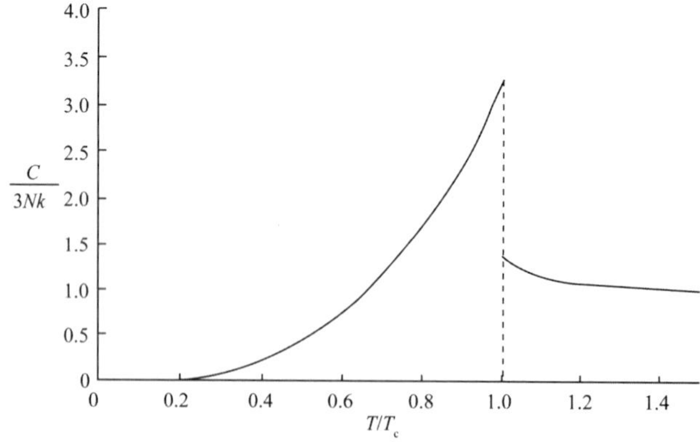

图 7.17.4 谐振子势阱中理想玻色气体的热容在 $T=T_c$ 处有不连续的跃变.

7.17.4 几点说明

(1) **有限粒子数的影响**

在本节的简化模型理论中,假定了 $N\gg1$. 而在典型的原子气体 BEC 实验中,势阱中的总原子数 $N\sim10^4-10^8$.

在 $N\gg1$ 的热力学极限下,当计算 BEC 的转变温度 T_c 时,可以忽略振子的零点能,而将化学势 μ 取为零. 但当 N 有限时,μ 的最小值应改为振子的零点能 $\varepsilon_0=\dfrac{3}{2}\hbar\bar{\omega}$. 研究表明,这将导致 T_c 降低,相对变化约为 1%—5%.

从物理上看,BEC 转变涉及两种相互对抗因素之间的竞争:一种是有效吸引(统计关联),另一种是热涨落. 当二者达到"均衡"时,正是发生 BEC 的转变点. 当计及振子的零点能(量子涨落)后,与之抗衡的有效吸引需要加大,因而需要更低的转变温度.

总粒子数有限,严格意义下虽然不满足热力学极限,但令人惊讶的是,从图 7.17.1 看,它清楚地显示了相变的突变特征. 这一实验结果启示我们:$N\sim10^4-10^8$ 的数目,已经比较好地适合了 $N\gg1$ 的要求了.(另见下:(2)(iv)关于陷俘玻色气体临界行为的实验.)

(2) **原子之间相互作用的影响**

这里只简单说明排斥性相互作用的影响.

(i) **相互作用弱但有不可或缺的影响.**

与液^{4}He 这种强相互作用的玻色系统不同,稀薄玻色原子气体属于弱相互作用系统. 一方面,稀薄原子气体的密度非常低,$n\sim10^{11}-10^{15}\ \mathrm{cm^{-3}}$,比液^{4}He 的密度 $n\sim10^{22}\ \mathrm{cm^{-3}}$ 要低 7 到 11 个量级. 另一方面,中性碱金属原子之间是范德瓦耳斯力,对稀薄气体,其效果可以用有效的短程力描述,并归结为用单一参数——s 波散射长度 a_s 表征. 以^{87}Rb 原子为例,$a_s\sim5\ \mathrm{nm}$,而气体原子的平均间距为$\overline{\delta r}\sim n^{-1/3}\sim10^2-10^3\ \mathrm{nm}$,故有 $a_s\ll\overline{\delta r}$,满足弱相互作用条件. 在这种情况下,原子之间几乎全部是二体碰撞,三体及三体以上的碰撞完全可以忽略.

尽管相互作用弱,但由于温度非常低,相互作用仍有不可或缺的影响,它保证了系统能达到热力学平衡,并能够在陷俘势阱中使凝聚体维持足够长的时间(几秒到几分钟),足以完成相关的实验观测. 应该指出,这种热力学平衡是一种亚稳平衡,其稳定平衡是固态,是由三体碰撞导致原子结合成分子并最终形成固体.

(ii) **相互作用对 BEC 转变温度 T_c 及凝聚体分数 $\overline{N}_0/N$ 有可观测的影响.**

相互作用对 T_c 的影响主要是通过使势阱中心区原子云的密度降低造成的. 理论计算表明,相互作用促使的 T_c 的降低,其大小可与谐振子势零点能所引起的改变相比拟.

理论研究还表明,在零温下相互作用促使的凝聚体分数的减小也是一个小量,这一效应称为凝聚体的**量子亏损**(quantum depletion). 从图 7.17.1 中可以看出,实验结果(有相互作用的)与理论(忽略相互作用的)符合得相当好.

这也说明,就稀薄原子气体的 BEC 而言,起主导作用的是全同玻色子之间的有效吸引

(即统计关联),而不是粒子之间的相互作用(即动力学关联).

(iii) **相互作用对凝聚体的密度分布与动量分布有强烈的影响.**

公式(7.17.16)给出了在忽略相互作用时谐振子势阱中零温下凝聚体原子的密度分布.它是中心尖峰宽度很窄的高斯分布.排斥性相互作用倾向于使粒子分散开,导致密度分布显著偏离高斯分布:中心密度大大地减小,整个分布变得很宽.

图 7.17.5 显示了计及相互作用的平均场理论(Gross-Pitaevskii 理论)与实验的比较.二者符合得很好,当中的虚线是理想气体的结果,可以清楚看出它们之间的巨大差别.

相互作用对凝聚体动量分布的影响与对密度分布的影响同样强烈,但不是使分布变宽,而是使动量分布变窄.(回忆对均匀气体的情形,如果空间密度是均匀分布,则相应的动量分布是 δ 函数型.)

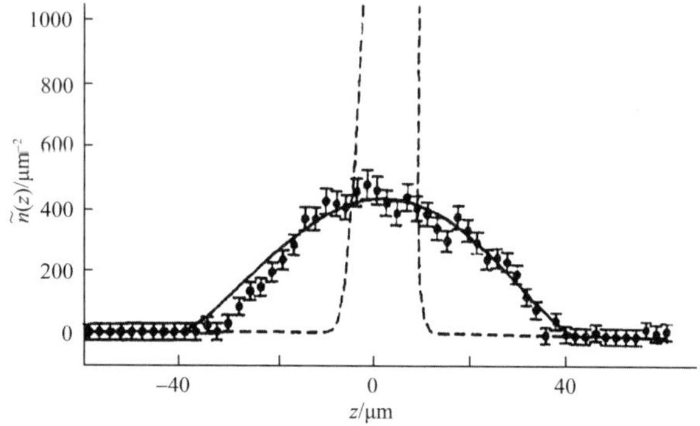

图 7.17.5　谐振子势阱中 80 000 个钠原子零温下凝聚体积分密度分布 $\tilde{n}(z)$ 随 z 的变化. $\tilde{n}(z)$ 由(7.17.30)定义,黑点代表实验结果,实线为 Gross-Pitaevskii 理论,虚线为理想气体模型的结果.
(取自 Hau, L. V. *et al.*, Phys. Rev., A**58**, R54(1998).)

(iv) **相互作用对 BEC 相变与临界现象的影响.**

我们知道,在 § 7.16 中所讨论的均匀理想玻色气体的 BEC 是一种独特的相变,它既有一级相变的特征,也有三级相变的特征.但理想气体是一种理想化模型.1995 年实现的陷俘稀薄碱金属原子气体的 BEC,其系统是存在相互作用的,尽管是弱相互作用,但对相变与临界现象有深刻的影响.实际与理论计算均表明,其比热在 T_c 点连续,因此是二级相变.

Donner 等人报道了他们对陷俘相互作用玻色气体临界行为的研究成果①.实验用 ^{87}Rb 原子,谐振子势阱的频率为 $(\omega_1,\omega_2,\omega_3)=2\pi\times(39,7,29)$ Hz,蒸发冷却到稍低于 T_c ($T_c=150$ nK)时,$n=2.3\times10^{13}$ cm^{-3},二体弹性碰撞率为 90 次/秒.他们的目的是测量关联长度 ξ.按照理论,在临界点关联长度应以幂律形式发散,即

$$\xi\propto|T-T_c|^{-\nu}. \tag{7.17.60}$$

为了测量关联长度在临界点邻域的行为,必须精准地控制温度,使其极靠近临界点.他们测

① Donner T *et al.*, Science, **315**, 1156 (2007).

量的温区为 $0.001<(T-T_c)/T_c<0.07$，温度的分辨率为 0.3 nK（是 T_c 的 2/1000），实验观测需在数秒钟之内完成. 可想而知这是一个极为困难的实验（这或许是这类实验报道很少的原因）. 实验结果清楚地肯定了关联长度在临界点以幂律形式发散，并确定相应的临界系数 $\nu=0.67\pm0.13$.

(v) **相互作用对超流性起决定性作用**

首先需要指出，BEC 与超流性是两个不同的概念，它们之间是一个相当微妙、又很复杂的关系.

没有相互作用的理想玻色气体，无论是均匀系，或是陷俘在谐振子势阱中的非均匀系，都会发生 BEC，但都不具有超流性.

相互作用玻色系统，无论是弱相互作用（如陷俘稀薄原子气体）还是强相互作用（如液 ^{4}He），都既有 BEC，也具有超流性.

可见，相互作用对是否具有超流性，起着决定性的作用.

超流性的标志性特征之一是量子化涡旋，且涡旋会呈现空间的点阵结构，陷俘玻色原子气体的超流涡旋结构在实验上已清楚观察到（见图 7.17.6）.

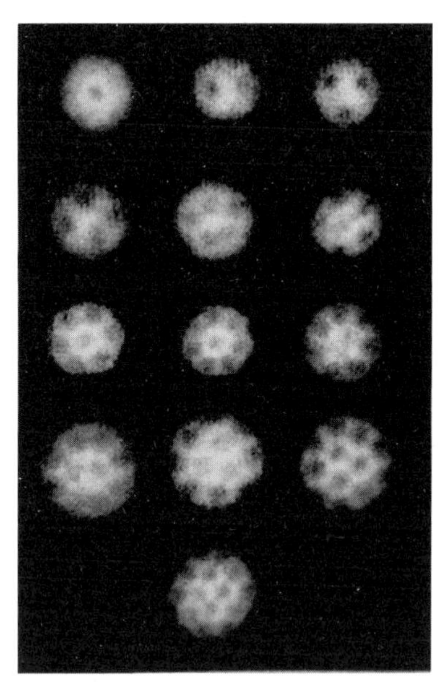

图 7.17.6　玻色-爱因斯坦凝聚体的涡旋结构（取自 Pitaevskii & Stringari 书（见本节首页注），p. 256.）

如上所述，BEC 与超流性有联系但是两个不同的概念. 这还可以从零温时 BEC 凝聚体的密度 n_0 与超流体的密度 n_s 的不同看出. 零温时，超流密度 n_s 等于总密度 n，即 $n_s=n$. 但 BEC 凝聚体的密度 $n_0<n$（由于量子亏损）. 相互作用越强，量子亏损越大，对弱相互作用的原子气体，n_0/n 最高可达 99%；对强相互作用的液 ^{4}He，$n_0/n<10\%$.

研究还表明，一些低维系统（一维、二维）具有超流性，但不发生 BEC.

(3) **超冷稀薄原子气体——研究量子现象的绝佳平台**

自 1995 年第一次实验实现稀薄碱金属原子气体的 BEC 以来，这一领域得到迅猛的发展，涉及物理学的多个分支（原子分子物理，量子光学，凝聚态物理，统计物理，核物理，等等）. 其原因在于陷俘稀薄原子气体具有十分独特的性质.

(i) **很强的可调控性**

首先，对陷俘稀薄原子气体，许多宏观参数（如温度、总原子数、密度等）均可在若干个数量级的范围内进行调控，这是以前不敢想象的. 这种调控应用了自 20 世纪 70 年代以来发展的激光冷却、磁陷俘、蒸发冷却等一系列新技术，并有坚实的物理原理支撑. 所以，一旦在一点上突破，就能迅速扩大战果. 从碱金属玻色原子，到自旋极化原子氢，相继实现了 BEC.

其次，利用 Feshbach 共振，可以通过改变外磁场，调控原子之间的相互作用. 不仅可改变相互作用的强度，而且可改变相互作用的性质（指从排斥相互作用转变到吸引相互作用，或反过来，从吸引相互作用转变到排斥相互作用）. 这就开创了研究费米原子气体 BEC 的可能：从弱吸引相互作用时形成库珀对的超流体（BCS 态），到强吸引形成紧束缚的双费米子分子（玻色子）的 BEC（所谓 BCS-BEC 渡越（crossover））.

再有，通过对陷俘磁场三个方向的频率的调控，可以使陷俘原子云按所希望的方式改变，比如形成“雪茄烟”或“铅笔”形（准一维）、扁圆形（准二维）. 这样，可以研究各种低维系统的 BEC 和超流性质.

（ii）**高“纯度”的凝聚体**

稀薄原子气体 BEC 的凝聚体具有极高的纯度，这是指凝聚体分数接近于 1（在 $T \ll T_c$ 的低温下，可高达约 99%）. 与之形成强烈对比的是液 ^{4}He，由于原子之间的强相互作用，其凝聚体分数不到 10%，以致对凝聚体的实验观测十分困难.

凝聚体的高纯度，表示绝大部分原子占据在单粒子基态上，可以用宏观波函数很好地描写凝聚体的行为，这个宏观波函数也构成了系统的序参量. 这也使相应的平均场理论在描述凝聚体的性质上非常成功.

也正因为凝聚体的高纯度，对研究稀薄原子气体的超流性十分有利，实验已成功观测到涡旋点阵的形成、结构、熔化，以及约瑟夫森效应等.

高纯度的凝聚体是人造的宏观物质波，具有相干性，已开展了一系列涉及物质波干涉和相关的非线性现象（放大、混合等）的实验，并为原子激光器、高精度测量、光刻术等应用提供了新的可能性.

在结束本节前，笔者想再说明一下，本节的内容主要参考了本节首页注② Pethick 与 Smith 的书（该书共十七章，本节主要参考其中第二章），还有大量内容未曾涉及，或因不属于本课程目的，或因超出大学本科水平. 例如，陷俘与冷却原子气体的物理基础，凝聚体的静态与动力学性质，相互作用玻色系统 BEC 的普遍判据，稀薄原子气体的超流性，凝聚体作为物质波的干涉与关联效应，低维稀薄原子气体系统，费米原子气体的 BEC，以及 BCS-BEC 渡越，等等. 有兴趣的读者可参阅本节首页注②所列出的参考书.

§7.18　光子气体

处理空窖中的平衡热辐射有两种观点. 一种是波的观点，它把空窖中的辐射场分解成一系列的简正模，不同的简正模彼此独立，每一个简正模相当于一个简谐振子，因而空窖中的辐射场相当于无穷多个简谐振子组成的系统. 频率为 ν 的振子，其能量取量子化值 $nh\nu$（$n=0,1,2,\cdots$）.

另一种观点是粒子的观点，它把空窖中的辐射场当成由不可分辨的全同粒子——光子——组成的光子气体. 光子之间没有相互作用，因而是理想气体. 光子的自旋为 $\hbar$，即光子是玻色子,所以空窖中的平衡热辐射是由光子组成的理想玻色气体,遵从玻色-爱因斯坦分布.热辐射作为光子气体还有一个重要特点,就是光子数不守恒,这是因为构成空窖壁物质的原子可以发射和吸收光子.在粒子总数不固定的情况下,按§7.9用最可几分布法推导玻色-爱因斯坦分布时,N 是常数的约束条件应该去掉,这相当于 $\alpha=0$ 或化学势 $\mu=0$①.

圆频率为 ω、波矢为 $\boldsymbol{k}$ 的光子,其能量(ε)、动量($\boldsymbol{p}$)与 $\omega,\boldsymbol{k}$ 之间有下列关系:

$$\varepsilon = \hbar\omega, \tag{7.18.1a}$$

$$\boldsymbol{p} = \hbar\boldsymbol{k}. \tag{7.18.1b}$$

又因 $\omega=ck$,故有

$$\varepsilon = cp, \tag{7.18.2a}$$

或

$$p = \frac{\varepsilon}{c} = \frac{h\nu}{c}. \tag{7.18.2b}$$

$\varepsilon=cp$ 也可以由相对论的能量动量关系 $\varepsilon=c\sqrt{p^2+m_0^2c^2}$,利用光子的静止质量 $m_0=0$ 得到.

光子的自旋为 $\hbar$,自旋在动量方向的投影可以取两个值:$+\hbar$ 与 $-\hbar$,分别对应于具有右旋与左旋圆偏振的平面电磁波.还可以把两个圆偏振态线性叠加成两个相互垂直的线偏振态.

现在对光子气体重新推导普朗克的辐射公式.光子气体遵从 $\mu=0$ 的玻色-爱因斯坦分布,即

$$\bar{a}_\lambda = \frac{g_\lambda}{e^{\beta\varepsilon_\lambda}-1}, \tag{7.18.3}$$

故光子气体在频率间隔($\nu,\nu+d\nu$)内的能量为

$$\bar{E}(\nu)d\nu = \sum_{d\nu}\bar{a}_\lambda\varepsilon_\lambda = \sum_{d\nu}\frac{g_\lambda\varepsilon_\lambda}{e^{\beta\varepsilon_\lambda}-1} = \left(\sum_{d\nu}g_\lambda\right)\frac{h\nu}{e^{h\nu/kT}-1}. \tag{7.18.4}$$

令 $g(\nu)d\nu$ 代表在频率间隔($\nu,\nu+d\nu$)内的光子状态数,即 $g(\nu)$ 代表光子的态密度.对宏观体积 V,光子的频率(因而其动量)可近似看成是连续变化的,因而对光子量子态求和可以用对子相体积的积分代替.于是有

$$g(\nu)d\nu = \sum_{d\nu}g_\lambda = 2\int_{d\nu}\frac{d\omega}{h^3} = 2\frac{V}{h^3}4\pi p^2 dp = \frac{8\pi V}{c^3}\nu^2 d\nu, \tag{7.18.5}$$

上式中的因子2来源于两个偏振态.代入(7.18.4),即得

$$\bar{E}(\nu)d\nu = \frac{8\pi V}{c^3}\frac{h\nu^3}{e^{h\nu/kT}-1}d\nu, \tag{7.18.6}$$

或

---

① $\mu=0$ 也可以从热力学的论证得出,见本书§3.3.

还有另一种论证方法:由于光子气体的光子数不守恒,光子数 N 不确定,N 是一个变量,而不像通常情况下是一个给定的数.平衡态下的 N 值(指 $\bar{N}$)可由自由能取极小的条件确定,即 $\left(\frac{\partial F}{\partial N}\right)_{T,V}=0$.因 $\left(\frac{\partial F}{\partial N}\right)_{T,V}=\mu$,故得 $\mu=0$(参看主要参考书目[5],p.184).

$$u(\nu)\mathrm{d}\nu = \frac{\bar{E}(\nu)\mathrm{d}\nu}{V} = \frac{8\pi}{c^3}\frac{h\nu^3}{\mathrm{e}^{h\nu/kT}-1}\mathrm{d}\nu. \tag{7.18.7}$$

(7.18.6)或(7.18.7)就是普朗克的辐射公式,其中 $u(\nu)\mathrm{d}\nu$ 代表单位体积、频率在$(\nu,\nu+\mathrm{d}\nu)$间隔内辐射场的能量. 公式(7.18.7)与§7.5中用波的观点推得的(7.5.24)完全相同.

为了计算光子气体的其他热力学性质,最方便的办法是先求 $\ln\Xi$. 按§7.10的公式(7.10.3),取 $\mu=0$,有

$$\ln\Xi = -\sum_\lambda g_\lambda \ln(1-\mathrm{e}^{-\beta\varepsilon_\lambda}). \tag{7.18.8}$$

将求和用对子相体积的积分代替,上式可以化为含光子态密度的积分表达形式,即

$$\ln\Xi = -\int_0^\infty \ln(1-\mathrm{e}^{-\beta h\nu})g(\nu)\mathrm{d}\nu,$$

利用光子态密度公式(7.18.5),并令 $x=\beta h\nu$,得

$$\ln\Xi = -\frac{8\pi V}{h^3c^3}(kT)^3\int_0^\infty x^2\ln(1-\mathrm{e}^{-x})\mathrm{d}x, \tag{7.18.9}$$

应用分部积分,得

$$\ln\Xi = -\frac{8\pi V}{h^3c^3}(kT)^3\left\{\frac{x^3}{3}\ln(1-\mathrm{e}^{-x})\Big|_0^\infty - \frac{1}{3}\int_0^\infty \frac{x^3}{\mathrm{e}^x-1}\mathrm{d}x\right\}. \tag{7.18.10}$$

上式{ }内第一项为零,第二项利用积分公式(见附录B4)有

$$\int_0^\infty \frac{x^3\mathrm{d}x}{\mathrm{e}^x-1} = \frac{\pi^4}{15},$$

于是得

$$\ln\Xi = \frac{8\pi^5 V}{45}\left(\frac{kT}{hc}\right)^3. \tag{7.18.11}$$

由(7.18.11),很容易求得其他热力学量. 由公式(7.10.16),注意到 $\alpha=0$,故光子气体的自由能为

$$F = -kT\ln\Xi = -\frac{8\pi^5 V}{45}\frac{(kT)^4}{(hc)^3} = -\frac{1}{3}aVT^4, \tag{7.18.12}$$

其中 a 为常数,

$$a = \frac{8\pi^5k^4}{15(hc)^3}.$$

光子气体的熵可以按公式(7.10.13)计算,也可以直接从(7.18.12),用热力学公式求出

$$S = -\left(\frac{\partial F}{\partial T}\right)_V = \frac{4}{3}aVT^3. \tag{7.18.13}$$

其他如内能、压强和定容热容分别为

$$\bar{E} = F + TS = aVT^4 = -3F, \tag{7.18.14}$$

$$p = -\left(\frac{\partial F}{\partial V}\right)_T = \frac{1}{3}aT^4 = \frac{\bar{E}}{3V}, \tag{7.18.15}$$

$$C_V = T\left(\frac{\partial S}{\partial T}\right)_V = 4aVT^3 = 3S. \tag{7.18.16}$$

(7.18.16)式表明光子气体的 C_V 和熵 S 随温度趋于零,与热力学第三定律符合.

最后来求平均光子总数 $\bar{N}$. 由于 $\alpha=0$,不能直接用 $\bar{N}=-\frac{\partial}{\partial\alpha}\ln\Xi$;但可以直接从(7.18.3)出发来求,即

$$\bar{N} = \sum_\lambda \bar{a}_\lambda = \sum_\lambda \frac{g_\lambda}{e^{\beta\varepsilon_\lambda}-1} = \int_0^\infty \frac{g(\nu)\mathrm{d}\nu}{e^{\beta h\nu}-1}, \tag{7.18.17}$$

令 $x=\beta h\nu$,得

$$\bar{N} = \frac{8\pi V}{(hc)^3}(kT)^3\int_0^\infty \frac{x^2\mathrm{d}x}{e^x-1}, \tag{7.18.18}$$

利用积分公式(见附录 B4)

$$\int_0^\infty \frac{x^2\mathrm{d}x}{e^x-1} = 2\zeta(3) \approx 2\times 1.202,$$

故有

$$\bar{N} = 16\pi\zeta(3)V\left(\frac{kT}{hc}\right)^3 \sim VT^3. \tag{7.18.19}$$

显然,当 $T\to 0$ 时,$\bar{N}\to 0$.

应该指出,历史上对热辐射的处理,也曾有过两种不同的观点,即基于波的观点的瑞利-金斯理论和基于粒子观点的维恩理论,但在经典统计的基础上,无论是波的观点还是粒子的观点都不可能得到正确的结果.我们看到在量子理论的基础上,无论是采用波的观点,还是采用粒子的观点,都可以得到正确的、完全一致的结果(习题 7.25).

§7.19 强简并理想费米气体

在§7.14 与§7.15 中,我们分别讨论了非简并与弱简并理想费米气体的性质.本节将讨论强简并理想费米气体的情形,即 $e^\alpha \ll 1$ 或按照

$$z = e^{-\alpha} = e^{\mu/kT}, \tag{7.19.1}$$

亦即 $\mu \gg kT$ 的情形.强简并理想费米气体作为一种理想化的模型,可以近似描写金属中的巡游电子气体,以及中子星、白矮星和核物质等.

为讨论简单,设粒子为质点,自旋为$\frac{1}{2}$.又设不存在外磁场,故自旋向上与向下的两种自旋态有相同的能量.令 $f(\varepsilon_\lambda)$代表能量为 ε_λ 的一个量子态上粒子的平均占据数,即

$$f(\varepsilon_\lambda) = \frac{\bar{a}_\lambda}{g_\lambda} = \frac{1}{e^{\alpha+\beta\varepsilon_\lambda}+1} = \frac{1}{e^{(\varepsilon_\lambda-\mu)/kT}+1}. \tag{7.19.2}$$

对于宏观大小的体积,粒子平动能级间隔很小(准连续的),故可将能量当作连续变量,上式可改写为

$$f(\varepsilon) = \frac{1}{e^{(\varepsilon-\mu)/kT}+1}, \tag{7.19.3}$$

$f(\varepsilon)$称为**费米分布函数**,其中粒子能量取经典形式,即 $\varepsilon = p^2/2m$(对非相对论性情形). 下面首先讨论零温的情形.

7.19.1　$T=0$ K(费米气体的基态)

令 μ_0 为理想费米气体在 $T=0$ K 时的化学势. 由(7.19.3),当 $T\to 0$ K 时,费米分布为

$$f(\varepsilon) = \begin{cases} 1, & \varepsilon < \mu_0, \\ 0, & \varepsilon > \mu_0, \end{cases} \tag{7.19.4}$$

即在 $T=0$ K 时,费米分布函数为阶跃函数,如图 7.19.1 所示.

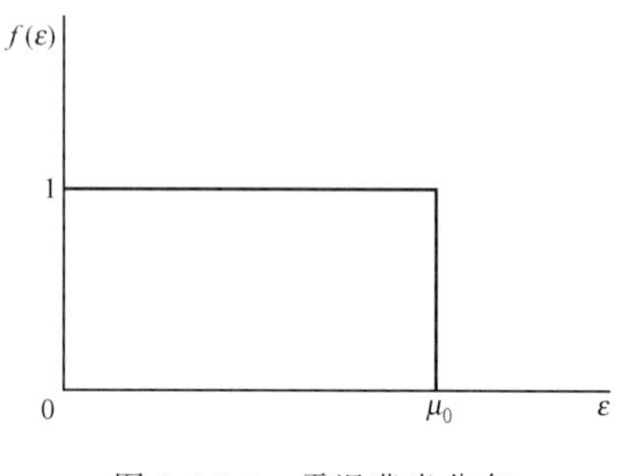

图 7.19.1　零温费米分布

在 $\varepsilon<\mu_0$ 的每一个粒子量子态上占据一个粒子,而 $\varepsilon>\mu_0$ 的全部粒子量子态都是空着的. 这与§7.16 所讨论的理想玻色气体在零温下的分布完全不同,后者全部粒子将凝聚到单粒子的基态上去. 造成理想费米气体零温下阶跃分布的原因是费米子必须遵从泡利原理:每一个单粒子量子态上最多只能占据一个粒子. 当最低的粒子态被占据后,其他粒子将被"排挤"去占据较高的空着的粒子态,直到从 $\varepsilon=0$ 往上的 N 个粒子量子态全部被 N 个粒子占据为止. 习惯上把 $T=0$ K 时粒子的最高填充能级称为**费米能级**(或**费米能**),记为 ε_F. 费米能也就是零温下费米气体的化学势,即

$$\varepsilon_F = \mu_0. \tag{7.19.5}$$

费米能 ε_F 是一个重要的物理量,它可以由下式确定:

$$2\int_0^{\varepsilon_F} D(\varepsilon)\mathrm{d}\varepsilon = N, \tag{7.19.6}$$

其中 $D(\varepsilon)$代表粒子一种自旋态的态密度(见公式(7.15.2′)),即

$$D(\varepsilon) = \frac{2\pi V}{h^3}(2m)^{3/2}\varepsilon^{1/2}. \tag{7.19.7}$$

公式(7.19.6)中的因子 2 来源于两种自旋态的简并. 将(7.19.7)代入(7.19.6),得

$$\frac{8\pi V}{3}\left(\frac{2m}{h^2}\right)^{3/2}\varepsilon_F^{3/2} = N, \tag{7.19.8}$$

于是得

$$\varepsilon_F = \frac{h^2}{2m}\left(\frac{3}{8\pi}\frac{N}{V}\right)^{2/3} = \frac{\hbar^2}{2m}(3\pi^2 n)^{2/3}. \tag{7.19.9}$$

与费米能对应的动量 p_F 称为**费米动量**,由 $\varepsilon_F = p_F^2/2m$,有

$$p_F = \hbar(3\pi^2 n)^{1/3}, \tag{7.19.10}$$

而

$$k_{\mathrm{F}}=\frac{p_{\mathrm{F}}}{\hbar}=(3\pi^2 n)^{1/3}, \tag{7.19.11}$$

称为**费米波矢**.

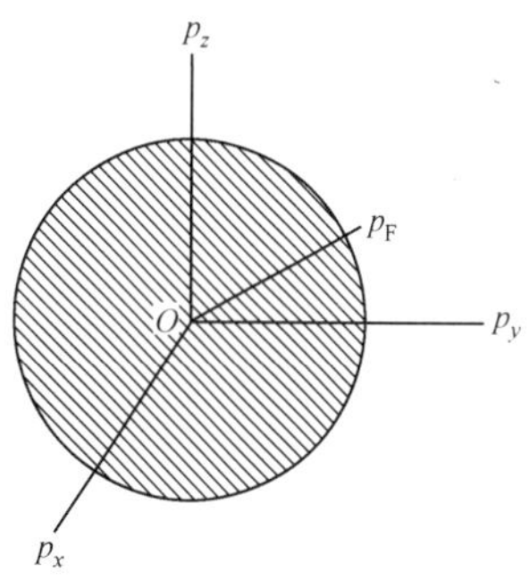

图 7.19.2 零温下费米子在动量空间的占据

应该注意 $\varepsilon_{\mathrm{F}}, p_{\mathrm{F}}, k_{\mathrm{F}}$ 与气体的密度有关：

$$\varepsilon_{\mathrm{F}}\sim n^{2/3}, \tag{7.19.12a}$$

$$p_{\mathrm{F}}, k_{\mathrm{F}}\sim n^{1/3}. \tag{7.19.12b}$$

n 越大，ε_{F}（以及 $p_{\mathrm{F}}, k_{\mathrm{F}}$）也越大.

图 7.19.2 描绘出 $T=0$ K 时在动量空间中粒子的占据. 在以 p_{F} 为半径的球内，所有单粒子态（注意每一个动量有两个不同的自旋态）被占据（图中阴影区），而球外面的所有态都是空着的. 被填满粒子的区域为一球体，称为**费米球**，也称**费米海**，球面称为**费米面**，这些都是文献中常遇到的名词.

零温下理想费米气体的总能量（即系统的基态能）为

$$E_0=2\int_0^{\varepsilon_{\mathrm{F}}}\varepsilon D(\varepsilon)\mathrm{d}\varepsilon=\frac{4\pi V}{h^3}(2m)^{3/2}\int_0^{\varepsilon_{\mathrm{F}}}\varepsilon^{3/2}\mathrm{d}\varepsilon=\frac{3}{5}N\varepsilon_{\mathrm{F}}, \tag{7.19.13}$$

其中已利用了总粒子数 N 的公式(7.19.8). 零温下粒子的平均能量为

$$\bar{\varepsilon}_0=\frac{E_0}{N}=\frac{3}{5}\varepsilon_{\mathrm{F}}. \tag{7.19.14}$$

现在对一般金属作一量级估计. 若构成金属的每一个原子提供一个巡游电子，则 $n\sim 10^{22}\ \mathrm{cm}^{-3}$. 很容易估算出 $\varepsilon_{\mathrm{F}}=\mu_0\sim(1—10)\mathrm{eV}$. 若令 v_0 代表零温下粒子的平均速率，并由 $\bar{\varepsilon}_0=\frac{1}{2}mv_0^2$ 定义 v_0，得

$$v_0=\sqrt{\frac{2\bar{\varepsilon}_0}{m}}\sim 10^8\ \mathrm{cm/s}.$$

可见，即使在零温时，理想费米气体中，粒子的平均速率仍然是很高的.

现在来计算零温下理想费米气体的压强，由热力学公式

$$p=-\left(\frac{\partial F}{\partial V}\right)_T,$$

及 $F=\bar{E}-TS$，在零温下 $F_0=E_0$，即零温下理想费米气体的自由能等于基态能 E_0. 由(7.19.13)及(7.19.9)，

$$F_0=E_0=CN^{5/3}V^{-2/3}, \tag{7.19.15}$$

其中 C 为与 N, V 无关的常数. 于是

$$p_0=-\left(\frac{\partial E_0}{\partial V}\right)=\frac{2}{3}CN^{5/3}V^{-5/3}=\frac{2E_0}{3V}=\frac{2}{5}n\varepsilon_{\mathrm{F}}. \tag{7.19.16}$$

若以 $n\sim 10^{22}\ \mathrm{cm}^{-3}$，$\varepsilon_{\mathrm{F}}\sim(1—10)\mathrm{eV}$ 估计，则有 $p_0\sim(10^4—10^5)\mathrm{atm}$，零温下理想费米气体的

压强也称为**简并压**. 所有上述关于零温下强简并理想费米气体的性质(很高的平均能量、平均速率及压强),都是泡利不相容原理这一量子效应的后果.

7.19.2 有限温度情形($T\neq 0$ K)

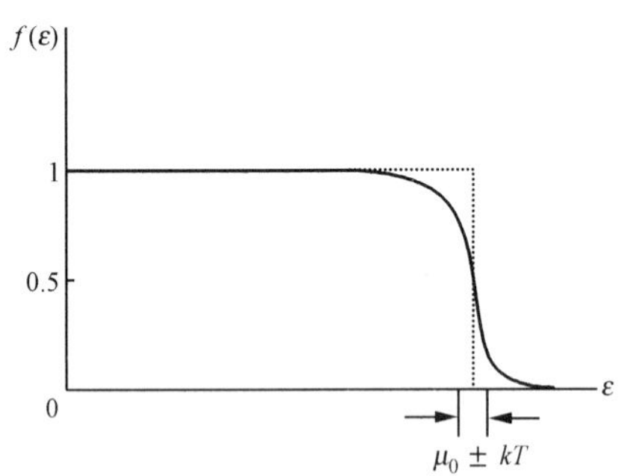

图 7.19.3　有限温度的费米分布示意(未按 μ 与 kT 的实际比例)

在有限温度下,费米分布函数(7.19.3)如图 7.19.3 所示. 从图上可以看出,与零温时的阶跃函数相比,发生显著偏离的只在 μ_0 附近 $\pm kT$ 的能量范围(下面将证明,$T\neq 0$ K 时的化学势 μ 与 μ_0 的偏差是很小的).

$T\neq 0$ K 时的化学势 μ 应由总粒子数条件确定,

$$N=2\int_0^\infty f(\varepsilon)D(\varepsilon)\mathrm{d}\varepsilon=2\int_0^\infty \frac{D(\varepsilon)\mathrm{d}\varepsilon}{\mathrm{e}^{(\varepsilon-\mu)/kT}+1}$$

$$=AV\int_0^\infty \frac{\varepsilon^{1/2}\mathrm{d}\varepsilon}{\mathrm{e}^{(\varepsilon-\mu)/kT}+1},\tag{7.19.17}$$

其中 $A=\frac{4\pi}{h^3}(2m)^{3/2}$. 我们来分析公式(7.19.17)中出现的下列形式的积分①:

$$I=\int_0^\infty \frac{\eta(\varepsilon)\mathrm{d}\varepsilon}{\mathrm{e}^{(\varepsilon-\mu)/kT}+1}.\tag{7.19.18}$$

设 $\eta(\varepsilon)$ 在 $\varepsilon\to 0$ 时解析;$\varepsilon\to\infty$ 时具有幂函数形式(这样就保证了积分是收敛的). 公式(7.19.17)相当于 $\eta(\varepsilon)\sim\varepsilon^{\frac{1}{2}}$. 作变数变换,令 $(\varepsilon-\mu)/kT=y$,则有

$$I=kT\int_{-\mu/kT}^\infty \frac{\eta(\mu+kTy)\mathrm{d}y}{\mathrm{e}^y+1}$$

$$=kT\int_{-\mu/kT}^0 \frac{\eta(\mu+kTy)\mathrm{d}y}{\mathrm{e}^y+1}+kT\int_0^\infty \frac{\eta(\mu+kTy)\mathrm{d}y}{\mathrm{e}^y+1}.$$

将上式右方第一个积分的变数 y 换成 $-y'$,再将 y' 改写成 y,得到

$$I=kT\int_0^{\mu/kT} \frac{\eta(\mu-kTy)\mathrm{d}y}{\mathrm{e}^{-y}+1}+kT\int_0^\infty \frac{\eta(\mu+kTy)\mathrm{d}y}{\mathrm{e}^y+1},$$

再用

$$\frac{1}{\mathrm{e}^{-y}+1}=1-\frac{1}{\mathrm{e}^y+1}$$

代入第一个积分,可得

$$I=\int_0^\mu \eta(\varepsilon)\mathrm{d}\varepsilon-kT\int_0^{\mu/kT} \frac{\eta(\mu-kTy)\mathrm{d}y}{\mathrm{e}^y+1}+kT\int_0^\infty \frac{\eta(\mu+kTy)\mathrm{d}y}{\mathrm{e}^y+1}.$$

上式的第二个积分中,注意到 $\mu/kT\gg 1$,且被积函数中含有因子 $(\mathrm{e}^y+1)^{-1}$,它在 y 大时趋于

① 参看主要参考书目[5],169 页.

e^{-y}，随 y 增大很快趋于零，故可以近似地将积分上限换成无穷大，于是得

$$I=\int_0^{\mu}\eta(\varepsilon)\mathrm{d}\varepsilon+kT\int_0^{\infty}\frac{\eta(\mu+kTy)-\eta(\mu-kTy)}{\mathrm{e}^y+1}\mathrm{d}y.$$

将第二个积分中被积函数的分子部分在 $y=\mu$ 附近作泰勒展开，并逐项求积分，得

$$I=\int_0^{\mu}\eta(\varepsilon)\mathrm{d}\varepsilon+2(kT)^2\eta'(\mu)\int_0^{\infty}\frac{y\mathrm{d}y}{\mathrm{e}^y+1}$$
$$+\frac{1}{3}(kT)^4\eta'''(\mu)\int_0^{\infty}\frac{y^3\mathrm{d}y}{\mathrm{e}^y+1}+\cdots,$$

其中 $\eta'(\mu)$，$\eta'''(\mu)$ 代表 η 的一次和三次微商. 利用积分公式（见附录 B5）

$$\int_0^{\infty}\frac{y\mathrm{d}y}{\mathrm{e}^y+1}=\frac{\pi^2}{12},$$
$$\int_0^{\infty}\frac{y^3\mathrm{d}y}{\mathrm{e}^y+1}=\frac{7\pi^4}{120},$$
$$\vdots$$

最后得

$$I=\int_0^{\mu}\eta(\varepsilon)\mathrm{d}\varepsilon+\frac{\pi^2}{6}(kT)^2\eta'(\mu)+\frac{7\pi^4}{360}(kT)^4\eta'''(\mu)+\cdots. \tag{7.19.19}$$

在许多情况下计算到第二项就足够了.

回到(7.19.17)，令 $\eta=\varepsilon^{1/2}$，只保留到数量级为 $\left(\frac{kT}{\mu}\right)^2$ 的项，记为 $O\left(\left(\frac{kT}{\mu}\right)^2\right)$，得

$$N=\frac{2}{3}AV\mu^{3/2}\left[1+\frac{\pi^2}{8}\left(\frac{kT}{\mu}\right)^2\right], \tag{7.19.20}$$

由上式得

$$\mu=\left(\frac{3N}{2AV}\right)^{2/3}\left[1+\frac{\pi^2}{8}\left(\frac{kT}{\mu}\right)^2\right]^{-2/3}=\mu_0\left[1+\frac{\pi^2}{8}\left(\frac{kT}{\mu}\right)^2\right]^{-2/3}. \tag{7.19.21}$$

由于 $\left(\frac{kT}{\mu}\right)^2$ 只是小修正，可以近似用 μ_0 代替其中的 μ，即有

$$\mu\approx\mu_0\left[1+\frac{\pi^2}{8}\left(\frac{kT}{\mu_0}\right)^2\right]^{-2/3}.$$

作泰勒展开，保留到 $O\left(\left(\frac{kT}{\mu_0}\right)^2\right)$ 的项，最后得

$$\mu\approx\mu_0\left[1-\frac{\pi^2}{12}\left(\frac{kT}{\mu_0}\right)^2\right]. \tag{7.19.22}$$

在室温下，$\frac{kT}{\mu_0}\sim10^{-2}$，故室温下 μ 对 μ_0 的偏离是很小的，量级仅为 10^{-4}，μ 略小于 μ_0.

$T\neq0$ K 时，理想费米气体的内能为

$$\bar{E}=2\int_0^{\infty}\varepsilon f(\varepsilon)D(\varepsilon)\mathrm{d}\varepsilon=AV\int_0^{\infty}\frac{\varepsilon^{3/2}\mathrm{d}\varepsilon}{\mathrm{e}^{(\varepsilon-\mu)/kT}+1}, \tag{7.19.23}$$

其中 $A=\frac{4\pi}{h^3}(2m)^{3/2}$. 利用积分公式(7.19.18)及(7.19.19)，令 $\eta(\varepsilon)=\varepsilon^{3/2}$，仍保留到 $O\left(\left(\frac{kT}{\mu}\right)^2\right)$的项，得

$$\bar{E}\approx\frac{2}{5}AV\mu^{5/2}\left[1+\frac{5\pi^2}{8}\left(\frac{kT}{\mu}\right)^2\right]. \tag{7.19.24}$$

将上式中的 $\mu^{5/2}$ 以(7.19.22)代入，并将上式的[…]中的 μ 用 μ_0 代替，则得

$$\bar{E}\approx\frac{2}{5}AV\mu_0^{5/2}\left[1-\frac{\pi^2}{12}\left(\frac{kT}{\mu_0}\right)^2\right]^{5/2}\left[1+\frac{5\pi^2}{8}\left(\frac{kT}{\mu_0}\right)^2\right],$$

在保留到 $O\left(\left(\frac{kT}{\mu}\right)^2\right)$项的近似下，最后得

$$\bar{E}\approx\frac{3}{5}N\mu_0\left[1+\frac{5\pi^2}{12}\left(\frac{kT}{\mu_0}\right)^2\right]. \tag{7.19.25}$$

可以看出，$T\neq 0$ K 时，$\bar{E}>E_0$；修正项 $\Delta E=\bar{E}-\bar{E}_0$ 相对于 $\bar{E}_0$ 是很小的：$\Delta E/\bar{E}_0\sim O\left(\left(\frac{kT}{\mu_0}\right)^2\right)$. 还应该注意，对强简并理想费米气体，内能 $\bar{E}$ 不再只是温度的函数，它还与气体的密度有关；若令 u 代表一个粒子的平均能量，则形式上可以写成

$$\bar{E}=Nu\left(T,\frac{N}{V}\right),$$

上式是强简并理想费米气体统计关联的必然结果.

由公式(7.19.25)，理想费米气体的热容为

$$C_V=\left(\frac{\partial\bar{E}}{\partial T}\right)_V=\frac{\pi^2}{2}Nk\left(\frac{kT}{\mu_0}\right). \tag{7.19.26}$$

C_V 有两个特点值得提一下. 首先，(7.19.26)给出的 C_V 是 T 的线性函数，可以改写成

$$C_V=\gamma T, \tag{7.19.27a}$$

$$\gamma=N\frac{\pi^2}{2}\frac{k^2}{\mu_0}. \tag{7.19.27b}$$

注意到公式(7.19.25)或(7.19.26)成立的条件要求 $kT\ll\mu_0$（见公式(7.19.18)以及其后 μ，$\bar{E}$ 的计算），通常称 $C_V=\gamma T$ 在低温下成立. 不过这里的“低温”是相对而言的，具体指 $T\ll\frac{\mu_0}{k}=\frac{\varepsilon_F}{k}\equiv T_F$，$T_F$ 称为**简并温度**（亦称**费米温度**）. 如果把公式用到金属中巡游电子气体，其 $T_F\sim(10^4—10^5)$K，因此，即使室温也可以近似地看成是“低温”了. 上述理论结果与元素金属在其正常态下的巡游电子热容 C_V^e 的实验结果相符.

其次，上述理论结果(7.19.26)也解决了经典统计中关于金属电子热容的困难. 按经典统计理论，若构成金属的每一个原子贡献一个巡游电子，则按能量均分定理，有

$$(C_V^e)_{cl}=\frac{3}{2}Nk.$$

但这个经典值太大了，实验观测到的 C_V^e 要比上述经典值小 2—3 个量级，在历史上曾经成

为经典统计不能解决的问题之一. 现在,按照量子统计理论,其结果为(7.19.26),与经典值之比为

$$\frac{C_V^{\mathrm{e}}}{(C_V^{\mathrm{e}})_{\mathrm{cl}}}=\frac{\frac{\pi^2}{2}Nk\left(\frac{kT}{\mu_0}\right)}{\frac{3}{2}Nk}\sim\frac{kT}{\mu_0}\sim(10^{-2}—10^{-3})\ll 1.$$

这一结果与实验符合.

上述结果还可以通过简单的物理分析得到. 事实上,从图 7.19.3 可以看出,在有限温度下,费米分布函数与零温下的阶跃函数相比,只在费米面附近约 $\pm kT$ 的能量范围才有显著的偏离. 换句话说,由于 $\frac{kT}{\mu}\ll 1$,只有在费米面附近 $2kT$ 范围内的电子才被**热激发**,因而对热容有贡献. 令 $\overline{N}_{\mathrm{exc}}$ 代表被热激发的电子数,

$$\overline{N}_{\mathrm{exc}}\approx 2D(\mu_0)2kT\sim N\frac{kT}{\mu_0},$$

其中 $D(\mu_0)$ 是一种自旋态的态密度在费米面处的值(见公式(7.19.7)). 于是有

$$\frac{\overline{N}_{\mathrm{exc}}}{N}\sim\frac{kT}{\mu_0},$$

亦即被热激发的电子数只占总电子数很小一部分;它们对热容的贡献为

$$C_V^{\mathrm{e}}\sim\overline{N}_{\mathrm{exc}}\cdot\frac{3}{2}k\sim\frac{9}{2}Nk\left(\frac{kT}{\mu_0}\right).\tag{7.19.28}$$

上式除数量级为 1 的数值因子外,与公式(7.19.26)相符.

现在来计算强简并理想费米气体在低温($kT\ll\mu_0$)下的自由能:

$$F=G-pV=N\mu-\frac{2}{3}\overline{E},$$

将(7.19.22)与(7.19.25)代入,得

$$F\approx\frac{3}{5}N\mu_0\left[1-\frac{5\pi^2}{12}\left(\frac{kT}{\mu_0}\right)^2\right].\tag{7.19.29}$$

理想费米气体在低温下的熵为

$$S=-\left(\frac{\partial F}{\partial T}\right)_V=\frac{\pi^2}{2}Nk\left(\frac{kT}{\mu_0}\right).\tag{7.19.30}$$

与公式(7.19.26)比较,可见低温下的熵与 C_V 相等. 从上式还可以看出,当 $T\to 0$ K 时,$S\to 0$,与热力学第三定律符合. 读者还可以从 $S=k\ln W$ 公式出发,也得出 $T=0$ K 时 $S=0$ 的结论. 表明理想费米气体的基态是高度有序的态($W=1$). 值得指出的是,这里 C_V 和 S 随 T 趋于零不是因为能量量子化,而是由于泡利原理的结果.

7.19.3 电子气体在什么条件下可以看成是“理想气体”?

在上面的讨论中,我们把金属中的巡游电子近似看成是被约束在体积 V 内、彼此之间

的相互作用可以忽略的理想费米气体.这里作了两点近似：第一是把巡游电子与正离子之间的相互作用近似用一个均匀的势阱来代替；第二是完全忽略了电子与电子之间的相互作用,也就是说,我们把巡游电子组成的气体看成没有相互作用的理想气体.现在要问：在什么条件下,电子与电子之间的相互作用可以忽略呢？显然,如果电子的平均动能 $\bar{\varepsilon}_{\mathrm{k}}$ 远远大于电子与电子之间的平均相互作用能 $\bar{\varepsilon}_{\mathrm{ee}}$,那么忽略电子与电子之间相互作用应该是合理的.下面来具体估计一下.

电子与电子之间的平均相互作用能可由下式估计：

$$\bar{\varepsilon}_{\mathrm{ee}} \sim \frac{e^2}{\overline{\delta r}},$$

其中 $\overline{\delta r}$代表电子气体中电子之间的平均距离,若电子气的数密度为 n,则 $\overline{\delta r}\sim n^{-\frac{1}{3}}$,于是有

$$\bar{\varepsilon}_{\mathrm{ee}} \sim e^2 n^{1/3}. \tag{7.19.31}$$

另一方面,电子的平均动能可取零温下的结果(公式(7.19.14)与(7.19.9))来估计：

$$\bar{\varepsilon}_{\mathrm{k}} \sim \frac{3}{5}\varepsilon_{\mathrm{F}} \sim \frac{\hbar^2}{2m}(3\pi^2 n)^{2/3}. \tag{7.19.32}$$

注意到 $\bar{\varepsilon}_{\mathrm{ee}}$与 $\bar{\varepsilon}_{\mathrm{k}}$ 随密度 n 的变化是不同的,前者正比于 $n^{1/3}$,后者正比于 $n^{2/3}$.表明与相互作用能比较,平均动能随 n 增加得更快.条件

$$\bar{\varepsilon}_{\mathrm{k}} \gg \bar{\varepsilon}_{\mathrm{ee}}$$

相当于

$$\frac{\hbar^2}{2m}(3\pi^2 n)^{2/3} \gg e^2 n^{1/3},$$

亦即

$$n \gg \frac{1}{9\pi^4}\left(\frac{2me^2}{\hbar^2}\right)^3. \tag{7.19.33}$$

上式说明强简并电子气体的一个重要特性：密度越大,越接近理想气体.相反,密度越低,电子与电子之间的相互作用越重要.维格纳(Wigner)曾经从理论上预言,在低密度极限下,电子气体会转变成规则排列的电子晶格,后来被称为**维格纳晶格**,其间接的证据已在实验上发现了①.

基于同样的理由,强简并理想费米气体可以近似描写高密度的中子星和白矮星.

§7.20 元激发(或准粒子)理想气体

7.20.1 相互作用多粒子系统低激发态的一般特征 元激发

迄今为止,本章所讨论的仅限于近独立子系组成的系统,即粒子之间的相互作用可以忽

① 例如,参看 V. H. Goldman *et al.*, Phys. Rev. Lett., **65**, 2189(1990).

略,系统的总能量是单个粒子能量之和.对于这类系统,只需要知道单个粒子的能谱,即可计算出配分函数或巨配分函数,从而完全确定系统的平衡性质.近独立子系所组成的系统是统计物理学中可以严格求解的一类理想化模型.

如果组成系统的粒子之间的相互作用不可忽略,系统的总能量不再是单个粒子能量之和,一般而言,本章所发展的理论方法不再适用,需要普遍的统计系综理论(将在下一章中介绍).

然而,如果我们关心的只是系统在"足够低"温度下("足够低"的含义是相对的,下面将解释)的平衡性质,那么,只有离系统的基态比较近的那些低激发态才对其宏观性质起决定作用.实验与理论研究都表明,相互作用多粒子系统的低激发态可以近似地看成是一些近独立的**元激发**(或**准粒子**)的集合.这样一来,相互作用多粒子系统的低激发态仍然可以看成是由近独立子系组成的系统,不过这里的"子系"不再是普通的原子、分子等,而是元激发(或准粒子).本章所发展的理论也可以直接搬过来应用了.

下面首先以晶体原子振动的元激发——声子为例,来说明元激发的概念.

我们在§7.6末曾经提到晶体中原子的振动,由于晶体中相邻原子之间存在很强的相互作用,使原子得以形成规则的空间点阵结构,原子的振动也不是彼此独立的,而是彼此牵连的**集体运动**.在简谐近似下,通过引入简正坐标,可以把晶体的振动化为一系列单色的平面波(称为**格波**)的叠加.每一格波有一定的波矢 $\boldsymbol{k}$ 和偏振 s,相应的圆频率为 $\omega_s(\boldsymbol{k})$.若只考虑每一个晶胞中只有一个原子的最简单情形,则每一 $\boldsymbol{k}$ 值有三种不同的偏振,分别对应于两支横波和一支纵波.根据量子力学,对于$(\boldsymbol{k},s)$的格波,其能量可取值为

$$\left(n_{ks}+\frac{1}{2}\right)\hbar\omega_s(\boldsymbol{k}),\quad n_{ks}=0,1,2,\cdots,\tag{7.20.1}$$

晶格振动的总能量为所有格波的能量之和:

$$E_{\{n_{ks}\}}=\sum_{\boldsymbol{k},s}n_{ks}\hbar\omega_s(\boldsymbol{k})+E_0,\tag{7.20.2}$$

其中

$$E_0=\sum_{\boldsymbol{k},s}\frac{1}{2}\hbar\omega_s(\boldsymbol{k})\tag{7.20.3}$$

代表晶体的基态能,$\{n_{ks}\}$取不同的值对应整个晶体振动的不同的能量.

根据量子力学的对应原理,我们还可以用另一完全等价的图像来描述,这就是声子.下面列出格波与声子的对应关系:

格　　波	声　　子
波矢 $\boldsymbol{k}$	动量 $\boldsymbol{p}=\hbar\boldsymbol{k}$
偏振 s	偏振 s
圆频率 $\omega_s(\boldsymbol{k})$	能量 $\varepsilon_s(\boldsymbol{k})=\hbar\omega_s(\boldsymbol{k})$
$(\boldsymbol{k},s)$的格波处于 n_{ks} 激发态	有 n_{ks} 个$(\boldsymbol{k},s)$的声子

在对晶格振动作简谐近似的情况下，从(7.20.2)式可以看出，总能量等于各声子能量之和，表明声子彼此独立. 也就是说，在简谐近似下，晶体原子集体振动的低激发态可以看成是由声子组成的理想声子气体. 由于 n_{ks} 取值为 0，1，2，…，不受限制，故声子应服从玻色统计. 应该指出，声子是玻色型元激发，这与组成晶体的原子本身是玻色子还是费米子无关. 还应该注意，声子是晶体原子集体振动量子化的产物，它不属于个别原子. 声子的总数是不固定的，$T \to 0$ K 时，声子数趋于零，即基态是完全没有声子的状态.

如果温度足够低，远远低于固体的熔点，那么简谐近似是很好的近似，理想声子气体的图像适用. 若温度较高，必须考虑对简谐近似的修正，这时需要在晶体原子相互作用能中计入非简谐项，能量表达式(7.20.2)不再是严格的，具有不同$\{n_{ks}\}$的状态之间将发生跃迁，相当于各种声子之间会发生相互作用过程(散射、衰变等)，导致声子具有有限的寿命. 随着温度升高，晶体振动加剧，导致声子的数密度增加，非简谐项的作用增大，声子之间的相互作用也随之加强. 由此可见，声子作为自由运动元激发的图像要适用，必须温度足够低，声子有足够长的寿命才行(对于理想声子气体，声子有无穷长的寿命).

以上我们以声子为例说明了元激发的概念和适用条件. 元激发的概念是 20 世纪 40 年代发展起来的，至今已在凝聚系统中发现了多种元激发. 实验与理论研究都表明，元激发图像对相互作用多粒子系的低激发态是普遍适用的. 一般而言，相互作用多粒子系的低激发态都可以看成是元激发或准粒子的集合. 元激发具有一定的动量 $\boldsymbol{p}$ 和能量 $\varepsilon(\boldsymbol{p})$，函数 $\varepsilon(\boldsymbol{p})$称为元激发的能谱或色散关系. 应该强调，元激发是组成系统的粒子相互作用的产物，它属于整个系统，而不属于个别粒子.

在凝聚系统中，现在已经知道许多不同的元激发，如固体和液体中与原子集体振动相联系的声子，金属或半导体中的准电子和准空穴，半导体中的激子(电子-空穴对)，离子晶体中的极化子，铁磁体中的自旋波(spin wave)，液氦超流态中的声子与旋子，金属或等离子体中的等离体子(或等离激元，plasmon)，等等. 一般而言，在同一个相互作用多粒子系统中可以同时存在几种元激发，在足够低的温度下，各自有独立的贡献.

所有元激发(或准粒子)可以分成两类，即玻色型和费米型. 玻色型元激发具有零或整数(以 $\hbar$ 为单位)自旋，服从玻色统计，例如上面提到的声子、自旋波和等离体子等. 费米型元激发具有半整数自旋，服从费米统计，例如准电子、准空穴等. 应该注意，元激发的类型与组成系统的粒子本身的类型并不一定有必然的联系. 不过由玻色粒子组成的系统不可能有费米型元激发. 但由费米粒子组成的系统，既可能有费米型元激发，也可能有玻色型元激发(例如液^{3}He 中的声子). 正如在对声子的讨论中已指出的，要使元激发图像适用，元激发必须有足够长的寿命. 这只有当温度足够低，元激发的密度很低，元激发之间的相互作用很弱时才行.

以元激发图像为基础研究相互作用多粒子系的低温平衡性质，需要知道两点：

(1) 元激发能谱；

(2) 元激发服从的统计.

如果要研究非平衡性质,还必须知道元激发之间的散射机制.从理论上确定上述性质可以通过两种不同的途径.一种是唯象理论,它是根据对实验结果的分析而直接提出假设,由所导出的结果与实验比较来检验.例如朗道的超流理论和朗道的费米液体理论.另一种是微观理论,即从系统的微观哈密顿量出发,从理论上确定元激发的能谱和服从什么统计性质.

下面将以朗道关于液氦超流态的元激发理论来说明如何用本章的理论方法来处理相互作用多粒子系在低温下的热力学性质.

7.20.2 液氦(^{4}He)超流态(液 HeⅡ)的元激发及热力学性质

^{4}He 是玻色子(自旋为零),在正常压强下直到绝对零度都能保持为液态.^{4}He 的液态有两个性质不同的相,一个是正常相(称为液 HeⅠ),另一个是超流相(称为液 HeⅡ).在 $p=1\,\text{atm}$ 下,两个相的转变温度为 $T_\lambda \approx 2.2\,\text{K}$.

液^{4}He 的超流性是 1938 年卡皮查在实验上发现的.$T<T_\lambda$ 时,液 HeⅡ具有一系列不寻常的性质.一方面,沿毛细管(管径≈0.1 μm)流动时,几乎不呈现任何黏性;但若流速超过某一临界值 v_c 时,超流性被破坏.另一方面,若用一细丝悬挂一个薄圆盘浸于液 HeⅡ中,让圆盘作扭摆式振动,则盘的振动将受到阻尼.用"圆盘法"测出的液 HeⅡ的黏性系数与在 T_λ 以上正常相的黏性系数可以比拟,而且比用"毛细管法"测得的至少大 10^6 倍! 实验还发现,用"圆盘法"测出液 HeⅡ的黏性系数强烈地依赖于温度,它随 $T\to 0\,\text{K}$ 而趋于零.此外,液 HeⅡ还具有一些与超流性密切相关的其他独特性质,如极高的热导率,喷泉效应,等等.

为了解释液 HeⅡ的这些奇异的性质,蒂萨(Tisza)(1938)和朗道(1941)提出了唯象的二流体模型,朗道的二流体模型的基本要点是:

(1) 假设液 HeⅡ是由正常流体和超流体两种成分组成:超流成分没有黏性,熵为零;正常成分有黏性和熵.液 HeⅡ的总质量密度可表示为

$$\rho = \rho_s + \rho_n, \tag{7.20.4}$$

其中 ρ_s 和 ρ_n 分别代表超流成分和正常成分的质量密度.

(2) 当 $T=0\,\text{K}$ 时,液 HeⅡ全部为超流成分($\rho_s=\rho, \rho_n=0$);而当 $T=T_\lambda$ 时,全部为正常成分($\rho_s=0, \rho_n=\rho$);对 $0<T<T_\lambda$,ρ_s/ρ 与 ρ_n/ρ 是温度的函数,其具体形式由实验确定.

朗道的二流体模型中还对超流与正常成分的速度场提出了一些假设,成为后来发展的超流流体动力学的基础.

7.20.3 液 HeⅡ的元激发:声子和旋子

朗道进一步提出了关于超流相(即液 HeⅡ)的元激发图像.他假定 $T=0\,\text{K}$ 时,液 HeⅡ全部是超流成分,系统处于基态.当 $T\neq 0\,\text{K}$但 $T\ll T_\lambda$ 时,是受到弱激发的系统,出现了元激发,构成液 HeⅡ的正常成分.朗道假定液 HeⅡ中存在两种不同的元激发,一种是声子,另一种他称之为旋子(rotons),都是玻色子.朗道是根据实验事实提出上述两种元激发的.朗道注意到,在 $T\ll T_\lambda$ 时,液 HeⅡ的比热随 T^3 而变化,这是声子气体的特征,因此,他假定在

小动量时的元激发是声子，其能谱为

$$\varepsilon(p) = c_1 p, \tag{7.20.5}$$

其中 c_1 为声速，在液 HeⅡ 中测得 $c_1 = 238\ \mathrm{m/s}$. 当温度稍高时，实验发现热容含有一个行为如 $\exp(-\Delta/kT)$ 的附加项，其中 Δ 为常数. 由此推测对于较大的动量，元激发能谱有“能隙”. 朗道假定在较大动量时元激发能谱 $\varepsilon(p)$ 的形式为

$$\varepsilon(p) = \Delta + \frac{(p - p_0)^2}{2m^*} \tag{7.20.6}$$

（其中 Δ，p_0 与 m^* 为三个参量），并称这种元激发为旋子. 图 7.20.1(a) 显示了朗道所假设的液 HeⅡ 中的元激发能谱，其中小动量的直线部分代表声子，p_0 附近为旋子部分，虚线是并不清楚的. 朗道所猜测（假设）的元激发能谱后来得到实验肯定（见图 7.20.1(b)）.

表 7.20.1 列出了 1947 年朗道由 0.6 K 以上的热容数据所推算出的旋子能谱参数和雅耐尔(Yarnell)等人在 1.1 K 下由中子散射实验所定出的参数值.①

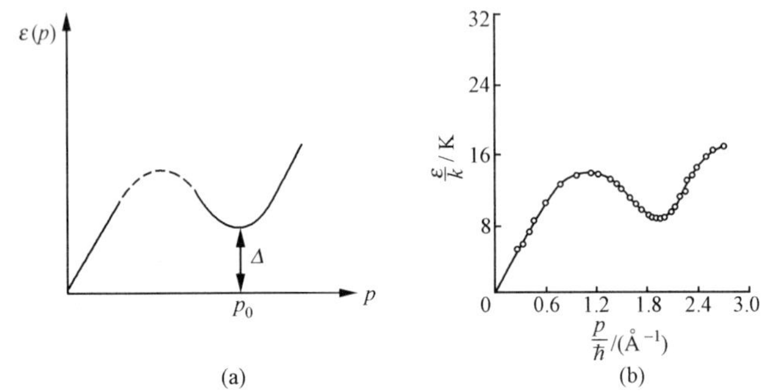

图 7.20.1　液 HeⅡ 元激发的能谱：(a) 朗道假设；(b) 实验结果

表　7.20.1

	朗道（由热容数据推算）	雅耐尔等（由中子散射实验）
Δ/k	9.6 K	(8.65 ± 0.04) K
$p_0/\hbar$	1.95 Å^{-1}	(1.92 ± 0.01) Å^{-1}
m^*	$0.77 m_{\mathrm{He}}$	$(0.16 \pm 0.01) m_{\mathrm{He}}$

7.20.4　液 HeⅡ 的热力学性质

在 $T \ll T_\lambda$ 的低温下，元激发的密度很低，元激发之间的相互作用可以忽略，也就是说，液 HeⅡ 中的正常成分可以看成是声子和旋子组成的混合理想气体，其热力学性质可表为声子部分和旋子部分贡献之和. 注意到两种元激发的数目都是不固定的，因而化学势均为零.

① J. L. Yarnell *et al.*, Phys. Rev., **113**, 1379 (1959).

下面首先计算声子部分的热力学性质.既然可以当成理想声子气体,就可以照搬理想玻色气体的有关公式.类似于§7.18对光子气体的计算,$\ln\Xi$的普遍表达式为(注意$\mu=0$)

$$\ln\Xi=-\sum_{\lambda}g_{\lambda}\ln(1-\mathrm{e}^{-\beta\varepsilon_{\lambda}}),$$

由于宏观体积内运动的声子的能量是准连续的,可以将上式中的求和用对子相体积的积分代替,令$g(\varepsilon)$代表声子的态密度,利用声子能谱$\varepsilon=c_1 p$,并注意到流体中的声波只有纵波,得(对比(7.6.11))

$$g(\varepsilon)\mathrm{d}\varepsilon=\sum_{\mathrm{d}\varepsilon}g_{\lambda}=\int_{\mathrm{d}\varepsilon}\frac{\mathrm{d}\omega}{h^3}=\frac{V}{h^3}4\pi p^2\mathrm{d}p=\frac{4\pi V}{c_1^3}\varepsilon^2\mathrm{d}\varepsilon,\tag{7.20.7}$$

于是[①]

$$\begin{aligned}\ln\Xi&=-\int_0^{\infty}\ln(1-\mathrm{e}^{-\beta\varepsilon})g(\varepsilon)\mathrm{d}\varepsilon\\&=-\frac{4\pi V}{h^3c_1^3}\int_0^{\infty}\ln(1-\mathrm{e}^{-\beta\varepsilon})\varepsilon^2\mathrm{d}\varepsilon\\&=-\frac{4\pi V}{h^3c_1^3}(kT)^3\int_0^{\infty}\ln(1-\mathrm{e}^{-x})x^2\mathrm{d}x,\end{aligned}\tag{7.20.8}$$

其中最后一步已作变数变换$x=\beta\varepsilon$.类似(7.18.11)对光子气体的计算,将上式分部积分,可得

$$\ln\Xi=\frac{4\pi^5V}{45}\left(\frac{kT}{hc_1}\right)^3.\tag{7.20.9}$$

声子气体的自由能为(注意$\mu=0$)

$$F_{\mathrm{ph}}=-kT\ln\Xi=-\frac{4\pi^5V(kT)^4}{45(hc_1)^3}.\tag{7.20.10}$$

熵为

$$S_{\mathrm{ph}}=-\left(\frac{\partial F_{\mathrm{ph}}}{\partial T}\right)_V=\frac{16\pi^5k}{45}V\left(\frac{kT}{hc_1}\right)^3.\tag{7.20.11}$$

热容为

$$(C_V)_{\mathrm{ph}}=T\left(\frac{\partial S_{\mathrm{ph}}}{\partial T}\right)_V=\frac{16\pi^5k}{15}V\left(\frac{kT}{hc_1}\right)^3.\tag{7.20.12}$$

可见,$(C_V)_{\mathrm{ph}}$随T^3而趋于零,与实验符合.这也是当初朗道猜出元激发有声子的依据.平均声子总数可以由玻色-爱因斯坦分布并利用声子态密度(7.20.7)计算出,即

$$\bar{N}_{\mathrm{ph}}=\sum_{\lambda}\bar{a}_{\lambda}=\sum_{\lambda}\frac{g_{\lambda}}{\mathrm{e}^{\beta\varepsilon_{\lambda}}-1}=\int_0^{\infty}\frac{g(\varepsilon)\mathrm{d}\varepsilon}{\mathrm{e}^{\beta\varepsilon}-1}$$

---

① 在$\ln\Xi$式中对能量的积分上限应取为某一确定的截止能量$\varepsilon_{\max}$.但由于现在只考查$T\ll T_{\lambda}$的低温区,满足$\frac{\varepsilon_{\max}}{kT}\gg1$,故可将上限近似代之为$\infty$.这与德拜理论中对低温的处理相同(参看§7.6).

$$= \frac{4\pi V}{h^3 c_1^3}\int_0^{\infty} \frac{\varepsilon^2 \mathrm{d}\varepsilon}{\mathrm{e}^{\beta\varepsilon} - 1}$$

$$= \frac{4\pi V}{h^3 c_1^3}(kT)^3\int_0^{\infty} \frac{x^2 \mathrm{d}x}{\mathrm{e}^{x} - 1}.$$

利用附录 B4 的积分公式，得

$$\bar{N}_{\mathrm{ph}} = 8\pi\zeta(3)V\left(\frac{kT}{hc_1}\right)^3, \tag{7.20.13}$$

其中 $\zeta(3)\approx 1.202$. 从上式可见，当 $T\to 0$ K 时，$\bar{N}_{\mathrm{ph}}\to 0$，即零温时不存在声子，系统处于基态.

其次，我们来计算旋子部分的热力学量. 由旋子能量的公式(7.20.6)及表 7.20.1 的数值可以看出，在 $T<T_c$ 的全部温区，旋子的能量均远远大于 kT，亦即 $\beta\varepsilon\gg 1$，因此对旋子气体可以作如下的近似：

$$\bar{a}_\lambda = \frac{g_\lambda}{\mathrm{e}^{\beta\varepsilon_\lambda} - 1} \xrightarrow{\text{近似为}} \bar{a}_\lambda = g_\lambda \mathrm{e}^{-\beta\varepsilon_\lambda}, \tag{7.20.14}$$

即对旋子可以用麦克斯韦-玻尔兹曼分布代替玻色分布. 与此相应，在 $\ln\Xi$ 的公式中

$$\ln\Xi_{\mathrm{r}} = -\sum_\lambda g_\lambda \ln(1 - \mathrm{e}^{-\beta\varepsilon_\lambda}) = -\int \frac{\mathrm{d}\omega}{h^3}\ln(1 - \mathrm{e}^{-\beta\varepsilon})$$

$$= -\frac{4\pi V}{h^3}\int \ln(1 - \mathrm{e}^{-\beta\varepsilon})p^2 \mathrm{d}p,$$

由于 $\beta\varepsilon\ll 1$，即有 $\mathrm{e}^{-\beta\varepsilon}\ll 1$，故可将 $\ln(1-\mathrm{e}^{-\beta\varepsilon})$ 按小量 $\mathrm{e}^{-\beta\varepsilon}$ 展开并只保留第一项，于是有

$$\ln\Xi_{\mathrm{r}} = \frac{4\pi V}{h^3}\int_0^{\infty} \exp\left\{-\left[\Delta + \frac{(p-p_0)^2}{2m^*}\right]\Big/kT\right\}p^2 \mathrm{d}p. \tag{7.20.15}$$

作变数变换，令 $p = p_0 + (2m^* kT)^{\frac{1}{2}}x$，得

$$\ln\Xi_{\mathrm{r}} = \frac{4\pi p_0^2 V}{h^3}\mathrm{e}^{-\Delta/kT}(2m^* kT)^{1/2}$$

$$\cdot\int_{-p_0/(2m^* kT)^{1/2}}^{\infty} \left[1 + \frac{(2m^* kT)^{1/2}x}{p_0}\right]^2 \mathrm{e}^{-x^2}\mathrm{d}x. \tag{7.20.16}$$

由表 7.20.1 所给的参数，可知 $p_0/(2m^* kT)^{\frac{1}{2}}\gg 1$，此外，上式的积分中含有 e^{-x^2}，当 x 大时很快衰减. 故积分下限可近似代之以 $-\infty$，于是上式中的积分化为

$$\int_{-\infty}^{\infty}\left[1 + \frac{2}{p_0}(2m^* kT)^{1/2}x + \frac{2m^* kT}{p_0^2}x^2\right]\mathrm{e}^{-x^2}\mathrm{d}x \approx \int_{-\infty}^{\infty}\mathrm{e}^{-x^2}\mathrm{d}x = \sqrt{\pi},$$

其中，略去[…]中的 x^2 项是因为 $p_0^2\gg 2m^* kT$，而略去其中的 x 项则因在对称区间上积分为零. 最后得

$$\ln\Xi_{\mathrm{r}} \approx \frac{4\pi p_0^2 V}{h^3}(2\pi m^* kT)^{1/2}\mathrm{e}^{-\Delta/kT}. \tag{7.20.17}$$

旋子总数的平均值为

$$\begin{aligned}\bar{N}_{\mathrm{r}} &= \sum_{\lambda}\bar{a}_{\lambda} = \sum_{\lambda}g_{\lambda}\mathrm{e}^{-\beta\varepsilon_{\lambda}} \\ &= \frac{4\pi V}{h^3}\int_0^{\infty}\exp\left\{-\left[\Delta+\frac{(p-p_0)^2}{2m^*}\right]\Big/kT\right\}p^2\mathrm{d}p \\ &= \ln\Xi_{\mathrm{r}}.\end{aligned} \tag{7.20.18}$$

旋子部分的自由能为(注意 $\mu=0$)

$$F_{\mathrm{r}}=-kT\ln\Xi_{\mathrm{r}}=-\bar{N}_{\mathrm{r}}kT\sim -T^{3/2}\mathrm{e}^{-\Delta/kT}. \tag{7.20.19}$$

熵、内能和热容分别为:

$$S_{\mathrm{r}}=-\left(\frac{\partial F_{\mathrm{r}}}{\partial T}\right)_V=\bar{N}_{\mathrm{r}}k\left\{\frac{3}{2}+\frac{\Delta}{kT}\right\}, \tag{7.20.20}$$

$$\bar{E}_{\mathrm{r}}=F_{\mathrm{r}}+TS_{\mathrm{r}}=\bar{N}_{\mathrm{r}}\left(\Delta+\frac{1}{2}kT\right), \tag{7.20.21}$$

$$(C_V)_{\mathrm{r}}=T\left(\frac{\partial S_{\mathrm{r}}}{\partial T}\right)_V=\bar{N}_{\mathrm{r}}k\left\{\frac{3}{4}+\frac{\Delta}{kT}+\left(\frac{\Delta}{kT}\right)^2\right\}. \tag{7.20.22}$$

注意到 $\bar{N}_{\mathrm{r}}$ 中含有 $\mathrm{e}^{-\Delta/kT}$,故 $(C_V)_{\mathrm{r}}$ 与 S_{r} 在 $T\to 0$ 时以比幂律形式更快的指数形式 $\mathrm{e}^{-\Delta/kT}$ 趋于零.

将声子部分与旋子部分的热力学量相加,即得液 HeⅡ的各热力学量.数值估计表明,当 $T<0.5\,\mathrm{K}$ 时,声子部分占主导地位;而当 $T>1\,\mathrm{K}$ 时,主要贡献来自旋子部分.

习　题

7.1　设有一处于平衡态的孤立系,它由彼此处于热接触的两种定域粒子系统组成.这两个系统彼此之间可以交换能量,但不能交换粒子.令 $\{a_\lambda\}$,$\{a_\lambda'\}$;N,N';E,E' 分别代表两个系统的分布、总粒子数与总能量.试证明两个系统的粒子的最可几分布分别为

$$\tilde{a}_\lambda=g_\lambda\mathrm{e}^{-\alpha-\beta\varepsilon_\lambda},$$

$$\tilde{a}_\lambda'=g_\lambda'\mathrm{e}^{-\alpha'-\beta\varepsilon'_\lambda}.$$

注意两个分布的参数 α 与 α' 不同,但 β 相同.

提示:由于两个系统彼此独立,与分布 $\{a_\lambda\}$ 和 $\{a_\lambda'\}$ 对应的整个系统的微观态数 W_{total} 等于两个系统相应的微观态数 $W(\{a_\lambda\})$ 与 $W'(\{a_\lambda'\})$ 的乘积,即

$$W_{\text{total}}=W(\{a_\lambda\})\cdot W'(\{a_\lambda'\}).$$

又由于 N 与 N' 分别固定,但 $E+E'$ 固定,因而约束条件应为

$$\delta N=0;\quad \delta N'=0;\quad \delta E+\delta E'=0.$$

最后一个约束条件决定了只有一个拉格朗日乘子 β.

顺便指出,根据热力学,两个相互热接触达到平衡的系统必有相同的温度,故 β 必是温度的普适函数("普适"是指与系统的具体性质无关.当然这里还不够普遍,因是限于近独立的定域子系证明的,将来在第八章中可以更普遍地证明).

7.2　设有 N 个可分辨的粒子组成的理想气体,处于体积为 V 的容器内,达到平衡态.

设重力的影响可以忽略. 今考虑 V 内的一个指定的小体积 v.

(1) 证明在体积 v 内找到 m 个粒子的几率遵从二项式分布

$$P_N(m)=\frac{N!}{m!(N-m)!}\left(\frac{v}{V}\right)^m\left(1-\frac{v}{V}\right)^{N-m}.$$

(2) 证明 $P_N(m)$满足归一化条件,即

$$\sum_{m=0}^{N}P_N(m)=1.$$

提示:利用二项式展开 $(x+y)^N=\sum\limits_{m=0}^{N}\frac{N!}{m!(N-m)!}x^m y^{N-m}$.

(3) 直接用 $P_N(m)$计算 m 的平均值

$$\overline{m}=\sum_{m=0}^{N}mP_N(m),$$

证明 $\overline{m}=\frac{v}{V}N$.

(4) 证明当 $N\gg1, v\ll V$ 时,上述二项式分布化为泊松分布:

$$P_N(m)=\frac{(\overline{m})^m\mathrm{e}^{-\overline{m}}}{m!}.$$

并证明使 $P_N(m)$取极大的 m 值(即 m 的最可几值)$\widetilde{m}=\overline{m}$.

7.3　对于处于平衡态下由近独立的定域子系组成的系统:

(1) 导出能级 ε_λ 的粒子占据数 a_λ 为 $a_\lambda=\widetilde{a}_\lambda+\delta a_\lambda$,即 a_λ 与其最可几值 $\widetilde{a}_\lambda$ 有 δa_λ 的偏差时的几率为

$$P_N(\{\widetilde{a}_\lambda+\delta a_\lambda\})=C\exp\left[-\frac{1}{2}\sum_\lambda\left(\frac{\delta a_\lambda}{\widetilde{a}_\lambda}\right)^2\widetilde{a}_\lambda\right],$$

其中 C 为常数.

(2) 令 $x=\delta a_\lambda/\widetilde{a}_\lambda$,证明上述公式化为

$$P_N(x)=C\mathrm{e}^{-\frac{N}{2}x^2}=\sqrt{\frac{N}{2\pi}}\mathrm{e}^{-\frac{N}{2}x^2},$$

C 由归一化条件 $\int_{-\infty}^{\infty}P_N(x)\mathrm{d}x=1$ 定出.

(3) 若令 $\xi=\sqrt{\frac{N}{2}}x$,则 $P_N(x)$在 $\pm x_0$ 的范围内的积分为

$$\int_{-x_0}^{x_0}P_N(x)\mathrm{d}x=\frac{1}{\sqrt{\pi}}\int_{-\xi_0}^{\xi_0}\mathrm{e}^{-\xi^2}\mathrm{d}\xi\equiv\mathrm{erf}(\xi_0),$$

其中 $\mathrm{erf}(\xi)$是误差函数,它的渐近展开式为

$$\mathrm{erf}(\xi)=1-\frac{\mathrm{e}^{-\xi^2}}{\xi\sqrt{\pi}}\left(1-\frac{1}{2\xi^2}+\frac{1\cdot3}{(2\xi^2)^2}-\frac{1\cdot3\cdot5}{(2\xi^2)^3}+\cdots\right).$$

若取 $N=10^{20}$,相对偏差的范围 $x_0=10^{-5}$,试估计相应的 $\mathrm{erf}(\xi_0)$值,这一结果说明

什么?

7.4　普朗克根据热力学中熵趋于极大与统计物理学中热力学几率取极大一样,是孤立系达到平衡的条件,提出一个基本假设:熵是热力学几率的函数,

$$S=f(W).$$

为了确定 f 函数,考虑由两个独立的系统 1 和系统 2 组成一个复合系统.由热力学知道,复合系统的熵是系统 1 与系统 2 的熵之和(熵的可加性),即

$$S=S_1+S_2.$$

另外,由热力学几率的性质,总的几率是两个独立系统的几率之积,

即
$$W=W_1W_2.$$

因
$$S_1=f(W_1),\quad S_2=f(W_2),\quad S=f(W),$$

故
$$f(W_1W_2)=f(W_1)+f(W_2).$$

这个关系式对任意两个系统都成立,故它必为恒等式.显然,对数函数满足该恒等式,现需证明,要使上式满足,f 函数必须是对数函数(即不仅充分,而且必要).试证明之.(参看主要参考书目[2],p.65.)

7.5　设有 N 个定域粒子组成的系统,粒子之间相互作用很弱,可以忽略.设粒子只有三个非简并能级,能量分别为$-\varepsilon$,0,ε.系统处于平衡态,温度为 T.试求:

(1) $T=0$ 时的熵 S.

(2) S 的最大值.

(3) S 的最小值.

(4) 内能 $\bar{E}$;并求 $T\to 0$ 与 $T\to\infty$的极限.

(5) 热容 $C(T)$;并求 $T\to 0$ 与 $T\to\infty$的极限.

(6) $\int_0^\infty C(T)\,\frac{\mathrm{d}T}{T}$.

7.6　计算爱因斯坦固体模型的熵.

7.7　根据普朗克的热辐射理论,频率为 ν 的振子的配分函数 $Z(\nu)$ 为 $Z(\nu)=(1-\mathrm{e}^{-\beta h\nu})^{-1}$(公式(7.5.22)).又知处在频率间隔$(\nu,\nu+\mathrm{d}\nu)$内的振子自由度数为 $g(\nu)\mathrm{d}\nu=\frac{8\pi V}{c^3}\nu^2\mathrm{d}\nu$.定域子系熵的公式(7.4.15)现在应改为

$$S=k\int_0^\infty g(\nu)\mathrm{d}\nu\left\{\ln Z(\nu)-\beta\frac{\partial}{\partial\beta}\ln Z(\nu)\right\}=k\left(1-\beta\frac{\partial}{\partial\beta}\right)\int_0^\infty g(\nu)\ln Z(\nu)\mathrm{d}\nu,$$

试利用上式求出热辐射的熵.

7.8　自旋为 $\hbar/2$ 的粒子处于磁场 $\mathscr{H}$ 中,粒子的磁矩为 μ,磁矩与磁场方向平行或反平行所相应的能量分别为$-\mu\mathscr{H}$与 $\mu\mathscr{H}$.今设有 N 个这样的定域粒子处于磁场 $\mathscr{H}$ 中,整个系统处于温度为 T 的平衡态,粒子之间的相互作用很弱,可以忽略.

(1) 求子系的配分函数 Z.

(2) 求系统的自由能 F,熵 S,内能 $\bar{E}$,和热容 $C_{\mathscr{H}}$.

(3) 证明总磁矩的平均值为 $\overline{\mathscr{M}} = N\mu\tanh\left(\frac{\mu\mathscr{H}}{kT}\right)$.

(4) 证明在高温弱场下，亦即$\frac{\mu\mathscr{H}}{kT}\ll 1$时：$\overline{\mathscr{M}} = \frac{N\mu^2}{kT}\mathscr{H}$；磁化率 $\chi = \frac{\partial(\overline{\mathscr{M}}/V)}{\partial\mathscr{H}} = \frac{n\mu^2}{kT}$. 在低温强场下，亦即$\frac{\mu\mathscr{H}}{kT}\gg 1$时：$\overline{\mathscr{M}} = N\mu$；$\chi = 0$.

(5) 以$\frac{S}{Nk}$，$\frac{\bar{E}}{N\mu\mathscr{H}}$，$\frac{\overline{\mathscr{M}}}{N\mu}$，$\frac{C_{\mathscr{H}}}{Nk}$为纵坐标，以$\frac{kT}{\mu\mathscr{H}}$为横坐标，在$\frac{kT}{\mu\mathscr{H}}$从 0 到 6 的范围内，取 0.5 为间隔作图，从中可以看出诸量的变化行为.

7.9　N 个原子在空间规则地排列起来形成点阵结构(理想晶体). 由于热涨落，原子可以离开原来的点阵位置进入点阵的间隙位置，这种**空位-间隙原子**称为**弗仑克尔**(Frenkel)**缺陷**(见题图 7.9).

令 w 代表将原子从原来的位置移到间隙位置所需要的能量，当 $kT\ll w$ 时，缺陷数 n 满足 $1\ll n\ll N$，因而缺陷之间的相互影响可以忽略. 原子可以进入的间隙位置数 N' 和 N 有相同的量级. 试证明在温度 T 满足 $kT\ll w$ 的平衡态下，缺陷的平均数 n 满足下列关系：

$$\frac{n^2}{(N-n)(N'-n)} = \mathrm{e}^{-w/kT},$$

或

$$n \approx \sqrt{NN'}\,\mathrm{e}^{-w/2kT}.$$

提示：先利用玻尔兹曼关系 $S(n) = k\ln W(n)$ 求有 n 个缺陷时的熵，其中 $W(n)$ 代表从 N 个点阵位置移下 n 个原子并把它们分配到 N' 个间隙位置中的 n 个位置上的不同方式数.

有 n 个缺陷，自由能 $F(n) = E(n) - TS(n) = nw - TS(n)$，再由自由能极小的条件，即

$$\left(\frac{\partial F(n)}{\partial n}\right)_T = 0$$

导出使 F 取极小的缺陷数 n，它代表一定温度 T 的平衡态的平均缺陷数.

本题是综合应用热力学与统计物理学的一个例子.

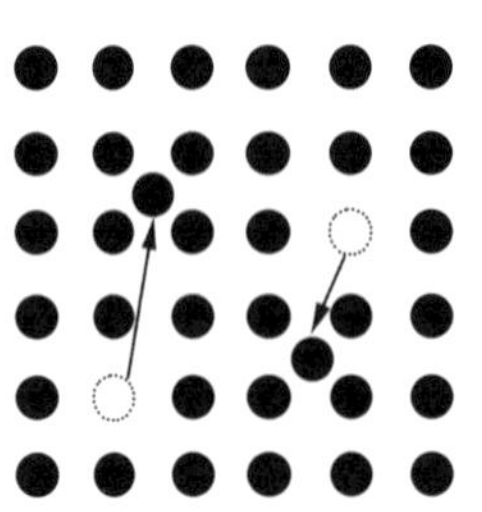

题图 7.9　弗仑克尔缺陷示意

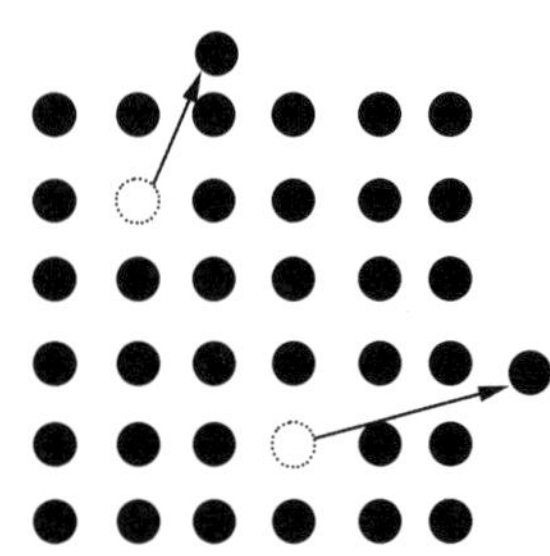

题图 7.10　肖特基缺陷示意

7.10　如图，在有 N 个原子的理想晶体中，如果把 n 个原子($1\ll n\ll N$)从晶体内部的

点阵位置上移到晶体表面的点阵位置上，从而形成具有 n 个**肖特基**(Schottky)**缺陷**的非理想晶体. 令 w 代表把一个原子从晶体内部的点阵位置移到晶体表面所需的能量. 试用求解题 7.9 相同的方法，证明在 $kT \ll w$ 的温度下，平衡态 n 的平均值满足

$$\frac{n}{N+n} = \mathrm{e}^{-w/kT}$$

或

$$n \approx N\mathrm{e}^{-w/kT}.$$

提示：把 n 个原子移到晶体表面的点阵位置上，相当于在 $N+n$ 个点阵位置上分配 n 个空位的不同方式数.

7.11 试根据麦克斯韦速度分布律求两个分子的相对速度 $\boldsymbol{v}_{\mathrm{r}} = \boldsymbol{v}_2 - \boldsymbol{v}_1$ 和相对速率 $v_{\mathrm{r}} = |\boldsymbol{v}_{\mathrm{r}}|$ 的分布，并求相对速率的平均值 $\bar{v}_{\mathrm{r}}$.

7.12 设容器内的理想气体处于平衡态，并满足经典极限条件，试证明单位时间内碰到器壁单位面积上的平均分子数为

$$\Gamma = \frac{1}{4}n\bar{v},$$

其中 n 为气体分子的数密度，$\bar{v}$ 为平均速率.

7.13 设容器内的理想气体处于平衡态，并满足经典极限条件，今在容器壁上开一小孔，分子将从小孔中跑出. 试求跑出的分子束中，分子的平均速率 $\bar{v}_{出}$ 和平均动能 $\bar{\varepsilon}_{出}$. 并与容器内分子相应的 $\bar{v}$ 与 $\bar{\varepsilon}$ 比较，结果说明了什么？

7.14 有一单原子分子理想气体与一吸附面接触，被吸附分子与外部气体分子相比，其能量中多一项吸引势能 $-\phi$. 设被吸附的分子可以在吸附面上自由运动，形成二维理想气体，又设外部气体与被吸附的二维气体均满足经典极限条件. 已知外部气体的温度为 T，压强为 p. 试求这两部分气体达到平衡时，二维气体单位面积内的分子数.

提示：二维气体与外部气体可以看成两个不同的相，利用相变平衡条件.

7.15 有一双原子分子理想气体，设分子具有电偶极矩 $\boldsymbol{d}_0$，它在电场 $\vec{\mathscr{E}}$（$\vec{\mathscr{E}}$ 的方向取为 z 轴）中的转动能的经典表达式为

$$\varepsilon^{\mathrm{r}} = \frac{1}{2I}\left(p_\theta^2 + \frac{1}{\sin^2\theta}p_\varphi^2\right) - d_0\mathscr{E}\cos\theta,$$

其中 θ 为偶极矩 $\boldsymbol{d}_0$ 与电场 $\vec{\mathscr{E}}$ 之间的夹角. 当温度不太低时，该气体满足经典极限条件.

(1) 求分子质心速度的 x 分量处在 v_x 与 $v_x + \mathrm{d}v_x$ 之间的几率.

(2) 求分子的偶极矩 $\boldsymbol{d}_0$ 与电场 $\vec{\mathscr{E}}$ 之间的夹角处于 θ 与 $\theta + \mathrm{d}\theta$ 之间的几率.

(3) 证明气体的极化强度等于

$$\mathscr{P} = nd_0\overline{\cos\theta} = nd_0\left(\frac{\mathrm{e}^x + \mathrm{e}^{-x}}{\mathrm{e}^x - \mathrm{e}^{-x}} - \frac{1}{x}\right),$$

其中 n 为单位体积内的分子数，$x=\beta d_0\mathscr{E}=d_0\mathscr{E}/kT$.

(4) 证明转动配分函数为

$$Z^{\mathrm{r}}=\frac{8\pi^2 I}{h^2\beta}\frac{\sinh(\beta d_0\mathscr{E})}{\beta d_0\mathscr{E}}.$$

(5) 证明极化强度 $\mathscr{P}$ 可以表为

$$\mathscr{P}=\frac{n}{\beta}\frac{\partial}{\partial\mathscr{E}}\ln Z^{\mathrm{r}},$$

并由此求得与(3)相同的结果.

(6) 当 $x\ll 1$ 时(即弱场、高温)，证明

$$\mathscr{P}=\chi\mathscr{E},\quad \chi=\frac{nd_0^2}{3kT},$$

χ 为极化率.

7.16 气体混合的熵与吉布斯佯谬的解决.

设初态(以 i 表示) 为两种单原子分子理想气体分别处于由隔板分开的容器的两部分中，容器与外界隔绝. 两部分气体有相同的温度和压强，总分子数和体积分别为 N_1，V_1 与 N_2，V_2.

(1) 已知末态为将隔板抽出，两部分气体混合后达到的平衡态(以 f 表示). 计算熵变 $\Delta S=S_{\mathrm{f}}-S_{\mathrm{i}}$，并证明 $\Delta S>0$.

(2) 若两部分气体是同一种气体，证明 $\Delta S=0$.

7.17 粒子的态密度 $D(\varepsilon)$定义为：$D(\varepsilon)\mathrm{d}\varepsilon$ 代表粒子的能量处于 ε 与 $\varepsilon+\mathrm{d}\varepsilon$ 之间的量子态数(见 §7.15). 这里只考虑粒子的平动自由度所对应的态密度.

(1) 设粒子的能谱(即能量与动量的关系)是非相对论性的，试分别对下列三种空间维数，求相应的态密度 $D(\varepsilon)$：

(a) 粒子局限在体积为 V 的三维空间内运动，

$$\varepsilon=\frac{1}{2m}(p_x^2+p_y^2+p_z^2);$$

(b) 粒子局限在面积为 A 的二维平面内运动，

$$\varepsilon=\frac{1}{2m}(p_x^2+p_y^2);$$

(c) 粒子局限在长度为 L 的一维空间内运动，

$$\varepsilon=\frac{p_x^2}{2m}.$$

(2) 设粒子的能谱是极端相对论性的，即 $\varepsilon=cp$，$p=|\boldsymbol{p}|$，试对空间维数分别为三维、二维、一维三种情况，求相应的 $D(\varepsilon)$.

在完成计算后，读者可以列表小结一下，从中可以看出 $D(\varepsilon)$ 与粒子能谱及空间维数的关系.

7.18　证明：

(1) 若粒子平动能谱是非相对论性的，则 $pV=\frac{2}{3}\bar{E}$；

(2) 若粒子平动能谱是极端相对论性的，则 $pV=\frac{1}{3}\bar{E}$.

以上结论对理想玻色气体和理想费米气体均成立(当然对满足非简并条件下的理想气体也成立).

7.19　设有 N 个相同的近独立的粒子组成的系统，处于平衡态.

(1) 若粒子是定域的，证明其熵可表达为

$$S=-k\sum_s\{f_s\ln f_s-f_s\}+k\ln N!,$$

其中 $f_s=\mathrm{e}^{-\alpha-\beta\varepsilon_s}=\frac{N}{Z}\mathrm{e}^{-\beta\varepsilon_s}$ 代表粒子在其量子态 s 上的平均占据数，$\sum_s$ 是对粒子的所有量子态求和.

并证明上式与定域子系熵的另外两个表达式(7.4.15)及(7.4.19)相等.

(2) 若粒子是非定域的，证明其熵可表达为

$$S=-k\sum_s\{f_s\ln f_s-\eta(1+\eta f_s)\ln(1+\eta f_s)\},$$

其中 $f_s=(\mathrm{e}^{\alpha+\beta\varepsilon_s}-\eta)^{-1}$ 代表粒子在其量子态 s 上的平均占据数，$\eta=+1$ 代表玻色子，$\eta=-1$ 代表费米子.

并证明上式与理想玻色气体及理想费米气体的熵的另外两个表达式(7.10.13)及(7.10.33)相等.

(3) 当非定域子系满足非简并条件时，即 $\mathrm{e}^{\alpha}\gg 1$，或 $f_s\ll 1$，证明(2)中的公式化为

$$S=-k\sum_s\{f_s\ln f_s-f_s\}.$$

上式对玻色子与费米子无区别.

7.20　吸附在石墨表面的氦(^{4}He)原子，由于吸附率低，被吸附的氦原子的数密度 n 也低($n=N/A$，N 为被吸附的总原子数，A 为吸附面的面积)，可以近似看成在平面面积 A 中均匀的二维理想玻色气体.

(1) 设氦原子的能量遵从经典表达式 $\varepsilon=\frac{1}{2m}(p_x^2+p_y^2)$，试计算二维运动粒子的态密度 $D(\varepsilon)$.

(2) 证明总粒子数可表为

$$N=-\frac{A}{\lambda_T^2}\ln(1-z)=-\frac{A(2\pi mkT)}{h^2}\ln(1-z),$$

其中 $\lambda_T=h/(2\pi mkT)^{1/2}$ 为粒子的热波长，$z=\mathrm{e}^{-\alpha}=\mathrm{e}^{\beta\mu}$.

(3) 证明

$$z = 1 - \mathrm{e}^{-n\lambda_T^2},$$

$$\mu = kT\ \ln(1 - \mathrm{e}^{-n\lambda_T^2}).$$

从以上两式可以看出，只有当 $T\to 0$，相应地 $\lambda_T\to\infty$ 时，才有 $z\to 1$，或 $\mu\to 0$. 因而对任何非零温度，(2) 中所证明的 N 的表达式都成立.

(4) 证明任何非零温度下，单粒子基态的平均占据数 $\overline{N}_0 \sim O(1)$.

结论：均匀二维理想玻色气体在非零温不可能发生玻色-爱因斯坦凝聚.

7.21　设有 N 个自旋为 0 的全同玻色子组成的理想玻色气体，被约束在三维各向同性谐振子势阱

$$V(x,y,z) = \frac{m\omega^2}{2}(x^2 + y^2 + z^2)$$

中，粒子能量可取值为

$$\varepsilon(n_1,n_2,n_3) = \left(n_1 + \frac{1}{2}\right)\hbar\omega + \left(n_2 + \frac{1}{2}\right)\hbar\omega + \left(n_3 + \frac{1}{2}\right)\hbar\omega,$$

$$n_i = 0,1,2,\cdots \quad (i = 1,2,3),$$

当粒子能量 $\varepsilon \gg \hbar\omega$ 时，n_i 可以当作连续变量，并可忽略零点能. 证明这时粒子的态密度 $D(\varepsilon)$ 为

$$D(\varepsilon) = \frac{\varepsilon^2}{2(\hbar\omega)^3}.$$

提示：仿照§7.5(公式(7.5.8))，先求在能量 0 到 ε 之间粒子量子态总数 $G(\varepsilon)$. 将连续变量 n_i 变到 $\varepsilon_i = n_i\hbar\omega$，所有可以取的量子态应局限于 $\varepsilon = \varepsilon_1 + \varepsilon_2 + \varepsilon_3$ 构成的平面内$\left(\text{因 } \varepsilon_i \geqslant 0\text{，故只计算} \frac{1}{8}\text{象限}\right)$. 于是有

$$G(\varepsilon) = \frac{1}{(\hbar\omega)^3}\int_0^{\varepsilon} \mathrm{d}\varepsilon_1 \int_0^{\varepsilon-\varepsilon_1} \mathrm{d}\varepsilon_2 \int_0^{\varepsilon-\varepsilon_1-\varepsilon_2} \mathrm{d}\varepsilon_3 = \frac{\varepsilon^3}{6(\hbar\omega)^3},$$

再由 $D(\varepsilon) = \dfrac{\mathrm{d}G}{\mathrm{d}\varepsilon}$，即得 $D(\varepsilon)$.

(题 7.21—7.23 可参看 C. J. Pethick & H. Smith, Bose-Einstein Condensation in Dilute Gases, Cambridge University Press, 2002, pp. 18—24.)

7.22　证明题 7.21 所述约束在三维各向同性谐振子势阱中的理想玻色气体的玻色-爱因斯坦凝聚温度 T_c 为

$$kT_c = \frac{\hbar\omega N^{1/3}}{[\zeta(3)]^{1/3}},$$

其中 $\zeta(3) = \dfrac{1}{\Gamma(3)}\displaystyle\int_0^{\infty} \frac{x^2\,\mathrm{d}x}{\mathrm{e}^x - 1}$(见附录 B4).

提示：当粒子总数 $N \gg 1$ 时，粒子的最低能量可取为零(亦即忽略零点能). $T = T_c$ 可以

由全部粒子都处于粒子的激发态$\left(相差 O\left(\frac{1}{N}\right)小量\right)$来确定,即由

$$N=\overline{N}_{\mathrm{exc}}(T_{\mathrm{c}},\mu=0)=\int_0^{\infty}\frac{D(\varepsilon)\mathrm{d}\varepsilon}{\mathrm{e}^{\varepsilon/kT_{\mathrm{c}}}-1},$$

再利用上题求出的态密度 $D(\varepsilon)$,即可求出 kT_{c} 的公式.

7.23 对题 7.21 的系统,当 $T<T_{\mathrm{c}}$ 时,证明全部激发态上占据的粒子总数为

$$\overline{N}_{\mathrm{exc}}=N\left(\frac{T}{T_{\mathrm{c}}}\right)^3,$$

而凝聚在基态上的粒子数为

$$\overline{N}_0=N\left[1-\left(\frac{T}{T_{\mathrm{c}}}\right)^3\right].$$

7.24 设有钠(^{23}Na)原子玻色气体处于谐振子势阱中,势阱三个方向的振荡频率分别为

$$f_1=235\ \mathrm{Hz},\quad f_2=410\ \mathrm{Hz},\quad f_3=745\ \mathrm{Hz}.$$

总原子数 $N=2\times10^6$,忽略原子之间的相互作用.

试利用公式(7.17.12),计算该气体的 BEC 转变温度 T_{c}.

7.25 处理空窖中的平衡热辐射有两种不同的观点,即波的观点(§7.5)与粒子的观点(§7.18).在量子理论的基础上,两种观点都可以得到正确结果.试比较这两种观点在处理上的不同之处,以及两者的对应关系.

7.26 (1) 计算温度为 T 的平衡热辐射中,光子能量处在 ε 与 $\varepsilon+\mathrm{d}\varepsilon$ 之间的平均光子数.

(2) 计算单位体积内的平均光子数,并估计(a) $T=1000$ K,(b) $T=3$ K(相当于宇宙背景辐射)所对应的光子数密度值.

(3) 设空窖有一小孔,计算单位时间内从小孔单位面积辐射出去的光子所携带的能量.

7.27 对理想费米气体:

(1) 利用声速公式 $a^2=\left(\frac{\partial p}{\partial\rho}\right)_s$,证明 $T=0$ K 时的声速为 $a=v_{\mathrm{F}}/\sqrt{3}$,其中 v_{F} 为费米速度($v_{\mathrm{F}}=p_{\mathrm{F}}/m$).

(2) 证明 $T=0$ K 时,等温压缩系数与绝热压缩系数相等,满足 $\kappa_T=\kappa_S=\frac{3}{2}\frac{1}{n\mu_0}$,其中 $\mu_0=\varepsilon_{\mathrm{F}}$ 为费米能,亦即零温下的化学势.

7.28 研究强简并自由电子气体在外磁场 $\mathscr{H}$ 中由于电子自旋引起的顺磁性(泡利顺磁性),可采用半经典近似,即粒子的能量用经典表达式,但分布按费米分布.电子的能量为

$$\varepsilon_p=\frac{p^2}{2m}\mp\mu_{\mathrm{B}}\mathscr{H},$$

其中,$\mu_{\mathrm{B}}=e\hbar/2mc$ 为电子磁矩(玻尔磁子),负号与正号分别对应电子磁矩相对于磁场方向平行(正向)与反平行(反向).在 $T=0$K 时,电子占据的最高能级为费米能级 ε_{F}.正向磁矩的

电子的动能 $p^2/2m$ 的范围是从 0 到 $\varepsilon_F+\mu_B\mathscr{H}$；反向磁矩的电子的动能范围是从 0 到 $\varepsilon_F-\mu_B\mathscr{H}$.

（1）计算 $T=0$K 时，正向与反向磁矩的电子总数 N_+ 与 N_-；

（2）计算弱场（$\mu_B\mathscr{H}\ll\varepsilon_F$）下的总磁矩 M 与总粒子数 N；

（3）求零场磁化率 $\chi\equiv\left.\dfrac{\partial M}{\partial\mathscr{H}}\right|_{\mathscr{H}\to0}$ 及 $\dfrac{\chi}{N}$.

7.29　若粒子能谱是极端相对论性的，试求具有这种能谱的理想费米气体在零温时的费米能，粒子的平均能量和压强.

答：$\varepsilon_F=\left(\dfrac{3n}{8\pi}\right)^{1/3}hc$；$\bar{\varepsilon}=\dfrac{3}{4}\varepsilon_F$；$p=\dfrac{1}{4}n\varepsilon_F$.

7.30　设有局限在二维平面上运动的自由电子气，其单位面积的电子数为 n.

（1）计算 $T=0$ K 时的化学势 μ_0，内能 $\bar{E}_0$ 和压强 p_0.

（2）计算 $T\neq0$ K，但满足 $\dfrac{kT}{\mu_0}\ll1$ 情形下的 $\mu,\bar{E},S$ 和 p.

答：（1）$\mu_0=\varepsilon_F=\dfrac{nh^2}{4\pi m}$；$\bar{E}_0=\dfrac{1}{2}N\mu_0$；$p_0=\dfrac{\bar{E}}{A}=\dfrac{1}{2}n\mu_0$.

（2）$\mu=\mu_0$；$\bar{E}=\dfrac{1}{2}N\mu_0\left[1+\dfrac{\pi^2}{3}\left(\dfrac{kT}{\mu_0}\right)^2\right]$；$S=\dfrac{\pi^2}{3}\left(\dfrac{kT}{\mu_0}\right)Nk$；$p=\dfrac{1}{2}n\mu_0\left[1+\dfrac{\pi^2}{3}\left(\dfrac{kT}{\mu_0}\right)^2\right]$.

7.31　液氦（^{3}He）正常相与固相平衡曲线在低温下的负斜率问题.

在低温下，处于正常相的液 ^{3}He 在加压下可以从液相转变到固相，其独特之处在于：当 $T<0.3$ K 时，两相平衡曲线的 $\dfrac{dp}{dT}<0$（参看图 3.5.3）. 实验测得在 $T=0.1$ K 时，$\dfrac{dp}{dT}=-30$ atm/K. 试用对固相与液相的下述简化模型来解释这一特征.

（1）在固相，^{3}He 原子形成晶体点阵，每一个 ^{3}He 原子的核自旋为 $\dfrac{\hbar}{2}$，忽略自旋之间的相互作用，计算由于核自旋自由度导致的每个原子的熵 $s_{自旋}$.

此外，原子振动对熵也有贡献. 试用德拜理论在低温（$T\ll\theta_D$）下的热容公式（7.6.20），$C_V=3Nk\times\dfrac{4\pi^4}{5}\dfrac{T^3}{\theta_D^3}$，计算每个原子的振动熵 $s_{振动}$. 已知 ^{3}He 晶体的德拜温度为 $\theta_D=16$ K（取自主要参考书目[12]，p. 359）.

证明在 $T=0.1$K 时，$s_{自旋}\gg s_{振动}$，因而原子振动对熵的贡献完全可以忽略，即固相每个原子的熵 $s_s=s_{自旋}+s_{振动}\approx s_{自旋}$.

（2）设液 ^{3}He 可以近似当作强简并理想费米气体，已知每个原子的平均占据体积 $v_l=\dfrac{V}{N}=46\text{Å}^3$，计算其费米温度 T_F（以 K 为单位）.

(3) 求低温($T\ll T_F$)下液 ^{3}He 的热容 C_V.

(4) 利用(3)的结果,计算低温下液相每个原子的熵 s_l,试问哪一个相的熵更高,固相还是液相?

(5) 应用液-固两相平衡的克拉珀龙方程

$$\frac{\mathrm{d}p}{\mathrm{d}T}=\frac{s_l-s_s}{v_l-v_s},$$

其中 v_l 与 v_s 分别代表液相与固相每个原子的平均占据体积,实验测得低温下有 $v_l-v_s=3\text{Å}^3$. 由此及以上求得的相关结果,计算在 $T=0.1$ K 时的$\frac{\mathrm{d}p}{\mathrm{d}T}$值.

(参看主要参考书目[8],p. 308.)

7.32 当温度高达 $kT\sim mc^2$($mc^2\sim0.5$ MeV 为电子的静止质量所对应的能量),可以发生正、负电子对的产生与湮没过程:

$$\mathrm{e}^-+\mathrm{e}^+\longleftrightarrow\gamma\quad(\gamma\text{ 代表一个或几个光子}).$$

这时正、负电子的数目不再是固定不变的,而需由化学平衡条件确定. 由于光子气体的化学势为 0,于是有

$$\mu^-+\mu^+=0.$$

现考虑 $kT\gg mc^2$ 的高温,这时正、负电子将大量产生,以致初始时的 e^- 密度 n_0 可以忽略不计,即

$$n^-=n^++n_0\approx n^+,$$

因而 $\mu^-=\mu^+$(e^- 与 e^+ 具有相同的质量、自旋,它们的化学势只由粒子数密度决定,今 $n^-=n^+$,故 $\mu^-=\mu^+$). 再利用上述化学平衡条件,即得 $\mu^-=\mu^+=0$. 试在上述条件下:

(1) 计算正、负电子数密度 $n^-=n^+=?$

(2) 计算正、负电子的能量密度(即单位体积内的平均能量)$u^-=u^+=?$

(3) 计算正、负电子的能量密度与相同温度下光子能量密度之比.

7.33 在宇宙演化早期的某一阶段,温度高达 5×10^{10}—10^{11} K(kT 相应的能量约为 5—10 MeV,1 eV 相应的温度约为 10^4 K). 这时,除光子(γ)外,凡是静止能量 $mc^2<kT$ 的粒子和反粒子将大量产生,包括电子(e^-)和正电子(e^+),三代中微子(ν_e,ν_μ,ν_τ)和它们的反粒子($\bar{\nu}_e,\bar{\nu}_\mu,\bar{\nu}_\tau$).

由于高温、高密度,粒子之间的碰撞频率极高,远高于因宇宙膨胀导致的温度下降率,这就使这些粒子能保持热平衡,所有粒子具有相同的温度.

由于高温,上述粒子、反粒子对不断大量产生、湮没,粒子数均不守恒,因而上述粒子、反粒子的化学势均近似为零(参看习题 7.32).

由于高温,电子与中微子的静止能量远小于它们的动能,可以忽略. 故像光子一样,这些粒子也满足极端相对论性的色散关系:$\varepsilon=cp$.

由于高温,粒子之间的相互作用能远小于它们的动能,可以忽略,看成理想气体是很好

的近似.

总结一下,我们要处理的是处于平衡态下的理想玻色气体(光子)和理想费米气体(电子、中微子),它们的化学势均为零,色散关系均为 $\varepsilon=cp$.

(1) 已知各种粒子的自旋简并为:

光子:$g_s=2$;电子、正电子:$g_s=2$;中微子(左手螺旋)、反中微子(右手螺旋):$g_s=1$. 利用习题 7.17(2),写出各种粒子的态密度.

(2) 令 n,u,p,s 分别代表某一种粒子的数密度、内能密度、压强和熵密度.

证明:

$$n=\frac{g_s}{2\pi^2}\left(\frac{kT}{\hbar c}\right)^3\int_0^\infty\frac{x^2\mathrm{d}x}{\mathrm{e}^x\pm1},$$

$$u=\frac{g_s}{2\pi^2}\frac{(kT)^4}{(\hbar c)^3}\int_0^\infty\frac{x^3\mathrm{d}x}{\mathrm{e}^x\pm1},$$

$$p=\frac{g_s}{6\pi^2}\frac{(kT)^4}{(\hbar c)^3}\int_0^\infty\frac{x^3\mathrm{d}x}{\mathrm{e}^x\pm1},$$

$$s=k\frac{2g_s}{3\pi^2}\left(\frac{kT}{\hbar c}\right)^3\int_0^\infty\frac{x^3\mathrm{d}x}{\mathrm{e}^x\pm1}.$$

其中"+"号代表费米子(电子、中微子),"−"号代表玻色子(光子).

(3) 令 n_e 与 u_e 分别代表正、负电子的数密度之和与内能密度之和;n_ν 和 u_ν 分别代表三代中微子及反中微子的数密度之和与内能密度之和;n_γ 和 u_γ 代表光子的数密度与内能密度之和. 证明:

$$n_e:n_\nu:n_\gamma=\frac{3}{2}:\frac{9}{4}:1,$$

$$u_e:u_\nu:u_\gamma=\frac{7}{4}:\frac{21}{8}:1.$$

(4) 令 n_t,u_t,p_t 和 s_t 分别代表所有上述粒子(电子、中微子、光子)相应各量之和. 证明:

$$\frac{n_t}{n_\gamma}=\frac{19}{4},\quad \frac{u_t}{u_\gamma}=\frac{p_t}{p_\gamma}=\frac{s_t}{s_\gamma}=\frac{43}{8}.$$

(参看主要参考书目[7],pp. 282—285.)

7.34 按照牛顿力学,一物体从质量为 M,半径为 R 的球形星体的逃逸速度 v_E 可以由物体的动能等于引力势能而得出:$v_E=\sqrt{\dfrac{2GM}{R}}$,其中 G 为引力常数. 若令光微粒的动能为 $\dfrac{1}{2}mc^2$,则光微粒不能逃逸出星体的条件是该星体的质量 $M>c^2R/2G$. 这个结果是 18 世纪末由约翰·米歇尔(John Michell,英国)和拉普拉斯(P. S. Laplace,法国)导出的. 当时称之为暗星,其半径为 $R=2GM/c^2$. 虽然推导所依据的两条(牛顿力学与光微粒的动能公式)都不对,但其结果与相对论的结果一致. 1939 年,奥本海默(Oppenheimer)应用广义相对论导出了与上式相同的结果,后来惠勒(Wheeler)于 1969 年将其命名为黑洞,上式也就是黑洞的半径.

按照贝肯斯坦(Bekenstein)与霍金(Hawking),黑洞的熵正比于其面积 A:$S=\dfrac{kc^3}{4G\hbar}A$.试问:

(1) 当两个质量同为 M 的球形黑洞坍缩成一个黑洞时,其熵是增加还是减少?

(2) 黑洞的内能由爱因斯坦关系 $E=Mc^2$ 给出.试应用热力学公式,导出黑洞的温度 T 与其质量 M 的关系.

(3) 设有一黑洞的温度为 2.7 K(现在宇宙背景辐射的温度),试估算该黑洞的质量.

(参看主要参考书目[8],pp. 289—291.)

7.35　铁磁固体低温下的元激发称为自旋波或磁波子(magnon),它是一种玻色型的元激发(或准粒子),其能谱为

$$\varepsilon = \alpha p^{\gamma},$$

其中 $p=|\boldsymbol{p}|$,α 和 γ 均为常数.

(1) 求这种准粒子的态密度 $D(\varepsilon)$;

(2) 已知在足够低的温度下(使$\dfrac{\varepsilon_{\max}}{kT}\gg 1$,$\varepsilon_{\max}$是类似德拜频率的截止能量,它决定了准粒子的总自由度数,此处无需知道细节),热容 $C\sim T^{3/2}$.试由此确定 γ.

第八章　统计系综理论

本章介绍平衡态的普遍统计理论——统计系综理论,它适用于任何多粒子系统,包括粒子之间的相互作用起重要作用的情形,例如稠密气体、液体、相变和临界现象等.

历史上,统计系综的概念最早是由玻尔兹曼提出的.以后,吉布斯建立了经典统计系综完整的理论表述.在量子力学建立后,经过泡利、冯·诺依曼(von Neumann)、狄拉克、克拉默斯(Kramers)和朗道等人的努力,建立起以量子力学为基础的量子统计系综理论.可以证明,经典统计系综理论是量子统计系综理论在经典极限下的结果.

本章主要介绍经典统计系综理论的基本概念和简单应用.

§8.1　经典统计系综的概念

在§6.1中我们已经介绍过以经典力学为基础对系统微观状态的普遍描写,这里再简单回顾一下.

对于自由度为 s 的力学系统,其微观状态用 $2s$ 个变量,即 s 个广义坐标与 s 个广义动量描写:

$$q_1,\cdots,q_s,p_1,\cdots,p_s.$$

系统的某一个确定的微观状态对应于相空间中的一个点(称为**代表点**).系统微观状态随时间的变化遵从正则运动方程:

$$\begin{cases}\dot{q}_i=\dfrac{\partial H}{\partial p_i},\\[2ex]\dot{p}_i=-\dfrac{\partial H}{\partial q_i}\end{cases}\qquad(i=1,2,\cdots,s),\tag{8.1.1}$$

其中 $H=H(q_1,\cdots,q_s,p_1,\cdots,p_s)$ 为系统的哈密顿量. H 除依赖于 $(q_1,\cdots,p_s)$ 以外,还可以依赖于若干外参量,例如体积和电磁场等(此处为了简单,暂时省去不写). $(q_1,\cdots,q_s,p_1,\cdots,p_s)$ 决定代表点在相空间中的位置,而 $(\dot{q}_1,\cdots,\dot{q}_s,\dot{p}_1,\cdots,\dot{p}_s)$ 是代表点在相空间中的运动速度.由方程(8.1.1)决定的系统微观状态随时间的变化在相空间中所描出的轨迹称为**相轨道**.对于保守力学系统,即 H 不显含时间的情形, H 及其微商是 $(q_1,\cdots,p_s)$ 的单值函数.注意到相轨道的运动方向完全由 $(\dot{q}_1,\cdots,\dot{p}_s)$ 决定,因此,经过相空间中任何一点只能有一条相轨道.换句话说,在相空间中,由不同初态出发的相轨道彼此之间不可能相交.

相空间是一个高维空间,无法直接画出,图8.1.1是它的示意表示,其中以坐标轴 q, p

分别代表所有 s 个广义坐标和 s 个广义动量，图中用“·”表示某一代表点，曲线表示相轨道，“□”代表相体元 $\mathrm{d}\Omega=\mathrm{d}q_1\cdots\mathrm{d}q_s\mathrm{d}p_1\cdots\mathrm{d}p_s$，即微观状态的微小范围.

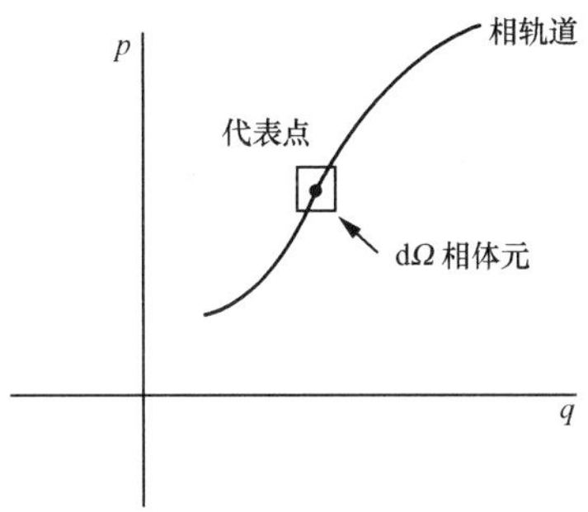

图 8.1.1 相空间、代表点与相体元

在§6.2中已经指出，对于由大量粒子组成的系统，其宏观状态与微观状态之间的联系遵从统计规律.一个确定的宏观状态对应的微观状态数目极其巨大，在一定的宏观状态下，并不能确定地知道某一时刻某一微观状态是否出现，但某一微观状态出现的几率是确定的.由此，可令

$$\rho(q_1,\cdots,q_s,p_1,\cdots,p_s,t)\mathrm{d}q_1\cdots\mathrm{d}q_s\mathrm{d}p_1\cdots\mathrm{d}p_s=\rho(q_1,\cdots,p_s,t)\mathrm{d}\Omega \tag{8.1.2}$$

代表 t 时刻系统的微观状态处于 $\mathrm{d}\Omega$ 内的几率.其中 ρ 称为系统微观状态的几率分布函数或**几率密度**，它依赖于系统的微观状态，一般而言还与时间有关(本节的讨论不限于平衡态)，并满足归一化条件：

$$\int\rho(q_1,\cdots,p_s,t)\mathrm{d}\Omega=\int\rho\mathrm{d}\Omega=1. \tag{8.1.3}$$

统计物理学的基本观点认为力学量的宏观观测值等于相应微观量对微观状态的统计平均值.令 $O=O(q_1,\cdots,p_s)$ 代表任一力学量，于是有 $O_{\text{宏观观测值}}=\bar{O}$，而 $\bar{O}$ 由下式给出：

$$\bar{O}=\int O(q_1,\cdots,p_s)\rho(q_1,\cdots,p_s,t)\mathrm{d}\Omega. \tag{8.1.4}$$

不同微观状态在统计平均中的贡献由几率分布函数体现，从(8.1.4)可以清楚地看出，要想计算统计平均值 $\bar{O}$，必须知道几率分布函数 ρ.为此，引入统计系综是有益的.

设想在一定的宏观条件下，系统所有可能的微观状态的总数为 $\mathcal{N}$(小心不要与系统所包含的粒子总数 N 相混淆.$\mathcal{N}$ 是一个极大的数，在经典统计中为 ∞).令 $\tilde{\rho}\mathrm{d}\Omega$ 代表微观状态处于 $\mathrm{d}\Omega$ 内的态的数目，显然有

$$\int\tilde{\rho}\mathrm{d}\Omega=\mathcal{N},$$

而几率应正比于 $\tilde{\rho}\mathrm{d}\Omega$，即

$$\rho\mathrm{d}\Omega=\tilde{\rho}\mathrm{d}\Omega\Big/\int\tilde{\rho}\mathrm{d}\Omega\propto\tilde{\rho}\mathrm{d}\Omega. \tag{8.1.5}$$

现在,让我们换一种方式来表达:把系统的**每一个微观状态假想成一个**处于该微观状态下的**系统**.由此,$\mathcal{N}$个微观状态就对应于$\mathcal{N}$个假想的系统,它们各自处在相应的微观状态,微观状态处于 $\mathrm{d}\Omega$ 内的系统数为 $\tilde{\rho}\,\mathrm{d}\Omega$.这个假想的系统的集合就称为**统计系综**,或简称为**系综**.我们把上面的叙述概括为下面的定义:

系综是假想的、和所研究的系统性质完全相同的、彼此独立、各自处于某一微观状态的大量系统的集合.

简单地说,系综是所研究的系统在一定宏观条件下的各种可能的微观状态的"化身".引入系综后,$\tilde{\rho}\,\mathrm{d}\Omega$ 可以解释成系综里微观状态处于 $\mathrm{d}\Omega$ 内的系统数目,它也对应于相空间中相体元 $\mathrm{d}\Omega$ 内的代表点数,而 $\tilde{\rho}$ 则是相空间中代表点密度.这样一来,力学量对微观状态的统计平均可以完全等价地解释成对系综的平均.

系综的引入并没有带来任何新的物理,但在下一节中我们将看到,引入系综对确定 ρ 是有益的.

§8.2　刘维尔定理

刘维尔(Liouville)定理是关于系综几率密度 $\rho(q_1,\cdots,p_s,t)$随时间演化所满足的方程.由于几率密度 $\rho(q_1,\cdots,p_s,t)$与代表点密度 $\tilde{\rho}(q_1,\cdots,p_s,t)$成正比,直接考查代表点密度 $\tilde{\rho}$ 更方便.

设 t 时刻,在相空间某处相体元 $\mathrm{d}\Omega$ 内的一群代表点,其密度为 $\tilde{\rho}(q_1,\cdots,p_s,t)$.当时间变到 $t+\mathrm{d}t$ 时,这群代表点沿着由正则运动方程所规定的轨道各自独立地运动:

$$t \longrightarrow t+\mathrm{d}t,$$

$$q_i(t) \longrightarrow q_i(t+\mathrm{d}t) = q_i + \dot{q}_i\mathrm{d}t,$$

$$p_i(t) \longrightarrow p_i(t+\mathrm{d}t) = p_i + \dot{p}_i\mathrm{d}t,$$

如图 8.2.1.这群代表点从相空间原来的区域 $\mathrm{d}\Omega$,移动到另一区域 $\mathrm{d}\Omega'$,后一处的密度为

$$\tilde{\rho}(q_1+\dot{q}_1\mathrm{d}t,\cdots,p_s+\dot{p}_s\mathrm{d}t,t+\mathrm{d}t),$$

$t+\mathrm{d}t$ 与 t 时刻这两处的密度之差为

$$\begin{aligned}\mathrm{d}\tilde{\rho} &= \tilde{\rho}(q_1+\dot{q}_1\mathrm{d}t,\cdots,p_s+\dot{p}_s\mathrm{d}t,t+\mathrm{d}t) - \tilde{\rho}(q_1,\cdots,p_s,t)\\ &= \frac{\partial\tilde{\rho}}{\partial t}\mathrm{d}t + \sum_i\left\{\frac{\partial\tilde{\rho}}{\partial q_i}\dot{q}_i + \frac{\partial\tilde{\rho}}{\partial p_i}\dot{p}_i\right\}\mathrm{d}t,\end{aligned} \tag{8.2.1}$$

即有

$$\frac{\mathrm{d}\tilde{\rho}}{\mathrm{d}t} = \frac{\partial\tilde{\rho}}{\partial t} + \sum_i\left\{\frac{\partial\tilde{\rho}}{\partial q_i}\dot{q}_i + \frac{\partial\tilde{\rho}}{\partial p_i}\dot{p}_i\right\}. \tag{8.2.2}$$

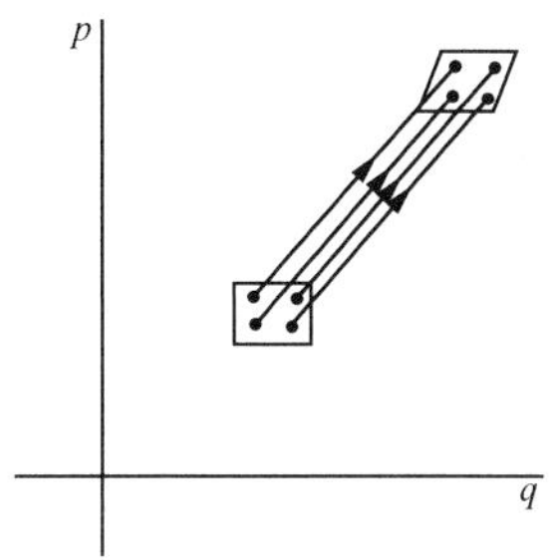

图 8.2.1 系综中一群代表点在相空间中的时间演化(示意图)

刘维尔定理可以表述为：**系综的几率密度(或代表点密度)在运动中不变**，即

$$\frac{\mathrm{d}\rho}{\mathrm{d}t} = 0, \tag{8.2.3a}$$

或

$$\frac{\mathrm{d}\tilde{\rho}}{\mathrm{d}t} = 0. \tag{8.2.3b}$$

式中的"$\frac{\mathrm{d}}{\mathrm{d}t}$"代表"跟着代表点一起运动"去观察的时间变化率. 刘维尔定理告诉我们，在相空间运动中代表点的密度不变：既不会变得更密集，也不会变得更稀疏.

下面来证明刘维尔定理. 首先计算方程(8.2.2)右边的第一项$\frac{\partial \tilde{\rho}}{\partial t}$，它代表固定地点代表点密度的时间变化率. 为此，考查相空间中固定体元 $\mathrm{d}\Omega$ 内代表点数在 $\mathrm{d}t$ 时间内的变化，这个变化是由于代表点的运动引起的：原来不在 $\mathrm{d}\Omega$ 内的一些代表点，经过 $\mathrm{d}t$ 时间流入了 $\mathrm{d}\Omega$；而原来在 $\mathrm{d}\Omega$ 内的一些代表点流出了 $\mathrm{d}\Omega$. 故 $\mathrm{d}t$ 时间内 $\mathrm{d}\Omega$ 内代表点的增加数为

$$\frac{\partial \tilde{\rho}}{\partial t}\mathrm{d}t\mathrm{d}\Omega = \mathrm{d}t \text{ 时间内通过 } \mathrm{d}\Omega \text{ 界面净流入的代表点数}.$$

注意到相体元 $\mathrm{d}\Omega = \mathrm{d}q_1\cdots\mathrm{d}q_s\mathrm{d}p_1\cdots\mathrm{d}p_s$ 是由 $2s$ 对平面

$$\begin{cases} q_i \text{ 与 } q_i + \mathrm{d}q_i, \\ p_i \text{ 与 } p_i + \mathrm{d}p_i \end{cases} \quad (i = 1,2,\cdots,s)$$

构成的. 先考虑任一对平面，比如 q_i 与 $q_i + \mathrm{d}q_i$. 图 8.2.2 示意地表示出 $\mathrm{d}t$ 时间内通过 q_i 处的 $\mathrm{d}A$ 平面流入 $\mathrm{d}\Omega = \mathrm{d}q_i\mathrm{d}A$ 的代表点，它们必定处于一个柱体内(图中阴影区)，柱体的底是 $\mathrm{d}A$($\mathrm{d}A = \mathrm{d}q_1\cdots\mathrm{d}q_{i-1}\mathrm{d}q_{i+1}\cdots\mathrm{d}q_s\mathrm{d}p_1\cdots\mathrm{d}p_s$)，高为 $\dot{q}_i\mathrm{d}t$，柱体内所包含的代表点数为

$$\tilde{\rho}\dot{q}_i\mathrm{d}t\mathrm{d}A. \tag{8.2.4a}$$

另外，从 $q_i + \mathrm{d}q_i$ 处的 $\mathrm{d}A$ 平面流出的代表点数为(注意取 $q_i + \mathrm{d}q_i$ 处的值)：

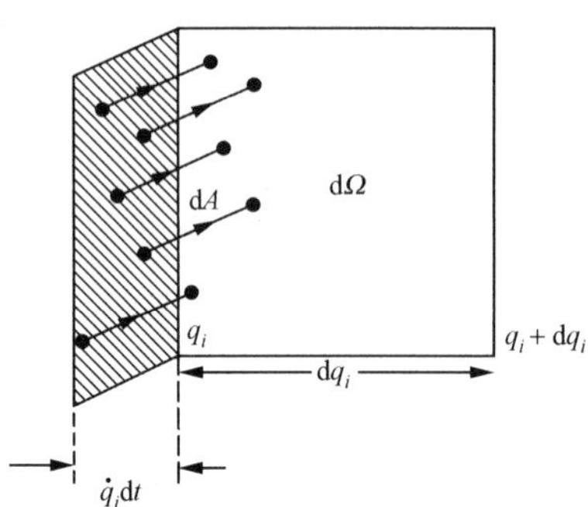

图 8.2.2 图中箭头表示代表点速度的方向，$\dot{q}_i$ 是速度在 q_i 方向的投影

$$(\tilde{\rho}\dot{q}_i)\big|_{q_i+\mathrm{d}q_i}\mathrm{d}t\mathrm{d}A=\left[(\tilde{\rho}\dot{q}_i)\Big|_{q_i}+\frac{\partial(\tilde{\rho}\dot{q}_i)}{\partial q_i}\Big|_{q_i}\mathrm{d}q_i\right]\mathrm{d}t\mathrm{d}A. \tag{8.2.4b}$$

将(8.2.4a)与(8.2.4b)相减，即得 $\mathrm{d}t$ 时间内通过这一对平面净流入 $\mathrm{d}\Omega$ 的代表点数，它等于

$$-\frac{\partial(\tilde{\rho}\dot{q}_i)}{\partial q_i}\mathrm{d}t\mathrm{d}\Omega. \tag{8.2.5a}$$

由于在相空间描述中，q_i 与 p_i 的地位是完全等价的，因此完全类似地可以求得通过 p_i 与 $p_i+\mathrm{d}p_i$ 这一对平面净流入 $\mathrm{d}\Omega$ 的代表点数为

$$-\frac{\partial(\tilde{\rho}\dot{p}_i)}{\partial p_i}\mathrm{d}t\mathrm{d}\Omega. \tag{8.2.5b}$$

再对一切 i 求和，即得

$$\frac{\partial\tilde{\rho}}{\partial t}\mathrm{d}t\mathrm{d}\Omega=-\sum_i\left\{\frac{\partial(\tilde{\rho}\dot{q}_i)}{\partial q_i}+\frac{\partial(\tilde{\rho}\dot{p}_i)}{\partial p_i}\right\}\mathrm{d}t\mathrm{d}\Omega,$$

亦即

$$\frac{\partial\tilde{\rho}}{\partial t}=-\sum_i\left\{\frac{\partial(\tilde{\rho}\dot{q}_i)}{\partial q_i}+\frac{\partial(\tilde{\rho}\dot{p}_i)}{\partial p_i}\right\}. \tag{8.2.6}$$

(8.2.6)还可以改写成熟悉的形式，引入

$$\nabla\equiv\left(\frac{\partial}{\partial q_1},\cdots,\frac{\partial}{\partial q_s},\frac{\partial}{\partial p_1},\cdots,\frac{\partial}{\partial p_s}\right), \tag{8.2.7}$$

$$\boldsymbol{v}\equiv(\dot{q}_1,\cdots,\dot{q}_s,\dot{p}_1,\cdots,\dot{p}_s), \tag{8.2.8}$$

∇为 $2s$ 维相空间的梯度算符，$\boldsymbol{v}$ 为代表点在相空间的速度，则(8.2.6)式可改写为

$$\frac{\partial\tilde{\rho}}{\partial t}+\nabla\cdot(\tilde{\rho}\,\boldsymbol{v})=0. \tag{8.2.9}$$

上式具有连续性方程的形式，它表示代表点数守恒.

将(8.2.6)代入(8.2.2),得

$$\frac{\mathrm{d}\tilde{\rho}}{\mathrm{d}t}=-\tilde{\rho}\sum_i\left\{\frac{\partial\dot{q}_i}{\partial q_i}+\frac{\partial\dot{p}_i}{\partial p_i}\right\},$$

再利用正则运动方程,则得

$$\frac{\mathrm{d}\tilde{\rho}}{\mathrm{d}t}=-\tilde{\rho}\sum_i\left\{\frac{\partial}{\partial q_i}\frac{\partial H}{\partial p_i}-\frac{\partial}{\partial p_i}\frac{\partial H}{\partial q_i}\right\}=0.$$

这样就证明了刘维尔定理.如果把系综在相空间的运动看成代表点组成的“流体”,那么刘维尔定理表示这个“流体”是不可压缩的.

由(8.2.2),并利用正则运动方程,可得

$$\frac{\partial\tilde{\rho}}{\partial t}+\sum_i\left\{\frac{\partial\tilde{\rho}}{\partial q_i}\frac{\partial H}{\partial p_i}-\frac{\partial\tilde{\rho}}{\partial p_i}\frac{\partial H}{\partial q_i}\right\}=0,\tag{8.2.10}$$

其中求和项正是熟知的泊松括号:

$$\{\tilde{\rho},H\}\equiv\sum_i\left\{\frac{\partial\tilde{\rho}}{\partial q_i}\frac{\partial H}{\partial p_i}-\frac{\partial\tilde{\rho}}{\partial p_i}\frac{\partial H}{\partial q_i}\right\},\tag{8.2.11}$$

于是(8.2.10)可以写成简洁的形式

$$\frac{\partial\tilde{\rho}}{\partial t}+\{\tilde{\rho},H\}=0,\tag{8.2.11a}$$

或

$$\frac{\partial\rho}{\partial t}+\{\rho,H\}=0.\tag{8.2.11b}$$

(8.2.11a)或(8.2.11b)是刘维尔定理的另一种表达形式.

刘维尔定理成立的条件要求系统是保守系,即 H 不显含时间.并且还要求在所考查的时间内系统不受外界作用的干扰①.

应该指出,刘维尔定理纯粹是力学定律的推论,这一点从它的证明只用到正则运动方程就可以清楚看出.因此,我们不应该希望单纯依靠刘维尔定理就能够得出描述宏观状态与微观状态之间联系的统计规律.尽管如此,刘维尔定理仍然有重要的意义,它在统计物理学中具有基本的意义.它对平衡态基本统计假设(等几率原理或微正则系综)的提出是一个重要的依据.此外,刘维尔定理也是关于相互作用多粒子系统的 BBGKY 理论(见§8.6)以及非平衡态的线性响应理论的出发点.应该强调,仅仅由刘维尔定理是不够的,必须在适当步骤引入某种形式的统计假设.

① 如果外界作用可以用势场的形式表达且满足绝热近似,则刘维尔定理仍然适用.非平衡态的线性响应理论就是以刘维尔定理为基础的.

§8.3 微正则系综

8.3.1 经典微正则系综

前已指出，统计物理学的基本任务是从物质的微观结构与微观运动出发确定物质的宏观性质.既然宏观量是相应微观量的统计平均，显然，首要问题是需要知道在一定宏观条件下微观状态出现的几率，也就是说，需要知道系综的几率密度 ρ.

现在考虑处于平衡态下的孤立系.

首先，对于孤立系，根据刘维尔定理，系综的几率密度在运动中不变，即

$$\frac{\mathrm{d}\rho}{\mathrm{d}t}=0, \tag{8.3.1}$$

这一结论是普遍成立的.

其次，考虑到平衡态下的任何物理量均不随时间改变，故必要条件为

$$\frac{\partial\rho}{\partial t}=0. \tag{8.3.2}$$

将上述两条结合，立即得出：沿一条相轨道(或相空间中的一条“流管”)几率密度 ρ 的值到处都是一样的，亦即在一条“流管”内的 ρ 是一个常数.

不过，这还不足以完全确定 ρ 的形式.对于平衡态下的孤立系，ρ 的形式是以基本假设的方式提出的，这就是§6.4已经介绍过的等几率原理，它用系综语言可以等价地表达为：

$$\rho=\begin{cases}C, & \text{当 } E\leqslant H(q_1,\cdots,p_s)\leqslant E+\Delta E,\\ 0, & \text{当 } H<E \text{ 和 } H>E+\Delta E,\end{cases}\quad(\Delta E\ll E) \tag{8.3.3}$$

其中常数 C 由归一化条件确定：

$$\lim_{\Delta E\to 0}C\int_{\Delta E}\mathrm{d}\Omega=1. \tag{8.3.4}$$

力学量 $O(q_1,\cdots,p_s)$ 的平均值为：

$$\bar{O}=\lim_{\Delta E\to 0}C\int_{\Delta E}O\mathrm{d}\Omega. \tag{8.3.5}$$

(8.3.3)式表明，几率密度 ρ 在相空间两个相邻的能量曲面 E 和 $E+\Delta E$ 之间是一个常数(亦即在上述能量间隔内的所有微观态出现的几率相等)，而在此区域以外为0.以(8.3.3)为几率密度的系综称为**微正则系综**，图8.3.1是它的示意表示.

应该说明，允许系统的总能量 E 有一个小的范围 ΔE 是出于物理上的考虑，严格的孤立系在宏观上相当于总能量 E、体积 V 和总粒子数 N 有确定的值.要保持 V,N 确定比较容易，但要求 E 完全确定是困难的.因为系统总是处在一定的外部环境中，不可能绝对消除环

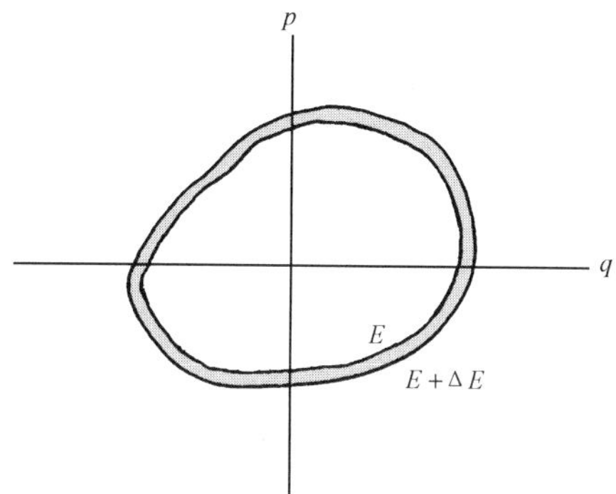

图 8.3.1 微正则系综几率密度示意图

境对系统的干扰[①]. 尽管这种干扰在宏观意义上是微乎其微的,对物体宏观能量值的影响可以忽略不计,但却足以改变系统的微观状态. 因此,"孤立"不可能是绝对的. 实际上,正是由于存在环境对系统的干扰,保证了在孤立系的条件下,在上述两个能量曲面 E 与 $E+\Delta E$ 之间的所有微观状态均可能出现.

等几率原理或微正则系综是平衡态统计理论的基本假设,它不能从刘维尔定理推导出来,尽管刘维尔定理是确定几率密度的重要依据. 本书中,我们将采取与绝大多数统计物理教科书相同的做法,不去讨论能否从更基本的物理原理去建立等几率原理(归根结底,这是一个尚未解决的问题). 如果把统计物理学比喻成一棵大树,我们将沿着树干往上爬,去采摘果实,而不去挖树根. 全部平衡态统计理论都是基于这个唯一的基本假设. 而理论与实验的比较已经经受住了考验,肯定了这个基本原理的正确性.

平衡态还有另外一些系综,最常用的是正则系综(见§8.4)与巨正则系综(见§8.7). 正则系综的宏观条件是系统与大热源接触达到平衡,相当于(T,V,N)一定. 巨正则系综的宏观条件是系统与大热源及大粒子源接触达到平衡,相当于(T,V,μ)一定. 正则系综与巨正则系综都可以从微正则系综推导出来. 在计算宏观性质时,正则系综与巨正则系综用起来更方便.

8.3.2 几个相关问题的说明

(1) **各态历经假说**(ergodic hypothesis)**或遍历性假说**

历史上,玻尔兹曼曾经试图把统计物理**完全**建立在力学的基础上,提出了"**各态历经假说**",它可以表述为:

对于孤立的保守力学系统,只要时间足够长,从任一初态出发,都将经过能量曲面上的一切微观状态.

简单地说,只要时间足够长,代表点可以沿一条相轨道跑遍能量曲面上的一切点.

① 在量子系统中,由于不确定关系,必然带来能量值不可能绝对确定.

倘若以上“假说”真的成立，则对于处于平衡态的孤立系，可以得出下列结论：

首先，等几率原理或微正则系综可以从刘维尔定理推导出来.

其次，可以证明力学量沿相轨道的长时间平均等于对微正则系综的系综平均.

然而，从数学上可以证明“各态历经假说”不成立. 尽管对一维谐振子系统，其能量“曲面”是一个椭圆，由一条相轨道构成(见§6.3)，满足“各态历经假说”，但对高维相空间，一条相轨道不可能跑遍能量曲面，这已经得到了数学上的证明.

以后，埃伦费斯特(他是玻尔兹曼的学生)又提出放松一些要求的“准各态历经假说”：**“一个力学系统在足够长时间的运动中，它的代表点可以无限接近于能量曲面上的任何点.”** 简单地说，代表点虽不能完全跑遍能量曲面，但可以“几乎跑遍”，剩下跑不到的“星星点点”的地方对平均的贡献可以忽略不计(数学上称这些区域的测度为零). 然而，“准各态历经假说”也被证明是不成立的.

这也从一个侧面告诉我们，要想把统计物理学完全建立在力学的基础上，把统计规律归结为力学规律是不可能的.

(2) **各态历经实现的物理原因**

读者也许会问，既然“各态历经假说”不成立，那么，等几率原理还对不对呢？回答是：等几率原理是正确的，其正确性并不依赖于“各态历经假说”. 平衡态统计理论的全部推论经历了实践的检验，已经充分肯定了等几率原理这一基本假设的正确性. 需要注意的是，玻尔兹曼的“各态历经假说”，是指“代表点沿一条相轨道跑遍能量曲面”. 这个假说不成立，并不表示“宏观条件所允许的那些微观态都可能出现”(我们把这个简称为“各态历经”)就不对. 一定要分清“各态历经假说”与“各态历经”：它们是两件事. 对于实际的宏观孤立系，“各态历经”是可以实现的. 前已指出，实际的宏观孤立系，“孤立”不可能是绝对的，总存在外界对系统的干扰(因此称为**准孤立系**更恰当). 这种干扰在数量上极其微弱，对系统宏观能量值的影响可以忽略不计，但却足以改变系统的微观运动状态. 可以设想对宏观准孤立系，其微观状态随时间的变化具有以下的图像：代表点在没有受到外界干扰的很短(微观短)的时间内，它将沿着某一条相轨道运动，当时间较长以后，由于外界干扰的影响，代表点将从原来的相轨道移到另一条相轨道上运动，在足够长(微观长)的时间内，代表点就可以通过上述方式，不仅仅限于在一条相轨道上运动，而是经历了许许多多的相轨道，从而跑遍能量曲面 E 与 $E+\Delta E$ 之间的所有点. 简单地说，宏观的“准孤立系”由于外界干扰的存在，从物理上保证了“各态历经”. 不过，不再是玻尔兹曼“假说”意义下的.

(3) **长时间平均与系综平均相等**

玻尔兹曼曾经定义力学量的长时间平均如下(为了不与系综平均符号混淆，下面用〈…〉表示时间平均)：

$$\langle O\rangle \equiv \lim_{T\to\infty}\frac{1}{T}\int_0^T O(q_1(t),\cdots,p_s(t))\mathrm{d}t, \tag{8.3.6}$$

其中$(q_1(t),\cdots,p_s(t))$需要用正则运动方程的解代入. 这样，力学量是通过系统微观状态随时间的变化而依赖于时间的. 玻尔兹曼原来的长时间平均的定义要求沿一条相轨道进行长时间平均,并通过引入"各态历经假说"来证明对于处于平衡态的孤立系,上式所定义的长时间平均就等于对微正则系综的平均.

既然"各态历经假说"不成立,况且沿一条相轨道追踪代表点也根本办不到(这需要求解 $2s$ 个联立的微分方程),我们应该放弃(8.3.6),而直接把长时间平均定义为:

$$\langle O \rangle \equiv \lim_{T\to\infty} \frac{1}{T}\int_0^T O(t)\,\mathrm{d}t, \tag{8.3.7}$$

注意上式中的 $O(t)$ 是时刻 t 力学量的取值. 在 t 时刻,系统总会处于某一微观态,相应的力学量有一定的值,但这不是沿一条相轨道追踪系统的微观状态变化而得出的.

对于处于平衡态下的孤立系,只要时间够长,系统将遍历能量曲面 E 与 $E+\Delta E$ 之间的所有微观态(在上述准孤立系"各态历经"的意义下). 如果令 $\mathrm{d}t_{\mathrm{d}\Omega}$ 代表在(微观长的)T 时间内,系统的微观态处于 $\mathrm{d}\Omega$ 内的总时间(可能多次进入 $\mathrm{d}\Omega$ 又离开 $\mathrm{d}\Omega$,$\mathrm{d}t_{\mathrm{d}\Omega}$ 是在 $\mathrm{d}\Omega$ 内总共逗留的时间),那么,应该有

$$\text{体系处于 } \mathrm{d}\Omega \text{ 内的几率} = \lim_{T\to\infty} \frac{\mathrm{d}t_{\mathrm{d}\Omega}}{T}. \tag{8.3.8}$$

也就是说,微正则系综的几率密度 ρ(按(8.3.3))与上式存在下列对应关系:

$$\lim_{T\to\infty} \frac{\mathrm{d}t_{\mathrm{d}\Omega}}{T} \longleftrightarrow \rho\,\mathrm{d}\Omega. \tag{8.3.9}$$

从而(8.3.7)定义的长时间平均就等于对微正则系综的系综平均.

8.3.3 关于量子统计系综

本章的讨论直到现在为止均限于经典统计系综,它是以经典力学为基础的. 以量子力学为基础的系综理论称为**量子统计系综**,其完整的数学表述超出了本书的范围. 应该指出,量子与经典的系综理论之间的差别远不像量子力学与经典力学那样大,相反,二者之间存在一一对应的关系,从基本概念、基本统计假设、常用的平衡态系综、热力学量的统计表达式,直到整个理论框架都是相同的.

经典与量子系综理论的主要区别在于系统微观运动状态的描写及其所遵从的规律,经典理论用广义坐标和广义动量描写微观状态,它的变化遵从经典力学的正则运动方程;量子理论用波函数或量子态描写微观状态,它遵从薛定谔方程,此外,对全同多粒子系统还应服从粒子全同性原理.

量子统计系综的定义与经典情形一样,唯一的改变是把系统的"微观状态"理解为系统的"量子态".

量子统计理论的基本观点仍然是:宏观量是相应微观量的系综平均. 平衡态理论的基本假设仍然是等几率原理或微正则系综,微正则系综的宏观条件是处于平衡态下的孤立系(相当于(E,V,N)一定),但能量准确到一个小的不确定范围 ΔE(见 8.3.1 小节中的说明).

微正则系综的几率分布可以表达为

$$\rho_s = \begin{cases} C, & \text{当 } E \leqslant E_s \leqslant E + \Delta E, \\ 0, & \text{当 } E_s < E \text{ 和 } E_s > E + \Delta E, \end{cases} \quad (\Delta E \ll E) \tag{8.3.3$'$}$$

亦即对于系统能量 E_s 处于 E 与 $E+\Delta E$ 范围内的一切量子态出现的几率相同，它等于常数 C；而能量不在上述范围的其他量子态均不可能出现. 常数 C 由归一化条件确定：

$$\sum_s{}' \rho_s = C\Big(\sum_s{}' 1\Big) = 1, \tag{8.3.4$'$}$$

式中的 $\sum\limits_s{}'$ 代表在 V, N 一定的条件下对 $E \leqslant E_s \leqslant E+\Delta E$ 的一切量子态求和. 令

$$\Omega(E,V,N) = \Big(\sum_s{}' 1\Big) \tag{8.3.10}$$

代表宏观参量为 (E,V,N) 时系统的量子态总数，则有

$$C = \frac{1}{\Omega(E,V,N)}. \tag{8.3.11}$$

8.3.4　微正则系综的熵

定义微正则系综的熵为

$$S(E,V,N) = k\ln\Omega(E,V,N), \tag{8.3.12}$$

其中 $\Omega(E,V,N)$ 即(8.3.10)式所表示的宏观参量为 (E,V,N) 的孤立系的量子态数. 上式可以看成是对公式(7.4.20)的推广：(7.4.20)是对由近独立子系所组成的系统的熵，而(8.3.12)是普遍的、适用于任何系统的平衡态. 可以证明，这样定义的熵满足热力学所引入的熵的所有性质.[①]

为了由熵的公式(8.3.12)推求系统的热力学性质，需要计算量子态数 $\Omega(E,V,N)$. 现以一个简例来演示一下. 考虑满足经典极限条件下的单原子分子组成的理想气体，并将分子简化为质点. 这时，$\Omega(E,V,N)$ 代表相空间中能量在 E 与 $E+\Delta E$ 的两个相邻的能量曲面之间的相体积所对应的量子态数，即

$$\Omega(E,V,E) = \frac{1}{N!h^{3N}} \int\limits_{E \leqslant H \leqslant E+\Delta E} \mathrm{d}\Omega, \tag{8.3.13}$$

$$\mathrm{d}\Omega = \mathrm{d}q_1 \cdots \mathrm{d}q_{3N}\, \mathrm{d}p_1 \cdots \mathrm{d}p_{3N},$$

$$H = \sum_{i=1}^{3N} \frac{p_i^2}{2m}.$$

式(8.3.13)中已用到每 h^{3N} 大小的相体积对应系统的一个量子态；除以 $N!$ 是由于粒子全同性原理. 令

$$\Sigma(E,V,N) = \frac{1}{N!h^{3N}} \int\limits_{H \leqslant E} \mathrm{d}\Omega, \tag{8.3.14}$$

---

① 详细的论述可参看：主要参考书目[6]，171 页.

完成对坐标的积分后，得

$$\Sigma(E,V,N)=\frac{V^N}{N!h^{3N}}\underset{\sum_{i=1}^{3N}\frac{p_i^2}{2m}\leqslant E}{\int\cdots\int}\mathrm{d}p_1\cdots\mathrm{d}p_{3N}. \tag{8.3.15}$$

令 $p_i=x_i\sqrt{2mE}$，x_i 为无量纲变量，则上式化为

$$\Sigma(E,V,N)=\frac{V^N}{N!h^{3N}}(2mE)^{\frac{3N}{2}}\underset{\sum_{i=1}^{3N}x_i^2\leqslant 1}{\int\cdots\int}\mathrm{d}x_1\cdots\mathrm{d}x_{3N}. \tag{8.3.16}$$

令

$$K\equiv\underset{\sum_{i=1}^{3N}x_i^2\leqslant 1}{\int\cdots\int}\mathrm{d}x_1\cdots\mathrm{d}x_{3N}, \tag{8.3.17}$$

几何上可解释为 $3N$ 维空间的单位球体的体积. K 是一个与 E,V,N 均无关的无量纲常数，于是(8.3.16)可表为

$$\Sigma(E,V,N)=K\frac{V^N}{N!h^{3N}}(2mE)^{\frac{3N}{2}}. \tag{8.3.18}$$

为了求 K，可以用两种不同的方法计算对整个相空间的如下积分

$$\frac{1}{N!h^{3N}}\int\mathrm{e}^{-\gamma E}\mathrm{d}\Omega, \tag{8.3.19}$$

上式中 γ 为正实数，因子 $\mathrm{e}^{-\gamma E}$ 保证了积分收敛.

一种算法是：

$$\frac{1}{N!h^{3N}}\int\mathrm{e}^{-\gamma E}\mathrm{d}\Omega=\int_0^\infty\mathrm{e}^{-\gamma E}\Sigma'(E)\mathrm{d}E, \tag{8.3.20}$$

其中

$$\Sigma'(E)=\frac{\mathrm{d}\Sigma(E)}{\mathrm{d}E} \tag{8.3.21}$$

为系统的态密度，这里为了表述简单，暂时省去 $\Sigma'(E,V,N)$ 中的 V,N. 将(8.3.18)取微商后代入(8.3.20)，得

$$\frac{1}{N!h^{3N}}\int\mathrm{e}^{-\gamma E}\mathrm{d}\Omega=K\frac{V^N}{N!h^{3N}}3Nm(2m)^{\frac{3N}{2}-1}\int_0^\infty\mathrm{e}^{-\gamma E}E^{\frac{3N}{2}-1}\mathrm{d}E,$$

对上式右边的积分作分部积分，可得

$$\frac{1}{N!h^{3N}}\int\mathrm{e}^{-\gamma E}\mathrm{d}\Omega=K\frac{V^N}{N!h^{3N}}\left(\frac{2m}{\gamma}\right)^{\frac{3N}{2}}\Gamma\left(\frac{3N}{2}+1\right). \tag{8.3.22}$$

另一种算法是：

$$\frac{1}{N!h^{3N}}\int\mathrm{e}^{-\gamma E}\mathrm{d}\Omega=\frac{1}{N!h^{3N}}\int\cdots\int\mathrm{e}^{-\gamma\sum_{i=1}^{3N}\frac{p_i^2}{2m}}\mathrm{d}q_1\cdots\mathrm{d}q_{3N}\mathrm{d}p_1\cdots\mathrm{d}p_{3N}$$

$$= \frac{V^N}{N!h^{3N}} \prod_{i=1}^{3N} \int_{-\infty}^{\infty} e^{-\gamma \frac{p_i^2}{2m}} dp_i$$

$$= \frac{V^N}{N!h^{3N}} \left(\frac{2\pi m}{\gamma}\right)^{\frac{3N}{2}}. \tag{8.3.23}$$

比较(8.3.22)与(8.3.23),即得

$$K = \frac{\pi^{3N/2}}{\Gamma\left(\frac{3N}{2}+1\right)} = \frac{\pi^{3N/2}}{\left(\frac{3N}{2}\right)!}. \tag{8.3.24}$$

最后得

$$\Sigma(E,V,N) = \frac{V^N}{N!h^{3N}\left(\frac{3N}{2}\right)!}(2\pi mE)^{3N/2}, \tag{8.3.25}$$

$$\Sigma'(E,V,N) = \frac{V^N}{N!h^{3N}\left(\frac{3N}{2}\right)!}(2\pi mE)^{3N/2} \cdot \frac{3N}{2} \cdot \frac{1}{E}, \tag{8.3.26}$$

$$\Omega(E,V,N) = \frac{V^N}{N!h^{3N}\left(\frac{3N}{2}\right)!}(2\pi mE)^{3N/2} \cdot \frac{3N}{2} \cdot \frac{\Delta E}{E}. \tag{8.3.27}$$

(8.3.27)式用到 $\Omega(E,V,N) = \Sigma(E+\Delta E,V,N) - \Sigma(E,V,N) \approx \Sigma'(E,V,N)\Delta E$,因 $\Delta E \ll E$,含 ΔE 的高阶项可略. 应用斯特令公式(7.2.6),得

$$\ln\Omega(E,V,N) = N\ln\frac{V}{N} + N\ln\left(\frac{4\pi mE}{3h^2 N}\right)^{3/2} + \frac{5}{2}N + \left\{\ln\frac{3N}{2} + \ln\frac{\Delta E}{E}\right\}. \tag{8.3.28}$$

因 $N \gg 1, N \gg \ln N$,上式右方末项大括号内的第一项可以忽略;第二项中,ΔE 是与 N 无关的有限大小的常数,而总能量 E 与 N 成正比,应有 $\left|\ln\frac{\Delta E}{E}\right| \ll N$,故第二项也可以忽略. 结果得

$$S(E,V,N) = k\ln\Omega(E,V,N) = Nk\ln\frac{V}{N} + Nk\ln\left(\frac{4\pi mE}{3h^2 N}\right)^{3/2} + \frac{5}{2}Nk. \tag{8.3.29}$$

下面,从熵的表达式(8.3.29)出发,计算其他热力学函数,先将热力学基本微分方程改写如下(这里的 E 等于热力学中的内能 U):

$$dS = \frac{1}{T}dE + \frac{p}{T}dV - \frac{\mu}{T}dN, \tag{8.3.30}$$

立即得

$$\left(\frac{\partial S}{\partial E}\right)_{V,N} = \frac{1}{T}, \implies E = \frac{3}{2}NkT, \tag{8.3.31}$$

$$\left(\frac{\partial S}{\partial V}\right)_{E,N} = \frac{p}{T}, \implies pV = NkT, \tag{8.3.32}$$

$$\left(\frac{\partial S}{\partial N}\right)_{E,V}=-\frac{\mu}{T}, \Rightarrow \mu = kT\left\{\ln\frac{N}{V}+\ln\left(\frac{h^2}{2\pi mkT}\right)^{3/2}\right\}. \tag{8.3.33}$$

由此可见,以 E,V,N 为变数,$S(E,V,N)$就是热力学中的特性函数(或热力学势).也就是说,有了 $S(E,V,N)$,其他热力学量均可求得.

利用(8.3.31)—(8.3.33),可以将熵的公式(8.3.29)改写成以 T,V,N 为变量的形式

$$S(T,V,N)=\frac{3}{2}Nk\ln T+Nk\ln\frac{V}{N}+\frac{3}{2}Nk\left\{\frac{5}{3}+\ln\left(\frac{2\pi mk}{h^2}\right)\right\}. \tag{8.3.34}$$

(8.3.31)—(8.3.34)与§7.14 所求得的 E,p,μ,S 完全一致(只需取 $g_0^e=1$),请读者自己验证.

最后,需要强调指出,尽管(8.3.25)—(8.3.27)所给出的 $\Sigma(E,V,N)$,$\Sigma'(E,V,N)$ 与 $\Omega(E,V,N)$ 并不相同,但在 $N\gg1$ 的情况下,取对数以后,$\ln\Sigma$,$\ln\Sigma'$ 与 $\ln\Omega$ 的差别完全可以忽略,因而有如下**三种完全等价的熵的表达式**:

$$S=k\ln\Omega(E,V,N), \tag{8.3.35a}$$

$$S=k\ln\Sigma'(E,V,N), \tag{8.3.35b}$$

$$S=k\ln\Sigma(E,V,N). \tag{8.3.35c}$$

一般而言,由于直接计算 $\Omega(E,V,N)$比较麻烦,在实际应用上,更多是用下面将介绍的正则系综与巨正则系综.

§8.4 正 则 系 综

8.4.1 从微正则系综导出正则系综

微正则系综是平衡态统计理论的基本假设,有了微正则系综,平衡态的一切问题原则上都可以解决.不过,微正则系综用起来不太方便,更方便的是正则系综和巨正则系综.下面我们从微正则系综出发导出正则系综.

微正则系综的宏观条件是孤立系处于平衡态,相当于(E,V,N)一定.正则系综的宏观条件是:**系统与大热源(或热库)接触达到平衡**.对正则系综,体积与粒子数均保持固定,但系统可以与大热源发生能量交换,因而系统的能量是一个变量,大热源提供了确定的温度,所以正则系综相当于(T,V,N)一定.

令"1"代表系统,"2"代表与之接触的大热源,二者之间可以发生能量交换,但各自的体积不变,彼此也无粒子交换.现在把系统和大热源合起来看成一个大的复合系统(见图8.4.1),复合系统"1+2"是处于平衡态的孤立系,它的总能量 E 是固定不变的,可以用微正则系综.为了简单,下面的讨论中省去参量 V 与 N.

设系统与大热源之间的相互作用能 E_{12}很小,远远小于系统的能量 E_1 和大热源的能量

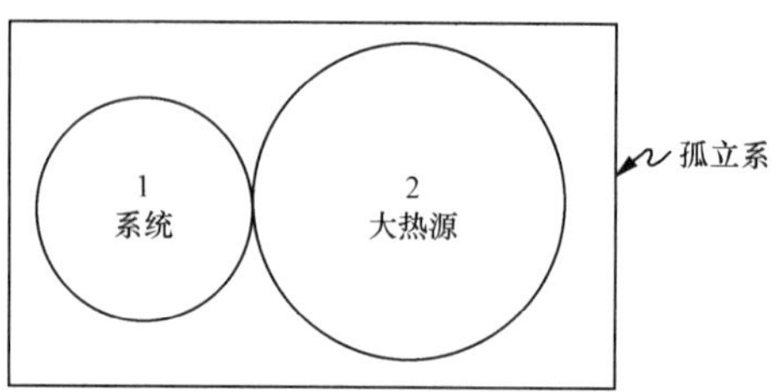

图 8.4.1　系统与大热源合起来构成孤立系

E_2，使得复合系统"1+2"的总能量 E 可以写成两部分能量之和：

$$E = E_1 + E_2. \tag{8.4.1}$$

令系统处于能量为 E_1 的某一特定量子态 s 的几率为 $\rho_{1s}(E_1)$，现在的任务是用微正则系综求出 $\rho_{1s}(E_1)$.

令 $\Omega(E)$ 代表复合系统"1+2"能量为 E 的量子态总数(从上一节(8.3.28)式的分析表明，所允许的能量间隔 ΔE 不影响任何宏观性质. 这里的讨论将省去 ΔE). 复合系统"1+2"的每一个量子态是由"1"和"2"各自特定的一个量子态构成. 当系统"1"取某一特定的量子态 s 时，大热源"2"仍可取许许多多不同的态，其数目用 $\Omega_2(E-E_1)$ 来表示，它也代表了系统"1"处于特定量子态 s 时复合系统"1+2"所有可能的量子态数. 注意到对复合系统，能量为 E 的每一个量子态都是等几率的，因此有

$$\rho_{1s}(E_1) = \frac{\Omega_2(E-E_1)}{\Omega(E)}. \tag{8.4.2}$$

进一步需要把 ρ_{1s} 与 E_1 的依赖关系明确地表达出来.

由于大热源很大，系统能量的平均值 $\bar{E}_1$ 必定满足 $\frac{\bar{E}_1}{E} \ll 1$. 注意到 E_1 虽有可能偏离其平均值 $\bar{E}_1$，但对于宏观系统，发生大偏离的几率非常小，只有 E_1 接近 $\bar{E}_1$ 的那些量子态才是重要的. 因此可以认为 $\frac{E_1}{E} \ll 1$ 总满足，从而可以作级数展开.

其次，可以证明 $\Omega_2(E-E_1)$ 具有下列形式(见(8.3.27))：

$$\Omega_2(E-E_1) \sim (E-E_1)^M, \tag{8.4.3}$$

其中 M 是数量级为 N 的大数，即 $M \sim O(N)$. 这样，对(8.4.3)作级数展开时必须小心. 倘若直接按二项式展开，即

$$\begin{aligned}(E-E_1)^M &= E^M\left(1-\frac{E_1}{E}\right)^M \\ &= E^M\left\{1 - M\frac{E_1}{E} + \frac{M(M-1)}{2!}\left(\frac{E_1}{E}\right)^2 + \cdots\right\},\end{aligned}$$

虽然 $\frac{E_1}{E} \ll 1$，但 $M\frac{E_1}{E}$ 不一定小，因为 M 是一个大数；实际上，当 E 很大时，M 也很大，使

$M\dfrac{E_1}{E}\sim O(1)$，因此，不能直接作二项式展开. 这个问题在统计物理学中具有代表性. 正确的展开方式是先取对数再作展开，即

$$(E-E_1)^M \equiv \mathrm{e}^{\ln(E-E_1)^M} \equiv \mathrm{e}^{M\ln(E-E_1)}. \tag{8.4.4}$$

再对 $\ln(E-E_1)$ 作展开：

$$\ln(E-E_1) = \ln E\left(1-\frac{E_1}{E}\right) = \ln E - \frac{E_1}{E} - \frac{1}{2}\left(\frac{E_1}{E}\right)^2 - \cdots, \tag{8.4.5}$$

上式右边的高次项可以放心地略去了.

现在回到(8.4.2)，按上述办法先取对数，即

$$\rho_{1s}(E_1) = \frac{1}{\Omega(E)}\mathrm{e}^{\ln\Omega_2(E-E_1)}, \tag{8.4.6}$$

再对对数作展开，保留到 E_1 的一次项，得

$$\ln\Omega_2(E-E_1) \approx \ln\Omega_2(E) - \frac{\partial\ln\Omega_2(E)}{\partial E}E_1, \tag{8.4.7}$$

代入(8.4.6)，得

$$\rho_{1s}(E_1) = \frac{\Omega_2(E)}{\Omega(E)}\mathrm{e}^{-\beta E_1}, \tag{8.4.8}$$

其中已令

$$\beta = \frac{\partial\ln\Omega_2(E)}{\partial E}. \tag{8.4.9}$$

(8.4.8)式中 $\Omega_2(E)/\Omega(E)$ 是一个与 E_1 无关的常数，可以用另一个常数 $1/Z_N$ 代替. 于是(8.4.8)可以写成

$$\rho_{1s}(E_1) = \frac{1}{Z_N}\mathrm{e}^{-\beta E_1}. \tag{8.4.10}$$

由(8.4.9)可以看出，β 由大热源决定，与系统的性质无关. 如果有两个不同的系统与同一个大热源接触达到平衡，则它们有相同的参数 β. 由此可见，β 只能是大热源温度 T 的函数，即有

$$\beta = \beta(T). \tag{8.4.11}$$

β 与 T 的依赖关系，需要通过计算一个具体的系统并与实验结果比较才能确定(见后面的(8.4.40))，最后可得

$$\beta = \frac{1}{kT}, \tag{8.4.12}$$

其中 k 为玻尔兹曼常数.

省去下标“1”，并将 E 写成 E_s 以表示指量子态 s 的能量，于是(8.4.10)可以写成

$$\rho_s(E_s) = \frac{1}{Z_N}\mathrm{e}^{-\beta E_s}. \tag{8.4.13}$$

上式就是正则系综的几率分布函数，式中 Z_N 由归一化条件确定，即有

$$Z_N = \sum_s e^{-\beta E_s}, \tag{8.4.14}$$

Z_N 称为配分函数. 在 8.4.2 小节中将证明，只要求出配分函数，则该系统一切热力学性质均可以得到. 这里加了下标“N”，表示是对 N 个粒子的系统的，以区别于(7.2.19)或(7.11.10)中的子系配分函数 Z.

读者可能已经注意到，(8.4.13)与(8.4.14)在形式上与第七章中所求得的定域子系的麦克斯韦-玻尔兹曼分布相似. 作为练习，读者不妨试试从微正则系综出发，将系统看成子系，采用最可几分布法导出正则系综.

8.4.2 正则系综计算热力学量的公式

正则系综的几率分布为

$$\rho_s = \frac{1}{Z_N} e^{-\beta E_s} \quad (\beta = 1/kT), \tag{8.4.15}$$

ρ_s 代表系统处于能量为 E_s 的量子态 s 的几率，Z_N 为配分函数，

$$Z_N = \sum_s e^{-\beta E_s} = Z_N(\beta, \{y_\lambda\}), \tag{8.4.16}$$

Z_N 是 β 与外参量 $\{y_\lambda\}$ 的函数(通过 E_s 而依赖于 $\{y_\lambda\}$).

内能 $\bar{E}$ 是微观能量 E_s 的统计平均值，即

$$\begin{aligned}\bar{E} &= \sum_s E_s \rho_s = \frac{1}{Z_N} \sum_s E_s e^{-\beta E_s} \\ &= \frac{1}{Z_N}\left(-\frac{\partial}{\partial \beta} \sum_s e^{-\beta E_s}\right) = -\frac{\partial}{\partial \beta} \ln Z_N.\end{aligned} \tag{8.4.17}$$

利用外界作用力与微观能量之间的关系 $Y_\lambda = \frac{\partial E_s}{\partial y_\lambda}$(参看公式(7.4.3))，有

$$\begin{aligned}\bar{Y}_l &= \sum_s \frac{\partial E_s}{\partial y_l} \rho_s = \frac{1}{Z_N} \sum_s \frac{\partial E_s}{\partial y_l} e^{-\beta E_s} \\ &= \frac{1}{Z_N}\left(-\frac{1}{\beta} \frac{\partial}{\partial y_l} \sum_s e^{-\beta E_s}\right) = -\frac{1}{\beta} \frac{\partial}{\partial y_l} \ln Z_N.\end{aligned} \tag{8.4.18}$$

上式的一个特例是 $y_l = V, \bar{Y}_l = -p$，即有

$$p = \frac{1}{\beta} \frac{\partial}{\partial V} \ln Z_N. \tag{8.4.19}$$

欲求熵的统计表达式，可以通过证明热量的微分式存在积分因子的办法，读者可以仿照§7.4 的做法自己完成，不难得到

$$S = k\left(\ln Z_N - \beta \frac{\partial}{\partial \beta} \ln Z_N\right). \tag{8.4.20}$$

知道了内能、物态方程和熵这几个基本热力学函数，其他一切热力学函数都确定了，这里只写出自由能的公式：

$$F = \bar{E} - TS = -kT\ln Z_N. \tag{8.4.21}$$

热力学中曾经证明，自由能作为(T,V,N)的函数是特性函数.但热力学理论本身并不能确定自由能，必须借助于关于物态方程和热容的实验知识.统计物理可以从理论上计算配分函数，从而确定自由能.从上述关于内能、物态方程及熵的诸公式可以清楚地看出，只要计算出配分函数 Z_N，就可以确定系统的全部平衡性质，可见配分函数在确定系统的平衡性质上具有基本的作用.

以上由正则系综导出的诸热力学量的公式是普遍的，适用于处于平衡态下的任何系统，包括粒子之间相互作用不可忽略的情形.

8.4.3 再谈热力学第三定律之绝对熵

首先让我们回顾一下热力学中的相关论述(见§4.7).由能斯特定理可以得出一个推论：绝对零度下的熵为常数 S_0，其定义为

$$S_0 \equiv \lim_{T\to 0} S(T,y), \tag{8.4.22}$$

是一个绝对常数，与系统的状态变量 y(y 可以是体积 V，或压强 p，或外磁场 $\mathscr{H}$ 等)无关.据此，普朗克提出，可以选 $S_0=0$.这样一来，熵的数值中就不包含任意可加常数，因此称为绝对熵.$S_0=0$ 也成为热力学第三定律的另一种表述形式，即系统的熵随绝对温度趋于零：

$$\lim_{T\to 0} S(T,y) = 0. \tag{8.4.23}$$

与热力学的其他基本定律不同，热力学第三定律是量子效应的宏观体现，是以量子统计为其理论基础的.

在第七章中，我们已多次论及系统的熵随绝对温度趋于零的例子，包括由于能量量子化(如二能级系统，爱因斯坦固体和德拜固体，分子的转动和振动自由度等)，或是由于全同粒子波函数的对称性所导致的玻色统计和费米统计(如理想玻色气体、理想费米气体、光子气体等).至于非简并理想气体平动自由度的熵不满足(8.4.23)，并不成为问题，因为非简并理想气体只是理想玻色气体或理想费米气体的经典极限，根本不可能保持到很低的温度.

第七章的讨论只限于粒子之间的相互作用可以忽略的情形.量子统计系综可以提供普遍的论证，这里从正则系综来考查.正则系综的配分函数可表为

$$Z_N = \sum_n g_n e^{-\beta E_n} = g_0 e^{-\beta E_0} + g_1 e^{-\beta E_1} + \cdots + g_n e^{-\beta E_n} + \cdots, \tag{8.4.24}$$

式中 $\sum\limits_n$ 代表对能级的求和，g_n 与E_n 分别代表第n 个能级的简并度与能量，$E_0 < E_1 < \cdots < E_n < \cdots$. E_0 与 g_0 分别代表基态的能量与简并度.当 $T\to 0$ 时，除基态以外，所有激发态的贡献均可略去，于是有

$$F = -kT\ln Z_N \xrightarrow{T\to 0} E_0 - kT\ln g_0, \tag{8.4.25}$$

与自由能的定义 $F \equiv \bar{E} - TS$ 比较,立即得

$$S_0 \equiv \lim_{T \to 0} S = k \ln g_0. \tag{8.4.26}$$

上式表明,系统在绝对零度的熵由基态的简并度 g_0 决定:如果基态是非简并的(即 $g_0 = 1$),则 $S_0 = 0$;如果基态是简并的,但 $g_0 \lesssim N$,则对宏观系统,由于 $N \gg 1$,故 $\ln N \ll N$,因而每个粒子的熵 $S_0/N \sim O(\ln N)/N$ 仍为零.关于系统的能谱是连续谱的情况,黄克孙的书有很好的分析,这里不再重复(参看主要参考书目[6],第178—179页).

应该指出,$S_0 = 0$ 成立的条件是系统处于平衡态,而且必须是稳定平衡态.有一些系统在低温下处于冻结的非平衡态或亚稳态,这样的系统其绝对零度的熵不等于零,称为**剩余熵**(residual entropy).这里举两个例子.

例一,CO 分子晶体在稳定平衡态的基态,线型分子 CO 在空间中是取向相同的有序态,满足 $g_0 = 1, S_0 = 0$.在高温下,CO 分子有两种可能的取向,且是无序的.若将系统急速冷至 $T < T_c = \Delta E/k$,其中 ΔE 代表相邻分子的两种不同取向 CO—OC 与 CO—CO 之间的能差(是很小的量),则分子转变到取向有序化的时间非常长,实际上系统将长期保持在亚稳的完全无序取向的状态.其剩余熵为 $S_0 = k \ln 2^N = Nk \ln 2$.

例二,二元合金 CuZn(铜锌合金,即黄铜).在高温下 Cu 原子与 Zn 原子在晶格点阵中呈无序排列.当温度缓慢冷却到 T_c 时,会发生无序到有序的相变.但若从高温无序态急速冷却(淬火)到 $T < T_c$,则 Cu 与 Zn 原子将维持在它们无序的位置上,重新有序化的过程极为缓慢,几乎可永久保持在冻结的亚稳态,系统有剩余熵.①

8.4.4 正则系综的能量涨落

正则系综的宏观条件是系统与大热源接触达到平衡.这时,虽然系统与大热源之间没有宏观能量交换,但微观上是可以交换能量的,表现为能量有涨落.通常,我们用 $\overline{(E - \bar{E})^2}$(数学上称为方差)来表征绝对涨落;用 $\overline{(E - \bar{E})^2}/\bar{E}^2$ 或 $\sqrt{\overline{(E - \bar{E})^2}}/\bar{E}$ 表征相对涨落.

$$\begin{aligned} \overline{(E - \bar{E})^2} &= \overline{(E^2 - 2E\bar{E} + \bar{E}^2)} \\ &= \overline{E^2} - 2\bar{E}^2 + \bar{E}^2 = \overline{E^2} - \bar{E}^2. \end{aligned} \tag{8.4.27}$$

由(8.4.27),有

$$\begin{aligned} \overline{E^2} &= \sum_s E_s^2 \rho_s = \frac{1}{Z_N} \sum_s E_s^2 \mathrm{e}^{-\beta E_s} = \frac{1}{Z_N} \frac{\partial^2}{\partial \beta^2} \sum_s \mathrm{e}^{-\beta E_s} = \frac{1}{Z_N} \frac{\partial^2}{\partial \beta^2} Z_N \\ &= \frac{1}{Z_N} \frac{\partial}{\partial \beta} \left(Z_N \frac{\partial}{\partial \beta} \ln Z_N \right) = \bar{E}^2 - \frac{\partial \bar{E}}{\partial \beta}, \end{aligned} \tag{8.4.28}$$

① 参看 F. Schwabl, Statistical Mechanics (2nd edition), Springer Verlag, 2006, Appendix A3. 该书对剩余熵有相当详尽的介绍.

于是得

$$\overline{(E-\bar{E})^2}=-\frac{\partial\bar{E}}{\partial\beta}=kT^2\left(\frac{\partial\bar{E}}{\partial T}\right)_{V,N}=kT^2C_V. \tag{8.4.29}$$

上式中特意把求偏微商的不变量明确写出，是为了提醒读者；但大多数情况下将省去不写.

能量的相对涨落为

$$\frac{\sqrt{\overline{(E-\bar{E})^2}}}{\bar{E}}=\frac{\sqrt{kT^2C_V}}{\bar{E}}\sim\frac{\sqrt{N}}{N}\sim\frac{1}{\sqrt{N}}. \tag{8.4.30}$$

上式中利用了 C_V 与 $\bar{E}$ 均为广延量，它们都正比于总粒子数 N，故得能量的相对涨落反比于 $\sqrt{N}$.

这里要介绍一个重要的概念，称为**热力学极限**（实际上在之前我们已多次用到这一概念，如 §6.16，§6.17 等），它是指在保持 $\frac{N}{V}=n$ 一定下取 $N\to\infty$，$V\to\infty$ 的极限. 在热力学极限下，能量的相对涨落趋于 0. 对实际的宏观系统，$N\sim10^{22}$，虽然不是数学上的 ∞，但能量涨落已非常小. 这也表明在热力学极限下，无论用正则系综或用微正则系综求系统的平衡性质结果都是相等的. 在 §8.10 中我们还会再谈到这一点.

8.4.5 经典极限下的形式

一般情况下的经典极限条件的论证这里不讨论，只给出结论，它包含下列两条：

$$\lambda_T\ll\overline{\delta r}; \tag{8.4.31a}$$

$$\Delta E\ll kT. \tag{8.4.31b}$$

(8.4.31a)中 λ_T 代表粒子的热波长，$\lambda_T=h/(2\pi mkT)^{1/2}$，$\overline{\delta r}$ 代表粒子之间的平均距离（见 §7.11）. (8.4.31b)是指系统的能级间隔远小于 kT. 对于非定域子系（气体和液体），宏观系统的能级间隔总是很小，(8.4.31b)一般情况下都能满足.

在满足经典极限的条件下，正则系综的几率分布与配分函数将代之以下列形式（这里设只有一种粒子，总数为 N，总自由度 $s=Nr$，r 为粒子的自由度）：

$$\rho(q_1,\cdots,q_s,p_1,\cdots,p_s)\mathrm{d}\Omega=\frac{1}{Z_N N!h^s}\mathrm{e}^{-\beta H(q_1,\cdots,p_s)}\mathrm{d}\Omega, \tag{8.4.32}$$

$$\mathrm{d}\Omega=\mathrm{d}q_1\cdots\mathrm{d}q_s\mathrm{d}p_1\cdots\mathrm{d}p_s,$$

$$Z_N=\frac{1}{N!h^s}\int\cdots\int\mathrm{e}^{-\beta H(q_1,\cdots,p_s)}\mathrm{d}q_1\cdots\mathrm{d}p_s. \tag{8.4.33}$$

公式中已用到相体积与系统量子态之间的对应关系，以及由于全同粒子的不可分辨而出现的 $1/N!$ 因子（$1/N!$ 因子可以从量子统计正则系综的配分函数公式(8.4.14)取经典极限而导出，具体计算超出本书范围）.

8.4.6 简例

考虑满足经典极限条件的单原子分子理想气体,并忽略分子的内部自由度.现在用正则系综求它的内能、物态方程和熵.

由(8.4.33),

$$Z_N = \frac{1}{N!h^{3N}}\int e^{-\beta H}\,d\Omega,$$

$$H = \sum_{i=1}^{N}\frac{\boldsymbol{p}_i^2}{2m} = \sum_{i=1}^{N}\varepsilon_i, \tag{8.4.34}$$

$$d\Omega = \prod_{i=1}^{N} d\omega_i,$$

$$d\omega_i = dx_i\,dy_i\,dz_i\,dp_{x_i}\,dp_{y_i}\,dp_{z_i},$$

Z_N 可以写成

$$\begin{aligned} Z_N &= \frac{1}{N!h^{3N}}\int\cdots\int e^{-\beta\sum_i\varepsilon_i}\prod_i d\omega_i \\ &= \frac{1}{N!h^{3N}}\int\cdots\int\prod_{i=1}^{N}\{e^{-\beta\varepsilon_i}\,d\omega_i\} \\ &= \frac{1}{N!}\prod_{i=1}^{N}\left\{\frac{1}{h^3}\int e^{-\beta\varepsilon_i}\,d\omega_i\right\}. \end{aligned} \tag{8.4.35}$$

式中,{…}中的积分就是熟知的平动的子系配分函数(见(7.11.13))

$$Z = \frac{V}{h^3}\left(\frac{2\pi m}{\beta}\right)^{3/2}, \tag{8.4.36}$$

故(8.4.36)化为

$$Z_N = \frac{Z^N}{N!}. \tag{8.4.37}$$

系统配分函数是子系配分函数的 N 次方乘以 $\frac{1}{N!}$;$\frac{1}{N!}$ 因子反映了全同粒子不可分辨性.由上式得

$$\ln Z_N = N\ln Z - \ln N!. \tag{8.4.38}$$

将(8.4.38)及(8.4.36)代入(8.4.17),(8.4.19)和(8.4.20),即得

$$\bar{E} = -\frac{\partial}{\partial\beta}\ln Z_N = -N\frac{\partial}{\partial\beta}\ln Z = \frac{3}{2}NkT, \tag{8.4.39}$$

$$p = \frac{1}{\beta}\frac{\partial}{\partial V}\ln Z_N = \frac{N}{\beta}\frac{\partial}{\partial V}\ln Z = \frac{NkT}{V}, \tag{8.4.40}$$

将上式与理想气体物态方程的实验结果比较,就可以定出 k.

$$
\begin{aligned}
S &= Nk\left(\ln Z-\beta\frac{\partial}{\partial\beta}\ln Z\right)-k\ln N! \\
&= \frac{3}{2}Nk\ln T+Nk\ln\frac{V}{N}+\frac{3}{2}Nk\left\{\frac{5}{3}+\ln\left[\frac{2\pi mk}{h^2}\right]\right\}.
\end{aligned}
\tag{8.4.41}
$$

上面用正则系综求得的结果与§7.14 用麦克斯韦-玻尔兹曼分布求得的结果相同.

由(8.4.21),自由能为

$$
F=-kT\ln Z_N(T,V)=F(T,V,N), \tag{8.4.42}
$$

在热力学中曾经证明,F 作为(T,V,N)的函数是特性函数,一旦求得 $F(T,V,N)$,只需通过求微商就可以得到诸热力学函数,例如

$$
p=-\left(\frac{\partial F}{\partial V}\right)_{T,N}, \tag{8.4.43}
$$

$$
S=-\left(\frac{\partial F}{\partial T}\right)_{V,N}, \tag{8.4.44}
$$

$$
\mu=\left(\frac{\partial F}{\partial N}\right)_{T,V}, \tag{8.4.45}
$$

$$
\bar{E}=F+TS=F-T\left(\frac{\partial F}{\partial T}\right)_{V,N}=-T^2\left[\frac{\partial}{\partial T}\left(\frac{F}{T}\right)\right]_{V,N}. \tag{8.4.46}
$$

作为练习,读者可以从(8.4.42)出发,求出 $p,S,\mu,\bar{E}$.

§8.5 非理想气体的物态方程

对于理想气体的平衡性质,近独立子系的统计理论可以完全解决.系综理论真正有用的地方,一是为讨论一些普遍性问题提供基础;二是处理粒子之间相互作用不可忽略的情形,本节要讨论的情形就是一例.

为了计算方便,作如下简化假设:

(1) 设气体满足经典极限条件,从而只需要考虑粒子之间的相互作用,无需考虑简并性引起的量子性质的统计关联.

(2) 设分子之间是两两相互作用,不考虑多体力.

(3) 设分子是电中性、球对称的,这时分子之间的相互作用是短程的,且只与两个分子质心的距离有关,如图 8.5.1 所示.不考虑带电粒子之间长程库仑作用,以及极性分子之间与取向有关的相互作用等复杂情形.

(4) 忽略分子的内部自由度.

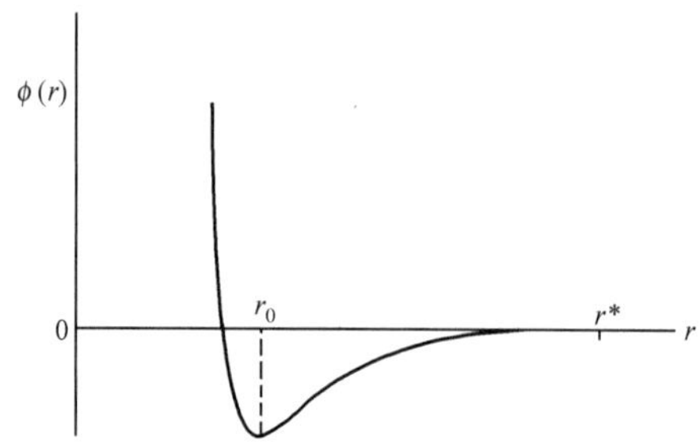

图 8.5.1　中性球对称分子之间的相互作用势，它具有短程特征(力程 $r^* \sim 10^{-8}$ cm)，$r<r_0$ 为排斥区，$r>r_0$ 为吸引区

在上述简化假设下，气体的微观总能量 E 可以表达为动能 K 与相互作用能 Φ 之和的如下形式：

$$E = K + \Phi = \sum_{i=1}^{N} \frac{\boldsymbol{p}_i^2}{2m} + \sum_{i<j} \phi_{ij}, \tag{8.5.1}$$

其中 $\phi_{ij} = \phi(r_{ij}) = \phi(|\boldsymbol{r}_i - \boldsymbol{r}_j|)$ 代表两个分子之间的相互作用能. 当满足经典极限时，配分函数为

$$Z_N = \frac{1}{N!h^{3N}} \int \cdots \int \mathrm{e}^{-\beta(K+\Phi)} \mathrm{d}^3 \boldsymbol{r}_1 \cdots \mathrm{d}^3 \boldsymbol{r}_N \mathrm{d}^3 \boldsymbol{p}_1 \cdots \mathrm{d}^3 \boldsymbol{p}_N, \tag{8.5.2}$$

上式中对坐标空间体元与动量空间体元采用习惯的表示形式. 由于动能 K 与坐标变量无关，可以先完成对动量的积分，得

$$Z_N = \frac{1}{N!\lambda_T^{3N}} Q_N(\beta, V), \tag{8.5.3}$$

其中

$$\lambda_T = \frac{h}{\sqrt{2\pi mkT}},$$

$$Q_N(\beta, V) \equiv \int \cdots \int \mathrm{e}^{-\beta \sum\limits_{i<j} \phi_{ij}} \mathrm{d}^3 \boldsymbol{r}_1 \cdots \mathrm{d}^3 \boldsymbol{r}_N, \tag{8.5.4}$$

$Q_N(\beta, V)$ 称为**位形配分函数**或**位形积分**. 配分函数 Z_N 与体积的依赖关系完全由 $Q_N(\beta, V)$ 体现. 若 $\Phi = 0$，则 $Q_N = V^N$，即 § 8.4 的例子中已讨论过的理想气体的情形. 现在 $\Phi \neq 0$，关键的问题是如何计算出 $Q_N(\beta, V)$. (8.5.4)可以改写成

$$Q_N = \int \cdots \int \prod_{i<j} \mathrm{e}^{-\beta\phi_{ij}} \mathrm{d}^3 \boldsymbol{r}_1 \cdots \mathrm{d}^3 \boldsymbol{r}_N. \tag{8.5.5}$$

令

$$f_{ij} = f(r_{ij}) \equiv \mathrm{e}^{-\beta\phi_{ij}} - 1, \tag{8.5.6}$$

$f(r)$具有下列极限性质：

$$\begin{cases} \text{当 } r \to 0 \text{ 时，} & \phi \to \infty, \text{故 } f \to -1; \\ \text{当 } r > r^* \text{ 时，} & \phi \to 0, \text{故 } f \to 0. \end{cases} \tag{8.5.7}$$

f 与 ϕ 都是短程函数，用 f 代替的好处在于，f 是处处有限的(见图 8.5.2).

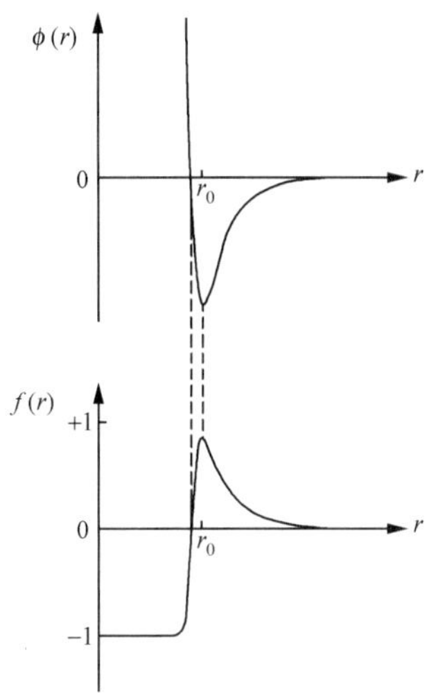

图 8.5.2 $\phi(r)$与 $f(r)$随 r 的变化的比较

现在，Q_N 可以表示为

$$Q_N = \int \cdots \int \prod_{i<j} (1 + f_{ij}) \mathrm{d}^3 \boldsymbol{r}_1 \cdots \mathrm{d}^3 \boldsymbol{r}_N. \tag{8.5.8}$$

进一步假设气体的密度不太高，分子之间相互作用引起的修正不太大，使得(8.5.8)式中的 f_{ij} 可以当作小量而将乘积展开：

$$Q_N = \int \cdots \int \Big(1 + \sum_{i<j} f_{ij} + \sum_{i<j} \sum_{i'<j'} f_{ij} f_{i'j'} + \sum_{i<j} \sum_{i'<j'} \sum_{i''<j''} f_{ij} f_{i'j'} f_{i''j''} + \cdots \Big) \mathrm{d}^3 \boldsymbol{r}_1 \cdots \mathrm{d}^3 \boldsymbol{r}_N. \tag{8.5.9}$$

注意到 f_{ij} 是处处有限的、r 的短程(力程 $r^* \sim 10^{-8}$ cm)函数，因而使积分有非零值的积分范围很小，作为最低阶近似，只保留前两项，得

$$Q_N \approx \int \cdots \int \Big(1 + \sum_{i<j} f_{ij} \Big) \mathrm{d}^3 \boldsymbol{r}_1 \cdots \mathrm{d}^3 \boldsymbol{r}_N, \tag{8.5.10}$$

其中：

$$\text{第一项} = \int \cdots \int \mathrm{d}^3 \boldsymbol{r}_1 \cdots \mathrm{d}^3 \boldsymbol{r}_N = V^N. \tag{8.5.11}$$

第二项中不同 f_{ij} 的积分相同，可以任选一项，比如选 f_{12} 作代表，总共的项数为 $\frac{1}{2}N(N-1)$，于是有

$$第二项=\frac{1}{2}N(N-1)\int\cdots\int f_{12}\,\mathrm{d}^3\boldsymbol{r}_1\,\mathrm{d}^3\boldsymbol{r}_2\,\mathrm{d}^3\boldsymbol{r}_3\cdots\mathrm{d}^3\boldsymbol{r}_N$$
$$=\frac{1}{2}N(N-1)V^{N-2}\iint f_{12}\,\mathrm{d}^3\boldsymbol{r}_1\,\mathrm{d}^3\boldsymbol{r}_2, \tag{8.5.12}$$

其中

$$\iint f_{12}\,\mathrm{d}^3\boldsymbol{r}_1\,\mathrm{d}^3\boldsymbol{r}_2=\int\mathrm{d}^3\boldsymbol{r}_1\int f(|\boldsymbol{r}_1-\boldsymbol{r}_2|)\,\mathrm{d}^3\boldsymbol{r}_2. \tag{8.5.13}$$

上式中$\int f_{12}\,\mathrm{d}^3\boldsymbol{r}_2$的积分区域虽然遍及整个体积$V$,但由于函数$f$的短程性质,只在以$\boldsymbol{r}_1$为中心,以力程$r^*$为半径的小球内积分才不为零.因此,除非当$\boldsymbol{r}_1$落在距器壁$\sim r^*$厚的边界层内,积分$\int f_{12}\,\mathrm{d}^3\boldsymbol{r}_2$与$\boldsymbol{r}_1$的位置无关.对于宏观大小的体积$V$而言,上述边界效应完全可以忽略,于是有

$$\int\mathrm{d}^3\boldsymbol{r}_1\int f_{12}\,\mathrm{d}^3\boldsymbol{r}_2\approx V\int f_{12}\,\mathrm{d}^3\boldsymbol{r}_2. \tag{8.5.14}$$

将上述诸结果代入(8.5.10),得

$$Q_N\approx\left\{V^N+\frac{1}{2}N(N-1)V^{N-1}\int f_{12}\,\mathrm{d}^3\boldsymbol{r}_2\right\}$$
$$\approx\left\{V^N\left(1+\frac{N^2}{2V}\int f_{12}\,\mathrm{d}^3\boldsymbol{r}_2\right)\right\}, \tag{8.5.15}$$
$$\ln Q_N=N\ln V+\ln\left(1+\frac{N^2}{2V}\int f_{12}\,\mathrm{d}^3\boldsymbol{r}_2\right)$$
$$\approx N\ln V+\frac{N^2}{2V}\int f_{12}\,\mathrm{d}^3\boldsymbol{r}_2, \tag{8.5.16}$$

最后一步已将对数项作了展开并只保留到第一项.将(8.5.16)代入压强公式(8.4.19),注意到只有$\ln Q_N$与V有关,故有

$$p=\frac{1}{\beta}\frac{\partial}{\partial V}\ln Q_N=kT\left[\frac{N}{V}-\frac{N^2}{2V^2}\int f_{12}\,\mathrm{d}^3\boldsymbol{r}_2\right]$$
$$=\frac{NkT}{V}\left[1-\frac{N}{2V}\int f_{12}\,\mathrm{d}^3\boldsymbol{r}_2\right], \tag{8.5.17}$$

与**位力展开**的标准形式

$$p=\frac{NkT}{V}\left[1+\frac{B_2}{V}+\frac{B_3}{V^2}+\cdots\right] \tag{8.5.18}$$

比较,即得第二位力系数的下列表达式:

$$B_2=-\frac{N}{2}\int f_{12}\,\mathrm{d}^3\boldsymbol{r}_2. \tag{8.5.19}$$

知道了分子之间相互作用势 $\phi(r)$ 的具体形式，即可计算出第二位力系数 B_2. 对于电中性球对称分子，最接近真实的 $\phi(r)$ 的形式是伦纳德-琼斯(Lennard-Jones)势：

$$\phi(r)=\phi_0\left\{\left(\frac{r_0}{r}\right)^{12}-\left(\frac{r_0}{r}\right)^{6}\right\}, \tag{8.5.20}$$

其中 ϕ_0 与 r_0 是两个参数，可以通过计算结果与实验比较确定. 上式当 $r<r_0$ 时，第一项排斥势占主导；而当 $r>r_0$ 时，第二项吸引势占主导. 还有一些更简单的模型势，如刚球势，方阱势，带吸引力的刚球势等. 采用较简单的模型势可以节省计算工作量(当计算高阶位力系数时，涉及多重积分)，当然精度要差一些.

下面用带吸引力的刚球势为例来计算第二位力系数，其 $\phi(r)$ 为

$$\phi(r)=\begin{cases}+\infty, & \text{当 } r<r_0,\\ -\phi_0\left(\dfrac{r_0}{r}\right)^6, & \text{当 } r\geqslant r_0.\end{cases} \tag{8.5.21}$$

代入(8.5.19)，

$$\begin{aligned}B_2&=-\frac{N}{2}\int f_{12}\,\mathrm{d}^3\boldsymbol{r}_2\\&=-\frac{N}{2}\int_0^\infty(\mathrm{e}^{-\phi(r)/kT}-1)4\pi r^2\,\mathrm{d}r.\end{aligned} \tag{8.5.22}$$

上面第二个等式中已取 $\boldsymbol{r}_1$ 为球坐标的原点并完成了对角度的积分；由于是短程力，上限可以取为∞. 将积分分成 0 到 r_0 与 r_0 到∞两段，得

$$B_2=2\pi N\left[\int_0^{r_0}r^2\,\mathrm{d}r-\int_{r_0}^\infty(\mathrm{e}^{-\phi(r)/kT}-1)r^2\,\mathrm{d}r\right]. \tag{8.5.23}$$

为了计算第二项积分，一般需作数值计算. 这里作为演示，只讨论温度足够高使 $\phi(r)/kT\ll 1$ 的情形，这时可以作如下的展开(称为高温展开)：

$$\mathrm{e}^{-\phi(r)/kT}\approx 1-\frac{\phi(r)}{kT}=1+\phi_0\left(\frac{r_0}{r}\right)^6\quad(r\geqslant r_0). \tag{8.5.24}$$

代入(8.5.23)，得

$$\left.\begin{aligned}B_2&=2\pi N\left(\frac{r_0^3}{3}-\phi_0\frac{r_0^3}{3kT}\right)\equiv Nb-\frac{Na}{kT},\\ b&=\frac{2\pi}{3}r_0^3=4\cdot\frac{4\pi}{3}\left(\frac{r_0}{2}\right)^3,\\ a&=\frac{2\pi}{3}r_0^3\phi_0.\end{aligned}\right\} \tag{8.5.25}$$

Nb 等于所有刚球体积之和的 4 倍，显然 $\dfrac{Nb}{V}\ll 1$；a 反映了吸引力. 将(8.5.25)代入(8.5.18)，即得

$$p=\frac{NkT}{V}\left(1+\frac{Nb}{V}\right)-\frac{N^2a}{V^2}\approx\frac{NkT}{V\left(1-\frac{Nb}{V}\right)}-\frac{N^2a}{V^2},$$

或

$$\left(p+\frac{N^2a}{V^2}\right)(V-Nb)=NkT. \tag{8.5.26}$$

这正是范德瓦耳斯物态方程①.

最后作几点说明.

(1) 本节求得的第二位力系数的计算公式(8.5.19)是正确的;但如果按(8.5.9)的展开,继续计算更高阶的位力系数,就会出现问题,原因是在(8.5.9)的展开中不能简单地把后面的项看成比前面的小. 对于 $\sum\limits_{i<j}\sum\limits_{i'<j'}f_{ij}f_{i'j'}$,虽然包含 $f_{ij}f_{i'j'}$ 两个小量相乘,但双重求和包含的项数增多了;更为重要的是,多个 f 因子相乘的积分的大小与变数是否"联结"有关. 例如 $f_{12}f_{13}f_{23}$ 与 $f_{12}f_{34}f_{56}$ 的积分的大小就有很大差别. 对于这个问题,迈耶(Mayer)发展了正确的展开方法,称为**集团展开**(cluster expansion),详情可参看总结文章②.

(2) 近年来,借助先进的计算机,已经可以计算高阶位力系数,为研究稠密气体的性质提供了有力的支持.

(3) 统计物理好比是一座桥,把宏观与微观联系起来. 一方面,从微观性质出发确定宏观性质,这是熟知的统计物理学的任务,例如从 $\phi(r)$ 去计算位力系数 $B_2,B_3,\cdots$. 另一方面,统计物理也提供了一种可能,即从宏观性质反推微观性质. 比如从 $B_2,B_3,\cdots$ 反过来确定 $\phi(r)$ 的形式. 这类问题称为**逆问题**(inverse problem),近年来有很大进展.

* §8.6 流体的二粒子分布函数与关联函数

上节所介绍的处理非理想气体的方法是从计算配分函数入手,本质上是一种密度展开,当气体的密度较高时不适用. 为了处理稠密气体乃至液体,已经发展了另一种更为有效的方法,即所谓"**约化分布函数**"方法,本节将作一简单介绍.

为了使讨论简单,仍然采用与上一节相同的简化,即设所研究的流体(气体或液体)满足经典极限条件,粒子之间相互作用为二体球对称的短程势,且粒子可以看成质点(即忽略内部自由度). 于是,系统的哈密顿量为

$$H=K+\Phi=\sum_{i=1}^{N}\frac{\boldsymbol{p}_i^2}{2m}+\Phi(\boldsymbol{r}_1,\cdots,\boldsymbol{r}_N), \tag{8.6.1a}$$

---

① 注意,公式(8.5.26)与§1.3公式(1.3.14)中的 a,b 定义不同. (8.5.26)中 N 代表总分子数;而(1.3.14)中的 N 代表摩尔数.

② J. A. Baker and D. Hankerson, Rev. Mod. Phys., **48**, 587(1976).

$$\Phi(\boldsymbol{r}_1,\cdots,\boldsymbol{r}_N)=\sum_{i<j}\phi(r_{ij}).\tag{8.6.1b}$$

正则系综的几率密度为

$$\rho(\boldsymbol{r}_1,\cdots,\boldsymbol{r}_N,\boldsymbol{p}_1,\cdots,\boldsymbol{p}_N)=\frac{1}{N!h^{3N}Z_N}\mathrm{e}^{-\beta H}.\tag{8.6.2}$$

我们现在关心的是粒子之间相互作用对平衡性质的影响,由于粒子之间相互作用只与粒子的坐标有关,将上式对动量积分,即得只依赖于粒子坐标的几率密度

$$\rho_N(\boldsymbol{r}_1,\cdots,\boldsymbol{r}_N)=\frac{1}{Q_N}\mathrm{e}^{-\beta\Phi}=\frac{\mathrm{e}^{-\beta\Phi}}{\int\cdots\int\mathrm{e}^{-\beta\Phi}\mathrm{d}^3\boldsymbol{r}_1\cdots\mathrm{d}^3\boldsymbol{r}_N}.\tag{8.6.3}$$

$\rho_N(\boldsymbol{r}_1,\cdots,\boldsymbol{r}_N)$称为位形几率密度. 这里特意加了个下标"$N$",以表示是指 N 个粒子的. $\rho_N(\boldsymbol{r}_1,\cdots,\boldsymbol{r}_N)\mathrm{d}^3\boldsymbol{r}_1\cdots\mathrm{d}^3\boldsymbol{r}_N$ 代表 N 个粒子各自位于 $\mathrm{d}^3\boldsymbol{r}_1,\cdots,\mathrm{d}^3\boldsymbol{r}_N$ 之内的几率. ρ_N 满足归一化条件

$$\int\cdots\int\rho_N(\boldsymbol{r}_1,\cdots,\boldsymbol{r}_N)\mathrm{d}^3\boldsymbol{r}_1\cdots\mathrm{d}^3\boldsymbol{r}_N=1.\tag{8.6.4}$$

每个体元 $\mathrm{d}^3\boldsymbol{r}_i(i=1,\cdots,N)$的积分都遍及流体的体积 V.

为了研究稠密气体和液体的性质,实际上并不需要知道 N 个粒子的几率密度 ρ_N. 下面将看到,对于二体相互作用的情形,知道**二粒子分布函数**就足够了.

8.6.1 约化分布函数与关联函数

这里只引入最低阶的两个**约化分布函数**(reduced distribution function)或简称分布函数. 首先,定义**单粒子分布函数**

$$F_1(\boldsymbol{r}_1)\equiv N\int\cdots\int\rho_N(\boldsymbol{r}_1,\cdots,\boldsymbol{r}_N)\mathrm{d}^3\boldsymbol{r}_2\cdots\mathrm{d}^3\boldsymbol{r}_N,\tag{8.6.5}$$

注意到 ρ_N 满足归一化条件,故 F_1 应满足

$$\int F_1(\boldsymbol{r}_1)\mathrm{d}^3\boldsymbol{r}_1\equiv N\int\cdots\int\rho_N(\boldsymbol{r}_1,\cdots,\boldsymbol{r}_N)\mathrm{d}^3\boldsymbol{r}_1\cdots\mathrm{d}^3\boldsymbol{r}_N=N.\tag{8.6.6}$$

(8.6.5)右边的积分具有明确的物理意义,为了看清楚,将积分乘以体元 $\mathrm{d}^3\boldsymbol{r}_1$,即

$$\mathrm{d}^3\boldsymbol{r}_1\left[\int\cdots\int\rho_N(\boldsymbol{r}_1,\cdots,\boldsymbol{r}_N)\mathrm{d}^3\boldsymbol{r}_2\cdots\mathrm{d}^3\boldsymbol{r}_N\right],\tag{8.6.7}$$

上式代表"不管其他 $N-1$ 个粒子位于何处,一个粒子位于 $\mathrm{d}^3\boldsymbol{r}_1$ 之内的几率".

对于均匀系,在热力学极限下(由于短程力,边界效应可以忽略),(8.6.5)右边的积分与 $\boldsymbol{r}_1$ 无关,故有

$$\int F_1(\boldsymbol{r}_1)\mathrm{d}^3\boldsymbol{r}_1=VF_1,\tag{8.6.8}$$

或

$$F_1=\frac{N}{V}=n,\tag{8.6.9}$$

表明均匀系的单粒子分布函数 F_1 是与 $\boldsymbol{r}$ 无关的常数，它等于粒子数密度 n. 还可以看出，对均匀系，(8.6.7)式化为

$$\mathrm{d}^3\boldsymbol{r}_1\left[\int\cdots\int\rho_N(\boldsymbol{r}_1,\cdots,\boldsymbol{r}_N)\mathrm{d}^3\boldsymbol{r}_2\cdots\mathrm{d}^3\boldsymbol{r}_N\right]=\frac{1}{V}\mathrm{d}^3\boldsymbol{r}_1,\tag{8.6.10}$$

表明单粒子分布的几率密度等于 $\frac{1}{V}$，也就是说，如果不管其他粒子位于何处，在 V 内任何地方找到一个粒子的几率都相等. 这是显而易见的.

二粒子分布函数是最重要的，其定义为：

$$F_2(\boldsymbol{r}_1,\boldsymbol{r}_2)\equiv N(N-1)\int\cdots\int\rho_N(\boldsymbol{r}_1,\cdots,\boldsymbol{r}_N)\mathrm{d}^3\boldsymbol{r}_3\cdots\mathrm{d}^3\boldsymbol{r}_N.\tag{8.6.11}$$

将上式对 $\mathrm{d}^3\boldsymbol{r}_1\mathrm{d}^3\boldsymbol{r}_2$ 积分，利用归一化条件(8.6.4)，即得

$$\iint F_2(\boldsymbol{r}_1,\boldsymbol{r}_2)\mathrm{d}^3\boldsymbol{r}_1\mathrm{d}^3\boldsymbol{r}_2=N(N-1).\tag{8.6.12}$$

显然，

$$\mathrm{d}^3\boldsymbol{r}_1\mathrm{d}^3\boldsymbol{r}_2\left[\int\cdots\int\rho_N(\boldsymbol{r}_1,\cdots,\boldsymbol{r}_N)\mathrm{d}^3\boldsymbol{r}_3\cdots\mathrm{d}^3\boldsymbol{r}_N\right]\tag{8.6.13}$$

代表“不管其他 $N-2$ 个粒子位于何处，一对粒子各自位于 $\mathrm{d}^3\boldsymbol{r}_1$ 与 $\mathrm{d}^3\boldsymbol{r}_2$ 之内的几率”. 由于 $F_2(\boldsymbol{r}_1,\boldsymbol{r}_2)$涉及同时考查两个粒子，因而 F_2 将受粒子之间相互作用的影响而与$(\boldsymbol{r}_1,\boldsymbol{r}_2)$有关，这一点从物理上很容易理解. 例如，对于带吸引力的刚球势，当 $\boldsymbol{r}_1$ 处已有一个粒子时，另一个粒子不可能位于$|\boldsymbol{r}_2-\boldsymbol{r}_1|<d$($d$ 为刚球直径)；而吸引力使另一个粒子在 $d<|\boldsymbol{r}_2-\boldsymbol{r}_1|<r^*$ 某处的机会更大.

对于均匀系，物理量具有平移不变性，故 $F_2(\boldsymbol{r}_1,\boldsymbol{r}_2)=F_2(\boldsymbol{r}_2-\boldsymbol{r}_1)$，即只与两点的差有关. 引入**对分布函数**(pair distribution function)，又名**径向分布函数**(radial distribution function)$g(\boldsymbol{r})$，其定义为

$$F_2(\boldsymbol{r}_1,\boldsymbol{r}_2)=F_2(\boldsymbol{r}_2-\boldsymbol{r}_1)\equiv n^2g(\boldsymbol{r}_2-\boldsymbol{r}_1).\tag{8.6.14}$$

由(8.6.12)及(8.6.14)，

$$\begin{aligned}N(N-1)&=\iint F_2(\boldsymbol{r}_2-\boldsymbol{r}_1)\mathrm{d}^3\boldsymbol{r}_1\mathrm{d}^3\boldsymbol{r}_2\\&=n^2\iint g(\boldsymbol{r}_2-\boldsymbol{r}_1)\mathrm{d}^3\boldsymbol{r}_1\mathrm{d}^3\boldsymbol{r}_2\\&\approx n^2V\int g(\boldsymbol{r})\mathrm{d}^3\boldsymbol{r},\end{aligned}\tag{8.6.15}$$

最后一步中 $\boldsymbol{r}=\boldsymbol{r}_2-\boldsymbol{r}_1$，且因短程力可以忽略边界效应. 于是得

$$\int g(\boldsymbol{r})\mathrm{d}^3\boldsymbol{r}=V\left(1-\frac{1}{N}\right)\approx V.\tag{8.6.16}$$

现在看 $g(\boldsymbol{r})$ 的极限情形. 当 $\Phi=0$,即粒子之间没有相互作用时,$\rho_N=\frac{1}{V^N}$,由(8.6.11)及(8.6.14),得

$$F_2=n^2\left(1-\frac{1}{N}\right)\approx n^2,$$

$$g(\boldsymbol{r})=1-\frac{1}{N}\approx 1,$$

亦即在热力学极限下,有

$$F_2(\boldsymbol{r})=n^2, \tag{8.6.17}$$

$$g(\boldsymbol{r})=1. \tag{8.6.18}$$

对于短程力,当 $|\boldsymbol{r}|=|\boldsymbol{r}_2-\boldsymbol{r}_1|\to\infty$ 时,关联应消失,在热力学极限下有

$$F_2(\boldsymbol{r})\xrightarrow{|\boldsymbol{r}|\to\infty}n^2, \tag{8.6.19}$$

$$g(\boldsymbol{r})\xrightarrow{|\boldsymbol{r}|\to\infty}1. \tag{8.6.20}$$

用 $g(\boldsymbol{r})$ 表达时,"1"代表没有关联;为了符合习惯,引入下列**关联函数**(correlation function)

$$\nu(\boldsymbol{r})\equiv g(\boldsymbol{r})-1, \tag{8.6.21}$$

对于关联函数 $\nu(\boldsymbol{r})$,有

$$\nu(\boldsymbol{r})\xrightarrow{|\boldsymbol{r}|\to\infty}0, \tag{8.6.22}$$

对于 $\Phi=0$ 的特殊情形,有

$$\nu(\boldsymbol{r})=0. \tag{8.6.23}$$

类似地还可以定义高阶($s\geqslant 3$)分布函数:

$$F_s(\boldsymbol{r}_1,\cdots,\boldsymbol{r}_s)\equiv\frac{N!}{(N-s)!}\int\cdots\int\rho_N(\boldsymbol{r}_1\cdots\boldsymbol{r}_N)\mathrm{d}\boldsymbol{r}_{s+1}\cdots\mathrm{d}\boldsymbol{r}_s. \tag{8.6.24}$$

高阶分布函数将不再讨论.

8.6.2 用 $g(r)$ 表达内能

内能是微观总能量的统计平均值,由(8.6.1),

$$\bar{E}=\bar{K}+\bar{\Phi}, \tag{8.6.25a}$$

$$\bar{K}=\frac{3}{2}NkT, \tag{8.6.25b}$$

$$\bar{\Phi}=\sum_{i<j}\overline{\phi(|\boldsymbol{r}_i-\boldsymbol{r}_j|)}. \tag{8.6.25c}$$

由于任何一对分子之间相互作用能的平均值均相等,故 $\bar{\Phi}$ 应等于求和 $\sum\limits_{i<j}$ 的总对数乘以任何一对分子相互作用能的平均值. 总对数为 $\frac{1}{2}N(N-1)$,故有

$$\bar{\Phi}=\frac{1}{2}N(N-1)\overline{\phi(|\boldsymbol{r}_1-\boldsymbol{r}_2|)}$$

$$=\frac{1}{2}N(N-1)\int\cdots\int\phi(|\boldsymbol{r}_1-\boldsymbol{r}_2|)\rho_N(\boldsymbol{r}_1,\cdots,\boldsymbol{r}_N)\mathrm{d}^3\boldsymbol{r}_1\mathrm{d}^3\boldsymbol{r}_2\mathrm{d}^3\boldsymbol{r}_3\cdots\mathrm{d}^3\boldsymbol{r}_N$$

$$=\frac{1}{2}\iint\phi(r_{12})\mathrm{d}^3\boldsymbol{r}_1\mathrm{d}^3\boldsymbol{r}_2\left[N(N-1)\int\cdots\int\rho_N(\boldsymbol{r}_1,\cdots,\boldsymbol{r}_N)\mathrm{d}^3\boldsymbol{r}_3\cdots\mathrm{d}^3\boldsymbol{r}_N\right]$$

$$=\frac{1}{2}\iint\phi(r_{12})F_2(\boldsymbol{r}_1,\boldsymbol{r}_2)\mathrm{d}^3\boldsymbol{r}_1\mathrm{d}^3\boldsymbol{r}_2. \tag{8.6.26}$$

利用(8.6.14)，

$$\bar{\Phi}=\frac{1}{2}\iint\mathrm{d}^3\boldsymbol{r}_1\mathrm{d}^3\boldsymbol{r}_2\phi(|\boldsymbol{r}_2-\boldsymbol{r}_1|)n^2g(|\boldsymbol{r}_2-\boldsymbol{r}_1|)$$

$$=\frac{N^2}{2V^2}\int\mathrm{d}^3\boldsymbol{r}_1\int\mathrm{d}^3\boldsymbol{r}_2\phi(|\boldsymbol{r}_2-\boldsymbol{r}_1|)g(|\boldsymbol{r}_2-\boldsymbol{r}_1|), \tag{8.6.27}$$

对于短程力，对 $\boldsymbol{r}_2$ 的积分与 $\boldsymbol{r}_1$ 无关，故上式化为

$$\bar{\Phi}=\frac{N^2}{2V}\int\mathrm{d}^3\boldsymbol{r}\phi(r)g(r), \tag{8.6.28}$$

采用球坐标并完成对角度的积分，得

$$\bar{\Phi}=\frac{N}{2}\int_0^\infty\phi(r)ng(r)4\pi r^2\mathrm{d}r. \tag{8.6.29}$$

上式中 $ng(r)4\pi r^2\mathrm{d}r$ 的物理意义为：当 $r=0$ 处有一个粒子时，处于 r 与 $r+\mathrm{d}r$ 之间的球壳之内的平均粒子数. 乘以 $\phi(r)$ 再对 r 积分，代表一个粒子与所有其他粒子的平均相互作用能；最后乘 N 除以 2 就是 N 个粒子的平均相互作用能，除 2 正好消除了重复计算.

8.6.3　用 $g(r)$ 表达压强

下面推导用 $g(r)$ 计算压强的公式. 为了更普遍，先把哈密顿量写成 $(q_i,p_i)(i=1,\cdots,3N)$ 的函数的形式. 对于平衡态，任何量的平均值均与时间无关，故有

$$\frac{\mathrm{d}}{\mathrm{d}t}\overline{\left(\sum_{i=1}^{3N}p_iq_i\right)}=\sum_i\overline{\dot{p}_iq_i}+\sum_i\overline{p_i\dot{q}_i}=0. \tag{8.6.30}$$

利用正则运动方程，

$$\overline{p_i\dot{q}_i}=\overline{p_i\frac{\partial H}{\partial p_i}}, \tag{8.6.31}$$

用正则系综求平均，有

$$\overline{p_i\dot{q}_i}=\frac{1}{N!h^{3N}Z_N}\int p_i\frac{\partial H}{\partial p_i}\mathrm{e}^{-\beta H}\mathrm{d}\Omega$$

$$=-\frac{kT}{N!h^{3N}Z_N}\int p_i\left(\frac{\partial}{\partial p_i}\mathrm{e}^{-\beta H}\right)\mathrm{d}\Omega. \tag{8.6.32}$$

对 p_i 的积分作分部积分，注意到当 $p_i\to\pm\infty$时，$e^{-\beta H}\to 0$，于是得

$$\overline{p_i\dot{q}_i} = \frac{kT}{N!h^{3N}Z_N}\int e^{-\beta H}\,d\Omega = kT. \tag{8.6.33}$$

故有

$$\sum_{i=1}^{3N}\overline{p_i\dot{q}_i} = 3NkT. \tag{8.6.34}$$

由(8.6.30)及上式，得

$$-\sum_{i=1}^{3N}\overline{\dot{p}_i q_i} = 3NkT, \tag{8.6.35}$$

等式(8.6.35)称为**位力定理**. 将(8.6.35)式左边的求和改写成

$$\sum_{i=1}^{3N}\overline{\dot{p}_i q_i} = \sum_{i=1}^{N}\overline{\dot{\boldsymbol{p}}_i\cdot\boldsymbol{r}} = \sum_{i=1}^{N}\overline{\boldsymbol{F}_i\cdot\boldsymbol{r}_i}, \tag{8.6.36}$$

其中 $\boldsymbol{F}_i$ 是作用在粒子 i 上的力，它可以分成两部分，一部分是器壁作用在流体上的压力，另一部分是其他$(N-1)$个粒子作用在粒子 i 上的内力，分别用 $\boldsymbol{F}_i^{\text{ext}}$ 与 $\boldsymbol{F}_i^{\text{int}}$ 表示.

首先计算压力的贡献，令 $\boldsymbol{n}$ 代表器壁的面积元 dA 外向法线的单位矢量，p 为压强，则通过面积元 dA 作用于气体分子上的力的平均值为$-p\boldsymbol{n}\,dA$，因而

$$\sum_{i=1}^{N}\overline{\boldsymbol{F}_i^{\text{ext}}\cdot\boldsymbol{r}_i} = -\int_S p\boldsymbol{n}\cdot\boldsymbol{r}\,dA,$$

积分遍及器壁表面积 S. 利用格林定理，即得

$$\sum_{i=1}^{N}\overline{\boldsymbol{F}_i^{\text{ext}}\cdot\boldsymbol{r}_i} = -p\int_V(\nabla\cdot\boldsymbol{r})\,d^3r = -3pV. \tag{8.6.37}$$

其次计算内力的贡献. 令 $\boldsymbol{F}_{ij}^{\text{int}}$代表粒子 i 受粒子 j 的作用力，有

$$\boldsymbol{F}_{ij}^{\text{int}} \equiv \boldsymbol{F}_{ij} = -\frac{\partial\phi(\boldsymbol{r}_i-\boldsymbol{r}_j)}{\partial\boldsymbol{r}_i}, \tag{8.6.38}$$

于是

$$\begin{aligned}\sum_{i=1}^{N}\boldsymbol{r}_i\cdot\boldsymbol{F}_i^{\text{int}} &= \sum_i\boldsymbol{r}_i\cdot\Big(\sum_{j\neq i}\boldsymbol{F}_{ij}\Big)\\ &= \sum_{i,j}{}'\boldsymbol{r}_i\cdot\boldsymbol{F}_{ij},\end{aligned}$$

其中 $\sum_{i,j}{}'$ 代表求和中 $i\neq j$. 上式还可以写为更对称的形式：

$$\frac{1}{2}\sum_{i,j}{}'(\boldsymbol{r}_i\cdot\boldsymbol{F}_{ij}+\boldsymbol{r}_j\cdot\boldsymbol{F}_{ji}) = -\frac{1}{2}\sum_{i,j}{}'(\boldsymbol{r}_i-\boldsymbol{r}_j)\cdot\frac{\partial\phi(\boldsymbol{r}_i-\boldsymbol{r}_j)}{\partial\boldsymbol{r}_i}, \tag{8.6.39}$$

最后一步用到

$$\boldsymbol{F}_{ij} = -\frac{\partial\phi(\boldsymbol{r}_i-\boldsymbol{r}_j)}{\partial\boldsymbol{r}_i} = -\boldsymbol{F}_{ji}.$$

对(8.6.39)求平均,完全类似(8.6.25c)的计算,不难得到

$$\begin{aligned}\sum_i \overline{\boldsymbol{r}_i \cdot \boldsymbol{F}_i^{\text{int}}} &= -\frac{1}{2}N(N-1)\,\overline{(\boldsymbol{r}_2-\boldsymbol{r}_1)\cdot\frac{\partial\phi(\boldsymbol{r}_2-\boldsymbol{r}_1)}{\partial\boldsymbol{r}_2}} \\ &= -\frac{1}{2}\iint(\boldsymbol{r}_2-\boldsymbol{r}_1)\cdot\frac{\partial\phi(\boldsymbol{r}_2-\boldsymbol{r}_1)}{\partial\boldsymbol{r}_2}F_2(\boldsymbol{r}_1,\boldsymbol{r}_2)\mathrm{d}^3\boldsymbol{r}_1\mathrm{d}^3\boldsymbol{r}_2 \\ &= -\frac{N^2}{2V}\int\left[\boldsymbol{r}\cdot\frac{\partial\phi(\boldsymbol{r})}{\partial\boldsymbol{r}}\right]g(\boldsymbol{r})\mathrm{d}^3\boldsymbol{r}.\end{aligned} \tag{8.6.40}$$

由(8.6.35)—(8.6.37)及(8.6.40),最后得

$$p=\frac{NkT}{V}\left[1-\frac{n}{6kT}\int\left(\boldsymbol{r}\cdot\frac{\partial\phi(\boldsymbol{r})}{\partial\boldsymbol{r}}\right)g(\boldsymbol{r})\mathrm{d}^3\boldsymbol{r}\right]. \tag{8.6.41}$$

对于球对称的相互作用势,上式化为

$$p=\frac{NkT}{V}\left[1-\frac{n}{6kT}\int_0^{\infty}\left(r\frac{\mathrm{d}\phi(r)}{\mathrm{d}r}\right)g(r)4\pi r^2\mathrm{d}r\right]. \tag{8.6.42}$$

以上我们导出了用 $g(r)$ 表达的内能与压强的公式,只需求出 $g(r)$,就可以计算出内能与物态方程.实际上,用 $g(r)$ 还可以计算其他的热力学函数,公式推导要麻烦一些,这里就不再介绍了.

8.6.4　$g(r)$的近似形式

为了使读者对 $g(r)$ 有一个具体的认识,下面用简单的办法求 $g(r)$ 的近似解.从公式(8.6.11)与(8.6.14),注意到 $N(N-1)\approx N^2$,可得

$$\begin{aligned}g(\boldsymbol{r}_1,\boldsymbol{r}_2) &= V^2\int\cdots\int \mathrm{e}^{-\Phi/kT}\mathrm{d}^3\boldsymbol{r}_3\cdots\mathrm{d}^3\boldsymbol{r}_N\Big/\int\cdots\int\mathrm{e}^{-\Phi/kT}\mathrm{d}^3\boldsymbol{r}_1\cdots\mathrm{d}^3\boldsymbol{r}_N \\ &= V^2\frac{\int\cdots\int\mathrm{e}^{-[\Phi-\phi(r_{12})]/kT}\mathrm{d}^3\boldsymbol{r}_3\cdots\mathrm{d}^3\boldsymbol{r}_N}{\int\cdots\int\mathrm{e}^{-\Phi/kT}\mathrm{d}^3\boldsymbol{r}_1\cdots\mathrm{d}^3\boldsymbol{r}_N}\mathrm{e}^{-\phi(r_{12})/kT},\end{aligned} \tag{8.6.43}$$

在最后一个等式中,我们已将直接反映粒子 1 与粒子 2 之间的相互作用势 $\phi(r_{12})=\phi(\boldsymbol{r}_2-\boldsymbol{r}_1)$ 的那一部分分出来.严格地说,被积函数中的 $[\Phi-\phi(r_{12})]$ 仍包含与 $\boldsymbol{r}_1$ 和 $\boldsymbol{r}_2$ 有关的项.现在假设气体的密度比较低,对于短程力,3 个粒子同时处于作用力程之内的机会非常小(远远小于两个粒子处于作用力程之内的机会),以致可以忽略.这相当于将(8.6.43)式中的积分

$$\int\cdots\int\mathrm{e}^{-[\Phi-\phi(r_{12})]/kT}\mathrm{d}^3\boldsymbol{r}_3\cdots\mathrm{d}^3\boldsymbol{r}_N$$

近似看成与 $\boldsymbol{r}_1$ 和 $\boldsymbol{r}_2$ 无关的常数.于是 $g(r)$ 可以近似写成($r=|\boldsymbol{r}|=|\boldsymbol{r}_2-\boldsymbol{r}_1|$)

$$g(r)=C\mathrm{e}^{-\phi(r)/kT}, \tag{8.6.44}$$

其中 C 可以由(8.6.16)确定.

图 8.6.1 给出 $g(r)$的曲线[①],其中虚线代表低密度氩原子气体,其空间关联的范围大约为 2 个分子直径($2d$)的距离.实线代表氩原子液体,其关联尺度达到几个原子直径的距离,特别值得注意的是,$g(r)$在关联范围之内出现明显的振荡行为,反映了液体具有短程序.

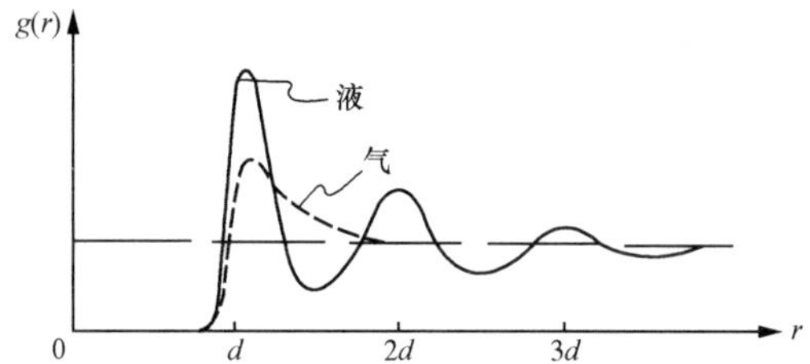

图 8.6.1 流体的径向分布函数 $g(r)$,实线与虚线分别代表氩原子液体与气体

8.6.5 几点说明

(1) 关于 BBGKY 级列(hierarchy)

求解对分布函数 $g(r)$的常规方法是求解约化分布函数 $F_1, F_2, F_3, \cdots$ 等所满足的一组联立积分微分方程,它们可以从约化分布函数的定义(8.6.24)出发直接推导出来.这组联立方程的特点是:F_1 的方程中包含 F_2,F_2 的方程中包含 F_3,……,如此等等.即低阶的分布函数的方程中出现较高一阶的分布函数.从 $F_1, F_2, \cdots$,直到 F_N,形成逐阶上升的"级列",这组联立方程称为 BBGKY (Born, Bogoliubov, Green, Kirkwood, Yvon)级列(hierarchy).显然,严格求解是不可能的,必须采用适当的"切断"近似,把某阶的分布函数用较低阶的分布函数近似表达,从而使方程封闭.采用不同的切断近似,将导致不同的近似方程.对于二体相互作用势,只需求出 F_2(或 $g(r)$)即可求出一切热力学性质.所采用的切断近似是将 F_3 用 F_1 和 F_2 近似表达.已经提出几种不同的方案,得到不同的近似方程.

以上所述是对平衡态的情形.最普遍的 BBGKY 级列方程组形式上对非平衡态也适用,它是从普遍的 N 粒子系综几率密度 $\rho_N(\boldsymbol{r}_1, \cdots, \boldsymbol{r}_s, \boldsymbol{p}_1, \cdots, \boldsymbol{p}_N, t)$(并不知道它的具体形式)出发定义各级分布函数 $F_s(\boldsymbol{r}_1, \cdots, \boldsymbol{r}_s, \boldsymbol{p}_1, \cdots, \boldsymbol{p}_N, t)$ $(s=1,2,\cdots,N)$,这时 F_s 是坐标和动量以及时间的函数.然后从关于 ρ_N 的刘维尔方程出发推导出各级分布函数所满足的积分微分方程.有兴趣的读者可以参考相关参考书[②].

(2) 关于结构因子 $S(q)$

我们知道,对于分子之间是二体相互作用的流体,只要知道了对分布函数 $g(r)$,就可求得一切热力学性质.所以 $g(r)$是一个特别重要的量.应该指出,$g(r)$还可以通过 X 射线或中子束的散射实验来确定.可以证明,射线的散射强度与 $g(r)$的傅里叶变换有密切的联系.$g(r)$的傅里叶变换称为**结构因子**(structure factor),其定义为

---

① D. Chandler, Introduction to Modern Statistical Mechanics, Oxford University Press, 1987, p. 199.

② 参看主要参考书目[11],132—134 页.

$$S(q)=1+n\int \mathrm{d}^3 \boldsymbol{r} g(r) \mathrm{e}^{\mathrm{i}\boldsymbol{q}\cdot\boldsymbol{r}}, \tag{8.6.45}$$

由实验测定 $S(q)$，通过逆傅里叶变换就可以确定 $g(r)$. 用这种办法可以检验理论近似的好坏. 对于液体，由于密度高，粒子之间的平均间距是埃(Å，1Å=10^{-10} m)的量级，因此必须用波长短的 X 射线或中子束. 液体 $S(q)$的一般形式如图 8.6.2 所示.

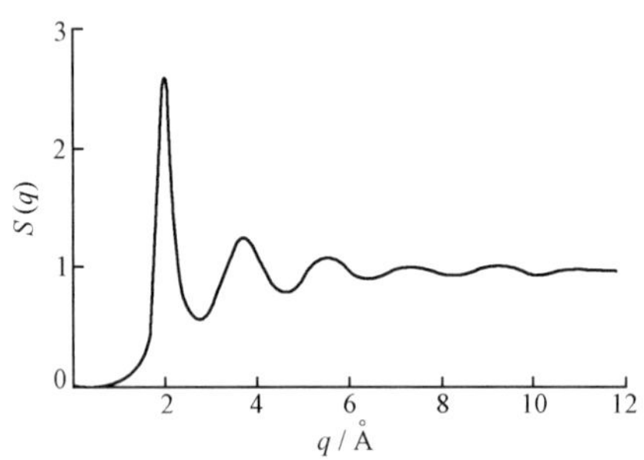

图 8.6.2 液态氩的结构因子

(取自 J. L. Yarnell *et al.*, Phys. Rev., **A7**, 2130 (1973))

(3) 计算机模拟

上面所介绍的研究稠密气体和液体的理论方法虽然都取得了相当的成功，但它们自身也存在局限性. 例如**位力展开**在计算高阶位力系数时，需要计算多重积分，工作量大大增加，且随着气体密度增大，收敛越来越慢，故该方法不适合密度较高的气体. 约化分布函数方法在求解积分微分方程时必须作切断近似，其依据不完全清楚. 由于对相互作用多粒子系统而言不可能求出严格解，如何检验模型以及理论近似的有效性，就需要有别的途径，计算机模拟可以提供极大的帮助.

随着计算机的发展，已具备大容量的高速计算机，采用**计算机模拟**(或**计算机实验**)已成为实验、理论以外的另一种极为有效的研究手段.

对于相互作用多粒子系统的统计物理研究，有两种模拟方法特别有效，即蒙特卡罗(Monte-Carlo)方法与分子动力学(molecular dynamics)方法. 读者不妨读一下参考书①，以获得一般了解.

§ 8.7 巨正则系综

8.7.1 由微正则系综导出巨正则系综

处理物体平衡性质的另一个常用的系综是**巨正则系综**(grand canonical ensemble)，它

① D. Chandler, Introduction to Modern Statistical Mechanics, Oxford University Press, 1987, Chap. 6. 书中还提供了进一步阅读的专著.

的宏观条件是：**系统与大热源及大粒子源接触达到平衡**. 这时，系统的体积仍保持固定，但系统可以与大热源发生能量交换，还可以与大粒子源发生粒子交换，因此，系统的能量与粒子数都是变量. 大热源往往同时就是大粒子源，它给予系统确定的温度与确定的化学势. 所以，巨正则系综相当于(T,V,μ)一定. 例如，对于液体与其蒸气达到平衡的情况，如果把液体看成所研究的系统，那么，与之平衡的蒸气就起着大热源同时也是大粒子源的作用. 巨正则系综所描述的系统是粒子数可以改变的开放系统.

从微正则系综导出巨正则系综的方法与§8.4推导正则系综类似. 令"1"代表系统，"2"代表大热源，同时也是大粒子源. "1"与"2"之间可以发生能量及粒子的交换，但各自的体积均保持不变. 为了用微正则系综，设想把系统和大热源及大粒子源合起来看成一个大的复合系统(见图8.7.1). 复合系统"1+2"是处于平衡态的孤立系，其总能量 E 和总粒子数 N 都是固定不变的，可以用微正则系综(为简单，省去参量 V). 令 E_1,N_1,E_2,N_2 分别代表系统与大热源及大粒子源的能量与粒子数，设"1"与"2"之间的相互作用能远小于 E_1 及 E_2，于是有

$$E = E_1 + E_2, \tag{8.7.1}$$

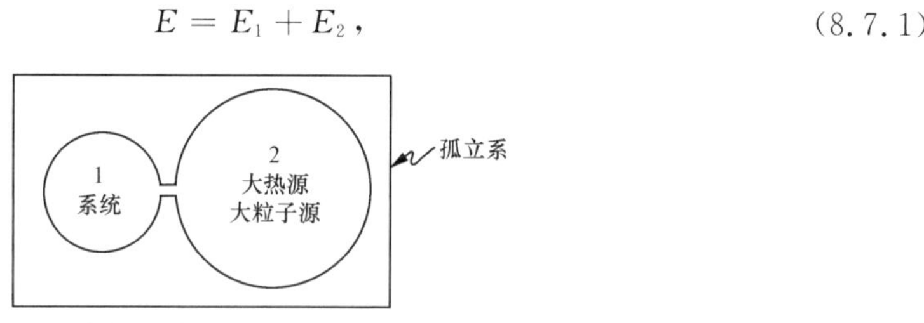

图 8.7.1 系统与大热源及大粒子源合起来构成孤立系

以及

$$N = N_1 + N_2. \tag{8.7.2}$$

令 $\Omega(N,E)$ 代表复合系统"1+2"的粒子数为 N、总能量为 E 的量子态总数. 当系统"1"取总粒子数为 N_1，能量为 E_1 的某一个特定量子态 s 时，大热源及大粒子源"2"仍可以取许许多多不同的量子态，其数目用 $\Omega_2(N-N_1,E-E_1)$ 表示，它也代表了系统"1"处于特定量子态 s 时复合系统"1+2"所有可能的量子态数. 注意到对复合系统，总粒子数 N 和总能量 E 的每一个量子态都是等几率的，因此有

$$\rho_{1s}(N_1,E_1) = \frac{\Omega_2(N-N_1,E-E_1)}{\Omega(N,E)}, \tag{8.7.3}$$

其中 $\rho_{1s}(N_1,E_1)$ 代表系统的粒子数为 N_1、能量为 E_1 的某一特定量子态 s 的几率.

根据§8.4的讨论，不能直接对 Ω_2 作二项式展开，而应该先取对数再作展开，即将(8.7.3)写成

$$\rho_{1s}(N_1,E_1) = \frac{1}{\Omega(N,E)}\exp\{\ln\Omega_2(N-N_1,E-E_1)\}, \tag{8.7.4}$$

$$\ln\Omega_2(N-N_1,E-E_1)\approx\ln\Omega_2(N,E)-\left(\frac{\partial\ln\Omega_2(N,E)}{\partial N}\right)N_1 \\ -\left(\frac{\partial\ln\Omega_2(N,E)}{\partial E}\right)E_1. \tag{8.7.5}$$

令

$$\alpha=\frac{\partial\ln\Omega_2(N,E)}{\partial N}, \tag{8.7.6}$$

$$\beta=\frac{\partial\ln\Omega_2(N,E)}{\partial E}, \tag{8.7.7}$$

将(8.7.5),(8.7.6)及(8.7.7)代入(8.7.4),并令与 N_1,E_1 无关的常数$\frac{\Omega_2(N,E)}{\Omega(N,E)}=\frac{1}{\Xi}$,于是得

$$\rho_{1s}(N_1,E_1)=\frac{1}{\Xi}\mathrm{e}^{-\alpha N_1-\beta E_1}. \tag{8.7.8}$$

根据§8.4的讨论,参数 β 只是大热源温度的函数,即 $\beta=\beta(T)$. 通过计算一个具体的物质系统并与实验结果比较即可确定 $\beta(T)$的具体形式,这样最后可得

$$\beta=\frac{1}{kT}. \tag{8.7.9}$$

参数 α 与化学势有关,这可以论证如下. 设想有两个不同的系统"1"与"1′",它们都与同一大热源兼大粒子源接触达到平衡. 按公式(8.7.6),"1"与"1′"应有相同的 α;另一方面,根据热力学,"1"与"1′"应当有相同的 T 与 μ. 所以,α 必定是(T,μ)的函数,即 $\alpha=\alpha(T,\mu)$;至于其具体形式,需要进一步通过与热力学基本方程的对比加以确定(见后面的(8.7.22)),最后可得

$$\alpha=-\frac{\mu}{kT}. \tag{8.7.10}$$

现在把(8.7.8)式的下标"1"去掉,改写成

$$\rho_{Ns}=\frac{1}{\Xi}\mathrm{e}^{-\alpha N-\beta E_s}. \tag{8.7.11}$$

上式是巨正则系综的几率分布,它代表系统处于粒子数为 N、能量为 E_s 的量子态 s 的几率. 其中 N 与 E_s 均为变量,Ξ 由归一化条件确定,即

$$\sum_{N=0}^{\infty}\sum_s\rho_{Ns}=1, \tag{8.7.12}$$

得

$$\Xi=\sum_{N=0}^{\infty}\sum_s\mathrm{e}^{-\alpha N-\beta E_s}. \tag{8.7.13}$$

式中对粒子数的求和上限取为∞,这是考虑到粒子源很大;不过以后会看到,实际上最重要

的贡献只在 $\bar{N}$ 附近的一定范围. $\Xi=\Xi(\alpha,\beta,\{y_\lambda\})$,是 α,β 与外参量 $\{y_\lambda\}$ 的函数,Ξ 是通过 E_s 而依赖于 $\{y_\lambda\}$ 的. Ξ 称为**巨配分函数**,(8.7.13)还可以改写成

$$\Xi=\sum_0^\infty \mathrm{e}^{-\alpha N}\Big(\sum_s \mathrm{e}^{-\beta E_s}\Big)=\sum_{N=0}^\infty \mathrm{e}^{-\alpha N}Z_N, \tag{8.7.14}$$

其中

$$Z_N=\sum_s \mathrm{e}^{-\beta E_s}$$

是粒子数为 N 的正则系综配分函数. 从(8.7.14),也可以把巨正则系综理解成包含许许多多不同粒子数的正则系综的集合,但不同粒子数 N 受 $\mathrm{e}^{-\alpha N}$ 因子及 Z_N 的影响,对 Ξ 的贡献是不同的.

8.7.2 巨正则系综计算热力学量的公式

下面的推导可以参看§8.4及§7.10,这里不多作说明,只列出主要步骤与结果.

$$\begin{aligned}\bar{N}&=\sum_N\sum_s N\rho_{Ns}=\frac{1}{\Xi}\sum_N\sum_s N\mathrm{e}^{-\alpha N-\beta E_s}\\&=\frac{1}{\Xi}\Big(-\frac{\partial}{\partial\alpha}\sum_N\sum_s \mathrm{e}^{-\alpha N-\beta E_s}\Big)=-\frac{\partial}{\partial\alpha}\ln\Xi,\end{aligned} \tag{8.7.15}$$

$$\begin{aligned}\bar{E}&=\sum_N\sum_s E_s\rho_{Ns}=\frac{1}{\Xi}\sum_N\sum_s E_s\mathrm{e}^{-\alpha N-\beta E_s}\\&=\frac{1}{\Xi}\Big(-\frac{\partial}{\partial\beta}\sum_N\sum_s \mathrm{e}^{-\alpha N-\beta E_s}\Big)=-\frac{\partial}{\partial\beta}\ln\Xi,\end{aligned} \tag{8.7.16}$$

$$\begin{aligned}\bar{Y}_l&=\sum_N\sum_s\Big(\frac{\partial E_s}{\partial y_l}\Big)\rho_{Ns}=\frac{1}{\Xi}\sum_N\sum_s\frac{\partial E_s}{\partial y_l}\mathrm{e}^{-\alpha N-\beta E_s}\\&=\frac{1}{\Xi}\Big(-\frac{1}{\beta}\frac{\partial}{\partial y_l}\sum_N\sum_s \mathrm{e}^{-\alpha N-\beta E_s}\Big)=-\frac{1}{\beta}\frac{\partial}{\partial y_l}\ln\Xi,\end{aligned} \tag{8.7.17}$$

特殊情况:对 $y_l=V$,$\bar{Y}_l=-p$,得

$$p=\frac{1}{\beta}\frac{\partial}{\partial V}\ln\Xi. \tag{8.7.18}$$

计算熵要通过与热力学基本微分方程对比的办法,完全类似§7.10,可以证明(请读者自己完成)

$$\beta\Big(\mathrm{d}\bar{E}-\sum_l\bar{Y}_l\mathrm{d}y_l\Big)=\mathrm{d}\Big(\ln\Xi-\alpha\frac{\partial}{\partial\alpha}\ln\Xi-\beta\frac{\partial}{\partial\beta}\ln\Xi\Big)-\alpha\mathrm{d}\bar{N}, \tag{8.7.19}$$

与粒子数可变系统的热力学基本微分方程

$$\frac{1}{T}\Big(\mathrm{d}\bar{E}-\sum_l\bar{Y}_l\mathrm{d}y_l\Big)=\mathrm{d}S+\frac{\mu}{T}\mathrm{d}\bar{N} \tag{8.7.20}$$

比较,当 $\mathrm{d}\bar{N}=0$ 时,β 与 $\frac{1}{T}$ 都是 $\mathrm{d}Q=\mathrm{d}\bar{E}-\sum_l\bar{Y}_l\mathrm{d}y_l$ 的积分因子,可令 $\beta=1/kT$,k 是一常

数. 于是可得

$$S = k\left(\ln\Xi - \alpha\frac{\partial}{\partial\alpha}\ln\Xi - \beta\frac{\partial}{\partial\beta}\ln\Xi\right)\quad（已选\ S_0 = 0）. \tag{8.7.21}$$

当 $\mathrm{d}\overline{N}\neq 0$ 时，利用(8.7.21)，并比较(8.7.19)与(8.7.20)，得

$$\alpha = -\frac{\mu}{kT}. \tag{8.7.22}$$

自由能 F 与巨势 Ψ 的公式为

$$F \equiv \bar{E} - TS = -kT\ln\Xi + kT\alpha\frac{\partial}{\partial\alpha}\ln\Xi, \tag{8.7.23}$$

$$\Psi \equiv F - G = F - \overline{N}\mu = -kT\ln\Xi. \tag{8.7.24}$$

热力学中曾证明，均匀系的巨势作为(T,V,μ)的函数是特性函数，只要知道 $\Psi(T,V,\mu)$ 就可以计算出其他一切热力学性质. (8.7.24)给出 Ψ 与 $\ln\Xi$ 的直接联系，从(8.7.16)，(8.7.17)与(8.7.21)可以看出，只要计算出巨配分函数 Ξ，则基本热力学函数内能、物态方程与熵就确定了，从而一切热力学性质完全确定. 热力学理论本身并不能计算特性函数，需要关于物态方程和热容的实验知识. 统计物理可以从理论上计算特性函数.

8.7.3　巨正则系综的粒子数涨落与能量涨落

巨正则系综中出现的新的涨落是总粒子数的涨落：

$$\overline{(\Delta N)^2} = \overline{(N-\overline{N})^2} = \overline{N^2} - \overline{N}^2, \tag{8.7.25}$$

$$\begin{aligned}\overline{N^2} &= \sum_N\sum_s N^2\rho_{Ns} = \frac{1}{\Xi}\left(\frac{\partial^2}{\partial\alpha^2}\sum_N\sum_s \mathrm{e}^{-\alpha N-\beta E_s}\right)\\ &= \frac{1}{\Xi}\frac{\partial^2}{\partial\alpha^2}\Xi = \overline{N}^2 - \left(\frac{\partial\overline{N}}{\partial\alpha}\right)_{\beta,V},\end{aligned} \tag{8.7.26}$$

于是得

$$\overline{(\Delta N)^2} = -\left(\frac{\partial\overline{N}}{\partial\alpha}\right)_{\beta,V} = kT\left(\frac{\partial\overline{N}}{\partial\mu}\right)_{T,V}. \tag{8.7.27}$$

上式中特别标出了求偏微商时的不变量，提醒读者小心. 为了进一步用可观测量表达上式右方的 $\left(\frac{\partial\overline{N}}{\partial\mu}\right)_{T,V}$，利用热力学公式(3.6.11)

$$\mathrm{d}\mu = -s\mathrm{d}T + v\mathrm{d}p,$$

其中 $s=S/\overline{N}$，$v=V/\overline{N}$，可得

$$\left(\frac{\partial\mu}{\partial v}\right)_T = v\left(\frac{\partial p}{\partial v}\right)_T,$$

或

$$-\frac{\bar{N}^2}{V}\left(\frac{\partial\mu}{\partial\bar{N}}\right)_{T,V}=V\left(\frac{\partial p}{\partial V}\right)_{T,\bar{N}},$$

亦即

$$\left(\frac{\partial\bar{N}}{\partial\mu}\right)_{T,V}=-\frac{\bar{N}^2}{Y^2}\left(\frac{\partial V}{\partial p}\right)_{T,\bar{N}}=\frac{\bar{N}^2}{V}\kappa_T,\tag{8.7.28}$$

其中 κ_T 为等温压缩系数. 由(8.7.27)与(8.7.28),得粒子数的相对涨落为

$$\frac{\overline{(\Delta N)^2}}{\bar{N}^2}=\frac{kT}{V}\kappa_T.\tag{8.7.29}$$

注意到 T 与 κ_T 均为强度量,故粒子数的相对涨落(均方根值)的量级为

$$\frac{\sqrt{\overline{(\Delta N)^2}}}{\bar{N}}\sim\frac{1}{\sqrt{V}}\sim\frac{1}{\sqrt{\bar{N}}}\sim O(\bar{N}^{-1/2}),\tag{8.7.30}$$

上式表明,对巨正则系综,尽管系统的总粒子数允许与大粒子源发生交换,因而总粒子数有涨落,但粒子数的相对涨落在热力学极限下(即 $\bar{N}\to\infty,V\to\infty$,但$\frac{\bar{N}}{V}=n$ 保持固定)为零.

下面讨论能量涨落

$$\overline{(\Delta E)^2}=\overline{E^2}-\bar{E}^2,\tag{8.7.31}$$

$$\begin{aligned}\overline{E^2}&=\sum_N\sum_s E_s^2\rho_{Ns}=\frac{1}{\Xi}\left(\frac{\partial^2}{\partial\beta^2}\sum_N\sum_s e^{-\alpha N-\beta E_s}\right)\\&=\frac{1}{\Xi}\frac{\partial^2}{\partial\beta^2}\Xi\\&=\bar{E}^2-\left(\frac{\partial\bar{E}}{\partial\beta}\right)_{\alpha,V},\end{aligned}\tag{8.7.32}$$

得

$$\overline{(\Delta E)^2}=-\left(\frac{\partial\bar{E}}{\partial\beta}\right)_{\alpha,V}=kT^2\left(\frac{\partial\bar{E}}{\partial T}\right)_{\alpha,V}.\tag{8.7.33}$$

注意,上式中的偏微商是在 α,V 不变下计算的,通常的 C_V 定义为 $C_V=\left(\frac{\partial\bar{E}}{\partial T}\right)_{\bar{N},V}$. 利用变数变换公式

$$\begin{aligned}\left(\frac{\partial\bar{E}}{\partial T}\right)_{\alpha,V}&=\left(\frac{\partial\bar{E}}{\partial T}\right)_{\bar{N},V}+\left(\frac{\partial\bar{E}}{\partial\bar{N}}\right)_{T,V}\left(\frac{\partial\bar{N}}{\partial T}\right)_{\alpha,V}\\&=C_V+\left(\frac{\partial\bar{E}}{\partial\bar{N}}\right)_{T,V}\left(\frac{\partial\bar{N}}{\partial T}\right)_{\alpha,V},\end{aligned}\tag{8.7.34}$$

又由

$$\bar{N}=-\left(\frac{\partial\ln\Xi}{\partial\alpha}\right)_{\beta,V},\bar{E}=-\left(\frac{\partial\ln\Xi}{\partial\beta}\right)_{\alpha,V},$$

得

$$\left(\frac{\partial \bar{N}}{\partial \beta}\right)_{\alpha,V}=\left(\frac{\partial \bar{E}}{\partial \alpha}\right)_{\beta,V},$$

或

$$\left(\frac{\partial \bar{N}}{\partial T}\right)_{\alpha,V}=\frac{1}{T}\left(\frac{\partial \bar{E}}{\partial \mu}\right)_{T,V}. \tag{8.7.35}$$

将(8.7.35)与(8.7.34)代入(8.7.33),得

$$\begin{aligned}\overline{(\Delta E)^2}&=kT^2C_V+kT\left(\frac{\partial \bar{E}}{\partial \bar{N}}\right)_{T,V}\left(\frac{\partial \bar{E}}{\partial \mu}\right)_{T,V}\\&=kT^2C_V+kT\left(\frac{\partial \bar{E}}{\partial \bar{N}}\right)_{T,V}\left(\frac{\partial \bar{E}}{\partial \bar{N}}\right)_{T,V}\left(\frac{\partial \bar{N}}{\partial \mu}\right)_{T,V}\\&=(\overline{\Delta E^2})_{\mathrm{CE}}+\overline{(\Delta N)^2}\left\{\left(\frac{\partial \bar{E}}{\partial \bar{N}}\right)_{T,V}\right\}^2,\end{aligned} \tag{8.7.36}$$

其中,$\left(\overline{(\Delta E)^2}\right)_{\mathrm{CE}}$代表正则系综的能量涨落,第二项代表粒子数涨落的贡献.公式(8.7.36)右边第一项量级为$O(N)$,第二项的量级也是$O(N)$,故巨正则系综的能量涨落$\overline{(\Delta E)^2}\sim O(N)$,因而

$$\frac{\sqrt{\overline{(\Delta E)^2}}}{\bar{E}}\sim O\left(\frac{1}{\sqrt{N}}\right), \tag{8.7.37}$$

当$N\gg 1$时,可以忽略.

8.7.4 经典极限下巨正则系综的表达形式

经典极限条件仍然是:$\lambda_T\ll\overline{\delta r}\sim n^{-1/3}$;$\Delta E\ll kT$.

在满足经典极限条件下,巨正则系综的几率分布与巨配分函数代之以下列形式(设只有一种粒子,N个粒子的自由度为$s=Nr$):

$$\rho_N(q_1,\cdots,p_s)\mathrm{d}\Omega_N=\frac{1}{\Xi N!h^{Nr}}\mathrm{e}^{-\alpha N-\beta E_N(q_1,\cdots,p_s)}\mathrm{d}\Omega_N, \tag{8.7.38}$$

$$\mathrm{d}\Omega_N=\mathrm{d}q_1\cdots\mathrm{d}q_s\mathrm{d}p_1\cdots\mathrm{d}p_s,$$

$E_N(q_1\cdots q_s,p_1\cdots p_s)$代表总粒子数为$N$时系统的哈密顿量(或微观总能量,可以包含粒子之间存在相互作用能的普遍情形),$\mathrm{d}\Omega_N$是粒子数为N时的相体元.归一化条件为

$$\sum_N\int\rho_N\mathrm{d}\Omega_N=1, \tag{8.7.39}$$

其中积分是在总粒子数为N时的相空间积分,$\sum\limits_N$一般允许从0到∞(但特殊情况要视具体问题而定,例如§8.8中固体表面吸附的例子).巨配分函数为

$$\Xi=\sum_N\mathrm{e}^{-\alpha N}Z_N, \tag{8.7.40}$$

$$Z_N = \frac{1}{N!h^{Nr}}\int e^{-\beta E_N} d\Omega_N.$$

热力学量的表达式(即与 $\ln\Xi$ 的关系式)不变(见 8.7.2 小节诸公式).

§8.8 巨正则系综应用例子

例 1 单原子分子理想气体的热力学函数.

设理想气体满足经典极限条件,并忽略分子的内部自由度. 由(8.7.14),(8.4.36)及(8.4.37),

$$\Xi = \sum_{N=0}^{\infty} e^{-\alpha N} Z_N, \tag{8.8.1}$$

$$Z_N = \frac{1}{N!h^{3N}}\int e^{-\beta E_N} d\Omega_N = \frac{Z^N}{N!}, \tag{8.8.2}$$

$$Z = \frac{V}{h^3}\left(\frac{2\pi m}{\beta}\right)^{3/2}. \tag{8.8.3}$$

将(8.8.2),(8.8.3)代入(8.8.1),得

$$\Xi = \sum_{N=0}^{\infty} \frac{(e^{-\alpha}Z)^N}{N!} = \exp(e^{-\alpha}Z), \tag{8.8.4}$$

故有

$$\ln\Xi = e^{-\alpha}Z = \frac{V}{h^3}\left(\frac{2\pi m}{\beta}\right)^{3/2} e^{-\alpha}. \tag{8.8.5}$$

(8.8.5)给出了巨配分函数 $\Xi=\Xi(\alpha,\beta,V)$ 与 α,β,V 的明显依赖关系. $\alpha=-\mu/kT$ 直接联系着化学势. 虽然巨正则系综相当于(T,V,μ)一定,但在大多数情况下,μ 并不是实验上直接可观测的量,不同于温度、体积、压强等. 化学势是需要确定的量,确定化学势通常是用平均总粒子数的公式,即

$$\overline{N} = -\frac{\partial}{\partial\alpha}\ln\Xi, \tag{8.8.6}$$

利用(8.8.5),即得

$$\overline{N} = e^{-\alpha}Z, \tag{8.8.7}$$

或

$$e^{-\alpha} = \frac{\overline{N}}{Z} = \frac{\overline{N}h^3}{V(2\pi mkT)^{3/2}} = \frac{nh^3}{(2\pi mkT)^{3/2}}, \tag{8.8.8}$$

其中 $n=\overline{N}/V$ 为气体粒子数密度. 由(8.7.22),即得化学势

$$\mu = -kT\alpha = kT\ln\left[\frac{nh^3}{(2\pi mkT)^{3/2}}\right]. \tag{8.8.9}$$

由 $\ln\Xi$ 的公式(8.8.5),(8.7.16),(8.7.18)及(8.7.21),得

$$\bar{E} = -\frac{\partial}{\partial\beta}\ln\Xi = \frac{3}{2}\bar{N}kT, \tag{8.8.10}$$

$$p = \frac{1}{\beta}\frac{\partial}{\partial V}\ln\Xi = \frac{\bar{N}kT}{V} = nkT, \tag{8.8.11}$$

$$\begin{aligned} S &= k\left(\ln\Xi - \alpha\frac{\partial}{\partial\alpha}\ln\Xi - \beta\frac{\partial}{\partial\beta}\ln\Xi\right) \\ &= \frac{3}{2}\bar{N}k\ln T + \bar{N}k\ln\frac{V}{\bar{N}} + \frac{3}{2}\bar{N}k\left\{\frac{5}{3} + \ln\left[\frac{2\pi mk}{h^2}\right]\right\}. \end{aligned} \tag{8.8.12}$$

这里有几点值得提一下:

(1) 可以看出,用巨正则系综求得的诸热力学量与§8.4中用正则系综求得的完全一致(只需用 $\bar{N}$ 代替§8.4中相应公式中的 N),这说明巨正则系综与正则系综在计算热力学性质上是完全等效的.我们不必拘泥于两种系综"宏观条件"的不同.在计算热力学性质时,选用哪一个系综只不过相当于选用不同的独立变量,**即使闭合系统,我们也可以用巨正则系综**,实际上最后用以表达的可观测变量是 $n=\bar{N}/V, T, p$ 等,只需要把 $\bar{N}$ 用 N 或 nV 表示出即可.

(2) 从这个例子还可以看到,用巨正则系综需要对粒子数求和,但这并不使计算更复杂.事实上,在许多情况下,反而使计算更方便.在对稠密气体的集团展开,约化分布函数等处理中都可以用巨正则系综,并显示出其方便之处.

(3) (8.8.12)给出的熵是广延量,这个正确的结果是由于在 Z_N 的公式中包含了 $1/N!$ 因子,这是量子统计理论正确地反映了粒子全同性原理的必然结果,求得的熵也不会出现吉布斯佯谬的困难.

例 2 固体表面的吸附率.

设一固体表面有 N_0 个吸附中心,且每一吸附中心最多只能吸附一个气体分子,被吸附分子与自由态分子相比具有能量 $-\varepsilon_0$(见图 8.8.1).定义吸附率为

$$\theta \equiv \frac{\bar{N}}{N_0} = \frac{\text{被吸附分子平均数}}{\text{吸附中心总数}}, \tag{8.8.13}$$

设外部气体为处于室温的单原子分子理想气体.求当被吸附分子与外部气体达到平衡时的吸附率 θ.

对这个问题有不同的解法,这里采用巨正则系综.设想把吸附面上被吸附的分子看成系统,而把外部气体当作大热源兼大粒子源,根据热力学平衡条件,当达到平衡时,被吸附的分子与外部气体有相同的温度 T 和化学势 μ.当有 N 个分子被吸附时,系统的能量为

$$E_{Ns} = -N\varepsilon_0, \tag{8.8.14}$$

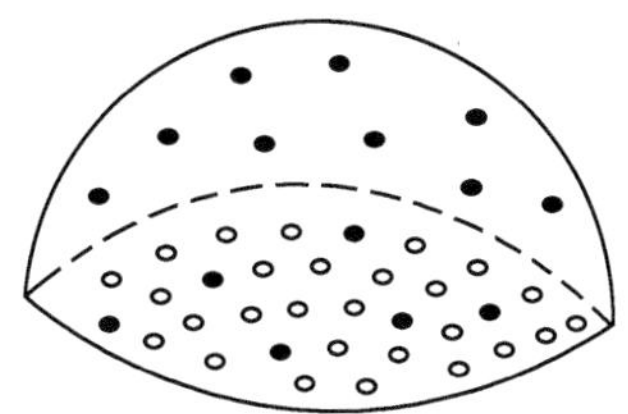

图 8.8.1 固体表面的吸附中心对其外部气体分子的吸附

被吸附分子的巨配分函数为

$$\Xi = \sum_{N=0}^{N_0} \sum_s \mathrm{e}^{-\alpha N - \beta E_{Ns}} = \sum_{N=0}^{N_0} \sum_s \mathrm{e}^{\beta(\mu+\varepsilon_0)N}, \tag{8.8.15}$$

上式中 s 代表有 N 个被吸附分子的某一特定的微观态. 需要注意的是,对 N 的求和上限是 N_0,即吸附中心总数.

由于对一定 N 的不同微观态,它们的能量是相同的,等于 $-N\varepsilon_0$,这个能量所对应的态数应等于 N_0 个吸附中心中占据 N 个的不同占据方式,它等于

$$\frac{N_0!}{N!(N_0-N)!},$$

故 Ξ 可改写成:

$$\Xi = \sum_{N=0}^{N_0} \frac{N_0!}{N!(N_0-N)!}\left[\mathrm{e}^{\beta(\mu+\varepsilon_0)}\right]^N. \tag{8.8.16}$$

利用二项式展开公式,(8.8.16)化为

$$\Xi = \left[1+\mathrm{e}^{\beta(\mu+\varepsilon_0)}\right]^{N_0}, \tag{8.8.17}$$

即有

$$\ln\Xi = N_0 \ln\left[1+\mathrm{e}^{\beta(\mu+\varepsilon_0)}\right]. \tag{8.8.18}$$

上式给出了巨配分函数与 α(或 μ)及 β 的明显的函数关系. 被吸附的分子的平均数为

$$\overline{N} = -\frac{\partial}{\partial\alpha}\ln\Xi = \frac{1}{\beta}\frac{\partial}{\partial\mu}\ln\Xi. \tag{8.8.19}$$

将(8.8.18)代入上式,得

$$\overline{N} = N_0 \frac{\mathrm{e}^{\beta(\mu+\varepsilon_0)}}{1+\mathrm{e}^{\beta(\mu+\varepsilon_0)}} = \frac{N_0}{1+\mathrm{e}^{-\beta(\mu+\varepsilon_0)}}, \tag{8.8.20}$$

于是得

$$\theta \equiv \frac{\overline{N}}{N_0} = \frac{1}{1+\mathrm{e}^{-\beta(\mu+\varepsilon_0)}}. \tag{8.8.21}$$

由于式中的 μ 也就是外部气体的化学势,由所设条件,外部气体是满足经典极限条件的理想气体,其化学势已由(8.8.9)给出,

$$\mathrm{e}^{-\beta\mu} = \frac{(2\pi mkT)^{3/2}}{nh^3} = \frac{(2\pi mkT)^{3/2}kT}{ph^3}, \tag{8.8.22}$$

上式中已用到外部理想气体的物态方程 $p=nkT$，并将 $\mathrm{e}^{-\beta\mu}$ 用(T,p)表达出来. 将(8.8.22)代入(8.8.21)，最后得

$$\theta=\frac{\bar{N}}{N_0}=\frac{p}{p+\dfrac{(2\pi m)^{3/2}}{h^3}(kT)^{5/2}\mathrm{e}^{-\varepsilon_0/kT}}. \tag{8.8.23}$$

上式表明，θ 随 p 的上升而增大，随 T 的上升而减小.

*§8.9 由巨正则系综推导费米分布与玻色分布

本节将从巨正则系综出发导出费米分布与玻色分布，目的有三：

(1) 直接证明系综平均的平均分布与最可几分布相等. 在第七章中，我们用最可几分布法导出了费米分布和玻色分布，我们曾经论证，由于分布的几率 $P(\{a_\lambda\})$ 具有尖锐成峰的极大，因而最可几分布就等于平均分布. 本节将直接通过求巨正则系综的平均而证明这一结论.

(2) 本节的证明无需应用斯特令公式，无需假设 $a_\lambda\gg1$，从而克服了第七章中的证明在数学上的不足.

(3) 对理想费米气体与理想玻色气体，很自然地得到巨配分函数的表达式；而不像在§7.10 中那样作为定义引入.

巨正则系综的几率分布为

$$\rho_{Ns}=\frac{1}{\Xi}\mathrm{e}^{-\alpha N-\beta E_{Ns}}, \tag{8.9.1}$$

它代表系统处于总粒子数为 N、总能量为 E_{Ns} 的量子态 s 的几率. 巨配分函数 Ξ 为：

$$\Xi=\sum_{N=0}^{\infty}\sum_{s}\mathrm{e}^{-\alpha N-\beta E_{Ns}}, \tag{8.9.2}$$

上式中 $\sum\limits_{s}$ 是在一定总粒子数 N 的情况下，对一切量子态 s 求和(包括粒子数为 N 的一切可能的能量值之下的所有不同的量子态). 下面的计算，关键是把 N 与 E_N 用子系(粒子)按能级的分布 $\{a_\lambda\}$ 表达出来. (8.9.2)可以改写如下：

$$\Xi=\sum_{N=0}^{\infty}\sum_{s}{}'\mathrm{e}^{-\alpha N-\beta E_{Ns}}=\sum_{N=0}^{\infty}\sum_{E_N}\sum_{s}{}''\mathrm{e}^{-\alpha N-\beta E_{Ns}}, \tag{8.9.3}$$

上式右边第二个等式中对量子态的求和写成 $\sum\limits_{s}{}''$，特意在求和号上方加“ $''$ ”以表示求和是对特定总粒子数 N 与特定总能量 E_N 这两个条件下的那些量子态. 右边第一个等式中的 $\sum\limits_{s}{}'$ 则代表求和是对特定总粒子数 N 这一个条件(与(8.9.2) 相同，只是这里特意写成 $\sum\limits_{s}{}'$).

现在可以用粒子按能级的分布 $\{a_\lambda\}$ 将(8.9.3)表达成：

$$\Xi=\sum_{N=0}^{\infty}\sum_{E_N}\sum_{\{a_\lambda\}}{}'' W(\{a_\lambda\})\mathrm{e}^{-\alpha\sum_\lambda a_\lambda-\beta\sum_\lambda a_\lambda\varepsilon_\lambda},\tag{8.9.4}$$

其中已经用到总粒子数 N 与总能量 E_N 用$\{a_\lambda\}$及$\{\varepsilon_\lambda\}$的表达式：

$$N=\sum_\lambda a_\lambda,\tag{8.9.5a}$$

$$E_N=\sum_\lambda a_\lambda\varepsilon_\lambda.\tag{8.9.5b}$$

(8.9.4)中的 $W(\{a_\lambda\})$代表分布$\{a_\lambda\}$在满足(8.9.5a)与(8.9.5b)下的量子态数.

对于巨正则系综，粒子数与能量均可变，注意到(8.9.4)中对 N 及 E_N 的求和，则(8.9.4)可以写成

$$\Xi=\sum_{\{a_\lambda\}}W(\{a_\lambda\})\mathrm{e}^{-\sum_\lambda(\alpha+\beta\varepsilon_\lambda)a_\lambda},\tag{8.9.6}$$

上式中的 $\sum_{\{a_\lambda\}}$ 表示对一切可能的分布求和(已没有粒子数与能量的限制了). 将 Ξ 用分布$\{a_\lambda\}$表达成(8.9.6)的形式是推导中的关键一步.

上面的推导对理想费米气体和理想玻色气体都是一样的. 现在利用 $W(\{a_\lambda\})$的表达式(7.9.3)与(7.9.4)，并统一地写成

$$W(\{a_\lambda\})=\prod_\lambda W_\lambda,\tag{8.9.7}$$

其中

$$W_\lambda=\begin{cases}\dfrac{g_\lambda!}{a_\lambda!(g_\lambda-a_\lambda)!} & (\text{费米子}),\qquad(8.9.8\text{a})\\[2ex] \dfrac{(g_\lambda+a_\lambda-1)!}{a_\lambda!(g_\lambda-a_\lambda)!} & (\text{玻色子}).\qquad(8.9.8\text{b})\end{cases}$$

利用(8.9.7)，则(8.9.6)可以写成

$$\begin{aligned}\Xi&=\sum_{\{a_\lambda\}}\prod_\lambda\left[W_\lambda\mathrm{e}^{-(\alpha+\beta\varepsilon_\lambda)a_\lambda}\right]\\&=\sum_{a_1}\sum_{a_2}\cdots\sum_{a_\lambda}\cdots\left[W_1\mathrm{e}^{-(\alpha+\beta\varepsilon_1)a_1}\right]\times\left[W_2\mathrm{e}^{-(\alpha+\beta\varepsilon_2)a_2}\right]\\&\quad\times\cdots\times\left[W_\lambda\mathrm{e}^{-(\alpha+\beta\varepsilon_\lambda)a_\lambda}\right]\times\cdots\\&=\left[\sum_{a_1}W_1\mathrm{e}^{-(\alpha+\beta\varepsilon_1)a_1}\right]\times\left[\sum_{a_2}W_2\mathrm{e}^{-(\alpha+\beta\varepsilon_2)a_2}\right]\\&\quad\times\cdots\times\left[\sum_{a_\lambda}W_\lambda\mathrm{e}^{-(\alpha+\beta\varepsilon_\lambda)a_\lambda}\right]\times\cdots\\&=\prod_\lambda\left[\sum_{a_\lambda}W_\lambda\mathrm{e}^{-(\alpha+\beta\varepsilon_\lambda)a_\lambda}\right]\\&=\prod_\lambda\Xi_\lambda,\end{aligned}\tag{8.9.9a}$$

其中

$$\Xi_\lambda \equiv \sum_{a_\lambda} W_\lambda \mathrm{e}^{-(\alpha+\beta\varepsilon_\lambda)a_\lambda}. \tag{8.9.9b}$$

公式(8.9.9a)与(8.9.9b)对费米子与玻色子是一样的;但在下面的计算中要区别对待.

对理想费米气体,利用(8.9.8a),注意到泡利原理要求 $a_\lambda \leqslant g_\lambda$,故有

$$\Xi_\lambda = \sum_{a_\lambda=0}^{g_\lambda} \frac{g_\lambda!}{a_\lambda!(g_\lambda - a_\lambda)!} \mathrm{e}^{-(\alpha+\beta\varepsilon_\lambda)a_\lambda} = [1+\mathrm{e}^{-\alpha-\beta\varepsilon_\lambda}]^{g_\lambda}, \tag{8.9.10}$$

第二个等式利用了二项式展开的公式.

对理想玻色气体,利用(8.9.8b),并注意到 a_λ 可取 0 与一切正整数,于是有

$$\Xi_\lambda = \sum_{a_\lambda=0}^{\infty} \frac{(g_\lambda + a_\lambda - 1)!}{a_\lambda!(g_\lambda - a_\lambda)!} \mathrm{e}^{-(\alpha+\beta\varepsilon_\lambda)a_\lambda}. \tag{8.9.11}$$

利用下列展开:

$$\begin{aligned}(1-x)^{-m} = 1 &+ \frac{(-m)}{1!}(-x) \\ &+ \frac{(-m)(-m-1)}{2!}(-x)^2 + \cdots \\ &+ \frac{(-m)(-m-1)\cdots(-m-n+1)}{n!}(-x)^n \\ &+ \cdots,\end{aligned}$$

其一般项可写成

$$(-1)^n \frac{(m+n-1)\cdots(m+1)m}{n!}(-1)^n x^n = \frac{(m+n-1)!}{n!(m-1)!}x^n,$$

于是(8.9.11)化为

$$\Xi_\lambda = [1-\mathrm{e}^{-\alpha-\beta\varepsilon_\lambda}]^{-g_\lambda}. \tag{8.9.12}$$

现在,(8.9.12)与(8.9.10)可以统一地写成

$$\Xi_\lambda = [1 \pm \mathrm{e}^{-\alpha-\beta\varepsilon_\lambda}]^{\pm g_\lambda}, \tag{8.9.13}$$

$$\Xi = \prod_\lambda \Xi_\lambda = \prod_\lambda (1 \pm \mathrm{e}^{-\alpha-\beta\varepsilon_\lambda})^{\pm g_\lambda}. \tag{8.9.14}$$

亦即

$$\ln\Xi = \pm \sum_\lambda g_\lambda \ln(1 \pm \mathrm{e}^{-\alpha-\beta\varepsilon_\lambda}). \quad \begin{pmatrix}+\text{: 理想费米气体} \\ -\text{: 理想玻色气体}\end{pmatrix} \tag{8.9.15}$$

从上面的推导可以清楚看出,在§7.10 中引入的 Ξ 正是巨配分函数,当时作为定义引入,现在是很自然的结果.

下面来求分布的巨正则系综平均 $\bar{a}_\lambda$,类似地,关键是将对量子态的求和用对分布的求和来表达,

$$\begin{aligned}\bar{a}_k &= \sum_N \sum_s a_k \rho_{Ns} \\ &= \frac{1}{\Xi} \sum_N \sum_{E_s} \sum_{\{a_\lambda\}}{}'' a_k W(\{a_\lambda\}) \mathrm{e}^{-\sum_\lambda (\alpha+\beta\varepsilon_\lambda)a_\lambda},\end{aligned} \tag{8.9.16}$$

上式中的

$$\frac{1}{\Xi}W(\{a_\lambda\})\mathrm{e}^{-\sum\limits_{\lambda}(\alpha+\beta\varepsilon_\lambda)a_\lambda}$$

代表分布$\{a_\lambda\}$出现的几率.注意到 $\sum\limits_{N}\sum\limits_{E_s}\sum\limits_{\{a_\lambda\}}''$ 代表对一切可能的分布求和,故(8.9.16)可以写成

$$\begin{aligned}\bar{a}_k &= \frac{1}{\Xi}\sum_{\{a_\lambda\}}a_k\prod_\lambda\left[W_\lambda\mathrm{e}^{-(\alpha+\beta\varepsilon_\lambda)a_\lambda}\right]\\ &= \frac{\left[\sum\limits_{a_k}a_kW_k\mathrm{e}^{-(\alpha+\beta\varepsilon_k)a_k}\right]\prod\limits_{\lambda\neq k}\left[\sum\limits_{a_\lambda}W_\lambda\mathrm{e}^{-(\alpha+\beta\varepsilon_\lambda)a_\lambda}\right]}{\left[\sum\limits_{a_k}W_k\mathrm{e}^{-(\alpha+\beta\varepsilon_k)a_k}\right]\prod\limits_{\lambda\neq k}\left[\sum\limits_{a_\lambda}W_\lambda\mathrm{e}^{-(\alpha+\beta\varepsilon_\lambda)a_\lambda}\right]}\\ &= \frac{1}{\Xi_k}\left[-\frac{\partial}{\partial\alpha}\sum_{a_k}W_k\mathrm{e}^{-(\alpha+\beta\varepsilon_k)a_k}\right]\\ &= -\frac{\partial}{\partial\alpha}\ln\Xi_k.\end{aligned}\tag{8.9.17}$$

重新把 k 改写为 λ,用(8.9.13),

$$\ln\Xi_\lambda = \pm g_\lambda\ln(1\pm\mathrm{e}^{-\alpha-\beta\varepsilon_\lambda}),$$

于是得

$$\bar{a}_\lambda = -\frac{\partial}{\partial\alpha}\ln\Xi_\lambda = \frac{g_\lambda}{\mathrm{e}^{\alpha+\beta\varepsilon_\lambda}\pm 1}.\tag{8.9.18}$$

这样就证明了用巨正则系综直接求平均所得到的平均分布与§7.9中用最可几分布法求得的最可几分布相同.而且,在以上推导中无需假定 $a_\lambda\gg 1$.

§8.10　热力学极限与三种系综之间的等效性

至此,我们已先后介绍了描述平衡态的三种系综,它们是微正则系综、正则系综与巨正则系综.

从基本原理的角度,微正则系综是平衡态统计理论唯一的基本假设.从微正则系综出发,可以导出正则系综和巨正则系综.

本节将讨论三种系综之间的关系的另一个方面,即从实际应用的角度,三种系综是等效的.也就是说,对于推求物质的平衡性质,原则上可以选择任何一种系综,用不同系综计算所得到的结果是相同的.需要指出,这个等效性是有条件的,要求满足**热力学极限**,即:系统的总粒子数 $N\to\infty$,体积 $V\to\infty$,但保持 $\frac{N}{V}=n$ 一定.

对“等效性”的论证,可以用不同的办法:

（1）直接证明三种系综计算的平均值相等

这里不作普遍证明. 不过从 §7.14，§8.4 与 §8.8 对单原子分子理想气体的例子得到了验证.

（2）从涨落来考查

微正则系综的宏观条件是处于平衡态的孤立系，其能量是固定的（准确到一个小的不确定范围，见 §8.3）. 正则系综的宏观条件是：系统与大热源接触达到平衡. 系统的温度由大热源决定，但能量是可以发生变化的（表现为总能量的涨落）. 由（8.4.25），正则系综总能量的相对涨落为

$$\frac{\sqrt{\overline{(E-\bar{E})^2}}}{\bar{E}} \sim \frac{1}{\sqrt{N}},$$

可见，在热力学极限下，能量的相对涨落趋于零，表明正则系综与微正则系综等效.

同理可以说明巨正则系综与微正则系综之间的等效性. 巨正则系综的宏观条件是：系统与大热源及大粒子源接触达到平衡，其能量与粒子数均可以变化，表现为总能量及总粒子数的涨落. 由（8.7.30）及（8.7.37），巨正则系综的总粒子数及总能量的相对涨落为

$$\frac{\sqrt{\overline{(N-\bar{N})^2}}}{\bar{N}} \sim \frac{1}{\sqrt{N}}.$$

$$\frac{\sqrt{\overline{(E-\bar{E})^2}}}{\bar{E}} \sim \frac{1}{\sqrt{N}},$$

在热力学极限下总粒子数及总能量的相对涨落均趋于零，表明巨正则系综与正则系综及微正则系综等效.

（3）从几率分布来考查

正则系综的几率分布为

$$\rho_s(E_s) = \frac{1}{Z_N}\mathrm{e}^{-\beta E_s},$$

它代表系统处于量子态 s（其能量为 E_s）的几率. 将上式对 $E \leqslant E_s \leqslant E+\Delta E$ 的一切量子态求和，即得正则系综按能量的几率分布 $P(E)$：

$$P(E)\Delta E = \sum_{\substack{s \\ (E \leqslant E_s \leqslant E+\Delta E)}} \rho_s(E_s) = \frac{1}{Z_N}\mathrm{e}^{-\beta E}\Omega(E), \tag{8.10.1}$$

其中 $\Omega(E)$ 代表能量在 E 与 $E+\Delta E$ 之间的量子态数，

$$\Omega(E) \equiv \sum_{\substack{s \\ (E \leqslant E_s \leqslant E+\Delta E)}} 1. \tag{8.10.2}$$

从 §8.3 的讨论，我们知道 $\Omega(E)$ 与 E 的关系是

$$\Omega(E) \sim E^M \quad (M \sim O(N)), \tag{8.10.3}$$

亦即有

$$P(E) \sim E^M e^{-\beta E}. \tag{8.10.4}$$

$P(E)$由两个因子相乘决定：E^M 随 E 的上升很快增大；$e^{-\beta E}$ 随 E 的上升很快减小. 结果 $P(E)$呈现如图 8.10.1 的极大. 由于宏观系统的粒子数 N 非常大($N\sim10^{20}$!)，使得 $P(E)$的极大非常尖锐，且其宽度与能量涨落同量级，在此宽度范围内，$P(E)$曲线下的面积非常接近 1.

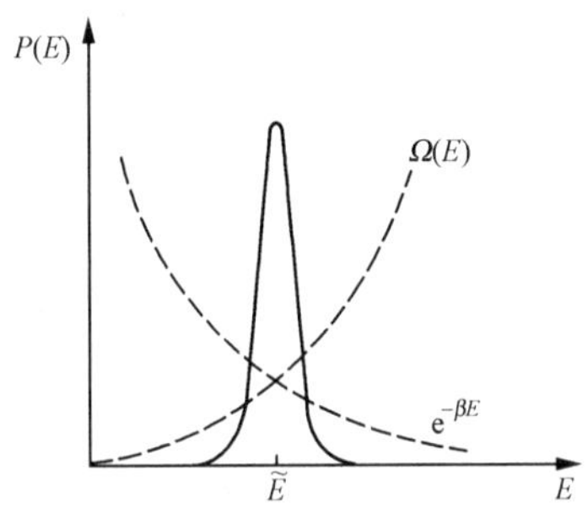

图 8.10.1 正则系综按能量的几率分布

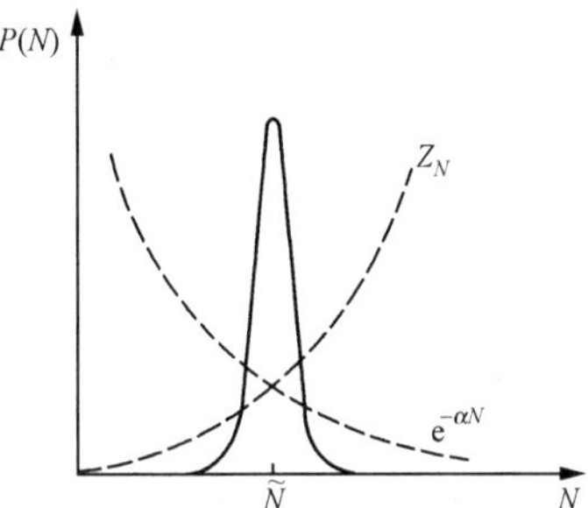

图 8.10.2 巨正则系综按粒子数的几率分布

可以证明(见习题 8.1)，使 $P(E)$取极大的能量 $\widetilde{E}$ 就等于正则系综的平均能量 $\bar{E}$，且 $P(E)$的峰的宽度量级为 $\Delta E=\sqrt{\overline{(E-\bar{E})^2}}$，可见 $P(E)$十分接近微正则系综按能量的几率分布(后者具有 δ 函数形式).

同理，可以求出巨正则系综按粒子数的几率分布：

$$P(N) = \frac{1}{\Xi} e^{-\alpha N} Z_N. \tag{8.10.5}$$

图 8.10.2 给出 $P(N)$的定性行为. 对粒子数非常大的宏观系统，$P(N)$也呈现极尖锐成峰的极大. 可以证明(习题 8.15)，使$P(N)$取极大的 $\widetilde{N}$ 等于 $\bar{N}$.

由此可见，虽然巨正则系综的粒子数允许变化，但尖锐成峰的 $P(N)$非常接近 δ 函数形式. 微正则系综与正则系综的粒子数都是固定不变的，相应的 $P(N)$具有 δ 函数形式.

最后作几点说明.

(1) 由于不同的平衡态系综彼此是等效的，当我们处理具体问题时，原则上可以选择任何一种系综去计算. 选择不同的系综相当于选择不同的宏观状态变量，如微正则系综相当于选(E,V,N)为状态变量，正则系综是(T,V,N)，巨正则系综是(T,V,μ). 形式上还可以引入更多的平衡态系综，例如等温等压系综(相当于以(T,P,N)为状态变量)，等温等压等化学势系综(以(T,P,μ)为状态变量)，等等. 不过后面提到的这些系综用起来并不方便，很少用到，我们就不介绍了. 最方便而且用得最多的是正则系综与巨正则系综.

上面的讨论也告诉我们，不必拘泥于不同系综的“宏观条件”，尽管引入巨正则系综时所考虑的系统是一个开放系统,与大热源及大粒子源接触达到平衡,故总粒子数是可变的.对于装在封闭容器中的气体,粒子数是固定的,但我们也可以用巨正则系综(见§8.8例1),这时可以设想系统的粒子数可变,最后把 $\overline{N}$ 用给定的 N 代替就可以了(实际上给定的参数是数密度 n).

应该指出,对于由定域子系所组成的系统,巨正则系综不适用,必须用正则系综,在相变的磁模型中有不少这类例子.

(2) 不同的平衡态系综的等效性要求系统满足热力学极限.对于宏观系统,其粒子数 $N\sim10^{20}$,虽然不是数学上的无穷大,但已经非常大了,热力学极限实际上已得到满足,这也是为什么用不同系综计算宏观系统平衡性质所得到的结果相同,表现不出任何可观测差别的原因.

(3) 值得提醒的是,如果把统计系综理论外推应用到小的系统,就需要十分小心,不同的系综计算的结果可以差别很大.例如,20 世纪 90 年代初,在研究介观环(直径约为微米量级)的持续电流时,发现用正则系综可以得到有限的电流,而巨正则系综计算所得的电流几乎为零.这表明在不满足热力学极限下,不同系综会有很大的差别,并不等效.

习 题

8.1 设有 N 个粒子组成的系统处于平衡态,满足经典极限条件.

(1) 试由正则系综的几率分布导出系统微观能量处在 E 与 $E+\mathrm{d}E$ 之间的几率 $P(E)\mathrm{d}E$($P(E)$为正则系综按能量的几率分布).

(2) 证明使 $P(E)$取极大值的能量满足方程

$$\frac{\Sigma''(E)}{\Sigma'(E)}=\beta,$$

其中 $\Sigma(E)$ 定义为(见公式(8.3.15))

$$\Sigma(E)=\frac{1}{N!h^s}\int_{H\leqslant E}\mathrm{d}\Omega,$$

$H=H(q_1,\cdots,q_s;p_1,\cdots,p_s)$为系统的哈密顿量.

(3) 将上述结果用到单原子分子理想气体,证明:

$$E=\left(\frac{3N}{2}-1\right)\frac{1}{\beta}\approx\frac{3}{2}NkT.$$

这个结果说明什么?

8.2 设有 N 个经典一维谐振子组成的系统,其哈密顿量为

$$H(q_1,\cdots,q_N,p_1,\cdots,p_N)=\sum_{i=1}^{N}\left(\frac{p_i^2}{2m}+\frac{1}{2}m\omega^2q_i^2\right).$$

（1）计算相空间 $H\leqslant E$ 的相体积所对应的微观态数，即

$$\Sigma(E,N)=\frac{1}{h^N}\int\cdots\int_{H\leqslant E}\mathrm{d}q_1\cdots\mathrm{d}q_N\mathrm{d}p_1\cdots\mathrm{d}p_N.$$

（2）由公式 $S=k\ln\Sigma(E,N)$，计算熵 S.

（3）计算内能与热容，并将熵表为 (T,N) 的函数.

8.3　有两种不同分子组成的混合理想气体，处于平衡态. 设该气体满足经典极限条件；且可以把分子当作质点（即忽略其内部运动自由度）. 试用正则系综求该气体的 $p,\bar{E},S,\mu_i(i=1,2)$.

8.4　设有处于室温下的单原子分子组成的稀薄气体，原子的自旋为 $\hbar/2$，相应的磁矩为 μ，处于外磁场 $\mathscr{H}$ 中. 磁矩只能取两种状态：$\sigma_i=+1$ 与 -1，分别代表磁矩相对磁场反平行与平行，气体的总粒子数为 N，体积为 V，处于平衡态，哈密顿量为

$$H=\sum_{i=1}^{N}\boldsymbol{p}_i^2/2m-\boldsymbol{M}\cdot\vec{\mathscr{H}}=\sum_{i=1}^{N}\boldsymbol{p}_i^2/2m-\left(\sum_{i=1}^{N}\sigma_i\mu\right)\mathscr{H},$$

其中 $M=\sum_{i=1}^{N}\sigma_i\mu$ 为气体的微观总磁矩，$\mathscr{H}$ 为外磁场（对于稀薄气体等稀薄介质，其磁化强度都很小，可以忽略介质对磁场的影响，因此，作用到每个粒子上的磁场，只需考虑外磁场即可）.

（1）计算正则系综的配分函数 Z_N；

（2）求气体的自由能 F，熵 S，内能 $\bar{E}$ 和热容 $C_{V,\mathscr{H}}$；

（3）证明总磁矩 M 的平均值为 $\bar{M}=-\left(\frac{\partial F}{\partial\mathscr{H}}\right)_{T,V}$，并由此计算 $\bar{M}$.

8.5　有一极端相对论性的理想气体，粒子的能谱为 $\varepsilon=cp$（$p=|\boldsymbol{p}|$，c 为光速），并满足非简并条件. 设粒子的内部运动自由度可以忽略（即可将粒子看成质点）. 试用正则系综求该气体的 $p,\bar{E},S,\mu,C_V,C_p$.

8.6　对实际气体，分子之间的相互作用必须考虑. 设气体满足经典极限条件. 试问气体分子质心的速度分布是否仍然遵从麦克斯韦速度分布（用计算加以论证）？

8.7　一实际气体处于平衡态. 设气体满足经典极限条件，分子之间的相互作用为带吸引力的刚球势（公式(8.5.21)）.

（1）计算正则系综的配分函数到最低阶修正（相对于理想气体而言）；

（2）证明在此近似下的物态方程为范德瓦耳斯方程，并定出参数 a 与 b；

（3）计算内能 $\bar{E}$ 和熵 S，讨论 a,b 对 $\bar{E},S$ 的影响.

8.8　设被吸附在液体表面上的分子形成一种二维气体，分子之间相互作用为两两作用的短程力，且只与两分子的质心距离有关. 试根据正则系综，证明在第二位力系数的近似下，该气体的物态方程为

$$pA=NkT\left(1+\frac{B_2}{A}\right),$$

其中 A 为液面的面积，B_2 由下式给出

$$B_2=-\frac{N}{2}\int(\mathrm{e}^{-\phi(r)/kT}-1)2\pi r\mathrm{d}r.$$

8.9 物质磁性的起源是纯量子力学性质的，这一点可以从玻尔-范列文(Bohr-van Leeuwen)定理看出. 该定理可以表述为：遵从经典力学和经典统计力学的系统的磁化率严格等于零.

提示：由公式 $\chi=\left(\frac{\partial\mathscr{M}}{\partial\mathscr{H}}\right)_{T,V}$，$\mathscr{M}=-\left(\frac{\partial F}{\partial\mathscr{H}}\right)_{T,V}$ 及 $F=-kT\ln Z_N$，只需证明正则系综的配分函数 Z_N 与磁场 $\mathscr{H}$ 无关即可. 设矢势为 $\mathbf{A}$(磁场由 $\mathbf{A}$ 定出)，处于磁场中的 N 个带电粒子系统的微观总能量(即系统的哈密顿量)可以表为

$$E=\sum_{i=1}^{N}\frac{1}{2m}\left(\boldsymbol{p}_i+\frac{e_i}{c}\mathbf{A}(\boldsymbol{r}_i)\right)^2+\Phi(\boldsymbol{r}_1,\cdots,\boldsymbol{r}_N),$$

其中 Φ 代表粒子之间的相互作用能. 由正则系综出发，在满足经典极限条件下，证明 Z_N 与 $\mathbf{A}$ 无关.

8.10 试用巨正则系综求解题 8.3，并与正则系综的结果比较.

8.11 试用巨正则系综求解题 8.5，并与正则系综的结果比较.

8.12 考虑自由电子气体的电子自旋对磁化率的贡献(泡利顺磁性). 这里不考虑电子轨道运动对磁性的贡献(朗道抗磁性)，则单粒子哈密顿量为

$$\varepsilon=\frac{\boldsymbol{p}^2}{2m}-\mu_{\mathrm{B}}\boldsymbol{\sigma}\cdot\vec{\mathscr{H}},$$

其中 $\mu_{\mathrm{B}}=e\hbar/2mc$，$\boldsymbol{\sigma}\cdot\vec{\mathscr{H}}$ 的本征值为 $\pm\mathscr{H}$.

(1) 计算巨配分函数，证明

$$\ln\Xi=\ln\Xi_++\ln\Xi_-,$$

$$\ln\Xi_\pm=\frac{V}{\lambda_T^3}f_{5/2}(z\mathrm{e}^{\pm\beta\mu_{\mathrm{B}}\mathscr{H}})\quad(z=\mathrm{e}^{\beta\mu}).$$

(2) 计算电子磁矩相对磁场平行与反平行的平均数 $\overline{N}_+$ 与 $\overline{N}_-$.

(3) 计算弱场($\mu_{\mathrm{B}}\mathscr{H}/kT\ll1$)下电子气体的平均总磁矩

$$\overline{M}=\mu_{\mathrm{B}}(\overline{N}_+-\overline{N}_-).$$

(4) 求零场磁化率 $\chi\equiv\left.\frac{\partial M}{\partial\mathscr{H}}\right|_{\mathscr{H}\to0}$ 及 $\chi/\overline{N}$，$\overline{N}=\overline{N}_++\overline{N}_-$ 为总电子数.

(5) 证明在低温极限下(指 $\ln z=\beta\mu\gg1$)，$\chi/\overline{N}\approx\frac{3}{2}\frac{\mu_{\mathrm{B}}^2}{\varepsilon_{\mathrm{F}}}$，其中 ε_{F} 为费米能，低温极限下可取化学势 $\mu\approx\varepsilon_{\mathrm{F}}$.

(6) 证明高温极限($z\ll1$)下，$\chi/\overline{N}=\mu_{\mathrm{B}}^2/kT$.

8.13　证明熵的下列公式：

(1) 对正则系综，$S=-k\sum_s \rho_s \ln\rho_s$，其中 $\rho_s=\frac{1}{Z_N}e^{-\beta E_s}$ 为正则系综的几率分布；

(2) 对巨正则系综，$S=-k\sum_N\sum_s \rho_{Ns}\ln\rho_{Ns}$，其中 $\rho_{Ns}=\frac{1}{\Xi}e^{-\alpha N-\beta E_s}$ 为巨正则系综的几率分布.

8.14　有一 N 个粒子组成的系统，为简单设粒子可看成质点. 在满足经典极限的条件下，巨正则系综的几率分布为

$$\rho_N(q_1,\cdots,p_{3N})\mathrm{d}\Omega_N=\frac{1}{\Xi N!h^{3N}}e^{-\alpha N-\beta E_N(q_1,\cdots,p_{3N})}\mathrm{d}\Omega_N.$$

(1) 试证明巨正则系综的总粒子数是 N 的几率为

$$P(N)=\frac{1}{\Xi}e^{-\alpha N}Z_N,$$

其中 Z_N 为总粒子数为 N 时的正则系综配分函数.

(2) 证明使 $P(N)$ 取极大的总粒子数满足下面的关系：

$$\alpha=\frac{\partial\ln Z_N}{\partial N}.$$

(证明时，直接求 $\ln P(N)$ 的极大更方便.)

(3) 上式进一步可以化为

$$N=e^{-\alpha}Z,$$

其中 Z 为单粒子的配分函数，即 $Z=\frac{V}{h^3}\left(\frac{2\pi m}{\beta}\right)^{3/2}$. 上述结果说明什么？

8.15　当 $N\gg1$ 时，在取对数值的情况下，用全部求和(或积分)中的最大项代替全部求和(或积分)是很好的近似. (7.4.23)就是一例. 本题及题 8.16 是另外两个例子.

正则系综的配分函数可表为

$$Z_N=\int_0^\infty e^{-\beta E}\Sigma'(E)\mathrm{d}E=\int_0^\infty P(E)\mathrm{d}E,$$

为简单，已省去 $\Sigma'(E,V,N)$ 中的参量 V,N. §8.10 和习题 8.1 已证明，被积函数 $P(E)=e^{-\beta E}\Sigma'(E)$ 在 $E=\bar{E}$ 处有尖锐成峰的极大.

(1) 根据 $P(E)$ 在 $\bar{E}$ 的极大是尖锐成峰的性质，将 $\ln P(E)$ 在 $E=\bar{E}$ 处展开，保留到二阶项，证明 $P(E)$ 可表为

$$P(E)=e^{-\beta F}\exp\left\{-\frac{(E-\bar{E})^2}{2kT^2C_V}\right\},$$

其中 $F=\bar{E}-TS$ 为自由能.

(2) 将 $P(E)$ 的上式代入 Z_N 的公式，完成积分，证明

$$\ln Z_N=-\beta F+O(\ln N).$$

因 $N\gg1, N\gg\ln N$,故上式右边第二项可以忽略,于是得

$$\ln Z_N=-\beta F,\quad 或\quad F=-kT\ln Z_N.$$

8.16 巨正则系综的巨配分函数可以表为

$$\Xi=\sum_{N=0}^{\infty}\mathrm{e}^{-\alpha N}Z_N(T,V)=\sum_{N=0}^{\infty}P(N),$$

§8.10 与习题 8.15 已经证明,

$$P(N)=\mathrm{e}^{-\alpha N}Z_N(T,V)$$

在 $N=\overline{N}$ 处有尖锐成峰的极大.

(1) 试根据 $P(N)$在 $\overline{N}$ 的极大是尖锐成峰的性质,将 $\ln P(N)$在 $N=\overline{N}$ 处展开,保留到二阶项,证明 $P(N)$可表为

$$P(N)=\mathrm{e}^{-\alpha\overline{N}}Z_{\overline{N}}(T,V)\exp\left\{-\frac{1}{2kT}\left(\frac{\partial\mu}{\partial\overline{N}}\right)(N-\overline{N})^2\right\}.$$

(2) 将 $P(N)$的上式代入 Ξ 的公式,并将对 N 的求和代之以积分

$$\sum_{N=0}^{\infty}\longrightarrow\int_0^{\infty}\mathrm{d}N,$$

证明

$$\begin{aligned}\ln\Xi&=\ln[\mathrm{e}^{-\alpha\overline{N}}Z_{\overline{N}}(T,V)]+O(\ln N)\\&=\ln[\mathrm{e}^{-\alpha\overline{N}}Z_{\overline{N}}(T,V)].\end{aligned}$$

最后一步用到当 $N\gg1$ 时,$N\gg\ln N$,故 $O(\ln N)$项可以忽略.

8.17 在体积为 V 的容器中装有理想气体,处于平衡态.设气体满足经典极限条件,总分子数为 N.为简单,将分子当作质点.今考查 V 内一个固定体积 v,把 v 内的气体分子看成系统,把周围的气体分子当作大热源和大粒子源.试应用巨正则系综,在$V\to\infty, N\to\infty$,但保持 $N/V=$常数的极限(即热力学极限)下,证明在体积 v 内有 n 个分子的几率为

$$P_n=\frac{1}{n!}\mathrm{e}^{-\bar{n}}(\bar{n})^n,$$

其中 $\bar{n}=\dfrac{v}{V}N$ 为体积 v 内的平均分子数.

8.18 设有一单原子分子理想气体与某一固体吸附面接触达到平衡.被吸附分子可以在吸附面上作二维运动,其能量为$\dfrac{1}{2m}(p_x^2+p_y^2)-\varepsilon_0$,$-\varepsilon_0$ 是束缚能(ε_0 为正常数).试将被吸附分子看成系统,把外部气体当作大热源和大粒子源,应用巨正则系综计算被吸附分子在单位面积上的平均数.

(这是题 7.14 的另一种求解方法.另外还可以比较与§8.8 例 2 的区别.)

8.19 由巨正则系综证明下列涨落公式:

$$\overline{(a_\lambda-\bar{a}_\lambda)^2}=\bar{a}_\lambda\left(1\pm\frac{\bar{a}_\lambda}{g_\lambda}\right),$$

其中正号对应理想玻色气体,负号对应理想费米气体.

注:从上面的结果立即看出,当满足非简并条件,即$\frac{\bar{a}_\lambda}{g_\lambda} \ll 1$时,上式化为

$$\overline{(a_\lambda - \bar{a}_\lambda)^2} = \bar{a}_\lambda.$$

由此可见,全同费米子之间的有效排斥(源于泡利不相容原理)使ε_λ能级上的粒子占据数的涨落减弱(起抑制作用);而全同玻色子之间的有效吸引使涨落加强.

第九章　相变和临界现象的统计理论简介

第三章已经介绍过相变的热力学理论，本章将对相变的统计理论作一简略的介绍.

相变是统计物理学的一个重要的传统课题.这不仅由于相变是自然界中广泛存在的现象，而且由于相变本身丰富的物理内容和理论处理的困难.

实验发现，在相变点热力学函数呈现奇异性.我们知道，热力学性质完全由配分函数(或巨配分函数)决定，配分函数是对含玻尔兹曼因子的项的求和，每一项都是宗量的解析函数.那么，奇异性是怎么产生的呢？理论研究表明：在热力学极限下，配分函数有可能发展出奇异性(数学上，解析函数序列的极限不一定是解析的).而实验观测的是宏观物体，由于宏观物体包含的总粒子数 $N\sim10^{23}$，已经很好地接近于理想化的热力学极限了.①

本章着重讨论连续相变(或二级相变).在连续相变的相转变点(即临界点)，热力学函数和关联函数呈现奇异性，其根源在于组成系统的粒子之间的相互作用(包括量子起源的有效吸引，见理想玻色气体的玻色-爱因斯坦凝聚).值得注意的是，当远离临界点时，相互作用并不会使热力学函数和关联函数具有奇异性，例如稠密气体和液体等的热力学函数仍然是平滑的.实际上，在临界点，粒子之间的相互作用以"合作的方式"起作用.即使相互作用本身是短程的，但由于这种"合作的方式"，会导致长程关联.其中，涨落起着**核心**的作用.正因为如此，常常把相变称为**"合作现象"**(cooperative phenomena).

多年来，相变和临界现象的统计理论已经取得了重要的进展和巨大的成功，这也是统计系综理论重大的成就之一.

本章的主要目的是介绍有关的概念，包括**对称性破缺**、**临界指数**(对§3.10的补充)，以及**标度律**、**普适性**，还有一些是相变的热力学理论不涉及的，如临界点附近的涨落与关联等.最后将简单介绍一点重正化群的概念.

---

① 关于热力学函数在相变点的奇异性的问题，困惑了物理学家多年.1937年11月在纪念范德瓦耳斯诞辰百周年大会上，引发了一场激烈的争论：配分函数究竟能不能解释气-液相变的不连续性？最后，大会主席克拉默斯(H. A. Kramers)建议表决，结果赞成与反对票几乎一半对一半.克拉默斯在会上发表了他本人的看法：热力学函数的不连续性只有在热力学极限下才可能发生.此后，范霍夫(van Hove)于1949年，杨振宁和李政道于1952年作出了进一步的严格证明.参看 Max Dresen, Physics Today, September 1988, p. 26.

§9.1 伊辛模型 平均场近似

9.1.1 伊辛模型

伊辛(Ising)模型是描述磁系统相变的一种最简单的模型.设有 N 个自旋,处于点阵的格点位置上,如图 9.1.1 所示.每个自旋只能取向上或向下两个态.点阵可以是一维、二维、三维,甚至更高维数(图 9.1.1 画出的是二维正方格子伊辛模型的某一自旋态),这样的自旋系统称为**伊辛模型**.为了简单,设只有近邻的自旋之间有相互作用,系统的哈密顿量为

$$H = -J\sum_{\langle ij\rangle} s_i s_j - \mu\mathscr{H}\sum_{i=1}^{N} s_i. \tag{9.1.1}$$

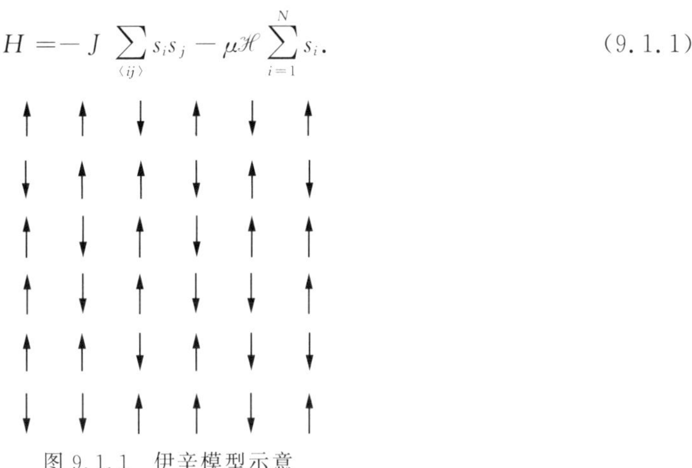

图 9.1.1 伊辛模型示意

其中 s_i 为格点 i 的自旋,s_i 的取值为 $+1$ 或 -1,分别对应自旋向上或向下.符号 $\langle ij\rangle$ 代表格点 i 与 j 为近邻,$\sum\limits_{\langle ij\rangle}$ 代表对一切近邻对求和.J 为耦合常数,这里设 $J>0$,代表铁磁系统:相邻的两个自旋同方向时,相互作用能为 $-J$,反方向时为 $+J$.当外磁场 $\mathscr{H}$ 为零时,系统最低能量的状态(即基态)是全部 N 个自旋取相同的方向(全部向上或全部向下,基态是二重简并的).若 $J<0$,代表反铁磁系统,这里不讨论.(9.1.1)中的第二项代表外磁场 $\mathscr{H}$ 中的塞曼能,已设磁场沿 z 方向.μ 为与自旋相联系的磁矩.(9.1.1)中的自旋不当作量子力学的算符,而看成标量,所以上述模型是一种准经典模型.

正则系综的配分函数为

$$Z_N = \sum_{s_1}\sum_{s_2}\cdots\sum_{s_N} e^{-H/kT} = \sum_{\{s_i\}} e^{-H/kT}, \tag{9.1.2}$$

其中 $\{s_i\}\equiv(s_1,s_2,\cdots,s_N)$ 代表 N 个自旋的一个自旋态,$\sum\limits_{\{s_i\}}$ 代表对一切可能的自旋态求和.由于每一自旋只有两种可能的取值,N 个自旋构成的系统总的自旋态数为 2^N.

如果能计算出配分函数 Z_N,即可按公式(8.4.21)求得自由能

$$F(T,\mathscr{H})=-kT\ln Z_N(T,\mathscr{H}),\tag{9.1.3}$$

进而求出内能 $\bar{E}$,热容 $C_{\mathscr{H}}$ 及磁化强度 $\overline{\mathscr{M}}$:

$$\bar{E}=-T^2\left(\frac{\partial}{\partial T}\left(\frac{F}{T}\right)\right)_{\mathscr{H}},\tag{9.1.4}$$

$$C_{\mathscr{H}}=\left(\frac{\partial\bar{E}}{\partial T}\right)_{\mathscr{H}}=-T\left(\frac{\partial^2 F}{\partial T^2}\right)_{\mathscr{H}},\tag{9.1.5}$$

$$\overline{\mathscr{M}}=\overline{\mu\sum_i s_i}=N\mu\bar{s}=-\left(\frac{\partial F}{\partial\mathscr{H}}\right)_T.\tag{9.1.6}$$

(9.1.6)中,已用到 $\bar{s}_i=\bar{s}$,这是因为每个格点都是等价的,故 $\bar{s}_i$ 与格点无关.

9.1.2 平均场近似①

注意到哈密顿量(9.1.1)中包含自旋与自旋之间的相互作用,要想严格计算配分函数(9.1.2),一般说来是困难的.下面介绍平均场近似(mean field approximation).先把(9.1.1)改写成

$$\begin{aligned}H&=-\sum_i\mu s_i\left(\mathscr{H}+\frac{J}{\mu}\sum_j{}'s_j\right)\\&=-\sum_i\mu s_i(\mathscr{H}+h_i)\\&=-\sum_i\mu s_i\mathscr{H}_{\mathrm{eff}},\end{aligned}\tag{9.1.7}$$

其中,

$$\mathscr{H}_{\mathrm{eff}}\equiv\mathscr{H}+h_i,\tag{9.1.8a}$$

$$h_i=\frac{J}{\mu}\sum_j{}'s_j,\tag{9.1.8b}$$

$\mathscr{H}_{\mathrm{eff}}$代表有效磁场,它包含外场 $\mathscr{H}$ 和自旋之间相互作用而产生的内场 h_i.(9.1.8b)中的$\sum\limits_j{}'$代表只对属于格点 i 的近邻的那些格点 j 求和.注意,式(9.1.7)并没有作任何近似,只是换一种表达方式.内场 h_i 依赖于格点 i 周围近邻自旋的状态.不同的状态,内场 h_i 的值就不同,因而 h_i 的值是涨落不定的.

平均场近似是把(9.1.8b)右边求和中的 s_j 用其平均值 $\bar{s}_j$ 代替,即

$$h_i=\frac{J}{\mu}\sum_j{}'s_j\xrightarrow{\text{以}\bar{s}_j\text{代替}s_j}\bar{h}_i=\frac{J}{\mu}\sum_j{}'\bar{s}_j.\tag{9.1.9}$$

在完全忽略涨落的情况下,每个格点自旋的平均值应相等,即 $\bar{s}_j=\bar{s}$,因而 $\bar{h}_i=\bar{h}$,即

$$\bar{h}_i=\bar{h}=\frac{zJ}{\mu}\bar{s},\tag{9.1.10}$$

① L. P. Kadanoff, Phase Transitions and Critical Phenomena, vol. 5A, Academic Press, 1976, p. 12.

z 代表格点的近邻数,称为**配位数**(coordination number). 用 $\bar{h}$ 代替(9.1.8a)中的 h_i,得到平均场近似下的哈密顿量为

$$H_{\mathrm{MF}}=-\sum_{i=1}^{N}\mu(\mathscr{H}+\bar{h})s_i. \tag{9.1.11}$$

H_{MF}具有典型的近独立子系哈密顿量的形式,它表示:在平均场近似下,N 个自旋各自独立地处于外场与平均场之中. 从(9.1.11)出发,剩下的计算是大家熟悉的. 注意到(9.1.11)中包含 $\bar{s}$,而 $\bar{s}$ 又是待定的,所以最后必须自洽求解. 由(9.1.11),平均场近似下的配分函数为

$$\begin{aligned}Z_N&=\sum_{s_1}\sum_{s_2}\cdots\sum_{s_N}\exp\Big\{\sum_i\mu(\mathscr{H}+\bar{h})s_i/kT\Big\}\\&=\sum_{s_1}\sum_{s_2}\cdots\sum_{s_N}\prod_i\mathrm{e}^{\mu(\mathscr{H}+\bar{h})s_i/kT}\\&=\prod_i\Big(\sum_{s_i}\mathrm{e}^{\mu(\mathscr{H}+\bar{h})s_i/kT}\Big),\end{aligned} \tag{9.1.12}$$

利用(9.1.10),

$$\sum_{s_i=\pm1}\mathrm{e}^{\mu(\mathscr{H}+\bar{h})s_i/kT}=2\cosh\left(\frac{\mu\mathscr{H}}{kT}+\frac{zJ}{kT}\bar{s}\right), \tag{9.1.13}$$

注意到上面的结果与格点 i 无关,于是(9.1.12)化为

$$Z_N=\left[2\cosh\left(\frac{\mu\mathscr{H}}{kT}+\frac{zJ}{kT}\bar{s}\right)\right]^N. \tag{9.1.14}$$

平均场近似下的自由能为

$$\begin{aligned}F&=-kT\ln Z_N\\&=-NkT\left[\ln2+\ln\cosh\left(\frac{\mu\mathscr{H}}{kT}+\frac{zJ}{kT}\bar{s}\right)\right].\end{aligned} \tag{9.1.15}$$

将(9.1.15)代入(9.1.6),得

$$\overline{\mathscr{M}}=N\mu\bar{s}=-\frac{\partial F}{\partial\mathscr{H}}=N\mu\tanh\left(\frac{\mu\mathscr{H}}{kT}+\frac{zJ}{kT}\bar{s}\right), \tag{9.1.16}$$

立即得到确定 $\bar{s}$ 的自洽方程:

$$\bar{s}=\tanh\left(\frac{\mu\mathscr{H}}{kT}+\frac{zJ}{kT}\bar{s}\right). \tag{9.1.17}$$

下面分别讨论自洽方程在 $\mathscr{H}=0$ 与 $\mathscr{H}\neq0$ 两种情况下的解.

9.1.3 $\mathscr{H}=0$ 的情形(自发磁化)

我们知道(见§3.9),对于铁磁系统,存在临界温度 T_c,当 $T>T_c$ 时,系统处于顺磁相,$\overline{\mathscr{M}}=0$;当 $T<T_c$ 时,系统处于铁磁相,$\overline{\mathscr{M}}\neq0$. 由于外场为零,这种非零的磁化称为**自发磁化**. 现在我们来看平均场近似下的解能告诉我们什么. 令

$$T_c = \frac{zJ}{k}, \tag{9.1.18}$$

$\mathscr{H}=0$ 时，方程(9.1.17)化为：

$$\bar{s} = \tanh\left(\frac{T_c}{T}\bar{s}\right). \tag{9.1.19}$$

这个方程可以用图解法求解. 以 $\bar{s}$ 为横轴，y 为纵轴，画出 $y=\bar{s}$(直线)与 $y=\tanh\left(\frac{T_c}{T}\bar{s}\right)$(曲线)，两者的交点就是方程的解. 在图 9.1.2 中，分别画出了 $T>T_c$(虚线)与 $T<T_c$(实线). 当 $T>T_c$ 时，只有 $\bar{s}=0$ 一个解；而当 $T<T_c$ 时，方程有

$$\bar{s} = \begin{cases} 0, \\ \pm\bar{s}_0 \end{cases} \tag{9.1.20}$$

三个解. 其中 $\bar{s}=\pm\bar{s}_0\neq 0$ 的两个解对应 $\overline{\mathscr{M}}=\pm N\mu\bar{s}_0\neq 0$，代表在 $\mathscr{H}=0$ 时，由于自旋之间的相互作用而导致的总平均磁矩 $\overline{\mathscr{M}}$ 不为零. 因为没有外磁场，这种磁化称为**自发磁化**；正负号代表磁化方向可以向上，也可以向下. 可以证明，当 $T<T_c$ 时，$\bar{s}=0$ 的解并不对应于自由能极小，故应当舍去.

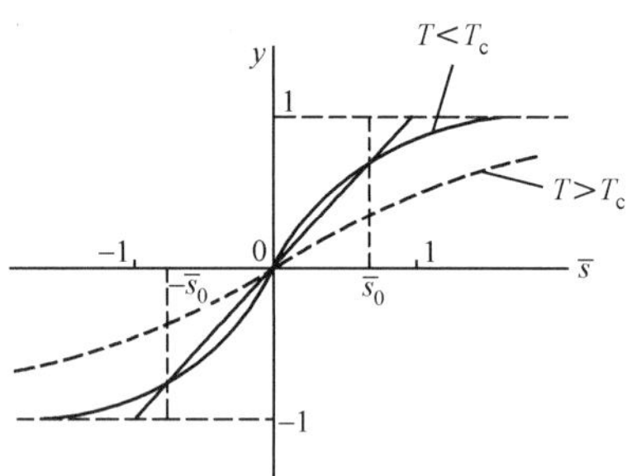

9.1.2 用图解法求方程(9.1.19)的解

画出不同温度下的解 $\bar{s}_0(T,0)$，得到图 9.1.3，其中 $T>T_c$ 代表顺磁相，序参量 $\overline{\mathscr{M}}=0$；$T<T_c$ 为铁磁相，$\overline{\mathscr{M}}\neq 0$. $T=T_c$ 是顺磁-铁磁转变的临界温度.

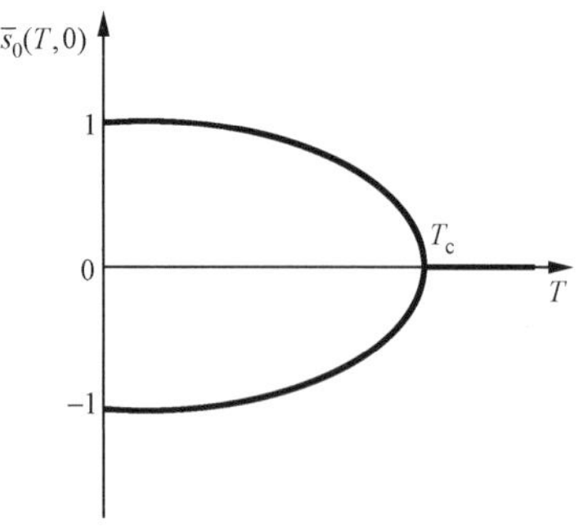

图 9.1.3 $\bar{s}$ 在全部温区的解

在此,让我们再简单说明一下关于对称性自发破缺的概念.当$\mathscr{H}=0$时,(9.1.1)化为

$$H_{\{s_i\}}=-J\sum_{\langle ij\rangle}s_i s_j,$$

式中特意给H加了下标$\{s_i\}$,以表示H依赖于自旋态$\{s_i\}$.如果把所有自旋的方向反一下,原来向上(下)的变为向下(上)的,则显然有

$$H_{\{-s_i\}}=-J\sum_{\langle ij\rangle}(-s_i)(-s_j)=-J\sum_{\langle ij\rangle}s_i s_j=H_{\{s_i\}}.$$

表明系统的微观哈密顿量在$\{s_i\}\longrightarrow\{-s_i\}$的变换下是不变的,或者简单地说,$H$对自旋向上或向下是对称的.

当$T>T_c$时,$\overline{\mathscr{M}}=0$,系统处于顺磁相.宏观状态仍然保持与微观哈密顿量同样的对称性,没有向上与向下的区别.然而,当$T<T_c$时,$\overline{\mathscr{M}}\neq 0$,系统处于铁磁相.这时宏观状态(由序参量$\overline{\mathscr{M}}$标志)不再是向上与向下对称了,宏观状态比起微观哈密顿量的对称性降低了,故称为**对称性破缺**.当$\mathscr{H}=0$时,对称性破缺是由于系统内部自身的相互作用引起的,而不是外场引起的,故称为**对称性自发破缺**.自发的对称性破缺是连续相变的普遍特征.

现在回到自洽方程的解的讨论.(9.1.17)在$\mathscr{H}=0$时在全部温区的解可以写成

$$\frac{1}{N\mu}\overline{\mathscr{M}}(T,0)=\begin{cases}0, & T>T_c,\\ \pm\bar{s}_0, & T<T_c.\end{cases}\tag{9.1.21}$$

现在考查$T\to T_c^-$($T_c^-\equiv T_c-0^+$,0^+代表正无穷小量.$T\to T_c^-$表示从低温一侧趋于T_c)时序参量的行为.注意到$T\to T_c^-$时,$\bar{s}$是接近于零的小量,利用$x\ll 1$时

$$\tanh x\approx x-\frac{x^3}{3},$$

可得

$$\bar{s}=\sqrt{3}\left(1-\frac{T}{T_c}\right)^{1/2}\qquad(T\to T_c^-),\tag{9.1.22}$$

亦即有

$$\overline{\mathscr{M}}\sim(T_c-T)^{1/2}\qquad(T\to T_c^-).\tag{9.1.23}$$

表明当$T\to T_c^-$时,序参量$\overline{\mathscr{M}}$以幂律形式趋于零,幂指数$\frac{1}{2}$是相应的临界指数.

由自由能的公式(9.1.15),可以求得

$$\bar{E}=-T^2\frac{\partial}{\partial T}\left(\frac{F}{T}\right)=Nk\tanh\left(\frac{T_c}{T}\bar{s}\right)\left[-T_c\bar{s}+T_cT\frac{\partial\bar{s}}{\partial T}\right],\tag{9.1.24}$$

$$\begin{aligned}C_{\mathscr{H}}=\frac{\partial\bar{E}}{\partial T}&=Nk\left[1-\tanh^2\left(\frac{T_c}{T}\bar{s}\right)\right]\left[\frac{T_c^2}{T^2}\bar{s}^2-2\frac{T_c^2}{T}\bar{s}\frac{\partial\bar{s}}{\partial T}+T_c^2\left(\frac{\partial\bar{s}}{\partial T}\right)^2\right]\\&\quad+Nk\tanh\left(\frac{T_c}{T}\bar{s}\right)T_cT\frac{\partial^2\bar{s}}{\partial T^2}.\end{aligned}\tag{9.1.25}$$

注意到当 $T\to T_c$ 时，$\bar{s}$ 的极限行为

$$\bar{s}=\begin{cases}0, & T\to T_c^+,\\ \sqrt{3}\left(1-\dfrac{T}{T_c}\right)^{1/2}, & T\to T_c^-,\end{cases}\tag{9.1.26}$$

由(9.1.25)不难得到

$$C_{\mathscr{H}}=\begin{cases}0, & T\to T_c^+,\\ 3NkT_c, & T\to T_c^-.\end{cases}\tag{9.1.27}$$

现把 $T\to T_c$ 时的 $C_{\mathscr{H}}$ 写成 $(T-T_c)$ 的幂律形式，由于我们并不关心前面的常数因子，故可以表为

$$C_{\mathscr{H}}\sim|T-T_c|^{-\alpha}\quad(T\to T_c),\tag{9.1.28}$$

(9.1.27)表明，$T\to T_c$ 时 $C_{\mathscr{H}}$ 呈现有限大小的跃变，根据§3.10 的定义，这相当于 $\alpha=0$.

9.1.4 $\mathscr{H}\neq 0$ 的情形

现在考查 $T>T_c$，即顺磁相. 设 $\mathscr{H}\neq 0$，但很小(即弱场)，显然 $\bar{s}$ 也很小. 方程(9.1.17)中，可近似取

$$\tanh\left(\frac{\mu\mathscr{H}}{kT}+\frac{T_c}{T}\bar{s}\right)\approx\frac{\mu\mathscr{H}}{kT}+\frac{T_c}{T}\bar{s},$$

于是得

$$\bar{s}=\frac{\mu}{k}\,\frac{1}{T-T_c}\mathscr{H},$$

亦即有

$$\overline{\mathscr{M}}=\frac{C}{T-T_c}\mathscr{H},\tag{9.1.29}$$

其中 $C=N\mu^2/k$ 为常数. 上式表明，在高于临界温度且弱场下，磁化满足居里定律. 磁化率 χ 为

$$\chi=\left(\frac{\partial\overline{\mathscr{M}}}{\partial\mathscr{H}}\right)_T=\frac{C}{T-T_c}\sim(T-T_c)^{-1}.\tag{9.1.30}$$

当 $T\to T_c^+$ 时，$\chi\to\infty$(发散). 用 $\chi\to\infty$ 来确定临界温度 T_c 也是常用的办法之一.

最后考查 $T=T_c$，$\mathscr{H}\sim 0$ 时 $\overline{\mathscr{M}}$ 与 $\mathscr{H}$ 的依赖关系. 由于此时 $\bar{s}\ll 1$，再次利用 $\tanh x\approx x-\dfrac{x^3}{3}$ $(x\ll 1)$，可得

$$\overline{\mathscr{M}}(T_c,\mathscr{H})\sim\mathscr{H}^{1/3}.\tag{9.1.31}$$

根据§3.10 临界指数 $\beta,\alpha,\gamma,\delta$ 的定义，从公式(9.1.23)，(9.1.28)，(9.1.30)，和(9.1.31)得到平均场近似下伊辛模型的临界指数：$\beta=\dfrac{1}{2}$，$\alpha=0$，$\gamma=1$，$\delta=3$. 对比第三章§3.9 朗道的

二级相变理论，可以看出朗道理论与本节平均场近似下的统计理论具有完全相同的临界指数. 由此也可以认识到朗道唯象理论实际上是平均场理论.

§ 9.2 伊辛模型的严格解

9.2.1 一维情形

伊辛模型的哈密顿量为(见(9.1.1))

$$H = -J\sum_{\langle ij\rangle} s_i s_j - \mu\mathscr{H}\sum_{i=1}^{N} s_i. \tag{9.2.1}$$

对一维点阵(也称为链)，方便的做法是采用周期性边条件[①]，即想象把两个端点连起来，形成一个环(见图 9.2.1)，并令

$$s_{N+1} = s_1. \tag{9.2.2}$$

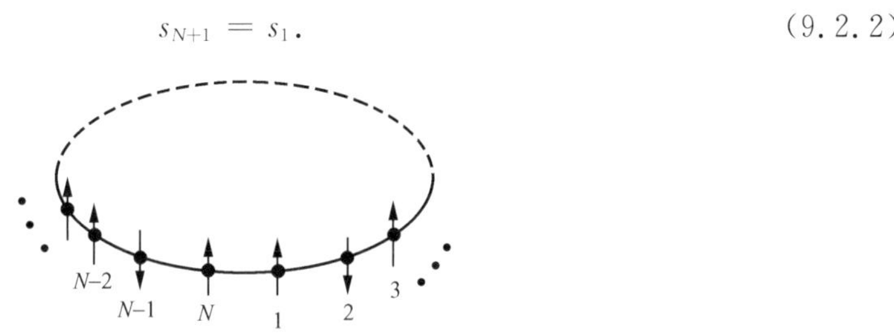

图 9.2.1 一维伊辛模型(周期性边条件)

对于一维情形，每一自旋只有两个近邻，于是(9.2.1)可改写为

$$H = -J\sum_{i=1}^{N} s_i s_{i+1} - \mu\mathscr{H}\sum_{i=1}^{N} s_i,$$

上式右边第二项还可以改写成更为对称的形式：

$$H = -J\sum_{i=1}^{N} s_i s_{i+1} - \frac{1}{2}\mu\mathscr{H}\sum_{i=1}^{N}(s_i + s_{i+1}). \tag{9.2.3}$$

配分函数为

$$\begin{aligned} Z_N &= \sum_{s_1}\cdots\sum_{s_N}\exp\left\{\frac{1}{kT}\sum_{i=1}^{N}\left[Js_i s_{i+1} + \frac{1}{2}\mu\mathscr{H}(s_i + s_{i+1})\right]\right\} \\ &= \sum_{s_1}\cdots\sum_{s_N}\prod_{i=1}^{N}\exp\left\{\frac{1}{kT}\left[Js_i s_{i+1} + \frac{1}{2}\mu\mathscr{H}(s_i + s_{i+1})\right]\right\}. \end{aligned} \tag{9.2.4}$$

引入矩阵 $\hat{\boldsymbol{P}}$，其矩阵元定义为

---

① 可以证明，在热力学极限下($N\to\infty$)，取自由边条件的结果与周期性边条件相同(习题 9.5).

$$\langle s_i \mid \hat{\boldsymbol{P}} \mid s_{i+1} \rangle \equiv \exp\left\{\frac{1}{kT}\left[Js_is_{i+1} + \frac{1}{2}\mu\mathscr{H}(s_i + s_{i+1})\right]\right\}, \tag{9.2.5}$$

注意到 s_i 与 s_{i+1} 只能取两个值+1或-1,故 $\hat{\boldsymbol{P}}$ 为如下的 2×2 矩阵

$$\begin{aligned}\hat{\boldsymbol{P}} &= \begin{pmatrix}\langle 1 \mid \hat{\boldsymbol{P}} \mid 1\rangle & \langle 1 \mid \hat{\boldsymbol{P}} \mid -1\rangle \\ \langle -1 \mid \hat{\boldsymbol{P}} \mid 1\rangle & \langle -1 \mid \hat{\boldsymbol{P}} \mid -1\rangle\end{pmatrix} \\ &= \begin{pmatrix}e^{(J+\mu\mathscr{H})/kT} & e^{-J/kT} \\ e^{-J/kT} & e^{(J-\mu\mathscr{H})/kT}\end{pmatrix}.\end{aligned} \tag{9.2.6}$$

于是,配分函数(9.2.4)可以写成

$$\begin{aligned}Z_N &= \sum_{s_1}\cdots\sum_{s_N}\langle s_1 \mid \hat{\boldsymbol{P}} \mid s_2\rangle\langle s_2 \mid \hat{\boldsymbol{P}} \mid s_3\rangle\cdots\langle s_{N-1} \mid \hat{\boldsymbol{P}} \mid s_N\rangle\langle s_N \mid \hat{\boldsymbol{P}} \mid s_1\rangle \\ &= \sum_{s_1}\langle s_1 \mid \hat{\boldsymbol{P}}^N \mid s_1\rangle \\ &= \mathrm{tr}(\hat{\boldsymbol{P}}^N).\end{aligned} \tag{9.2.7}$$

由于矩阵的迹与矩阵的表示无关,方便的办法是在 $\hat{\boldsymbol{P}}$ 的对角表示中去计算.将 $\hat{\boldsymbol{P}}$ 矩阵对角化,则可表为

$$\hat{\boldsymbol{P}} = \begin{pmatrix}\lambda_+ & 0 \\ 0 & \lambda_-\end{pmatrix}, \tag{9.2.8}$$

其中 λ_+ 与 λ_- 是 $\hat{\boldsymbol{P}}$ 的两个本征值,它们由久期方程

$$\begin{vmatrix}e^{(J+\mu\mathscr{H})/kT} - \lambda & e^{-J/kT} \\ e^{-J/kT} & e^{(J-\mu\mathscr{H})/kT} - \lambda\end{vmatrix} = 0 \tag{9.2.9}$$

决定,其解为

$$\begin{aligned}\lambda_\pm &= e^{J/kT}\left\{\cosh\left(\frac{\mu\mathscr{H}}{kT}\right) \pm \sqrt{\cosh^2\left(\frac{\mu\mathscr{H}}{kT}\right) - 2e^{-2J/kT}\sinh\left(\frac{2J}{kT}\right)}\right\} \\ &= e^{J/kT}\left\{\cosh\left(\frac{\mu\mathscr{H}}{kT}\right) \pm \sqrt{\sinh^2\left(\frac{\mu\mathscr{H}}{kT}\right) + e^{-4J/kT}}\right\},\end{aligned} \tag{9.2.10}$$

其中,$\lambda_+ > \lambda_-$.将(9.2.8)代入(9.2.7),得

$$Z_N = \lambda_+^N + \lambda_-^N = \lambda_+^N\left[1 + \left(\frac{\lambda_-}{\lambda_+}\right)^N\right], \tag{9.2.11}$$

由于 $\dfrac{\lambda_-}{\lambda_+} < 1$,在 $N\to\infty$ 的热力学极限下,应有

$$\lim_{N\to\infty}\frac{1}{N}\ln Z_N = \ln\lambda_+. \tag{9.2.12}$$

上式表明,在热力学极限下,配分函数(因而自由能)由 $\hat{\boldsymbol{P}}$ 矩阵的最大本征值决定.由(9.2.12),立即可以求出自由能与磁化强度:

$$\frac{F}{N} = -kT\frac{1}{N}\ln Z_N = -J - kT\ln\left\{\cosh\left(\frac{\mu\mathscr{H}}{kT}\right) + \sqrt{\sinh^2\left(\frac{\mu\mathscr{H}}{kT}\right) + e^{-4J/kT}}\right\}, \tag{9.2.13}$$

$$\frac{\overline{\mathscr{M}}}{N\mu}=-\frac{1}{\mu}\left(\frac{\partial(F/N)}{\partial\mathscr{H}}\right)_T=\frac{\sinh\left(\frac{\mu\mathscr{H}}{kT}\right)}{\sqrt{\mathrm{e}^{-4J/kT}+\sinh^2\left(\frac{\mu\mathscr{H}}{kT}\right)}}. \tag{9.2.14}$$

图 9.2.2 显示不同温度下($0<T_1<T_2$)磁化强度随磁场的变化. 可以看出,对一切非零温度,当磁场 $\mathscr{H}=0$ 时,均有

$$\overline{\mathscr{M}}(T,0)=0.$$

表明一维伊辛模型不可能出现自发磁化,即不存在有限温度的顺磁-铁磁相变.

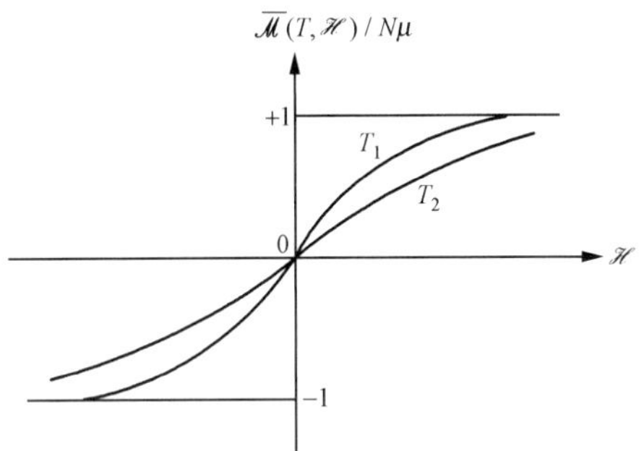

图 9.2.2 伊辛链磁化强度随磁场的变化

从物理上看,有限温度下自旋的平均取向由两个对抗的因素相互竞争决定,即能量倾向于取极小而熵倾向于取极大(最终使自由能取极小). 对于一维情形,由于近邻数少,使自旋排在相同方向的倾向不足以抗衡使熵取极大的倾向,结果在任何有限温度都不能形成自发磁化的铁磁态.

顺便指出,按平均场理论的公式(9.1.18),一维伊辛模型的临界温度为

$$T_c=\frac{zJ}{k}=\frac{2J}{k}.$$

T_c 是不为零的有限值,而严格解证明一维伊辛模型在有限温度无相变,或者说 $T_c=0$. 这告诉我们平均场理论对一维情形完全不对.

9.2.2 二维情形的主要结果

1944 年,昂萨格对二维伊辛模型求出了严格解,这项工作在相变理论的发展上具有里程碑的意义,它第一次严格证明,从平滑的哈密顿量出发,在热力学极限下所得到的热力学函数在临界点呈现奇异性. 此外,严格解还可以作为检验各种近似方法可靠性的依据. 可惜的是,只有极少数简化模型才能求得其严格解.

二维伊辛模型的严格解超出了本书的范围,这里只列出其主要结果.

昂萨格在磁场为零的情况下,对二维正方形点阵,严格求出

$$T_c = \frac{2.269J}{k}. \tag{9.2.15}$$

$\mathscr{H}=0$ 时的热容 $C_{\mathscr{H}}$ 在临界点对数发散：

$$\frac{1}{Nk}C_{\mathscr{H}}(T,0) = -0.495\ln\left|1-\frac{T}{T_c}\right| + 常数. \tag{9.2.16}$$

图 9.2.3 给出了 $C_{\mathscr{H}}$ 随温度的变化曲线，a 为二维正方点阵伊辛模型的严格解，作为对比，图中也画出了平均场近似的结果 b.

严格解还得出，总平均磁矩 $\overline{\mathscr{M}}(T,0)$ 在临界点附近的行为遵从幂律形式：

$$\overline{\mathscr{M}}(T,0) \sim (T_c - T)^{1/8} \quad (T \to T_c^-), \tag{9.2.17}$$

但临界指数 $\beta=\dfrac{1}{8}$，而不是平均场理论的 $\dfrac{1}{2}$. 从图 9.2.4 可以看出，当 $T\to T_c^-$ 时，严格解比平均场近似下降得更陡.

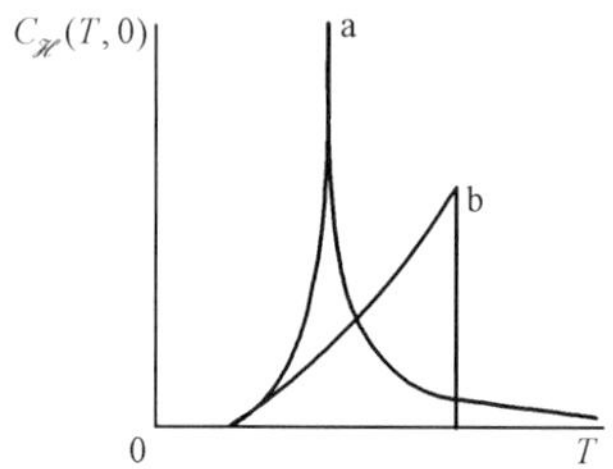

图 9.2.3　二维伊辛模型热容随温度的变化（正方点阵）（a 为严格解，b 为平均场近似）

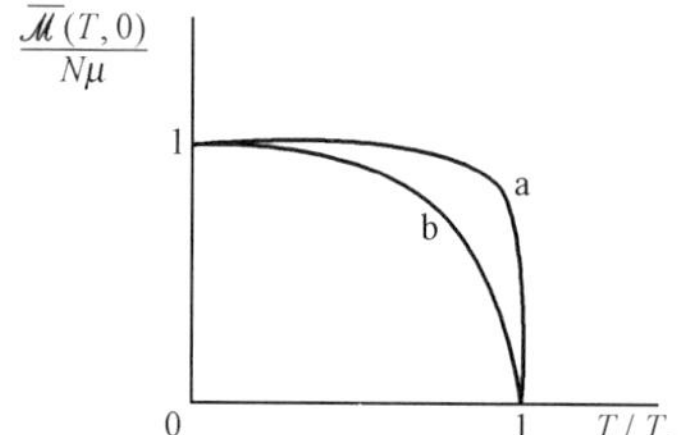

图 9.2.4　二维伊辛模型的（正方点阵）自发磁化随温度的变化（a 为严格解，b 为平均场近似）

§ 9.3　临界指数（续）　标度律　普适性

9.3.1　临界指数（续）：ν，η

在 § 3.10 中曾经指出，在连续相变的临界点，热力学函数和关联函数呈现奇异性，并已定义了四个临界指数 $\alpha,\beta,\gamma,\delta$. 其中 β 与 δ 直接联系着序参量，γ 与 α 与响应函数联系. 以上这四个临界指数的定义无需涉及统计物理. 下面再定义另外两个临界指数 ν 与 η，它们与关联函数有关，需要用到统计物理的知识，所以放到这里来介绍. 我们仍以顺磁-铁磁相变为例来说明.

（1）**关联长度：临界指数 ν**

在 § 8.6 中曾经对流体系统介绍过关联函数，对磁系统，可以类似地定义**自旋-自旋关联函数**，或者简称**关联函数**：

$$g(i,j) \equiv \overline{(s_i - \bar{s}_i)(s_j - \bar{s}_j)}, \tag{9.3.1}$$

这里为了简单,设格点自旋为一维矢量(不难推广到更普遍的情形). $g(i,j)$描述了两个不同格点 i 与 j 的自旋之间的关联. 如果 i 与 j 的自旋之间没有关联,也就是说它们彼此是独立的,则显然有

$$g(i,j) = \overline{(s_i - \bar{s}_i)} \cdot \overline{(s_j - \bar{s}_j)} = 0.$$

反之,如果 i 与 j 两点的自旋之间存在关联,则 $g(i,j) \neq 0$. 因此,$g(i,j)$量度了 i,j 两点自旋之间的关联. 注意到若 $i=j$,则有

$$g(i,i) = \overline{(s_i - \bar{s}_i)^2}.$$

上式代表格点 i 的自旋涨落,而 $g(i,j)(i \neq j)$代表了两格点 i 与 j 的自旋涨落之间的关联.

在§9.4 中,我们将证明在平均场近似下,关联函数(9.3.1)取下列形式

$$g(r) \sim \frac{1}{r} e^{-r/\xi}, \tag{9.3.2}$$

其中 r 代表所考虑的两个格点之间的距离,ξ 代表涨落关联的特征距离,称为**关联长度**. ξ 越大,表示关联的范围越大. 按照平均场理论,在临界点的邻域,关联长度 ξ 满足下列关系:

$$\xi \sim | T - T_c |^{-\frac{1}{2}}; \tag{9.3.3}$$

平均场理论的上述结果与实验有明显的偏离,正确的结果是

$$\xi \sim | T - T_c |^{-\nu}, \tag{9.3.4}$$

(9.3.4)定义了临界指数 ν. 上式告诉我们,当 $T \to T_c$ 时,$\xi \to \infty$. 亦即在临界点,关联长度趋于无穷大;这一性质对于理解临界现象是极为重要的.

(2) **关联函数:临界指数 η**

(9.3.2)是平均场近似下的关联函数,它具有指数衰减形式. 在临界点的邻域,(9.3.2)并不正确;正确的结果是如下的幂律形式:

$$g(r) \sim r^{-d+2-\eta} \quad (T \to T_c^-, \mathscr{H} = 0). \tag{9.3.5}$$

上式中定义了另一个临界指数 η. 尽管(9.3.5)与(9.3.2)一样,均有当 $r \to \infty$时,$g(r) \to 0$;但幂律形式要比指数形式的衰减慢得多. 另一点不同的是,(9.3.5)中包含与空间维数 d 的依赖,表明关联函数与空间维数有关;而平均场理论的结果(9.3.2)与空间维数 d 无关.

令 $\tilde{g}(k)$代表 $g(r)$的傅里叶变换,由(9.3.5),可得

$$\tilde{g}(k) \sim k^{-2+\eta} \quad (T \to T_c^-, k \sim 0), \tag{9.3.6}$$

上式中 k 为波矢,$k \sim 0$ 代表长波长极限. (9.3.6)表明,涨落的关联**对长波长特别强烈**,当 $k \to 0$ 时,$\tilde{g}(k) \to \infty$,这一认识对后来的动量空间重正化群理论至关重要. (9.3.5)或(9.3.6)定义了临界指数 η.

应该指出,虽然以上我们是以顺磁-铁磁相变为例定义临界指数 ν 与 η,但对其他连续相变,关联函数在临界点的邻域也具有类似的幂律行为,同样可以用 ν 与 η 这两个临界指数表征. 例如,对于气-液相变的临界点,相应的关联函数为

$$g(\boldsymbol{r}) \equiv \overline{(n(\boldsymbol{r}) - \overline{n(\boldsymbol{r})})(n(0) - \overline{n(0)})}, \tag{9.3.7}$$

与此相对应的磁系统的自旋-自旋关联函数用自旋密度 $s(\boldsymbol{r})$ 来定义的形式为

$$g(\boldsymbol{r}) \equiv \overline{(s(\boldsymbol{r}) - \overline{s(\boldsymbol{r})})(s(0) - \overline{s(0)})}, \tag{9.3.8}$$

其中自旋密度 $s(\boldsymbol{r})$ 的定义为

$$s(\boldsymbol{r}) \equiv \Big(\sum_i s_i\Big)\Big/\Delta V \quad (i \in \Delta V), \tag{9.3.9}$$

其中 ΔV 是以 $\boldsymbol{r}$ 为中心的小体元.

9.3.2 临界指数的实验值　标度律　普适性

表 9.3.1 列出了几种不同系统临界指数的实验测量值的范围，最后一列同时给出了平均场理论的结果.

表 9.3.1　临界指数的部分实验结果[①]

临界指数	磁系统	流体	二元溶液	平均场理论
α	0.0～0.2	0.1～0.2	0.05～0.15	0
β	0.30～0.36	0.32～0.35	0.30～0.34	1/2
γ	1.2～1.4	1.2～1.3	1.2～1.4	1
δ	4.2～4.8	4.6～5.0	4.0～5.0	3
ν	0.62～0.68	—	—	1/2
η	0.03～0.15	—	—	0

读者不难注意到，表中实验值的准确度并不高，原因是临界指数的测定是相当困难的.由于幂律行为必须很接近临界点时才表现出来，这就要求精确的测量技术，并能有效地消除干扰.此外，最困难的还在于，越靠近临界点，涨落越强烈.每次改变温度，重新达到平衡所需要的时间也越长(称为**临界慢化**)，使准确测量十分困难.

从实验结果的分析发现，临界指数之间似乎存在一些关系，例如 $\alpha+2\beta+\gamma\approx2$；$\alpha+\beta(\delta+1)\approx2$，等等.这些关系最初是作为近似的经验规律而提出的，后来借助于热力学理论，推导出一些不等式关系.到 60 年代中期，有了进一步的发展，提出了**标度理论**.简单地说，标度理论是基于序参量、响应函数以及关联函数在临界点邻域的幂律行为，猜出自由能函数和关联函数应该具有的形式."猜"也就是假设(称为**标度假设**).从这些标度假设出发，用唯象的办法就可以推导出临界指数之间满足的一些**等式关系**，这些关系称为**标度律**(scaling laws).这里不讨论，只列出结果：

$$\alpha + 2\beta + \gamma = 2 \quad \text{(Rushbrooke 标度律)}, \tag{9.3.10}$$

$$\gamma = \beta(\delta - 1) \quad \text{(Widom 标度律)}, \tag{9.3.11}$$

$$\gamma = \nu(2 - \eta) \quad \text{(Fisher 标度律)}, \tag{9.3.12}$$

$$\nu d = 2 - \alpha \quad \text{(Josephson 标度律)}. \tag{9.3.13}$$

---

① 取自 R. K. Pathria, Statistical Mechanics, 2nd edition, Butterworth-Heinemann, 1996, p. 336.

上面 4 个关系是彼此独立的，还有其他一些标度律，与上述 4 个关系不独立，就不一一列举了. 上述关系式在实验误差范围内与实验结果符合. 6 个临界指数，满足 4 个关系式，故只有 2 个是独立的.

研究还发现，某些物理上看起来十分不同的系统，尽管它们的连续相变的具体形式不同，系统的微观结构与相互作用的形式和细节也不相同，但它们的临界指数十分接近，这一性质称为普适性. 这表明，对于临界现象，某些共性起主导作用，而代表具体物质的差别的特殊性似乎不起作用. 20 世纪 60 年代后期，在总结实验的基础上，提出了**普适性假设**：系统的临界行为由两个量决定，一个是空间维数 d，另一个是序参量维数 n. 凡是具有相同 d 和 n 的系统属于同一个**普适类**(universality class)，它们有相同的临界指数，亦即有相同的临界行为.

系统的空间维数不难确定，序参量的维数需要略作说明. 对铁磁体，序参量是磁化强度，它是微观总磁矩的平均值，微观上对应的量是自旋. 这时，n 就是自旋矢量分量的数目. 例如，对于单轴各向同性铁磁体，自旋取向只能沿着一个方向(正向或反向)，相应有 $n=1$；对平面各向异性铁磁体，自旋可取平面内的各个方向，故 $n=2$；多数铁磁体相应的自旋矢量是三维的，即 $n=3$. 与这三种情况对应的理论模型分别是伊辛模型，XY 模型和海森伯模型. 普通流体(气-液相变)的序参量是液相与气相的密度差($\rho_L-\rho_G$)，这个量只有大小，故 $n=1$. 二元溶液的序参量是两种组元的密度之差($\rho_1-\rho_2$)，二元合金(如 CuZn 合金)的有序-无序相变的序参量为$(W_1-W_2)/(W_1+W_2)$，其中 $W_1(W_2)$代表 Cu(Zn)占据某特定格点的几率，这两种情况均为 $n=1$. 此外，液^{4}He 的超流相变、超导体的超导相变的序参量均为复数，有实部与虚部，故 $n=2$. 其他还有一些更特殊的系统或模型具有不同的 n 值，这里就不一一列举了.

普适性假设是根据一定范围的实验结果总结概括而提出的，理论上也有一定的论证，但仍有一些问题有待更深入的研究. 普适性的研究是临界现象近代理论的重要内容之一.

§9.4 涨落与关联的作用

上一节我们介绍了临界现象的一个基本特征：普适性. 读者会问：临界现象为什么会具有普适性呢？为什么看起来完全不同的物理系统，不同的微观结构和不同的微观相互作用的具体形式，只要属于同一个普适类，就有相同的临界指数呢？

问题的回答是：在临界点，关联长度 ξ 趋于无穷大. 由于 $\xi\to\infty$，系统中将出现宏观尺度的**长程关联**，导致连续相变能够以合作的方式发生. 也正是由于 $\xi\to\infty$，使物理系统中比 ξ 小得多的其他一切特征长度(如晶格常数、相互作用力程等)，以及它们所决定的微观结构的细节(如晶格结构、晶格对称性等)，**对决定临界现象而言都变得无关紧要了.**

下面，我们仍以铁磁系统的伊辛模型为例来说明.

9.4.1 关联函数与磁化率的关系

§9.3 中曾经定义自旋-自旋关联函数(见(9.3.1))

$$g(i,j) \equiv \overline{(s_i - \bar{s}_i)(s_j - \bar{s}_j)}, \tag{9.4.1}$$

$g(i,j)$代表格点 i 与 j 的自旋涨落之间的关联. 可以证明,磁化率 χ 与关联函数 $g(i,j)$之间存在一个重要的关系:

$$\chi = \beta\mu^2 \sum_i \sum_j g(i,j). \tag{9.4.2}$$

下面我们对伊辛模型来证明. 由(9.1.6)及(9.1.3), $\overline{\mathscr{M}}$ 可表为

$$\overline{\mathscr{M}} = \frac{1}{\beta}\frac{1}{Z_N}\frac{\partial Z_N}{\partial \mathscr{H}}, \tag{9.4.3}$$

其中 Z_N 为配分函数,

$$\begin{aligned} Z_N &= \sum_{\{s_i\}} \mathrm{e}^{-\beta H} = \sum_{\{s_i\}} \exp\left\{\beta J \sum s_i s_j + \beta\mathscr{H}\mu \sum_i s_i\right\} \\ &= \sum_{\{s_i\}} \exp\left\{\beta J \sum s_i s_j + \beta\mathscr{H}\mathscr{M}\right\}, \end{aligned} \tag{9.4.4}$$

上式中的 $\mathscr{M}$ 为微观总磁矩,

$$\mathscr{M} = \mu \sum_i s_i.$$

由磁化率的定义及(9.4.3),有

$$\begin{aligned} \chi &= \frac{\partial \overline{\mathscr{M}}}{\partial \mathscr{H}} = -\frac{1}{Z_N^2}\frac{\partial Z_N}{\partial \mathscr{H}} \cdot \frac{1}{\beta}\frac{\partial Z_N}{\partial \mathscr{H}} + \frac{1}{\beta}\frac{1}{Z_N}\frac{\partial^2 Z_N}{\partial \mathscr{H}^2} \\ &= -\beta\left(\frac{1}{\beta}\frac{1}{Z_N}\frac{\partial Z_N}{\partial \mathscr{H}}\right)^2 + \beta\frac{1}{Z_N}\frac{1}{\beta^2}\frac{\partial^2 Z_N}{\partial \mathscr{H}^2}, \end{aligned} \tag{9.4.5}$$

由(9.4.4),容易证明

$$\overline{\mathscr{M}^2} = \frac{1}{Z_N}\frac{1}{\beta^2}\frac{\partial^2 Z_N}{\partial \mathscr{H}^2}. \tag{9.4.6}$$

将(9.4.3)与(9.4.6)代入(9.4.5),得

$$\chi = \beta(\overline{\mathscr{M}^2} - \overline{\mathscr{M}}^2) = \beta\overline{(\mathscr{M} - \overline{\mathscr{M}})^2} = \beta\overline{(\Delta\mathscr{M})^2}, \tag{9.4.7}$$

可见 χ 与总磁矩的涨落(方差)成正比. 注意到

$$\begin{aligned} \overline{(\Delta\mathscr{M})^2} &= \overline{(\mathscr{M} - \overline{\mathscr{M}})^2} \\ &= \overline{\left[\mu \sum_i (s_i - \bar{s}_i)\right]^2} \\ &= \mu^2 \sum_i \sum_j \overline{(s_i - \bar{s}_i)(s_j - \bar{s}_j)} \\ &= \mu^2 \sum_i \sum_j g(i,j), \end{aligned} \tag{9.4.8}$$

将(9.4.8)代入(9.4.7),立即证明了公式(9.4.2).

在§3.10中已经指出,当趋于临界点时,χ以幂律形式发散(见(3.10.7a)):

$$\chi \sim |T-T_c|^{-\gamma} \quad (T\to T_c, \mathscr{H}\to 0).$$

既然在临界点$\chi\to\infty$,由(9.4.2)可知,当$T\to T_c$时,关联函数必定极大地增强.

为了更具体地了解$g(i,j)$的形式,下面来求平均场近似下的关联函数.(不想知道推导细节的读者,可以直接跳到公式(9.4.49)和(9.4.50).)

*9.4.2 平均场近似下的关联函数①

首先重复一下§9.1中介绍过的伊辛模型的平均场理论.那里,我们把哈密顿量改写成

$$H=-\sum_i \mu s_i\left(\mathscr{H}_i+\frac{J}{\mu}\sum_j{}' s_j\right)=-\sum_i \mu s_i(\mathscr{H}_i+h_i), \tag{9.4.9}$$

$$h_i\equiv\frac{J}{\mu}\sum_j{}' s_j. \tag{9.4.10}$$

上式中的h_i可以理解为格点i周围的自旋在格点i所产生的内场.(9.4.9)式中已把外场写成$\mathscr{H}_i$,即允许外场是依赖于空间位置的.注意,以上只是改写,并未作任何近似.现在用平均场近似,即将h_i中的s_j用$\bar{s}_j$代替:

$$h_i\equiv\frac{J}{\mu}\sum_j{}' s_j \longrightarrow \bar{h}_i=\frac{J}{\mu}\sum_j{}'\bar{s}_j, \tag{9.4.11}$$

并进一步取$\bar{s}_j=\bar{s}$,这样一来

$$\bar{h}_i=\bar{h}=\frac{zJ}{\mu}\bar{s}.$$

结果,内场变成与格点无关的了.

本来,格点i的内场h_i与周围自旋的微观状态有关,不同的微观自旋态,内场h_i的值应不同.也就是说,h_i的值是涨落不定的.把h_i用$\bar{h}_i$代替,并进一步用$\bar{h}$代替,相当于完全忽略自旋涨落.

现在,仍然在平均场近似的框架下,但要作一点修正,希望把自旋涨落的效果,至少部分地捡回来.考虑到由于存在涨落,不同格点的自旋平均值可以不相等,格点i的自旋平均值为$\bar{s}_i$,其近邻自旋的平均值$\bar{s}_j\neq\bar{s}_i$.为了把$\bar{s}_j$近似用$\bar{s}_i$表达,假定$\bar{s}_i$随空间的变化是缓慢的(实际上涨落中随空间缓慢变化的成分,亦即长波长成分,才是对临界现象起决定作用的),于是$\bar{s}_j$可以用$\bar{s}_i$的泰勒展开来表达.我们以三维正方点阵为例,图9.4.1显示格点i与它的六个近邻,令格点i的位置坐标$\boldsymbol{r}_i=(0,0,0)$,其六个近邻$\boldsymbol{r}_j$分别为$(\pm a,0,0)$,$(0,\pm a,0)$,

① 参看 L. P. Kadanoff, Phase Transitions and Critical Phenomena, vol. 5A, Academic Press, 1976, pp. 12—15. 另可参看 R. K. Pathria, Statistical Mechanics, 2nd edition, Butterworth-Heinemann, 1996, pp. 348—353.

$(0,0,\pm a)$，a 为晶格常数. 以最近邻格点 $\boldsymbol{r}_j=(a,0,0)$ 为例，其平均自旋 $\bar{s}_j$ 可表为

$$\bar{s}_j = \bar{s}_i + \frac{\partial \bar{s}_i}{\partial x}a + \frac{1}{2}\frac{\partial^2 \bar{s}_i}{\partial x^2}a^2 + \cdots,$$

类似可求得其他近邻格点的 $\bar{s}_j$. 保留到 a^2 的项，代入(9.4.11)，注意到含 $\bar{s}_i$ 一级微商的项成对地抵消，于是得

$$\bar{h}_i = \frac{zJ}{\mu}\bar{s}_i + \frac{Ja^2}{\mu}\left(\frac{\partial^2 \bar{s}_i}{\partial x^2} + \frac{\partial^2 \bar{s}_i}{\partial y^2} + \frac{\partial^2 \bar{s}_i}{\partial z^2}\right),$$

或写成

$$\bar{h}_i = \frac{zJ}{\mu}\bar{s}_i + \frac{Ja^2}{\mu}\nabla^2 \bar{s}_i. \tag{9.4.12}$$

与(9.1.10)相比，现在 $\bar{h}_i$ 中多出一项，它与 $\nabla^2\bar{s}_i$ 成正比，反映了涨落引起 $\bar{s}_i$ 的空间变化.

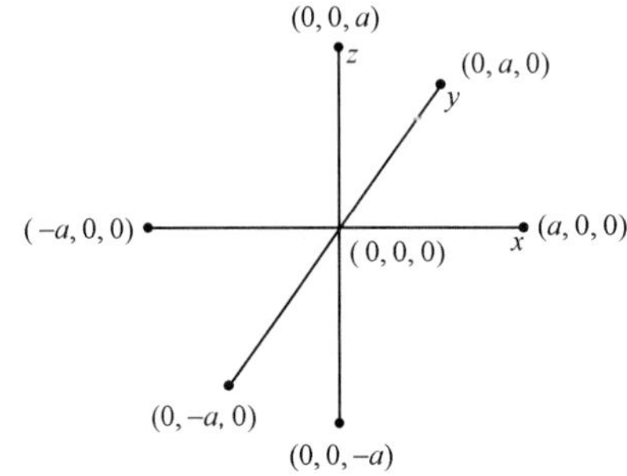

图 9.4.1 三维正方点阵中(0,0,0)及其六个近邻

用(9.4.12)的 $\bar{h}_i$ 代替(9.4.9)中的 h_i，即得考虑了涨落修正的平均场近似下的有效哈密顿量

$$H_{\text{eff}} = -\sum_i \mu(\mathscr{H}_i + \bar{h}_i)s_i. \tag{9.4.13}$$

重复§9.1.2 中的计算(请读者自己完成)，最后可得确定 $\bar{s}_i$ 的自洽方程

$$\bar{s}_i = \tanh\left(\frac{\mu\mathscr{H}_i}{kT} + \frac{zJ}{kT}\bar{s}_i + \frac{a^2J}{kT}\nabla^2\bar{s}_i\right). \tag{9.4.14}$$

我们关心的是临界点($T=T_c$，$\mathscr{H}=0$)附近的行为，这时，tanh 函数的宗量是小量，利用 $\tanh x\approx x-\frac{x^3}{3}$ $(x\ll 1)$(已略去高阶小量)，可得

$$\frac{\mu\mathscr{H}_i}{kT} \approx \left(1-\frac{zJ}{kT}\right)\bar{s}_i + \frac{1}{3}\left(\frac{zJ}{kT}\right)^3\bar{s}_i^3 - \frac{a^2J}{kT}\nabla^2\bar{s}_i. \tag{9.4.15}$$

注意到平均场理论的临界温度 $T_c=\frac{zJ}{k}$，引入无量纲的磁场 b_i 与无量纲温度 t，

$$b_i \equiv \frac{\mu\mathscr{H}_i}{kT}, \tag{9.4.16a}$$

$$t \equiv \frac{T - T_c}{T_c}, \tag{9.4.16b}$$

则(9.4.14)可以改写成(除 $\bar{s}_i$ 项外,其他项中已取$\frac{T_c}{T}\approx 1$)

$$t\bar{s}_i + \frac{1}{3}\bar{s}_i^3 - ca^2\ \nabla^2 \bar{s}_i = b_i, \tag{9.4.17}$$

其中 $c \equiv 1/z$ 是数量级为 1 的常数. 对(9.4.17)两边求$\frac{\partial}{\partial b_j}$,得

$$(t + \bar{s}_i^2 - ca^2\ \nabla^2)\frac{\partial \bar{s}_i}{\partial b_j} = \delta_{ij}. \tag{9.4.18}$$

可以证明,

$$\frac{\partial \bar{s}_i}{\partial b_j} = g(i,j). \tag{9.4.19}$$

事实上,由 $\overline{\mathscr{M}} = \mu\sum_i \bar{s}_i$, 设想在保持温度不变的情况下,各格点上的外磁场发生一微小的变动,由$\{\mathscr{H}_i\}$变到$\{\mathscr{H}_i + \delta\mathscr{H}_i\}$,由此引起 $\overline{\mathscr{M}}$ 的变化 $\delta\overline{\mathscr{M}}$,

$$\delta\overline{\mathscr{M}} = \mu\sum_i\left[\sum_j \frac{\partial \bar{s}_i}{\partial \mathscr{H}_j}\delta\mathscr{H}_j\right]. \tag{9.4.20}$$

令所有格点的 $\delta\mathscr{H}_j$ 相同,即令 $\delta\mathscr{H}_j = \delta\mathscr{H}$,于是得

$$\frac{\delta\overline{\mathscr{M}}}{\delta\mathscr{H}} = \mu\sum_i\sum_j\frac{\partial \bar{s}_i}{\partial \mathscr{H}_j}. \tag{9.4.21}$$

上式左方正是磁化率 $\chi = \left(\frac{\partial\overline{\mathscr{M}}}{\partial\mathscr{H}}\right)_T$. 将上式与公式(9.4.2)比较,即得(9.4.19).

将(9.4.19)代入(9.4.18),后者化为

$$(t + \bar{s}_i^2 - ca^2\ \nabla^2)g(i,j) = \delta_{ij}, \tag{9.4.22}$$

方程(9.4.22)是平均场近似下的结果. 现在考查 $T > T_c$(即 $t > 0$),外场很弱(即$\{b_i\}\to 0$),这时 $\bar{s}_i \to 0$,$\bar{s}_i^2$ 项可以忽略,于是方程(9.4.22)化为

$$(t - ca^2\ \nabla^2)g(i,j) = \delta_{ij}. \tag{9.4.23}$$

现在忽略系统中小的不均匀性(不能在一开始时忽略),这样,两点关联函数 $g(i,j) \equiv g(\boldsymbol{r}_i, \boldsymbol{r}_j)$只依赖于两点的位置之差,即

$$g(i,j) = g(\boldsymbol{r}_j - \boldsymbol{r}_i) = g(\boldsymbol{r}) \quad (\boldsymbol{r} = \boldsymbol{r}_j - \boldsymbol{r}_i).$$

令 $\tilde{g}(\boldsymbol{k})$为 $g(\boldsymbol{r})$的傅里叶变换[①]

$$g(\boldsymbol{r}) = \frac{1}{V}\sum_{\boldsymbol{k}}\tilde{g}(\boldsymbol{k})e^{-i\boldsymbol{k}\cdot\boldsymbol{r}}, \tag{9.4.24}$$

---

① 参看李正中著,《固体理论》(第二版),高等教育出版社,2002 年,7—8 页.

其中 $\boldsymbol{k}$ 的取值限于倒格子空间的第一布里渊区. 又

$$\delta_{ij} = \frac{a^3}{V} \sum_{\boldsymbol{k}} \mathrm{e}^{-\mathrm{i}\boldsymbol{k}\cdot\boldsymbol{r}}, \tag{9.4.25}$$

其中 a^3 为元胞体积(这里只考虑三维正方形点阵). 将(9.4.24)与(9.4.25)代入(9.4.23),得

$$(t + ca^2k^2)\tilde{g}(\boldsymbol{k}) = a^3,$$

或

$$\tilde{g}(\boldsymbol{k}) = \frac{a^3}{t + ca^2k^2}, \tag{9.4.26}$$

注意到 $\tilde{g}(\boldsymbol{k})$ 只依赖于 $|\boldsymbol{k}|=k$. 在临界点($T=T_c$),$t=0$,则有 $\tilde{g}(\boldsymbol{k})\sim k^{-2}$. 按(9.3.6)的定义,表明平均场理论的 $\eta=0$.

由(9.4.26),作逆傅里叶变换,得

$$g(\boldsymbol{r}) = \frac{1}{V} \sum_{\boldsymbol{k}} \frac{a^3}{t + ca^2k^2} \mathrm{e}^{-\mathrm{i}\boldsymbol{k}\cdot\boldsymbol{r}}, \tag{9.4.27}$$

在热力学极限下,上式的求和可代之以积分:

$$\frac{1}{V} \sum_{\boldsymbol{k}} \longrightarrow \frac{1}{(2\pi)^3} \int \mathrm{d}^3\boldsymbol{k}.$$

于是有

$$g(\boldsymbol{r}) = \frac{a^3}{(2\pi)^3} \int \frac{\mathrm{e}^{-\mathrm{i}\boldsymbol{k}\cdot\boldsymbol{r}}}{t + ca^2k^2} \mathrm{d}^3\boldsymbol{k}, \tag{9.4.28}$$

完成积分①,得

$$g(r) \sim \frac{1}{r} \mathrm{e}^{-r/\xi}, \tag{9.4.29}$$

其中

$$\xi = \sqrt{\frac{ca^2}{t}} \sim t^{-\frac{1}{2}} \sim (T - T_c)^{-\frac{1}{2}}. \tag{9.4.30}$$

(9.4.29)式所给出的 $g(r)$ 随 r 的增大而呈指数衰减形式,衰减太快,与实验结果的幂律形式不符. 另外,由公式(9.4.30)可以得出平均场理论的临界指数 $\nu=\frac{1}{2}$.

9.4.3　临界点的涨落与关联的图像

在§8.6 中曾经提到,关联函数可以用射线束散射的测量确定. 射线究竟选择可见光,X 射线,中子束或其他,取决于所需要测量的系统. 对磁系统,需要用中子束,因为中子有磁矩,可以与散射体的自旋发生作用,而且波长也合适. 中子束的散射强度与磁介质的自旋涨落有

---

① 吴崇试编著,《数学物理方法》(第二版),北京大学出版社,2003 年,91 页.

关.涨落越强,散射也越强.当接近临界点时,可以观测到反常强烈的散射.通过对临界点附近的散射实验测量,可以提供临界点的涨落与关联的重要信息.

在临界点,关联长度 $\xi \to \infty$. 这意味着什么?临界点附近涨落与关联是怎样的?图9.4.2是威尔孙(Wilson)对二维伊辛模型所作的计算机模拟[①],图中黑色小块代表自旋向

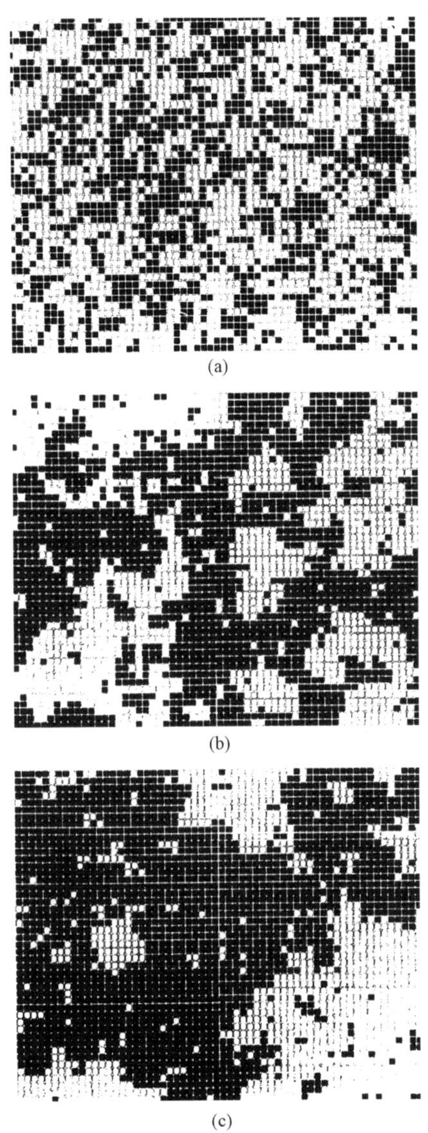

(a)

(b)

(c)

图 9.4.2 二维伊辛模型的计算机模拟 (a) $T=2T_c$,(b) $T=1.05T_c$,(c) $T=T_c$

① K. Wilson, Scientific American, Aug., 1979, p.158.

上，白色小块代表自旋向下. 图(a)对应 $T=2T_c$，系统处于顺磁相，$\overline{\mathscr{M}}=0$. 这时不存在大的连成片的取向相同的集团，但有小的集团，表明已存在短程序. 图(b)对应 $T=1.05T_c$，这时已比较接近临界点了，黑色小块连成更大的集团，相当于 ξ 变得更大. 图(c)对应 $T=T_c$，这时已形成尺度遍及整个系统的大的集团，表示 ξ 已达到系统大小的宏观尺度. 值得注意的是，黑色小块形成的集团中有白色的集团，白色小块形成的集团中也有黑色的集团，两种不同自旋取向的集团并不是清一色的，而是相互嵌套着，并且随时间是动态变化的(这里的每一幅图都相当于某一时刻的快照). 虽然 $\overline{\mathscr{M}}(T_c)=0$，但已开始形成长程序.

图 9.4.3 是一个示意图①②，更加形象地表达出涨落与关联的图像，当趋近临界点时，ξ 越来越大，系统中形成许多具有新相特点的"集团"或"花斑"，这些集团没有确定的位置和边界，而是动态变化的. 自旋向上的集团中含有自旋向下的集团，自旋向下的集团中也含有自旋向上的集团，互相嵌套. 同时存在大大小小的各种集团，其尺度从大到 ξ 量级小到微观尺度的都有(这与一级相变有很大的不同). 特别是，如果用放大镜去看一个特定的区域，总会看到相似的结构特征. 这一特性表示尺度变换下的不变性，称为**"标度不变性"**，这是重正化群理论的核心思想.

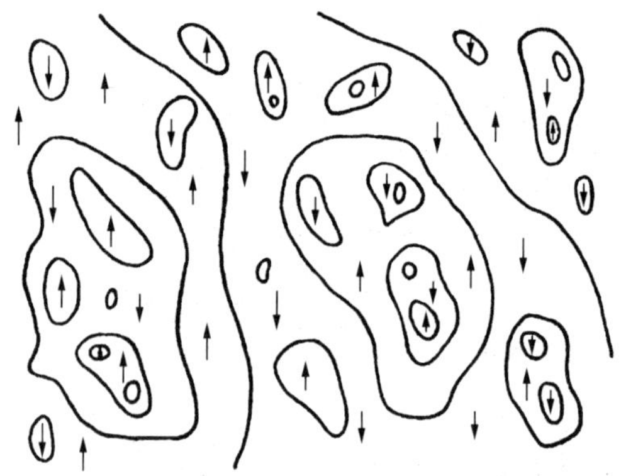

图 9.4.3 显示临界点附近标度不变性的集团结构

§9.5 重正化群理论大意

以上我们简略地讨论了伊辛模型的平均场理论，并对严格解的结果作了一点介绍. 严格解只对极少数简化模型可以求得；平均场近似的结果与实验有明显差距. 无论是平均场理论还是严格解，都是沿着同一条途径：从统计系综出发⟶计算配分函数(近似地或严格地)⟶计算热力学量与关联函数⟶求出临界指数. 我们将看到，重正化群理论独辟蹊径，

---

① L. P. Kadanoff, Phase Transitions and Critical Phenomena, vol. 5A, Academic, New York, 1976, p. 12.

② 于禄、郝柏林，《相变和临界现象》，科学出版社，1984 年. 该书对临界现象有精彩的描述.

不是沿着传统的老路子.

前面已经说明,热力学量在临界点表现出的奇异性,以及临界行为的普适性,其根源在于关联长度 ξ 在临界点发散.从9.4.3小节的讨论我们进一步看到,由于在临界点 $\xi\to\infty$,若对系统作有限大小的尺度变换,将不会改变系统的临界行为.换句话说,**临界点以及临界行为(由临界指数表征)具有尺度变换下的不变性**.这就提供了一种可能:通过寻找系统在尺度变换下的不变性来确定临界点和临界指数.这正是重正化群理论的基本思想.循此,重正化群理论可以归结为如下三大步骤:

(1) 通过对系统作尺度变换及某种"平均",找出重正化群变换;

(2) 确定重正化群变换的不动点,找出与临界点有关的不动点及相应的参数(临界温度等);

(3) 在不动点附近将重正化群变换线性化,计算临界指数.

下面,以一维伊辛模型为例来说明其大意.①

(1) **作尺度变换**

尺度变换有几种不同的办法,此处介绍"选择性消去"法(decimation).一维伊辛模型的哈密顿量为

$$H=-J\sum_{i=1}^{N}s_i s_{i+1}, \tag{9.5.1}$$

这里为了简单,已设磁场为零,并采用自由边条件.配分函数为

$$\begin{aligned}Z_N&=\sum_{\{s_i\}}\mathrm{e}^{-\beta H}\\&=\sum_{\{s_i\}}\mathrm{e}^{K(s_1s_2+s_2s_3+s_3s_4+s_4s_5+\cdots)},\end{aligned} \tag{9.5.2}$$

其中 $K\equiv J/kT$ 称为有效耦合常数.把(9.5.2)中对奇数自旋与偶数自旋的求和分开来写成

$$\begin{aligned}Z_N=&\sum_{s_1}\sum_{s_3}\cdots\sum_{s_2}\sum_{s_4}\cdots\exp[Ks_2(s_1+s_3)]\\&\cdot\exp[Ks_4(s_3+s_5)]\cdots,\end{aligned} \tag{9.5.3}$$

在上式中先完成对偶数自旋的求和,注意到 s_i 取值为 ±1,得

$$\begin{aligned}Z_N=&\sum_{s_1}\sum_{s_3}\sum_{s_5}\cdots\{\exp[K(s_1+s_3)]+\exp[-K(s_1+s_3)]\}\\&\cdot\{\exp[K(s_3+s_5)]+\exp[-K(s_3+s_5)]\}\cdots.\end{aligned} \tag{9.5.4}$$

这样,我们已经消去了全部偶数自旋的自由度.现在设法把(9.5.4)重新写成(9.5.2)相似的形式,令(9.5.4)中第一个因子为

$$\exp[K(s_1+s_3)]+\exp[-K(s_1+s_3)]=\mathrm{e}^{g+K's_1s_3}, \tag{9.5.5}$$

① David Chandler, Introduction to Modern Statistical Mechanics, Oxford University Press, 1987.中译本:David Chandler 著,现代统计力学导论,鞠国兴译,高等教育出版社,2013.

其中引入了两个待定量：g 与 K'，它们可由(9.5.5)所提供的下面两个独立方程确定：

当 $s_1=s_3=\pm1$ 时，　$$e^{2K}+e^{-2K}=e^{g+K'}. \tag{9.5.6}$$

当 $s_1=-s_3=\pm1$ 时，　$$2=e^{g-K'}. \tag{9.5.7}$$

分别将(9.5.6)与(9.5.7)两式相除与相乘，立即得

$$K'=\frac{1}{2}\ln\left[\frac{1}{2}(e^{2K}+e^{-2K})\right], \tag{9.5.8}$$

$$e^{2g}=2(e^{2K}+e^{-2K}), \tag{9.5.9}$$

其中 K' 与 g 都是 K 的函数. 公式(9.5.8)给出了联系新、老耦合常数 K' 与 K 之间的变换关系，称为**重正化群变换**. 注意到(9.5.4)中每一个因子都可以像第一个因子一样改写，因此，配分函数(9.5.4)可改写成

$$Z_N=\sum_{s_1}\sum_{s_3}\sum_{s_5}\cdots\{e^{g+K's_1s_3}\}\cdot\{e^{g+K's_3s_5}\}\cdots=e^{\frac{N}{2}g(K)}\sum_{s_1}\sum_{s_3}\sum_{s_5}\cdots e^{K'(s_1s_3+s_3s_5+\cdots)}. \tag{9.5.10}$$

经过上述的"选择性消去"，从原来晶格常数为 a、耦合常数为 K 的 N 个自旋，变到晶格常数为 La(今 $L=2$，L 为晶格常数的放大倍数)，耦合常数为 K' 的 $\frac{N}{2}$ 个自旋. 图 9.5.1 给出这一尺度变换的示意. 图中用"●"代表自旋. 显然这一变换可以重复进行下去. 重要的是，经过一次重正化群变换后，(9.5.10)式右边除了增加一个因子 $e^{\frac{N}{2}g(K)}$ 外，其形式与(9.5.2)相似，使(9.5.10)变为

$$Z_N(K,N)=e^{\frac{N}{2}g(K)}Z_N\left(K',\frac{N}{2}\right). \tag{9.5.11}$$

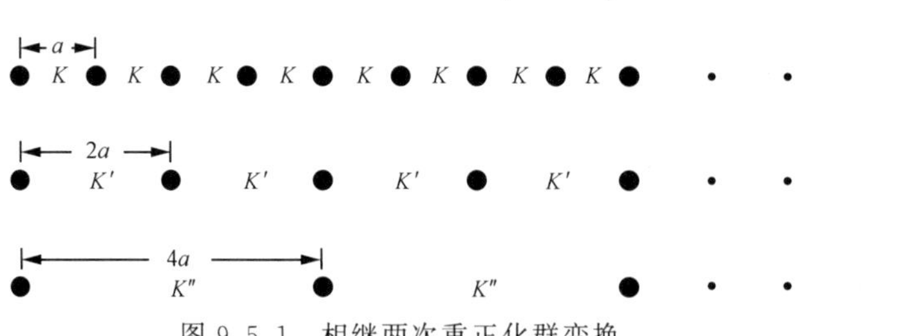

图 9.5.1　相继两次重正化群变换

(2) **确定重正化群变换的不动点**

重正化群变换(9.5.8)可以简记为

$$K'=R(K), \tag{9.5.12}$$

它把耦合常数 K 变换到 K'. 今设想将 K 当作坐标架构成一个空间，称为**参数空间**. K 的某一个值对应于参数空间中的一个点. 重正化群变换 R(即(9.5.12))把参数空间中的一点 K 变到另一点 K'.

一般说来，参数空间中某一点 K 在重正化群变换下将变到另一点 K'，$K'\neq K$. 如果某

一点 K^* 在重正化群变换下不变,亦即

$$K^* = R(K^*), \tag{9.5.13}$$

则 K^* 称为变换 R 的**不动点**(fixed point),(9.5.13)就是不动点的方程.对简单情形,不动点分成两类:稳定的不动点和不稳定的不动点.不动点 K^* 附近的任何点在重复进行重正化群变换下,若越来越靠近 K^*,则 K^* 称为稳定不动点;反之,若越来越远离 K^*,则 K^* 称为不稳定不动点.

不动点与临界点有什么关系呢?我们知道,每经过一次重正化群变换,晶格常数放大 L 倍,用这个放大 L 倍的尺子去度量,关联长度 ξ 将缩小 L 倍,即有

$$\xi' = \frac{1}{L}\xi. \tag{9.5.14}$$

若系统原来不处于临界点,关联长度 ξ 是有限的,经过重正化群变换后,$\xi'<\xi$,表示更远离临界点.如果原来正好处于临界点,$\xi_c=\infty$,经过重正化群变换后的关联长度

$$\xi'_c = \frac{1}{L}\xi_c = \infty,$$

亦即仍处于临界点.由此可以很合理地假定临界点对应于重正化群的不动点,而且是不稳定不动点.

对一维伊辛模型,由(9.5.8)及(9.5.13),不动点方程为

$$K^* = \frac{1}{2}\ln\left[\frac{1}{2}(e^{2K^*} + e^{-2K^*})\right], \tag{9.5.15}$$

其解为 $K^*=0,\infty$.由于任何有限 K 值经过重正化群变换(9.5.8)以后,均有 $K'<K$,故 $K^*=\infty$ 为不稳定不动点,$K^*=0$ 为稳定不动点.根据上面的分析,应取临界点 $K_c=\infty$.由 $K_c=J/kT_c$,$K_c=\infty$ 对应 $T_c=0$.可见,重正化群理论所得出的临界温度 T_c 与一维伊辛模型严格解完全一致.

在重正化群理论中常用**流向图**(flow diagram)来描绘参数空间中的点在重正化群变换下的“运动”方向(“流向”).图 9.5.2 给出了磁场为零时一维伊辛模型重正化群变换的流向图,图中箭头代表 K 点在变换下的“流向”;0 与 ∞ 为两个不动点.箭头“流入”的不动点为稳定不动点,而箭头“流出”的不动点为不稳定不动点.

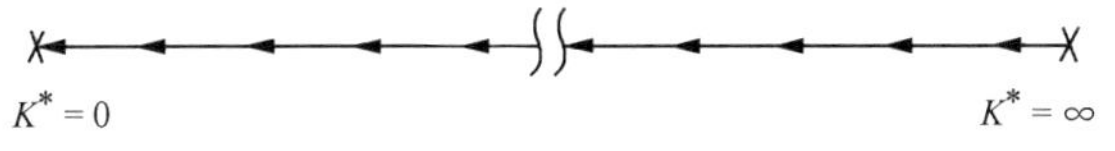

$K^*=0$ $K^*=\infty$

图 9.5.2 一维伊辛模型重正化群变换的流向图($\mathscr{H}=0$)

(3) **在临界点附近将重正化群变换线性化,计算临界指数**

我们知道,临界指数反映了系统在**临界点邻域**的行为,因此,只需要考查重正化群变换在临界点邻域的性质.为此,可将 R 在临界点附近作泰勒展开并只保留其线性项.设 K 点在 K_c 的邻域,但 $K\neq K_c$,经 R 变换后变到 K',K' 也在 K_c 的邻域,且 $K'\neq K_c$.由

$$K' = R(K),$$

$$K_c = R(K_c),$$

两式相减,得

$$\begin{aligned} K' - K_c &= R(K) - R(K_c) \\ &= \left.\frac{\mathrm{d}R}{\mathrm{d}K}\right|_{K=K_c} (K - K_c) + \cdots \\ &\approx \left.\frac{\mathrm{d}R}{\mathrm{d}K}\right|_{K=K_c} (K - K_c) \\ &= \lambda(K - K_c), \end{aligned} \tag{9.5.16}$$

其中

$$\lambda = \left.\frac{\mathrm{d}R}{\mathrm{d}K}\right|_{K=K_c}. \tag{9.5.17}$$

另一方面,按 K 的定义,$K=J/kT$,故有

$$\begin{aligned} K - K_c &= \frac{J}{k}\left(\frac{1}{T} - \frac{1}{T_c}\right) \\ &= \frac{J}{kT}\frac{T_c - T}{T_c} \approx K_c \frac{T_c - T}{T_c}, \end{aligned}$$

或

$$| K - K_c | \sim | T - T_c |. \tag{9.5.18}$$

根据(9.3.4),关联长度 ξ 在临界点的邻域具有如下的幂律形式

$$\xi \sim | T - T_c |^{-\nu},$$

利用(9.5.18),则有

$$\xi = \xi(K) \sim | K - K_c |^{-\nu}.$$

同样应有

$$\xi' = \xi(K') \sim | K' - K_c |^{-\nu}.$$

将上面的两式相除,得

$$\frac{\xi'}{\xi} = \frac{\xi(K')}{\xi(K)} \sim \left(\frac{| K' - K_c |}{| K - K_c |}\right)^{-\nu}.$$

再利用(9.5.16),即得

$$\frac{\xi'}{\xi} = \frac{\xi(K')}{\xi(K)} \sim \lambda^{-\nu}. \tag{9.5.19}$$

将(9.5.19)与(9.5.14)比较,立即得

$$\lambda^{-\nu} = \frac{1}{L},$$

或

$$\nu = \frac{\ln L}{\ln \lambda}, \tag{9.5.20}$$

其中 L 为尺度变换中晶格常数的放大倍数，λ 是重正化群变换 R 在 K_c 点的微商值，它由(9.5.17)给出.(9.5.20)是重正化群理论计算临界指数 ν 的公式.

其他临界指数也可以用重正化群理论求出，这里不再讨论.

最后讨论一下自由能.由公式(9.5.11)，取对数，

$$\ln Z_N(K,N) = \frac{1}{2}Ng(K) + \ln Z_N\left(K',\frac{N}{2}\right). \tag{9.5.21}$$

注意到，每经一次重正化群变换，有效哈密顿量的形式没有变化，只是耦合常数 $K\to K'$，自旋总数由 $N\to\frac{N}{2}$.因此，配分函数的函数形式没有变化，但参数改变了.从$(K,N)\to\left(K',\frac{N}{2}\right)$.若令 $\ln Z_N(K,N)=Nf(K)$，则 $\ln Z_N\left(K',\frac{N}{2}\right)$也可表为$\frac{N}{2}f(K')$.于是(9.5.21)化为

$$Nf(K) = \frac{1}{2}Ng(K) + \frac{N}{2}f(K'),$$

或

$$f(K') = 2f(K) - g(K). \tag{9.5.22}$$

将(9.5.9)代入上式，得

$$f(K') = 2f(K) - \frac{1}{2}\ln(4\cosh 2K). \tag{9.5.23}$$

在不动点 K^* 的邻域，自由能的不变性可表示为

$$f(K') \approx f(K) \approx f(K^*). \tag{9.5.24}$$

于是(9.5.23)化为

$$f(K^*) = \ln[2(\cosh 2K^*)^{1/2}] = \ln 2 + \frac{1}{2}\ln(\cosh 2K^*).$$

前已求出，该重正化群变换的不动点有两个：$K^*=0$(相当于 $T\to\infty$，稳定不动点)，$\cosh K^*\to 1$，故有

$$f(K^*) \longrightarrow \ln 2, \tag{9.5.25}$$

自由能 F 为

$$F = -NkTf(K^*) \longrightarrow -NkT\ln 2. \tag{9.5.26}$$

由 $F=\bar{E}-TS$，在 $T\to\infty$ 的高温极限下，自由能中熵起主导作用，对自旋系统，$T\to\infty$ 时，N 个自旋总微观态数为 2^N，故 $S=N\ln 2$.上式的结果合理，这时相当于无相互作用的 N 个自旋的系统.

另一个不动点 $K^*=\infty$(相当于 $T\to 0$)，这时

$$\cosh 2K^* = \frac{1}{2}(e^{2K^*} + e^{-2K^*}) \longrightarrow \frac{1}{2}e^{2K^*},$$

故

$$f(K^*) \to \frac{1}{2}\ln e^{2K^*} \approx K^*,$$

$$F \to -NJ. \tag{9.2.27}$$

这与严格解在 $T\to 0$ 时的极限值相符(比较(9.2.13)取 $\mathscr{H}=0, T\to 0$ 的结果).

以上我们以一维伊辛模型为例说明重正化群理论的大意.具体实施尺度变换的方法有好几种,其中最常用的实空间重正化群方法是“选取卡丹诺夫集团并作‘粗粒平均’”的办法.此外还有动量空间的重正化群,这些都不再介绍了.

重正化群理论提供了计算临界指数强有力的方法,表 9.5.1 列出对三维伊辛模型作两组理论计算后的比较.

表　9.5.1

临界指数 / 方法	ν	γ
重正化群[①]	0.6310 ± 0.0015	1.2390 ± 0.0025
数值模拟[②]	0.6289 ± 0.0008	1.2390 ± 0.0071

应该强调指出,决不应该仅仅把重正化群理论简单地看成是在研究临界现象的各种方法中增加了一种新方法.重正化群理论所包含的一些概念,如标度律、普适性、标度变换等,具有重要的意义.重正化群理论的应用也远远超出了相变与临界现象的领域.实际上,凡是具有标度不变性的系统都可以应用重正化群理论去处理,威尔孙用重正化群理论研究近藤(Kondo)问题就是一个成功的范例.

习　　题

*9.1　范德瓦耳斯方程的另一种推导方法是作平均场近似.设气体的哈密顿量为

$$H = \sum_{i=1}^{N}\frac{\boldsymbol{p}_i^2}{2m} + \sum_{i<j}\phi(r_{ij}),$$

今假设第 i 个分子所受其他分子的相互作用可以用平均场 $\phi_{\mathrm{mf}}(\boldsymbol{r})$ 来近似表达,即 H 近似用下列平均场哈密顿量代替:

$$H_{\mathrm{mf}} = \sum_{i=1}^{N}\left\{\frac{\boldsymbol{p}_i^2}{2m} + \phi_{\mathrm{mf}}(\boldsymbol{r}_i)\right\}.$$

现对平均场作为进一步简化,假设 $\phi_{\mathrm{mf}}(\boldsymbol{r})$ 取下列形式:

$$\phi_{\mathrm{mf}}(\boldsymbol{r}) = \begin{cases}\infty, & r<r_0,\\ \bar{\varphi}, & r\geqslant r_0,\end{cases}$$

① 取自 J. Zinn-Justin, Quantum Field Theory and Critical Phenomena, Oxford University Press, 1989, p. 318.

② 取自 A. M. Ferrenberg and D. P. Landau, Phys. Rev., **B44**, 5081(1991).

其中 $\bar{\varphi}$ 是一常数. 上述互作用势相当于直径为 r_0 的刚球,在 $r>r_0$ 时互作用势为常数.

(1) 证明正则系综的配分函数为

$$Z_N = \frac{1}{N!}\left[\frac{1}{h^3}\left(\frac{2\pi m}{\beta}\right)^{3/2}(V-V_0)\mathrm{e}^{-\beta\bar{\varphi}}\right]^N.$$

提示:$\int \mathrm{e}^{-\beta\phi_{\mathrm{mf}}(\boldsymbol{r})}\mathrm{d}^3\boldsymbol{r} = (V-V_0)\mathrm{e}^{-\beta\bar{\varphi}}$,$V_0$ 代表由于刚球不可入使在空间积分时应从总体积中扣除的部分.

(2) 令 $V_0 \equiv Nb, \bar{\varphi} \equiv \dfrac{N^2}{V}a$,证明由上述 Z_N 计算的压强遵从范德瓦耳斯方程.①

注:在 §3.10 中我们曾经看到,范德瓦耳斯方程所相应的临界指数与平均场理论的结果相同. 这里以更直接的方式说明了范德瓦耳斯方程是一个平均场理论.

*9.2 伊辛模型的哈密顿量为

$$H = -J\sum_{\langle ij\rangle} s_i s_j - \mu\mathscr{H}\sum_i s_i,$$

在平均场近似下(即公式(9.1.10)与(9.1.11)),证明正则系综的配分函数为公式(9.1.14)

$$Z_N = \left[2\cosh\left(\frac{\mu\mathscr{H}}{kT} + \frac{zJ}{kT}\bar{s}\right)\right]^N,$$

以及确定 $\bar{s}$ 的自洽方程为公式(9.1.17)

$$\bar{s} = \tanh\left(\frac{\mu\mathscr{H}}{kT} + \frac{zJ}{kT}\bar{s}\right).$$

*9.3 证明伊辛模型在平均场近似下的临界指数为 $\beta = \dfrac{1}{2}, \alpha = 0, \gamma = 1, \delta = 3$.

*9.4 对一维伊辛模型,在磁场为零的情况下,由公式(9.2.10)、(9.2.11),证明在热力学极限下,正则系综的配分函数为

$$Z_N = 2^N\left(\cosh\frac{J}{kT}\right)^N,$$

并由此计算自由能、内能、熵与热容.

*9.5 对一维伊辛模型,磁场为零时:

(1) 若取周期性边界条件,即令 $s_{N+1} = s_1$,其哈密顿量为

$$H = -J\sum_{i=1}^N s_i s_{i+1},$$

其正则系综的配分函数为

$$Z_N = \sum_{s_1=\pm 1}\cdots\sum_{s_N=\pm 1}\exp\{Ks_1s_2 + Ks_2s_3 + \cdots + Ks_Ns_1\} \quad (K \equiv J/kT),$$

① 参看 F. Reif, Fundamentals of Statistical and Thermal Physics, McGraw-Hill Book Co., 1965, p. 426. 该书对 $V_0 = Nb, \bar{\phi} = \dfrac{N}{V}a$ 的选取亦有详细的讨论.

利用恒等式

$$e^{Kss'} \equiv \cosh K + ss'\sinh K, \quad (\text{对 } s,s' \text{ 取 } \pm 1 \text{ 的任何值均成立})$$

又利用 $s_i = \pm 1, s_i^2 = 1$,故 $\sum\limits_{s_i=\pm 1} s_i = 0, \sum\limits_{s_i=\pm 1} s_i^2 = 2$,试证明

$$Z_N = 2^N\{(\cosh K)^N + (\sinh K)^N\},$$

并证明在 $N \to \infty$ 的极限下(即热力学极限下),对 $T > 0$ 的一切温度,有

$$Z_N = 2^N(\cosh K)^N.$$

(2) 若取自由边界条件,即 s_1 与 s_N 可以独立取值,此时 H 为

$$H = -J(s_1 s_2 + s_2 s_3 + \cdots + s_{N-1} s_N),$$

相应有

$$Z_N = \sum_{s_1=\pm 1} \cdots \sum_{s_N=\pm 1} \exp\{K s_1 s_2 + K s_2 s_3 + \cdots + K s_{N-1} s_N\}.$$

证明:

$$Z_N = 2^N(\cosh K)^N.$$

即与周期性边条件下的结果(在热力学极限下)相同.这告诉我们,在热力学极限下,配分函数(因而一切热力学量)与边界条件的选择无关.

*9.6　对伊辛模型,证明磁化率 χ 与自旋关联函数 $g(i,j) \equiv \overline{(s_i - \bar{s}_i)(s_j - \bar{s}_j)}$ 有下列关系(公式(9.4.2)):

$$\chi = \beta\mu^2 \sum_i \sum_j g(i,j).$$

*9.7　根据§9.4,对伊辛模型:

(1) 证明在平均场近似下,关联函数 $g(\boldsymbol{r})$ 的傅里叶变换 $\tilde{g}(\boldsymbol{k})$ 在临界点 $T = T_c$ 遵从幂律行为

$$\tilde{g}(\boldsymbol{k}) \sim k^{-2},$$

因而相应的临界指数 $\eta = 0$;

(2) 证明在临界点的邻域,关联函数遵从

$$g(\boldsymbol{r}) \sim \frac{1}{r} e^{-r/\xi},$$

其中关联长度 ξ 满足

$$\xi \sim (T - T_c)^{-\frac{1}{2}},$$

因而相应的临界指数 $\nu = \dfrac{1}{2}$.

第十章 非平衡态统计理论

非平衡态统计理论的任务有两个方面：

第一，研究非平衡态的物性，它包括：(1) 研究各种(能量、动量、电荷、自旋、粒子等的)输运过程的性质，计算输运系数；(2) 研究弛豫过程的速率(或弛豫率)；(3) 系统在随时间变化的电磁场作用下的动态响应率(如动态极化率、动态磁化率等)；(4) 非平衡相变与相变动力学；等等.

第二个方面属于更具基本意义的一些问题，其核心是如何理解热力学第二定律关于热现象过程的不可逆性. 为什么孤立系的演化总是向着熵增加的方向发展？宏观热现象过程的不可逆性与微观力学过程的可逆性之间是什么关系，它们能彼此协调吗？等等. 此外，非平衡态热力学的理论基础也需要由非平衡态统计理论提供.

非平衡态统计理论最早的表述形式是气体动理学理论，主要是由克劳修斯、麦克斯韦和玻尔兹曼创建的，它包括以平均自由程概念为基础作简单分析和计算的初级理论，以及以玻尔兹曼积分微分方程为核心的更为完整的理论. 玻尔兹曼方程描述了单粒子分布函数的时空变化规律. 20 世纪初，恩斯科格(Enskog)和查普曼(Chapman)提出了求解玻尔兹曼方程的普遍方法，使这一理论得以完善. 以后的发展包括理论表述的普遍化，即将非平衡态统计理论建立在统计系综的基础上，以刘维尔方程为出发点，建立了 BBKGY 级列方程组，原则上可以处理相互作用强的系统(如稠密气体和液体)的非平衡性质. 对于偏离平衡态不大的非平衡态，已建立了以刘维尔方程为基础的普遍理论——线性响应理论. 20 世纪五六十年代，施温格(Schwinger)、开尔狄西(Keldysh)等人发展了以闭路格林函数为基础的非平衡态量子统计理论；朗道尔(Landauer)提出了散射矩阵理论等. 近二十年来，这些理论在低维以及介观系统中得到了广泛的应用与发展. 至于远离平衡的非平衡态，理论仍很不成熟.

本章仅限于介绍以玻尔兹曼方程为核心的非平衡态统计理论.

§10.1 玻尔兹曼积分微分方程

10.1.1 具有短程力的经典稀薄气体

玻尔兹曼积分微分方程是单粒子分布函数时空变化所遵从的基本方程，最初的形式只适用于经典稀薄气体，而且要求分子之间相互作用是短程力.

首先，这里“经典”的含义与第七章中的“非简并条件”(7.11.17)是同一回事，即

$$\lambda_T \ll \overline{\delta r}, \qquad (10.1.1)$$

其中 $\lambda_T=h/(2\pi mkT)^{1/2}$ 为粒子的热波长，$\overline{\delta r}$ 为粒子之间的平均距离，$\overline{\delta r}\sim n^{-\frac{1}{3}}$（$n$ 为气体分子数密度）. 当 $\lambda_T\ll\overline{\delta r}$ 时，粒子波包之间的重叠可以忽略，从而量子性质的统计关联可以忽略，因而无需区分究竟是费米子还是玻色子. 对粒子量子态（指平动自由度所相应的态）可以用（$\boldsymbol{r},\boldsymbol{p}$）描写（通常称为**相空间描写**①）. 这里需要说明的是，相空间描写与量子力学不确定关系并不矛盾. 按不确定关系，

$$\Delta r\Delta p\sim\hbar,$$

即粒子的位置与动量不可能同时精确确定，位置与动量有不确定范围 Δr 与 Δp. 要能够同时用（$\boldsymbol{r},\boldsymbol{p}$）来描写粒子的状态，合理的要求是②

$$\Delta r\ll\overline{\delta r},\tag{10.1.2a}$$

$$\Delta p\ll\bar{p},\tag{10.1.2b}$$

其中 $\bar{p}$ 代表粒子热运动的平均动量，于是得

$$\overline{\delta r}\gg\Delta r\sim\frac{\hbar}{\Delta p}\gg\frac{\hbar}{\bar{p}}\sim\lambda_T,$$

亦即

$$\overline{\delta r}\gg\lambda_T,$$

其中 $\lambda_T\sim\hbar/\bar{p}$. 由此可见，在满足(10.1.1)的条件下，尽管粒子位置与动量都有一定的不准确度，但它们都非常小，微不足道，这时仍然可以用相空间描述，即用（$\boldsymbol{r},\boldsymbol{p}$）描述粒子的态.

让我们作一数值估计，考虑标准状态下（即 0℃，1 atm）的氩气，气体的分子数密度为$n=2.7\times10^{19}\ \mathrm{cm}^{-3}$，故

$$\overline{\delta r}\sim n^{-\frac{1}{3}}\sim3\times10^{-7}\ \mathrm{cm}.$$

氩原子的质量 $m\sim6.7\times10^{-23}$ g，其热波长为

$$\lambda_T=\frac{h}{\sqrt{2\pi mkT}}\sim\frac{2.8\times10^{-8}}{\sqrt{T}}\mathrm{cm}\sim0.17\times10^{-8}\ \mathrm{cm},$$

于是

$$\frac{\overline{\delta r}}{\lambda_T}\sim176,$$

完全满足(10.1.1). 事实上，除了低温下的氦气以外，其他气体（若密度不太高）都满足(10.1.1)条件.

其次，由于“稀薄”和“短程力”，使分子之间的平均距离 $\overline{\delta r}$ 远远大于分子之间相互作用力的力程 d，即 $\overline{\delta r}\gg d$（d 与分子直径同数量级）. 结果，气体分子在大部分时间内作自由运动（或在外力作用下运动），仅当分子之间的距离小到力程作用范围时才发生碰撞. 分子之间发生碰撞的时间间隔很短，空间范围（$\sim d$）很小. 因此，在考虑分布函数的变化时，作为合理的

---

① 更准确地说是“子相空间描写”，这里沿用习惯的说法.

② (10.1.2a)是充分条件，但不是必要的. §10.4 中将给出较宽松的要求（必要条件）.

近似，可以把“运动”和“碰撞”引起的变化分开来计算，这一点在推导玻尔兹曼方程中具有关键意义. 仍以标准状态下的氩气为例，$\overline{\delta r}\sim 3\times10^{-7}$ cm，对中性原子气体，相互作用为范德瓦耳斯力，其力程 $d\sim10^{-8}$ cm. 可见满足$\overline{\delta r}\gg d$. 如果用平均自由程估计则图像更为准确：按平均自由程，$\lambda\sim\dfrac{1}{n(\pi d^2)}\sim0.12\times10^{-3}$ cm$\sim10^{-4}$ cm，则有 $\lambda/d\sim10^4$；它更准确地描述了“在大部分时间内分子作自由运动”的图像. 当然，这一近似对密度高及长程力的情况不成立，那时，分子之间的相互作用力（内力）与外力同时起作用，无法截然分开.

第三，“稀薄”和“短程力”也使得多体碰撞（三个或三个以上的分子的碰撞）的机会远远小于二体碰撞，因而可以忽略. 这也使计算大为简化.

应该指出，对于系统的非平衡态性质，即使是经典稀薄气体，也必须考虑分子之间相互作用的具体机制（或碰撞机制，即分子之间是如何交换能量和动量的），这一点与平衡态理论不同. 原因在于，系统平衡态的性质完全由所处的平衡态本身决定，而与如何达到该平衡态的过程（即历史）无关. 因此，在平衡态理论中，只要知道相互作用能（对经典稀薄气体，相互作用能可以忽略），就可以计算配分函数，并进一步计算一切平衡性质，而无需知道粒子之间的碰撞机制. 然而，非平衡态一般都涉及系统的性质随时间、空间的变化，而变化与粒子之间的碰撞机制有关，即使对经典稀薄气体也必须考虑. 这也是为什么非平衡态理论较平衡态理论更为复杂的原因.

在以下的讨论中，我们将忽略分子的内部结构. 对于非平衡态，单粒子分布函数 f 除了依赖于分子质心速度 $\boldsymbol{v}$ 之外，一般还依赖于分子质心坐标 $\boldsymbol{r}$ 与时间 t，亦即 $f=f(\boldsymbol{r},\boldsymbol{v},t)$，$f(\boldsymbol{r},\boldsymbol{v},t)\mathrm{d}^3\boldsymbol{r}\mathrm{d}^3\boldsymbol{v}$ 代表在 t 时刻，分子的质心坐标处于围绕 $\boldsymbol{r}$ 的空间体元 $\mathrm{d}^3\boldsymbol{r}$ 内，速度处于围绕 $\boldsymbol{v}$ 的速度空间体元 $\mathrm{d}^3\boldsymbol{v}$ 内的平均分子数. 现在，考查时间从 t 变到 $t+\mathrm{d}t$ 时，在固定体元 $\mathrm{d}^3\boldsymbol{r}\mathrm{d}^3\boldsymbol{v}$ 内平均分子数的变化，它应为

$$\{f(\boldsymbol{r},\boldsymbol{v},t+\mathrm{d}t)-f(\boldsymbol{r},\boldsymbol{v},t)\}\mathrm{d}^3\boldsymbol{r}\mathrm{d}^3\boldsymbol{v}=\frac{\partial f}{\partial t}\mathrm{d}t\mathrm{d}^3\boldsymbol{r}\mathrm{d}^3\boldsymbol{v}. \tag{10.1.3}$$

根据上面的分析，可以把(10.1.3)式右方平均分子数的变化近似分成两部分之和：一部分是气体分子在外力作用下由于运动引起的变化，习惯上称为**漂移(drift)项**；另一部分是由于分子之间的碰撞(collision)引起的变化，称为**碰撞项**，记为

$$\frac{\partial f}{\partial t}\mathrm{d}t\mathrm{d}^3\boldsymbol{r}\mathrm{d}^3\boldsymbol{v}=\left\{\left(\frac{\partial f}{\partial t}\right)_{\mathrm{d}}+\left(\frac{\partial f}{\partial t}\right)_{\mathrm{c}}\right\}\mathrm{d}t\mathrm{d}^3\boldsymbol{r}\mathrm{d}^3\boldsymbol{v}. \tag{10.1.4}$$

下面将分别对这两部分进行计算.

10.1.2 漂移项的计算

考虑由坐标与速度这六个变数即$(\boldsymbol{r},\boldsymbol{v})=(x,y,z,v_x,v_y,v_z)$构成的六维空间中的体元 $\mathrm{d}^3\boldsymbol{r}\mathrm{d}^3\boldsymbol{v}$，它是由 x 与 $x+\mathrm{d}x,\cdots,v_z$ 与 $v_z+\mathrm{d}v_z$ 这六对面构成的. 由于运动，分子的位置与速度都会发生变化，在 t 到 $t+\mathrm{d}t$ 时间内，$\mathrm{d}^3\boldsymbol{r}\mathrm{d}^3\boldsymbol{v}$ 内分子数的增加值，必定等于通过这六对面净流入的分子数. 仿照证明刘维尔定理的计算方法，不难得出（参看§8.2，公式(8.2.6)）

$$\left(\frac{\partial f}{\partial t}\right)_{\mathrm{d}}\mathrm{d}t\mathrm{d}^3\boldsymbol{r}\mathrm{d}^3\boldsymbol{v}=-\left\{\frac{\partial(\dot{x}f)}{\partial x}+\frac{\partial(\dot{y}f)}{\partial y}+\frac{\partial(\dot{z}f)}{\partial z}+\frac{\partial(\dot{v}_xf)}{\partial v_x}+\frac{\partial(\dot{v}_yf)}{\partial v_y}+\frac{\partial(\dot{v}_zf)}{\partial v_z}\right\}\mathrm{d}t\mathrm{d}^3\boldsymbol{r}\mathrm{d}^3\boldsymbol{v}$$
$$=-\left\{\frac{\partial}{\partial \boldsymbol{r}}\cdot(\boldsymbol{v}f)+\frac{\partial}{\partial \boldsymbol{v}}\cdot(\dot{\boldsymbol{v}}f)\right\}\mathrm{d}t\mathrm{d}^3\boldsymbol{r}\mathrm{d}^3\boldsymbol{v},\tag{10.1.5}$$

先看上式右边{…}内的第一项,由于 $\boldsymbol{r}$ 与 $\boldsymbol{v}$ 是独立变数,故有

$$\frac{\partial}{\partial \boldsymbol{r}}\cdot(\boldsymbol{v}f)=\boldsymbol{v}\cdot\frac{\partial f}{\partial \boldsymbol{r}}.\tag{10.1.6}$$

再看(10.1.5)右边{…}中的第二项,其中 $\dot{\boldsymbol{v}}$ 为分子的加速度. 令 $m\vec{\mathscr{F}}=m(X,Y,Z)$ 代表分子所受的外力,m 为分子的质量,$\vec{\mathscr{F}}$ 为单位质量所受的力(这样写是为了下面表达简洁些). 根据上面的分析,在考虑分子在外力作用下的运动时不考虑分子之间的相互作用,故由牛顿第二定律,有 $m\dot{\boldsymbol{v}}=m\vec{\mathscr{F}}$,亦即

$$\dot{\boldsymbol{v}}=\vec{\mathscr{F}}.\tag{10.1.7}$$

外力 $\mathscr{F}$ 有几种,一种是重力,它与速度无关. 另一种是电磁力,若分子带有电荷 e,电场和磁场强度分别为 $\vec{\mathscr{E}}$ 和 $\vec{\mathscr{H}}$ 时,则电磁力(即洛伦兹力)为

$$m\vec{\mathscr{F}}=e\vec{\mathscr{E}}+\frac{e}{c}\boldsymbol{v}\times\vec{\mathscr{H}},\tag{10.1.8}$$

其中 c 为光速(这里 $e,\vec{\mathscr{E}},\vec{\mathscr{H}}$ 采用高斯制). 电磁力与 $\boldsymbol{v}$ 有关,但容易验证它满足

$$\frac{\partial}{\partial \boldsymbol{v}}\cdot\vec{\mathscr{F}}=\frac{\partial X}{\partial v_x}+\frac{\partial Y}{\partial v_y}+\frac{\partial Z}{\partial v_z}=0.\tag{10.1.9}$$

因此,无论是重力还是电磁力,均满足(10.1.9). 于是有

$$\frac{\partial}{\partial \boldsymbol{v}}\cdot(\vec{\mathscr{F}}f)=\vec{\mathscr{F}}\cdot\frac{\partial f}{\partial \boldsymbol{v}}.\tag{10.1.10}$$

将(10.1.6)与(10.1.10)代入(10.1.5),漂移项化为

$$\left(\frac{\partial f}{\partial t}\right)_{\mathrm{d}}\mathrm{d}t\mathrm{d}^3\boldsymbol{r}\mathrm{d}^3\boldsymbol{v}=-\left\{\boldsymbol{v}\cdot\frac{\partial f}{\partial \boldsymbol{r}}+\vec{\mathscr{F}}\cdot\frac{\partial f}{\partial \boldsymbol{v}}\right\}\mathrm{d}t\mathrm{d}^3\boldsymbol{r}\mathrm{d}^3\boldsymbol{v}.\tag{10.1.11}$$

10.1.3 碰撞前后速度的变化

在计算碰撞引起的变化前,需要先作点准备. 设只考虑二体碰撞,采用刚球模型. 为了叙述方便,也为了推广,考虑两个分子是不同的. 令 m_1,m_2 和 d_1,d_2 分别代表两个分子的质量和直径. $\boldsymbol{v}_1,\boldsymbol{v}_2$ 代表两个分子碰前的速度,$\boldsymbol{v}_1',\boldsymbol{v}_2'$ 代表碰后的速度. 对于刚球模型,碰撞是弹性的,因此动量与能量的总和均守恒,即有

$$m_1\boldsymbol{v}_1+m_2\boldsymbol{v}_2=m_1\boldsymbol{v}_1'+m_2\boldsymbol{v}_2',\tag{10.1.12}$$

$$\frac{1}{2}m_1\boldsymbol{v}_1^2+\frac{1}{2}m_2\boldsymbol{v}_2^2=\frac{1}{2}m_1\boldsymbol{v}_1'^2+\frac{1}{2}m_2\boldsymbol{v}_2'^2. \tag{10.1.13}$$

(10.1.12)是矢量方程,有三个;(10.1.13)是标量方程,只有一个.当 $\boldsymbol{v}_1,\boldsymbol{v}_2$ 给定后,上述四个方程还不足以完全确定 $\boldsymbol{v}_1'$ 与 $\boldsymbol{v}_2'$,因为 $\boldsymbol{v}_1'$ 与 $\boldsymbol{v}_2'$ 共有六个未知数.这表明碰后的速度包含两个任意数,物理上代表**碰撞方向 $\boldsymbol{n}$** 的任意性,$\boldsymbol{n}$ 定义为碰撞时刻由第一个分子的中心到第二个分子的中心的方向上的单位矢量,$\boldsymbol{n}$ 的方向由两个角度(θ,φ)决定(参看图 10.1.1;图中未画出 φ).当碰撞方向 $\boldsymbol{n}$ 指定后,碰后的速度就完全确定了.

对刚球模型,两个分子碰撞时每个分子受力的方向沿 $\boldsymbol{n}$(正向或负向),其动量的改变必定在碰撞方向,即有

$$\begin{cases}\boldsymbol{v}_1'-\boldsymbol{v}_1=\lambda_1\boldsymbol{n},\\ \boldsymbol{v}_2'-\boldsymbol{v}_2=\lambda_2\boldsymbol{n},\end{cases} \tag{10.1.14}$$

其中 λ_1,λ_2 为待定的数.(10.1.14)共有四个方程,加上(10.1.12)与(10.1.13)一共八个方程,完全确定了$(\boldsymbol{v}_1',\boldsymbol{v}_2',\lambda_1,\lambda_2)$这八个未知数,最后解得

$$\boldsymbol{v}_1'=\boldsymbol{v}_1+\frac{2m_2}{m_1+m_2}[(\boldsymbol{v}_2-\boldsymbol{v}_1)\cdot\boldsymbol{n}]\boldsymbol{n}, \tag{10.1.15a}$$

$$\boldsymbol{v}_2'=\boldsymbol{v}_2-\frac{2m_1}{m_1+m_2}[(\boldsymbol{v}_2-\boldsymbol{v}_1)\cdot\boldsymbol{n}]\boldsymbol{n}, \tag{10.1.15b}$$

将上两式相减,得

$$\boldsymbol{v}_2'-\boldsymbol{v}_1'=(\boldsymbol{v}_2-\boldsymbol{v}_1)-2[(\boldsymbol{v}_2-\boldsymbol{v}_1)\cdot\boldsymbol{n}]\boldsymbol{n}, \tag{10.1.16}$$

两边取平方,得

$$(\boldsymbol{v}_2'-\boldsymbol{v}_1')^2=(\boldsymbol{v}_2-\boldsymbol{v}_1)^2. \tag{10.1.17}$$

令碰撞前后两个分子的相对速度分别为 $\boldsymbol{g}_{21}=\boldsymbol{v}_2-\boldsymbol{v}_1$ 与 $\boldsymbol{g}_{21}'=\boldsymbol{v}_2'-\boldsymbol{v}_1'$,由(10.1.17)得 $g_{21}'=g_{21}$,其中 $g_{21}'=|\boldsymbol{g}_{21}'|=|\boldsymbol{g}_{12}'|=g_{12}'$,$g_{21}=|\boldsymbol{g}_{21}|=|\boldsymbol{g}_{12}|=g_{12}$,表明碰撞不改变相对速度的大小.

用 $\boldsymbol{n}$ 点乘(10.1.16)两边,得

$$\begin{aligned}(\boldsymbol{v}_2'-\boldsymbol{v}_1')\cdot\boldsymbol{n}&=-(\boldsymbol{v}_2-\boldsymbol{v}_1)\cdot\boldsymbol{n}\\&=(\boldsymbol{v}_1-\boldsymbol{v}_2)\cdot\boldsymbol{n},\end{aligned} \tag{10.1.18}$$

令 $\boldsymbol{g}_{12}$ 与 $\boldsymbol{n}$ 的夹角为 θ,$\boldsymbol{g}_{21}'$ 与 $\boldsymbol{n}$ 的夹角为 θ'(见图 10.1.1),上式即

$$g_{21}'\cos\theta'=g_{12}\cos\theta,$$

亦即有

$$\theta'=\theta. \tag{10.1.19}$$

如果把$(\boldsymbol{v}_1,\boldsymbol{v}_2)\longrightarrow(\boldsymbol{v}_1',\boldsymbol{v}_2')$的碰撞称为**正碰撞**,把$(\boldsymbol{v}_1',\boldsymbol{v}_2')\longrightarrow(\boldsymbol{v}_1,\boldsymbol{v}_2)$的碰撞称为**反碰**

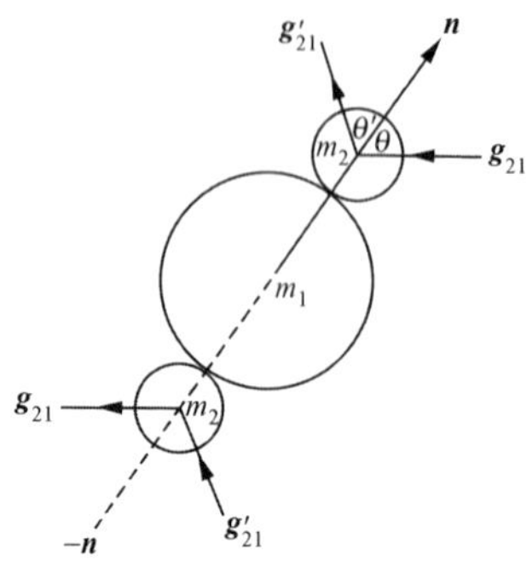

图 10.1.1　碰撞前后相对速度的变化.实线与虚线分别代表正碰撞与反碰撞

撞[①],则可以证明:对每一个正碰撞,存在一个反碰撞;正碰撞的碰撞方向是 $\boldsymbol{n}$,而反碰撞的碰撞方向是 $-\boldsymbol{n}$. 事实上,由(10.1.15a,b)得

$$\boldsymbol{v}_1 = \boldsymbol{v}'_1 - \frac{2m_2}{m_1+m_2}[(\boldsymbol{v}_2-\boldsymbol{v}_1)\cdot\boldsymbol{n}]\boldsymbol{n},$$

$$\boldsymbol{v}_2 = \boldsymbol{v}'_2 + \frac{2m_1}{m_1+m_2}[(\boldsymbol{v}_2-\boldsymbol{v}_1)\cdot\boldsymbol{n}]\boldsymbol{n}.$$

利用(10.1.18),上两式可改写为

$$\boldsymbol{v}_1 = \boldsymbol{v}'_1 + \frac{2m_2}{m_1+m_2}[(\boldsymbol{v}'_2-\boldsymbol{v}'_1)\cdot(-\boldsymbol{n})](-\boldsymbol{n}), \tag{10.1.20a}$$

$$\boldsymbol{v}_2 = \boldsymbol{v}'_2 - \frac{2m_1}{m_1+m_2}[(\boldsymbol{v}'_2-\boldsymbol{v}'_1)\cdot(-\boldsymbol{n})](-\boldsymbol{n}). \tag{10.1.20b}$$

与(10.1.15a,b)比较,若$(\boldsymbol{v}_1,\boldsymbol{v}_2,\boldsymbol{n})\longrightarrow(\boldsymbol{v}'_1,\boldsymbol{v}'_2)$为正碰撞,则$(\boldsymbol{v}'_1,\boldsymbol{v}'_2,-\boldsymbol{n})\longrightarrow(\boldsymbol{v}_1,\boldsymbol{v}_2)$正好是它的反碰撞.

10.1.4　碰撞项的计算

为了叙述方便,暂时改变一下写法,令 $f_1\equiv f(\boldsymbol{r},\boldsymbol{v}_1,t)$. 现在来计算 $\mathrm{d}t$ 时间内由于碰撞所引起的在 $\mathrm{d}^3\boldsymbol{r}\mathrm{d}^3\boldsymbol{v}_1$ 内分子数的变化,它等于 $\mathrm{d}t$ 时间内,在空间体元 $\mathrm{d}^3\boldsymbol{r}$ 内,碰进 $\mathrm{d}^3\boldsymbol{v}_1$ 的分子数 $\Delta f_1^{(+)}$ 减去碰出 $\mathrm{d}^3\boldsymbol{v}_1$ 的分子数 $\Delta f_1^{(-)}$,简记为

$$\left(\frac{\partial f_1}{\partial t}\right)_{\mathrm{c}}\mathrm{d}t\mathrm{d}^3\boldsymbol{r}\mathrm{d}^3\boldsymbol{v}_1 = \Delta f_1^{(+)} - \Delta f_1^{(-)}. \tag{10.1.21}$$

先计算碰撞出的分子数 $\Delta f_1^{(-)}$. 为了叙述方便,暂时仍按两种分子来考虑. 以一个速度为 $\boldsymbol{v}_1$、质量为 m_1 的分子的中心为球心,作一个球(如图 10.1.2 中虚线表示),称为虚球,虚球的直径为 $d_{12}=\dfrac{1}{2}(d_1+d_2)$. 速度为 $\boldsymbol{v}_2$、质量为 m_2 的分子碰上 m_1 分子时,其中心必须位

① 有的书上把它称为**逆碰撞**. 这里按王竹溪的书(《统计物理学导论》(第二版),高等教育出版社,1965 年,133 页),称之为反碰撞,而把$(-\boldsymbol{v}'_1,-\boldsymbol{v}'_2)\longrightarrow(-\boldsymbol{v}_1,-\boldsymbol{v}_2)$称为$(\boldsymbol{v}_1,\boldsymbol{v}_2)\longrightarrow(\boldsymbol{v}'_1,\boldsymbol{v}'_2)$的逆碰撞(reverse collision).

于虚球上. 从图 10.1.2 可以看出，在 $\mathrm{d}t$ 时间内，速度处于 $\mathrm{d}^3\boldsymbol{v}_2$ 内的 m_2 分子，要从立体角元 $\mathrm{d}\Omega$ 的方向碰到速度为 $\boldsymbol{v}_1$ 的 m_1 分子，必须位于图中所示的柱体体积内，该柱体的轴线方向是 $\boldsymbol{g}_{12}$，底为 $d_{12}^2\mathrm{d}\Omega$，高为 $g_{12}\cos\theta\mathrm{d}t$. 该柱体的体积为 $d_{12}^2\mathrm{d}\Omega g_{12}\cos\theta\mathrm{d}t$，其中包含处于 $\mathrm{d}^3\boldsymbol{v}_2$ 内的分子数为

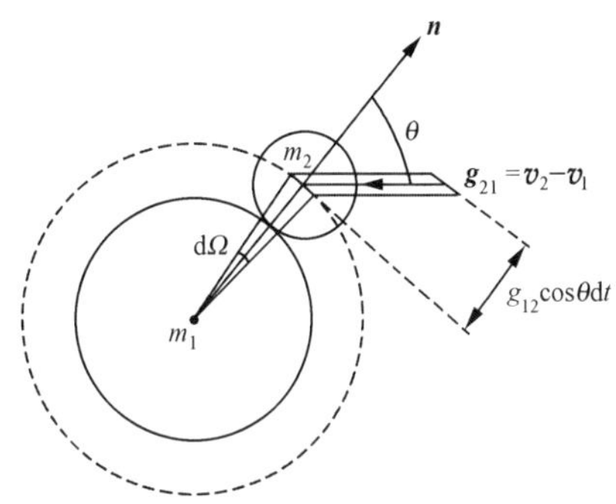

图 10.1.2 m_1, $\boldsymbol{v}_1$ 的分子受到 m_2, $\boldsymbol{v}_2$ 的分子从立体角元 $\mathrm{d}\Omega$ 方向的碰撞

$$(f_2\mathrm{d}^3\boldsymbol{v}_2)\times d_{12}^2\mathrm{d}\Omega g_{12}\cos\theta\mathrm{d}t,$$

这里的 $f_2\equiv f(\boldsymbol{r},\boldsymbol{v}_2,t)$（我们把 m_2 分子的分布函数也用同一个符号 f 表出，原因是本节中我们只讨论有一种分子的玻尔兹曼方程，只不过为了叙述方便才暂时设有两种分子，在最后将取 $m_1=m_2=m$, $d_1=d_2=d$ 而化为只有一种分子的情形. 如果想推广到两种分子，则需对第二种分子引入不同的分布函数，但推广也是直截了当的）. 最后还应乘以 $\mathrm{d}^3\boldsymbol{r}\mathrm{d}^3\boldsymbol{v}_1$ 内的 m_1 分子数 $f_1\mathrm{d}^3\boldsymbol{r}\mathrm{d}^3\boldsymbol{v}_1$，即

$$(f_1\mathrm{d}^3\boldsymbol{r}\mathrm{d}^3\boldsymbol{v}_1)\times(f_2\mathrm{d}^3\boldsymbol{v}_2)\times d_{12}^2\mathrm{d}\Omega g_{12}\cos\theta\mathrm{d}t.$$

上式代表在 $\mathrm{d}t$ 时间内，处于 $\mathrm{d}^3\boldsymbol{r}\mathrm{d}^3\boldsymbol{v}_1$ 内的 m_1 分子受到速度处于 $\mathrm{d}^3\boldsymbol{v}_2$ 内的 m_2 分子在碰撞方向处于 $\mathrm{d}\Omega$ 内的碰撞数，称为**元碰撞数**，记为 $\delta f_1^{(-)}$. 将上式重新整理一下，写成

$$\delta f_1^{(-)} = f_1 f_2\mathrm{d}^3\boldsymbol{v}_1\mathrm{d}^3\boldsymbol{v}_2\Lambda_{12}\mathrm{d}\Omega\mathrm{d}t\mathrm{d}^3\boldsymbol{r}, \tag{10.1.22}$$

其中

$$\Lambda_{12} = d_{12}^2 g_{12}\cos\theta.$$

应当指出，在推导元碰撞数 $\delta f_1^{(-)}$ 的表达式(10.1.22)时，玻尔兹曼作了一个假设，即**“在碰撞过程中两个分子的速度分布是相互独立的”**，据此(10.1.22)式中的单粒子分布函数 f_1 与 f_2 才能简单地相乘. 这个假设称为**分子混沌性**(molecular chaos)**假设**. 关于这个假设的适用条件将在本节末再讨论.

元碰撞数 $\delta f_1^{(-)}$ 是使 $\mathrm{d}^3\boldsymbol{v}_1$ 内的分子数减少的，因为这种碰撞使 $(\boldsymbol{v}_1,\boldsymbol{v}_2)\longrightarrow(\boldsymbol{v}_1',\boldsymbol{v}_2')$，也就是说，它使速度为 $\boldsymbol{v}_1$ 的 m_1 分子速度发生变化而“离开”$\mathrm{d}^3\boldsymbol{v}_1$. $\mathrm{d}t$ 时间内，在 $\mathrm{d}^3\boldsymbol{r}$ 体元内，碰出 $\mathrm{d}^3\boldsymbol{v}_1$ 的 m_1 的分子数 $\Delta f_1^{(-)}$ 等于元碰撞数对 $\mathrm{d}\Omega$ 和 $\mathrm{d}^3\boldsymbol{v}_2$ 的积分，即

$$\Delta f_1^{(-)} = \left[\iint f_1 f_2\Lambda_{12}\mathrm{d}\Omega\mathrm{d}^3\boldsymbol{v}_2\right]\mathrm{d}t\mathrm{d}^3\boldsymbol{r}\mathrm{d}^3\boldsymbol{v}_1. \tag{10.1.23}$$

现在再来计算(10.1.21)右边的 $\Delta f_1^{(+)}$，即 $\mathrm{d}t$ 时间在 $\mathrm{d}^3\boldsymbol{r}$ 内，由于碰撞而“碰进”$\mathrm{d}^3\boldsymbol{v}_1$ 的分子数. 前已证明，对于每一个正碰撞 $(\boldsymbol{v}_1,\boldsymbol{v}_2,\boldsymbol{n})\longrightarrow(\boldsymbol{v}_1',\boldsymbol{v}_2')$，必定存在一个反碰撞 $(\boldsymbol{v}_1',\boldsymbol{v}_2',-\boldsymbol{n})\longrightarrow(\boldsymbol{v}_1,\boldsymbol{v}_2)$，每一个反碰撞将增加一个 $\mathrm{d}^3\boldsymbol{v}_1$ 内的分子. 类似于计算元碰撞数 $\delta f_1^{(-)}$，可得元反碰撞数 $\delta f_1^{(+)}$，

$$\delta f_1^{(+)} = f_1' f_2'\mathrm{d}^3\boldsymbol{v}_1'\mathrm{d}^3\boldsymbol{v}_2'\Lambda_{12}'\mathrm{d}\Omega'\mathrm{d}t\mathrm{d}^3\boldsymbol{r}, \tag{10.1.24}$$

其中

$$f_1' \equiv f(\boldsymbol{r},\boldsymbol{v}_1',t),\quad f_2' \equiv f(\boldsymbol{r},\boldsymbol{v}_2',t),$$

$\boldsymbol{v}_1',\boldsymbol{v}_2'$ 与 $\boldsymbol{v}_1,\boldsymbol{v}_2$ 的关系按公式(10.1.15a,b).利用(10.1.17)与(10.1.19),有

$$\Lambda_{12}' = d_{12}^2 g_{12}' \cos\theta' = d_{12}^2 g_{12} \cos\theta = \Lambda_{12},$$
$$\mathrm{d}\Omega' = \sin\theta' \mathrm{d}\theta' \mathrm{d}\varphi' = \sin\theta \mathrm{d}\theta \mathrm{d}\varphi = \mathrm{d}\Omega,$$

上式中用到 $\varphi'=\varphi+\pi$.于是,元反碰撞数可以写成

$$\delta f_1^{(+)} = f_1' f_2' \mathrm{d}^3\boldsymbol{v}_1' \mathrm{d}^3\boldsymbol{v}_2' \Lambda_{12} \mathrm{d}\Omega \mathrm{d}t \mathrm{d}^3\boldsymbol{r}. \tag{10.1.25}$$

为了得到全部元反碰撞数的贡献,必须把所有的元反碰撞数的贡献相加.这就需要对 $\mathrm{d}^3\boldsymbol{v}_2$ 与 $\mathrm{d}\Omega$ 积分.但(10.1.25)中的积分元是 $\mathrm{d}^3\boldsymbol{v}_1'\mathrm{d}^3\boldsymbol{v}_2'$,故必须先根据 $\boldsymbol{v}_1'$ 和 $\boldsymbol{v}_2'$ 与 $\boldsymbol{v}_1$ 和 $\boldsymbol{v}_2$ 的变换公式(即公式(10.1.15a,b))把它化为 $\mathrm{d}^3\boldsymbol{v}_1\mathrm{d}^3\boldsymbol{v}_2$ 后才行.利用多重积分的变换公式

$$\mathrm{d}^3\boldsymbol{v}_1' \mathrm{d}^3\boldsymbol{v}_2' = |J| \mathrm{d}^3\boldsymbol{v}_1 \mathrm{d}^3\boldsymbol{v}_2, \tag{10.1.26}$$

其中

$$J = \frac{\partial(v_{1x}',v_{1y}',v_{1z}',v_{2x}',v_{2y}',v_{2z}')}{\partial(v_{1x},v_{1y},v_{1z},v_{2x},v_{2y},v_{2z})} = \begin{vmatrix} \dfrac{\partial v_{1x}'}{\partial v_{1x}} & \dfrac{\partial v_{1x}'}{\partial v_{1y}} & \cdots & \dfrac{\partial v_{1x}'}{\partial v_{2z}} \\ \dfrac{\partial v_{1y}'}{\partial v_{1x}} & \dfrac{\partial v_{1y}'}{\partial v_{1y}} & \cdots & \dfrac{\partial v_{1y}'}{\partial v_{2z}} \\ \vdots & \vdots & & \vdots \\ \dfrac{\partial v_{2z}'}{\partial v_{1x}} & \dfrac{\partial v_{2z}'}{\partial v_{1y}} & \cdots & \dfrac{\partial v_{2z}'}{\partial v_{2z}} \end{vmatrix}, \tag{10.1.27}$$

利用碰撞前后速度变换公式(10.1.15a,b)可以直接证明 $J=-1$,但这样做很麻烦;更简单的方法是利用公式(10.1.15a,b)的对称性.对比(10.1.20a,b)与(10.1.15a,b)可以清楚地看出这一点.(注意到(10.1.20a,b)中出现$(-\boldsymbol{n})(-\boldsymbol{n})=\boldsymbol{n}\boldsymbol{n}$,可见$(\boldsymbol{v}_1',\boldsymbol{v}_2')$与$(\boldsymbol{v}_1,\boldsymbol{v}_2)$的关系和$(\boldsymbol{v}_1,\boldsymbol{v}_2)$与$(\boldsymbol{v}_1',\boldsymbol{v}_2')$的依赖关系完全相同.)因此

$$J' \equiv \frac{\partial(v_{1x},v_{1y},v_{1z},v_{2x},v_{2y},v_{2z})}{\partial(v_{1x}',v_{1y}',v_{1z}',v_{2x}',v_{2y}',v_{2z}')} = J, \tag{10.1.28}$$

又根据雅可比行列式的性质,$J'=1/J$;利用(10.1.28)得 $J'J=J^2=1$.由此得 $J=\pm1$,即有 $|J|=1$.现在元反碰撞数可以写成

$$\delta f_1^{(+)} = f_1' f_2' \mathrm{d}^3\boldsymbol{v}_1 \mathrm{d}^3\boldsymbol{v}_2 \Lambda_{12} \mathrm{d}\Omega \mathrm{d}t \mathrm{d}^3\boldsymbol{r}. \tag{10.1.29}$$

将元碰撞数与元反碰撞数的全部贡献相加,得

$$\begin{aligned}\left(\frac{\partial f_1}{\partial t}\right)_{\mathrm{c}} \mathrm{d}t\mathrm{d}^3\boldsymbol{r}\mathrm{d}^3\boldsymbol{v}_1 &= \Delta f_1^{(+)} - \Delta f_1^{(-)} \\ &= \left[\iint (f_1' f_2' - f_1 f_2) \mathrm{d}^3\boldsymbol{v}_2 \Lambda_{12} \mathrm{d}\Omega\right] \mathrm{d}t\mathrm{d}^3\boldsymbol{r}\mathrm{d}^3\boldsymbol{v}_1. \end{aligned} \tag{10.1.30}$$

由于碰撞发生在很短时间间隔和很小的空间范围内,故在碰撞项中,变数 $\boldsymbol{r}$ 与 t 取相同值.

f_1, f_2, f_1', f_2' 是同一个分布函数，但速度变量分别为 $\boldsymbol{v}_1, \boldsymbol{v}_2, \boldsymbol{v}_1', \boldsymbol{v}_2'$，它们之间的关系满足(10.1.15a,b).上式中对 $\mathrm{d}\Omega$ 的积分为

$$\int \mathrm{d}\Omega = \int_0^{2\pi} \mathrm{d}\varphi \int_0^{\pi/2} \sin\theta \mathrm{d}\theta,$$

注意对 θ 的积分不是从0到 π 而是从 0 到 $\pi/2$，因为只有 $0 \leqslant \theta \leqslant \pi/2$ 的范围内才能发生碰撞.对 $\boldsymbol{v}_2$ 的积分为

$$\int \mathrm{d}^3 \boldsymbol{v}_2 = \iiint_{-\infty}^{\infty} \mathrm{d}v_{2x} \mathrm{d}v_{2y} \mathrm{d}v_{2z}.$$

现在，回到只有一种分子的情形，令 $m_1 = m_2 = m, d_1 = d_2 = d, d_{12} = d, \Lambda_{12} = \Lambda = d^2 g \cos\theta$（已将 g_{12} 简记为 g）.再作如下的符号改变：

$$\boldsymbol{v}_1 \to \boldsymbol{v}, \quad \boldsymbol{v}_2 \to \boldsymbol{v}_1;$$
$$\boldsymbol{v}_1' \to \boldsymbol{v}', \quad \boldsymbol{v}_2' \to \boldsymbol{v}_1'.$$

于是碰撞项化为

$$\left(\frac{\partial f}{\partial t}\right)_{\mathrm{c}} \mathrm{d}t\mathrm{d}^3\boldsymbol{r}\mathrm{d}^3\boldsymbol{v} = \left[\iint (f'f_1' - ff_1)\mathrm{d}^3\boldsymbol{v}_1 \Lambda \mathrm{d}\Omega\right] \mathrm{d}t\mathrm{d}^3\boldsymbol{r}\mathrm{d}^3\boldsymbol{v}. \tag{10.1.31}$$

将(10.1.11)与(10.1.31)代入(10.1.4)，消去 $\mathrm{d}t\mathrm{d}^3\boldsymbol{r}\mathrm{d}^3\boldsymbol{v}$，得

$$\frac{\partial f}{\partial t} = \left(\frac{\partial f}{\partial t}\right)_{\mathrm{d}} + \left(\frac{\partial f}{\partial t}\right)_{\mathrm{c}},$$

习惯上写成

$$\frac{\partial f}{\partial t} - \left(\frac{\partial f}{\partial t}\right)_{\mathrm{d}} = \left(\frac{\partial f}{\partial t}\right)_{\mathrm{c}},$$

最后的形式为

$$\frac{\partial f}{\partial t} + \boldsymbol{v} \cdot \frac{\partial f}{\partial \boldsymbol{r}} + \vec{\mathscr{F}} \cdot \frac{\partial f}{\partial \boldsymbol{v}} = \iint (f'f_1' - ff_1)\Lambda \mathrm{d}^3\boldsymbol{v}_1 \mathrm{d}\Omega. \tag{10.1.32}$$

上式中只包含一个未知函数 $f = f(\boldsymbol{r}, \boldsymbol{v}, t)$，而 f', f_1', f_1 是同一函数取不同的速度变量 $\boldsymbol{v}'$，$\boldsymbol{v}_1', \boldsymbol{v}_1$（按(10.1.15a,b)).(10.1.32)就是著名的**玻尔兹曼积分微分方程**，其中未知函数不仅出现在微分号下（左边的项），还出现在积分号下（右边的碰撞项).碰撞项中包含未知函数相乘的非线性项，因此方程是非线性的.

方程(10.1.32)很容易推广到多种分子的情形.例如，对有两种分子的情形，若令第一种分子的分布函数为 $f = f(\boldsymbol{r}, \boldsymbol{v}, t)$，第二种分子的分布为 $F = F(\boldsymbol{r}, \boldsymbol{v}, t)$，方程(10.1.32)将推广为下面两个方程：

$$\begin{aligned} &\frac{\partial f}{\partial t} + \boldsymbol{v} \cdot \frac{\partial f}{\partial \boldsymbol{r}} + \vec{\mathscr{F}}_1 \cdot \frac{\partial f}{\partial \boldsymbol{v}} \\ &= \iint (f'f_1' - ff_1)\mathrm{d}^3\boldsymbol{v}_1 \Lambda_{11} \mathrm{d}\Omega + \iint (f'F_1' - fF_1)\mathrm{d}^3\boldsymbol{v}_1 \Lambda_{12} \mathrm{d}\Omega, \end{aligned} \tag{10.1.33a}$$

$$\frac{\partial F}{\partial t} + \boldsymbol{v} \cdot \frac{\partial F}{\partial \boldsymbol{r}} + \vec{\mathscr{F}}_2 \cdot \frac{\partial F}{\partial \boldsymbol{v}}$$

$$= \iint (F'f_1' - Ff_1) \mathrm{d}^3 \boldsymbol{v}_1 \Lambda_{21} \mathrm{d}\Omega + \iint (F'F_1' - FF_1) \mathrm{d}^3 \boldsymbol{v}_1 \Lambda_{22} \mathrm{d}\Omega. \tag{10.1.33b}$$

其中 $\Lambda_{ij} = d_{ij}^2 g \cos\theta$，$d_{ij} = \frac{1}{2}(d_i + d_j)(i,j=1,2)$，$g = |\boldsymbol{v} - \boldsymbol{v}_1|$；$\vec{\mathscr{F}}_1$，$\vec{\mathscr{F}}_2$分别代表作用于两种分子单位质量所受的外力.

10.1.5 玻尔兹曼方程的适用条件

在推导玻尔兹曼方程中，曾经作过如下的近似：

(1) 假定是经典稀薄气体，分子力是短程的.

(2) 把分布函数的变化分成漂移项和碰撞项两部分，在计算漂移项时，不考虑分子之间的相互作用和碰撞；而在计算碰撞项时，也完全不考虑分子在外力作用下的运动.

(3) 只考虑二体碰撞.

(4) 忽略分子的内部结构，采用刚球模型.

(5) 在计算元碰撞与元反碰撞数时，引入分子混沌性假设.

在上述近似中，(1)要求气体足够稀薄，温度足够高，以满足非简并条件.(2)与(3)要求气体足够稀薄，并且是短程力.对于(4)，本节采用的是刚球模型，还可以用另一种"力心点模型"①，无论哪种模型，都忽略了分子的内部结构，不可能描述涉及内部自由度能量交换的碰撞过程.

最后，关于分子混沌性假设，当两个分子相距较远时，它们的分布函数彼此独立是容易理解的.但碰撞时两个分子靠得很近，是否仍然可以忽略分子之间的关联，这并不是显然的.而且，仅仅在玻尔兹曼方程的理论框架之内无法回答这一问题.要想回答这个问题，需要考查二粒子几率分布函数 $\rho^{(2)}(\boldsymbol{r}_1, \boldsymbol{v}_1; \boldsymbol{r}_2, \boldsymbol{v}_2, t)$ 的行为(这里用了与§8.6不同的符号).$\rho^{(2)}(\boldsymbol{r}_1, \boldsymbol{v}_1; \boldsymbol{r}_2, \boldsymbol{v}_2, t)\mathrm{d}^3\boldsymbol{r}_1\mathrm{d}^3\boldsymbol{v}_1\mathrm{d}^3\boldsymbol{r}_2\mathrm{d}^3\boldsymbol{v}_2$ 代表 t 时刻第一个分子处于 $\mathrm{d}^3\boldsymbol{r}_1\mathrm{d}^3\boldsymbol{v}_1$ 内，同时第二个分子处于 $\mathrm{d}^3\boldsymbol{r}_2\mathrm{d}^3\boldsymbol{v}_2$ 内的几率.分子混沌性假设在数学上相当于要求

$$\rho^{(2)}(\boldsymbol{r}_1, \boldsymbol{v}_1; \boldsymbol{r}_2, \boldsymbol{v}_2, t) = \rho^{(1)}(\boldsymbol{r}_1, \boldsymbol{v}_1, t)\rho^{(1)}(\boldsymbol{r}_2, \boldsymbol{v}_2, t), \tag{10.1.34}$$

其中 $\rho^{(1)}$ 为单粒子几率分布函数(它与单粒子分布函数 f 成正比).(10.1.34)表示两个粒子之间是统计独立的，没有关联.在 BBGKY 理论框架下，才可能考查(10.1.34)成立的条件.研究表明，倘若气体满足稀薄和短程力的条件，则(10.1.34)适用，亦即分子混沌性假设成立②.

§10.2 H 定理

热力学第二定律关于热现象过程不可逆性的论断可以表述为：孤立系的演化向着熵增

---

① 参看主要参考书目[2]，133页.

② 参看 H. Grad, Encyclopedia of Physics (Flügge), vol. Ⅻ, Berlin: Springer-Verlag, 1958, p. 221.

加的方向进行. 熵在第二定律中具有核心意义,它是标志不可逆过程方向的物理量. 玻尔兹曼对统计物理学的重大贡献之一是从微观上证明了上述论断. 虽然他的证明需要以玻尔兹曼方程为基础,因而局限于稀薄气体. 但他的理论给出了非平衡态熵的定义,并为以后推广到更为普遍的情形指出了方向,在统计物理学发展上具有里程碑的意义.

10.2.1 H 定理的证明

1872 年,玻尔兹曼引入了 H 函数,其定义为

$$H \equiv \iint f(\boldsymbol{r},\boldsymbol{v},t)\ln f(\boldsymbol{r},\boldsymbol{v},t)\,\mathrm{d}^3\boldsymbol{v}\mathrm{d}^3\boldsymbol{r}, \tag{10.2.1}$$

其中 $f(\boldsymbol{r},\boldsymbol{v},t)$ 是单粒子分布函数,遵从玻尔兹曼方程. 上式中的 H 是时间 t 的函数,它是通过分布函数 f 而依赖于时间的. 当分布函数 f 变化时,H 将随之变化,亦即 H 是函数 f 的函数,数学上称之为泛函.

我们现在考查一个孤立系的 H 函数随时间的变化. 注意到 $f(\boldsymbol{r},\boldsymbol{v},t)$ 中的变量 $\boldsymbol{r}$,$\boldsymbol{v}$ 和 t 是彼此独立的,故有

$$\begin{aligned}\frac{\mathrm{d}H}{\mathrm{d}t} &= \frac{\mathrm{d}}{\mathrm{d}t}\iint f\ln f\,\mathrm{d}^3\boldsymbol{v}\mathrm{d}^3\boldsymbol{r}\\ &= \iint\left(\frac{\partial f}{\partial t}\ln f + \frac{\partial f}{\partial t}\right)\mathrm{d}^3\boldsymbol{v}\mathrm{d}^3\boldsymbol{r}\\ &= \iint(1+\ln f)\,\frac{\partial f}{\partial t}\mathrm{d}^3\boldsymbol{v}\mathrm{d}^3\boldsymbol{r},\end{aligned} \tag{10.2.2}$$

将上式中的 $\dfrac{\partial f}{\partial t}$ 用玻尔兹曼方程代入,得

$$\begin{aligned}\frac{\mathrm{d}H}{\mathrm{d}t} = &-\iint(1+\ln f)\left(\boldsymbol{v}\cdot\frac{\partial f}{\partial \boldsymbol{r}}\right)\mathrm{d}^3\boldsymbol{v}\mathrm{d}^3\boldsymbol{r}\\ &-\iint(1+\ln f)\left(\vec{\mathscr{F}}\cdot\frac{\partial f}{\partial \boldsymbol{v}}\right)\mathrm{d}^3\boldsymbol{v}\mathrm{d}^3\boldsymbol{r}\\ &-\iiiint(1+\ln f)(ff_1 - f'f_1')\,\mathrm{d}^3\boldsymbol{v}\mathrm{d}^3\boldsymbol{v}_1\Lambda\mathrm{d}\Omega\mathrm{d}^3\boldsymbol{r}.\end{aligned} \tag{10.2.3}$$

上式右方第一、二项来自玻尔兹曼方程中的漂移项,即由于分子的运动而引起的;第三项来自分子之间的碰撞.

先看第一项,其中对 $\boldsymbol{r}$ 的积分可以化为(因 $\boldsymbol{r}$ 与 $\boldsymbol{v}$ 为独立变量)

$$\begin{aligned}\int(1+\ln f)\left(\boldsymbol{v}\cdot\frac{\partial f}{\partial \boldsymbol{r}}\right)\mathrm{d}^3\boldsymbol{r} &= \int\frac{\partial}{\partial \boldsymbol{r}}\cdot(\boldsymbol{v}f\ln f)\,\mathrm{d}^3\boldsymbol{r}\\ &= \oiint \boldsymbol{n}\cdot(\boldsymbol{v}f\ln f)\,\mathrm{d}\Sigma,\end{aligned} \tag{10.2.4}$$

最后一步用了格林定理,其中 $\boldsymbol{n}$ 为面积元 $\mathrm{d}\Sigma$ 外向法线的单位矢量,$\oiint$ 是沿封闭器壁的面积分. 由于气体分子不可能跑出容器,故在器壁的边界上 f 应该为零,因而(10.2.4)的面积

分为零,亦即(10.2.3)右边第一项等于零.

其次考查(10.2.3)右边的第二项,由于外力满足$\frac{\partial}{\partial \boldsymbol{v}}\cdot\vec{\mathscr{F}}=0$(见(10.1.9)),故对 $\boldsymbol{v}$ 的积分可以化为

$$\int\frac{\partial}{\partial \boldsymbol{v}}\cdot(\vec{\mathscr{F}}f\ln f)\mathrm{d}^3\boldsymbol{v}$$

$$=\iiint_{-\infty}^{\infty}\left[\frac{\partial(Xf\ln f)}{\partial v_x}+\frac{\partial(Yf\ln f)}{\partial v_y}+\frac{\partial(Zf\ln f)}{\partial v_z}\right]\mathrm{d}v_x\mathrm{d}v_y\mathrm{d}v_z,\qquad(10.2.5)$$

上式中第一项对 v_x 的积分为

$$\int_{-\infty}^{\infty}\frac{\partial}{\partial v_x}(Xf\ln f)\mathrm{d}v_x=\Big[Xf\ln f\Big]_{v_x=-\infty}^{v_x=+\infty}=0,\qquad(10.2.6)$$

最后一步用到:当 $v_x\to\pm\infty$时,f 必为零.这是因为 f 对 $\boldsymbol{v}$ 的积分等于

$$\iiint_{-\infty}^{\infty}f\mathrm{d}v_x\mathrm{d}v_y\mathrm{d}v_z=n,\qquad(10.2.7)$$

n 为粒子数密度,它的值是有限的;要保证上述积分的值有限,必须$|\boldsymbol{v}|\to\infty$时 f 很快趋于零.这样,(10.2.5)式的积分为零,因而(10.2.3)右边的第二项也等于零.于是,公式(10.2.3)化为

$$\frac{\mathrm{d}H}{\mathrm{d}t}=-\iiiint(1+\ln f)(ff_1-f'f_1')\mathrm{d}^3\boldsymbol{v}\mathrm{d}^3\boldsymbol{v}_1\Lambda\mathrm{d}\Omega\mathrm{d}^3\boldsymbol{r}.\qquad(10.2.8)$$

从上面的推导中可以清楚看出,对于孤立系,分子运动所引起的分布函数的变化不会改变 H 函数;唯一可能引起 H 函数变化的是分子之间的碰撞.

下面,为了表述方便,把速度变量的符号按如下方式改一下:

$$\boldsymbol{v}\to\boldsymbol{v}_1,\ \boldsymbol{v}_1\to\boldsymbol{v}_2;\quad \boldsymbol{v}'\to\boldsymbol{v}_1',\ \boldsymbol{v}_1'\to\boldsymbol{v}_2'.$$

于是(10.2.8)改写为

$$\frac{\mathrm{d}H}{\mathrm{d}t}=-\iiiint(1+\ln f_1)(f_1f_2-f_1'f_2')\mathrm{d}^3\boldsymbol{v}_1\mathrm{d}^3\boldsymbol{v}_2\Lambda\mathrm{d}\Omega\mathrm{d}^3\boldsymbol{r},\qquad(10.2.9)$$

其中 f_1,f_2,f_1',f_2' 是同一个分布函数,只是它们的速度变量分别取 $\boldsymbol{v}_1,\boldsymbol{v}_2,\boldsymbol{v}_1',\boldsymbol{v}_2'$;$\boldsymbol{v}_i$ 与 $\boldsymbol{v}_i'$$(i=1,2)$满足碰撞前后速度之间关系(10.1.15a,b).

下面的推导需要一点技巧,先将(10.2.9)中的 $\boldsymbol{v}_1$ 与 $\boldsymbol{v}_2$ 交换,得

$$\frac{\mathrm{d}H}{\mathrm{d}t}=-\iiiint(1+\ln f_2)(f_1f_2-f_1'f_2')\mathrm{d}^3\boldsymbol{v}_1\mathrm{d}^3\boldsymbol{v}_2\Lambda\mathrm{d}\Omega\mathrm{d}^3\boldsymbol{r},\qquad(10.2.10)$$

将(10.2.9)与(10.2.10)两式相加,再除以 2,得

$$\frac{\mathrm{d}H}{\mathrm{d}t}=-\frac{1}{2}\iiiint[2+\ln(f_1f_2)](f_1f_2-f_1'f_2')\mathrm{d}^3\boldsymbol{v}_1\mathrm{d}^3\boldsymbol{v}_2\Lambda\mathrm{d}\Omega\mathrm{d}^3\boldsymbol{r},\qquad(10.2.11)$$

把上式中的 $\boldsymbol{v}_i$ 与 $\boldsymbol{v}_i'$$(i=1,2)$交换,得

$$\frac{\mathrm{d}H}{\mathrm{d}t}=-\frac{1}{2}\iiiint[2+\ln(f_1'f_2')](f_1'f_2'-f_1f_2)\mathrm{d}^3\boldsymbol{v}_1'\mathrm{d}^3\boldsymbol{v}_2'\Lambda'\mathrm{d}\Omega'\mathrm{d}^3\boldsymbol{r},\qquad(10.2.12)$$

根据碰撞前后速度之间关系(10.1.15a,b),有

$$d^3\boldsymbol{v}_1' d^3\boldsymbol{v}_2' = d^3\boldsymbol{v}_1 d^3\boldsymbol{v}_2, \quad \Lambda' = \Lambda, \quad d\Omega' = d\Omega, \tag{10.2.13}$$

于是(10.2.12)化为

$$\frac{dH}{dt} = -\frac{1}{2}\iiiint [2 + \ln(f_1' f_2')](f_1' f_2' - f_1 f_2) d^3\boldsymbol{v}_1 d^3\boldsymbol{v}_2 \Lambda d\Omega d^3\boldsymbol{r}, \tag{10.2.14}$$

最后,将(10.2.11)与(10.2.14)相加,再除以 2,得

$$\frac{dH}{dt} = -\frac{1}{4}\iiiint [\ln(f_1 f_2) - \ln(f_1' f_2')] \cdot (f_1 f_2 - f_1' f_2') d^3\boldsymbol{v}_1 d^3\boldsymbol{v}_2 \Lambda d\Omega d^3\boldsymbol{r}. \tag{10.2.15}$$

令 $x=\ln(f_1 f_2)$,$y=\ln(f_1' f_2')$,则上式中的被积函数可表为

$$F(x,y) = (x-y)(e^x - e^y). \tag{10.2.16}$$

若 $x \neq y$,无论 $x > y$ 或 $x < y$,由于两个因子$(x-y)$与 $e^x - e^y$ 有相同符号,总有 $F > 0$;仅当 $x=y$ 时才有 $F=0$. 亦即对一切 x 和 y 的值均有 $F \geqslant 0$;$F=0$ 的必要且充分条件为 $x=y$. 由此,(10.2.15)满足

$$\frac{dH}{dt} \leqslant 0, \tag{10.2.17}$$

这就证明了 H 定理. 上式中等号成立的必要且充分条件为

$$f_1 f_2 = f_1' f_2'. \tag{10.2.18}$$

证明中我们看到,对于孤立系,分子的运动所引起分布函数的变化不会改变 H 函数的值(§10.3 中将看到,对开放系统,情况将不同);唯一引起 H 函数改变的是由于分子之间的碰撞. 如果系统的初态是非平衡态,系统的变化必将向着 H 函数单调减少的方向进行,直到 H 达到极小值后,不能再发生变化,这时系统就达到平衡态. 由此可以看出,H 函数起着标志孤立系不可逆过程方向的作用.

10.2.2 细致平衡

H 定理证明了孤立系平衡态的必要且充分条件为$\frac{dH}{dt}=0$,而$\frac{dH}{dt}=0$ 的必要且充分条件为(10.2.18),即

$$f_1 f_2 = f_1' f_2'.$$

上述条件称为**细致平衡**. 为什么叫它"细致平衡"呢? 由(10.1.22)与(10.1.24),元碰撞数与元反碰撞数分别为

$$\begin{aligned}
\delta f_1^{(-)} &= f_1 f_2 d^3\boldsymbol{v}_1 d^3\boldsymbol{v}_2 \Lambda d\Omega dt d^3\boldsymbol{r}, \\
\delta f_1^{(+)} &= f_1' f_2' d^3\boldsymbol{v}_1' d^3\boldsymbol{v}_2' \Lambda' d\Omega' dt d^3\boldsymbol{r} \\
&= f_1' f_2' d^3\boldsymbol{v}_1 d^3\boldsymbol{v}_2 \Lambda d\Omega dt d^3\boldsymbol{r},
\end{aligned}$$

最后一步用到(10.2.13). 可见,**细致平衡的物理意义代表元碰撞数与元反碰撞数相等**,它们

对碰撞项的贡献正好抵消. 这就告诉我们,要保持分布函数不因分子碰撞而改变,要求正、反碰撞在任何"单元"上都相互抵消,亦即在元过程上要求相互抵消,这是 H 定理的结果.

应该指出,细致平衡条件(10.2.18)是在假定碰撞遵从经典力学以及刚球模型下导出的. 对于简并性理想气体,碰撞必须用量子力学处理,这时,仍可以证明细致平衡,但它的具体形式与(10.2.18)不同,需要修改,并显示出对费米子与玻色子的区别(见 § 10.4).

普遍地说,凡是某一元过程与它相应的元反过程相互抵消时,就称为细致平衡. 而把"总的平衡的必要且充分条件是细致平衡"称为**细致平衡原理**. 这个原理在许多情况下是成立的,但不能普遍证明. 细致平衡原理已得到许多应用,爱因斯坦将它用于推导普朗克辐射公式就是一个著名的例子①.

10.2.3　由细致平衡导出平衡态分布

细致平衡条件提供了推导平衡态分布的另一途径. 既然细致平衡条件是平衡态的必要且充分条件,从它出发应该能够确定平衡态的分布函数,而且由此确定的分布函数应该是平衡态下唯一的解. 这正是玻尔兹曼最初的想法,他希望证明麦克斯韦速度分布是平衡态下唯一的分布,下面的证明肯定了这一想法,但所得的结果要比原来的麦克斯韦分布更普遍一些. 将方程(10.2.18)的两边取对数,得

$$\ln f_1 + \ln f_2 = \ln f_1' + \ln f_2', \tag{10.2.19}$$

上式是一个函数方程,其中各项是同一函数 $\ln f$,只是取不同的速度变量. 为了突出这一点,把上式改写成(只标出速度变量)

$$\ln f(\boldsymbol{v}_1) + \ln f(\boldsymbol{v}_2) = \ln f(\boldsymbol{v}_1') + \ln f(\boldsymbol{v}_2'). \tag{10.2.20}$$

由于 $\boldsymbol{v}_1, \boldsymbol{v}_2$ 与 $\boldsymbol{v}_1', \boldsymbol{v}_2'$ 分别代表了分子碰撞前后的速度,方程(10.2.20)具有碰撞过程守恒定律的形式. 分子数、动量和能量是碰撞过程中的守恒量,因而(10.2.20)的特解为:

$$1,\ mv_x,\ mv_y,\ mv_z,\ \frac{1}{2}m(v_x^2 + v_y^2 + v_z^2).$$

由于碰撞过程的守恒量只有这 5 个,上述 5 个特解就是方程的全部特解,其线性组合就得到方程的通解

$$\ln f = \alpha_0 + \boldsymbol{\alpha} \cdot m\boldsymbol{v} + \alpha_4 \frac{1}{2}m\boldsymbol{v}^2, \tag{10.2.21}$$

其中 $\alpha_0, \boldsymbol{\alpha} = (\alpha_1, \alpha_2, \alpha_3)$ 与 α_4 是 5 个待定常数. 将上式改写成

$$f = c_0 \exp\left\{-c_4 \frac{1}{2}m(\boldsymbol{v} - \boldsymbol{c})^2\right\}, \tag{10.2.22}$$

其中已经把 5 个待定常数换成 $c_0, \boldsymbol{c} = (c_1, c_2, c_3)$ 与 c_4,它们可以通过下列 5 个条件确定:

$$n = \int f \mathrm{d}^3\boldsymbol{v}, \tag{10.2.23a}$$

① D. ter Haar, Rev. Mod. Phys., **27**(1955), pp. 334—335.

$$\boldsymbol{v}_0 = \frac{1}{n}\int \boldsymbol{v} f \mathrm{d}^3 \boldsymbol{v}, \tag{10.2.23b}$$

$$\frac{3}{2}kT = \frac{1}{n}\int \frac{m}{2}(\boldsymbol{v}-\boldsymbol{v}_0)^2 f \mathrm{d}^3 \boldsymbol{v}, \tag{10.2.23c}$$

其中 n 为气体分子数密度. $\boldsymbol{v}_0$ 为分子的平均速度,它是气体作整体宏观运动的速度;如果气体是宏观静止的,则 $v_0=0$. $\frac{3}{2}kT$ 为气体分子热运动的平均动能,注意积分中应该取$\frac{m}{2}(\boldsymbol{v}-\boldsymbol{v}_0)^2$,它才代表无规运动的动能.将(10.2.22)代入(10.2.23a),可得

$$n = c_0\left(\frac{2\pi}{mc_4}\right)^{3/2},$$

或

$$c_0 = n\left(\frac{mc_4}{2\pi}\right)^{3/2}. \tag{10.2.24a}$$

利用(10.2.23b),得

$$\boldsymbol{v}_0 = \boldsymbol{c}, \tag{10.2.24b}$$

由(10.2.23c),得

$$c_4 = \frac{1}{kT}, \tag{10.2.24c}$$

最后,分布函数可以表达为

$$f = n\left(\frac{m}{2\pi kT}\right)^{3/2}\exp\left\{-\frac{m}{2kT}(\boldsymbol{v}-\boldsymbol{v}_0)^2\right\}, \tag{10.2.25}$$

其中 n,T 与 $\boldsymbol{v}_0=(v_{0x},v_{0y},v_{0z})$分别代表气体分子的数密度、温度与宏观流动速度,它们都是可观测量.在有外场以及宏观流动的情况下,n 与 $\boldsymbol{v}_0$ 可以与 $\boldsymbol{r}$ 有关,但需受到一定的限制,论证如下:

在平衡态下,f 不依赖于时间,$\frac{\partial f}{\partial t}=0$.又因为必须满足细致平衡条件,碰撞项为零,故玻尔兹曼方程中的运动项也同时为零,即

$$\boldsymbol{v}\cdot\frac{\partial f}{\partial \boldsymbol{r}} + \vec{\mathscr{F}}\cdot\frac{\partial f}{\partial \boldsymbol{v}} = 0. \tag{10.2.26}$$

也就是说,在达到平衡时,碰撞与运动对分布函数产生的影响必须同时为零.这样,(10.2.26)将对(10.2.25)加以限制.将(10.2.25)代入(10.2.26),得

$$\boldsymbol{v}\cdot\nabla\left\{\ln n + \frac{3}{2}\ln\frac{m}{2\pi kT} - \frac{m}{2kT}(\boldsymbol{v}-\boldsymbol{v}_0)^2\right\} - \frac{m}{kT}\vec{\mathscr{F}}\cdot(\boldsymbol{v}-\boldsymbol{v}_0) = 0, \tag{10.2.27}$$

其中 $\nabla=\frac{\partial}{\partial \boldsymbol{r}}$.由于 $\boldsymbol{r}$ 与 $\boldsymbol{v}$ 是独立变数,方程(10.2.27)对 $\boldsymbol{v}$ 是恒等式,因而方程中 $\boldsymbol{v}$ 的各次幂($\boldsymbol{v}^3$,$\boldsymbol{v}^2$,$\boldsymbol{v}^1$ 与 $\boldsymbol{v}^0$)的系数都应该等于零.于是得下列诸方程,它们分别来自 $\boldsymbol{v}^3$,$\boldsymbol{v}^2$,$\boldsymbol{v}^1$ 与 $\boldsymbol{v}^0$(即不含 $\boldsymbol{v}$ 的项)的系数等于零:

(1) 由 $\boldsymbol{v}^3$ 的系数为零,得

$$\nabla T = 0, \quad \text{即} \quad \frac{\partial T}{\partial x} = \frac{\partial T}{\partial y} = \frac{\partial T}{\partial z} = 0. \tag{10.2.28a}$$

(2) 由 $\boldsymbol{v}^2$ 的系数为零,得

$$\boldsymbol{v} \cdot \nabla(\boldsymbol{v} \cdot \boldsymbol{v}_0) = 0,$$

亦即

$$\begin{cases} \dfrac{\partial v_{0x}}{\partial x} = \dfrac{\partial v_{0y}}{\partial y} = \dfrac{\partial v_{0z}}{\partial z} = 0, \\ \dfrac{\partial v_{0y}}{\partial z} + \dfrac{\partial v_{0z}}{\partial y} = \dfrac{\partial v_{0z}}{\partial x} + \dfrac{\partial v_{0x}}{\partial z} = \dfrac{\partial v_{0x}}{\partial y} + \dfrac{\partial v_{0y}}{\partial x} = 0. \end{cases} \tag{10.2.28b}$$

(3) 由 $\boldsymbol{v}^1$ 的系数为零,得

$$\nabla\left(\ln n - \frac{m}{2kT}\boldsymbol{v}_0^2\right) - \frac{m}{kT}\vec{\mathscr{F}} = 0. \tag{10.2.28c}$$

(4) 由 $\boldsymbol{v}^0$ 的系数(即不含 $\boldsymbol{v}$ 的项)为零,得

$$\boldsymbol{v}_0 \cdot \vec{\mathscr{F}} = 0. \tag{10.2.28d}$$

由(10.2.28a),处于平衡态的气体其温度必须是均匀的,与 $\boldsymbol{r}$ 无关. 由(10.2.28b),其解 $\boldsymbol{v}_0$ 的最一般形式可以是

$$\boldsymbol{v}_0 = \boldsymbol{a} + \boldsymbol{\omega} \times \boldsymbol{r}. \tag{10.2.29}$$

其中 $\boldsymbol{a}$ 与 $\boldsymbol{\omega}$ 必须是常矢量,这个解的物理意义是: $\boldsymbol{a}$ 代表平动速度,$\boldsymbol{\omega}$ 代表转动的角速度;只有当 $\boldsymbol{a}$ 与 $\boldsymbol{\omega}$ 均为常矢量时,这样的宏观流动速度才能保证气体处于平衡态.

现在看(10.2.28c),为简单,设 $\vec{\mathscr{F}} = -\nabla\varphi(\boldsymbol{r})$,即外力是由势函数 $\varphi(\boldsymbol{r})$引起的,且与 $\boldsymbol{v}$ 无关,于是得

$$n = n_0 \exp\left[\frac{m}{2kT}\boldsymbol{v}_0^2 - \frac{m}{kT}\varphi(x,y,z)\right], \tag{10.2.30}$$

其中 n_0 为积分常数.

最后,由(10.2.28d),要求平衡态时 $\boldsymbol{v}_0$ 必须与外力垂直. 若外力的方向到处不同时,要满足 $\boldsymbol{v}_0 \cdot \vec{\mathscr{F}} = 0$ 及(10.2.29),只能是 $\boldsymbol{v}_0 = 0$. 当外力为重力时,$\boldsymbol{v}_0$ 在水平面不为零是允许的;这时 $\boldsymbol{\omega}$ 必须与重力方向一致. 考虑一个特例:$\boldsymbol{a}=0$,系统绕 z 轴以等角速度 $\boldsymbol{\omega}$ 旋转,即 $\boldsymbol{\omega}=(0,0,\omega)$,$-z$ 方向为重力方向,$\varphi=gz$,则有

$$v_{0x} = -\omega y, \quad v_{0y} = \omega x, \quad v_{0z} = 0. \tag{10.2.31}$$

此时(10.2.30)化为

$$n = n_0 \exp\left[\frac{m\omega^2}{2kT}(x^2+y^2) - \frac{mgz}{kT}\right], \tag{10.2.32}$$

上式中的 $-\dfrac{1}{2}m\omega^2(x^2+y^2)$ 是旋转参考系中离心力所产生的势能.

10.2.4 H 函数与熵的关系(平衡态)

从 H 定理读者可能已经猜到，H 函数应该与熵有直接联系. 事实上，熵与($-H$)成正比，下面就来推导这一关系. 为了简单，设 $\boldsymbol{v}_0=0$，平衡态分布函数(10.2.25)化为熟知的麦克斯韦分布

$$f=n\left(\frac{m}{2\pi kT}\right)^{3/2}\exp\left\{-\frac{m\boldsymbol{v}^2}{2kT}\right\},$$

代入 H 函数的定义式(10.2.1)，得

$$H=\iint f\left[\ln n+\frac{3}{2}\ln\left(\frac{m}{2\pi kT}\right)-\frac{1}{kT}\frac{m\boldsymbol{v}^2}{2}\right]\mathrm{d}^3\boldsymbol{v}\mathrm{d}^3\boldsymbol{r}.$$

今被积函数与 $\boldsymbol{r}$ 无关，完成对 $\boldsymbol{r}$ 的积分，并用 $n=N/V$，以及

$$\int f\mathrm{d}^3\boldsymbol{v}=n,$$

$$\frac{1}{n}\int\frac{m\boldsymbol{v}^2}{2}f\mathrm{d}^3\boldsymbol{v}=\frac{3}{2}kT,$$

可得

$$H=N\left[\ln\frac{N}{V}+\frac{3}{2}\ln\left(\frac{m}{2\pi kT}\right)-\frac{3}{2}\right].\tag{10.2.33}$$

又由(7.14.21)(设 $g_0^{\mathrm{e}}=1$)，单原子分子理想气体熵的公式为

$$S=Nk\left[\ln\frac{V}{N}+\frac{3}{2}\ln T+\frac{5}{2}+\frac{3}{2}\ln\left(\frac{2\pi mk}{h^2}\right)\right],$$

将上式与(10.2.33)比较，即得

$$S=-kH+C,\tag{10.2.34}$$

其中 C 为常数，$C=Nk\left[1+\ln\left(\frac{m}{h}\right)^3\right]$. 省去无关紧要的相加常数 C，S 与($-H$)成正比，比例常数为玻尔兹曼常数 k.

10.2.5 关于 H 定理的讨论

(1) H 定理的统计性质

H 定理从微观看是一个统计性质的规律，这可以从以下几方面来看：

i. H 函数是分布函数 f 的泛函，而分布函数 f 本身就是统计平均量，$f\mathrm{d}^3\boldsymbol{r}\mathrm{d}^3\boldsymbol{v}$ 代表 t 时刻处于空间体元 $\mathrm{d}^3\boldsymbol{r}$ 内、速度体元 $\mathrm{d}^3\boldsymbol{v}$ 内的平均分子数，$\mathrm{d}^3\boldsymbol{r}$ 与 $\mathrm{d}^3\boldsymbol{v}$ 都是宏观小而微观大的范围，以使其中包含的分子数足够多，而保证平均值是有意义的(即涨落是小量). 宏观小同时微观大是可以实现的. 例如，考虑 0℃ 和 1 atm 的气体，如果取 $\mathrm{d}^3\boldsymbol{r}\sim10^{-9}\ \mathrm{cm}^3$，即其线度 $\mathrm{d}r\sim10^{-3}$ cm，宏观上已足够小.(宏观小的含义是：体元的线度 $\mathrm{d}r$ 应远小于 Λ，Λ 代表表征宏观不均匀性的特征长度(注意，此处的 Λ 不同于(10.1.31)中的 Λ). 当 $\mathrm{d}r\ll\Lambda$ 时，就足以反映非平衡态宏观性质在空间上的变化.)另一方面，即使取 $\mathrm{d}^3\boldsymbol{r}\sim10^{-9}\ \mathrm{cm}^3$，它所包含分子

数仍然高达～10^{10}，微观上看是足够大的.

ii. 按 H 函数的定义，

$$H = \iint f\ln f \mathrm{d}^3\boldsymbol{v}\mathrm{d}^3\boldsymbol{r} = \int \mathrm{d}^3\boldsymbol{r} n\, \overline{\ln f}, \tag{10.2.35}$$

其中 $\overline{\ln f} = \dfrac{1}{n}\int f\ln f \mathrm{d}^3\boldsymbol{v}$. 可见，$H$ 是统计平均量. 由于 f 本身也是统计平均量. 故 H 具有双重平均的性质.

iii. H 随时间的变化应该理解成统计平均值. 这是因为，在玻尔兹曼方程中所涉及的 $\dfrac{\partial f}{\partial t}$，其时间间隔应理解为宏观短、微观长的，即应该把 $\dfrac{\partial f}{\partial t}$ 理解为 $\dfrac{\Delta f}{\Delta t}$：

$$\frac{\partial f}{\partial t} \longleftrightarrow \frac{\Delta f}{\Delta t},$$

因而 $\dfrac{\mathrm{d}H}{\mathrm{d}t}$ 应理解为 $\dfrac{\Delta H}{\Delta t}$. 其中的 Δt 应该是

$$\tau \gg \Delta t \gg \tau_c.$$

τ_c 是碰撞时间.（对刚球模型，$\tau_c = 0$；一般碰撞，也是极短的时间间隔，大体可以按分子通过力程范围的时间，即 $\tau_c \sim d/\bar{v}$ 来估计. 若取 $d \sim 10^{-8}$ cm，$\bar{v} \sim 10^5$ cm/s，则有 $\tau_c \sim 10^{-13}$ s.）τ 为弛豫时间，代表趋于局域平衡的特征时间，它的量级与分子相继两次碰撞之间的平均时间相同（见§10.5）. 对于稀薄气体，大体可按 $\tau \sim \dfrac{\lambda}{\bar{v}} \sim 10^{-9}$ s 估计. 若取 $\Delta t \sim 10^{-11}$ s，就可以满足上面宏观短、微观长的要求. 无论是 $\dfrac{\Delta f}{\Delta t}$，还是 $\dfrac{\Delta H}{\Delta t}$，都是微观长时间 Δt 内在分子运动与碰撞下 H 函数值的改变的统计平均值.

iv. 从 $\dfrac{\Delta f}{\Delta t}$ 碰撞项的计算中，我们也清楚地看到，对两个分子碰撞前后速度的关系，是按照力学定律确定的. 但在计算元碰撞数与元反碰撞数时是典型的统计计算方法，而且用到分子混沌性假设，这样统计性质就进入了.

(2) H 与热力学几率的关系

在第七章中，对非简并的理想气体，其最大热力学几率为

$$W_{\max} = \prod_\lambda \frac{g_\lambda^{\bar{a}_\lambda}}{\bar{a}_\lambda!},$$

上式中已除 $N!$ 因子（见(7.11.25)），即有

$$\ln W_{\max} = -\sum_\lambda \bar{a}_\lambda \ln \frac{\bar{a}_\lambda}{g_\lambda} + N. \tag{10.2.36}$$

对于单原子分子，取如下的对应

$$g_\lambda \longrightarrow \frac{\mathrm{d}\omega^{\mathrm{t}}}{h^3} = \frac{m^3}{h^3}\mathrm{d}^3\boldsymbol{v}\mathrm{d}^3\boldsymbol{r},$$

$$\bar{a}_\lambda \longrightarrow f\mathrm{d}^3\boldsymbol{v}\mathrm{d}^3\boldsymbol{r},$$

$$\sum_{\lambda} \longrightarrow \iint \quad (\text{对 } \boldsymbol{r} \text{ 与 } \boldsymbol{v} \text{ 求积分}),$$

于是有

$$\begin{aligned} \ln W_{\max} &\longrightarrow -\iint f \ln\left(\frac{h^3}{m^3} f\right) \mathrm{d}^3 \boldsymbol{v} \mathrm{d}^3 \boldsymbol{r} + N \\ &= -\iint f \ln f \mathrm{d}^3 \boldsymbol{v} \mathrm{d}^3 \boldsymbol{r} + N\left[1 + \ln\left(\frac{m}{h}\right)^3\right] \\ &= -H + N\left[1 + \ln\left(\frac{m}{h}\right)^3\right], \end{aligned} \tag{10.2.37}$$

由玻尔兹曼关系 $S = k \ln W_{\max}$,得

$$S = k \ln W_{\max} = -kH + Nk\left[1 + \ln\left(\frac{m}{h}\right)^3\right], \tag{10.2.38}$$

可见,除去无关紧要的相加常数后,$-H = \ln W$,或 $S = -kH$.

(10.2.37)原来是在平衡态下得到的,并由 $\ln W$ 取极大导出最可几分布,也就是使热力学几率取极大的分布,并证明最可几分布等于平均分布.现在若把 W 作为几率的意义推广到非平衡态,即把 $-H = \ln W$ 的 W 理解为非平衡态与分布 f 相对应的几率(未归一化的).则 H 定理可以理解为:孤立系中发生的不可逆过程是向着几率增加的方向进行的.

(3) **微观可逆性与宏观不可逆性**

洛施密特(Loschmidt)在 1876 年对 H 定理提出了质疑,他指出,分子的微观运动遵从牛顿力学,必然是可逆的:如果全体分子的位置不变,但速度都反过来,则分子的运动应向着与原来相反的方向进行.这就是**微观运动的可逆性**,它可以根据正则运动方程证明如下.正则运动方程是

$$\frac{\mathrm{d}q_i}{\mathrm{d}t} = \frac{\partial E}{\partial p_i}, \quad \frac{\mathrm{d}p_i}{\mathrm{d}t} = -\frac{\partial E}{\partial p_i} \quad (i = 1, 2, \cdots, s) \tag{10.2.39}$$

(为避免与 H 函数的符号混淆,这里用 E 代表哈密顿量).由于哈密顿量是动量的偶函数,有

$$E(q_1, \cdots, q_s; p_1, \cdots, p_s) = E(q_1, \cdots, q_s; -p_1, \cdots, -p_s), \tag{10.2.40}$$

正则方程(10.2.39)在 $t \rightarrow -t, p_i \rightarrow -p_i$ 变换下不变.因此,若

$$q_i = f_i(t), \quad p_i = g_i(t) \tag{10.2.41}$$

是正则方程(10.2.39)的一个解,则

$$q_i' = f_i(-t), \quad p_i' = -g_i(-t) \tag{10.2.42}$$

也是方程(10.2.39)的一个解.解(10.2.42)描写的运动正是(10.2.41)的逆运动,这就证明了微观可逆性①.

根据微观运动的可逆性,洛施密特指出,如果原来从 0 到 t 系统沿相空间运动是使 H 减少的,那么,在 t 时刻若所有分子的坐标不变而动量反向,则系统将沿原来的相轨道逆向

① 对于有磁场时的带电粒子系统,由于洛伦兹力的作用,必须使动量与磁场同时反转才发生逆向运动.

进行，这样 H 函数不就增加了吗？

洛施密特是玻尔兹曼的同事和朋友，他是一位坚定的原子论者，他并不怀疑需要热的分子理论，但他对玻尔兹曼的 H 定理提出质疑. 玻尔兹曼认为这个问题提得很好，实际上玻尔兹曼最初的确想把热力学第二定律建立在纯粹力学的基础之上，正是通过对质疑的答辩，帮助玻尔兹曼修正了原来的观点，明确了 H 定理(同样热力学第二定律)不是纯粹力学规律的结果，而是统计性质的. 宏观不可逆性与微观可逆性并不矛盾，对于大量粒子组成的宏观系统，孤立系中发生的过程向着 H 减少的方向进行，它表示 H 减少的几率远远大于 H 增加的几率. 让我们做一简单的估计，设有气体最初处于体积为 V 的容器的左半，将隔板抽开后气体将均匀分布到整个容器. 这是熟知的熵增加的过程，那么，是否有可能全部分子又"缩回"到原来左半体积呢？这个几率为 $\left(\frac{1}{2}\right)^N=(2^{10^{20}})^{-1}$($N$ 取 10^{20}). 这是一个非常非常小的数，因此，对于包含大量粒子的宏观系统，观测到孤立系中熵减少(或 H 增加)实际上是不可能的，这里，$N\gg 1$ 是重要的. 而且所考查的时间宏观短但必须是微观长的. 用计算机作数值模拟可以研究 H 函数的时间演化，H 定理的统计性质得到了很好的验证①.

(4) **微观运动可复原性**②

庞加莱(Poincaré)在 1890 年证明了一条关于**微观运动可复原性定理**：一个处于有限空间内的保守力学系统，在足够长的时间后将回复到初始运动状态的附近.

策梅洛(Zermelo)根据庞加莱的上述定理，指出在足够长的时间之后，H 必将回复初值，因而不可能单向减少. 玻尔兹曼对这一质疑的回答仍然强调 H 定理是统计性质的：对于大量粒子系统，回复的时间(称为**庞加莱循环**)非常长，远远超出了平常的观测时间，因此运动回复到原状的机会非常小，玻尔兹曼估计 1 cm^3 气体中的所有分子，若平均速度为 $5\times 10^4\ \mathrm{cm\cdot s^{-1}}$，要回复到离初始位置与速度的下列范围：

$$|\Delta x|,\ |\Delta y|,\ |\Delta z|\leqslant 10^{-7}\ \mathrm{cm},$$

$$|\Delta v_x|,\ |\Delta v_y|,\ |\Delta v_z|\leqslant 10^{2}\ \mathrm{cm\cdot s^{-1}},$$

估算的时间 $\lesssim 10^{10^{19}}$ 年. 因而对宏观系统 H 增加实际上是不可能的.

§10.3　熵流与熵产生率

根据 H 定理，经典稀薄气体非平衡态的熵可定义为(省去无关紧要的相加常数)

$$\begin{aligned} S&=-kH \\ &=-k\iint f(\boldsymbol{r},\boldsymbol{v},t)\ln f(\boldsymbol{r},\boldsymbol{v},t)\mathrm{d}^3\boldsymbol{v}\mathrm{d}^3\boldsymbol{r}. \end{aligned}\tag{10.3.1}$$

① 参看 J. Orban and A. Bellemans, Phys. Lett., **24A**, 620 (1967).

② D. ter Haar, Elements of Statistical Mechanics, Butterworth-Heinemann, 1955, pp. 341—343.

对孤立系，H 定理告诉我们，整个系统的总熵随时间的变化为

$$\frac{\mathrm{d}S}{\mathrm{d}t}\geqslant 0. \tag{10.3.2}$$

今引入熵密度 s，其定义为

$$S=\int s(\boldsymbol{r},t)\mathrm{d}^3\boldsymbol{r}, \tag{10.3.3}$$

$$s(\boldsymbol{r},t)=-k\int f(\boldsymbol{r},\boldsymbol{v},t)\ln f(\boldsymbol{r},\boldsymbol{v},t)\mathrm{d}^3\boldsymbol{v}, \tag{10.3.4}$$

$s(\boldsymbol{r},t)\mathrm{d}^3\boldsymbol{r}$ 代表 t 时刻体元 $\mathrm{d}^3\boldsymbol{r}$ 内气体的熵. 一般而言，熵密度不仅依赖于时间 t，也依赖于 $\boldsymbol{r}$. 现在考虑固定体元 $\mathrm{d}^3\boldsymbol{r}$ 内熵的变化，由于 $\mathrm{d}^3\boldsymbol{r}$ 是整个系统中的一部分，随着时间变化，$\mathrm{d}^3\boldsymbol{r}$ 内的分子可以跑出去，周围的分子可以跑进来，所以分子的运动将引起熵密度 s 的变化；此外，分子之间的碰撞也会引起 s 的变化. 下面的计算与 § 10.2 中关于 H 定理的证明类似. 由 (10.3.4)，

$$\frac{\partial s}{\partial t}=-k\int(1+\ln f)\frac{\partial f}{\partial t}\mathrm{d}^3\boldsymbol{v}, \tag{10.3.5}$$

右边被积函数中的 $\frac{\partial f}{\partial t}$ 用玻尔兹曼方程代入，碰撞项用 $\left(\frac{\partial f}{\partial t}\right)_{\mathrm{c}}$ 表示，得

$$\begin{aligned}\frac{\partial s}{\partial t}=&k\int(1+\ln f)\left(\boldsymbol{v}\cdot\frac{\partial f}{\partial \boldsymbol{r}}\right)\mathrm{d}^3\boldsymbol{v}+k\int(1+\ln f)\left(\vec{\mathscr{F}}\cdot\frac{\partial f}{\partial \boldsymbol{v}}\right)\mathrm{d}^3\boldsymbol{v}\\&-k\int(1+\ln f)\left(\frac{\partial f}{\partial t}\right)_{\mathrm{c}}\mathrm{d}^3\boldsymbol{v}.\end{aligned} \tag{10.3.6}$$

根据上节公式(10.2.5)与(10.2.6)，上式右边第二项等于零. 而第一项可以化为

$$\frac{\partial}{\partial \boldsymbol{r}}\cdot\left[k\int\boldsymbol{v}f\ln f\mathrm{d}^3\boldsymbol{v}\right]=-\frac{\partial}{\partial \boldsymbol{r}}\cdot\boldsymbol{J}_s=-\nabla\cdot\boldsymbol{J}_s, \tag{10.3.7}$$

其中已定义

$$\boldsymbol{J}_s\equiv-k\int\boldsymbol{v}f\ln f\mathrm{d}^3\boldsymbol{v}, \tag{10.3.8}$$

$\boldsymbol{J}_s$ 称为熵流密度. 定义熵产生率 θ 为

$$\theta\equiv-k\int(1+\ln f)\left(\frac{\partial f}{\partial t}\right)_{\mathrm{c}}\mathrm{d}^3\boldsymbol{v}, \tag{10.3.9}$$

θ 代表由于分子之间的碰撞而引起单位时间、单位体积内熵的改变. $\theta\geqslant 0$，证明如下：对于刚球模型，将(10.1.32)中的碰撞项代入上式，得(类似从(10.2.8)到(10.2.9)，已作符号改变)

$$\theta=k\iiint(1+\ln f_1)(f_1f_2-f_1'f_2')\mathrm{d}^3\boldsymbol{v}_1\mathrm{d}^3\boldsymbol{v}_2\Lambda\mathrm{d}\Omega, \tag{10.3.10}$$

重复(10.2.9)—(10.2.15)的步骤，上式可化为

$$\theta=\frac{1}{4}k\iiint[\ln(f_1f_2)-\ln(f_1'f_2')](f_1f_2-f_1'f_2')\mathrm{d}^3\boldsymbol{v}_1\mathrm{d}^3\boldsymbol{v}_2\Lambda\mathrm{d}\Omega, \tag{10.3.11}$$

由于被积函数总是大于或等于 0，故得

$$\theta \geqslant 0. \tag{10.3.12}$$

$\theta=0$ 的必要且充分条件为 $f_1 f_2 = f_1' f_2'$,即满足细致平衡条件. 上式表明由于分子之间的碰撞,总是使 $\mathrm{d}^3 \boldsymbol{r}$ 内的熵增加(故称为**熵产生率**). 当且仅当达到平衡时(或对可逆过程),才有 $\theta=0$. 与熵产生率不同,熵流项 $\nabla \cdot \boldsymbol{J}_s$ 既可正,也可负,取决于对 $\mathrm{d}^3 \boldsymbol{r}$ 而言是净流入还是净流出.

现在(10.3.6)可以写成

$$\frac{\partial s}{\partial t} + \nabla \cdot \boldsymbol{J}_s = \theta, \tag{10.3.13}$$

上式是关于熵密度随时间变化所满足的方程. 由于有熵产生率项 θ,它不是守恒律的形式,与质量守恒或能量守恒方程的形式不同,方程(10.3.13)中含有“源”项. θ 标志着不可逆过程熵的产生,从 10.2.5 小节(1)的讨论中,我们看到,统计性质是从碰撞项进入的.

本节的讨论为不可逆过程热力学提供了统计基础. 当然,这里的讨论只限于经典稀薄气体,但可以推广到更普遍的情形,这里不再介绍.

§10.4　简并气体的玻尔兹曼方程

10.4.1　满足相空间描述的简并气体

至此,我们的讨论一直限于经典稀薄气体,也就是满足非简并条件(即 $\lambda_T \ll \overline{\delta r}$)的理想气体. 由于气体足够稀薄,分子之间的相互作用可以忽略,因而无需考虑动力学关联,只要知道单粒子分布函数就足以描述气体的行为. 当然,由于处理的是非平衡态,分子之间的碰撞必须考虑.

本节讨论简并气体的情形,具体地说限于讨论满足下列条件的气体:

(1) 气体的粒子数密度较高,温度较低,以致粒子的平均热波长 λ_T 与粒子之间的平均距离 $\overline{\delta r}$ 可以比拟甚至更大,亦即

$$\lambda_T \lesssim \overline{\delta r}, \tag{10.4.1a}$$

或

$$\frac{nh^3}{(2\pi mkT)^{3/2}} \lesssim 1. \tag{10.4.1b}$$

在这种情况下,当考虑粒子之间的碰撞时,必须区分究竟是费米子还是玻色子,以及所散射到的末态是否被占据.

(2) 相空间描述仍然成立,即可以同时用$(\boldsymbol{r}, \boldsymbol{p})$描写粒子的运动状态.

(3) 粒子之间的相互作用能比起粒子的动能仍然比较小,可以忽略,因而无需考虑动力学关联. 只要知道单粒子分布函数就足以描述气体的性质(除了涉及内部运动自由度的性质以外).

(4) 多体碰撞可以忽略,只需考虑二体碰撞.

上述四条中,(3)、(4)两条与 10.1 节讨论的情况相同,但(1)与 10.1 节的情况不同.读者会问,在满足(1)的条件下,相空间描述(2)还可能成立吗?回答是肯定的,理由如下.

前已指出,非平衡态统计物理学的核心问题是确定分布函数 $f(\boldsymbol{r},\boldsymbol{p},t)$(已忽略粒子的内部自由度,并用动量 $\boldsymbol{p}$ 代替速度 $\boldsymbol{v}$ 作为变数),它是对相空间体元 $\mathrm{d}^3\boldsymbol{r}\mathrm{d}^3\boldsymbol{p}$ 定义的,即 $f(\boldsymbol{r},\boldsymbol{p},t)\mathrm{d}^3\boldsymbol{r}\mathrm{d}^3\boldsymbol{p}$ 代表 t 时刻,处于围绕 $\boldsymbol{r}$ 的空间体元 $\mathrm{d}^3\boldsymbol{r}$ 内、围绕 $\boldsymbol{p}$ 的动量空间体元 $\mathrm{d}^3\boldsymbol{p}$ 内的平均粒子数.我们多次强调过:$\mathrm{d}^3\boldsymbol{r}$ 与 $\mathrm{d}^3\boldsymbol{p}$ 不是数学意义上的无穷小量,而是“宏观小、微观大”的间隔.“宏观小”才能表现宏观性质随$(\boldsymbol{r},\boldsymbol{p})$的变化;“微观大”则可以保证体元内包含足够多的粒子,使相对涨落足够地小,粒子数的统计平均值(以及其他物理量的统计平均值)才有意义.由此可见,分布函数的变数 $\boldsymbol{r}$ 与 $\boldsymbol{p}$ 的取值并不需要完全精确,只需要处在 $\mathrm{d}^3\boldsymbol{r}$ 与 $\mathrm{d}^3\boldsymbol{p}$ 范围之内就可以了.§10.2 中曾经指出,若令 Λ 代表系统宏观不均匀性(如温度、密度等的不均匀性)的特征长度,$\mathrm{d}r$ 代表体元 $\mathrm{d}^3\boldsymbol{r}$ 的线度,“宏观小”即要求

$$\Lambda \gg \mathrm{d}r; \tag{10.4.2a}$$

“微观大”则要求

$$\mathrm{d}r \gg \overline{\delta r}, \tag{10.4.2b}$$

上式中 $\overline{\delta r}$ 代表粒子之间的平均距离,条件(10.4.2b)表示 $\mathrm{d}^3\boldsymbol{r}$ 内包含足够多的粒子.

粒子的运动能否用相空间描述,即同时用$(\boldsymbol{r},\boldsymbol{p})$描述,要受到量子力学不确定关系的限制,即

$$\Delta r \Delta p \sim \hbar,$$

其中 Δr 与 Δp 分别代表粒子坐标与动量的不确定范围.相空间描述要有意义,必须满足

$$\Delta r \ll \mathrm{d}r, \tag{10.4.3a}$$

$$\Delta p \ll \bar{p}. \tag{10.4.3b}$$

注意,与§10.1 比较,条件(10.4.3a)与(10.1.2a)不同:(10.1.2a)可以说是充分条件,而(10.4.3a)是必要条件.现在,由(10.4.3a,b),得

$$\mathrm{d}r \gg \Delta r \sim \frac{\hbar}{\Delta p} \gg \frac{\hbar}{\bar{p}} \sim \lambda_T,$$

亦即

$$\mathrm{d}r \gg \lambda_T. \tag{10.4.4}$$

将(10.4.2a,b)与(10.4.4)合并,可以写成:

$$\Lambda \gg \mathrm{d}r \gg \lambda_T \text{ 及 } \overline{\delta r}. \tag{10.4.5}$$

只要(10.4.5)满足,相空间描述就成立.注意(10.4.5)对 λ_T 与 $\overline{\delta r}$ 二者之间的关系并未给出限制.§10.1 所讨论的情况是 $\lambda_T \ll \overline{\delta r}$,即非简并气体;本节讨论的是 $\lambda_T \gtrsim \overline{\delta r}$,即简并气体.无论是哪种情形,只要满足(10.4.5),就可以用相空间描述.

金属中的传导电子是满足相空间描述的简并气体的一个例子.以铜(Cu)为例,其电子数密度 $n \sim 8.5 \times 10^{22}\ \mathrm{cm}^{-3}$,得 $\overline{\delta r} \sim 2 \times 10^{-8}$ cm.0℃时其 $\lambda_T \sim 10^{-8}$ cm,即有 $\lambda_T \sim \overline{\delta r}$.考虑一

10 cm 长的铜条，两端温差为 100 K，若取 1 K 温差的长度，即 10^{-1} cm 作为宏观不均匀性的特征长度 Λ，取 $d^3\boldsymbol{r}$ 的线度为 $dr\sim10^{-3}$ cm，得

$$\Lambda : dr : \lambda_T : \overline{\delta r} \sim 10^{-1} : 10^{-3} : 10^{-8} : 2\times10^{-8},$$

显然满足

$$\Lambda \gg dr \gg \lambda_T \sim \overline{\delta r}.$$

当相空间描述不成立时，必须用更加彻底的量子输运理论，如**维格纳分布函数**方法，**非平衡态格林函数**方法，**散射矩阵**理论，**路径积分**方法，等等. 这些内容超出了本书的范围.

10.4.2 简并气体的玻尔兹曼方程

对于满足 10.4.1 小节所述诸条件的简并气体，单粒子分布函数 f 是 $\boldsymbol{r},\boldsymbol{p}$ 和 t 的函数（为了简单，已经略去自旋指标，亦即 $f(\boldsymbol{r},\boldsymbol{p},t)$ 是对某一特定的自旋态而言），其时间变化率仍然可以分成漂移项与碰撞项两部分之和，即

$$\frac{\partial f}{\partial t}=\left(\frac{\partial f}{\partial t}\right)_{\mathrm{d}}+\left(\frac{\partial f}{\partial t}\right)_{\mathrm{c}}, \tag{10.4.6}$$

其中漂移项与§10.1 的结果相同（常用 $\boldsymbol{p}$ 代替 $\boldsymbol{v}$ 作变量）

$$\left(\frac{\partial f}{\partial t}\right)_{\mathrm{d}}=-\frac{\boldsymbol{p}}{m}\cdot\frac{\partial f}{\partial \boldsymbol{r}}-\boldsymbol{F}\cdot\frac{\partial f}{\partial \boldsymbol{p}}, \tag{10.4.7}$$

其中 $\boldsymbol{F}=m\vec{\mathscr{F}}$ 代表质量为 m 的粒子所受的外力.

对简并气体，碰撞项需要修改. 其具体形式的推导需要用到量子多体理论，这超出了本书范围，下面只给出结果，并略作说明.

(1) 二体碰撞的动力学需要用量子力学处理，令 $W(\boldsymbol{p}_1,\boldsymbol{p}_2;\boldsymbol{p}_1',\boldsymbol{p}_2')$ 代表单位时间内从初态 $(\boldsymbol{p}_1,\boldsymbol{p}_2)$ 碰撞（或散射）到末态 $(\boldsymbol{p}_1',\boldsymbol{p}_2')$ 的几率，$(\boldsymbol{p}_1,\boldsymbol{p}_2)$ 及 $(\boldsymbol{p}_1',\boldsymbol{p}_2')$ 分别代表碰撞前后二粒子的动量；$W(\boldsymbol{p}_1',\boldsymbol{p}_2';\boldsymbol{p}_1,\boldsymbol{p}_2)$ 代表反碰撞过程 $(\boldsymbol{p}_1',\boldsymbol{p}_2')\longrightarrow(\boldsymbol{p}_1,\boldsymbol{p}_2)$ 的几率. 可以证明，反碰撞与正碰撞过程的碰撞几率相等，即

$$W(\boldsymbol{p}_1,\boldsymbol{p}_2;\boldsymbol{p}_1',\boldsymbol{p}_2')=W(\boldsymbol{p}_1',\boldsymbol{p}_2';\boldsymbol{p}_1,\boldsymbol{p}_2). \tag{10.4.8}$$

上式的证明需根据量子力学并利用微观运动的时间反演以及作用力的空间反射不变性.

(2) 对一种粒子的情形，碰撞项中与分布函数有关的因子需作如下修改：

$$f_1f_2\longrightarrow f_1f_2(1\pm f_1')(1\pm f_2'), \tag{10.4.9a}$$

$$f_1'f_2'\longrightarrow f_1'f_2'(1\pm f_1)(1\pm f_2), \tag{10.4.9b}$$

其中 f_1,f_2,f_1',f_2' 是同一个分布函数，但动量变量分别取 $\boldsymbol{p}_1,\boldsymbol{p}_2,\boldsymbol{p}_1'$ 和 $\boldsymbol{p}_2'$，“+”号对应玻色子，“−”号对应费米子. 例如，对 $(\boldsymbol{p}_1,\boldsymbol{p}_2)\longrightarrow(\boldsymbol{p}_1',\boldsymbol{p}_2')$ 的碰撞过程，对费米子，由于泡利不相容原理的限制，末态 $(\boldsymbol{p}_1',\boldsymbol{p}_2')$ 应为空态该散射才能发生，在(10.4.9a)中因子 $(1-f_1')(1-f_2')$ 正反映这一性质. 泡利原理的限制使碰撞数减少. 与此相反，玻色子有“聚集到”相同态的倾向，因此，如果末态被占据，反而有利于该散射过程，结果由 $(1+f_1')(1+f_2')$ 表示. 由此

可见碰撞项的形式对费米子与玻色子是不同的,必须加以区别.当然,如果对非简并情形,由于每一个量子态上占据的粒子数远远小于1,即 $f \ll 1$,显然有

$$(1 \pm f_1')(1 \pm f_2') \approx 1,$$

这样立即回到非简并的结果.

利用(10.4.7)—(10.4.9),则(10.4.6)可以表为

$$\begin{aligned}&\frac{\partial f}{\partial t} + \frac{\boldsymbol{p}}{m} \cdot \frac{\partial f}{\partial \boldsymbol{r}} + \boldsymbol{F} \cdot \frac{\partial f}{\partial \boldsymbol{p}} \\ &\quad = \iiint W(\boldsymbol{p}, \boldsymbol{p}_1; \boldsymbol{p}', \boldsymbol{p}_1') \delta(\boldsymbol{p} + \boldsymbol{p}_1 - \boldsymbol{p}' - \boldsymbol{p}_1') \delta(\varepsilon(\boldsymbol{p}) + \varepsilon(\boldsymbol{p}_1) - \varepsilon(\boldsymbol{p}') - \varepsilon(\boldsymbol{p}_1')) \\ &\quad\quad \cdot [f' f_1' (1 \pm f)(1 \pm f_1) - f f_1 (1 \pm f')(1 \pm f_1')] \mathrm{d}^3 \boldsymbol{p}_1 \mathrm{d}^3 \boldsymbol{p}' \mathrm{d}^3 \boldsymbol{p}_1'. \end{aligned} \tag{10.4.10}$$

上式中的两个 δ 函数分别代表散射过程应满足的动量守恒与能量守恒;$\varepsilon(\boldsymbol{p}) = \boldsymbol{p}^2/2m$;积分分别对一切 $\boldsymbol{p}_1, \boldsymbol{p}'$ 与 $\boldsymbol{p}_1'$.

*10.4.3 简并气体的 H 定理

在§10.2.5中,曾经证明对非简并气体 $H = -\ln W$,其中 W(这里略去 W 的下标 max)为最大热力学几率.现在,对于简并气体,H 函数是什么形式呢?可能大家已经想到,可以用简并气体的 $-\ln W$ 来定义相应的 H 函数,实际上正是如此.

由§7.10的玻色气体与费米气体热力学几率,可得

$$\ln W \approx \sum_{\lambda} \left\{ \bar{a}_\lambda \ln \frac{g_\lambda \pm \bar{a}_\lambda}{\bar{a}_\lambda} \pm g_\lambda \ln \frac{g_\lambda \pm \bar{a}_\lambda}{g_\lambda} \right\}, \tag{10.4.11}$$

其中"+"号与"−"号分别对应玻色子与费米子.为了讨论简单,已略去了自旋.现在把上式对能级 λ 的求和改为对量子态求和并最后用积分来表达,按照 $g_\lambda \to 1, \bar{a}_\lambda \to f, \sum_\lambda \to \iint \frac{\mathrm{d}^3 \boldsymbol{r} \mathrm{d}^3 \boldsymbol{p}}{h^3}$,于是(10.4.11)化为

$$\begin{aligned} \ln W &= \iint \frac{\mathrm{d}^3 \boldsymbol{r} \mathrm{d}^3 \boldsymbol{p}}{h^3} \left\{ f \ln \frac{1 \pm f}{f} \pm \ln(1 \pm f) \right\} \\ &= -\iint \{ f \ln f \mp (1 \pm f) \ln(1 \pm f) \} \frac{\mathrm{d}^3 \boldsymbol{r} \mathrm{d}^3 \boldsymbol{p}}{h^3} \\ &= -\iint \{ f \ln f - \eta(1 + \eta f) \ln(1 + \eta f) \} \frac{\mathrm{d}^3 \boldsymbol{r} \mathrm{d}^3 \boldsymbol{p}}{h^3}, \end{aligned} \tag{10.4.12}$$

其中 $\eta = +1$ 与 -1 分别对应玻色气体与费米气体.

定义简并气体的 H 函数为

$$H \equiv \iint \{ f \ln f - \eta(1 + \eta f) \ln(1 + \eta f) \} \frac{\mathrm{d}^3 \boldsymbol{r} \mathrm{d}^3 \boldsymbol{p}}{h^3}, \tag{10.4.13}$$

仿照§10.2关于经典气体 H 定理的证明方法,不难证明,在 $\frac{\mathrm{d}H}{\mathrm{d}t}$ 中,漂移项的贡献仍为零;

$\frac{\mathrm{d}H}{\mathrm{d}t}$仅由碰撞项贡献，并可表为

$$\begin{aligned}\frac{\mathrm{d}H}{\mathrm{d}t}=&-\iiiint\{[1+\ln f_1]-\eta^2[1+\ln(1+\eta f_1)]\}\\&\times\{f_1f_2(1+\eta f_1')(1+\eta f_2')-f_1'f_2'(1+\eta f_1)(1+\eta f_2)\}\\&\times W(\boldsymbol{p}_1,\boldsymbol{p}_2;\boldsymbol{p}_1',\boldsymbol{p}_2')\delta(\boldsymbol{p}_1+\boldsymbol{p}_2-\boldsymbol{p}_1'-\boldsymbol{p}_2')\\&\cdot\delta(\varepsilon(\boldsymbol{p}_1)+\varepsilon(\boldsymbol{p}_2)-\varepsilon(\boldsymbol{p}_1')-\varepsilon(\boldsymbol{p}_2'))\\&\times\mathrm{d}^3\boldsymbol{p}_1\mathrm{d}^3\boldsymbol{p}_2\mathrm{d}^3\boldsymbol{p}_1'\mathrm{d}^3\boldsymbol{p}_2'\mathrm{d}^3\boldsymbol{r},\end{aligned}\tag{10.4.14}$$

其中与 h 有关的常数因子已吸收入 $W(\boldsymbol{p}_1,\boldsymbol{p}_2;\boldsymbol{p}_1',\boldsymbol{p}_2')$. 按照与§10.2 证明中同样的步骤与技巧，最后可得

$$\begin{aligned}\frac{\mathrm{d}H}{\mathrm{d}t}=&-\frac{1}{4}\iiiint\{\ln[f_1f_2(1+\eta f_1')(1+\eta f_2')]\\&-\ln[f_1'f_2'(1+\eta f_1)(1+\eta f_2)]\}\\&\times\{f_1f_2(1+\eta f_1')(1+\eta f_2')-f_1'f_2'(1+\eta f_1)(1+\eta f_2)\}\\&\times W(\boldsymbol{p}_1,\boldsymbol{p}_2;\boldsymbol{p}_1',\boldsymbol{p}_2')\delta(\boldsymbol{p}_1+\boldsymbol{p}_2-\boldsymbol{p}_1'-\boldsymbol{p}_2')\\&\cdot\delta(\varepsilon(\boldsymbol{p}_1)+\varepsilon(\boldsymbol{p}_2)-\varepsilon(\boldsymbol{p}_1')-\varepsilon(\boldsymbol{p}_2'))\\&\times\mathrm{d}^3\boldsymbol{p}_1\mathrm{d}^3\boldsymbol{p}_2\mathrm{d}^3\boldsymbol{p}_1'\mathrm{d}^3\boldsymbol{p}_2'\mathrm{d}^3\boldsymbol{r},\end{aligned}\tag{10.4.15}$$

由于上式中被积函数$(x-y)(\ln x-\ln y)$的形式永远大于或等于 0，故得

$$\frac{\mathrm{d}H}{\mathrm{d}t}\leqslant 0.\tag{10.4.16}$$

其中等式$\frac{\mathrm{d}H}{\mathrm{d}t}=0$ 的必要且充分条件为

$$f_1f_2(1+\eta f_1')(1+\eta f_2')=f_1'f_2'(1+\eta f_1)(1+\eta f_2),$$

或

$$\frac{f_1}{1+\eta f_1}\cdot\frac{f_2}{1+\eta f_2}=\frac{f_1'}{1+\eta f_1'}\cdot\frac{f_2'}{1+\eta f_2'}.\tag{10.4.17}$$

(10.4.17)是简并气体相应的细致平衡条件，它是气体达到平衡态的必要且充分条件. 由(10.4.17)出发可以推导出简并气体平衡态分布，并与§7.9 的结果完全一致. 还可以证明，平衡态的熵等于

$$S=-kH+\text{常数}.\tag{10.4.18}$$

*10.4.4 熵流与熵产生率

根据 H 定理，可以定义非平衡态的熵为

$$S=-kH+\text{常数},$$

类似地，引入熵密度 $s(\boldsymbol{r},t)$

$$s(\boldsymbol{r},t)=-k\int\{f\ln f-\eta(1+\eta f)\ln(1+\eta f)\}\frac{\mathrm{d}^3\boldsymbol{p}}{h^3},\tag{10.4.19}$$

其中 $\eta=+1$ 与 -1 分别对应玻色气体与费米气体，易证

$$\frac{\partial s}{\partial t}+\nabla\cdot\boldsymbol{J}_s=\theta.\tag{10.4.20}$$

其中 $\boldsymbol{J}_s$ 为熵流密度，定义为

$$\boldsymbol{J}_s\equiv-k\int\frac{\boldsymbol{p}}{m}\{f\ln f-\eta(1+\eta f)\ln(1+\eta f)\}\frac{\mathrm{d}^3\boldsymbol{p}}{h^3};\tag{10.4.21}$$

θ 为熵产生率①，

$$\theta=-k\int\{[1+\ln f]-[1+\ln(1+\eta f)]\}\left(\frac{\partial f}{\partial t}\right)_c\frac{\mathrm{d}^3\boldsymbol{p}}{h^3},\tag{10.4.22}$$

且可以证明

$$\theta\geqslant 0.\tag{10.4.23}$$

上式表明：碰撞是熵产生的原因，且不可逆过程总有 $\theta>0$，仅当平衡态时（或对可逆过程）才有 $\theta=0$.

§10.5 弛豫时间近似 金属自由电子的输运过程

10.5.1 局域平衡分布函数

局域平衡的概念在不可逆过程热力学中已经介绍过，它是指整个系统处于非平衡态，各部分的宏观性质是不均匀的，而且可以随时间变化；但各个小块（宏观小微观大的小块）可以近似用热力学变数描写，小块的密度 n、温度 T，宏观流动速度 $\boldsymbol{v}_0$ 等都有意义，一般而言，它们都是 $\boldsymbol{r}$ 与 t 的函数，即 $n=n(\boldsymbol{r},t)$，$T=T(\boldsymbol{r},t)$，$\boldsymbol{v}_0=\boldsymbol{v}_0(\boldsymbol{r},t)$. 还可以定义局域的热力学函数，如内能密度，熵密度等等. 当然，在热力学的范畴内，不可能论证局域平衡近似成立的条件，要解决这个问题需要靠非平衡态统计物理. 局域平衡除上述宏观性质外，粒子的分布函数也具有局域平衡的形式. 可以证明，对非简并气体，在局域平衡近似下，粒子的分布函数具有如下的形式：

---

① 当满足非简并条件（即 $f\ll 1$）时，$\ln(1+\eta f)\approx 0$，公式（10.4.19）与（10.4.21）还原为（10.3.4）与（10.3.8）. 但（10.4.22）化为 $\theta=-k\int\ln f\left(\frac{\partial f}{\partial t}\right)_c\frac{\mathrm{d}^3p}{h^3}$，形式上似乎不同于（10.3.9）. 不过由于碰撞过程粒子数守恒，可以证明上式恒等于

$$-k\int(1+\ln f)\left(\frac{\partial f}{\partial t}\right)_c\frac{\mathrm{d}^3p}{h^3},$$

后者除无关的常数因子外正是（10.3.9）. 证明可参看主要参考书目[2]，第 181 页.

$$f^{(0)}(\boldsymbol{r},\boldsymbol{v},t)=n(\boldsymbol{r},t)\left(\frac{m}{2\pi kT(\boldsymbol{r},t)}\right)^{3/2}\exp\left\{-\frac{m}{2kT(\boldsymbol{r},t)}[\boldsymbol{v}-\boldsymbol{v}_0(\boldsymbol{r},t)]^2\right\}. \tag{10.5.1}$$

上式很像平衡态的麦克斯韦分布，但应注意不同之处，即其中的 n,T 与 $\boldsymbol{v}_0$ 都是 $\boldsymbol{r}$ 与 t 的函数，(10.5.1)称为局域平衡的麦克斯韦分布或者简称局域平衡分布，它是一定条件下非平衡态分布函数 $f(\boldsymbol{r},\boldsymbol{v},t)$的零级近似. 注意 $f^{(0)}$是通过 n,T 与 $\boldsymbol{v}_0$ 而依赖于 $\boldsymbol{r}$ 与 t 的.

什么条件下局域平衡分布(10.5.1)成立呢？或者更一般地说局域平衡近似成立呢？

H 定理告诉我们，分子之间的碰撞是导致平衡的机制. 由于中性分子之间是短程力，碰撞过程本身是发生在很小的时空范围内的，具有很强的局域性质. 局域平衡就是靠分子之间的碰撞实现的；而整个系统的平衡需要靠分子的运动与碰撞这两者共同起作用. 令 τ 代表局域小块趋于平衡的特征时间，称为小块或局域的弛豫时间，它与分子的平均自由时间(即分子相继两次碰撞之间的平均时间)量级相同，而 τ_Λ 代表整个宏观系统趋于平衡的弛豫时间，则局域平衡近似成立的条件为

$$\tau \ll \tau_\Lambda. \tag{10.5.2a}$$

在满足(10.5.2a)的情况下，系统趋于平衡分两步走：先局域平衡，再整体平衡. 即使维持外部“驱动力”(如电场、温度梯度、密度梯度等)使系统处于非平衡态，只要宏观变化的特征时间(如外场的周期)远大于 τ，局域平衡近似仍然成立.

(10.5.2a)还可以用另一种等价的形式表达. 令 λ 代表平均自由程($\lambda\sim\tau\bar{v}$)，Λ 代表宏观性质变化的特征长度(可以用 $\Lambda\sim\tau_\Lambda\bar{v}$ 来估计)，则(10.5.2a)可以等价地表为

$$\lambda \ll \Lambda. \tag{10.5.2b}$$

满足上述条件的典型例子是标准状态下的气体：这时碰撞极为频繁，$\tau\sim10^{-9}$ s，$\lambda\sim10^{-4}$ cm，即使 $\Lambda\sim10^{-1}$ cm，仍然有 $\lambda\ll\Lambda$.

(10.5.1)是非简并气体的局域平衡分布函数，对于简并气体，其形式为

$$f^{(0)}(\boldsymbol{r},\boldsymbol{p},t) = \frac{1}{\mathrm{e}^{(\varepsilon(\boldsymbol{p})-\mu)/kT}\pm 1}, \tag{10.5.3}$$

式中“+”、“−”分别对应费米气体与玻色气体，$\varepsilon(\boldsymbol{p})=\boldsymbol{p}^2/2m$，$T=T(\boldsymbol{r},t)$，化学势 $\mu=\mu(n(\boldsymbol{r},t),T(\boldsymbol{r},t))$是通过 n 与 T 而依赖于 $\boldsymbol{r}$ 与 t 的. 为简单，已设 $\boldsymbol{v}_0=0$.

以上是从物理分析说明局域平衡分布成立的条件. 数学上的证明可以用恩斯科格(Enskog)理论，下面将介绍其大意.

应该指出，如果(10.5.2a)或(10.5.2b)不满足，则局域平衡近似不成立. 例如极为稀薄的气体，当压强 $p=0.01$ mmHg 时，$\lambda\sim1$ cm，与 Λ 可以比拟. 另一个例子是具有长程力的稀薄等离子体，那时往往可以忽略碰撞项，而采用无碰撞的玻尔兹曼方程.

*10.5.2 恩斯科格方法大意①②

恩斯科格发展了一种求解非简并气体玻尔兹曼方程的逐步逼近的迭代方法，它是针对$\frac{\lambda}{\Lambda}\ll 1$，即碰撞占主导地位的情形.该方法的大意是，引入微分算符

$$D\equiv\frac{\partial}{\partial t}+\boldsymbol{v}\cdot\frac{\partial}{\partial\boldsymbol{r}}+\vec{\mathscr{F}}\cdot\frac{\partial}{\partial\boldsymbol{v}},\tag{10.5.4a}$$

Df就是玻尔兹曼方程左边的各项.又令

$$C(ff_1)\equiv\iint(f'f_1'-ff_1)\Lambda\mathrm{d}\Omega\mathrm{d}^3\boldsymbol{v}_1\tag{10.5.4b}$$

代表碰撞项，于是玻尔兹曼方程可以简记为

$$Df=C(ff_1).\tag{10.5.5}$$

现将分布函数f按$\frac{\lambda}{\Lambda}$的幂次展成级数

$$f=f^{(0)}+f^{(1)}+f^{(2)}+\cdots,\tag{10.5.6}$$

其中$f^{(n+1)}/f^{(n)}\sim O\left(\frac{\lambda}{\Lambda}\right)$，$n\geqslant 1$.

对于$\frac{\lambda}{\Lambda}\ll 1$的情形，分子之间的碰撞极为频繁，在分布函数的变化中占主导地位，量级分析表明

$$\frac{Df}{C(ff_1)}\sim O\left(\frac{\lambda}{\Lambda}\right),\tag{10.5.7}$$

即Df比$C(ff_1)$小一个量级.现将Df与$C(ff_1)$也按$\frac{\lambda}{\Lambda}$幂次展开：

$$Df=Df^{(0)}+Df^{(1)}+\cdots,\tag{10.5.8a}$$

$$C(ff_1)=C(f^{(0)}f_1^{(0)})+[C(f^{(0)}f_1^{(1)})+C(f^{(1)}f_1^{(0)})]+\cdots,\tag{10.5.8b}$$

将(10.5.8a,b)代入(10.5.5)，令$\frac{\lambda}{\Lambda}$相同幂次的项相等，得

$$C(f^{(0)}f_1^{(0)})=0,\tag{10.5.9a}$$

$$Df^{(0)}=C(f^{(0)}f_1^{(1)})+C(f^{(1)}f_1^{(0)}),\tag{10.5.9b}$$

$$\vdots$$

注意到0级分布函数$f^{(0)}$所满足的方程(10.5.9a)仅仅使碰撞项为零.把它明显地写出

---

① S. Chapman and T. G. Cowling, The Mathematical Theory of Non-Uniform Gases, 3rd edition, Cambridge University Press, 1970.

中译本：查普曼，考林著，《非均匀气体的数学理论》，刘大有、王伯懿译，陆志芳校，科学出版社，1985年，149页.

② Fundamantal Problems in Statistical Mechanics, compiled by E. G. D. Cohen, North-Holland Publishing Co., 1962, pp. 110—116.

来,即

$$\iint [f^{(0)}(\boldsymbol{v}')f^{(0)}(\boldsymbol{v}_1')-f^{(0)}(\boldsymbol{v})f^{(0)}(\boldsymbol{v}_1)]\Lambda \mathrm{d}\Omega \mathrm{d}^3\boldsymbol{v}_1=0. \tag{10.5.10}$$

注意上式中的分布函数是 $\boldsymbol{r}$,$\boldsymbol{v}$ 与 t 的函数,即 $f^{(0)}=f^{(0)}(\boldsymbol{r},\boldsymbol{v},t)$. 这里为了简单在(10.5.10)的被积函数中,只标出了速度变量;而各 $f^{(0)}$ 函数的 $\boldsymbol{r}$ 与 t 是相同的. 由于(10.5.10)应该对一切 $\boldsymbol{v}$均成立,故必须有

$$f^{(0)}(\boldsymbol{v}')f^{(0)}(\boldsymbol{v}_1')=f^{(0)}(\boldsymbol{v})f^{(0)}(\boldsymbol{v}_1), \tag{10.5.11}$$

方程(10.5.11)形式上与(10.2.18)相同,按照 10.2.2 小节同样的论证,满足上式的 $\ln f^{(0)}$ 的一般形式应该是碰撞过程中的不变量的线性组合,即

$$\ln f^{(0)}=\alpha_0+\boldsymbol{\alpha}\cdot m\boldsymbol{v}+\alpha_4\frac{1}{2}m\boldsymbol{v}^2.$$

最后可以表达为

$$f^{(0)}(\boldsymbol{r},\boldsymbol{v},t)=n(\boldsymbol{r},t)\left(\frac{m}{2\pi kT(\boldsymbol{r},t)}\right)^{3/2}\cdot\exp\left\{-\frac{m}{2kT(\boldsymbol{r},t)}[\boldsymbol{v}-\boldsymbol{v}_0(\boldsymbol{r},t)]^2\right\},$$

这就是前面(10.5.1)的表达式. 这样就证明了**在$\frac{\lambda}{\Lambda}\ll 1$的条件下,分布函数的 0 级近似为局域平衡的麦克斯韦分布**,其中 n,T 与 $\boldsymbol{v}_0$ 均为 $\boldsymbol{r}$ 与 t 的函数. 容易验证,

$$\begin{cases} n=\int f^{(0)}\mathrm{d}^3\boldsymbol{v}, \\ \boldsymbol{v}_0=\frac{1}{n}\int \boldsymbol{v}f^{(0)}\mathrm{d}^3\boldsymbol{v}, \\ \frac{3}{2}kT=\frac{1}{n}\int\frac{m}{2}(\boldsymbol{v}-\boldsymbol{v}_0)^2 f^{(0)}\mathrm{d}^3\boldsymbol{v}. \end{cases} \tag{10.5.12}$$

在恩斯科格方法中,要求(10.5.1)式中的 n,T 与$\boldsymbol{v}_0$ 代表($\boldsymbol{r}$,t)处局域密度、温度与宏观流动速度的精确值. 亦即要求对精确分布函数 f,满足

$$\begin{cases} n=\int f\mathrm{d}^3\boldsymbol{v}, \\ \boldsymbol{v}_0=\frac{1}{n}\int \boldsymbol{v}f\mathrm{d}^3\boldsymbol{v}, \\ \frac{3}{2}kT=\frac{1}{n}\int\frac{m}{2}(\boldsymbol{v}-\boldsymbol{v}_0)^2 f\mathrm{d}^3\boldsymbol{v}. \end{cases} \tag{10.5.13}$$

这就为确定各级分布函数 $f^{(1)}$,$f^{(2)}$,…给出了一些限制条件.

10.5.3　弛豫时间近似

玻尔兹曼方程的求解主要困难来自它的碰撞项,因为碰撞项是非线性的. 如果只限于讨论接近平衡的非平衡态,则可以把碰撞项线性化. **弛豫时间近似**是线性化方案中的一种,它

假定碰撞项取如下的近似形式：

$$\left(\frac{\partial f}{\partial t}\right)_{\mathrm{c}} \approx -\frac{f-f^{(0)}}{\tau}, \tag{10.5.14}$$

其中 f 为非平衡态分布函数，$f^{(0)}$ 为局域平衡的分布函数，τ 为趋于局域平衡的弛豫时间. 这里不讨论如何从玻尔兹曼方程的碰撞项推导出弛豫时间近似，只简单说明一下弛豫时间的物理意义.

为简单，考虑空间均匀的非平衡态，即 f 与 $\boldsymbol{r}$ 无关（例如，温度、密度均匀的金属在均匀外电场作用下达到稳定电流的状态，注意这是非平衡态，但 f 与 $\boldsymbol{r}$ 无关；在这种特殊情况下，局域平衡分布与平衡分布相同）. 设 $t=0$ 时刻，突然将引起非平衡态的外部因素去掉（比如说突然去掉外加电场），则系统将由于粒子之间的碰撞而趋向平衡，这个过程是一个弛豫过程. 在 f 与 $\boldsymbol{r}$ 无关的情况下，对于 $t>0$ 的弛豫过程，用(10.5.14)，并注意到 $\vec{\mathscr{F}}=0$，故玻尔兹曼方程化为

$$\frac{\partial f}{\partial t}=-\frac{f-f^{(0)}}{\tau}, \tag{10.5.15}$$

其中 $f=f(\boldsymbol{v},t)$，$f^{(0)}=f^{(0)}(\boldsymbol{v})$. (10.5.15)可改写为

$$\frac{\mathrm{d}(f-f^{(0)})}{(f-f^{(0)})}=-\frac{\mathrm{d}t}{\tau}, \tag{10.5.16}$$

其解为

$$f(\boldsymbol{v},t)-f^{(0)}(\boldsymbol{v})=\left[f(\boldsymbol{v},0)-f^{(0)}(\boldsymbol{v})\right]\mathrm{e}^{-t/\tau}. \tag{10.5.17}$$

上式表明，随着时间的发展，气体将从初始的非平衡态趋向平衡态；当 $t=\tau$ 时，分布函数与其平衡态值之差将降至初始时的 e 分之一. 由此可见，对所考虑的空间均匀的情形，τ 是系统趋向平衡态的特征时间.

一般情况下，$f^{(0)}$ 是局域平衡分布，τ 是趋向局域平衡的特征时间.

10.5.4 金属自由电子气体的电导率

现在用弛豫时间近似研究金属中自由电子气体的输运过程. 首先讨论一种简单的情况：考虑温度与密度均匀的自由电子气在外加均匀、弱静电场的作用下，电流已达到稳恒状态时，计算电流并进而计算电导率. 由于金属中自由电子是简并费米气体，局域平衡分布为

$$f^{(0)}(\boldsymbol{p})=\frac{1}{\mathrm{e}^{(\varepsilon(\boldsymbol{p})-\mu)/kT}+1}, \tag{10.5.18}$$

其中 $\varepsilon=\boldsymbol{p}^2/2m$，$f^{(0)}$ 代表电子的每一个量子态上平均占据的电子数. 今无外磁场，电子自旋向上与向下的态能量相同，单位体积内处于动量间隔 $\mathrm{d}^3\boldsymbol{p}$ 内的平均电子数为

$$2\times\frac{\mathrm{d}^3\boldsymbol{p}}{h^3}f^{(0)}, \tag{10.5.19}$$

其中 2 来自自旋简并. 电子的数密度为 n，有

$$n = \int f^{(0)} \frac{2\mathrm{d}^3 \boldsymbol{p}}{h^3}. \tag{10.5.20}$$

在弛豫时间近似下，玻尔兹曼方程化为

$$\frac{\partial f}{\partial t} + \frac{\boldsymbol{p}}{m} \cdot \frac{\partial f}{\partial \boldsymbol{r}} + \boldsymbol{F} \cdot \frac{\partial f}{\partial \boldsymbol{p}} = -\frac{f - f^{(0)}}{\tau}. \tag{10.5.21}$$

对均匀、稳恒状态，f 与 $\boldsymbol{r}$ 和 t 均无关，又 $\boldsymbol{F} = -e\vec{\mathscr{E}}$（$e$ 为电子电荷的绝对值），于是(10.5.21)化为

$$-e\vec{\mathscr{E}} \cdot \frac{\partial f}{\partial \boldsymbol{p}} = -\frac{f - f^{(0)}}{\tau}. \tag{10.5.22}$$

在弱电场作用下，系统处于近平衡的非平衡态，分布函数对 $f^{(0)}$ 的偏离很小，只需要保留一级修正，即

$$f = f^{(0)} + f^{(1)} \quad (f^{(1)} \ll f^{(0)}), \tag{10.5.23}$$

且 $e\vec{\mathscr{E}} \cdot \dfrac{\partial f^{(1)}}{\partial \boldsymbol{p}}$ 相当于二级小量，可以略去，于是(10.5.22)化为

$$-e\vec{\mathscr{E}} \cdot \frac{\partial f^{(0)}}{\partial \boldsymbol{p}} = -\frac{f^{(1)}}{\tau}. \tag{10.5.24}$$

又

$$\frac{\partial f^{(0)}}{\partial \boldsymbol{p}} = \frac{\partial f^{(0)}}{\partial \varepsilon} \frac{\partial \varepsilon}{\partial \boldsymbol{p}} = \frac{\partial f^{(0)}}{\partial \varepsilon} \frac{\boldsymbol{p}}{m} = \frac{\partial f^{(0)}}{\partial \varepsilon} \boldsymbol{v}, \tag{10.5.25}$$

由(10.5.24)及(10.5.25)，得

$$f^{(1)} = e\tau \frac{\partial f^{(0)}}{\partial \varepsilon} \vec{\mathscr{E}} \cdot \boldsymbol{v}, \tag{10.5.26}$$

代入(10.5.23)，得

$$f = f^{(0)} + e\tau \frac{\partial f^{(0)}}{\partial \varepsilon} \vec{\mathscr{E}} \cdot \boldsymbol{v}, \tag{10.5.27}$$

将电场方向取为 x 轴，则有

$$f = f^{(0)} + e\mathscr{E}\tau v_x \frac{\partial f^{(0)}}{\partial \varepsilon}. \tag{10.5.28}$$

上式给出了所考虑的非平衡态下的分布函数的近似结果，它的物理意义由图 10.5.1 表示. 图的得出是根据如下的分析. $e\mathscr{E}\tau v_x$ 可以近似用 $e\mathscr{E}\tau v \sim e\mathscr{E}\lambda$ 来估计，它相当于在平均自由程距离上电场对电子所作的功，在弱电场下这是一个小量，故(10.5.28)可以近似改写为 $f^{(0)}$ 的宗量的如下形式：

$$f \approx f^{(0)}(\varepsilon + e\mathscr{E}\tau v_x). \tag{10.5.29}$$

将 $f^{(0)}$ 作泰勒展开并保留到 $e\mathscr{E}\tau v_x$ 的一阶就是(10.5.28)式. 由(10.5.28)，分布函数在弱场下相对于费米分布的中心有一沿 v_x 轴 $e\mathscr{E}\tau$ 的移动.

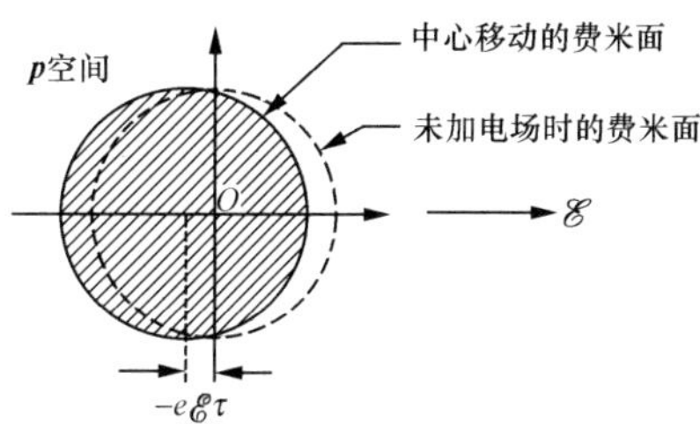

图 10.5.1 弱电场作用下导致动量空间中心移位的费米分布

令 J_e 代表电流密度，则 dt 时间内通过垂直于 x 轴的面元 dA 的电流为

$$J_e dt dA = (-e)\int v_x dt dA f \frac{2d^3\boldsymbol{p}}{h^3},$$

亦即

$$J_e = -e\int v_x(f^{(0)} + f^{(1)}) \frac{2d^3\boldsymbol{p}}{h^3}. \tag{10.5.30}$$

注意到 $f^{(0)}$ 是 $\boldsymbol{v}$ 的偶函数，它对电流的贡献为零；而 $f^{(1)}$ 是 v_x 的奇函数，正是这一修正项才对电流有贡献. 将(10.5.28)代入上式，得

$$\begin{aligned} J_e &= -e^2\mathscr{E}\int \tau v_x^2 \frac{\partial f^{(0)}}{\partial \varepsilon} \frac{2d^3\boldsymbol{p}}{h^3} \\ &= e^2\mathscr{E}\int \tau v_x^2\left(-\frac{\partial f^{(0)}}{\partial \varepsilon}\right)D(\varepsilon)d\varepsilon, \end{aligned} \tag{10.5.31}$$

其中 $D(\varepsilon)$ 为电子的态密度(已计入自旋简并)

$$D(\varepsilon) = 4\pi\frac{(2m)^{3/2}}{h^3}\varepsilon^{1/2} = A\varepsilon^{1/2} \quad \left(A = 4\pi\frac{(2m)^{3/2}}{h^3}\right). \tag{10.5.32}$$

注意到 $f^{(0)}$ 对 v_x, v_y, v_z 的依赖关系是相同的，故(10.5.31)右边积分中的 v_x^2 可以换成$\frac{v^2}{3}$，并进一步换成$\frac{2}{3m}\varepsilon$，于是得

$$J_e = \frac{2e^2}{3m}\mathscr{E}\int \tau(\varepsilon)\varepsilon\left(-\frac{\partial f^{(0)}}{\partial \varepsilon}\right)D(\varepsilon)d\varepsilon. \tag{10.5.33}$$

金属中的电子气体是强简并费米气体，在低温下($kT \ll \mu_0 = \varepsilon_F$)，$f^{(0)}$ 与 $T=0$ K 时的阶跃分布只在 μ 附近很小的能量区间内才有显著的区别，使$\left(-\frac{\partial f^{(0)}}{\partial \varepsilon}\right)$具有以 μ 为中心尖锐成峰的形式(图 10.5.2)，在 $T \to 0$ 的极限下有 δ 函数的形式①：

$$-\frac{\partial f^{(0)}}{\partial \varepsilon} \xrightarrow{T\to 0} \delta(\varepsilon - \mu_0). \tag{10.5.34}$$

① 阶跃函数的微商为 δ 函数的证明可以参看 P. M. Morse and H. Feshbach, Methods of Theoretical Physics, McGraw-Hill Science, 1953, vol. Ⅰ, p. 415.

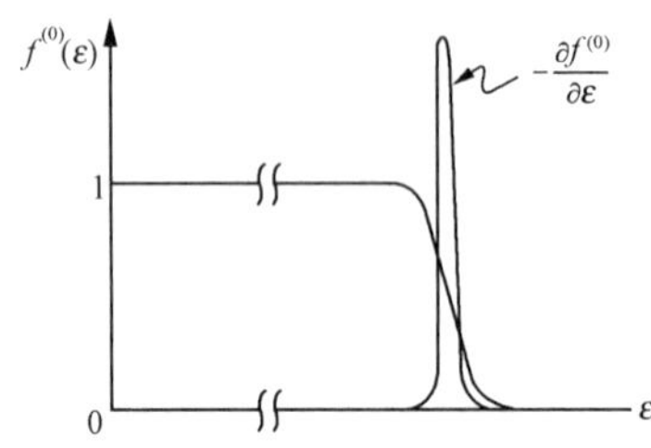

图 10.5.2　低温费米分布的特征：$-\frac{\partial f^{(0)}}{\partial \varepsilon}$具有尖锐成峰的形式

因此在低温下，(10.5.33)右边的积分中的被积函数可以近似用 $\varepsilon=\mu_0$ 的值代替，即

$$J_e \approx \frac{2e^2\tau_F}{3m}\mu_0 D(\mu_0)\mathscr{E}, \tag{10.5.35}$$

其中 $\tau_F \equiv \tau(\mu_0)$. 利用

$$\begin{aligned} n &= \int_0^{\mu_0} D(\varepsilon)\mathrm{d}\varepsilon = \int_0^{\mu_0} A\varepsilon^{1/2}\mathrm{d}\varepsilon \\ &= \frac{2}{3}A\mu_0^{3/2} = \frac{2}{3}\mu_0 D(\mu_0), \end{aligned} \tag{10.5.36}$$

得

$$J_e = \frac{ne^2\tau_F}{m}\mathscr{E}. \tag{10.5.37}$$

上式表明，在弱电场作用下，电流遵从欧姆定律，即电流与电场强度成正比，这种"流"与"力"为线性关系是近平衡的非平衡输运的普遍行为. 对比 $J_e=\sigma\mathscr{E}$，电导率 σ 为

$$\sigma = \frac{ne^2\tau_F}{m}. \tag{10.5.38}$$

*10.5.5　金属自由电子气体的热导率

现在讨论更为复杂的情形：除外加均匀电场外，还存在温度梯度，但两者都比较弱，仍属于线性响应区，并设已达到稳恒状态. 在弛豫时间近似下，玻尔兹曼方程为

$$\boldsymbol{v}\cdot\frac{\partial f}{\partial \boldsymbol{r}} - e\vec{\mathscr{E}}\cdot\frac{\partial f}{\partial \boldsymbol{p}} = -\frac{f-f^{(0)}}{\tau}, \tag{10.5.39}$$

在弱电场及温度梯度下，左边涉及 $f^{(1)}$ 的项可以略去，得

$$\boldsymbol{v}\cdot\frac{\partial f^{(0)}}{\partial \boldsymbol{r}} - e\vec{\mathscr{E}}\cdot\frac{\partial f^{(0)}}{\partial \boldsymbol{p}} = -\frac{f-f^{(0)}}{\tau}, \tag{10.5.40}$$

$f^{(0)}$ 是局域平衡的费米分布函数(10.5.3)，其中 $T=T(\boldsymbol{r})$，$\mu=\mu(n,T(\boldsymbol{r}))$，表示化学势通过 $T(\boldsymbol{r})$而依赖于 $\boldsymbol{r}$. 由(10.5.40)，得

$$f = f^{(0)} - \tau\left\{\boldsymbol{v}\cdot\frac{\partial f^{(0)}}{\partial \boldsymbol{r}} - e\vec{\mathscr{E}}\cdot\frac{\partial f^{(0)}}{\partial \boldsymbol{p}}\right\}. \tag{10.5.41}$$

由(10.5.3),可得

$$\frac{\partial f^{(0)}}{\partial \boldsymbol{r}}=\frac{\partial f^{(0)}}{\partial \varepsilon}kT\frac{\partial}{\partial \boldsymbol{r}}\left(\frac{\varepsilon-\mu}{kT}\right)$$

$$=\frac{\partial f^{(0)}}{\partial \varepsilon}\left[-\varepsilon\frac{\partial \ln T}{\partial \boldsymbol{r}}-T\frac{\partial}{\partial \boldsymbol{r}}\left(\frac{\mu}{T}\right)\right], \tag{10.5.42a}$$

$$\frac{\partial f^{(0)}}{\partial \boldsymbol{p}}=\frac{\partial f^{(0)}}{\partial \varepsilon}\frac{\partial \varepsilon}{\partial \boldsymbol{p}}=\frac{\partial f^{(0)}}{\partial \varepsilon}\frac{\boldsymbol{p}}{m}=\frac{\partial f^{(0)}}{\partial \varepsilon}\boldsymbol{v}, \tag{10.5.42b}$$

代入(10.5.41),得

$$f=f^{(0)}+\frac{\partial f^{(0)}}{\partial \varepsilon}\tau\,\boldsymbol{v}\cdot\left\{\varepsilon\frac{\partial \ln T}{\partial \boldsymbol{r}}+T\frac{\partial}{\partial \boldsymbol{r}}\left(\frac{\mu}{T}\right)+e\vec{\mathscr{E}}\right\}. \tag{10.5.43}$$

为简单,假设温度梯度与电场 $\vec{\mathscr{E}}$ 方向一致(均在 x 方向上),则(10.5.43)化为

$$f=f^{(0)}+\frac{\partial f^{(0)}}{\partial \varepsilon}\tau v_x\left\{\varepsilon\frac{\partial \ln T}{\partial x}+T\frac{\partial}{\partial x}\left(\frac{\mu}{T}\right)+e\mathscr{E}\right\}. \tag{10.5.44}$$

由(10.5.30),电流密度可表为

$$J_e=e\int\left(-\frac{\partial f^{(0)}}{\partial \varepsilon}\right)\tau v_x^2\left\{\varepsilon\frac{\partial \ln T}{\partial x}+T\frac{\partial}{\partial x}\left(\frac{\mu}{T}\right)+e\mathscr{E}\right\}D(\varepsilon)\mathrm{d}\varepsilon$$

$$=\frac{2e}{3m}\int\left(-\frac{\partial f^{(0)}}{\partial \varepsilon}\right)\tau(\varepsilon)\varepsilon\left\{\varepsilon\frac{\partial \ln T}{\partial x}+T\frac{\partial}{\partial x}\left(\frac{\mu}{T}\right)+e\mathscr{E}\right\}D(\varepsilon)\mathrm{d}\varepsilon, \tag{10.5.45}$$

其中,已在积分中将 v_x^2 代为$\frac{2}{3m}\varepsilon$. 定义

$$L_n\equiv\frac{2}{3m}\int_0^{\infty}\left(-\frac{\partial f^{(0)}}{\partial \varepsilon}\right)\tau(\varepsilon)\varepsilon^n D(\varepsilon)\mathrm{d}\varepsilon, \tag{10.5.46}$$

则(10.5.45)可表为

$$J_e=e^2L_1\mathscr{E}-eL_2\left(-\frac{\partial \ln T}{\partial x}\right)-eL_1\left[-T\frac{\partial}{\partial x}\left(\frac{\mu}{T}\right)\right]. \tag{10.5.47}$$

类似地,热流密度为

$$J_q=\int\varepsilon v_x f\,\frac{2\mathrm{d}^3\boldsymbol{p}}{h^3}$$

$$=\int\left(-\frac{\partial f^{(0)}}{\partial \varepsilon}\right)\tau v_x^2\varepsilon\left\{-\varepsilon\frac{\partial \ln T}{\partial x}-T\frac{\partial}{\partial x}\left(\frac{\mu}{T}\right)-e\mathscr{E}\right\}D(\varepsilon)\mathrm{d}\varepsilon$$

$$=-eL_2\mathscr{E}+L_3\left(-\frac{\partial \ln T}{\partial x}\right)+L_2\left[-T\frac{\partial}{\partial x}\left(\frac{\mu}{T}\right)\right]. \tag{10.5.48}$$

现在考虑单纯由于温度梯度引起的热传导,即令 $\mathscr{E}=0,\frac{\partial T}{\partial x}\neq 0$. 单纯热传导要求电流为零,由(10.5.47),令 $J_e=0$,得

$$T\frac{\partial}{\partial x}\left(\frac{\mu}{T}\right)=-\frac{L_2}{L_1}\frac{\partial \ln T}{\partial x}, \tag{10.5.49}$$

代入(10.5.48),得

$$J_q = -\frac{L_1 L_3 - L_2^2}{L_1 T}\frac{\partial T}{\partial x}. \tag{10.5.50}$$

以上证明了热传导的傅里叶定律，即热流密度 J_q 与$\left(-\frac{\partial T}{\partial x}\right)$成正比. 与经验的傅里叶定律

$$J_q = -\kappa \frac{\partial T}{\partial x} \tag{10.5.51}$$

比较，即得热导率为

$$\kappa = \frac{L_1 L_3 - L_2^2}{L_1 T}. \tag{10.5.52}$$

如果仍然采用计算电导率时相同的近似去计算 L_n，读者会发现 κ 为零. 因此，必须计算到高一级的近似. 在(10.5.46)中，考虑到$\left(-\frac{\partial f^{(0)}}{\partial \varepsilon}\right)$在低温下是以 μ 为中心尖锐成峰的特性，对 $\tau(\varepsilon)$仍取近似 $\tau(\varepsilon)\approx\tau(\mu_0)\equiv\tau_F$，移出积分号之外；但对其余部分取高一级的近似. 即

$$L_n \approx \frac{2\tau_F}{3m}\int_0^\infty \left(-\frac{\partial f^{(0)}}{\partial \varepsilon}\right)\varepsilon^n D(\varepsilon)\mathrm{d}\varepsilon. \tag{10.5.53}$$

令

$$g(\varepsilon) = \varepsilon^n D(\varepsilon) = A\varepsilon^{n+\frac{1}{2}}, \tag{10.5.54}$$

$$I_n = \int_0^\infty \left(-\frac{\partial f^{(0)}}{\partial \varepsilon}\right) g(\varepsilon)\mathrm{d}\varepsilon, \tag{10.5.55}$$

则

$$L_n = \frac{2\tau_F}{3m} I_n. \tag{10.5.56}$$

对 I_n 作分部积分，

$$I_n = -f^{(0)} g \Big|_0^\infty + \int_0^\infty f^{(0)} g'(\varepsilon)\mathrm{d}\varepsilon,$$

上式右边第一项为 0，于是得

$$I_n = \int_0^\infty \frac{g'(\varepsilon)\mathrm{d}\varepsilon}{\mathrm{e}^{(\varepsilon-\mu)/kT}+1}. \tag{10.5.57}$$

对于强简并费米气体，由积分公式(7.18.19)，只保留到$O\left(\left(\frac{kT}{\mu}\right)^2\right)$项(因为 $kT\ll\mu$)，得

$$\begin{aligned} I_n &\approx \int_0^\mu g'(\varepsilon)\mathrm{d}\varepsilon + \frac{\pi^2}{6}(kT)^2 g''(\mu) \\ &= g(\mu) + \frac{\pi^2}{6}(kT)^2 g''(\mu) \\ &= A\mu^{n+\frac{1}{2}} + \frac{\pi^2}{6}\left(n+\frac{1}{2}\right)\left(n-\frac{1}{2}\right)(kT)^2 A\mu^{n-\frac{3}{2}} \\ &= A\mu^{n+\frac{1}{2}}\left[1+\left(n+\frac{1}{2}\right)\left(n-\frac{1}{2}\right)\frac{\pi^2}{6}\left(\frac{kT}{\mu}\right)^2\right], \end{aligned} \tag{10.5.58}$$

即得

$$I_1 = A\mu^{\frac{3}{2}}\left[1+\frac{\pi^2}{8}\left(\frac{kT}{\mu}\right)^2\right], \tag{10.5.59a}$$

$$I_2 = A\mu^{\frac{5}{2}}\left[1+\frac{5\pi^2}{8}\left(\frac{kT}{\mu}\right)^2\right], \tag{10.5.59b}$$

$$I_3 = A\mu^{\frac{7}{2}}\left[1+\frac{35\pi^2}{24}\left(\frac{kT}{\mu}\right)^2\right]. \tag{10.5.59c}$$

代入(10.5.56),由(10.5.52),得

$$\begin{aligned}\kappa &= \frac{L_1L_3-L_2^2}{L_1T} = \frac{2\tau_F}{3m}\,\frac{1}{T}\,\frac{I_1I_3-I_2^2}{I_1} \\ &\approx \frac{2\tau_F}{3m}\,\frac{1}{T}A\mu^{\frac{3}{2}}\,\frac{\pi^2}{3}(kT)^2 \\ &\approx \frac{2\tau_F}{3m}\,\frac{1}{T}A\mu_0^{\frac{3}{2}}\,\frac{\pi^2}{3}(kT)^2.\end{aligned} \tag{10.5.60}$$

利用(10.5.36),得

$$\kappa = \frac{n\tau_F}{m}\,\frac{\pi^2k^2}{3}T. \tag{10.5.61}$$

由(10.5.61)及(10.5.38),得

$$\frac{\kappa}{T\sigma} = \frac{\pi^2k^2}{3e^2}. \tag{10.5.62}$$

上式表明,比值$\frac{\kappa}{T\sigma}$是普适常数,与特殊金属的具体性质无关.这一结果已由实验发现,称为维德曼-弗兰兹(Wiedemann-Franz)定律.

习　题

10.1　玻尔兹曼积分微分方程(10.1.32)的适用条件是什么?在推导中这些条件用在什么地方?

10.2　按照推导元碰撞数(10.1.22)同样考虑,一个速度为 $\boldsymbol{v}_1$、质量为 m_1 的分子在单位时间内与速度处于 $d^3\boldsymbol{v}_2$ 内、质量为 m_2 的分子在立体角元 $d\Omega$ 内的碰撞数为

$$d\Theta_{12} = f_2 d^3\boldsymbol{v}_2 d_{12}^2 g_{12}\cos\theta d\Omega.$$

(1) 由上式,证明一个速度为 $\boldsymbol{v}_1$ 的 m_1 分子在单位时间内与 m_2 分子的碰撞数为

$$\Theta_{12} = \iint f_2 d^3\boldsymbol{v}_2 d_{12}^2 g_{12}\cos\theta d\Omega = \pi d_{12}^2\int f_2 g_{12} d^3\boldsymbol{v}_2.$$

(2) Θ_{12}与 m_1 分子的速度 $\boldsymbol{v}_1$ 有关,对 $\boldsymbol{v}_1$ 的平均为

$$\overline{\Theta}_{12} = \frac{1}{n_1}\int \Theta_{12} f_1 d^3\boldsymbol{v}_1.$$

$\overline{\Theta}_{12}$代表一个 m_1 分子在单位时间内与 m_2 分子的平均碰撞数,现设气体处于平衡态,已知

$$f_1 = n_1\left(\frac{m_1}{2\pi kT}\right)^{3/2} \mathrm{e}^{-\frac{m_1 v_1^2}{2kT}}, \quad f_2 = n_2\left(\frac{m_2}{2\pi kT}\right)^{3/2} \mathrm{e}^{-\frac{m_2 v_2^2}{2kT}},$$

于是得

$$\overline{\Theta}_{12} = \pi d_{12}^2 \frac{n_2(m_1 m_2)^{3/2}}{(2\pi kT)^3}\iint \mathrm{e}^{-\frac{m_1 v_1^2 + m_2 v_2^2}{2kT}} g_{12}\mathrm{d}^3\boldsymbol{v}_1\mathrm{d}^3\boldsymbol{v}_2.$$

以两分子的质心速度 $\boldsymbol{v}_c$ 和相对速度 $\boldsymbol{v}_r$ 为独立变数，$\boldsymbol{v}_c$ 与 $\boldsymbol{v}_r$ 的定义为

$$(m_1+m_2)\boldsymbol{v}_c = m_1\boldsymbol{v}_1 + m_2\boldsymbol{v}_2, \quad \boldsymbol{v}_r = \boldsymbol{v}_2 - \boldsymbol{v}_1.$$

证明：

$$m_1\boldsymbol{v}_1^2 + m_2\boldsymbol{v}_2^2 = (m_1+m_2)\boldsymbol{v}_c^2 + \frac{m_1 m_2}{m_1+m_2}\boldsymbol{v}_r^2,$$

$$\mathrm{d}^3\boldsymbol{v}_1\mathrm{d}^3\boldsymbol{v}_2 = \mathrm{d}^3\boldsymbol{v}_c\mathrm{d}^3\boldsymbol{v}_r.$$

最后证明：

$$\overline{\Theta}_{12} - \left(1+\frac{m_1}{m_2}\right)^{\frac{1}{2}}\pi n_2 d_{12}^2\bar{v}_1 \quad \left(\bar{v}_1 = \sqrt{\frac{8kT}{\pi m_1}}\right).$$

(3) 若气体中只有一种分子，则上式化为

$$\overline{\Theta} = \sqrt{2}\pi n d^2\bar{v}.$$

$\overline{\Theta}$ 代表处于平衡态的气体中一个分子在单位时间内的平均碰撞数. 试用上式估计在 0℃ 与 1 atm 下，一个氧分子的平均碰撞数. 已知氧分子的 $d=3.62\times10^{-8}$ cm，$\frac{k}{m}=\frac{R}{m^+}$，$m^+=32$ 为氧的分子量，R 为气体常数.

10.3　由细致平衡条件(10.2.18)出发，导出平衡态的分布函数(10.2.25).

10.4　对满足经典极限条件下的理想气体，证明平衡态下熵与 H 函数的关系为公式(10.2.34)，即

$$S = -kH + 常数.$$

10.5　对于经典稀薄气体，定义熵密度 $s(\boldsymbol{r},t)$，熵流密度 $\boldsymbol{J}_s$ 和熵产生率 θ 如下(见§10.3)：

$$s(\boldsymbol{r},t) = -k\int f\ln f\mathrm{d}^3\boldsymbol{v},$$

$$\boldsymbol{J}_s = -k\int \boldsymbol{v}f\ln f\mathrm{d}^3\boldsymbol{v},$$

$$\theta = -k\int(1+\ln f)\left(\frac{\partial f}{\partial t}\right)_c\mathrm{d}^3\boldsymbol{v}.$$

试证明：

$$\frac{\partial s}{\partial t} + \nabla\cdot\boldsymbol{J}_s = \theta,$$

其中 $\theta\geqslant0$.

*10.6　§10.4已证明，简并气体的细致平衡条件为公式(10.4.17)，即

$$\frac{f_1}{1+\eta f_1}\cdot\frac{f_2}{1+\eta f_2}=\frac{f_1'}{1+\eta f_1'}\cdot\frac{f_2'}{1+\eta f_2'},$$

其中 $\eta=+1$ 对应于理想玻色气体，$\eta=-1$ 对应于理想费米气体. 试由上述细致平衡条件出发，导出平衡态下的玻色分布与费米分布.

10.7　考虑半导体中的低密度传导电子，设温度与密度均匀，在 x 方向加一均匀、弱静电场，并设电流已达到稳恒状态. 由于假设传导电子的数密度低，满足非简并条件，故其零阶局域平衡分布为麦克斯韦分布，即

$$f^{(0)}(\boldsymbol{v})=n\left(\frac{m}{2\pi kT}\right)^{3/2}\mathrm{e}^{-\frac{mv^2}{2kT}},$$

为简单，设弛豫时间 τ 为常数(即忽略 τ 随速度的变化). 试用弛豫时间近似计算电流及电导率.

第十一章 涨落理论

涨落是自然界广泛存在的现象.

在§8.4与§8.7中,我们曾经讨论过系统处于平衡态时的总能量涨落与总粒子数涨落,并且证明,对于宏观大的系统,这类热力学量的涨落是非常小的,可以忽略不计.因而统计平均值相当精确地给出了热力学量的值,这也说明为什么热力学理论具有高度的可靠性.也正因为相对涨落小,不同的平衡态统计系综(在热力学极限下)对于计算物理量的平均值而言是彼此等价的.

然而,在某些情况下,涨落具有可观测的物理效应.例如,流体中的局部密度涨落会引起对电磁波的散射.在临界点附近,由于空间不同地点的密度涨落发生很强的关联,导致对电磁波散射反常地增强.又如,对介观系统和各种纳米结构,由于它们所包含的粒子数远小于宏观系统,涨落会显著增大,并表现出与宏观系统不同的独特的规律,例如介观系统的普适电导涨落,几率分布的非高斯行为,等等.

另一方面,实验与理论研究发现,涨落与系统的空间维数有极为密切的关系.空间维数越高,涨落越不重要;反之,空间维数越低,涨落就越强烈.这一点在连续相变中表现得十分突出.对低于三维的系统(二维、一维),涨落变得如此强烈,以致可以影响有序相的形成:对一维系统,涨落将破坏一切长程序,因而不可能发生有限温度的热力学相变;对二维系统情况比较复杂,涨落将破坏具有连续对称破缺的长程序,但并不破坏具有间断对称破缺的长程序.

以上所述的涨落可以统称为**围绕平均值的涨落**,包括热力学量,也包括非热力学量;平衡态存在,非平衡态也存在.

另一类涨落现象称为**布朗运动**.历史上,爱因斯坦关于布朗运动的统计理论曾经对物质原子论的最终确立起了决定性的作用.但今天研究布朗运动却有更为广泛的意义.实际上,布朗运动代表一类涨落现象,数学上它代表一类特殊的随机过程——**马尔可夫过程**,其研究具有十分重要的意义.

以上两类都可称为热涨落,它是与大群粒子的热运动相联系的.还有一类涨落称为量子涨落,本书将不讨论.①

本章首先介绍处理热力学量涨落的**准热力学理论**,虽然系综理论原则上提供了计算热

---

① 量子涨落源于量子力学的不确定性原理,它无处不在,只不过当有限温度下,热涨落占主导地位,量子涨落通常表现不出来,当温度很低甚至零温时,量子涨落将会起主导作用.例如,在量子相变(发生在零温或很低温度下系统不同基态之间的转变)中,与有限温度下的热力学相变不同,量子涨落取代了热涨落的作用.量子相变已成为凝聚态物理学的前沿课题之一.

力学量涨落的基础,但对强度量的计算是不方便的.准热力学理论可以直接且简便地计算一切热力学量的涨落,包括广延量与强度量.而且,它也为研究本章以后几节提供了基础.

其次,以流体的密度涨落为例,研究空间不同地点涨落之间的空间关联.引入**密度-密度关联函数**,用准热力学理论讨论它的性质,特别是从另一个角度再次讨论临界点邻域的行为.

然后讨论布朗运动理论,主要介绍**朗之万方程**,相关物理量的时间关联函数及其性质.并以布朗运动为例证明一个重要的定理——**涨落-耗散定理**.

§11.1 准热力学理论 热力学量的涨落

11.1.1 准热力学理论的基本公式

在§8.4与§8.7中,我们介绍了用正则系综与巨正则系综计算系统总能量与总粒子数的涨落,这类计算是以系统微观状态的几率为基础的.对于那些有直接对应的微观量而且是广延量的热力学量(如总能量、总粒子数、总磁矩等等),计算是直截了当的.但是,倘若要计算那些没有直接对应的微观量的热力学量,如熵与温度的涨落,或者是强度量(如压强、化学势等等)的涨落,就比较麻烦了.

实际上,一切热力学量(无论是广延量还是强度量)都有涨落.只不过对于属于宏观系统整体的热力学量,由于系统所包含的粒子数极为巨大($N\sim 10^{22}$),相对涨落微不足道,可以忽略.但是,如果物理现象涉及系统内部一个宏观小、微观大的部分(即仍然包含足够多的粒子)的热力学量(如局部的密度、温度、压强等)的涨落,就会表现出可以观测的效应.

为了计算热力学量的涨落,斯莫陆焯夫斯基(Smoluchowski)与爱因斯坦发展了一种方法,后来被称为**准热力学理论**.这种方法不是以系统微观状态的几率为基础,而是直接找出表达热力学量涨落的几率,并由此计算它们的涨落,所以这种理论是一种唯象理论.传统的热力学是完全没有涨落的,现在考虑涨落,已经跳出了原来热力学的范畴,所以称之为"准"热力学理论.

首先考虑处于平衡态的孤立系.根据玻尔兹曼关系,系统平衡态的熵与热力学几率的极大值之间存在如下关系(见(7.4.20)):

$$\bar{S} = k\ln W_{\max}.$$

这里特意用 $\bar{S}$ 表示平衡态的熵,它代表在一定(E,V,N)条件下熵的极大值.对于孤立系,总能量、体积与粒子数都是固定不变的,但由于涨落,熵的值可以偏离其极大值 $\bar{S}$.把上式反过来表达,即

$$W_{\max} = e^{\bar{S}/k}, \tag{11.1.1}$$

$W_{\max}$代表与熵的极大值 $\bar{S}$ 对应的相对几率(未归一化).现将(11.1.1)推广到涨落态,令相应的熵为 S,相对几率为 W,即

$$W = e^{S/k}. \tag{11.1.2}$$

由(11.1.1)与(11.1.2),得

$$\frac{W}{W_{\max}} = e^{(S-\bar{S})/k} = e^{\Delta S/k},$$

亦即

$$W = W_{\max} e^{\Delta S/k} \quad (\Delta S = S - \bar{S}). \tag{11.1.3}$$

由于 $\bar{S}$ 为极大值,故一切涨落态所相应的 S 必小于 $\bar{S}$,即 $\Delta S<0$,因而必有 $W<W_{\max}$. 这表明涨落态所对应的几率较小,而与极大熵 $\bar{S}$ 对应的几率是最大的,这就保证了因涨落偏离 $\bar{S}$ 后一定会回归到 $\bar{S}$ 对应的态. 即使系统处于平衡态下,涨落总是存在: 偏离,回归;再偏离,再回归,反复不断地进行着.

上面所提到的涨落"态"具体可以这样理解: 设想把系统分成许多宏观小、微观大的部分(小块),由于涨落,各小块的温度、压强、密度、化学势等可以偏离它们各自的平均值,这就是唯象意义下的涨落"态"(见图 11.1.1 所示),对应的熵值为 S.

根据准热力学理论,公式(11.1.3)应理解为: 涨落使孤立系的熵偏离其极大值 $\bar{S}$ 为 ΔS 的相对几率. 现在,不再把 W 与粒子占据数分布相联系(如第七章那样),也不再局限于近独立子系所组成的系统,而是普遍适用的.

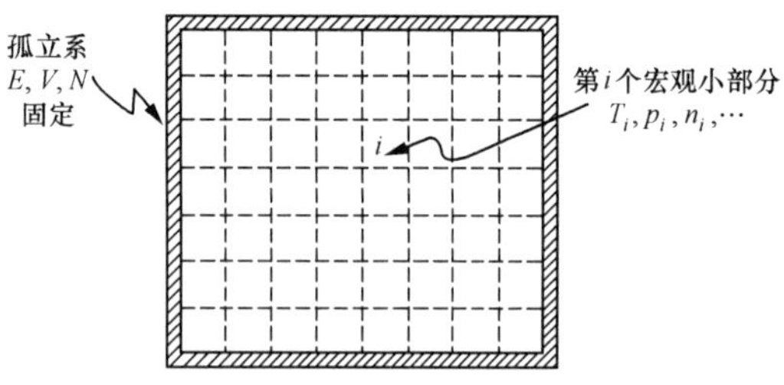

图 11.1.1　涨落态的唯象描述

11.1.2　涨落几率公式的其他形式

公式(11.1.3)适用于孤立系. 若要直接考查系统内部宏观小、微观大的部分的涨落,需要将(11.1.3)推广到非孤立系的情形.

设系统与大热源接触达到平衡,系统(用"1"代表)与大热源(用"2"代表)合起来构成孤立系. 令 E_1, V_1, S_1 与 E_2, V_2, S_2 分别代表系统与大热源相应的能量、体积与熵. 对孤立系"1+2"应满足

$$E_1 + E_2 = E, \quad V_1 + V_2 = V, \tag{11.1.4}$$

其中 E 与 V 均固定. 涨落引起的改变必须满足

$$\Delta E_1 + \Delta E_2 = 0, \quad \Delta V_1 + \Delta V_2 = 0. \tag{11.1.5}$$

孤立系"1+2"的总熵为 $S=S_1+S_2$,于是(11.1.3)可表为

$$W = W_{\max} e^{(\Delta S_1 + \Delta S_2)/k}. \tag{11.1.6}$$

由于热源非常大,首先,热源的热力学量的相对涨落非常小,其温度和压强可以认为是固定不变的,分别用 $\overline{T}$ 与 $\overline{p}$ 表示,它们也等于系统的平均温度与平均压强. 其次,由于热源非常大,可以把涨落引起大热源的变化 $\Delta E_2, \Delta S_2, \Delta V_2$ 当作无穷小,直接应用热力学基本微分方程,即满足

$$\Delta S_2 = \frac{\Delta E_2 + \overline{p}\Delta V_2}{\overline{T}}, \tag{11.1.7}$$

再利用约束条件(11.1.5),得

$$\Delta S_2 = -\frac{\Delta E_1 + \overline{p}\Delta V_1}{\overline{T}}, \tag{11.1.8}$$

代入(11.1.6),即得

$$W = W_{\max} \exp\{-(\Delta E_1 - \overline{T}\Delta S_1 + \overline{p}\Delta V_1)/k\overline{T}\}. \tag{11.1.9}$$

注意,对系统"1",涨落引起的改变"Δ"不能看成是无穷小量"d",否则(11.1.9)指数上的因子就等于零了.(11.1.9)式中所有的偏差量(即 $\Delta E_1, \Delta S_1, \Delta V_1$)都是系统的,现在可以省去下标"1",而写成

$$W = W_{\max} \exp\{-(\Delta E - \overline{T}\Delta S + \overline{p}\Delta V)/k\overline{T}\}, \tag{11.1.10}$$

上式代表与大热源接触达到平衡的系统其涨落的相对几率,其中 $\overline{T}$ 与 $\overline{p}$ 代表系统的平均温度与平均压强,$\Delta E = E - \overline{E}$,$\Delta S = S - \overline{S}$,$\Delta V = V - \overline{V}$ 分别代表由于涨落引起的能量、熵与体积对其平均值的偏差. 注意(11.1.10)式中的 ΔS 既可以为负,也可以为正,与(11.1.3)不同.

公式(11.1.10)既可以用于涨落很小,也可以用于涨落较大的情形. 当把公式用于系统内部宏观小、微观大的部分时,就属于后一种情形. 这时 ΔE 有可能与这个宏观小部分的能量相比拟,不过仍必须远小于整个宏观系统的总能量.

如果只讨论涨落很小的情形,公式(11.1.10)还可以改写成另一种更方便计算的形式. 将 ΔE 按如下方式展开到"Δ"的二阶:

$$\Delta E = E - \overline{E} = \overline{E}(S, V) - \overline{E}(\overline{S}, \overline{V}). \tag{11.1.11}$$

上式中我们作了一个假设,即:假设对平均值的函数关系 $\overline{E}(\overline{S}, \overline{V})$ 可以同样用于涨落值,亦即设 $E = \overline{E}(S, V)$. 这是一个近似,需要由理论的结果与实验的比较去检验. 将 $S = \overline{S} + \Delta S$ 与 $V = \overline{V} + \Delta V$ 代入 $\overline{E}(S, V)$,并围绕 $(\overline{S}, \overline{V})$ 作展开,保留到 ΔS 与 ΔV 的二阶,得

$$\begin{aligned}\Delta E &= \overline{E}(\overline{S} + \Delta S, \overline{V} + \Delta V) - \overline{E}(\overline{S}, \overline{V}) \\ &\approx \left(\frac{\partial \overline{E}}{\partial \overline{S}}\right)_0 \Delta S + \left(\frac{\partial \overline{E}}{\partial \overline{V}}\right)_0 \Delta V + \frac{1}{2}\left\{\left(\frac{\partial^2 \overline{E}}{\partial \overline{S}^2}\right)_0 (\Delta S)^2 \right. \\ &\quad \left. + \left(\frac{\partial^2 \overline{E}}{\partial \overline{V}\partial \overline{S}}\right)_0 \Delta V \Delta S + \left(\frac{\partial^2 \overline{E}}{\partial \overline{S}\partial \overline{V}}\right)_0 \Delta S \Delta V + \left(\frac{\partial^2 \overline{E}}{\partial \overline{V}^2}\right)_0 (\Delta V)^2 \right\},\end{aligned} \tag{11.1.12}$$

式中偏微商下标"0"代表偏微商取 $\Delta S = 0$ 与 $\Delta V = 0$ 处的值. 因此,这些偏微商可以根据热

力学基本微分方程确定，即由

$$\mathrm{d}\bar{E}=\bar{T}\mathrm{d}\bar{S}-\bar{p}\mathrm{d}\bar{V},$$

有

$$\left(\frac{\partial\bar{E}}{\partial\bar{S}}\right)_0=\bar{T},\quad\left(\frac{\partial\bar{E}}{\partial\bar{V}}\right)_0=-\bar{p}. \tag{11.1.13}$$

于是，(11.1.12)化为

$$\begin{aligned}\Delta\bar{E}&\approx\bar{T}\Delta S-\bar{p}\Delta V+\frac{1}{2}\left\{\left[\frac{\partial\bar{T}}{\partial\bar{S}}\Delta S+\frac{\partial\bar{T}}{\partial\bar{V}}\Delta V\right]\Delta S\right.\\&\quad\left.-\left[\frac{\partial\bar{p}}{\partial\bar{S}}\Delta S+\frac{\partial\bar{p}}{\partial\bar{V}}\Delta V\right]\Delta V\right\}\\&\approx\bar{T}\Delta S-\bar{p}\Delta V+\frac{1}{2}\{\Delta T\Delta S-\Delta p\Delta V\},\end{aligned} \tag{11.1.14}$$

亦即

$$\Delta\bar{E}-\bar{T}\Delta S+\bar{p}\Delta V\approx\frac{1}{2}\{\Delta T\Delta S-\Delta p\Delta V\}, \tag{11.1.15}$$

代入(11.1.10)得

$$W\equiv W_{\max}\exp\{-(\Delta T\Delta S-\Delta p\Delta V)/2k\bar{T}\}.$$

为了表述简单，在以后的计算中，我们约定：所有加平均号的量均省去平均号，例如，$\bar{T}$，$\bar{p}$，$\bar{V}$，$\left(\frac{\partial\bar{T}}{\partial\bar{S}}\right)_{\bar{V}}$等直接写成$T$，$p$，$V$，$\left(\frac{\partial T}{\partial S}\right)_V$（这也是大多数参考书的写法）. 于是，上式可写成

$$W\equiv W_{\max}\exp\{-(\Delta T\Delta S-\Delta p\Delta V)/2kT\}. \tag{11.1.16}$$

公式(11.1.16)适用于热力学量涨落较小的情形.

11.1.3　计算热力学量的涨落

例 1　以(T,V)为自变量，求$W(\Delta T,\Delta V)$，并计算$\overline{(\Delta T)^2}$，$\overline{(\Delta V)^2}$.

由(11.1.16)，将ΔS与Δp展开到ΔT，ΔV的一阶（这正是公式(11.1.16)方便之处），

$$\begin{aligned}\Delta S&=\left(\frac{\partial S}{\partial T}\right)_V\Delta T+\left(\frac{\partial S}{\partial V}\right)_T\Delta V,\\\Delta p&=\left(\frac{\partial p}{\partial T}\right)_V\Delta T+\left(\frac{\partial p}{\partial V}\right)_T\Delta V,\end{aligned} \tag{11.1.17}$$

于是

$$\begin{aligned}\Delta T\Delta S-\Delta p\Delta V&=\left(\frac{\partial S}{\partial T}\right)_V(\Delta T)^2+\left[\left(\frac{\partial S}{\partial V}\right)_T-\left(\frac{\partial p}{\partial T}\right)_V\right]\Delta T\Delta V\\&\quad-\left(\frac{\partial p}{\partial V}\right)_T(\Delta V)^2\\&=\frac{C_V}{T}(\Delta T)^2-\left(\frac{\partial p}{\partial V}\right)_T(\Delta V)^2,\end{aligned} \tag{11.1.18}$$

其中已用到麦克斯韦关系$\left(\frac{\partial S}{\partial V}\right)_T=\left(\frac{\partial p}{\partial T}\right)_V$. 将(11.1.18)代入(11.1.16),得

$$W(\Delta T,\Delta V)=W_{\max}\exp\left\{-\frac{C_V}{2kT^2}(\Delta T)^2+\frac{1}{2kT}\left(\frac{\partial p}{\partial V}\right)_T(\Delta V)^2\right\}. \quad (11.1.19)$$

从上式可以看出,几率公式可以分解成对 ΔT 与 ΔV 的两个高斯分布相乘;公式中没有包含 $\Delta T\Delta V$ 的交叉项,表明

$$\overline{\Delta T\Delta V}=0, \quad (11.1.20)$$

亦即 T 与 V 的涨落是统计独立的. 由(11.1.19),

$$\overline{(\Delta T)^2}=\frac{\iint_{-\infty}^{\infty}(\Delta T)^2W(\Delta T,\Delta V)\mathrm{d}(\Delta T)\mathrm{d}(\Delta V)}{\iint_{-\infty}^{\infty}W(\Delta T,\Delta V)\mathrm{d}(\Delta T)\mathrm{d}(\Delta V)}$$

$$=\frac{\int_{-\infty}^{\infty}(\Delta T)^2\exp\left\{-\frac{C_V}{2kT^2}(\Delta T)^2\right\}\mathrm{d}(\Delta T)}{\int_{-\infty}^{\infty}\exp\left\{-\frac{C_V}{2kT^2}(\Delta T)^2\right\}\mathrm{d}(\Delta T)}$$

$$=\frac{kT^2}{C_V}, \quad (11.1.21)$$

由于 $C_V\sim Nk$,故

$$\frac{\sqrt{\overline{(\Delta T)^2}}}{T}\sim\frac{1}{\sqrt{N}}, \quad (11.1.22)$$

可见,宏观系统温度的涨落是微不足道的. 对标准状态下的气体,$n=2.7\times10^{19}\ \mathrm{cm}^{-3}$,即使取边长$\sim10^{-3}$ cm 的小体积,其中的分子数仍很多,$N\sim2.7\times10^{10}$,温度的相对涨落只有 10^{-5}. 类似地,由(11.1.19)可以求得

$$\overline{(\Delta V)^2}=-kT\left(\frac{\partial V}{\partial p}\right)_T, \quad (11.1.23)$$

体积的相对涨落为

$$\frac{\overline{(\Delta V)^2}}{V^2}=-\frac{kT}{V^2}\left(\frac{\partial V}{\partial p}\right)_T=\frac{kT}{V}\kappa_T. \quad (11.1.24)$$

公式(11.1.24)是在粒子数固定下求得的,利用它可以立即求得数密度 n 的涨落,由

$$Vn=N,$$

当 ΔV 很小时,可以近似地把 Δ 当作微分,则得

$$\frac{\Delta V}{V}+\frac{\Delta n}{n}=0,$$

于是得

$$\frac{\overline{(\Delta n)^2}}{n^2}=\frac{\overline{(\Delta V)^2}}{V^2}=\frac{kT}{V}\kappa_T, \quad (11.1.25)$$

如果把数密度涨落的公式用到某固定体积 V,则由(11.1.25)及 $nV=N$,得

$$\frac{\overline{(\Delta N)^2}}{N^2}=\frac{kT}{V}\kappa_T. \tag{11.1.26}$$

例 2 求$\overline{(\Delta p)^2}$及$\overline{\Delta T\Delta p}$.

选(T,V)为自变量,将 Δp 展开到 ΔT 及 ΔV 的一阶:

$$\Delta p=\left(\frac{\partial p}{\partial T}\right)_V\Delta T+\left(\frac{\partial p}{\partial V}\right)_T\Delta V. \tag{11.1.27}$$

将上式平方再平均,得

$$\overline{(\Delta p)^2}=\left(\frac{\partial p}{\partial T}\right)_V^2\overline{(\Delta T)^2}+2\left(\frac{\partial p}{\partial T}\right)_V\left(\frac{\partial p}{\partial V}\right)_T\overline{\Delta T\Delta V}+\left(\frac{\partial p}{\partial V}\right)_T^2\overline{(\Delta V)^2}. \tag{11.1.28}$$

利用(11.1.20),(11.1.21)及(11.1.23),得

$$\overline{(\Delta p)^2}=\frac{kT^2}{C_V}\left(\frac{\partial p}{\partial T}\right)_V^2-kT\left(\frac{\partial p}{\partial V}\right)_T. \tag{11.1.29}$$

上式也可以表达为(请读者自己证明)

$$\overline{(\Delta p)^2}=\frac{kT}{V\kappa_S}, \tag{11.1.30}$$

其中 $\kappa_S\equiv-\frac{1}{V}\left(\frac{\partial V}{\partial p}\right)_S$ 为绝热压缩系数.

用 ΔT 乘(11.1.27)再平均,得

$$\overline{\Delta T\Delta p}=\left(\frac{\partial p}{\partial T}\right)_V\overline{(\Delta T)^2}+\left(\frac{\partial p}{\partial V}\right)_T\overline{\Delta T\Delta V}=\frac{kT^2}{C_V}\left(\frac{\partial p}{\partial T}\right)_V. \tag{11.1.31}$$

例 3 临界点附近的密度涨落.

当气体趋近临界点时,$\kappa_T\to\infty$,公式(11.1.23)—(11.1.26)均不成立. 实际上,在临界点附近密度涨落很强,公式(11.1.16)不适用,必须回到(11.1.10). 注意到温度与体积(因而密度)的涨落是统计独立的,故可令温度 T 不变来考查体积或密度的涨落. 此时,(11.1.10)可表为

$$W=W_{\max}\exp\{-(\Delta F+p\Delta V)/kT\}, \tag{11.1.32}$$

其中 $F=E-TS$ 为系统的自由能. 以 T,V 为独立变量,在 T 不变时将 ΔF 展开,

$$\begin{aligned}\Delta F&=\left(\frac{\partial F}{\partial V}\right)_T\Delta V+\frac{1}{2!}\left(\frac{\partial^2 F}{\partial V^2}\right)_T(\Delta V)^2+\frac{1}{3!}\left(\frac{\partial^3 F}{\partial V^3}\right)_T(\Delta V)^3\\&\quad+\frac{1}{4!}\left(\frac{\partial^4 F}{\partial V^4}\right)_T(\Delta V)^4+\cdots\\&=-p\Delta V-\frac{1}{2!}\left(\frac{\partial p}{\partial V}\right)_T(\Delta V)^2-\frac{1}{3!}\left(\frac{\partial^2 p}{\partial V^2}\right)_T(\Delta V)^3\\&\quad-\frac{1}{4!}\left(\frac{\partial^3 p}{\partial V^3}\right)_T(\Delta V)^4+\cdots,\end{aligned} \tag{11.1.33}$$

当气体到达临界点时,有

$$\left(\frac{\partial p}{\partial V}\right)_T = 0, \quad \left(\frac{\partial^2 p}{\partial V^2}\right)_T = 0, \tag{11.1.34}$$

故必须将 ΔF 展开到 $(\Delta V)^4$ 阶项,略去更高次项,(11.1.32)化为

$$W = W_{\max}\exp\left\{\frac{1}{24kT}\left(\frac{\partial^3 p}{\partial V^3}\right)(\Delta V)^4\right\}. \tag{11.1.35}$$

于是得

$$\overline{(\Delta V)^2} = \int_{-\infty}^{\infty}(\Delta V)^2 W\mathrm{d}(\Delta V)\Big/\int_{-\infty}^{\infty} W\mathrm{d}(\Delta V)$$
$$= \int_0^{\infty} x^2 \mathrm{e}^{-\alpha x^4}\mathrm{d}x\Big/\int_0^{\infty}\mathrm{e}^{-\alpha x^4}\mathrm{d}x,$$

其中

$$\alpha = -\frac{1}{24kT}\left(\frac{\partial^3 p}{\partial V^3}\right)_T.$$

作变换 $\xi = \alpha x^4$,得

$$\overline{(\Delta V)^2} = \int_0^{\infty}\alpha^{-\frac{1}{2}}\xi^{\frac{1}{2}}\mathrm{e}^{-\xi}\xi^{\frac{1}{4}-1}\mathrm{d}\xi\Big/\int_0^{\infty}\mathrm{e}^{-\xi}\xi^{\frac{1}{4}-1}\mathrm{d}\xi$$
$$= \frac{\Gamma\left(\frac{3}{4}\right)}{\Gamma\left(\frac{1}{4}\right)}\cdot\frac{1}{\alpha^{\frac{1}{2}}}$$
$$= 0.3380\left[-\frac{1}{24kT}\left(\frac{\partial^3 p}{\partial V^3}\right)_T\right]^{-\frac{1}{2}}. \tag{11.1.36}$$

为了得到更具体的认识,以范德瓦耳斯方程为例来计算.范德瓦耳斯气体的物态方程

$$p = \frac{NkT}{V - Nb} - \frac{N^2 a}{V^2}, \tag{11.1.37}$$

注意上式中 a,b 的含义与(8.5.26)中的相同,由上式及临界点的方程

$$\frac{\partial p}{\partial V} = 0, \quad \frac{\partial^2 p}{\partial V^2} = 0,$$

可得

$$V_{\mathrm{c}} = 3Nb, \quad kT_{\mathrm{c}} = \frac{8a}{27b}, \quad p_{\mathrm{c}} = \frac{a}{27b^2}. \tag{11.1.38}$$

求对 V 的三次微商,得

$$\frac{\partial^3 p}{\partial V^3} = -\frac{6NkT}{(V - Nb)^4} + \frac{24N^2 a}{V^5},$$

将临界点的 V_{c} 与 T_{c} 代入上式,可得

$$\left(\frac{\partial^3 p}{\partial V^3}\right)_{\mathrm{c}} = -\frac{6NkT_{\mathrm{c}}}{(V_{\mathrm{c}} - Nb)^4} + \frac{24N^2 a}{V_{\mathrm{c}}^5}$$

$$=-\frac{243NkT_c}{8V_c^4}+\frac{27NkT_c}{V_c^4}$$

$$=-\frac{27NkT_c}{8V_c^4}. \tag{11.1.39}$$

将(11.1.39)代入(11.1.36),临界点的涨落为

$$\overline{(\Delta V)^2}=0.3380\times\sqrt{\frac{64}{9}}\frac{V_c^2}{\sqrt{N}},$$

亦即

$$\frac{\overline{(\Delta V)^2}}{V_c^2}=0.3380\times\frac{8}{3}\frac{1}{\sqrt{N}}=\frac{0.901}{\sqrt{N}}. \tag{11.1.40}$$

比较(11.1.40)与(11.1.24),在临界点的$\overline{(\Delta V)^2}/V_c^2\sim\frac{1}{\sqrt{N}}$,而不在临界点时为$\overline{(\Delta V)^2}/V^2\sim\frac{1}{N}$,可见临界点处的体积涨落得要大得多.

应该指出,公式(11.1.40)还不是正确的结果.由于在临界点附近系统各部分的涨落将发生强烈的空间关联,使涨落比(11.1.40)还要强烈,这将在下一节讨论.

§11.2　涨落的空间关联

上节末曾经指出,在气-液相变的临界点,涨落变得非常强烈,仅仅考虑局部密度涨落是不够的,实际上,在临界点附近空间不同地点的密度涨落之间发生很强的关联,这才是导致反常大的涨落的主要原因.其结果将引起对可见光的强烈的散射,使原来无色的流体变成乳白色,称为**临界乳光**.对铁磁体也存在类似的现象,在顺磁-铁磁相变的临界点,空间不同地点的自旋密度的涨落之间也发生很强的关联,导致反常大的自旋密度涨落,可以用中子散射方法探测出来.下面将应用准热力学理论讨论均匀流体在临界点附近的密度涨落的空间关联①.

首先,定义密度-密度关联函数

$$C(\boldsymbol{r},\boldsymbol{r}')\equiv\overline{(n(\boldsymbol{r})-\overline{n(\boldsymbol{r})})(n(\boldsymbol{r}')-\overline{n(\boldsymbol{r}')})}, \tag{11.2.1}$$

其中$n(\boldsymbol{r})$为$\boldsymbol{r}$处粒子数密度,$n(\boldsymbol{r})-\overline{n(\boldsymbol{r})}$代表$\boldsymbol{r}$处的数密度对其平均值的偏差.显然

$$\overline{n(\boldsymbol{r})-\overline{n(\boldsymbol{r})}}=\overline{n(\boldsymbol{r})}-\overline{n(\boldsymbol{r})}=0. \tag{11.2.2}$$

若$\boldsymbol{r}=\boldsymbol{r}'$,则

$$C(\boldsymbol{r},\boldsymbol{r})\equiv\overline{(n(\boldsymbol{r})-\overline{n(\boldsymbol{r})})^2} \tag{11.2.3}$$

代表$\boldsymbol{r}$处的局域密度涨落.

---

① 本节关于涨落的空间关联与第九章§9.4的理论所用的方法不同,但实质上均属于平均场理论,所得到的结果相同.

如果不同地点的密度涨落彼此独立，则

$$C(\boldsymbol{r},\boldsymbol{r}')=\overline{(n(\boldsymbol{r})-\overline{n(\boldsymbol{r})})(n(\boldsymbol{r}')-\overline{n(\boldsymbol{r}')})}$$
$$=\overline{n(\boldsymbol{r})-\overline{n(\boldsymbol{r})}}\cdot\overline{n(\boldsymbol{r}')-\overline{n(\boldsymbol{r}')}}=0; \tag{11.2.4}$$

反之，若对 $\boldsymbol{r}\neq\boldsymbol{r}'$，$C(\boldsymbol{r},\boldsymbol{r}')\neq 0$，则表示不同地点的密度涨落之间存在关联.

对于均匀流体，由于平移不变性，$\overline{n(\boldsymbol{r})}=\bar{n}$ 与 $\boldsymbol{r}$ 无关；且关联函数 $C(\boldsymbol{r},\boldsymbol{r}')$ 只是 $\boldsymbol{r}$ 与 $\boldsymbol{r}'$ 之差的函数，即 $C(\boldsymbol{r},\boldsymbol{r}')=C(\boldsymbol{r}-\boldsymbol{r}')$. 如果流体不仅是均匀的，而且是各向同性的，则 $C(\boldsymbol{r}-\boldsymbol{r}')=C(|\boldsymbol{r}-\boldsymbol{r}'|)$，即只依赖于 $\boldsymbol{r}$ 与 $\boldsymbol{r}'$ 两点之间的距离. 下面暂时仍以 $C(\boldsymbol{r}-\boldsymbol{r}')$ 的形式讨论. 既然只依赖于 $\boldsymbol{r}-\boldsymbol{r}'$，可令 $\boldsymbol{r}'=0$，于是关联函数可表为

$$C(\boldsymbol{r})=\overline{(n(\boldsymbol{r})-\bar{n})(n(0)-\bar{n})}, \tag{11.2.5}$$

其中，$\overline{n(\boldsymbol{r})}=\overline{n(0)}=\bar{n}$. 现在将 $n(\boldsymbol{r})-\bar{n}$ 展成傅里叶级数，

$$n(\boldsymbol{r})-\bar{n}=\frac{1}{V}\sum_{\boldsymbol{q}}\tilde{n}_{\boldsymbol{q}}\mathrm{e}^{\mathrm{i}\boldsymbol{q}\cdot\boldsymbol{r}}, \tag{11.2.6}$$

其中 V 为总体积，$\tilde{n}_{\boldsymbol{q}}$ 是波矢为 $\boldsymbol{q}$ 的傅里叶分量，亦称波矢为 $\boldsymbol{q}$ 的模，有

$$\tilde{n}_{\boldsymbol{q}}=\int(n(\boldsymbol{r})-\bar{n})\mathrm{e}^{-\mathrm{i}\boldsymbol{q}\cdot\boldsymbol{r}}\mathrm{d}^3\boldsymbol{r}. \tag{11.2.7}$$

由于 $n(\boldsymbol{r})-\bar{n}$ 是实数，应有

$$\tilde{n}_{\boldsymbol{q}}^{*}=\tilde{n}_{-\boldsymbol{q}}, \tag{11.2.8}$$

于是

$$|\tilde{n}_{\boldsymbol{q}}|^2=\iint\mathrm{d}^3\boldsymbol{r}\mathrm{d}^3\boldsymbol{r}'(n(\boldsymbol{r})-\bar{n})(n(\boldsymbol{r}')-\bar{n})\mathrm{e}^{-\mathrm{i}\boldsymbol{q}\cdot(\boldsymbol{r}-\boldsymbol{r}')}. \tag{11.2.9}$$

对上式取统计平均，并且利用定义(11.2.1)，得

$$\overline{|\tilde{n}_{\boldsymbol{q}}|^2}=\iint\mathrm{d}^3\boldsymbol{r}\mathrm{d}^3\boldsymbol{r}'C(\boldsymbol{r}-\boldsymbol{r}')\mathrm{e}^{-\mathrm{i}\boldsymbol{q}\cdot(\boldsymbol{r}-\boldsymbol{r}')}$$
$$=\int\mathrm{d}^3\boldsymbol{r}'\int\mathrm{d}^3\boldsymbol{R}C(\boldsymbol{R})\mathrm{e}^{-\mathrm{i}\boldsymbol{q}\cdot\boldsymbol{R}}=V\widetilde{C}(\boldsymbol{q}), \tag{11.2.10}$$

其中已令 $\boldsymbol{R}=\boldsymbol{r}-\boldsymbol{r}'$，$\widetilde{C}(\boldsymbol{q})$ 为关联函数 $C(\boldsymbol{R})$ 的傅里叶分量，二者的关系为

$$\widetilde{C}(\boldsymbol{q})=\int\mathrm{d}^3\boldsymbol{r}C(\boldsymbol{r})\mathrm{e}^{-\mathrm{i}\boldsymbol{q}\cdot\boldsymbol{r}}, \tag{11.2.11a}$$

$$C(\boldsymbol{r})=\frac{1}{V}\sum_{\boldsymbol{q}}\widetilde{C}(\boldsymbol{q})\mathrm{e}^{\mathrm{i}\boldsymbol{q}\cdot\boldsymbol{r}}. \tag{11.2.11b}$$

利用(11.2.10)，得

$$C(\boldsymbol{r})=\frac{1}{V^2}\sum_{\boldsymbol{q}}\overline{|\tilde{n}_{\boldsymbol{q}}|^2}\mathrm{e}^{\mathrm{i}\boldsymbol{q}\cdot\boldsymbol{r}}, \tag{11.2.12}$$

只要求得 $\overline{|\tilde{n}_{\boldsymbol{q}}|^2}$，即可按上式计算出关联函数 $C(\boldsymbol{r})$.

现在介绍朗道关于密度涨落的理论，它是应用涨落的准热力学理论来求 $\overline{|\tilde{n}_{\boldsymbol{q}}|^2}$. 根据上节的讨论，密度和温度的涨落是统计独立的，故可选 T,n 为独立变数. 为了简单，在考查密

度涨落时，可以假定温度是常数，并设系统总体积 V 固定不变. 在这样的条件下，上节的几率公式(11.1.32)化为

$$W = W_{\max} e^{-\Delta F/kT}, \tag{11.2.13}$$

上式中 $\Delta F = F - \bar{F}$ 代表涨落引起的系统的总自由能对其平衡态值 $\bar{F}$ 的偏差，注意 $\bar{F}$ 应为极小值，故必有 $\Delta F > 0$，这就保证了涨落态的几率必定小于极小值 $\bar{F}$ 所对应的几率.

将 ΔF 表示为积分形式

$$\Delta F = F - \bar{F} = \int (f - \bar{f}) \mathrm{d}^3 \boldsymbol{r}, \tag{11.2.14}$$

上式中积分遍及整个体积 V. f 代表 $\boldsymbol{r}$ 处单位体积的自由能，即自由能密度，$\bar{f}$ 是它的平均值. f 依赖于温度 T 及局域密度 $n(\boldsymbol{r})$，其具体形式下面会给出.

在假定系统温度为常数的情况下，$\Delta f = f - \bar{f}$ 可以按 $n - \bar{n}$ 的幂次展开. 还应该注意到，由于涨落，不同地点的密度可以不同，故 Δf 的展开式中，还应该包含由 ∇n 构成的项. 对于各向同性流体(下面只讨论这种情况)，系统中不存在特殊的方向，故不可能包含 ∇n 的线性项；而只能以 $(\nabla n)^2, (\nabla n)^4, \cdots$ 等的形式出现. 若仅保留展开式的最低阶项，则其形式可表为

$$\Delta f = f - \bar{f} = \frac{a}{2}(n - \bar{n})^2 + \frac{b}{2}(\nabla n)^2, \tag{11.2.15}$$

这就是朗道理论所假设的形式，与 §3.9 所介绍的朗道的二级相变理论相比，这里多了含 $(\nabla n)^2$ 的项，用以反映涨落. 注意到 Δf 中不包含 $(n - \bar{n})$ 的线性项，实际上，$(n - \bar{n})$ 的线性项对 ΔF 无贡献，因为

$$\int (n - \bar{n}) \mathrm{d}^3 \boldsymbol{r} = N - N = 0.$$

(11.2.15)中的系数 a 与 b 只依赖于温度，与密度无关. a 与 b 都必须为正，才能保证所讨论的平衡态是稳定的(这一点也可以从下面的几率公式(11.2.22)看出，只有 a, b 均为正时才能保证涨落能够向平均值回归). 由于在临界点，有 $\left(\frac{\partial p}{\partial n}\right)_T = 0$，故由(11.2.15)①，

---

① 公式(11.2.16)的最后一步证明如下. 由热力学基本微分方程

$$\mathrm{d}F = -S\mathrm{d}T - p\mathrm{d}V + \mu \mathrm{d}N,$$

麦克斯韦关系为

$$\left(\frac{\partial \mu}{\partial V}\right)_{T,N} = -\left(\frac{\partial p}{\partial N}\right)_{T,V},$$

由于 μ 与 T 均为强度量，它们对 N 与 V 的依赖只能以 $\frac{N}{V}$ 的形式出现，即

$$\mu = \mu\left(\frac{N}{V}, T\right) = \mu(n, T), \quad p = p\left(\frac{N}{V}, T\right) = p(n, T),$$

于是，

$$\left(\frac{\partial \mu}{\partial V}\right)_{T,N} = \left(\frac{\partial \mu}{\partial n}\right)_T \left(\frac{\partial n}{\partial V}\right)_{T,N} = \left(\frac{\partial \mu}{\partial n}\right)_T \frac{-N}{V^2},$$

$$\left(\frac{\partial p}{\partial N}\right)_{T,V} = \left(\frac{\partial p}{\partial n}\right)_T \left(\frac{\partial n}{\partial N}\right)_{T,V} = \left(\frac{\partial p}{\partial n}\right)_T \frac{1}{V},$$

再利用上面的麦克斯韦关系，可得 $\left(\frac{\partial \mu}{\partial n}\right)_T = \frac{1}{n}\left(\frac{\partial p}{\partial n}\right)_T$.

$$a=\left(\frac{\partial^2 f}{\partial n^2}\right)_T=\left(\frac{\partial\mu}{\partial n}\right)_T=\frac{1}{n}\left(\frac{\partial p}{\partial n}\right)_T. \tag{11.2.16}$$

注意到在临界点，$a=0$. 朗道选取 $a=a_0(T-T_c)$，a_0 为与 T 无关的正常数.

由(11.2.6)，得

$$(n(\boldsymbol{r})-\bar{n})^2=\frac{1}{V^2}\sum_{\boldsymbol{q},\boldsymbol{q}'}\tilde{n}_{\boldsymbol{q}}^*\tilde{n}_{\boldsymbol{q}'}\mathrm{e}^{-\mathrm{i}(\boldsymbol{q}-\boldsymbol{q}')\cdot\boldsymbol{r}}, \tag{11.2.17}$$

$$(\nabla n(\boldsymbol{r}))^2=\frac{1}{V^2}\sum_{\boldsymbol{q},\boldsymbol{q}'}\tilde{n}_{\boldsymbol{q}}^*\tilde{n}_{\boldsymbol{q}'}\boldsymbol{q}\cdot\boldsymbol{q}'\mathrm{e}^{-\mathrm{i}(\boldsymbol{q}-\boldsymbol{q}')\cdot\boldsymbol{r}}, \tag{11.2.18}$$

将上二式代入(11.2.15)，得

$$\Delta f=\frac{1}{V^2}\sum_{\boldsymbol{q},\boldsymbol{q}'}\tilde{n}_{\boldsymbol{q}}^*\tilde{n}_{\boldsymbol{q}'}\left(\frac{a}{2}+\frac{b}{2}\boldsymbol{q}\cdot\boldsymbol{q}'\right)\mathrm{e}^{-\mathrm{i}(\boldsymbol{q}-\boldsymbol{q}')\cdot\boldsymbol{r}}. \tag{11.2.19}$$

将(11.2.19)代入(11.2.14)，利用

$$\frac{1}{V}\int\mathrm{e}^{-\mathrm{i}(\boldsymbol{q}-\boldsymbol{q}')\cdot\boldsymbol{r}}\mathrm{d}^3\boldsymbol{r}=\delta_{\boldsymbol{q},\boldsymbol{q}'}, \tag{11.2.20}$$

其中 $\delta_{\boldsymbol{q},\boldsymbol{q}'}$ 为克罗内克 δ 记号，即

$$\delta_{\boldsymbol{q},\boldsymbol{q}'}=\begin{cases}1, & 若\ \boldsymbol{q}=\boldsymbol{q}',\\ 0, & 若\ \boldsymbol{q}\neq\boldsymbol{q}',\end{cases}$$

于是得

$$\Delta F=\frac{1}{2V}\sum_{\boldsymbol{q}}(a+bq^2)\,|\tilde{n}_{\boldsymbol{q}}|^2. \tag{11.2.21}$$

将上式代入(11.2.13)，则涨落的几率公式化为

$$\begin{aligned}W&=W_{\max}\exp\left\{-\frac{1}{2VkT}\sum_{\boldsymbol{q}}(a+bq^2)\,|\tilde{n}_{\boldsymbol{q}}|^2\right\}\\&=W_{\max}\prod_{\boldsymbol{q}}\exp\left\{-\frac{a+bq^2}{2VkT}\,|\tilde{n}_{\boldsymbol{q}}|^2\right\},\end{aligned} \tag{11.2.22}$$

其中，$\tilde{n}_{\boldsymbol{q}}$ 是随机变量，相对几率 W 表达为不同波矢 $\boldsymbol{q}$ 的模所相应的几率之积，每一种 $\boldsymbol{q}$ 模都是高斯分布的形式. 上式清楚表明，$n(\boldsymbol{r})-\bar{n}$ 的不同的傅里叶分量(即不同的 $\boldsymbol{q}$ 模)彼此之间是统计独立的，尽管在 $\boldsymbol{r}$ 空间(即坐标空间)中，不同地点的密度涨落之间是关联的. 当然，这是在 Δf 取(11.2.15)的展开近似下才如此.

利用(11.2.22)，可以求得 $|\tilde{n}_{\boldsymbol{q}}|^2$ 的平均值，

$$\begin{aligned}\overline{|\tilde{n}_{\boldsymbol{q}}|^2}&=\frac{\int\cdots\int\prod_{s}\mathrm{d}\tilde{n}_s\,|\tilde{n}_{\boldsymbol{q}}|^2W}{\int\cdots\int\prod_{s}\mathrm{d}\tilde{n}_sW}\\&=\frac{\int_{-\infty}^{\infty}\mathrm{d}\tilde{n}_{\boldsymbol{q}}\,|\tilde{n}_{\boldsymbol{q}}|^2\exp\left\{-\frac{a+bq^2}{2VkT}\,|\tilde{n}_{\boldsymbol{q}}|^2\right\}}{\int_{-\infty}^{\infty}\mathrm{d}\tilde{n}_{\boldsymbol{q}}\exp\left\{-\frac{a+bq^2}{2VkT}\,|\tilde{n}_{\boldsymbol{q}}|^2\right\}}\end{aligned}$$

$$= \frac{VkT}{a + bq^2}. \tag{11.2.23}$$

将(11.2.23)代入(11.2.12),得

$$C(\boldsymbol{r}) = \frac{kT}{V} \sum_{q} \frac{1}{a + bq^2} e^{i\boldsymbol{q}\cdot\boldsymbol{r}}. \tag{11.2.24}$$

对于宏观大的系统,可以取热力学极限,则上式中的求和可以代之以积分(参看§9.4(9.4.27)—(9.4.29)),即

$$\frac{1}{V}\sum_{q} \longrightarrow \frac{1}{(2\pi)^3}\int d^3\boldsymbol{q},$$

于是得

$$C(\boldsymbol{r}) = \frac{kT}{(2\pi)^3}\int \frac{e^{i\boldsymbol{q}\cdot\boldsymbol{r}}}{a + bq^2} d^3\boldsymbol{q} = \frac{kT}{4\pi b} \frac{1}{r} e^{-r/\xi}, \tag{11.2.25}$$

其中

$$\xi = \sqrt{\frac{b}{a}}.$$

公式(11.2.25)描述了空间相距为 r 的两点的密度涨落之间关联,$C(\boldsymbol{r})=C(r)$,即只与两点之间的距离有关.ξ 表征了空间关联的特征长度,称为**关联长度**.由 $a=a_0(T-T_c)$,得

$$\xi \sim (T - T_c)^{-\frac{1}{2}}. \tag{11.2.26}$$

这一结果与第九章(9.4.29)与(9.4.30)相同,这里是用与第九章不同的方法求得的,二者均属于平均场理论.

以上介绍的是朗道关于临界点附近密度涨落空间关联的理论.这是一种近似理论,需要假定涨落不太大,因而对自由能密度的展开才有意义.如果把朗道理论的结果强行推到很靠近临界点,我们将得到

$$\xi \sim (T - T_c)^{-\frac{1}{2}}, \tag{11.2.27a}$$

$$C(r) \sim \frac{1}{r}, \tag{11.2.27b}$$

$$\widetilde{C}(q) \sim \frac{1}{q^2}. \tag{11.2.27c}$$

虽然 $C(r)$ 与 $\widetilde{C}(q)$ 变化趋势与实验一致(例如,在 $T\to T_c$ 时,$\xi\to\infty$),但定量上有显著的差别(参看§9.3).

§11.3　布朗运动理论

1827 年,植物学家布朗(Brown)观察到水中的花粉或其他微小粒子不停地作无规则运动,当时并不明白是怎么回事.1877 年德尔索(Delsaulx)提出这是由于粒子受周围分子碰撞

的不平衡而引起的,不过当时只是一个猜想. 20 世纪初,爱因斯坦(1905),斯莫陆焯夫斯基(1906)和朗之万(1908)提出了布朗运动的理论,不久即得到皮兰(Perrin)(1908)的实验证实. 在历史上,布朗运动的研究曾经对物质原子论的确立起过重大的作用. 今天来学习相关的理论,是因为布朗运动代表了一类涨落现象,有着更广泛的意义.

11.3.1 朗之万方程 粒子位移的平均平方偏差

布朗粒子从宏观上看是非常小的,它的直径约为 $10^{-5}\sim10^{-4}$ cm. 由于粒子很小,它所受周围分子碰撞的不平衡而产生的力足以使它发生运动. 一个布朗粒子所受的力有两种,一是外力;另一种是周围分子的作用力,通过周围分子的碰撞而施于其上. 令 $\boldsymbol{F}$ 代表周围分子对布朗粒子的作用力,$\boldsymbol{F}$ 可分成两部分:

$$\boldsymbol{F}\equiv\bar{\boldsymbol{F}}+(\boldsymbol{F}-\bar{\boldsymbol{F}}).$$

一部分是平均力 $\bar{\boldsymbol{F}}$,它包括浮力(方向向上)与阻力 $-\alpha\boldsymbol{v}$,后者与速度成正比,但方向相反. 第二部分是对平均力的偏离部分,即 $\boldsymbol{F}-\bar{\boldsymbol{F}}$,称为**涨落力**. 由于粒子受周围分子的碰撞极为频繁,故涨落力是一种方向与大小都变化很快的力. 以在液体中的布朗粒子为例,若取直径 10^{-4} cm,液体的分子数密度 $n\sim10^{22}\ \mathrm{cm}^{-3}$,则粒子每秒受周围分子的碰撞次数约为 10^{19};即使对气体($n\sim10^{19}\ \mathrm{cm}^{-3}$),也达到 10^{15} 次. 因而涨落力的特征时间约为 10^{-19} s(在液体中)或 10^{-15} s(在气体中). 可见涨落力是快变化的随机变量.

现在考查一个布朗粒子的运动在水平 x 方向上的投影,这时重力与浮力都不出现,运动方程化为

$$m\frac{\mathrm{d}u}{\mathrm{d}t}=-\alpha u+X(t),\tag{11.3.1}$$

其中 u 为粒子速度的 x 分量,$X(t)$ 为涨落力的 x 分量. (11.3.1)称为**朗之万方程**,它与通常的运动方程不同,其中 $X(t)$ 是随机性质的,这类方程数学上属于随机微分方程. 若用粒子的坐标 $x(t)$ 表示,朗之万方程可表为

$$m\frac{\mathrm{d}^2x}{\mathrm{d}t^2}=-\alpha\frac{\mathrm{d}x}{\mathrm{d}t}+X(t).\tag{11.3.2}$$

下面我们从(11.3.2)出发来求粒子位移的平方平均值,即 $\overline{x^2(t)}$. 用 x 乘方程两边,得

$$mx\frac{\mathrm{d}^2x}{\mathrm{d}t^2}=-\alpha x\frac{\mathrm{d}x}{\mathrm{d}t}+xX,\tag{11.3.3}$$

由于

$$x\frac{\mathrm{d}x}{\mathrm{d}t}=\frac{1}{2}\frac{\mathrm{d}}{\mathrm{d}t}x^2,$$

$$x\frac{\mathrm{d}^2x}{\mathrm{d}t^2}=\frac{\mathrm{d}}{\mathrm{d}t}\left(x\frac{\mathrm{d}x}{\mathrm{d}t}\right)-\left(\frac{\mathrm{d}x}{\mathrm{d}t}\right)^2=\frac{1}{2}\frac{\mathrm{d}^2}{\mathrm{d}t^2}x^2-\left(\frac{\mathrm{d}x}{\mathrm{d}t}\right)^2,$$

故(11.3.3)化为

$$\frac{m}{2}\frac{\mathrm{d}^2}{\mathrm{d}t^2}x^2-m\left(\frac{\mathrm{d}x}{\mathrm{d}t}\right)^2=-\frac{\alpha}{2}\frac{\mathrm{d}}{\mathrm{d}t}x^2+xX.\tag{11.3.4}$$

设想有大量相同的布朗粒子，处于相同的液体媒质中，它们构成了布朗粒子的系综（每一个粒子是这个系综中的一个系）；把上述方程对这个粒子系综求平均，亦即把大量粒子的方程相加再除以粒子总数，则得

$$\frac{m}{2}\frac{\mathrm{d}^2}{\mathrm{d}t^2}\overline{x^2}-\overline{mu^2}=-\frac{\alpha}{2}\frac{\mathrm{d}}{\mathrm{d}t}\overline{x^2}+\overline{xX}, \tag{11.3.5}$$

其中$\overline{x^2}$，$\overline{mu^2}$，$\overline{xX}$等代表这些量的系综平均. 由于涨落力 $X(t)$与粒子的位置无关，故

$$\overline{xX}=\overline{x}\cdot\overline{X}=0.$$

设粒子与周围的液体媒质已达到了热平衡，可以把布朗粒子看成巨分子，应用能量均分定理，得

$$\overline{mu^2}=kT,$$

于是方程(11.3.5)化为

$$\frac{\mathrm{d}^2}{\mathrm{d}t^2}\overline{x^2}+\frac{1}{\tau}\frac{\mathrm{d}}{\mathrm{d}t}\overline{x^2}-\frac{2kT}{m}=0, \tag{11.3.6}$$

其中已令 $\tau=\left(\frac{\alpha}{m}\right)^{-1}$（下面会看到 τ 是某种弛豫时间）. 方程的解为

$$\overline{x^2}=\frac{2kT\tau}{m}t+C_1\mathrm{e}^{-t/\tau}+C_2, \tag{11.3.7}$$

其中 C_1，C_2 为积分常数. 选取初条件为：$t=0$ 时，$\overline{x^2}$与$\frac{\mathrm{d}}{\mathrm{d}t}\overline{x^2}$均为 0，则得

$$\overline{x^2}=\frac{2kT\tau^2}{m}\left\{\frac{t}{\tau}-(1-\mathrm{e}^{-t/\tau})\right\}. \tag{11.3.8}$$

若 $t\ll\tau$，则由上式得

$$\overline{x^2}\approx\frac{kT}{m}t^2=\overline{u^2}t^2.$$

这与力学运动 $x=ut$ 相符. 也就是说，当时间 t 远比弛豫时间 τ 短时，布朗粒子表现出的是力学运动（实际上我们观察不到）. 另一方面，若 $t\gg\tau$（这是实验中观察布朗粒子位移的情况），则由(11.3.8)得

$$\overline{x^2}=\frac{2kT\tau}{m}t=\frac{2kT}{\alpha}t=2Dt, \tag{11.3.9}$$

其中

$$D=\frac{kT}{\alpha}. \tag{11.3.10}$$

(11.3.9)给出了布朗粒子位移平方的平均值，注意到$\overline{x^2}\propto t$，而不是 t^2. 这个关系是爱因斯坦首先得到的.

现在来估计一下 $\tau=\left(\frac{\alpha}{m}\right)^{-1}$ 的大小. 设布朗粒子是半径为 a 的球，密度为 ρ，粒子的质量为 $m=\frac{4\pi}{3}a^3\rho$. 若粒子被浸在黏性系数为 η 的液体中，按斯托克斯(Stokes)定律，$\alpha=6\pi a\eta$，于

是得

$$\frac{\alpha}{m}=\frac{9\eta}{2a^2\rho}.$$

在皮兰的实验中，粒子的平均半径为 $a=3.67\times10^{-7}$ m；粒子为胶体物质，其密度为 $\rho=1.19\times10^3$ kg · m^{-3}；液体介质为水，黏性系数为 $\eta=1.14\times10^{-3}$ Pa · s. 由此得 $\tau=\left(\frac{\alpha}{m}\right)^{-1}\approx10^{-7}$ s. 由此可见，只要 $t>10^{-6}$ s，则(11.3.8)中除正比于 t 的项以外，均可忽略，从而得到(11.3.9)的结果.

皮兰的实验中并不是同时观测大量布朗粒子，而是观测一个布朗粒子. 在显微镜下，每隔 t 时间，记录下粒子的位置，在时间 $0,t,2t,\cdots,Nt$ 分别记录下粒子的坐标为 $x_1,x_2,\cdots,x_N$，则各次粒子的位移（注意总是以上一次的位置为起点）分别为 $\Delta x_1=x_1-0$，$\Delta x_2=x_2-x_1,\cdots,\Delta x_N=x_N-x_{N-1}$. 由于所取时间 t 足够长，相继的各次位移在统计上是完全独立的. 因此，对一个布朗粒子的多次（N 次，$N\gg1$）观测得到的位移平方平均值与对大群（N 个）相同的布朗粒子位移平方平均值相等[①]. 由此求得 $\overline{(\Delta x)^2}$ 与公式(11.3.9)相同，从而验证了爱因斯坦的理论. $\overline{(\Delta x)^2}$ 与 t 及 T 成正比，与介质的黏性系数 η 成反比.

*11.3.2 布朗粒子的扩散

上面讨论的单个布朗粒子离开原处的现象实际上是一个扩散过程，公式(11.3.9)中的系数 D 就是扩散系数，这可以证明如下.

设有大群布朗粒子悬浮在液体中，令 $n(x,t)\mathrm{d}x$ 代表 t 时刻位于 x 和 $x+\mathrm{d}x$ 之间（在单位截面之内）的粒子数，即 $n(x,t)$ 为粒子的数密度. 引入**转移几率** $f(x,t)\mathrm{d}x$，其定义为：已知 $t=0$ 时粒子处于 $x=0$，到 t 时刻粒子转移到 x 和 $x+\mathrm{d}x$ 之间的几率. 根据转移几率的定义，显然有

$$n(x,t+\tau)=\int_{-\infty}^{\infty}f(x-x',\tau)n(x',t)\mathrm{d}x', \tag{11.3.11}$$

(11.3.11)可以作为转移几率的定义. 令 $\xi=x-x'$，上式可表为

$$n(x,t+\tau)=\int_{-\infty}^{\infty}f(\xi,\tau)n(x-\xi,t)\mathrm{d}\xi. \tag{11.3.12}$$

转移几率 f 具有下列性质：

$$\int_{-\infty}^{\infty}f(\xi,\tau)\mathrm{d}\xi=1, \tag{11.3.13a}$$

$$f(\xi,\tau)=f(-\xi,\tau). \tag{11.3.13b}$$

后一条反映了布朗粒子沿正 x 方向和负 x 方向的位移是等几率的（由于 x 方向没有外力作

---

① 这是实验上"制备"系综常用的方法：对一个客体改变它的状态后，只要统计上完全独立于原来的状态，就相当于另一个客体，于是，多次独立观察某一特定客体的平均也就是系综平均.

用). 此外,当 τ 很小时,粒子不可能转移到远处,故 $f(\xi,\tau)$ 在 ξ 取大值时是很小的.

现设 τ 很小(宏观意义上的),则(11.3.12)左方可以按 τ 的幂次展开:

$$n(x,t+\tau)=n(x,t)+\tau\frac{\partial n}{\partial t}+\frac{1}{2}\tau^2\frac{\partial^2 n}{\partial t^2}+\cdots. \tag{11.3.14}$$

另外,在(11.3.12)式右方,注意到对积分有显著贡献的是小 ξ 值的情形,故可以对 $n(x-\xi,t)$按 ξ 的幂次展开:

$$n(x-\xi,t)=n(x,t)-\xi\frac{\partial n}{\partial x}+\frac{1}{2}\xi^2\frac{\partial^2 n}{\partial x^2}+\cdots. \tag{11.3.15}$$

将上式代入(11.3.12)右方,求积分,只保留到 ξ^2 的项(略去更高阶的项),并利用(11.3.13),可得

$$n(x,t)+\frac{1}{2}\overline{\xi^2}\frac{\partial^2 n}{\partial x^2}, \tag{11.3.16}$$

其中

$$\overline{\xi^2}=\int_{-\infty}^{\infty}\xi^2 f(\xi,\tau)\mathrm{d}\zeta. \tag{11.3.17}$$

令(11.3.16)与(11.3.14)相等,并略去(11.3.14)中 τ^2 及更高次的项,则得

$$\tau\frac{\partial n}{\partial t}=\frac{1}{2}\overline{\xi^2}\frac{\partial^2 n}{\partial x^2},$$

亦即

$$\frac{\partial n}{\partial t}-D\frac{\partial^2 n}{\partial x^2}=0, \tag{11.3.18}$$

上式即熟知的**扩散方程**,其中

$$D=\frac{\overline{\xi^2}}{2\tau} \tag{11.3.19}$$

为**扩散系数**. 这样就证明了布朗粒子的运动是一个扩散过程.

不难证明,转移几率本身也满足与粒子密度 $n(x,t)$ 同样的扩散方程. 实际上,将(11.3.11)代入下列方程

$$\frac{\partial}{\partial\tau}n(x,t+\tau)-D\frac{\partial^2}{\partial x^2}n(x,t+\tau)=0,$$

得

$$\int_{-\infty}^{\infty}\left[\frac{\partial}{\partial\tau}f(x-x',\tau)-D\frac{\partial^2}{\partial x^2}f(x-x',\tau)\right]n(x',t)\mathrm{d}x'=0.$$

由于这个方程对任何粒子密度 n 都成立,故被积函数必须等于零,于是得

$$\frac{\partial}{\partial\tau}f(\xi,\tau)-D\frac{\partial^2}{\partial\xi^2}f(\xi,\tau)=0. \tag{11.3.20}$$

方程(11.3.20)与(11.3.18)完全一样,这就证明了 f 与 n 满足同样的扩散方程.

扩散方程的普遍解可表为[①]

$$f(\xi,\tau)=\frac{1}{2\sqrt{\pi D\tau}}\int_{-\infty}^{\infty}f(\xi',0)\mathrm{e}^{-(\xi-\xi')^2/4D\tau}\mathrm{d}\xi'. \tag{11.3.21}$$

由 f 的定义，对于 $t=0,\xi\neq0$，有 $f(\xi,0)=0$ 及 $\lim\limits_{\xi\to0}f(\xi,0)=\infty$. 亦即 $f(\xi,0)=\delta(\xi)$[②]. 于是(11.3.21)化为

$$f(\xi,\tau)=\frac{1}{2\sqrt{\pi D\tau}}\mathrm{e}^{-\xi^2/4D\tau}, \tag{11.3.22}$$

表明转移几率 f 为高斯分布. 由上式及(11.3.17)，立即得

$$\overline{\xi^2}=2D\tau. \tag{11.3.23}$$

注意到 $f(\xi,\tau)$ 是指 $t=0$ 时 $x(0)=0$，故上式中 $\overline{\xi^2}$ 的就是位移平方平均值，表明公式(11.3.23)与(11.3.9)完全一致. 这就证明了(11.3.10)中的 D，即 $D=kT/\alpha$，就是扩散系数.

*11.3.3 无规行走

以上我们介绍了用朗之万方程与扩散方程两种方法研究布朗运动，现在再介绍另一种方法，即把布朗运动看成无规行走问题.

为了简单，考虑一维情形. 令 $x(t)$ 代表布朗粒子在 t 时刻的位置，并设 $t=0$ 时粒子位于 $x=0$. 假设布朗粒子在周围分子的碰撞下，每经过 τ^* 时间移动一个小的距离 λ，把 λ 当作“行走”一步的步长，并设 λ 为常数(这是一种简化). 粒子行走是无规的，每一步行走既可以朝着正 x 方向，也可以朝着负 x 方向；在没有外力的情况下，显然朝正方向与负方向行走的几率相等，均为 $\frac{1}{2}$. 此外，假设相继的行走彼此之间是没有关联的. 由于每行走一步的时间为 τ^*，故 t 时间共行走 $N=t/\tau^*$ 步，令其中 N_1 步朝正 x 方向，N_2 步朝负 x 方向，$N_1+N_2=N$. 令 $m=N_1-N_2$，于是有 $N_1=\frac{1}{2}(N+m)$，$N_2=\frac{1}{2}(N-m)$. 经过 N 步以后，离出发点的距离为

$$x=(N_1-N_2)\lambda=m\lambda.$$

当 N_1 与 N_2 给定时，不同的走法有

$$\frac{N!}{N_1!N_2!}=\frac{N!}{N_1!(N-N_1)!}$$

种，当 N 给定时，不同的走法总共有

$$\sum_{N_1=0}^{N}\frac{N!}{N_1!(N-N_1)!}=(1+1)^N=2^N$$

---

① 参看主要参考书目[2]，224 页.

② 参看主要参考书目[7]，pp. 606—607.

种. 因此,在经过 N 步后,离出发点距离为 $x=(N_1-N_2)\lambda=m\lambda$ 的几率应为

$$P_N(N_1)=\frac{N!}{N_1!(N-N_1)!}\left(\frac{1}{2}\right)^N, \tag{11.3.24}$$

或

$$P_N(m)=\frac{N!}{\left[\frac{1}{2}(N+m)\right]!\left[\frac{1}{2}(N-m)\right]!}\left(\frac{1}{2}\right)^N. \tag{11.3.25}$$

当 $N\gg|m|\gg1$ 时(即当 $t\gg\tau^*$ 时),可以应用斯特令公式

$$\ln N!=N(\ln N-1)+\frac{1}{2}\ln(2\pi N),$$

$$\ln\left[\frac{1}{2}(N\pm m)\right]\approx\ln\frac{N}{2}+\ln\left(1\pm\frac{m}{N}\right)\approx\ln\frac{N}{2}\pm\frac{m}{N}-\frac{m^2}{2N^2},$$

可得

$$P_N(m)=\sqrt{\frac{2}{\pi N}}\mathrm{e}^{-m^2/2N}. \tag{11.3.26}$$

注意到由于 $m=N_1-N_2$,故相邻的两 m 值之差 $\Delta m=2$(而不是 1). 当把(11.3.26)改用粒子的坐标 x 表达时,处于 x 和 $x+\mathrm{d}x$ 之间可取的 m 值有 $\mathrm{d}x/2\lambda$ 个,于是得粒子处于 x 和 $x+\mathrm{d}x$ 之间的几率为

$$P(x)\mathrm{d}x=P_N(m)\frac{\mathrm{d}x}{2\lambda}=\frac{\mathrm{d}x}{\sqrt{2\pi N\lambda^2}}\exp\left(-\frac{x^2}{2N\lambda^2}\right),$$

又 $N=t/\tau^*$,故 t 时刻粒子位于 x 和 $x+\mathrm{d}x$ 之间的几率为

$$P(x,t)\mathrm{d}x=\frac{\mathrm{d}x}{2\sqrt{\pi Dt}}\exp\left(-\frac{x^2}{4Dt}\right), \tag{11.3.27}$$

其中

$$D=\frac{\lambda^2}{2\tau^*}. \tag{11.3.28}$$

由(11.3.27),立即可得粒子位移的平方平均值为

$$\overline{x^2(t)}=\int_{-\infty}^{\infty}x^2P(x,t)\mathrm{d}x=2Dt. \tag{11.3.29}$$

(11.3.29)与前面用两种不同方法求得结果(11.3.9)与(11.3.23)完全相同,表明(11.3.27)中的 D 就是扩散系数,且(11.3.28)给出了扩散系数与 λ,τ^* 的依赖关系.

* §11.4 涨落的时间关联

在 §11.2 中我们讨论过涨落量在空间不同地点取值之间的关联,引入了**空间关联函数**来描述这种关联. 本节将讨论涨落在不同时刻的取值之间的关联,类似地将引入**时间关联函数**来加以描述. 我们首先介绍时间关联函数的一般性质,然后以布朗运动为例作进一步更具

体的讨论.本节的内容也为后两节作准备.

11.4.1 时间关联函数的一般性质

令 $B(t)$代表任何一个涨落量在 t 时刻的瞬时值.例如,它可以代表布朗粒子所受的瞬时涨落力 $X(t)$,瞬时速度 $u(t)$或瞬时位置 $x(t)$;也可以代表在讨论热力学量的涨落中系统(或它的某一部分)的热力学量的瞬时值. $B(t)$的值随着时间的变化是随机性质的,亦即 $B(t)$是**随机变量**.

$B(t)$在不同时刻的取值之间存在关联是指:B 在 t_1 时刻的值影响它在另一时刻 t_2 的取值.为了描述这种关联,定义 B 的时间关联函数 K_{BB} 为

$$K_{BB}(t_1,t_2) \equiv \overline{B(t_1)B(t_2)}, \tag{11.4.1}$$

这里的 K_{BB} 只涉及一个随机变量 $B(t)$,常称为**自关联函数**(也可以推广到两个甚至更多个不同的随机变量之间的关联).(11.4.1)中的平均是指系综平均,下面的讨论只限于平衡态系综情形.对于布朗运动,是指布朗粒子周围的液体处于平衡态.

平衡态系综的时间关联函数 $K_{BB}(t_1,t_2)$具有下列性质:

(1) 由于是对平衡态系综平均,$K_{BB}(t_1,t_2)$只依赖于时间差(t_2-t_1).若令 $t_2=t_1+s$,则有

$$K_{BB}(t_1,t_2) \equiv \overline{B(t_1)B(t_1+s)} = K_{BB}(t_2-t_1) = K_{BB}(s), \tag{11.4.2}$$

亦即 K_{BB} 与 t_1 无关.

(2) 当 $s=0$ 时,

$$K_{BB}(0) \equiv \overline{B(t_1)B(t_1)} = \overline{B^2(t_1)} = C > 0, \tag{11.4.3}$$

$K_{BB}(0)$代表 $B(t_1)$的平方平均值,它是与 t_1 无关的正常数 C.

(3) 对于任何 s,$K_{BB}(s)$不可能大于 $K_{BB}(0)$.事实上,

$$\begin{aligned}\overline{(B(t_1)\pm B(t_2))^2} &= \overline{B^2(t_1)} + \overline{B^2(t_2)} \pm 2\,\overline{B(t_1)B(t_2)} \\ &= 2\{K_{BB}(0) \pm K_{BB}(s)\} \geqslant 0,\end{aligned}$$

故有

$$-K_{BB}(0) \leqslant K_{BB}(s) \leqslant K_{BB}(0) \quad (\text{对一切 } s). \tag{11.4.4}$$

(4) $K_{BB}(s)$是 s 的偶函数,即

$$K_{BB}(-s) = K_{BB}(s). \tag{11.4.5}$$

证明如下:

$$K_{BB}(-s) \equiv \overline{B(t_1)B(t_1-s)},$$

对平衡态系综,K_{BB} 与 t_1 无关,可取 $t_1=t_1'+s$,于是

$$K_{BB}(-s) \equiv \overline{B(t_1'+s)B(t_1')} = \overline{B(t_1')B(t_1'+s)} = K_{BB}(s).$$

(5) 时间关联函数 $K_{BB}(s)$存在一个特征时间 τ_B,称为**关联时间**,其定义为:当 $s\gg\tau_B$ 时,$B(t_1)$与 $B(t_1+s)$之间的关联消失,亦即 $B(t_1)$与 $B(t_1+s)$变成统计独立的,数学上可以

表达为

$$K_{BB}(s)=\overline{B(t_1)B(t_1+s)}\xrightarrow{s\gg\tau_B}\overline{B(t_1)}\cdot\overline{B(t_1+s)}=0.\tag{11.4.6}$$

这里已假设$\overline{B(t)}=0$(如果$\overline{B(t)}\neq 0$,可以令 $B(t)$是已经扣除了平均值的).因此,只有在 $|s|\lesssim\tau_B$ 的时间范围内,$K_{BB}(s)$才显著地不为零.

11.4.2 涨落力对布朗粒子的影响

现在来讨论布朗运动中所涉及的时间关联函数.在§11.3 中,涨落力除了造成粒子作无规则运动外,似乎看不出对粒子的运动有什么直接的影响.这是因为在§11.3 中我们只取了$\overline{u^2}$的平衡态值,当然显不出与时间的依赖关系;如果考查$\overline{u^2(t)}$随时间的变化,将看到涨落力的影响.

将朗之万方程(11.3.1)除以 m,得

$$\frac{\mathrm{d}u(t)}{\mathrm{d}t}=-\frac{u(t)}{\tau}+A(t),\tag{11.4.7}$$

其中 $\tau^{-1}=\alpha/m$,$A(t)=X(t)/m$ 为布朗粒子单位质量所受的涨落力.为求(11.4.7)的解,可令

$$u(t)=f(t)\mathrm{e}^{-t/\tau},\tag{11.4.8}$$

代入(11.4.7),得

$$\frac{\mathrm{d}f(t)}{\mathrm{d}t}=\mathrm{e}^{t/\tau}A(t),\tag{11.4.9}$$

求积分后再代入(11.4.8),即得

$$u(t)=u(0)\mathrm{e}^{-t/\tau}+\mathrm{e}^{-t/\tau}\int_0^t\mathrm{e}^{\xi/\tau}A(\xi)\mathrm{d}\xi.\tag{11.4.10}$$

其中 $u(0)$代表 $t=0$ 时粒子的初速度(假设所有布朗粒子有相同的初速度 $u(0)$).对上式求系综平均,由于$\overline{A(\xi)}=0$,故有

$$\overline{u(t)}=u(0)\mathrm{e}^{-t/\tau}.\tag{11.4.11}$$

上式告诉我们,当 $t\gg\tau$ 时,$\overline{u(t)}\approx 0$,表明粒子由于受周围液体分子的碰撞的摩擦阻力,初始速度以指数形式衰减到零,不再带有初始状态的信息了,或者说粒子被周围液体所“热化”.标志粒子速度衰减的特征时间为 $\tau=\left(\dfrac{\alpha}{m}\right)^{-1}$,$\alpha$ 越大,m 越小,则 τ 越短,即“热化”(或弛豫)越快.

若仅考查$\overline{u(t)}$,体现不出涨落力的作用,现在让我们来计算$\overline{u^2(t)}$.由(11.4.10),取平方再求系综平均,得

$$\overline{u^2(t)}=u^2(0)\mathrm{e}^{-2t/\tau}+\mathrm{e}^{-2t/\tau}\int_0^t\int_0^t\mathrm{e}^{(\xi_1+\xi_2)/\tau}\,\overline{A(\xi_1)A(\xi_2)}\mathrm{d}\xi_1\mathrm{d}\xi_2,\tag{11.4.12}$$

上式中出现涨落力的时间关联函数 $K_{AA}(\xi_1,\xi_2)=\overline{A(\xi_1)A(\xi_2)}$.由于已设布朗粒子周围的液体处于平衡态,故 $K_{AA}(\xi_1,\xi_2)=K_{AA}(\xi_2-\xi_1)$.现在先考查(11.4.12)右边的双重积分,令

$$I \equiv \int_0^t \int_0^t \mathrm{e}^{(\xi_1+\xi_2)/\tau} K_{AA}(\xi_2-\xi_1)\,\mathrm{d}\xi_1\,\mathrm{d}\xi_2. \tag{11.4.13}$$

引入新变量 S 与 s：

$$S=\frac{1}{2}(\xi_1+\xi_2),\quad s=\xi_2-\xi_1, \tag{11.4.14}$$

则有相应的代换：

$$\mathrm{e}^{(\xi_1+\xi_2)/\tau} K_{AA}(\xi_2-\xi_1) \longrightarrow \mathrm{e}^{2S/\tau} K_{AA}(s),$$

$$\mathrm{d}\xi_1\,\mathrm{d}\xi_2 \longrightarrow \mathrm{d}S\mathrm{d}s.$$

(11.4.13)中对 $\mathrm{d}\xi_1\mathrm{d}\xi_2$ 的积分范围为图 11.4.1 中的正方形. 变换到新变量(S,s)后，积分限为：

当 S 从 0 变到 $t/2$，s 从 $-2S$ 积分到 $2S$；

当 S 从 $t/2$ 变到 t，s 从 $-2(t-S)$积分到 $2(t-S)$.

于是(11.4.13)化为

$$I=\int_0^{t/2} \mathrm{e}^{2S/\tau}\mathrm{d}S\int_{-2S}^{2S} K_{AA}(s)\,\mathrm{d}s+\int_{t/2}^{t} \mathrm{e}^{2S/\tau}\mathrm{d}S\int_{-2(t-S)}^{2(t-S)} K_{AA}(s)\,\mathrm{d}s. \tag{11.4.15}$$

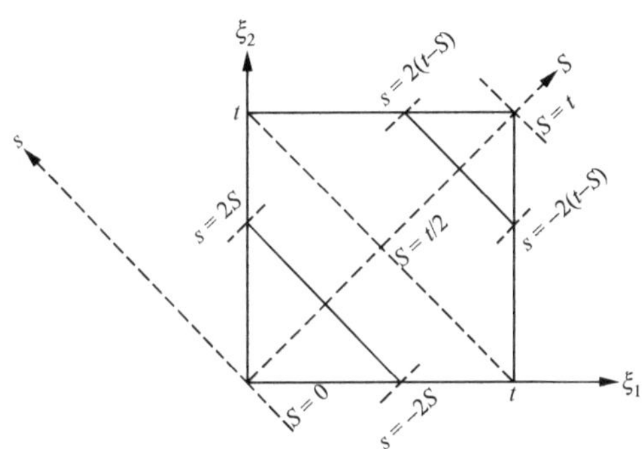

图 11.4.1 变量 ξ_1,ξ_2 与 S,s 的积分范围

虽然 $K_{AA}(s)$的具体形式不完全清楚，但由于布朗粒子所受的涨落力 $A(t)$是随时间变化非常快的随机变量，因此 $K_{AA}(s)$的关联时间 τ_A 应该非常短，其量级粗略可以用布朗粒子被周围液体分子碰撞的平均碰撞时间来估计. 对于液体，$\tau_A\sim10^{-19}$ s. 这是一个微观的时间尺度，比起(11.4.11)中粒子平均速度的弛豫时间 $\tau(\sim10^{-7}$ s)要小得多. 据此可以作一个合理的近似：把 τ_A 看成零. 数学上即假设 $K_{AA}(s)$具有 δ 函数的形式，亦即令

$$K_{AA}(s)=C\delta(s), \tag{11.4.16}$$

其中 $C=K_{AA}(0)$为正常数，它代表涨落力在任何时刻的平方平均值，表征涨落力的强度. 由(11.4.16)，并注意到(11.4.15)右边两项中对 $\mathrm{d}s$ 的积分限均在 $s=0$ 的两侧，因而两项中对 $\mathrm{d}s$ 的积分均为(省去写出积分上下限)

$$\int K_{AA}(s)\,\mathrm{d}s=C\int\delta(s)\,\mathrm{d}s=C. \tag{11.4.17}$$

于是(11.4.15)化为

$$I = C\left\{\int_0^{t/2} e^{2S/\tau}\,dS + \int_{t/2}^{t} e^{2S/\tau}\,dS\right\} = C\int_0^t e^{2S/\tau}\,dS = C\,\frac{\tau}{2}\{e^{2t/\tau} - 1\}. \tag{11.4.18}$$

将上式代入(11.4.12),即得

$$\overline{u^2(t)} = u^2(0)e^{-2t/\tau} + C\,\frac{\tau}{2}(1 - e^{-2t/\tau}). \tag{11.4.19}$$

其中常数 C 可以由极限条件确定：当 $t\to\infty$ 时,$\overline{u^2(t)}$ 应趋于平衡态值 kT/m(根据能量均分定理),于是得[①]

$$C = \frac{2kT}{m\tau}, \tag{11.4.20}$$

代入(11.4.19),最后得

$$\overline{u^2(t)} = u^2(0)e^{-2t/\tau} + \frac{kT}{m}(1 - e^{-2t/\tau}), \tag{11.4.21}$$

还可以改写成

$$\overline{u^2(t)} = u^2(0) + \left(\frac{kT}{m} - u^2(0)\right)(1 - e^{-2t/\tau}). \tag{11.4.22}$$

上式表明,当 $t \lesssim \tau$ 时,$\overline{u^2(t)}$ 显示出与时间的依赖关系.但对 $t \gg \tau$,无论 $u^2(0) > kT/m$ 或 $u^2(0) < kT/m$,$\overline{u^2(t)}$ 总是趋于其平衡态值 kT/m;如果初始值恰好等于平衡态值,即 $u^2(0) = kT/m$,则 $\overline{u^2(t)} = u^2(0) = kT/m$,即任何时刻的 $\overline{u^2(t)}$ 始终保持其平衡态值,这表明一旦达到平衡态值后,倾向于保持平衡态值不变.

*§11.5　涨落-耗散定理

11.5.1　布朗运动中涨落-耗散定理的表达形式

由 $\tau = \left(\frac{\alpha}{m}\right)^{-1}$ 及(11.4.20),得

$$\alpha = \frac{m}{\tau} = \frac{m^2}{2kT}C, \tag{11.5.1}$$

其中 $C = K_{AA}(0)$ 为涨落力的平方平均值.利用(11.4.16)$K_{AA}(s) = C\delta(s)$,则上式可以表为

$$\alpha = \frac{m^2}{2kT}\int_{-\infty}^{\infty} K_{AA}(s)\,ds = \frac{m^2}{2kT}\int_{-\infty}^{\infty} \overline{A(t)A(t+s)}\,ds. \tag{11.5.2}$$

上式中已将积分限改为$(-\infty,\infty)$,这当然是允许的,因为 $K_{AA}(s)$ 的关联时间 τ_A 非常短,将 $K_{AA}(s)$ 取为 δ 函数形式是合理的近似(见(11.4.16)).公式(11.5.2)是**涨落-耗散定理**(fluctuation-dissipation theorem)在布朗运动这一特例下的一种表达形式.

---

① 本节讨论的是一维情形;若对三维情形,有 $C = \frac{6kT}{m\tau}$.参看主要参考书目[7],p.598.

注意到公式(11.5.2)的左边为 α,它代表布朗粒子所受的阻力系数,并且直接联系着液体的黏性系数 η(对球形粒子,$\alpha=6\pi a\eta$),也就是说,它代表了系统在非平衡态下的耗散性质.另一方面,公式的右边包含涨落力的时间关联函数 $\overline{A(t)A(t+s)}$,它代表了随机变量 $A(t)$ 的涨落特性.应该注意的是:$\overline{A(t)A(t+s)}$ 是对平衡态系综的统计平均,因此反映的是平衡态下涨落的性质.一句话,公式把平衡态下的涨落性质(由时间关联函数代表)与非平衡态下系统的耗散性质联系了起来,故称为**涨落-耗散定理**.

注意到 $A(t)$ 是单位质量的涨落力,$X=mA$,故(11.5.2)可以写成等价形式

$$\alpha=\frac{1}{2kT}\int_{-\infty}^{\infty}K_{XX}(s)\mathrm{d}s=\frac{1}{2kT}\int_{-\infty}^{\infty}\overline{X(t)X(t+s)}\mathrm{d}s,\tag{11.5.3}$$

其中

$$K_{XX}(s)\equiv\overline{X(t)X(t+s)}=m^2K_{AA}(s).\tag{11.5.4}$$

利用扩散系数 D 与阻力系数 α 之间的关系(11.3.10),即 $D=kT/\alpha$,得

$$\frac{1}{D}=\frac{m^2}{2(kT)^2}\int_{-\infty}^{\infty}K_{AA}(s)\mathrm{d}s=\frac{1}{2(kT)^2}\int_{-\infty}^{\infty}K_{XX}(s)\mathrm{d}s.\tag{11.5.5}$$

以上得到的公式(11.5.2),(11.5.3)与(11.5.5)是完全等价的,它们是涨落-耗散定理对布朗运动的不同的表述形式.还有一种表述形式为

$$D=\frac{1}{2}\int_{-\infty}^{\infty}K_{uu}(s)\mathrm{d}s=\frac{1}{2}\int_{-\infty}^{\infty}\overline{u(t)u(t+s)}\mathrm{d}s,\tag{11.5.6}$$

其中

$$K_{uu}(s)=\overline{u(t)u(t+s)}\tag{11.5.7}$$

是布朗粒子速度的时间关联函数.公式的推导需要利用 $\overline{x^2(t)}$ 与速度关联函数之间的关系,以及极限条件 $\overline{x^2(t)}\xrightarrow{t\gg\tau}2Dt$.具体计算如下.

由布朗粒子的位移与速度的关系

$$x(t)=\int_0^t u(\xi)\mathrm{d}\xi,\tag{11.5.8}$$

将上式两边取平方,再求系综平均,得

$$\overline{x^2(t)}=\int_0^t\int_0^t\overline{u(\xi_1)u(\xi_2)}\mathrm{d}\xi_1\mathrm{d}\xi_2=\int_0^t\int_0^t K_{uu}(\xi_1,\xi_2)\mathrm{d}\xi_1\mathrm{d}\xi_2.\tag{11.5.9}$$

对平衡态系综,时间关联函数 $K_{uu}(\xi_1,\xi_2)$ 只依赖于时间差,即

$$K_{uu}(\xi_1,\xi_2)=K_{uu}(\xi_2-\xi_1),$$

类似于(11.4.13),在新变数 $S=\frac{1}{2}(\xi_1+\xi_2)$ 与 $s=\xi_2-\xi_1$ 下,(11.5.9)化为

$$\overline{x^2(t)}=\int_0^{t/2}\mathrm{d}S\int_{-2S}^{2S}K_{uu}(s)\mathrm{d}s+\int_{t/2}^{t}\mathrm{d}S\int_{-2(t-S)}^{2(t-S)}K_{uu}(s)\mathrm{d}s.\tag{11.5.10}$$

现在需要求出 $K_{uu}(s)$.由公式(11.4.10),

$$\begin{aligned}K_{uu}(s)&=\overline{u(t)u(t+s)}\\&=u^2(0)\mathrm{e}^{-(2t+s)/\tau}+\mathrm{e}^{-(2t+s)/\tau}\int_0^t\mathrm{d}\xi_1\mathrm{e}^{\xi_1/\tau}\int_0^{t+s}\mathrm{d}\xi_2\mathrm{e}^{\xi_2/\tau}\overline{A(\xi_1)A(\xi_2)}.\end{aligned}\tag{11.5.11}$$

由于是对平衡态系综平均，$\overline{A(\xi_1)A(\xi_2)}=K_{AA}(\xi_2-\xi_1)$，令

$$I' \equiv \int_0^t \mathrm{d}\xi_1 \mathrm{e}^{\xi_1/\tau}\int_0^{t+s} \mathrm{d}\xi_2 \mathrm{e}^{\xi_2/\tau} K_{AA}(\xi_2-\xi_1), \tag{11.5.12}$$

作变数变换 $\eta=\xi_2-\xi_1$，则得

$$\begin{aligned} I' &= \int_0^t \mathrm{e}^{2\xi_1/\tau}\mathrm{d}\xi_1 \int_{-\xi_1}^{t+s-\xi_1} \mathrm{e}^{\eta/\tau} K_{AA}(\eta)\mathrm{d}\eta \\ &= C\int_0^t \mathrm{e}^{2\xi_1/\tau}\mathrm{d}\xi_1 \int_{-\xi_1}^{t+s-\xi_1} \mathrm{e}^{\eta/\tau}\delta(\eta)\mathrm{d}\eta. \end{aligned} \tag{11.5.13}$$

最后一步已用到(11.4.16)，即 $K_{AA}(\eta)=C\delta(\eta)$.

当 $s>0$ 时，I'右方对 η 的积分上限 $t+s-\xi_1>0$，下限 $-\xi_1<0$. 利用 δ 函数的性质，对 η 的积分等于 1，于是得

$$I' = C\int_0^t \mathrm{e}^{2\xi_1/\tau}\mathrm{d}\xi_1 = C\,\frac{\tau}{2}(\mathrm{e}^{2t/\tau}-1). \tag{11.5.14a}$$

当 $s<0$ 时，只有当 $t+s-\xi_1>0$ 时对 η 的积分才不为零(等于 1). 故对 ξ_1 的积分有贡献的只有从 0 到$(t+s)$的那部分，于是有

$$I' = C\int_0^{t+s} \mathrm{e}^{2\xi_1/\tau}\mathrm{d}\xi_1 = C\,\frac{\tau}{2}(\mathrm{e}^{(t+s)/\tau}-1). \tag{11.5.14b}$$

将(11.5.14a)与(11.5.14b)代入(11.5.11)，得

$$K_{uu}(s)=\begin{cases} u^2(0)\mathrm{e}^{-(2t+s)/\tau}+C\,\dfrac{\tau}{2}\mathrm{e}^{-s/\tau}(1-\mathrm{e}^{-2t/\tau}), & \text{当 } s>0, \quad (11.5.15\text{a}) \\ u^2(0)\mathrm{e}^{-(2t+s)/\tau}+C\,\dfrac{\tau}{2}\mathrm{e}^{s/\tau}(1-\mathrm{e}^{-2(t+s)/\tau}), & \text{当 } s<0. \quad (11.5.15\text{b}) \end{cases}$$

当 $t\gg\tau$ 时，初速度项已经完全衰减到零，布朗粒子已被周围液体热化. 这时，(11.5.15a,b)可统一表达成

$$K_{uu}(s) = C\,\frac{\tau}{2}\mathrm{e}^{-|s|/\tau}, \tag{11.5.16}$$

其中 $C=\dfrac{2kT}{m\tau}$，上式也验证了时间关联函数是 s 的偶函数的性质，即公式(11.4.5). $K_{uu}(s)$最后可表达为

$$K_{uu}(s) = \frac{kT}{m}\mathrm{e}^{-|s|/\tau}, \tag{11.5.17}$$

上式代表布朗粒子已被周围液体热化以后的速度关联函数，注意到其关联时间为 $\tau=\left(\dfrac{\alpha}{m}\right)^{-1}$，对于典型的布朗运动系统，$\tau\sim10^{-7}$ s. 可见粒子的速度关联函数的关联时间与涨落力的关联函数的关联时间($\tau_A\sim10^{-19}$ s)差别非常大(相差约 12 个数量级!). 这告诉我们：首先，不同的关联函数的关联时间一般是不同的，相差可以很大. 其次，尽管 $K_{AA}(s)$的关联时间 τ_A 很小(在以上的处理中我们取为 0，或者说涨落力 $A(t)$ 近似地说没有时间关联)，但

粒子速度仍然存在时间关联.粒子速度 $u(t)$ 相应的关联函数的关联时间由耗散机制(阻力系数 α 或黏性系数 η)决定,也与粒子的质量 m 有关;但关联的强度与涨落力的强度(即其均方值)C 有关.

现在回到(11.5.10),在 $t \gg \tau$ 的情况下,$K_{uu}(s)$ 由(11.5.17)表达;因而(11.5.10)式右边对 s 的积分限可取为$(-\infty,+\infty)$.于是(11.5.10)化为

$$\overline{x^2(t)} = \int_0^t \mathrm{d}S \int_{-\infty}^{\infty} K_{uu}(s)\mathrm{d}s = t\int_{-\infty}^{\infty} K_{uu}(s)\mathrm{d}s. \tag{11.5.18}$$

在§11.3 中我们已经证明,当 $t \gg \tau$ 时,布朗粒子位移的平方平均值满足(11.3.9),即 $\overline{x^2(t)} = 2Dt$.与(11.5.18)对比,即得

$$D = \frac{1}{2}\int_{-\infty}^{\infty} K_{uu}(s)\mathrm{d}s = \frac{1}{2}\int_{-\infty}^{\infty} \overline{u(t)u(t+s)}\mathrm{d}s, \tag{11.5.19}$$

这是布朗运动中涨落-耗散定理的另一种表达形式,它把扩散系数(标志非平衡态下的耗散性质)与粒子速度的时间关联函数(反映平衡态下的涨落性质)联系起来了.

11.5.2 关于涨落-耗散定理的几点说明

(1) 以上我们对布朗运动推导出涨落-耗散定理的两种表达形式,即公式(11.5.2)(或其等价形式(11.5.3)与(11.5.5))和公式(11.5.19).推导的基础是朗之万方程,并利用了平衡态系综平均以及经典能量均分定理.

20 世纪 50 年代初,凯伦(Callen)和韦尔敦(Welton)[①]证明了近平衡的非平衡态下系统的耗散性质与平衡态下的自发涨落之间的联系,以后被称为涨落-耗散定理.50 年代中期,久保亮武(R. Kubo)等人发展了关于近平衡的非平衡态的线性响应理论(linear response theory),并利用该理论,普遍证明了涨落-耗散定理[②].久保的证明建立在刘维尔方程(量子的和经典的)的基础上,这就保证了所证明的定理的普遍性:不仅适用于经典系统,也适用于量子系统(量子涨落-耗散定理的形式当然不同于经典的,但物理内容是相同的);不仅可以用于相互作用可以忽略的系统(如稀薄气体等),也可以用于相互作用必须考虑的更为复杂的情形.唯一的条件是所涉及的非平衡态必须是近平衡的,或者说处于非平衡态的线性响应区.具体地说,这是指驱动系统偏离平衡态的"热力学力"(如电场强度或电势梯度,温度梯度,密度梯度等)比较小,使由它产生的"热力学流"(如电流、热流、粒子流等)与热力学力之间呈线性关系.如果上述条件不满足,比如说"热力学力"比较强,"流"与"力"之间不满足线性关系,则线性响应理论不再成立,当然在此基础上建立的涨落-耗散定理也不再适用.顺便说一下,对于布朗运动情形,近平衡的要求似乎不明显,但实际上是满足的.因为在讨论中始终假定布朗粒子周围的液体处于平衡态.整个系统(布朗粒子与周围的液体一起)可以由于

① H. B. Callen and T. A. Welton, Phys. Rev., **83**,34(1951).

② R. Kubo, Rep. Prog. Phys., **29**(1966) p. 255. R. Kubo, M. Toba and N. Hashitsume, Statistical Physics Ⅱ, 2nd edition, Springer-Verlag, 1995, Chaps. 1,4.

初始布朗粒子的速度不同于热化以后的热平均值(按能量均分定理确定)而处于“近”平衡的非平衡态,这里的“近”表现在阻力与速度呈线性关系.

(2) 如何从物理上理解涨落-耗散定理?为什么系统**在平衡态下的自发涨落的性质**与系统在**近平衡态的非平衡态下的耗散性质**有联系呢?要回答这问题,最好用“**涨落回归假说**”(fluctuation regression hypothesis),这是20世纪30年代昂萨格提出的.昂萨格注意到,存在两种弛豫过程:一种弛豫过程是系统处于平衡态下由于自发涨落引起的偏离的衰减(或“回归”)(“自发”指没有外力的驱动,完全是由于系统内部分子热运动所引起的.只要平衡态是稳定的,涨落引起的偏离必定会恢复,我们只讨论稳定平衡的情形);另一种弛豫过程是当系统受到“热力学力”的作用,被驱动到偏离平衡的非平衡态.如果去掉“热力学力”,则系统将通过弛豫过程趋于平衡态.昂萨格认为,平衡态下自发涨落“回归”的这种弛豫过程,与近平衡的非平衡态下趋于平衡的弛豫过程遵从相同的宏观规律.但是当年昂萨格无法证明这一点,他是以假说的形式提出的.以后根据线性响应理论,可以证明昂萨格的涨落回归假说.正是由于上述这两种弛豫过程本质上相同,涨落-耗散定理就不难理解了.

(3) 涨落-耗散定理有什么用?

首先,可以应用涨落-耗散定理计算近平衡的非平衡态下的耗散性质(如各种输运系数),这方面在固体理论中有广泛的应用,特别是当玻尔兹曼积分微分方程无法处理,例如高度无序固体中的输运问题以及介观系统的量子输运问题等.

其次,涨落-耗散定理也可以反过来用,即通过对近平衡态下耗散性质去认识平衡态下的涨落性质.

再次,涨落-耗散定理的普遍表述形式为进一步探讨一些普遍性的理论问题提供了理论框架,例如,证明昂萨格倒易关系的一种办法是利用涨落-耗散定理.关于昂萨格倒易关系的证明,有兴趣的读者可参看本书第一版§11.7(那里的证明沿用昂萨格本人的证明办法).

* §11.6　电路中的热噪声　谱密度

热噪声(thermal noise),也称为**江孙噪声**(Johnson noise),是电路中普遍存在的一种涨落现象,由江孙于1928年从实验上发现[①],奈奎斯特(Nyquist)给予理论解释[②][③],其结果可以表述为:对处在平衡态、温度为 T 的电路系统,电阻 R 两端的涨落电压的平方平均值 $\overline{V^2}$ 满足下列关系:

$$\overline{V^2}=4kTR\Delta\nu,\tag{11.6.1}$$

① J. B. Johnson, Phys. Rev., **32**, 97(1928).

② H. Nyquist, Phys. Rev., **32**, 110(1928).

③ 关于奈奎斯特定理,C. Kittel 的书中有很好的讨论,见 C. Kittel, Elementary Statistical Physics, John Wiley & Sons, Inc., 1958, pp. 141—149.

其中 $\Delta\nu$ 代表测量电压的频带宽度. 公式(11.6.1)称为**奈奎斯特定理**.

若定义电压均方涨落的谱密度 $S(\nu)$ 为

$$\overline{V^2} \equiv \int_0^{\infty} S(\nu)\mathrm{d}\nu, \tag{11.6.2}$$

则由(11.6.1),热噪声的谱密度为

$$S(\nu) = 4kTR, \tag{11.6.3}$$

有时直接把(11.6.3)称为**奈奎斯特定理**. 热噪声的谱密度(11.6.3)有几个特点:(1) $S(\nu)$ 正比于温度 T,只要 $T\neq 0$,热噪声就存在,这也是为什么称之为热噪声原因. (2) $S(\nu)$ 正比于 R,电阻越小,热噪声也越弱. 若金属处于超导态,$R=0$,原则上没有热噪声. (3) 热噪声是平衡态下电流涨落的结果,没有宏观电流(即 $\overline{I}=0$)时,热噪声仍然存在(实际上它与 $\overline{I^2}$ 有联系,$\overline{I}=0$ 但 $\overline{I^2}\neq 0$). (4) 注意到 $S(\nu)$ 与 ν 无关,故热噪声也称为**白噪声**(white noise). 这里"白"是借用光学中的白光,白光中各种频率成分的强度相同,而今 $S(\nu)$ 中各种频率成分也相同.

奈奎斯特最初对公式(11.6.1)的推导是基于热力学第二定律与黑体辐射理论(想法很有意思). 本节将介绍另一种常用的方法,即**把电路中的电流涨落看成一种特殊的布朗运动**. 这样一来,**就可以把有关布朗运动的理论方法搬过来**. 此外,本节还要借这个问题介绍涨落的谱分解方法以及如何求谱密度.

11.6.1 涨落电流的朗之万方程

考虑一个由电阻 R 和电感 L 串联构成的电路,设整个电路系统处于平衡态,温度为 T. 为了简单,电路中没有外加电动势. 但是,即使在平衡态下也存在热涨落,电路中会发生瞬时的涨落电流 $I(t)$,其大小与方向都是无规的,即 $I(t)$ 是随机变量,且 $\overline{I(t)}=0$. 涨落电流满足下列方程:

$$L\frac{\mathrm{d}I(t)}{\mathrm{d}t} = -RI(t) + V(t), \tag{11.6.4}$$

其中 $V(t)$ 代表随机电动势,$\overline{V(t)}=0$. 将方程(11.6.4)与布朗粒子遵从的朗之万方程(11.3.1)

$$m\frac{\mathrm{d}u(t)}{\mathrm{d}t} = -\alpha u(t) + X(t)$$

对比,可以清楚看出,(11.6.4)中的诸量与(11.3.1)中的存在一一对应的关系:

$$\begin{cases} I(t) \longleftrightarrow u(t), \\ L \longleftrightarrow m, \\ R \longleftrightarrow \alpha, \\ V(t) \longleftrightarrow X(t). \end{cases} \tag{11.6.5}$$

实际上,电阻 R 与涨落电动势 $V(t)$ 都来源于传导电子受其周围的声子的散射: R 代表平均的效果,而 $V(t)$ 是扣除了平均以后剩余的涨落部分,它们类似于布朗粒子的朗之万方程中的 α 与 $X(t)$ 均来自周围液体分子的碰撞. 既然涨落电流遵从朗之万方程,自然可以把电路中的电流涨落看成一种特殊类型的布朗运动，从而可以把§11.3—§11.5的理论搬过来．我们将直接列出主要结果而不详细推导（建议读者自己推导一遍，有助于加深理解）．

（1）涨落电动势$V(t)$的时间关联函数定义为

$$K_{VV}(s) \equiv \overline{V(t)V(t+s)} = \overline{V(0)V(s)}, \tag{11.6.6}$$

由于电路系统处于平衡态，$K_{VV}(s)$只依赖于时间差，而与初始时刻t无关．

（2）$K_{VV}(s)$的关联时间（记为τ_V）非常短，大体上相当于传导电子与周围声子相继二次散射之间的时间，对于金属，$\tau_V \sim 10^{-14}$ s．τ_V比起电流的时间关联函数$K_{II}(s) \equiv \overline{I(t)I(t+s)}$的关联时间$\tau = (R/L)^{-1} \sim 10^0$ s，要短得多，这里的τ_V与τ的关系与布朗粒子中τ_c与$\tau = (\alpha/m)^{-1}$的关系类似．因此数学上可以对$K_{VV}(s)$采用δ函数近似，即令

$$K_{VV}(s) = C\delta(s), \tag{11.6.7}$$

其中

$$C \equiv K_{VV}(0) = \overline{V^2}, \tag{11.6.8}$$

类似于（11.4.20），可以求得

$$C = 2kTR. \tag{11.6.9}$$

（3）电感中储存的能量由$\frac{1}{2}LI^2(t)$表示，它也随热涨落而涨落．应用能量均分定理，得

$$\overline{\frac{1}{2}LI^2} = \frac{1}{2}kT, \tag{11.6.10}$$

亦即

$$\overline{I^2} = \frac{kT}{L}. \tag{11.6.11}$$

（4）与（11.4.21）类似，可以求得电流的平方平均值为

$$\overline{I^2(t)} = I^2(0)\mathrm{e}^{-2t/\tau} + \frac{kT}{L}(1 - \mathrm{e}^{-2t/\tau}), \tag{11.6.12}$$

其中$\tau \equiv (R/L)^{-1}$代表电流趋于平衡态的弛豫时间．若初始电流$I(0)=0$，则有

$$\overline{I^2(t)} = \frac{kT}{L}(1 - \mathrm{e}^{-2t/\tau}), \tag{11.6.13}$$

其极限为

$$\overline{I^2(t)} \xrightarrow{t \to \infty} \frac{kT}{L}. \tag{11.6.14}$$

实际上只须$t \gg \tau$，$\overline{I^2(t)}$即趋于其热平衡值$\frac{kT}{L}$．

（5）涨落电流$I(t)$的时间关联函数为

$$K_{II}(s) \equiv \overline{I(t)I(t+s)} = \overline{I(0)I(s)}, \tag{11.6.15}$$

类似于（11.5.17），可以求得

$$K_{II}(s) = \frac{kT}{L}\mathrm{e}^{-|s|/\tau}. \tag{11.6.16}$$

上式表明 $\tau=(R/L)^{-1}$ 代表了电流时间关联函数的关联时间.

(6) 电路的涨落-耗散定理可以表达为(参看(11.5.3)的推导)

$$R=\frac{1}{2kT}\int_{-\infty}^{\infty}\overline{V(0)V(s)}\mathrm{d}s. \tag{11.6.17}$$

11.6.2 时间关联函数的谱分解 谱密度

首先介绍随机变量及相应的时间关联函数谱分解的一般知识.

设 $B(t)$ 是随机变量. 一般而言, $B(t)$ 是时间 t 的十分复杂的函数,直接处理往往比较麻烦. 如果对 $B(t)$ 作傅里叶分解,即分解成各种不同频率分量叠加的形式,把原来需要对 $B(t)$ 作的讨论转化为对其傅里叶频率分量的讨论,就会简便得多. 现将 $B(t)$ 表达为傅里叶积分:

$$B(t)=\int_{-\infty}^{\infty}\widetilde{B}(\omega)\mathrm{e}^{\mathrm{i}\omega t}\mathrm{d}\omega, \tag{11.6.18}$$

其中 $\widetilde{B}(\omega)$ 为 $B(t)$ 对应的频率为 ω 的傅里叶分量,它由逆变换确定[①],

$$\widetilde{B}(\omega)=\frac{1}{2\pi}\int_{-\infty}^{\infty}B(t)\mathrm{e}^{-\mathrm{i}\omega t}\mathrm{d}t, \tag{11.6.19}$$

注意到 $B(t)$ 是实量,即 $B^*(t)=B(t)$,由(11.6.19)

$$\widetilde{B}^*(\omega)=\frac{1}{2\pi}\int_{-\infty}^{\infty}B(t)\mathrm{e}^{\mathrm{i}\omega t}\mathrm{d}t=\widetilde{B}(-\omega). \tag{11.6.20}$$

容易证明下面的傅里叶积分定理:

$$\frac{1}{2\pi}\int_{-\infty}^{\infty}B^2(t)\mathrm{d}t=\int_{-\infty}^{\infty}|\widetilde{B}(\omega)|^2\mathrm{d}\omega. \tag{11.6.21}$$

证明如下:

$$\begin{aligned}B^2(t)&=B^*(t)B(t)\\&=\int_{-\infty}^{\infty}\widetilde{B}^*(\omega)\mathrm{e}^{-\mathrm{i}\omega t}\mathrm{d}\omega\int_{-\infty}^{\infty}\widetilde{B}(\omega')\mathrm{e}^{\mathrm{i}\omega' t}\mathrm{d}\omega'\\&=\iint\mathrm{d}\omega\mathrm{d}\omega'\widetilde{B}^*(\omega)\widetilde{B}(\omega')\mathrm{e}^{-\mathrm{i}(\omega-\omega')t},\end{aligned}$$

于是

$$\begin{aligned}\frac{1}{2\pi}\int_{-\infty}^{\infty}B^2(t)\mathrm{d}t&=\iint\mathrm{d}\omega\mathrm{d}\omega'\widetilde{B}^*(\omega)\widetilde{B}(\omega')\frac{1}{2\pi}\int_{-\infty}^{\infty}\mathrm{e}^{-\mathrm{i}(\omega-\omega')t}\mathrm{d}t\\&=\iint\mathrm{d}\omega\mathrm{d}\omega'\widetilde{B}^*(\omega)\widetilde{B}(\omega')\delta(\omega-\omega')\end{aligned}$$

---

① 当 $|t|\to\infty$ 时, $B(t)$ 并不趋于零,故积分(11.6.19)是发散的. 然而,真正需要计算的是时间关联函数 $K_{BB}(s)$ 的傅里叶分量 $\widetilde{K}_{BB}(\omega)$;由于 $|s|\to\infty$ 时 $K_{BB}(s)\to0$,保证了积分的收敛性. 我们把(11.6.19)当作一种形式上的表达方式,这样做不影响结果的正确性. 参看主要参考书目[5], p. 371.

形式上更为严格的表述可参看: F. Reif, Fundamentals of Statistical and Thermal Physics, McGraw-Hill Book Company, 1966, p. 582.

$$= \int_{-\infty}^{\infty} |\widetilde{B}(\omega)|^2 \mathrm{d}\omega,$$

其中用到 δ 函数的公式

$$\frac{1}{2\pi}\int_{-\infty}^{\infty} \mathrm{e}^{-\mathrm{i}(\omega-\omega')t}\mathrm{d}t = \delta(\omega-\omega').$$

$B(t)$的时间关联函数定义为

$$K_{BB}(s) \equiv \overline{B(t)B(t+s)}, \tag{11.6.22}$$

由于我们感兴趣的是平衡态下的统计平均，故 $K_{BB}(s)$只依赖于时间差 s，而与初始时刻 t 无关，且 $K_{BB}(s)$必为 s 的偶函数(参看(11.4.5))，即

$$K_{BB}(s) = K_{BB}(-s), \tag{11.6.23}$$

又 $K_{BB}(s)$是实量，有

$$K_{BB}^*(s) = K_{BB}(s). \tag{11.6.24}$$

$K_{BB}(s)$与其傅里叶分量之间的关系为

$$K_{BB}(s) = \int_{-\infty}^{\infty} \widetilde{K}_{BB}(\omega)\mathrm{e}^{\mathrm{i}\omega s}\mathrm{d}\omega, \tag{11.6.25}$$

$$\widetilde{K}_{BB}(\omega) = \frac{1}{2\pi}\int_{-\infty}^{\infty} K_{BB}(s)\mathrm{e}^{-\mathrm{i}\omega s}\mathrm{d}s. \tag{11.6.26}$$

由(11.6.23)及(11.6.24)易得

$$\widetilde{K}_{BB}(\omega) = \widetilde{K}_{BB}(-\omega) = \widetilde{K}_{BB}^*(\omega). \tag{11.6.27}$$

上式表明，尽管 B 的傅里叶分量 $\widetilde{B}(\omega)$一般是复量，但 B 的时间关联函数的傅里叶分量 $\widetilde{K}_{BB}(\omega)$却是实量，且是 ω 的偶函数.

现在来证明一个重要的公式：

$$\widetilde{K}_{BB}(\omega) = \overline{|\widetilde{B}(\omega)|^2}. \tag{11.6.28}$$

上式把关联函数的傅里叶分量 $\widetilde{K}_{BB}(\omega)$用相应随机变量的傅里叶分量 $\widetilde{B}(\omega)$表达出来. 公式证明如下：

将(11.6.22)中的 $B(t)$与 $B(t+s)$展成傅里叶积分，得

$$K_{BB}(s) = \iint \mathrm{d}\omega\mathrm{d}\omega' \, \overline{\widetilde{B}(\omega)\widetilde{B}(\omega')}\mathrm{e}^{\mathrm{i}\omega s}\mathrm{e}^{\mathrm{i}(\omega+\omega')t}, \tag{11.6.29}$$

将此式与(11.6.25)比较，得

$$\widetilde{K}_{BB}(\omega) = \int \mathrm{d}\omega' \, \overline{\widetilde{B}(\omega)\widetilde{B}(\omega')}\mathrm{e}^{\mathrm{i}(\omega+\omega')t}. \tag{11.6.30}$$

上式左边与 t 无关，而右边的被积函数中包含 t. 要使上式对任何 t 都成立，只有当右边的被积函数包含以$(\omega+\omega')$为宗量的 δ 函数才行，即必须

$$\overline{\widetilde{B}(\omega)\widetilde{B}(\omega')} = \overline{\widetilde{B}(\omega)\widetilde{B}(-\omega)}\delta(\omega+\omega'),$$

利用(11.6.20)，上式化为

$$\overline{\widetilde{B}(\omega)\widetilde{B}(\omega')} = \overline{|\widetilde{B}(\omega)|^2}\delta(\omega+\omega'), \tag{11.6.31}$$

代入(11.6.30),立即得到(11.6.28).

11.6.3 电路中热噪声的谱密度

现在回过头来讨论电路中的热噪声,将涨落电压 $V(t)$展成傅里叶积分:

$$V(t) = \int_{-\infty}^{\infty} \widetilde{V}(\omega)\mathrm{e}^{\mathrm{i}\omega t}\mathrm{d}\omega. \tag{11.6.32}$$

$V(t)$的傅里叶分量 $\widetilde{V}(\omega)$由逆变换确定,

$$\widetilde{V}(\omega) = \frac{1}{2\pi}\int_{-\infty}^{\infty} V(t)\mathrm{e}^{-\mathrm{i}\omega t}\mathrm{d}t. \tag{11.6.33}$$

由(11.6.6),电压 $V(t)$的时间关联函数为

$$K_{VV}(s) \equiv \overline{V(t)V(t+s)},$$

在 $K_{VV}(s)$取 δ 函数近似下,由(11.6.7)与(11.6.9),得

$$K_{VV}(s) = 2kTR\delta(s). \tag{11.6.34}$$

$K_{VV}(s)$及其傅里叶分量 $\widetilde{K}_{VV}(\omega)$满足下列公式

$$K_{VV}(s) = \int_{-\infty}^{\infty} \widetilde{K}_{VV}(\omega)\mathrm{e}^{\mathrm{i}\omega s}\mathrm{d}\omega, \tag{11.6.35}$$

$$\widetilde{K}_{VV}(\omega) = \frac{1}{2\pi}\int_{-\infty}^{\infty} K_{VV}(s)\mathrm{e}^{-\mathrm{i}\omega s}\mathrm{d}s. \tag{11.6.36}$$

将(11.6.34)代入(11.6.36),得

$$\widetilde{K}_{VV}(\omega) = \frac{kTR}{\pi}. \tag{11.6.37}$$

电压平方的平均值为

$$\begin{aligned}\overline{V^2} = \overline{V^2(t)} &= K_{VV}(0) = \int_{-\infty}^{\infty} \widetilde{K}_{VV}(\omega)\mathrm{d}\omega \\ &= \int_0^{\infty} 2\widetilde{K}_{VV}(\omega)\mathrm{d}\omega = \int_0^{\infty} 4\pi\widetilde{K}_{VV}(\nu)\mathrm{d}\nu.\end{aligned} \tag{11.6.38}$$

最后两步用到 $\widetilde{K}_{VV}(-\omega) = \widetilde{K}_{VV}(\omega)$以及 $\omega = 2\pi\nu$. 将(11.6.38)与谱密度 $S(\nu)$的定义式(11.6.2)比较,并利用(11.6.37),立即得

$$S(\nu) = 4\pi\widetilde{K}_{VV}(\nu) = 4kTR.$$

这就重新推导出奈奎斯特定理(11.6.3).

应该指出,涨落电压的谱密度 $S(\nu)$与频率无关的结论(即奈奎斯特定理)是有限制的,它必须限于一定的频率范围(或频带宽度),这是因为我们推导公式(11.6.37)时,用到电压时间关联函数的近似(11.6.7),亦即要求所考查的时间 s 应当远比 τ_V 长得多:

$$\tau_V \ll s.$$

这个条件相当于

$$\frac{1}{s} \ll \frac{1}{\tau_V},$$

亦即频率应远低于$\frac{1}{\tau_V}$：

$$\nu \ll \frac{1}{\tau_V}. \tag{11.6.39}$$

对电阻是金属导体的情形，$\tau_V \sim 10^{-14}$ s，$\frac{1}{\tau_V} \sim 10^{14}$ s^{-1}，这个频率属于红外区.只有当$\nu \ll \frac{1}{\tau_V}$时，热噪声才是与频率无关的，或者说才是"白"的.

下面讨论涨落电流的时间关联函数的谱分解.把涨落电流$I(t)$表为傅里叶积分，即

$$I(t) = \int_{-\infty}^{\infty} \widetilde{I}(\omega) \mathrm{e}^{\mathrm{i}\omega t} \mathrm{d}\omega, \tag{11.6.40}$$

及

$$\widetilde{I}(\omega) = \frac{1}{2\pi} \int_{-\infty}^{\infty} I(t) \mathrm{e}^{-\mathrm{i}\omega t} \mathrm{d}t. \tag{11.6.41}$$

电流 $I(t)$的时间关联函数为

$$K_{II}(s) \equiv \overline{I(t) I(t+s)} = \overline{I(0) I(s)},$$

利用(11.6.28)，则 $K_{II}(s)$的傅里叶分量 $\widetilde{K}_{II}(\omega)$可以用 $\widetilde{I}(\omega)$表达出来：

$$\widetilde{K}_{II}(\omega) = \overline{|\widetilde{I}(\omega)|^2}. \tag{11.6.42}$$

为了求 $\widetilde{I}(\omega)$，可将(11.6.32)与(11.6.40)代入朗之万方程(11.6.4)，立即解出

$$\widetilde{I}(\omega) = \frac{\widetilde{V}(\omega)}{Z(\omega)} = \frac{\widetilde{V}(\omega)}{R + \mathrm{i}\omega L}, \tag{11.6.43}$$

其中 $Z(\omega)=R+\mathrm{i}\omega L$ 为 RL 电路的复阻抗.将 $\widetilde{I}(\omega)$取模方，代入(11.6.42)，得

$$\widetilde{K}_{II}(\omega) = \overline{|\widetilde{I}(\omega)|^2} = \frac{1}{R^2 + \omega^2 L^2} \overline{|\widetilde{V}(\omega)|^2}. \tag{11.6.44}$$

再将(11.6.28)用于电压，并利用公式(11.6.37)，得

$$\widetilde{K}_{VV}(\omega) = \overline{|\widetilde{V}(\omega)|^2} = \frac{kTR}{\pi}, \tag{11.6.45}$$

代入(11.6.44)，得

$$\widetilde{K}_{II}(\omega) = \frac{kTR}{\pi(R^2 + \omega^2 L^2)}. \tag{11.6.46}$$

对上式作逆傅里叶变换，即可求得时间关联函数(读者自己完成).

$$\begin{aligned} K_{II}(s) &= \int_{-\infty}^{\infty} \widetilde{K}_{II}(\omega) \mathrm{e}^{\mathrm{i}\omega s} \mathrm{d}\omega \\ &= \frac{kTR}{\pi} \int_{-\infty}^{\infty} \frac{\mathrm{e}^{\mathrm{i}\omega s}}{R^2 + \omega^2 L^2} \mathrm{d}\omega \end{aligned}$$

$$= \frac{kT}{L} e^{-|s|/\tau}, \tag{11.6.47}$$

其中 $\tau = (R/L)^{-1}$. 从上面的计算可以看出,用谱分解的办法比直接通过 $I(t)$ 计算关联函数要简便得多(比较 § 11.5 中公式(11.5.17)的推导).

现在考查(11.6.46)的低频性质,对于 $\omega L \ll R$ 的低频区,亦即

$$\nu \ll \frac{1}{\tau} = \frac{R}{L}, \tag{11.6.48}$$

则(11.6.46)中的 $(1+\omega^2 L^2/R^2) \approx 1$,则得

$$\widetilde{K}_{II}(\omega) = \overline{|\widetilde{I}(\omega)|^2} = \frac{kT}{\pi R}. \tag{11.6.49}$$

可见,在低频区,涨落电流的谱密度也是与频率无关的. 需要指出,条件(11.6.48)与条件(11.6.39)不同:由于 $\tau_V \ll \tau$,要求涨落电流的谱与频率无关,即"白"噪声电流,要比"白"噪声电压相应的频率低得多.

奈奎斯特定理表明,涨落电压的谱密度 $S(\nu)$ 只与电阻 R 有关,而与电路中的电感无关;如果电路中还有电容,可以证明 $S(\nu)$ 也与电容无关.

11.6.4 两点说明①

(1) 电路中还有一种常见的涨落现象,称为**散粒噪声**(shot noise),它是电荷的粒子性(间断性)的必然后果,而且必须在有宏观电流(即 $\overline{I} \neq 0$)时才存在(热噪声是平衡态下也存在的涨落,而散粒噪声是一种非平衡态下的噪声).

(2) 由于噪声涉及时间关联函数,它包含更多的信息,所以近年来引起更大的关注,成为揭示系统物理性质的一种重要手段.

习 题

11.1 由热力学量涨落几率公式(11.1.16)出发,以 Δp 与 ΔS 为独立变量,证明:

$$W = W_{\max} \exp\left\{ \frac{1}{2kT} \left(\frac{\partial V}{\partial p} \right)_S (\Delta p)^2 - \frac{1}{2kC_p} (\Delta S)^2 \right\}.$$

进而证明:

$$\overline{\Delta S \Delta p} = 0,$$

$$\overline{(\Delta S)^2} = kC_p,$$

$$\overline{(\Delta p)^2} = -kT \left(\frac{\partial p}{\partial V} \right)_S = \frac{kT}{V\kappa_s}.$$

---

① C. Beenakker and Schönenberger, Physics Today, May 2003, p. 37.
Ya. M. Blanter and M. Büttiker, Physics Reports, **336**, 1(2000).

11.2 由热力学量涨落几率公式(11.1.19)求得的 $\overline{(\Delta T)^2}$,$\overline{\Delta T\Delta V}$及 $\overline{(\Delta V)^2}$出发,证明:

$$\overline{\Delta T\Delta S} = kT,$$

$$\overline{\Delta p\Delta V} = -kT,$$

$$\overline{\Delta S\Delta V} = kT\left(\frac{\partial V}{\partial T}\right)_p,$$

$$\overline{\Delta T\Delta p} = \frac{kT^2}{C_V}\left(\frac{\partial p}{\partial T}\right)_V,$$

$$\frac{\overline{(\Delta N)^2}}{N^2} = \frac{kT}{V}\kappa_T.$$

11.3 §11.2 关于流体的密度涨落关联函数的理论,若采用(11.2.15)的近似(也称为平均场近似)

$$\Delta f = f - \overline{f} = \frac{a}{2}(n-\overline{n})^2 + \frac{b}{2}(\nabla n)^2,$$

试证明密度-密度关联函数 $C(r)$ 及其傅里叶变换 $\widetilde{C}(q)$ 为

$$C(r) = \frac{kT}{4\pi b}\frac{1}{r}\mathrm{e}^{-r/\xi} \sim \frac{1}{r}\mathrm{e}^{-r/\xi}, \quad \widetilde{C}(q) = \frac{kT}{a+bq^2}.$$

11.4 试由布朗粒子的朗之万方程(11.3.1)出发,导出布朗粒子位移平方的平均值的下列关系:

$$\overline{x^2} = 2Dt; \quad D = \frac{kT}{\alpha}.$$

*11.5 考虑大群布朗粒子的运动,证明转移几率(由(11.3.11)定义)

$$f(\xi,\tau) = \frac{1}{2\sqrt{\pi D\tau}}\mathrm{e}^{-\xi^2/4D\tau},$$

且有

$$\overline{\xi^2} = 2D\tau.$$

*11.6 对一维无规行走问题:

(1) 导出经过 N 步后,离出发点距离为 $x=m\lambda$(λ 为步长)的几率为(11.3.25),即

$$P_N(m) = \frac{N!}{\left[\frac{1}{2}(N+m)\right]!\left[\frac{1}{2}(N-m)\right]!}\left(\frac{1}{2}\right)^N.$$

(2) 当 $N\gg|m|\gg1$ 时,证明上式化为

$$P_N(m) = \sqrt{\frac{2}{\pi N}}\mathrm{e}^{-m^2/2N}.$$

(3) 当用于描述一维布朗粒子的运动时,证明上式进一步化为(11.3.27),即

$$P(x,t)\mathrm{d}x = \frac{\mathrm{d}x}{2\sqrt{\pi Dt}}\exp\left(-\frac{x^2}{4Dt}\right),$$

$P(x,t)\mathrm{d}x$ 代表 t 时刻布朗粒子位于 x 与 $x+\mathrm{d}x$ 之间的几率.

*11.7　设随机变量 $B(t)$ 代表布朗粒子所受的瞬时涨落力(也可以是它的瞬时速度或瞬时位置),证明当布朗粒子周围的液体处于平衡态时,时间自关联函数

$$K_{BB}(t_1, t_2) \equiv \overline{B(t_1)B(t_2)}$$

满足(11.4.2)—(11.4.6)诸性质.

*11.8　推导公式(11.4.21),说明推导中假设涨落力的时间关联函数 $K_{AA}(s)$ 取 δ 函数近似的根据.

*11.9　对于布朗运动,在对涨落力的时间关联函数 $K_{AA}(s)$ 取 δ 函数近似下,证明涨落-耗散定理(11.5.2)及其等价形式(11.5.3)和(11.5.5).

*11.10　在对布朗粒子所受的涨落力的时间关联函数 $K_{AA}(s)$ 取 δ 函数近似下,导出布朗粒子速度的时间关联函数 $K_{uu}(s) = \frac{kT}{m}\mathrm{e}^{-|s|/\tau}$(即公式(11.5.17)),并进而证明布朗运动中涨落-耗散定理的另一种表达形式(11.5.6).

*11.11　考虑由电阻 R 和电感 L 串联构成的电路,设电路中没有外加电动势,整个电路处于平衡态,温度为 T. 今将电路中的电流涨落看成一种特殊的布朗运动,其朗之万方程为(公式(11.6.4))

$$L\frac{\mathrm{d}I(t)}{\mathrm{d}t} = -RI(t) + V(t),$$

在对电压涨落的时间关联函数 $K_{VV}(s)$ 取 δ 函数近似下,试

(1) 证明涨落电流的时间关联函数满足公式(11.6.16),即

$$K_{II}(s) = \frac{kT}{L}\mathrm{e}^{-|s|/\tau},$$

其中 $\tau = (R/L)^{-1}$ 代表 $K_{II}(s)$ 的关联时间.

(2) 证明涨落-耗散定理的公式(11.6.17).

*11.12　利用时间关联函数谱分解的性质,导出关于电路中热噪声的奈奎斯特定理(11.6.3).

主要参考书目

[1] 王竹溪. 热力学. 2 版. 北京：北京大学出版社，2005.

[2] 王竹溪. 统计物理学导论. 2 版. 北京：高等教育出版社，1965.

[3] 汪志诚. 热力学·统计物理. 3 版. 北京：高等教育出版社，2003.

[4] 龚昌德. 热力学与统计物理学. 北京：人民教育出版社，1982.

[5] Landau L D, Lifshitz E M. Statistical Physics, Part 1. 3rd ed. Oxford: Pergamon Press, 1986.

[6] Huang K. Statistical Mechanics. 2nd ed. New York: John Wiley & Sons, 1987.

[7] Pathria R K, Beale P D. Statistical Mechanics. 3rd ed. Singapore: Elsevier Pte Ltd., 2012.

[8] Kardar M. Statistical Physics of Particles. New York: Cambridge University Press, 2007.

[9] Callen H B. Thermodynamics and an Introduction to Thermostatistics. 2nd ed. Hoboken: John Wiley & Sons, 1985.

[10] Stanley E H. Introduction to Phase Transitions and Critical Phenomena. New York: Oxford University Press, 1971.

[11] Reichl L E. A Modern Course in Statistical Physics. Austin: University of Texas Press, 1980.

[中译本：雷克 L E. 统计物理现代教程. 黄畇，等译，赵凯华，校. 北京：北京大学出版社，1983.]

[12] Zemansky M W, Dittman R H. Heat and Thermodynamics. New York: McGraw-Hill Int. Book Co., 1981.

[中译本：泽门斯基 M W，迪特曼 R H. 热学和热力学. 刘皇风、陈秉乾，译，杨再石，校. 北京：科学出版社，1987.]

[13] Greiner W, Neise L, Stöcker H. Thermodynamics and Statistical Mechanics. New York: Springer-Verlag, Inc., 1995.

[中译本：顾莱纳 W，奈斯 L，斯托克 H. 热力学与统计物理学. 钟云霄，译，张启仁，审校. 北京：北京大学出版社，2001.]

[14] Базаров И П. Термодинамика. Москва: Высщая Шкоʌа, 1983.

[中译本：巴扎洛夫 И П. 热力学. 沙振舜、张毓昌，译. 北京：高等教育出版社，1988.]

[15] de Groot S R, Mazur P. Non-Equilibrium Thermodynamics. Amsterdam: North-Holland Pub. Co., 1962.

[中译本：德格鲁脱 S R，梅休尔 P. 非平衡态热力学. 陆全康，译. 上海：上海科学技术出版社，1981.]

[16] Kubo R. Thermodynamics—an Advanced Course with Problems and Solutions. Amsterdam: North-Holland Pub. Co., 1968.

[中译本：久保亮武. 热力学——包括习题和解答的高级教程. 吴宝路，译，徐锡申，校. 北京：人民教育出版社，1982.]

[17] Kubo R. Statistical Mechanics—an Advanced Course with Problems and Solutions. Amsterdam: North-Holland Pub. Co., 1965.

[中译本：久保亮武. 统计力学——包括习题和解答的高级教程. 吴宝路，译，徐锡申，校. 北京：人民教育出版社，1985.]

附录 A 基本物理常量①

物理常量	符号	数值	单位	相对标准 不确定度
真空中的光速	c	299 792 458	m/s	精确值
真空磁导率	μ_0	$4\pi\times10^{-7}$ $=12.566\,370\,614\times10^{-7}$	$\mathrm{N/A^2}$	精确值
真空介电常数 $1/\mu_0c^2$	ε_0	$8.854\,187\,817\times10^{-12}$	F/m	精确值
万有引力常数	G	$6.674\,2(10)\times10^{-11}$	$\mathrm{m^3/(kg\cdot s^2)}$	1.5×10^{-4}
普朗克常数	h	$6.626\,069\,3(11)\times10^{-34}$	$\mathrm{J\cdot s}$	1.7×10^{-7}
约化普朗克常数	$\hbar$	$1.054\,571\,68(18)\times10^{-34}$	$\mathrm{J\cdot s}$	1.7×10^{-7}
基本电荷	e	$1.602\,176\,53(14)\times10^{-19}$	C	8.5×10^{-8}
磁通量子 $h/2e$	Φ_0	$2.067\,833\,72(18)\times10^{-15}$	Wb	8.5×10^{-8}
电导量子 $2e^2/h$	G_0	$7.748\,091\,733(26)\times10^{-5}$	S	3.3×10^{-9}
电子质量	m_e	$9.109\,382\,6(16)\times10^{-31}$	kg	1.7×10^{-7}
质子质量	m_p	$1.672\,621\,71(29)\times10^{-27}$	kg	1.7×10^{-7}
质子-电子质量比	m_p/m_e	1 836.152 672 61(85)		4.6×10^{-10}
阿伏伽德罗常数	N_A	$6.022\,141\,5(10)\times10^{23}$	$\mathrm{mol^{-1}}$	1.7×10^{-7}
法拉第常数	F	96 485.338 3(83)	C/mol	8.6×10^{-8}
摩尔气体常数	R	8.314 472(15)	$\mathrm{J/(mol\cdot K)}$	1.7×10^{-6}
玻尔兹曼常数	k	$1.380\,650\,5(24)\times10^{-23}$	J/K	1.8×10^{-6}
斯特藩-玻尔兹曼常数	σ	$5.670\,400(40)\times10^{-8}$	$\mathrm{W/(m^2\cdot K^4)}$	7.0×10^{-6}
电子伏	eV	$1.602\,176\,53(14)\times10^{-19}$	J	8.5×10^{-8}
原子质量单位	m_u	$1.660\,538\,86(28)\times10^{-27}$	kg	1.7×10^{-7}

① 根据国际科技数据委员会(CODATA)2002 年正式发表的推荐值.

附录 B　统计物理学中常用的数学公式

B1　高 斯 积 分

$$\int_0^\infty x^{2n} e^{-\lambda x^2} dx = \frac{1 \cdot 3 \cdot \cdots \cdot (2n-1)}{2^{n+1}} \sqrt{\frac{\pi}{\lambda^{2n+1}}}, \tag{B1.1}$$

$$\int_0^\infty x^{2n+1} e^{-\lambda x^2} dx = \frac{n!}{2\lambda^{n+1}}. \tag{B1.2}$$

特例：

$$\int_0^\infty e^{-\lambda x^2} dx = \frac{1}{2}\sqrt{\frac{\pi}{\lambda}}, \quad \int_0^\infty x e^{-\lambda x^2} dx = \frac{1}{2\lambda},$$

$$\int_0^\infty x^2 e^{-\lambda x^2} dx = \frac{1}{4}\sqrt{\frac{\pi}{\lambda^3}}, \quad \int_0^\infty x^3 e^{-\lambda x^2} dx = \frac{1}{2\lambda^2},$$

$$\int_0^\infty x^4 e^{-\lambda x^2} dx = \frac{3}{8}\sqrt{\frac{\pi}{\lambda^5}}, \quad \int_0^\infty x^5 e^{-\lambda x^2} dx = \frac{1}{\lambda^3},$$

后面的积分可以从前面的积分对 λ 求微商得到.

B2　Γ 函数

$$\Gamma(z) \equiv \int_0^\infty e^{-t} t^{z-1} dt \quad (\mathrm{Re} z > 0). \tag{B2.1}$$

$$\Gamma(z+1) = z\Gamma(z), \tag{B2.2}$$

$$\Gamma(n) = (n-1)!,$$

$$\Gamma(1) = 0! = 1,$$

$$\Gamma\left(\frac{1}{2}\right) = \sqrt{\pi}.$$

B3 斯特令公式

$$m! \approx m^m e^{-m} \sqrt{2\pi m}, \quad (m \gg 1) \tag{B3.1}$$

$$\ln m! \approx m(\ln m - 1). \quad (m \gg 1) \tag{B3.2}$$

B4 某些包含玻色分布函数的积分

定义：

$$g_\nu(z) \equiv \frac{1}{\Gamma(\nu)}\int_0^\infty \frac{x^{\nu-1}dx}{z^{-1}e^x - 1}. \quad \begin{pmatrix} 0 \leqslant z < 1, & \nu > 0; \\ z = 1, & \nu > 1 \end{pmatrix} \tag{B4.1}$$

级数展开：

$$\begin{aligned} g_\nu(z) &= \frac{1}{\Gamma(\nu)}\int_0^\infty x^{\nu-1}\sum_{\lambda=1}^\infty (ze^{-x})^\lambda dx = \sum_{\lambda=1}^\infty \frac{z^\lambda}{\lambda^\nu} \\ &= z + \frac{z^2}{2^\nu} + \frac{z^3}{3^\nu} + \cdots. \quad (0 \leqslant z < 1) \end{aligned} \tag{B4.2}$$

递推关系：

$$z\frac{dg_\nu(z)}{dz} = g_{\nu-1}(z). \quad (\text{对一切 } \nu \text{ 均成立}) \tag{B4.3}$$

$z = 1$：

$$\int_0^\infty \frac{x^{\nu-1}dx}{e^x - 1} = \Gamma(\nu)g_\nu(1) = \Gamma(\nu)\zeta(\nu), \quad (\nu > 1) \tag{B4.4}$$

$$g_\nu(1) = \sum_{\lambda=1}^\infty \frac{1}{\lambda^\nu} = \zeta(\nu). \quad (\zeta(\nu) \text{ 为黎曼 } \zeta \text{ 函数}) \tag{B4.5}$$

某些特殊 ν 值的 $\zeta(\nu)$：

$$\begin{aligned} &\zeta\left(\frac{3}{2}\right) \approx 2.612, \quad \zeta(2) = \frac{\pi^2}{6} \approx 1.645, \quad \zeta\left(\frac{5}{2}\right) \approx 1.341, \\ &\zeta(3) \approx 1.202, \quad \zeta\left(\frac{7}{2}\right) \approx 1.127, \quad \zeta(4) = \frac{\pi^4}{90} \approx 1.082. \end{aligned} \tag{B4.6}$$

由(B4.4)，(B4.6)可得

$$\left.\begin{aligned} &\int_0^\infty \frac{x^{1/2}dx}{e^x - 1} \approx 2.316, \quad \int_0^\infty \frac{x\,dx}{e^x - 1} = \frac{\pi^2}{6} \approx 1.645, \\ &\int_0^\infty \frac{x^{3/2}dx}{e^x - 1} \approx 1.783, \quad \int_0^\infty \frac{x^2\,dx}{e^x - 1} \approx 2.404, \\ &\int_0^\infty \frac{x^{5/2}dx}{e^x - 1} \approx 3.745, \quad \int_0^\infty \frac{x^3\,dx}{e^x - 1} = \frac{\pi^4}{15} \approx 6.494. \end{aligned}\right\} \tag{B4.7}$$

B5　某些包含费米分布函数的积分

定义：
$$f_\nu(z)\equiv\frac{1}{\Gamma(\nu)}\int_0^\infty\frac{x^{\nu-1}\mathrm{d}x}{z^{-1}\mathrm{e}^x+1}.\quad(0\leqslant z<\infty,\nu>0)\tag{B5.1}$$

级数展开：
$$\begin{aligned}f_\nu(z)&=\frac{1}{\Gamma(\nu)}\int_0^\infty x^{\nu-1}\sum_{\lambda=1}^\infty(-1)^{\lambda-1}(z\mathrm{e}^{-x})^\lambda\mathrm{d}x\\&=\sum_{\lambda=1}^\infty(-1)^{\lambda-1}\frac{z^\lambda}{\lambda^\nu}=z-\frac{z^2}{2^\nu}+\frac{z^3}{3^\nu}-\cdots,\quad(0\leqslant z<1)\end{aligned}\tag{B5.2}$$

递推关系：
$$z\frac{\mathrm{d}f_\nu(z)}{\mathrm{d}z}=f_{\nu-1}(z).\quad(\text{对一切}\ \nu\ \text{均成立})\tag{B5.3}$$

$f_\nu(z)$与$g_\nu(z)$之间的关系[①]：
$$f_\nu(z)=g_\nu(z)-2^{1-\nu}g_\nu(z^2),\quad\begin{pmatrix}0\leqslant z<1, & \nu>0\\ z=1, & \nu>1\end{pmatrix}\tag{B5.4}$$

重要特例$z=1$：
$$f_\nu(1)=(1-2^{1-\nu})g_\nu(1)=(1-2^{1-\nu})\Gamma(\nu)\zeta(\nu),\quad(\nu>1)\tag{B5.5}$$

或
$$\int_0^\infty\frac{x^{\nu-1}\mathrm{d}x}{\mathrm{e}^x+1}=(1-2^{1-\nu})\int_0^\infty\frac{x^{\nu-1}\mathrm{d}x}{\mathrm{e}^x-1}.\quad(\nu>1)\tag{B5.6}$$

由(B5.6)及(B4.7)，得
$$\left.\begin{aligned}&\int_0^\infty\frac{x^{1/2}\mathrm{d}x}{\mathrm{e}^x+1}\approx0.678,\quad\int_0^\infty\frac{x\,\mathrm{d}x}{\mathrm{e}^x+1}=\frac{\pi^2}{12}\approx0.823,\\&\int_0^\infty\frac{x^{3/2}\mathrm{d}x}{\mathrm{e}^x+1}\approx1.152,\quad\int_0^\infty\frac{x^2\mathrm{d}x}{\mathrm{e}^x+1}\approx1.803,\\&\int_0^\infty\frac{x^{5/2}\mathrm{d}x}{\mathrm{e}^x+1}\approx3.082,\quad\int_0^\infty\frac{x^3\mathrm{d}x}{\mathrm{e}^x+1}=\frac{7\pi^4}{120}\approx5.682.\end{aligned}\right\}\tag{B5.7}$$

---

① 将级数作如下改写

$$\begin{aligned}\sum_{\lambda=1}^\infty(-1)^{\lambda-1}\frac{z^\lambda}{\lambda^\nu}&=\sum_{\lambda=1,3,5,\cdots}^\infty\frac{z^\lambda}{\lambda^\nu}-\sum_{\lambda=2,4,6,\cdots}^\infty\frac{z^\lambda}{\lambda^\nu}\\&=\sum_{\lambda=1}^\infty\frac{z^\lambda}{\lambda^\nu}-2\sum_{\lambda=2,4,6,\cdots}^\infty\frac{z^\lambda}{\lambda^\nu}\\&=\sum_{\lambda=1}^\infty\frac{z^\lambda}{\lambda^\nu}-2\sum_{\lambda=1}^\infty\frac{(z^2)^\lambda}{(2\lambda)^\nu}=g_\nu(z)-2^{1-\nu}g_\nu(z^2).\end{aligned}$$

当 $z \gg 1$ 时($z=\mathrm{e}^{\beta\mu}$,相当于 $\mu/kT \gg 1$,在低温强简并费米气体时会遇到这种情况),(B5.2)的展开式不适用.这时需用如下的展开(详见主要参考书目[13],343—348 页).

$$f_{\nu}(z) \approx \frac{(\ln z)^{\nu}}{\Gamma(\nu+1)}\left\{1+\frac{\pi^2}{6}\nu(\nu-1)(\ln z)^{-2}+\cdots\right\}. \tag{B5.8}$$

三个常用的 $f_{\nu}(z)$ 如下:

$$f_{5/2}(z) \approx \frac{8}{15\sqrt{\pi}}(\ln z)^{5/2}\left\{1+\frac{5\pi^2}{8}(\ln z)^{-2}+\cdots\right\}, \tag{B5.9}$$

$$f_{3/2}(z) \approx \frac{4}{3\sqrt{\pi}}(\ln z)^{3/2}\left\{1+\frac{\pi^2}{8}(\ln z)^{-2}+\cdots\right\}, \tag{B5.10}$$

$$f_{1/2}(z) \approx \frac{2}{\sqrt{\pi}}(\ln z)^{1/2}\left\{1-\frac{\pi^2}{24}(\ln z)^{-2}+\cdots\right\}. \tag{B5.11}$$

注:当 $\nu>1$ 时,还有另一种常用形式,见正文(7.19.19).但(7.19.19)不能用到 $\nu=\frac{1}{2}$ 的情形.对 $\nu>1$,(7.19.19)与(B5.9),(B5.10)一致(只需注意到 $\ln z=\beta\mu=\mu/kT$).

附录C　误差函数

定义误差函数

$$\mathrm{erf}(x)=\frac{2}{\sqrt{\pi}}\int_0^x \mathrm{e}^{-y^2}\,\mathrm{d}y.$$

级数展开：

$$\mathrm{erf}(x)=\frac{2}{\sqrt{\pi}}\left(x-\frac{x^3}{1!\times 3}+\frac{x^5}{2!\times 5}-\frac{x^7}{3!\times 7}+\cdots\right).$$

渐近展开(当 x 很大时)：

$$\mathrm{erf}(x)=1-\frac{\mathrm{e}^{-x^2}}{x\sqrt{\pi}}\left(1-\frac{1}{2x^2}+\frac{1\times 3}{(2x^2)^2}-\frac{1\times 3\times 5}{(2x^2)^3}+\cdots\right).$$

索　　引

A

阿伏伽德罗常数　232,458

阿伏伽德罗定律　9

埃伦费斯特方程　107,109,110

昂尼斯方程　9

昂萨格倒易关系　2,158,165,446

昂萨格的涨落回归假说　446

B

BBGKY 级列(方程)　329

白噪声　447

半经典近似　226,257,291

半透壁　137,138

闭系　3,86

标度变换　378

标度不变性　372,378

标度律　352,362,364,365,378

表面张力　4,12,88

玻尔兹曼常数　61,132,185,190,217,232,311,397,458

(麦克斯韦-)玻尔兹曼分布　182

玻尔兹曼关系　191,193,208,217,219,225,286,399,421

玻尔兹曼积分微分方程　381

玻尔兹曼统计　177,210

玻尔兹曼因子　187,352

玻色-爱因斯坦分布(或玻色分布)　210

玻色-爱因斯坦凝聚　109,243—245,252,253,265,352

玻色-爱因斯坦统计(或玻色统计)　146

玻色气体　215

玻色子　176

泊松分布　284

不动点　373—375,377

不可逆过程　25—27

不可逆过程热力学(或非平衡态热力学)　154

布朗运动　171,420,421,432,433,437,439,440,442,444,445,447,448,455

C

超流动性　253,265

超流相　94,95,107,147,279,365

弛豫过程　235,381,411,446

弛豫时间　11,59,155,209,210,398,408,419,434,441,448

弛豫时间近似　407,410—412,414,419

磁化功　13,58

磁致伸缩　10,13,58

D

大粒子源(或粒子库)　4

大热源(或热库)　309

代表点　296—301,303—305

单相系　5,7,132,133

单元系　84—86,88,93,94,128,131,134

单原子分子(理想)气体　231

道尔顿分压律　136

德拜 T^3 定律　203

德拜函数　202

德拜频率　202,295

德拜(特征)温度　202

等几率原理　179,181,210,301—305
等温压缩系数　8,47,77,91,108,291,335
第二类永动机　24
第二位力系数　320—322,347
第一类永动机　24
电导率　157,164,411,414,416
电离度　152
电子气体　224,269,274—276,348,413
定域子系　176,182
动力学关联　242,264,402
动力学系数　158,163—165
杜隆-珀蒂定律　200
对比物态方程　103
对称性破缺　109—111,352,357
对分布函数(或径向分布函数)　329
对应态定律　102,103
多方过程　17,48
多元系　85,86,126,128—130,134
多原子分子(理想)气体　236

E

二级相变(或连续相变)　107
二粒子分布函数　322—324
二能级系统　185—188,192,313
二体碰撞　263,383,384,390,403,404

F

反应度(或反应率)　142
反应热　38,144,145
反转温度　57,58
范德瓦耳斯方程　9,57,67,98—100,102,103,347,378,379,427
非定域子系　176,210
非简并条件　220
非静态过程　11,14
非理想气体(或实际气体)　317
非平衡定态(或稳恒态,稳恒过程)　4,158
非平衡态　2,154
非平衡态热力学(见不可逆过程热力学)
菲克定律　157
费米-狄拉克分布(或费米分布)　210
费米-狄拉克统计(或费米统计)　210
费米动量　270
费米能级(或费米能)　270
费米气体　215
费米温度(或简并温度)　274
分布函数　323
分子混沌性假设　390,398
弗仑克尔缺陷　286
辐射能量密度　194
辐射压强　63,64,74
负绝对温度　51,206—210
复相系　5,7,126,130,135,136
傅里叶定律　165,416

G

刚球模型　384,385,390,394,398,401
高斯分布　256,257,264,425,431,437
高斯积分　230
格波　277
各态历经假说　303—305
功　11
孤立系　3,4
关联长度　362
关联函数　322,363
关联时间　439,441,442,444,445,448,449,455
光子气体　89,194,215,224,245,266—269,281,293,313
广延量　5,9,16,18,35,44,46,91,126—128,139,233,315,338,421
广义力　14
过饱和蒸气(或过冷蒸气)　99
过热液体　99

H

H 定理　390

海森伯不确定关系 382
(吉布斯-)亥姆霍兹方程 72
焓 5,17—19,46,56,66,69,128,130,191
耗散 442
耗散结构 2
合作现象 352
核自旋系统 206—210
黑体辐射 61,172,194,200,245,447
宏观不可逆性 171,399,400
宏观量 5,111,177—179,181,302,305
宏观描写 4
宏观态 179
化学变量 5,126
化学反应方程 133
化学平衡条件 86,126,131,133—135,140,293
化学亲和势 144,145
化学势 67
混合理想气体 128,130,136—140,151,152,280,347

J

积分因子 190,216,312,333
基本热力学函数 54,66,68,70—72,126,136,191,313,334
基态 150,187,188,231,232,244—246,253—257,266,270,271,275,277—279,282,290,291,313,314,353,420
吉布斯-杜安关系 85,129
吉布斯函数 45
吉布斯函数判据 82
吉布斯-亥姆霍兹方程 72
吉布斯系综(或统计系综) 298
吉布斯相律 134
吉布斯佯谬 138,139,233,288,338
极端相对论性(气体) 347
极化功 13
集团展开 322,338
简并度 174,180,182,211,226,233,235,313,314
简并费米气体 411,413,416,462
简并温度(或费米温度) 274
简并压(强) 272
简正振动方式(或简正模) 194
江孙噪声 446
焦耳-汤姆孙效应 55,57,58
节流过程 55,56
结构因子 329,330
金兹堡判据 118
近独立子系 180,188,189,228,276,277,306,317,355,422
近平衡的非平衡态 2,410,412,445,446
经典极限条件 204,225
经典理想气体 232,238,240,242
经典统计 149,171,172,194,196—204,225,228,234,269,274,275,296,297,305,348
径向分布函数(见对分布函数)
居里定律 10,60,61,78,147,358
局域平衡 155,210,398,407,408,410,411,414,419
局域平衡近似 2,5,6,16,34,35,39,154,155,157,407,408
巨配分函数 86,215,216,218,238,249,277,333,334,336,337,339,340,342,348,350,352
巨势 86,129,217,334
巨正则系综 216,303,309,330—338,340—346,348—350,421
绝对零度 149,150,279,313,314
绝对零度不能达到原理 150
绝对熵 148—150,153,191,313
绝热过程 15
绝热去磁 58,61,78,150
均匀系 5,50

K

卡诺定理 23,27,28,30,31,33
卡诺循环 21,22,24,26,28,36,49,74,75,

77,78
卡西米尔条件 161,163
开尔文表述(热力学第二定律) 23
开尔文第一关系 169
开尔文(汤姆孙)第二关系 168
开尔文温标 30
开系 3,4,86
可逆过程 11,25—27,31—39,41—43
克拉珀龙方程 76,95,96,106,109,147,249,252,293
克劳修斯表述(热力学第二定律) 23
克劳修斯不等式 27,30—34
扩散 2,23,25,139,157,435—438,443,445

L

λ相变 94
拉格朗日乘子 183,213,214,283
朗道二级相变理论 110
朗之万方程 421,433,437,440,445,447,452,454,455
勒让德变换 50—52,55,59,85,104,115,128,147
勒夏特列原理 92
理想气体 6,18,21,136,139,231,238,243
理想气体温标 6,7,30
力学变量 5,178
力学平衡条件 86,88,89,130,131,133,135,338
粒子库(见大粒子源)
粒子数不守恒系统 64,89
粒子数可变系统 84—87,216,333
粒子数涨落 334,336,420
连续相变(见二级相变)
两相平衡比热 124,125
临界点 82,94,98,102,103,107—110,112,113,115—122,249,264,265,352,361—365,367,368,370—373,375,376,380,420,421,426—428,430—432
临界乳光 428
临界温度 98,102,111,114,119,120,355,356,358,361,368,373,375
临界现象 80,110,118,119,171,264,296,352,363,365,367,372,378
临界指数 110,119—123,352,357—359,362—365,370,372,373,375,377—380
刘维尔定理(方程) 298
流向图 375
伦纳德-琼斯势 321

M

麦克斯韦-玻尔兹曼分布(见玻尔兹曼分布)
麦克斯韦等面积法则 99—101
麦克斯韦关系 50—56,59,76,85,91,92,97,146,147,425,430
麦克斯韦速度分布 226,227,287,347,394
密度-密度关联函数 421,428,454
密度涨落 178,420,421,426,428—432,454
摩尔气体常数(气体常数) 9

N

奈奎斯特定理 446,447,451,453,455
内能 15
内能密度 5,62,63,74,196—198,294,407
内能判据 82—84,89,90,124
能级 174
能量均分定理 196—198,200,228—230,232,236,274,434,442,445,446,448
能量守恒定律 14,15,188
能量涨落 314,315,334—336,345,420
能斯特定理 143,145—150,153,313
逆问题 322
黏性系数 279,434,435,443,445
凝聚体分数 253,255,263,266

O

欧拉定理(齐次函数) 127,151

欧姆定律 157,164,414

P

泡利不相容原理 176,220,272,351,404
佩尔捷系数 167,168
佩尔捷效应 167,169
配分函数 185
膨胀系数 8,47,48,77,108,110,147
碰撞数 178,387,404,417,418
碰撞项 383,386,388—390,394,395,398,401,402,404—406,408—411
偏摩尔量(内能、熵、体积) 127
漂移项 383,384,390,391,404,405
平衡的稳定条件(或稳定条件) 90
平衡恒量 140,150,152
平衡判据(或热动平衡判据) 80
平衡态 3
平衡条件 5,80,84,86—91,93,95,96,130,131,133,135,136,155
平均场近似 80,117,118,353—355,358,359,362,363,367—369,372,378—380,454
平均分布 181,185,186,188,189,191,193,197,207,208,210,213—216,218,221,340,343,399
平均平方偏差 433
平均自由程 20,381,383,408,412
普朗克常数 197,458
普朗克辐射公式 198,394
普适函数 28—30,33,62,190,194,198,283
普适性 110,352,362,364,365,373,378
谱密度 194,196—199,204,446,447,449,451,453

Q

气体动理学理论 381
潜热 76,95—98,106—108,115,153,249,252
强度量 5,16,18,44,91,127,128,335,421,430
强简并理想玻色气体 224,243
强简并理想费米气体 269,272,274—276,292
全同性原理 175,176,204,210,221,225,242,305,306,338
全微分(完整微分)条件 51

R

热波长 223,239,244,246,258,289,315,382,402
热导率 157,164,279,414,416
热动平衡 80—84,86,90
热辐射 3,50,61—65,68,71,74,77,89,180,193,194,196,197,199,201,204,215,224,266,267,269,285,291
热功当量 15
热库(见大热源)
热力学第二定律 23
热力学第零定律 6
热力学第三定律 143
热力学第一定律 15
热力学基本微分方程 36,37,45,46,50—53,55,56,58,59,63,65,69,70,72—75,78,84—87,95,97,104,128—130,147,190,216,308,333,423,424,430
热力学极限 315
热力学几率 181,184,185,191,192,208,211,217,220,221,285,398,399,405,421
热力学力 2,157,161,163,164,169,445,446
热力学(量的)涨落 421
热力学流 2,157,161,163,164,169,445
热力学势 70,309
热力学温标 7,27,28,30,31,33
热力学(系统的)自由度 135
热量 15,16
热容 17
热噪声 446,447,451—453,455
瑞利-金斯公式 194,196,198,204
弱简并理想玻色气体 238,240,243
弱简并理想费米气体 240,242,269

弱简并条件　238

S

赛贝克效应　165,166
三相点　6,30,93—95
熵　32
熵产生率　155,156,158—163,170,400—402,406,407,418
熵流密度　156,160,162,163,169,401,407,418
熵判据　80—82,84,86,87,89,90,192
熵平衡方程　156,169
熵源强度　156
熵增加原理　37,38,40—43,49,80
声速　20,21,280,291
声子　89,277—283,447,448
剩余熵　314
时间关联函数　421,438—440,443—445,448—453,455
输运过程　157,171,381,407,411
双原子分子气体　174
顺磁物质　10,147
斯特藩-玻尔兹曼定律　197
斯特令公式　183,193,213,214,340,438,460
速度分布函数　227

T

态函数　5,7,15—17,26,27,32—36,38,40,42—46,50,51,54,56,59,69,70,82,190
态密度　238,240,244,254,260,267,268,270,275,281,288—291,294,295,307,413
汤姆生-伯特洛规则　144
汤姆孙热　168,169
特性函数　70—73,86,129,130,136—138,151,217,309,313,317,334
统计关联　238,241—243,246,252,253,263,264,274,317,382
统计规律性　177,178
统计平均　5,16,60,111,154,171,178,179,181,185,187,188,297,298,302,312,325,397,398,403,420,429,443,450
统计系综(见吉布斯系综)

W

外参量　188,189,215,296,312,333
外界作用力　11,188,190,191,215,216,225,312
微观可逆性　158,399,400
微观态　179—181,283,302,304,305,339,347,377
微观运动可复原性　400
微正则系综　301—306,309,310,312,315,330,331,343—345
维德曼-弗兰兹定律　417
维恩(辐射)公式　194
位力定理　327
位力系数　9,10,321,322,330
位形配分函数(或位形积分)　318
温差电动势　165—168
温熵图　36
稳定平衡　82,92,93,99,100,102,107,146,263,314,446
稳定条件(见平衡的稳定条件)
无规行走　437,454
(对比)物态方程　103

X

吸附　287,289,336,338,339,347,350
系综　171,214,277,296—299,301—305,313,317,329,330,338,340,343—346,352,372,381,420,434,435,439,440,443—445
细致平衡条件　394,395,402,406,418,419
细致平衡原理　394
线性响应理论　301,381,445,446
相　5
相变　80,107,352
相变平衡条件　86,88,89,93,95,124,130,131,

134,135,137,287
相空间 173,246,296—302,304,306,307,336,347,382,399,402—404
相律 5,134—136
相图 80,93—95,104,147,148
肖特基缺陷 286
协同学 2
虚变动 81,84,87,131,133,134
序参量 110—122,266,356,357,362,364,365
旋子 61,278—280,282,283
循环过程 12,21,23,24,28,31—34,42,50,73—75,95,125

Y

压强系数 8,47,146
压缩系数 8,76,92,291,426
雅可比行列式 47,76,388
亚稳平衡 82,92,93,99,107,146,263
亚稳态 99,107,108,314
杨氏模量 48
液氦 107,253,278,279,292
一级相变 95,109,110,119
一维伊辛模型 359,361,373,375,378,379
伊辛模型 353,358,359,361,362,365—367,371,372,378—380
逸度 239
有序-无序相变 107,365
元反碰撞数 387,388,390,393,398
元激发 171,276—281,295
元碰撞数 387,388,393,398,417
约化分布函数(另见分布函数) 323

Z

涨落 420
涨落的空间关联 428
涨落的时间关联 438
涨落力 433
振动配分函数 237
振动热容 236,237
蒸气压方程 97
正常-超导相变 80,103
正氢 234,235
正则系综 73,303,309,312—317,323,326,331,333,336,338,343—349,353,379,421
质量作用定律 140,141,151,152
仲氢 234,235
重正化群理论 110,171,363,372,373,375,377,378
转动配分函数 233,235,288
转动热容 234—236
准各态历经假说 304
准静态过程 1,11,12,14,19,20,25,26,59,155
准粒子 276—278,295
准热力学理论 420—422,428,429
子系配分函数 185,186,191,204—206,225,228,312,316
子相空间 173—175,205,206,222,382
子相体积 174
自发磁化 111,114,355,356,361,362
自由电子气体 291,348,411,414
自由能 44
自由能判据 82—84,88—90,100,101
自由膨胀 18,23,38,39,55,67
最大本征值 360
最大功 40,41,44,46,49
最可几分布 180—185,191,192,210—215,221,267,283,312,340,343,399
最小功 49
最小熵产生原理 158

外国人名索引

Abrikosov，A. A. 阿布里科索夫 119
Avogadro，A. 阿伏伽德罗 9
Bogoliubov，N. N. 玻格留波夫 329
Bohr，N. 玻尔 348
Boltzmann，L. 玻尔兹曼 182
Born，M. 玻恩 201
Bose，N. S. 玻色 176,182
Callen，H. B. 凯伦 445
Caratheodory，C. 喀喇西奥多里 33
Carnot，N. L. S. 卡诺 23
Chapman，S. 查普曼 381
Clapeyron，E. 克拉珀龙 95
Clausius，R. 克劳修斯 23
Cornell，E. A. 康奈尔 253
Cowling，T. G. 考林 408
Curie，P. 居里 10
Dalton，J. 道尔顿 136
Darwin，C. G. 达尔文 214
Debye，P. 德拜 58
de Groot，S. R. 德格鲁特 2,154
Dirac，P. A. M. 狄拉克 176,182
Dulong，P. L. 杜隆 200
Ehrenfest，P. 埃伦费斯特 107
Einstein，A. 爱因斯坦 194
Enskog，D. 恩斯科格 381,408
Fermi，E. 费米 146
Fick，A. E. 菲克 157
Fisher，M. E. 费希尔 108
Fourier，J. B. J. 傅里叶 157
Fowler，R. H. 福勒 214,252
Franz，R. 弗兰兹 417
Frenkel 弗仑克尔 286
Gibbs，J. W. 吉布斯 85
Ginzburg，V. L. 金兹堡 118
Green，H. S. 格林 329
Heisenberg，W. 海森伯 365
Ising，E. 伊辛 353
Johnson，J. B. 江孙 446
Joule，J. P. 焦耳 15
Kadanoff，L. P. 卡丹诺夫 378
Kapitza，P. L. 卡皮查 253
Keldysh，L. P. 开尔狄西 381
Kelvin，Lord 开尔文（即 Thomson，W. 汤姆孙） 1
Ketterle，W. 开特勒 253
Kirkwood，J. G. 柯克伍德 329
Kramers 296,352
Kubo，R. 久保亮武 445
Lagrange，J. L. 拉格朗日 81
Landauer，R. 朗道尔 381
Landau，L. D. 朗道 110
Langevin，P. 朗之万 433
Lennard-Jones，J. E. 伦纳德-琼斯 321
Lifshitz，E. M. 栗弗席兹 41,174
Liouville，J. 刘维尔 298
London，F. 伦敦 253
Lorentz，H. A. 洛伦兹 384
Loschmidt，J. 洛施密特 399
Ma，S. K. 马上庚 112
Maxwell，J. C. 麦克斯韦 50
Mayer，J. E. 迈耶 15,322
Meissner，W. 迈斯纳 103

Nernst, W. H. 能斯特 143
Nyquist, H. 奈奎斯特 446
Onnes, H. K. 昂尼斯 9
Onsager, L. 昂萨格 2
Pauli, W. 泡利 176
Peltier, J. C. A. 佩尔捷 167
Petit, A. T. 珀蒂 200
Planck, M. 普朗克 149,172,191,193,194,197,200,204
Poincaré, J. H. 庞加莱 400
Pound, R. V. 庞德 206
Prigogine, I. 普里高津(又译:普里戈京) 2
Purcell, E. M. 珀塞耳 206
Ramsey, N. F. 喇姆塞 206
Rayleigh, Lord 瑞利 194
Schottky, W. 肖特基 187,287
Schrödinger, E. 薛定谔 173,178,305
Schwinger, J. 施温格 381
Seebeck, T. J. 赛贝克 166
Smoluchowski, M. V. 斯莫陆焯夫斯基 421
Stefan, J. 斯特藩 197
ter Haar, D. 德哈尔 223,394,400
Thomson, W. 汤姆孙(即 Kelvin, Lord 开尔文) 55,168
van der Waals, J. D. 范德瓦耳斯 9
van Leeuwen 范列文 348
Widom, B. 维多姆 364
Wiedemann, G. H. 维德曼 417
Wieman, C. E. 魏曼 253
Wien, W. 维恩 194
Wigner, E. P. 维格纳 276
Wilson, K. G. 威尔孙 371
Yvon, J. 伊翁 329